建筑施工企业管理人员岗位资格培训教材

安全员岗位实务知识

（第二版）

建筑施工企业管理人员岗位资格培训教材编委会　组织编写

张晓艳　刘善安　主编

中国建筑工业出版社

图书在版编目（CIP）数据

安全员岗位实务知识/建筑施工企业管理人员岗位资格培训
教材编委会组织编写. —2版. —北京：中国建筑工业出版
社，2012.10

（建筑施工企业管理人员岗位资格培训教材）

ISBN 978-7-112-14669-7

Ⅰ.①安…　Ⅱ.①建…　Ⅲ.①建筑工程-工程施工-安全技
术-岗位培训-教材　Ⅳ.①TU714

中国版本图书馆 CIP 数据核字（2012）第 218324 号

建筑施工企业管理人员岗位资格培训教材

安全员岗位实务知识
（第二版）

建筑施工企业管理人员岗位资格培训教材编委会　组织编写

张晓艳　刘善安　主编

*

中国建筑工业出版社出版、发行（北京西郊百万庄）

各地新华书店、建筑书店经销

北京红光制版公司制版

北京市密东印刷有限公司印刷

*

开本：787×1092 毫米　1/16　印张：27　字数：659 千字

2012 年 11 月第二版　2020 年 8 月第二十二次印刷

定价：**65.00** 元

ISBN 978-7-112- 14669-7

（22751）

本书是《建筑施工企业管理人员岗位资格培训教材》之一，为第二版，根据住房和城乡建设部人事教育司审定的建筑企业关键岗位管理人员培训大纲，结合当前建筑施工培训的实际需要进行编写，在编撰过程中，力求使培训教材重点体现科学性、针对性、实用性、前瞻性和注重岗位技能培训的原则。修订后，本书主要内容包括建筑施工安全生产法律法规、施工安全技术和施工现场安全管理等内容。在编写各部分内容时，力求做到理论联系实际，既注重建筑施工安全技术的阐述，也注重安全管理能力的培养，以便学员通过培训达到掌握岗位知识和能力目的。

　　本书既可作为建筑施工企业对安全员进行短期培训的岗位培训教材，也可作为基层安全管理人员学习参考用书。

＊　　　＊　　　＊

责任编辑：刘　江　王砾瑶
责任设计：李志立
责任校对：姜小莲　王雪竹

《建筑施工企业管理人员岗位资格培训教材》

编写委员会

（以姓氏笔画排序）

艾伟杰　中国建筑一局（集团）有限公司
冯小川　北京城市建设学校
叶万和　北京市德恒律师事务所
李树栋　北京城建集团有限责任公司
宋林慧　北京城建集团有限责任公司
吴月华　中国建筑一局（集团）有限公司
张立新　北京住总集团有限责任公司
张囡囡　中国建筑一局（集团）有限公司
张俊生　中国建筑一局（集团）有限公司
张胜良　中国建筑一局（集团）有限公司
陈　光　中国建筑一局（集团）有限公司
陈　红　中国建筑一局（集团）有限公司
陈御平　北京建工集团有限责任公司
周　斌　北京住总集团有限责任公司
周显峰　北京市德恒律师事务所
孟昭荣　北京城建集团有限责任公司
贺小村　中国建筑一局（集团）有限公司

出　版　说　明

　　建筑施工企业管理人员（各专业施工员、质量员、造价员，以及材料员、测量员、试验员、资料员、安全员等）是施工企业项目一线的技术管理骨干。他们的基础知识水平和业务能力的大小，直接影响到工程项目的施工质量和企业的经济效益；他们的工作质量的好坏，直接影响到建设项目的成败。随着建筑业企业管理的规范化，管理人员持证上岗已成为必然，其岗位培训工作也成为各施工企业十分关心和重视的工作之一。但管理人员活跃在施工现场，工作任务重，学习时间少，难以占用大量时间进行集中培训；而另一方面，目前已有的一些培训教材，不仅内容因多年没有修订而较为陈旧，而且科目较多，不利于短期培训。有鉴于此，我们通过了解近年来施工企业岗位培训工作的实际情况，结合目前管理人员素质状况和实际工作需要，以少而精的原则，于 2007 年组织出版了这套"建筑施工企业管理人员岗位资格培训教材"，2012 年，由于我国建筑工程设计、施工和建筑材料领域等标准规范已部分修订，一些新技术、新工艺和新材料也不断应用和发展，为了适应当前建筑施工领域的新形势，我们对本套教材中的 8 个分册进行了相应的修订。本套丛书分别为：

　　◇《建筑施工企业管理人员相关法规知识》（第二版）
　　◇《土建专业岗位人员基础知识》
　　◇《材料员岗位实务知识》（第二版）
　　◇《测量员岗位实务知识》（第二版）
　　◇《试验员岗位实务知识》
　　◇《资料员岗位实务知识》（第二版）
　　◇《安全员岗位实务知识》（第二版）
　　◇《土建质量员岗位实务知识》（第二版）
　　◇《土建施工员（工长）岗位实务知识》（第二版）
　　◇《土建造价员岗位实务知识》（第二版）
　　◇《电气质量员岗位实务知识》
　　◇《电气施工员（工长）岗位实务知识》
　　◇《安装造价员岗位实务知识》
　　◇《暖通施工员（工长）岗位实务知识》
　　◇《暖通质量员岗位实务知识》
　　◇《统计员岗位实务知识》
　　◇《劳资员岗位实务知识》

　　其中，《建筑施工企业管理人员相关法规知识》（第二版）为各岗位培训的综合科目，《土建专业岗位人员基础知识》为土建专业施工员、质量员、造价员培训的综合科目，其他分册则是根据不同岗位编写的。参加每个岗位的培训，只需使用 2～3 册教材即可（土建专业施工员、质量员、造价员岗位培训使用 3 册，其他岗位培训使用 2 册），各书均按照企业实际培训课时要求编写，极大地方便了培训教学与学习。

本套丛书以现行国家规范、标准为依据，内容强调实用性、科学性和先进性，可作为施工企业管理人员的岗位资格培训教材，也可作为其平时的学习参考用书。希望本套丛书能够帮助广大施工企业管理人员顺利完成岗位资格培训，提高岗位业务能力，从容应对各自岗位的管理工作。也真诚地希望各位读者对书中不足之处提出批评指正，以便我们进一步完善和改进。

中国建筑工业出版社

2012 年 8 月

第 二 版 前 言

自本书第一版出版后，我国又陆续颁布了多部安全法律法规和建筑工程标准规范，例如，《生产安全事故报告和调查处理条例》、《建筑行业职业病危害预防控制规范》（GBZ/T 211—2008）、《施工现场临时建筑物技术规范》（JGJ/T 188—2009）、《建设工程施工现场消防安全技术规范》（GB 50720—2011），同时有多部安全法律法规和标准规范进行了新的修订。例如，《中华人民共和国职业病防治法》（2011 版）、《工伤保险条例》（2010版）、《安全帽》（GB 2811—2007）、《安全带》（GB 6095—2009）、《安全网》（GB 5725—2009）、《安全色》（GB 2893—2008）、《安全标志及其使用导则》（GB 2894—2008）、《施工企业安全生产评价标准》（JGJ/T 77—2010）、《建筑施工扣件式钢管脚手架安全技术规范》（JGJ 130—2011）、《建筑施工安全检查标准》（JGJ 59—2011）、《建筑施工场界环境噪声排放标准》（GB 12523—2011）等。针对上述法律法规和规范标准的变化，我们对于本书所涉的内容做了及时的更新和调整，力求使读者能够了解到最具实效性的建设工程安全管理的规定。

本书共包括八章内容：建设工程安全生产法律法规、建筑施工企业安全生产管理基础、劳动保护与事故防范处理、文明施工、施工现场消防管理、建筑施工分部分项工程安全技术、建筑施工专项安全技术和施工机械设备安全管理。主要介绍建设工程安全管理的基本内容和施工现场安全管理实务及安全防护要求和安全技术。

本教材由张晓艳、刘善安共同编写修订。在编写修订过程中查阅并吸收了大量的文献和已出版的多种相关培训教材，得到了业内专家及工程项目管理人员和技术人员的支持与帮助。在此对他们的帮助一并表示深深的谢意。

在本书的编写修订过程中，虽经反复修改，但限于编者的专业水平和实践经验，仍难免有疏漏或不妥之处，敬请各位专家与同行指正，以期不断完善。

第 一 版 前 言

本书根据经审定的大纲，在总结以往内部培训教材的经验基础上，以及读者、教师的意见和建议编写而成。

本教材在编写过程中，根据建设行业的特点，紧密结合国家现行的有关规范、标准和规程，内容主要包括安全生产管理知识、劳动保护与事故防范处理、施工过程安全技术管理、爆破与拆除工程安全技术、高处作业安全防护、施工临时用电安全管理、施工机械安全管理、施工安全强制性规定、施工现场防火管理、文明施工与环境保护等几个方面。

本书的编写体现了使用方便与实用的编写原则，具有很强的规范性、针对性、实用性和先进性，内容通俗易懂。适合建筑企业专业管理人员岗位培训使用，也适合自学使用，并可作为专业人员的参考用书。

本教材由中国建筑一局集团培训中心张晓艳编写。

教材编写时还参考了已出版的多种相关培训教材，对这些教材的编作者，一并表示谢意。

在本书的编写过程中，虽经推敲核证，但限于编者的专业水平和实践经验，仍难免有疏漏或不妥之处，恳请各位同行提出宝贵意见，在此表示感谢。

目　　录

第一章 建设工程安全生产法律法规

第一节 安全生产方针

安全生产事关人的生命健康，是人类最基本的需要。所谓安全，指没有危险，不出事故，未造成人身伤亡、资产损失。因此，安全不但包括人身安全，还包括财产安全。安全生产，是指在社会生产活动中，通过人、机、物料、环境、方法的和谐运作，使生产过程中潜在的各种事故风险和伤害因素始终处于有效控制状态，切实保护劳动者的生命安全和身体健康。也就是说，为了使劳动过程在符合安全要求的物质条件和工作秩序下进行，防止发生人身伤亡和财产损失等生产事故，消除或控制危险有害因素，保障劳动者的人身安全与健康和设备设施免受损坏、环境免遭破坏而采取的一切行为措施。

安全生产是我国的一项重要政策，也是现代企业管理的一项重要原则。安全生产的目的，就是保护劳动者在生产过程中的安全和健康，促进国家经济稳定、持续、健康的发展。安全生产是发展中国特色社会主义市场经济，全面实现小康社会目标的基础和条件，是构建和谐社会、和谐企业的基本保障，是社会文明程度的重要标志。

安全与生产的关系是辩证统一的关系，而不是对立的、矛盾的关系。安全与生产的统一性表现在：一方面指生产必须安全。安全是生产的前提条件，不安全就无法生产；另一方面，安全可以促进生产。做好安全工作，改善劳动条件，可以更好地调动劳动者的积极性，提高劳动生产率和减少因事故带来的劳动力和财产等损失，无疑会增加企业效益，促进生产发展。

一、安全生产方针

我国现行的安全生产方针是"安全第一、预防为主、综合治理"。在工程建设中必须深入贯彻执行这一方针。"安全第一"，是安全生产方针的基础；"预防为主"，是安全生产方针的核心和具体体现，是实现安全生产的根本途径；"综合治理"，是安全生产方针的基石，是安全生产工作的重心所在，也是落实安全生产政策、法律法规的最有效手段。

《中华人民共和国安全生产法》第三条规定："安全生产管理，坚持'安全第一，预防为主'的方针"；《建筑法》第三十六条规定："建设工程安全生产管理必须坚持'安全第一，预防为主'的方针"。以法律形式确立的这个方针，是整个安全生产活动的指导原则。把"综合治理"充实到安全生产方针当中，始于中国共产党第十六届中央委员会第五次全体会议通过的《中共中央关于制定十一五规划的建议》，并在胡锦涛总书记、温家宝总理的讲话中进一步明确。

（一）安全生产方针的提出

在新中国成立初期，国家建立了新型劳动力制度，明确提出了劳动保护政策。但由于受各种因素影响，重生产轻安全的观念在私营和国有企业都较普遍，工伤事故较为严重，在这种情况下，1952年毛泽东主席在劳动部的工作报告中批示，"在实施生产节约的同时，必须注意职工的安全、健康和必不可少的福利事业，如果只注意到前一方面，忘记或稍加忽视后一方面，那是错误的"。1952年8月在北京召开了第二次全国劳动保护工作会议，经过认真讨论，提出了劳动保护工作必须贯彻"安全生产"的方针，明确提出了"安全为了生产，生产必须安全"和"管生产必须管安全"的安全生产的管理条例。这是安全生产方针最初的产生背景。

（二）安全生产方针的发展

建国至今，我国的安全生产方针随着我国政治和经济的发展在逐步的演变、渐进。根据历史资料，大体可以归纳为3次变化，即："生产必须安全、安全为了生产"；"安全第一，预防为主"；"安全第一，预防为主，综合治理"。从我国安全生产方针的演变，可以看到我国安全生产工作不同时期的不同目标和工作原则。

1. "生产必须安全，安全为了生产"（1949~1983年）

建国初期，百废待兴。全国人民的主要任务就是克服长期战争遗留下来的困难，加速经济建设。

据《当代中国的劳动保护》一书介绍，1952年，时任劳动部部长的李立三根据毛泽东主席的指示精神（见此前"安全生产方针的提出"），提出了"安全生产方针"这6个字。不过，当时仅限于这6个字，而没有确定其内涵。后来，时任国家计委主任的贾拓夫将"安全生产方针"这6个字丰富为"生产必须安全，安全为了生产"。

1952年12月，原劳动部召开了第二次全国劳动保护工作会议。这次会议，着重传达、讨论了毛泽东主席对劳动部1952年下半年工作计划的批示。劳动部部长李立三根据这一批示，提出了"安全与生产要同时搞好"的指导思想。在这次会议上，明确提出了安全生产方针，即："生产必须安全、安全为了生产"的安全、生产统一的方针。会议还提出了"要从思想上、设备上、制度上和组织上加强劳动保护工作，达到劳动保护工作的计划化、制度化、群众化和纪律化"的目标和任务。这次会议，明确了劳动保护工作的指导思想、方针、原则、目标、任务，对以后工作的开展，起到巨大的推动作用，产生了比较深远的影响。

2. "安全第一、预防为主"（1984~2004年）

据《当代中国的劳动保护》一书中介绍，"文化大革命"后，国家劳动总局劳动保护局局长章萍提出了在生产中贯彻安全生产方针，实际上就是贯彻"安全第一，预防为主"的思想，经全国讨论后，认为这一提法比较科学，有利于安全生产和遏制事故的发生。1984年，主管安全生产的劳动人事部在呈报给国务院成立全国安全生产委员会的报告中把"安全第一，预防为主"作为安全生产方针写进了报告，并得到国务院的正式认可。1987年1月26日，劳动人事部在杭州召开会议，把"安全第一，预防为主"作为劳动保护工作方针写进了我国第一部《劳动法（草案）》。从此，"安全第一，预防为主"便作为安全生产的基本方针而确立下来。

随着改革开放和经济高速发展，安全生产越来越受到重视。"安全第一"的方针被有关法律所肯定，成为以法律强制实施的安全生产基本方针。《中华人民共和国矿山安全法》、《中华人民共和国煤炭法》、《中华人民共和国矿产资源法》、《中华人民共和国建筑法》、《中华人民共和国电力法》、《中华人民共和国全民所有制工业企业法》等均列入明确规定。

2002年，"安全第一、预防为主"方针被列入《中华人民共和国安全生产法》，由第九届全国人民代表大会常务委员会第二十八次会议于2002年6月29日通过，自2002年11月1日起施行。

3. "安全第一、预防为主、综合治理"（2005至今）

把"综合治理"充实到安全生产方针中，始于中国共产党第十六届中央委员会第五次全体会议通过的《中共中央关于制定十一五规划的建议》，并在胡锦涛总书记和温家宝总理的讲话中进一步明确。《建议》指出，保障人民群众的生命财产安全，坚持安全第一，预防为主，综合治理，落实安全生产责任制，强化企业安全生产责任，健全安全生产监管体制，严格安全执法，加大安全生产设施建设。切实抓好煤矿等高危行业的安全生产，有效遏制重大事故。

中共中央政治局常委、国务院总理温家宝于2006年1月23～24日，在北京召开的全国安全生产工作会议上指出："加强安全生产工作，要以邓小平理论和'三个代表'重要思想为指导，以科学发展观统领全局，坚持'安全第一、预防为主、综合治理'，坚持标本兼治、重在治本，坚持创新体制机制、强化安全管理。"

中共中央总书记胡锦涛于2006年3月27日下午主持中共中央政治局第30次集体学习时强调："加强安全生产工作，关键是要全面落实'安全第一、预防为主、综合治理'的方针，做到思想认识上警钟长鸣、制度保证上严密有效、技术支撑上坚强有力、监督检查上严格细致、事故处理上严肃认真。"

2006年6月24日，原国家安全生产监督管理总局局长李毅中在"安全发展"高层论坛开幕式上的讲话指出：党的安全生产方针是完整的统一体，坚持安全第一，必须以预防为主，实施综合治理；只有认真治理隐患，有效防范事故，才能把"安全第一"落到实处。事故发生后组织开展抢险救灾，依法追究责任，深刻吸取教训，固然十分重要，但对于生命个体来说，伤亡一旦发生，就不再有改变的可能。事故源于隐患，防范事故的有效办法，就是主动排查、综合治理各类隐患，把事故消灭在萌芽状态。不能等到付出了生命代价、有了血的教训之后再去改进工作。从这个意义上说，综合治理是安全生产方针的基石，是安全生产工作的重心所在。同时强调，"贯彻党的安全生产方针，必须坚持标本兼治，重在治本"。

（三）安全生产方针的内容

我国的安全生产方针强调在生产中要做好预防工作，尽可能将事故消灭在萌芽状态之中。因此，对于我国安全生产方针的含义，应从这一方针的产生和发展去理解，归纳起来主要有以下几方面的内容：

（1）安全生产的重要性　生产过程中的安全是生产发展的客观需要，特别是现代化生产，更不允许有所忽视，必须强化安全生产，在生产活动中把安全工作放在第一位，尤其当生产与安全发生矛盾时，生产服从安全，这是安全第一的含义。

在社会主义国家里，安全生产又有其重要意义。社会主义制度性质决定了它是国家的一项重要政策，是社会主义企业管理的一项重要原则；体现了国家对人民的生命和财产的高度关注。"人民的利益高于一切"是党的宗旨，是"三个代表"精神的重要体现，坚决贯彻安全生产方针，就是关心人民群众的安全与健康，把国家对人民群众利益的关怀体现到具体工作中。

（2）安全与生产的辩证关系　在生产建设中，必须用辩证统一的观点去处理好安全与生产的关系。这就是说，项目领导者必须善于安排好安全工作与生产工作，特别是在生产任务繁忙的情况下，安全工作与生产工作发生矛盾时，更应处理好两者的关系，不要把安全工作挤掉。越是生产任务忙，越要重视安全，把安全工作搞好，否则，就会招致工伤事故，既妨碍生产，又影响企业信誉，这是多年来生产实践证明了的一条重要经验。

长期以来，在生产管理中往往生产任务重，事故就多；生产均衡，安全情况就好，人们称之为安全生产规律。前一种情况其实质是反映了项目领导在经营管理思想上的片面性。只看到生产数量的一面，看不见质量和安全的重要性；只看到一段时间内生产数量增加的一面，没有认识到如果不消除事故隐患，这种数量的增加只是一种暂时的现象，一旦条件具备了就会发生事故。这是多年来安全生产工作中的一条深刻的教训。总之，安全与生产是互相联系，互相依存，互为条件的。要正确贯彻安全生产方针，就必须按照辩证法办事，克服思想的片面性。

（3）预防为主是安全生产的前提　安全生产工作的预防为主是现代生产发展的需要。现代科学技术日新月异，而且往往又是多学科综合运用，安全问题十分复杂，稍有疏忽就会酿成事故。事故一旦发生，其后果就无法挽回，预防为主，"防患于未然"，就是要在事前做好安全工作，把预防措施落实到实处，依靠科技进步，加强安全科学管理，搞好科学预测与分析工作，把工伤事故和职业危害消灭在萌芽状态中。从思想上给予重视，从物质上给予有力保障，在组织机构、安全责任、安全教育、提高防范、监督管理以及劳动保护、施工现场、环境卫生各方面都对事故预防措施予以充分重视，是贯彻安全生产方针的重要内容，各级管理人员应当充分认识到做好安全生产工作，也是建立企业精神文明与物质文明的重要步骤，是企业素质和形象外在体现，与企业的命运息息相关，是企业能够长期稳定健康发展的重要保证。

二、安全生产形势

安全生产是人类为其生存和发展向大自然索取和创造物质财富的生产经营活动中一个最重要的基本前提。在生产经营活动中安全生产问题无所不在、无时不有。纵观新中国成立以来我国安全生产状况，产生了3个较好历史时期，有许多好的经验值得总结和继承；也出现了3次事故高峰时期，同样有很多教训也值得我们去反思。

要做好安全生产工作必须做到：坚持"安全第一、预防为主、综合治理"方针，树立"以人为本"思想，不断提高安全生产素质；加强安全生产法制建设，有法可依，有法必依，执法必严，违法必究，严格落实安全生产责任制；加大安全生产投入，依靠科技进步，标本兼治，全面改善安全生产基础设施和提高管理水平，提高本质安全度；建立完善安全生产管理体制，强化执法监察力度；突出重点，专项整治，遏制重特大事故。

近年来，我国工程建设法律、法规体系不断健全，规范企业行为、维护劳动者权益、保障安全与健康的法规陆续颁布，国家安全监察机构也越来越发挥出重要的监察作用。2003年11月，国务院颁布了《建设工程安全生产管理条例》，明确了参与建设活动主体的安全生产责任，确立了建设企业安全生产和政府监督管理的基本制度，是第一部全面规范建设工程安全生产的专门法规，对建筑安全生产提出了原则要求。

2004年1月3日,《安全生产许可证条例》正式实施,进一步提高了像建筑施工企业等高危企业市场准入条件,加强了对施工企业安全生产的监管力度。

2004年1月9日,国务院作出《关于进一步加强安全生产工作的决定》(国发〔2004〕2号),进一步明确了安全生产工作的指导思想、目标任务、工作重点和政策措施,对做好新时期的安全工作具有十分重要的指导意义。

随着《建筑法》、《安全生产法》、《建设工程安全生产管理条例》、《安全生产许可证条例》、国务院关于《特大安全责任事故行政责任追究的规定》以及《建筑工程安全生产监督管理工作导则》、《建筑施工企业安全生产管理机构设置及专职安全生产管理人员配备办法》的陆续实施,安全生产的法制建设得到不断加强。据统计,我国自新中国成立以来颁布并实施的有关安全生产、劳动保护方面的主要法律法规约280余项。为建设工程安全生产管理提供了良好的法制环境,使依法行政、依法管理有了法律保证。

但是,建筑安全生产现状依然严峻。虽然遏止重特大事故成绩显著,然而事故伤亡情况仍较严重,事故起数和死亡人数居高不下。我国正处在大规模经济建设时期,建筑业的规模逐年增加,但伤害事故和死亡人数一直居高不下。2003年,全国建筑施工百亿元产值死亡率为6.92,2004年为4.76,2005年为3.43,2007年为2.02,2008年为1.56,2009年为1.14左右,基本呈逐年下降趋势。但从绝对数字来看,事故起数和死亡人数一直未有显著下降,2003年至2007年全国分别发生建筑施工事故1278起、1086起、1010起、882起、859起,分别死亡1512人、1264人、1195人、1041人、1012人。

(一)2011年房屋市政工程生产安全事故情况通报

2011年房屋市政工程生产安全事故情况通报资料显示:

1. 总体情况

2011年,全国共发生房屋市政工程生产安全事故589起、死亡738人,比去年同期事故起数减少38起、死亡人数减少34人,同比分别下降6.06%和4.40%。

2011年,全国有31个地区发生房屋市政工程生产安全事故,其中陕西(8起、9人)、宁夏(6起、7人)、山西(5起、8人)、新疆生产建设兵团(2起、2人)等地区事故起数和死亡人数较少,江苏(58起、59人)、浙江(44起、53人)、上海(40起、41人)、广东(29起、46人)、北京(28起、34人)、辽宁(17起、42人)、内蒙古(17起、35人)等地区事故起数和死亡人数较多。

2011年,全国有11个地区的事故起数和死亡人数同比下降,其中山西(起数下降62%、人数下降56%)、陕西(起数下降50%、人数下降53%)、四川(起数下降38%、人数下降50%)、甘肃(起数下降38%、人数下降25%)、广西(起数下降26%、人数下降26%)、黑龙江(起数下降22%、人数下降25%)等地区下降幅度较大;有6个地区的事故起数和死亡人数同比上升,其中河南(起数上升50%、人数上升157%)、河北(起数上升57%、人数上升25%)、天津(起数上升29%、人数上升25%)等地区上升幅度较大。

2. 较大及以上事故情况

2011年,全国共发生房屋市政工程生产安全较大及以上事故25起、死亡110人,比去年同期事故起数减少4起、死亡人数减少15人,同比分别下降13.79%和12.00%。

2011年,全国有11个地区发生房屋市政工程生产安全较大及以上事故,其中内蒙古发生 5 起，辽宁、广东各发生 4 起，江西、河南、湖北、湖南各发生 2 起，浙江、安徽、青海、新疆各发生 1 起。特别是辽宁省大连市旅顺口区蓝湾三期工程"10·8"事故属于生产安全重大事故，造成了 13 人死亡，给人民生命财产带来极大损失，也造成了很不好的社会影响。

3. 事故类型和发生部位情况

2011 年，房屋市政工程生产安全事故按照类型划分，高处坠落事故 314 起，占总数的 53.31%；坍塌事故 86 起，占总数的 14.60%；物体打击事故 71 起，占总数的 12.05%；起重伤害事故 49 起，占总数的 8.32%；触电事故 30 起，占总数的 5.09%；机具伤害事故 20 起，占总数的 3.40%；车辆伤害、火灾和爆炸、中毒和窒息、淹溺等其他事故 19 起，占总数的 3.23%。

2011 年，房屋市政工程生产安全事故按照发生部位划分，洞口和临边事故 125 起，占总数的 21.22%；塔吊事故 80 起，占总数的 13.58%；脚手架事故 69 起，占总数的 11.71%；模板事故 46 起，占总数的 7.81%；基坑事故 39 起，占总数的 6.62%；井字架与龙门架事故 29 起，占总数的 4.92%；施工机具事故 20 起，占总数的 3.40%；墙板结构事故 20 起，占总数的 3.40%；临时设施、外用电梯、现场临时用电线路、外电线路、土石方工程等其他事故 161 起，占总数的 27.34%。

（二）安全生产"十二五"规划摘要

国务院总理温家宝 2011 年 9 月 21 日主持召开国务院常务会议，讨论通过《安全生产"十二五"规划》。

会议认为，当前我国仍处于工业化、城镇化快速发展进程中生产安全事故易发多发的特殊时期，安全事故总量依然较大，职业病发病率居高不下，部分高危行业产业布局和结构不合理，监管监察及应急救援能力亟待提升，安全生产工作既要解决长期积累的深层次、结构性和区域性问题，又要应对新情况、新挑战，任务十分艰巨和繁重。

会议强调，编制和实施《安全生产"十二五"规划》，必须牢固树立科学、安全和可持续发展的理念，把安全生产作为政府工作的重中之重，坚持安全第一、预防为主、综合治理的方针，全面落实企业主体责任、部门监管责任和属地管理责任，切实保障人民群众生命财产安全，促进社会和谐稳定。

会议提出，力争到 2015 年，企业安全保障能力和政府监管能力明显提升，各行业领域安全生产状况全面改善，全国安全生产保持持续稳定好转态势，为实现根本好转奠定坚实基础。

会议明确了"十二五"时期安全生产的六项主要任务：

1. 完善企业安全保障体系。

将煤矿和非煤矿山、交通、危险化学品、建筑施工、职业健康等作为安全生产的重点行业领域，全面排查和消除安全隐患，落实和完善安全生产制度，严格安全生产标准，提高企业安全水平和事故防范能力。

2. 完善政府安全监管和社会监督体系。

加强监管监察队伍和信息化等能力建设，创新监管监察方式，加强社会舆论监督。

3. 完善安全科技支撑体系。

加强安全生产科学技术研究，培养专业人才，推广应用先进适用技术与装备，提高安全保障能力。

4. 完善法律法规和政策标准体系。

加快修订安全生产法，完善技术标准，推进企业安全生产标准化建设。

5. 完善应急救援体系。

健全应急预警和联合处置机制，加强应急救援队伍建设，强化应急实训演练，提高事故救援和应急处置能力。

6. 完善宣传教育培训体系。

强化高危行业和中小企业一线操作人员安全培训，提高从业人员安全素质和社会公众自救互救能力，提升全民安全防范意识，构建安全发展社会环境。会议要求各地区、各有关部门加强组织领导，强化考核评估，加大政策支持和投入，落实重点工程项目，确保规划顺利实施。

（三）2011 年全国安全生产情况

全国安全生产工作会议指出：2011 年全国安全生产继续保持了总体稳定、持续好转的发展态势，总体上实现了"十二五"时期安全生产工作的良好开局。

1. 事故总量和死亡人数持续下降

据安监总局调度统计：2011 年全国发生各类事故 347728 起，死亡 75572 人，同比分别下降减少 15655 起、3980 人，下降率为 4.3% 和 5%。工矿商贸领域事故死亡人数首次降到 1 万人以下，其中煤矿事故死亡人数首次降到 2000 人以下。

2. 防范遏制重特大事故取得明显成效

全国一次死亡 3～9 人的较大事故同比减少 98 起、403 人，分别下降 5.7% 和 5.9%。一次死亡 10 人以上的重特大事故同比减少 13 起、325 人，分别下降 15.3% 和 22.6%；其中一次死亡 30 人以上的特别重大事故同比减少 7 起、251 人，分别下降 63.6% 和 61.2%。通过有效防范和全力救援，全国没有发生一次死亡 50 人以上的事故。

3. 反映安全发展水平的各项主要指标进一步趋好

各安全主要指标同比降幅均在 10% 以上，其中亿元 GDP 生产安全事故死亡率由 0.201 降到 0.173，降幅 13.9%；工矿商贸十万就业人员事故死亡率由 2.13 降到 1.88，降幅 11.7%，道路交通万车死亡率由 3.2 降到 2.8，降幅 12.5%；煤矿百万吨死亡率由 0.749 降到 0.564，降幅 24.7%。

4. 重点行业领域安全生产状况普遍改善

工矿商贸事故起数和死亡人数同比分别下降 7.3% 和 8.6%，其中煤矿分别下降 14.4% 和 18.9%，金属与非金属矿山分别下降 13.7% 和 16.6%，危险化学品事故死亡人数下降 5.2%，烟花爆竹分别下降 12.9% 和 22.6%，建筑施工分别下降 4.5% 和 4.9%，冶金机械建材等工商贸其他分别下降 4.8% 和 1.3%。道路交通分别下降 4% 和 4.4%，水上交通分别下降 10% 和 11.6%，铁路交通分别下降 5.7% 和 4.2%，消防火灾分别下降 5.4% 和 8.2%。农业机械事故死亡人数下降 20.1%，渔业船舶事故死亡人数下降 10.7%。民航没有发生运输飞行事故。

5. 大部分地区安全生产形势比较稳定

全国 32 个省级统计单位中，有 24 个单位事故起数和死亡人数双下降，21 个单位重特大事故起数下降或持平，其中内蒙古、安徽、青海、新疆生产建设兵团 4 个单位没有发生重特大事故，北京、天津、河北、上海、浙江、福建、江西、湖北、广东、海南、西藏、宁夏12个单位的工矿商贸领域没有发生重特大事故。

6. 安全生产控制指标实施情况良好

年度指标实施进度低于控制目标4个百分点。工矿商贸领域的煤矿、金属与非金属矿山、危险化学品、烟花爆竹、建筑施工，以及生产经营性道路交通和水上交通、消防火灾、铁路交通、农业机械、渔业船舶等行业领域事故死亡人数，均在控制目标以内。全国32个省级统计单位事故死亡人数均在控制考核指标之内。

（四）2012年的重点工作（摘要）

1. 牢固树立科学发展、安全发展理念，着力凝聚共识，推动实施安全发展战略。

利用各种方法途径，大力宣传贯彻国务院《意见》、《通知》和《安全生产"十二五"规划》。以"科学发展、安全发展"为主题，组织开展好全国第11个"安全生产月"系列活动。通过广泛深入的宣传教育，使党中央国务院坚持科学发展、安全发展，促进安全生产形势持续稳定好转的重大决策部署和各项政策措施深入人心。继续开展安全文化示范企业、安全社区、安全保障型城市创建活动和校园安全文化建设。搞好换届改选后各级政府分管领导和安监系统主要领导干部安全培训，使之成为践行科学发展、安全发展理念，实施安全发展战略的带头人。认真实施全国安全生产"十二五"规划和12部专项规划及相关行业规划，推动实现安全与发展的有机统一。

2. 坚持预防为主，着力排查治理隐患，深化重点行业领域的安全整治

把排查治理隐患作为坚持预防为主，有效防范遏制事故的治本之策，毫不放松地抓下去。

加强安监机构与有关部门的协调配合，深化建筑施工安全整治，认真整治借用资质和挂靠、违法分包转包、以包代管，以及严重忽视安全生产、赶工期抢进度等突出问题。深入排查治理高速铁路、城市轨道交通安全隐患。深化渡口渡船、渔业船舶、农业机械安全专项整治。深入实施社会消防安全"防火墙"工程。深化人员密集场所安全整治，严防拥挤踩踏事故。

3. 坚持落实责任，着力强化和落实企业安全生产主体责任，不断加强政府安全监管

继续深入贯彻落实国务院《通知》精神，通过严格安全生产行政许可、严格领导干部现场带班、实施分类指导重点监管、跟踪落实整改措施，以及警示约谈、黄牌警告、责任追究等行之有效的方法途径，促使企业履行安全生产主体责任，建立自我约束、持续改进的企业安全生产长效机制。加强对企业主要负责人和实际控制人履行安全生产职责情况的监督考核。加强企业安全生产诚信建设，尽快建立与银行、证券、保险、担保等挂钩的企业安全生产失信惩戒制度。

4. 坚持依法治理，着力打击非法违法行为，进一步规范生产经营建设秩序

加快修订《安全生产法》等法律法规。加强安全生产法制宣传，增强企业和社会公众安全生产法律意识。针对无照无证和证照不全进行生产、已关闭小矿小厂死灰复燃、拒不执行停产整顿指令等典型违法行为，继续集中开展"打非"专项行动。搞好日常执法、重点执法和跟踪执法，健全完善联合执法。在坚持和完善区域内、行业内联合执法机制的同时，针对危化品运输、长途客运安全监管等难点，探索建立跨地区、跨行业的联合执法机制。抓紧建立非法违法企业、重特大事故企业在媒体公示的黑名单制度，逐步建立全国安

全生产信息联网查询系统。

按照"四不放过"和"科学严谨、依法依规、实事求是、注重实效"的原则和要求，严肃认真做好事故调查工作，主动公开事故调查有关事项，自觉接受社会监督。认真执行事故查处挂牌督办和非法违法、瞒报谎报事故查处跟踪督办制度，严肃安全生产党纪国法。结合事故查处和责任追究，深挖非法违法行为背后的腐败行为和"保护伞"，改善安全生产执法环境。

5. 强化科技支撑，着力推广先进适用技术，全面提升安全保障能力

做好百项先进适用技术、千项新型适用产品的推广应用工作，继续抓好矿山井下安全避险、煤矿瓦斯高效抽采与利用、尾矿库在线监测监控、危险化学品重大危险源监控预警等安全技术示范工程。加大安全生产科研攻关力度，突出抓好列入国家科技支撑计划的重点科研项目，尽快在事故预防预警、防治控制、抢险处置和执法监管等方面，推出一批具有自主知识产权的科技成果。整合优化安全科研资源，尽快建成一批安全技术创新中心、安全工程专业技术中心和国家级安全科研重点实验室，建立以企业为主体、以市场为导向、产学研用相结合的安全生产技术创新体系。继续发布相关行业领域落后安全技术装备淘汰目录。抓紧出台实施关于促进安全产业发展的指导意见。加强安全生产领域国际交流合作，积极引进国外先进技术和成功经验。在继续对煤矿安全技术改造、尾矿库治理等实行扶持政策的同时，进一步修订完善企业安全费用制度，扩大安全生产专用设备所得税优惠范围，发挥经济政策的导向作用，引导企业加大投入、加快推进安全生产科技进步。

6. 强化应急处置，着力加强队伍和装备建设，进一步提升应急救援能力

建立健全省、市、重点县三级安全生产应急管理机构。加快建立协同应对重特大生产安全事故的应急联动机制，提高应急救援效率。抓紧国家矿山应急救援队和区域性矿山应急救援队建设，2012年要能够承担起服务区域内重特大、复杂矿山事故的应急救援任务。健全应急预案体系，加强各类预案之间的衔接，增强预案的针对性和可操作性。指导督促高危企业、人员密集场所、中小学校等，定期开展预案演练，提高对突发事故的应急处置、自救互救能力。认真组织开展重大危险源普查登记、分级分类、检测检验和安全评估，加快建立国家、省、市、县四级重大危险源动态数据库和分级监管系统。进一步加强安监机构与气象、地震、海洋等部门之间的配合协调，建立防范自然灾害引发事故灾难的协调联动和预警机制。

7. 强化基础建设，着力推进企业安全生产达标创建，搞好安全培训工作

加强监督指导，总结推广先进经验，确保各行业达标创建工作按计划推进。坚持从基础环节抓起，推广煤炭等行业加强班组安全建设经验，明确班组和岗位安全规范，搞好岗位达标和专业达标，落实企业领导干部现场带班等制度，夯实企业安全生产基础。结合安全监管信息化"金安"工程二期建设，用三年左右时间，在全国各地基本建立能够适时反映企业隐患排查治理和安全生产状况、便于实施政府动态监管的综合信息网络。进一步加强高危行业"三项岗位"人员和班组长、农民工安全培训。严肃查处特殊工种岗位无证上岗、农民工未经培训就下井进厂作业等违法违规行为。加强安全科学与工程学科建设，办好安全工程类高等教育和职业教育。抓紧建设一批中小学安全基础教育示范基地。

8. 加强职业危害防治，着力落实监管职责，把职业卫生工作纳入依法进行的轨道

认真贯彻新修订的《职业病防治法》，按照中编办104号文件规定，积极划转、理顺和落实职业卫生监管职责，抓紧建立专业监管队伍和技术支撑机构。建立健全职业病危害项目申报、职业卫生许可、建设项目职业卫生"三同时"等规章制度，完善职业卫生法规标准体系。加大职业卫生培训工作力度。继续以职业病危害严重的煤炭、石棉、石英砂、金矿、木制家具等行业为重点，深入开展专项治理，强化职业病危害源头控制。进一步密切安监机构与卫生、社保、工会等方面的协调配合，全面建立健全职业病防治协作机制。

9. 加强安监队伍建设，着力深化创先争优活动，提升监管监察能力

健全完善安全监管和执法体系，尤其加强县级和乡镇安全监管力量建设，完善委托执法制度。以打造一支作风扎实、业务精通、严格执法、廉洁奉公的安监队伍为目标，进一步加强思想政治建设，开展向先进模范学习活动，大力弘扬艰苦奋斗、无私奉献精神；加强业务能力建设，利用离岗学习、选送参训、委托培养、视频讲座、岗位练兵等多种方法途径，开展安全监管监察业务培训，提升专业能力；加强党风廉政建设，搞好巡视督导和执法监督，维护安监队伍执法为民的良好形象。积极推广首届安全生产理论和实践创新成果，不断提高安全生产工作科学化水平。全面实施监管监察能力建设规划，启动重点建设项目，争取2012年中央投资5亿元，带动地方相同额度投资，支持1000个重点县级安监机构的装备和能力建设。继续申报和争取安全监管监察特殊岗位津贴，努力改善基层工作和生活条件。坚持把严格要求与关心爱护更好地结合起来，不断提高我们这支队伍的凝聚力、创造力和战斗力。

三、住房城乡建设系统关于贯彻落实《国务院关于坚持科学发展安全发展促进安全生产形势持续稳定好转意见》有关重点工作分工实施意见（摘要）

1. 加强安全管理法规标准建设

（1）健全完善安全生产法规。研究起草《建设工程抗御地震灾害管理条例》（草案），完善《超限高层建筑工程抗震设防管理规定》，强化超高层建筑等抗灾管理。研究制定《城市轨道交通工程安全质量管理条例》，根据前期征求意见做好修改论证工作。开展城市地下管线管理立法研究，调研国内外城市地下管线管理立法情况，研究起草《城市地下管线管理条例》。配合国务院法制办加快制定《城镇排水与污水处理条例》。抓紧完成《房屋建筑和市政基础设施工程施工图设计文件审查管理办法》、《建筑施工企业主要负责人、项目负责人和专职安全生产管理人员安全管理规定》等部门规章修订或制定工作。

（2）完善工程安全标准体系。抓紧开展《建筑施工安全技术统一规范》、《建筑施工脚手架安全技术统一标准》、《建设工程施工现场供用电安全规范》和《城市轨道交通安全控制技术规范》等标准的制定或修订工作。

2. 加强建筑施工安全生产监管

（1）着力强化企业安全生产主体责任。各地住房城乡建设主管部门要督促建筑施工企业严格遵守和执行安全生产法律法规、规章制度和技术标准，依法依规加强安全生产，加大安全投入，严格按照有关规定提取和使用安全生产费用。督促建筑施工企业负责人和项目负责人带头执行现场带班制度，加强现场安全管理。

（2）着力抓好重点领域施工安全监管。各地住房城乡建设主管部门要加大对保障性安居工程、城市轨道交通工程的监管力度，有效配置监管资源，加强监督检查，严肃查处和曝光违法违规行为。重点开展深基坑、高大模板、脚手架、建筑起重机械设备等关键部位环节安全隐患专项排查治理和督查，切实整改生产安全隐患。督促建筑施工企业建立健全安全隐患排查治理工作制度，充分运用信息化手段加强对安全隐患的监测监控、动态管理和预报预警。进一步推动房屋市政工程生产安全和质量事故查处督办、建筑安全生产重大隐患挂牌督办等制度的有效实施，严肃查处事故责任单位和人员。

（3）着力落实资质审批和施工许可环节安全监管职责。加强企业资质申报与安全生产状况联动，对申报资质企业生产安全事故情况进行严格核查，对发生安全事故的企业的资质申请暂停审批；对负有安全生产责任的企业的资质申请不予批准，并依法作出处罚。各地住房城乡建设主管部门要严格执行《建筑工程施工许可管理办法》，严格审查工程建设项目安全生产措施是否满足要求。

（4）着力打击建筑市场违法违规行为。各地住房城乡建设主管部门要严格执行《关于进一步加强建筑市场监管工作的意见》、《规范住房城乡建设部工程建设行政处罚裁量权实施办法》和《住房城乡建设部工程建设行政处罚裁量基准》，严厉打击转包、违法分包、无资质证书或超越资质证书范围承接工程、从业人员无资格证书从事施工活动等行为。

3. 加强城市道路桥梁安全管理

（1）提升城市道路桥梁安全保障能力。各地住房城乡建设主管部门要认真贯彻落实《城市道路管理条例》、《城市桥梁检测和养护维修管理办法》相关要求，督促指导城市道路桥梁管理单位建立健全应急管理和保障机制，加强检测和养护维修管理，建立安全隐患排查治理制度，提升应急管理和安全保障能力。加强城市桥梁信息系统建设，尽快建立完善桥梁档案资料和基础信息，确保做到一桥一档，抓紧建立桥梁信息系统，实现桥梁信息数据的动态更新和管理。

（2）加大对破坏城市道路桥梁行为的惩处力度。各地住房城乡建设主管部门要认真落实监管职责，加强对城市道路桥梁安全状况的监督检查，重点查处未经批准、擅自占用、挖掘城市道路，超重、超高、超长车辆擅自过路过桥，在城市桥梁擅自架设管线等违法违规行为。

4. 加强建筑节能改造消防安全管理

（1）加强外墙保温材料和施工现场监管。各地住房城乡建设主管部门要严格执行《关于贯彻落实〈国务院关于加强和改进消防工作的意见〉的通知》和《民用建筑外墙保温系统及外墙装饰防火暂行规定》，严厉查处使用不合格材料、不按规定做防火构造以及不按规定施工等行为。

（2）不断提升外墙保温材料及系统的技术水平。积极组织和支持科研和企事业单位研发防火、隔热等性能良好、均衡的外墙保温材料及系统，特别是燃烧时无有害气体产生、发烟量低的外墙保温材料，及时修订完善相关标准规范。组织推广应用具备条件的材料和技术，组织做好相关管理和技术、施工人员的教育培训工作。

5. 加强危化企业规划管理工作

（1）指导危险化学品生产企业选址布局。各地规划主管部门要指导规划编制单位做好城市各类功能区的科学布局，通过规划审批等措施指导危险化学品生产企业避开城市上风口、河流上游及水源地保护范围，与城市其他功能用地特别是人流密集地区保持必要的隔离距离，尽量减少危险化学品污染和危害。

（2）加强危险化学品生产、储存企业规划许可监管。各地规划主管部门要配合当地安全监管部门严格执行《关于危险化学品生产企业申请安全生产许可证时提交规划行政许可证明的通知》，在发放危险化学品生产、储存项目规划许可前应征求安全监管部门的意见。

6. 加强应急救援体系建设

各地住房和城乡建设主管部门要健全建筑工程，城市供水、供气，市政桥梁等安全事故应急预案体系，指导有关企业应急预案做好与政府相关应急预案的衔接，完善与相关部门、单位的应急救援协调联动机制。要督促企业定期组织开展应急预案演练，加强应急预案培训，提高企业现场带班人员、作业人员的应急意识和能力，遇到险情时，要按照预案规定，立即执行停产撤人等应对措施。着力加强城市轨道交通、超高层建筑等工程应急救援体系建设，鼓励和引导有关施工企业参与应急抢险，有条件的地区应依托大型施工企业建立专业应急救援队伍，保障应急资金投入，完善应急物资设备储备机制。

7. 加强安全监管工作组织领导

各地住房和城乡建设主管部门要在当地政府统一领导下，完善部门依法监管、企业全面负责、群众参与监督、全社会广泛支持、各方齐抓共管的工作体系，为切实履行安全生产监管职责创造有利格局。要根据国务院重点分工方案和本意见要求，结合本地实际制定实施步骤和具体要求，加强与有关部门的协调沟通，建立密切协作机制，配合有关牵头部门做好相关工作。要研究建立安全生产绩效考核和奖惩机制，对安全生产工作突出、长期未发生事故或事故持续下降的地方和企业予以表扬和奖励，激励有关地方和企业进一步落实安全生产责任，加大安全生产投入。

第二节　安全生产法律法规概述

安全生产法律法规是对有关安全生产的法律、规程、条例、规范的总称，是我国法律体系的重要组成部分，所有的人员必须无条件地遵守和执行。按照"安全第一、预防为主、综合治理"的安全生产方针，我国制定了一系列的安全生产法律法规和标准，已经基本形成了完整的安全生产法律法规体系。

安全生产法律法规是指调整在生产过程中产生的与劳动者或生产人员的安全与健康，以及生产资料和社会财富安全保障有关的各种社会关系的法律规范的总和。

我们通常所说的安全生产法律法规是指关于改善劳动条件，实现安全生产的有关法律、法规、规章和规范性文件的总和。

目前，我国的安全生产法律法规已初步形成一个以宪法为依据，以《中华人民共和国安全生产法》为主体的，由有关法律、行政法规、地方性法规和有关行政规章、技术标准所组成的综合体系。

一、安全生产法律法规的特征

安全生产法律法规是国家法律规范中的一个组成部分，是生产实践中的经验总结和对自然规律的认识和运用，通过规定人们之间的权利和义务的方式来调整社会关系，以保障社会的稳定和发展，维护国家和人民的根本利益。

安全生产法规首先调整的是在社会生产经营活动中所产生的同安全生产有关的各方面关系和行为。例如，生产经营单位和从业人员之间的关系；生产经营单位和为其提供技术服务的安全生产中介机构的关系；生产经营单位从业人员和有关国家机关、社会团体之间的关系等。全国人大及其常委会、国务院及有关部委、地方人大和地方政府颁发的有关安全生产、职业安全健康、劳动保护等方面的法律、法规、规章、规程、决定、条例、规定、规则及标准等，均属于安全生产法规范畴。

安全生产法规规定了人们在生产过程中的行为准则，规定什么是合法的，可以去做；什么是非法的，禁止去做；在什么情况下必须怎样做，不应该怎样做等，用国家强制性的权力来维护企业安全生产的正常秩序。因此，有了各种安全生产法规，就可以使安全管理工作做到"有法可依，有法必依，执法必严，违法必究"。违反法规要求就要承担一定的法律责任，依法受到制裁。

法律规范一般可分为技术规范和社会规范两大类。技术规范，是指人们关于合理利用自然力、生产工具、交通工具和劳动对象的行为准则。如操作规程、标准、规程等。

安全技术规范是调整在生产经营活动中同安全生产有关的人和自然的关系的一种规范。它是人们为了有效、安全地从事生产经营活动，根据自然规律、科学技术研究成果而制定的，规定在生产经营活动中人的行为和物的状态（包括环境因素）的一种规范。违反这些规范就有可能造成不堪设想的后果，不仅会危及劳动者的人身安全，而且会造成经济上的损失，甚至还会给周围生活环境、社会环境造成危害。因此，为了维护生产秩序和社会秩序，国家就有必要通过立法，把有关人员遵守的安全技术规范规定为必须遵守的法律义务。

所以，安全生产法规是国家法规体系的构成部分，因此具有法的一般特征。此外，还有以下特征：

（1）保护的对象是劳动者、生产经营人员、生产资料和国家财产。

（2）安全生产法规具有强制性的特征。

（3）安全生产法规涉及自然科学和社会科学领域，因此具有政策性特点，又有科学技术性特点。

二、安全生产法规的职能

（1）通过规定政府、政府部门、生产经营单位、社会组织及其主要负责人、安全生产中介机构和从业人员等的安全生产职责，确立他们之间的安全生产关系。

（2）通过规定安全生产方面的权利与义务，规范安全生产相关法人、社会组织、公民的安全生产行为，建立安全生产法律秩序。

（3）通过明确安全生产法律责任，制裁违反安全生产法律、法规的行为，惩戒违法行为，维护安全生产法律秩序，并教育广大群众，约束安全生产违法倾向。

（4）保障生产经营活动的安全运行，保障人民群众生命财产安全，促进经济发展和社会进步。

安全生产法规是实现安全生产的法律保障。要从讲政治、保稳定、促发展的高度去认识和理解安全生产法规的职能，从而提高认真贯彻执行安全生产法规的自觉性和主动性。

三、安全生产法规的作用

安全生产法规的作用主要表现在以下几个方面：

1. 为保护劳动者的安全健康提供法律保障

我国的安全生产法规是以搞好安全生产、工业卫生、保障职工在生产中的安全与健康为目的的，是我们党和国家代表最广大人民群众的根本利益在立法上的具体体现。它不仅从管理上制定了人们的安全行为规范，也从生产技术上、设备上规定了实现安全生产和保障职工安全与健康必需的物质条件，制定出了各种保证安全生产的措施。强调人人都必须遵守规章，尊重自然规律、经济规律和生产规律，保证劳动者得到符合安全与健康要求的劳动条件，切实维护劳动者安全健康的合法权益。

安全生产法规对于促进我国生产力的发展和社会主义现代化建设事业的顺利进行起着重要作用。

2. 加强安全生产的法制化管理

安全生产法规是加强安全生产法制化管理的章程，很多重要的安全生产法规都明确规定了各个方面加强安全生产、安全生产管理的职责，推动了各级领导特别是企业领导对劳动保护工作的重视，把这项工作摆上领导和管理的议事日程。

3. 指导和推动安全生产工作的开展，促进企业安全生产

安全生产法规反映了保护生产正常进行，保护劳动者安全健康所必须遵循的客观规律，对企业搞好安全生产工作提出了明确要求。同时，由于它是一种法律规范，具有法律约束力，要求人人都要遵守，这样，它对整个安全生产工作的开展具有用国家强制力推行的作用。

4. 推进生产力的提高，保证企业效益的实现和国家经济建设事业的顺利发展

安全生产是企业十分关切，关系到它们切身利益的大事，通过安全生产立法，使劳动者的安全健康有了保障，职工能够在符合安全健康要求的条件下从事劳动生产，这样必然会激发他们的劳动积极性和创造性，从而促使劳动生产率的大大提高。同时，安全生产技术法规和标准的遵守和执行，必然提高生产过程的安全性，使生产的效率得到保障和提高，从而提高企业的生产效率和效益。

安全生产法律、法规对生产的安全卫生条件提出与现代化建设相适应的强制性要求，这就迫使企业领导在生产经营决策上，以及在技术装备上采取相应措施，以改善劳动条件、加强安全生产为出发点，加速技术改造的步伐，推动社会生产力的提高。

在我国现代化建设过程中，安全生产法规以法律形式，协调人与人之间、人与自然之间的关系，维护生产的正常秩序，为劳动者提供安全、健康的劳动条件和工作环境，为生产经营者提供可行、安全可靠的生产技术和条件，从而产生间接生产力作用，促进国家现代化建设的顺利进行。

四、我国建设工程安全生产法律体系

安全生产法律体系，是指我国全部现行的、不同的安全生产法律规范形成的有机联系的统一整体。

我国安全生产法律法规经过几十年的建设，基本形成了以《宪法》为基本依据，以《安全生产法》为基本法律规范，以《矿山安全法》、《消防法》、《煤炭法》、《电力法》、《铁路法》、《海上交通安全法》、《公路法》、《民航法》、《建筑法》等专业法律为补充，以《国务院关于特大安全事故行政责任追究的规定》、《安全生产许可证条例》等行政法规，有关地方性法规和部门、政府规章以及安全生产标准为支撑的安全生产法律规体系。

在建筑施工活动中，施工管理者必须遵循相关的法律、法规及标准，同时应当了解法律、法规及标准各自的地位及相互关系。

我国建设工程安全生产法律体系按照法律体系基本框架，法律、法规（行政法规、地方法规）、规章（部门规章、地方政府规章）、法定标准（国家标准、行业标准）分为以下几个层次。

1. 建筑法律

建筑法律一般是全国人民代表大会及其常务委员会对建筑管理活动的宏观规定，侧重于对政府机关、社会团体、企事业单位的组织、职能、权利、义务等，以及建筑产品生产组织管理和生产基本程序进行规定，是建筑法律体系的最高层次，具有最高法律效力，以主席令形式公布。例如，1997年11月1日中华人民共和国主席令第91号《中华人民共和国建筑法》。

2. 建筑行政法规

建筑行政法规是对法律条款进一步细化，是国务院根据有关法律中授权条款和管理全国建筑行政工作的需要制定的，是法律体系中第二层次，以国务院令形式公布。例如，2003年11月12日国务院第393号《建设工程安全生产管理条例》。

3. 建筑部门规章

建筑部门规章是国务院各部委根据法律、行政法规颁布建筑行政规章，其中综合规章主要由建设部发布。部门规章对全国有关行政管理部门具有约束力，但它的效力低于行政法规，以部委第几号令发布。例如，2004年7月5日起施行，建设部令第128号《建筑施工企业安全生产许可证管理规定》。

4. 地方性建筑法规

地方性建筑法规是省、自治区、直辖市人民代表大会及其常务委员会，根据本行政区的特点，在不与宪法、法律、行政法规相抵触下的情况制定的行政法规，仅在地方性法规所辖行政区域内有法律效力。一般指省、市级人大出台的《条例》。

5. 地方性建筑规章

地方性建筑规章是地方人民政府根据法律、法规制定的地方性规章，仅在其行政区域内有效，其法律效力低于地方性法规。一般以省、市政府令形式出台。例如，2001年4月5日北京市人民政府令第72号《北京市建设工程施工现场管理办法》。

6. 国家标准

国家标准是需要在全国范围内统一的技术要求，由国务院标准化行政主管部门制定发布，全国适用。国家标准分为强制性标准和推荐性标准，强制性标准代号为GB，推荐性标准代号为"GB/T"。国家标准的编号由国家标准代号、国家标准发布顺序号及国家标准发布的年号组成，国家工程建设标准代号为GB 5××××或GB/T 5××××。例如，《建筑工程施工质量验收统一标准》（GB 50300—2001）等。

7. 行业标准

行业标准是需要在某个行业范围内统一的，而又没有国家标准的技术要求，由国务院有关行政主管部门制定，并报国务院标准化行政主管部门备案。行业标准是对国家标准的补充，行业标准在相应国家标准实施后，应该自行废止。其标准分为强制性标准和推荐性标准。行业标准如：城市建设行业标准（CJ）、建材行业标准（JC）、建筑工业行业标准（JG）。现行工程建设行业标准代号在部分行业标准代号后加上第三个字母 J，行业标准的编号由标准代号、标准顺序号及年号组成，行业标准顺序号在 3000 以前为工程类标准，在 3001 以后为产品类标准。例如，《普通混凝土配合比设计规程》（JGJ 55—2000）和《冷轧扭钢筋》（JGJ 3046—1998）等。

8. 地方标准

地方标准是对没有国家标准和行业标准，但又需要在省、自治区、直辖市范围内统一的产品的安全和卫生要求，由省、自治区、直辖市标准化行政主管部门制定，并报国务院标准化行政主管部门备案。地方标准不得违反有关法律法规和国家行业强制性标准，在相应的国家标准行业标准实施后，地方标准应自行废止。在地方标准中凡法律法规规定强制性执行的标准，才可能有强制性地方标准。

安全生产法律、法规体系示意图见图 1-1。

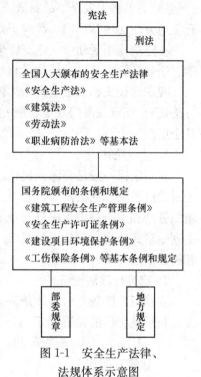

图 1-1　安全生产法律、法规体系示意图

第三节　常用安全生产法律、法规简介

一、《中华人民共和国建筑法》简介

（一）立法目的

《中华人民共和国建筑法》（以下简称《建筑法》）从 1998 年 3 月 1 日起施行，是我国第一部关于工程建设的大法，建筑市场管理、安全、质量三大内容构成整个法律的主框架。在第一条中就明确立法的目的是："为了加强对建筑活动的监督管理，维护建筑市场秩序，保证建筑工程的质量和安全，促进建筑业健康发展。"

（二）建筑安全生产管理基本规定

《建筑法》用了第五章整章篇幅明确了建筑安全生产方针、管理体制、安全责任制度、安全教育培训制度等规定，对强化建筑安全生产管理，规范安全生产行为，保障人民群众生命和财产的安全，具有非常重要的意义。

1. 坚持安全生产方针，建立健全安全生产责任制度和群防群治制度

我国的安全生产方针充分体现了国家对劳动者生命和财产安全的关心和保障，肯定了安全在建筑生产中的首要位置，安全生产责任制是建筑生产中最基本的安全管理制度。群

防群治制度体现在建筑安全生产中，就是充分调动广大职工的安全生产和劳动保护的积极性，加强安全生产教育，强化安全生产意识，广泛开展群众性安全生产检查监督工作，使遵章守纪成为每个职工身体力行的准则，把事故隐患消灭在萌芽状态。

2. 施工现场的安全管理

《建筑法》第三十九条～第四十一条规定：

(1) 建筑施工企业应当在施工现场采取维护安全、防范危险、预防火灾等措施；有条件的，应当对施工现场实行封闭管理。

(2) 施工现场对毗邻的建筑物、构筑物和特殊作业环境可能造成损害的，建筑施工企业应当采取安全防护措施。

(3) 建设单位应当向建筑施工企业提供与施工现场相关的地下管线资料，建筑施工企业应当采取措施加以保护。

(4) 建筑施工企业应当遵守有关环境保护和安全生产方面的法律、法规的规定，采取控制和处理施工现场的各种粉尘、废气、废水、固体废物以及噪声、振动对环境的污染和危害的措施。

3. 安全生产管理制度

(1) 安全生产责任制度

《建筑法》第四十四条规定，建筑施工企业必须依法加强对建筑安全生产的管理，执行安全生产责任制度，采取有效措施，防止伤亡和其他安全生产事故的发生。

建筑施工企业的法定代表人对本企业的安全生产负责。

(2) 制定安全技术措施制度

《建筑法》第三十八规定，建筑施工企业在编制施工组织设计时，应当根据建筑工程的特点制定相应的安全技术措施；对专业性较强的工程项目，应当编制专项安全施工组织设计，并采取安全技术措施。

(3) 安全生产教育制度

《建筑法》第四十六条规定，建筑施工企业应当建立健全劳动安全生产教育培训制度，加强对职工安全生产的教育培训；未经安全生产教育培训的人员，不得上岗作业。

(4) 施工现场安全负责制度

《建筑法》第四十五条规定，施工现场安全由建筑施工企业负责。实行施工总承包的，由总承包单位负责。分包单位向总承包单位负责，服从总承包单位对施工现场的安全生产管理。

(5) 工伤保险制度

《建筑法》第四十八条规定，建筑施工企业应当依法为职工参加工伤保险缴纳工伤保险费。鼓励企业为从事危险作业的职工办理意外伤害保险，支付保险费。

(6) 拆除工程安全保证制度

《建筑法》第五十条规定，房屋拆除应当由具备保证安全条件的建筑施工单位承担，由建筑施工单位负责人对安全负责。

(7) 事故救援及报告制度

《建筑法》第五十一条规定，施工中发生事故时，建筑施工企业应当采取紧急措施减少人员伤亡和事故损失，并按照国家有关规定及时向有关部门报告。

4. 施工企业和作业人员的义务

《建筑法》第四十七条规定，规定建筑施工企业和作业人员在施工过程中，应当遵守有关安全生产的法律、法规和建筑行业安全规章、规程，不得违章指挥或者违章作业。

5. 作业人员的权利

《建筑法》第四十七条规定，作业人员有权对影响人身健康的作业程序和作业条件提出改进意见，有权获得安全生产所需的防护用品。作业人员对危及生命安全和人身健康的行为有权提出批评、检举和控告。

二、《中华人民共和国安全生产法》简介

（一）立法背景及目的

1. 立法背景

目前我国正处于经济转型时期，经济活动日趋活跃和复杂，多种所有制形式并存，但由于过去制定的法律、法规基本是针对国有企业的，对其他所有制企业缺乏法律规范，导致相当多的非公有制企业老板在经济利益驱使下漠视安全生产，很少进行安全投入，甚至违法经营，导致事故不断，据统计1998～2000年我国共发生企业职工伤亡事故39400起，死亡38928人；2001年工矿企业共发生事故11402起，死亡12554人。1998年～2000年全国共发生一次性死亡10人以上的事故489起，死亡9183人，平均每年163起，死亡3601人，平均每两天发生1起；2001年发生一次性死亡10人以上的特大事故140起，死亡2556人，其中一次性死亡30人以上的事故就达16起，死亡707人。另外，各级政府安全监管不到位，各级领导安全责任的不明确、不落实以及现有安全法规难以适应形势发展。基于上述背景，国家于2002年11月1日起正式实施《安全生产法》，完善了安全生产立法。2009年8月27日根据第十一届全国人民代表大会常务委员会第十次会议"关于修改部分法律的决定"进行了局部修订。

2. 立法的目的

《安全法》立法的根本目的就是为了加强安全生产监督管理，防止和减少安全事故，保障人民群众生命和财产安全，促进经济发展。

我国实行社会主义市场经济以来，生产经营单位多种所有制形式并存，市场竞争日趋激烈。各经营主体在追求自身利润最大化的过程中，往往忽视甚至故意规避安全生产管理规定，以牺牲从业人员的健康甚至生命为代价谋取私利，从而造成事故频发，不仅对事故人员及其家属造成痛苦，对经营者本身造成损失，对社会稳定也带来不利影响。国家作为社会公共利益的维护者，必须运用法律手段建立强制性的保障安全生产维护劳动者安全的法律制度，对安全生产实施有利的监督管理。在日常生产经营活动中，特别是矿山企业、建筑施工企业等高危行业的生产活动中存在着诸多不安全因素和隐患，如果缺乏对安全充分的意识，没有采取有效的预防和控制措施，各种潜在的危险就会显现，造成重大事故。由于生产经营活动的多样性和复杂性，人类要想完全避免安全事故，还不现实。但只要对安全生产给予足够的重视，采取强有力的措施，事故是可以预防和减少的。以国家法律的形式强制规范生产经营单位的安全生产能力，保障安全生产的法定措施，正是为了保障人民群众的生命和财产安全，保障经营活动健康正常运行，从而促进经济发展。

(二)《安全生产法》确立的基本法律制度

1. 生产安全责任事故追究制度

《安全生产法》第十三条规定：国家实行生产安全事故追究制度，依照本法和有关法律、法规的规定，追究生产安全事故责任人员的法律责任。

《安全生产法》在以下条款中，对生产经营单位应承担的法律责任给予明确规定：

(1) 第八十条，规定了生产经营单位的决策机构、主要负责人、个人经营的投资人不依照本法规定保证安全生产所必需的资金投入，致使生产经营单位不具备安全生产条件的法律责任。

(2) 第八十一条，规定了生产经营单位的主要负责人不履行本法规定的安全生产管理职责的法律责任。

(3) 第八十二条，规定了生产经营单位未按照规定设立安全生产管理机构、配备安全生产管理人员及对有关人员未按照规定进行教育、培训和考核的法律责任。

(4) 第八十三条，规定了违反本法规定的九项违法行为的法律责任。

(5) 第八十四条，规定了未经依法批准擅自生产、经营、储存危险物品的法律责任。

(6) 第八十五条，规定了生产经营单位违反有关危险物品管理的规定及进行危险作业未安排专门管理人员进行现场安全管理的法律责任。

(7) 第八十六条，规定了生产经营单位将生产经营项目、场所、设备发包或者出租给不具备安全生产条件的单位或者个人以及未与承包单位、承租单位签订安全生产管理协议等违反有关规定的行为的法律责任。

(8) 第八十七条，规定了两个以上生产经营单位在同一作业区域内进行作业未签订安全生产管理协议或者未指定专职安全生产管理人员的法律责任。

(9) 第八十八条，规定了生产经营单位生产、经营、储存、使用危险物品的车间、商店、仓库及员工宿舍不符合有关安全要求的法律责任。

(10) 第八十九条，规定了生产经营单位与从业人员订立的协议或者减轻其对从业人员因生产安全事故伤亡应负的责任，生产经营单位的主要负责人、个人经营的投资人进行的处罚。

(11) 第九十条，规定了生产经营单位的从业人员不服从管理，违章操作应承担的法律责任。

(12) 第九十一条，规定了生产经营单位主要负责人在发生重大生产安全事故时不立即组织抢救或者在事故调查处理期间擅离职守或者逃匿以及对生产安全事故隐瞒不报、谎报或者拖延不报应承担的法律责任。

(13) 第九十三条，规定了生产经营单位不具备本法和其他有关法律、行政法规和国家标准或者行业标准规定的安全生产条件，经停产停业整顿仍不具备安全生产条件的处罚。

(14) 第九十五条，规定了生产经营单位发生生产安全事故造成人员伤亡、他人财产损失应承担赔偿责任以及生产安全事故责任人不依法承担赔偿责任的处理。

2. 生产经营单位安全保障制度

《安全生产法》第二章对生产经营单位的安全生产条件和加强安全生产管理以及管理人员安全生产职责都作了明确规定。

（1）生产经营单位的安全生产条件。

第十六条规定，生产经营单位应当具备本法和有关法律、行政法规和国家标准或者行业标准规定的安全生产条件；不具备安全生产条件的，不得从事生产经营活动。

（2）第十七条规定了生产经营单位的主要负责人的安全生产职责。

（3）安全生产资金。

第十八条规定，生产经营单位应当具备的安全生产条件所必需的资金投入。

第三十九条规定，生产经营单位应当安排用于配备劳动防护用品、进行安全生产培训的经费。

（4）安全生产管理人员的配备和考核：

第十九条规定，矿山、建筑施工单位和危险物品的生产、经营、储存单位，应当设置安全生产管理机构或者配备专职安全生产管理人员。

第二十条规定，生产经营单位的主要负责人和安全生产管理人员必须具备与本单位所从事的生产经营活动相应的安全生产知识和管理能力。考核合格后方可任职。

（5）安全生产教育和培训。

第二十一条、第二十二条、第二十三条和第三十六条规定了生产经营单位应当对从业人员进行必需的安全生产教育和培训。

（6）安全设施的"三同时"。

第二十四条规定，生产经营单位新建、改建、扩建工程项目（以下统称建设项目）的安全设施，必须与主体工程同时设计、同时施工、同时投入生产和使用。安全设施投资应当纳入建设项目概算。

（7）安全条件论证和安全评价。

第二十五条规定，矿山建设项目和用于生产、储存危险物品的建设项目，应当分别按照国家有关规定进行安全条件论证和安全评价。

（8）安全设计和施工：

第二十六条规定，建设项目安全设施的设计人、设计单位应当对安全设施设计负责。

第二十七条规定，矿山建设项目和用于生产、储存危险物品的建设项目的施工单位必须按照批准的安全设施设计施工，并对安全设施的工程质量负责。

（9）安全警示标志。

第二十八条规定，生产经营单位应当在有较大危险因素的生产经营场所和有关设施、设备上，设置明显的安全警示标志。

（10）安全设备。

第二十九条规定，安全设备的设计、制造、安装、使用、检测、维修、改造和报废，应当符合国家标准或者行业标准。

（11）第三十条规定了特种设备以及危险物品的容器、运输工具管理。

（12）第三十一条规定了对严重危及生产安全的工艺、设备的淘汰制度。

（13）第三十二条规定了危险物品的管理。

（14）第三十三条规定了重大危险源的管理。

（15）第三十四条规定了生产经营场所和员工宿舍管理。

（16）爆破、吊装作业管理。

第三十五条规定，生产经营单位进行爆破、吊装等危险作业，应当安排专门人员进行现场安全管理，确保操作规程的遵守和安全措施的落实。

（17）劳动防护用品。

第三十七条规定，生产经营单位必须为从业人员提供符合国家标准或者行业标准的劳动防护用品，并监督、教育从业人员按照使用规则佩戴、使用。

（18）安全检查。

第三十八条规定，生产经营单位的安全生产管理人员应当根据本单位的生产经营特点，对安全生产状况进行经常性检查；对检查中发现的安全问题，应当立即处理；不能处理的，应当及时报告本单位有关负责人。检查及处理情况应当记录在案。

（19）安全协作。

第四十条规定，两个以上生产经营单位在同一作业区域内进行生产经营活动，可能危及对方生产安全的，应当签订安全生产管理协议，明确各自的安全生产管理职责和应当采取的安全措施，并指定专职安全生产管理人员进行安全检查与协调。

（20）第四十一条规定了生产经营单位发包或者出租情况下的安全生产责任。

（21）第四十二条规定了发生重大生产安全事故后，单位主要负责人的职责。

（22）工伤社会保险。

第四十三条规定了生产经营单位必须依法参加工伤社会保险，为从业人员缴纳保险费。

3. 从业人员的权利和义务制度

从业人员是实现安全生产最基本的要素，保证从业人员的安全保障权利，防止和减少事故的发生，是安全生产的前提。

内容包括：

（1）从业人员与用人单位订立的劳动合同应包含劳动安全和防止职业危害的权利。（见本法第四十四条规定）

（2）了解其作业场所和工作岗位存在的危险因素、防范措施及事故应急措施的权利，对本单位的安全生产工作提出建议的权利。（见本法第四十五条规定）

（3）对本单位安全生产工作中存在的问题提出批评、检举、控告的权利；拒绝违章指挥和强令冒险作业的权利。（见本法第四十六条规定）

（4）发现直接危及人身安全的紧急情况时，停止作业或者在采取可能的应急措施后撤离作业场所的权利。（见本法第四十七条规定）

（5）因生产安全事故受到损害时要求赔偿的权利；享受工伤社会保险的权利。（见本法第四十八条规定）

（6）在作业过程中，严格遵守本单位的安全生产规章制度和操作规程，服从管理，正确佩戴和使用劳动防护用品的义务。（见本法第四十九条规定）

（7）接受安全生产教育培训的权利。（见本法第五十条规定）

（8）对事故隐患进行报告的义务。（见本法第五十一条规定）

4. 安全生产监督管理制度

完善的监督管理制度是《安全生产法》得以实施的重要保证，《安全生产法》在第四章明确规定了各级政府监督管理部门，以及其他相关部门，安全监督检查人员的职责、义务和权力。

(1) 第五十三条规定了县级以上地方各级人民政府在安全生产监督管理方面应履行的职责。

(2) 第五十四条、第五十五条规定了安全生产监督管理部门的职责。

(3) 第五十六条规定了负有安全生产监督管理职责的部门的行政职权。

(4) 第六十二条规定了承担安全评价、认证、检测、检验的机构应具备的资格条件及责任。

(5) 第六十七条规定了新闻、出版、广播、电影、电视等部门有进行安全生产宣传教育的义务和有权对违反安全生产法律、法规的行为进行舆论监督。

5. 事故应急救援和调查处理制度

《安全生产法》主要涉及事故应急救援和调查处理，主要内容包括：

(1) 第六十八条、第六十九条规定了地方政府及高危行业应建立事故应急救援体系。

(2) 第七十条规定了生产经营单位生产安全事故的报告和处理。

(3) 第七十条、第七十一条、第七十二条规定了事故上报调查处理的基本原则、主要任务。

三、《建设工程安全生产管理条例》（以下简称《条例》）简介

（一）立法背景、依据及目的

1. 立法背景及依据

2004 年 2 月 1 日《建设工程安全生产管理条例》正式实施，这是新中国成立以来我国制定的第一部有关建设工程安全生产的行政法规，对于强化整个建设行业安全生产意识，依法加强安全生产监督管理具有重要意义。

当年，我国正处在大规模经济建设时期，建筑业的规模逐年增加，但伤害事故和死亡人数一直居高不下。1998 年全国建筑施工每百亿元产值死亡率为 11.73，1999 年为 9.84，2000 年为 7.89，2001 年为 6.80，2002 年为 6.97，2003 年 1 至 10 月为 6.42，基本呈逐年下降趋势。从绝对数字来看，事故起数和死亡人数一直未有显著下降，1998～2002 年全国分别发生建筑施工事故 1013 起、923 起、846 起、1004、1208 起，分别死亡 1180 人、1097 人、987 人、1045 人、1292 人；2003 年 1～10 月全国建筑施工共发生施工事故 1001 起，死亡 1174 人。部分地区建设工程安全生产形势仍然十分严峻，建设工程安全生产管理也存在以下几方面问题：

(1) 工程建设各方主体的安全责任不够明确。工程建设涉及建设单位、勘察单位、设计单位、施工单位、工程监理单位等诸多单位，对这些单位的安全生产责任缺乏明确规定。

(2) 建设工程安全生产的投入不足。一些建设单位和施工单位挤占安全生产费用，致使在工程投入中用于安全生产的资金过少，不能保证正常安全生产措施的需要，导致生产安全事故不断发生。

(3) 建设工程安全生产监督管理制度不够健全，具体的监督管理制度和措施不够完善和规范。

(4) 生产安全事故的应急救援制度不健全。一些施工单位没有制定应急救援预案，发

生生产安全事故后得不到及时救助和处理。

针对以上问题，结合建设行业特点，《条例》根据《中华人民共和国建筑法》和《中华人民共和国安全生产法》，确立了有关建设工程安全生产监督管理的基本制度，明确参与建设活动各方责任主体的安全责任，确保各方责任主体安全生产利益及建筑工人安全与健康的合法权益。

2. 立法目的

《条例》的立法目的主要体现在两个方面。

(1) 为了加强建设工程安全生产监督管理。

由于建设工程具有施工环境及作业条件相对较差，施工人员素质相对较低，不安全因素及各种事故隐患，相对较多的客观事实，因此强化安全生产监督管理，是保证工程质量和效益的前提，缺乏严肃和认真的监督机制，频发的安全事故，不仅会影响到企业的效益，也直接关系到整个建筑业是否能持续健康的发展，甚至会影响到社会稳定的大局。《条例》对政府部门，有关企业及相关人员的安全生产和管理行为进行了全面规范，在《条例》第五章专门规定了建设工程安全管理的执法主体和相应职责。

(2) 为了保证人民群众生命和财产安全。

安全生产关系人民群众生命和财产安全，关系改革发展和社会稳定大局。胡锦涛总书记在党的十六届三中全会上强调："各级党委和政府要牢牢树立'责任重于泰山'的观念，坚持把人民群众的生命安全放在第一位，进一步完善和落实安全生产的各项政策措施，努力提高安全生产水平。"《条例》强调"安全第一，预防为主"的方针，规定了各种措施和方法，来保护人民群众生命和财产安全，这也是《条例》最根本的目的。

(二)《条例》确定的基本管理制度

1. 安全施工措施和拆除工程备案制度

《条例》第十条、第十一条明确规定建设单位应当自开工报告批准之日起15日内，将保证安全施工措施报送建设工程所在地的县级以上地方人民政府建设行政主管部门或者其他有关部门备案。建设单位应当在拆除工程施工15日前，将施工单位资质等级证明、拟拆除建筑物、构筑物及可能危及毗邻建筑的说明、拆除施工组织方案；堆放、清除废弃物的措施报送建设工程所在地的县级以上地方人民政府建设行政主管部门或其他有关部门备案。

2. 健全安全生产制度

《条例》第二十一条规定，施工单位主要负责人依法对本单位的安全生产工作全面负责。施工单位应当建立健全安全生产责任制度和安全生产教育培训制度，制定安全生产规章制度和操作规程，保证本单位安全生产条件所需资金的投入，对所承担的建设工程进行定期和专项安全检查，并做好安全检查记录。

施工单位的项目负责人应当由取得相应执业资格的人员担任，对建设工程项目的安全施工负责，落实安全生产责任制度、安全生产规章制度和操作规程，确保安全生产费用的有效使用，并根据工程的特点组织制定安全施工措施，消除安全事故隐患，及时、如实报告生产安全事故。

3. 特种作业人员持证上岗制度

《条例》第二十五条规定，垂直运输机械作业人员、起重机械安装拆卸工、爆破作业人员、起重信号工、登高架设作业人员等特种作业人员，必须按照国家有关规定经过专门的安全作业培训，并取得特种作业操作资格证书后，方可上岗作业。

4. 专项工程专家论证制度

《条例》第二十六条规定，施工单位应当在施工组织设计中编制安全技术措施和施工现场临时用电方案，对达到一定规模的危险性较大的分部分项工程编制专项施工方案，并附具安全验算结果，经施工单位技术负责人、总监理工程师签字后实施，由专职安全生产管理人员进行现场监督。

对涉及深基坑、地下暗挖工程、高大模板工程的专项施工方案，施工单位还应当组织专家进行论证、审查。

5. 消防安全责任制度

《条例》第三十一条规定，施工单位应当在施工现场建立消防安全责任制度，确定消防安全责任人，制定用火、用电、使用易燃易爆材料等各项消防安全管理制度和操作规程，设置消防通道、消防水源，配备消防设施和灭火器材，并在施工现场入口处设置明显标志。

6. 施工单位管理人员考核任职制度

《条例》第三十六条规定，施工单位的主要负责人、项目负责人专职安全生产管理人员应当经建设行政主管部门或者其他有关部门考核合格后方可任职。

7. 施工自升式架设设施使用登记制度

《条例》第三十五条规定，施工单位应当自施工起重机械和整体提升脚手架、模板等自升式架设设施验收合格之日起 30 日内，向建设行政主管部门或者其他有关部门登记。登记标志应当置于或者附着于该设备的显著位置。

8. 意外伤害保险制度

《条例》第三十八条规定，施工单位应当为施工现场从事危险作业的人员办理意外伤害保险。保险期限自建设工程开工之日起至竣工验收合格止。保险费由施工单位支付。实行施工总承包的，由总承包单位支付保险费。

9. 政府安全监督检查制度

《条例》第四十条规定，国务院建设行政主管部门对全国的建设工程安全生产实施监督管理。县级以上地方人民政府建设行政主管部门对本行政区域内的建设工程安全生产实施监督管理。

《条例》第四十一条规定，建设行政主管部门和其他有关部门应当将本条例第十条、第十一条规定约有关资料的主要内容抄送同级负责安全生产监督管理的部门。

《条例》第四十二条规定，建设行政主管部门在审核发放施工许可证时，应当对建设工程是否有安全施工措施进行审查，对没有安全施工措施的，不得颁发施工许可证。

建设行政主管部门或者其他有关部门对建设工程是否有安全施工措施进行审查时，不得收取费用。

《条例》第四十三条规定，县级以上人民政府负有建设工程安全生产监督管理职责的部门在各自的职责范围内履行安全监督检查职责时，有权采取下列措施：

（1）要求被检查单位提供有关建设工程安全生产的文件和资料；

（2）进入被检查单位施工现场进行检查；

（3）纠正施工中违反安全生产要求的行为；

（4）对检查中发现的安全事故隐患，责令立即排除；重大安全事故隐患排除前或者排除过程中无法保证安全的，责令从危险区域内撤出作业人员或者暂时停止施工。

《条例》第四十四条规定，建设行政主管部门或者其他有关部门可以将施工现场的监督检查委托给建设工程安全监督机构具体实施。

《条例》第四十六条规定，县级以上人民政府建设行政主管部门和其他有关部门应当及时受理对建设工程生产安全事故及安全事故隐患的检举、控告和投诉。

10. 危及施工安全工艺、设备、材料淘汰制度

《条例》第四十五条规定，国家对严重危及施工安全的工艺、设备、材料实行淘汰制度。

11. 生产安全事故应急救援制度

《条例》第四十八条规定，施工单位应当制定本单位生产安全事故应急救援预案，建立应急救援组织或者配备应急救援人员，配备必要的应急救援器材、设备，并定期组织演练。

《条例》第四十九条规定，施工单位应当根据建设工程施工的特点、范围，对施工现场易发生重大事故的部位、环节进行监控，制定施工现场生产安全事故应急救援预案。实行施工总承包的，由总承包单位统一组织编制建设工程生产安全事故应急救援预案，工程总承包单位和分包单位按照应急救援预案，各自建立应急救援组织或者配备应急救援人员，配备救援器材、设备，并定期组织演练。

12. 生产安全事故报告制度

《条例》第五十条规定，施工单位发生生产安全事故，要及时、如实向当地安全生产监督部门和建设行政管理部门报告。实行总承包的由总包单位负责上报。

（三）《条例》明确了建设活动各方主体的安全责任

1. 建设单位的安全责任

《条例》第七条、第八条、第九条规定：建设单位应当在工程概算中确定并提供安全作业环境和安全施工措施费用；不得要求勘察、设计、监理、施工企业违反国家法律法规和强制性标准规定，不得任意压缩合同约定的工期；有义务向施工单位提供工程所需的有关资料，有责任将安全施工措施报送有关部门备案。

2. 施工单位的安全责任

施工单位在建设工程安全生产中处于核心地位，《条例》在第四章中对施工单位的安全责任作了全面、具体的规定。

（1）对施工单位资质的规定。

《条例》第二十条规定，施工单位从事建设工程的新建、扩建、改建和拆除等活动，应当具备国家规定的注册资本、专业技术人员、技术装备和安全生产等条件，依法取得相应等级的资质证书，并在其资质等级许可的范围内承揽工程。

（2）施工单位主要负责人和项目负责人的安全责任。

《条例》第二十一条规定，施工单位主要负责人依法对本单位的安全生产工作全面负责。施工单位应当建立健全安全生产责任制度和安全生产教育培训制度，制定安全生产规章制度和操作规程，保证本单位安全生产条件所需资金的投入，对所承担的建设工程进行

定期和专项安全检查，并做好安全检查记录。

施工单位的项目负责人应当由取得相应执业资格的人员担任，对建设工程项目的安全施工负责，落实安全生产责任制度、安全生产规章制度和操作规程，确保安全生产费用的有效使用，并根据工程的特点，组织制定安全施工措施，消除安全事故隐患，及时、如实报告生产安全事故。

(3) 施工总承包和分包单位的安全生产责任。

《条例》第二十四条规定，建设工程实行施工总承包的，由总承包单位对施工现场的安全生产负总责。

总承包单位应当自行完成建设工程主体结构的施工。

总承包单位依法将建设工程分包给其他单位的，分包合同中应当明确各自的安全生产方面的权利、义务。总承包单位和分包单位对分包工程的安全生产承担连带责任。

分包单位应当服从总承包单位的安全生产管理，分包单位不服从管理导致生产安全事故的，由分包单位承担主要责任。

(4) 施工现场安全管理及作业和生活环境标准。

《条例》第二十九条规定，施工单位应当将施工现场的办公、生活区与作业区分开设置，并保持安全距离；办公、生活区的选址应当符合安全性要求。职工的膳食、饮水、休息场所等应当符合卫生标准。施工单位不得在尚未竣工的建筑物内设置员工集体宿舍。

施工现场临时搭建的建筑物应当符合安全使用要求。施工现场使用的装配式活动房屋应当具有产品合格证。

《条例》第三十条规定，施工单位对因建设工程施工可能造成损害的毗邻建筑物、构筑物和地下管线等，应当采取专项防护措施。

施工单位应当遵守有关环境保护法律、法规的规定，在施工现场采取措施，防止或者减少粉尘、废气、废水、固体废物、噪声、振动和施工照明对人和环境的危害和污染。

在城市市内的建设工程，施工单位应当对施工现场实行封闭围挡。

(5) 提供防护用品及书面告知危险岗位操作规程。

《条例》第三十二条规定，施工单位应当向作业人员提供安全防护用具和安全防护服装，并书面告知危险岗位的操作规程和违章操作的危害。

(四)《条例》明确了对安全生产违法行为的处罚

1. 规定对注册执业人员资格的处罚

注册执业人员未执行法律、法规和工程建设强制性标准的，责令停止执业 3 个月以上 1 年以下；情节严重的，吊销执业资格证书，5 年内不予注册；造成重大安全事故的，终身不予注册；构成犯罪的，依照刑法有关规定追究刑事责任。

2. 规定了对施工单位的处罚

《条例》第六十二条～第六十六条中，对施工单位的各种安全生产违法行为规定了应当承担的行政、民事或法律责任及相应的经济赔偿。

《条例》第六十二条规定，违反本条例的规定，施工单位有下列行为之一的，责令限期改正；逾期未改正的，责令停业整顿，依照《中华人民共和国安全生产法》的有关规定处以罚款；造成重大安全事故，构成犯罪的，对直接责任人员，依照刑法有关规定追究刑事责任：

（1）未设立安全生产管理机构、配备专职安全生产管理人员或者分部分项工程施工时无专职安全生产管理人员现场监督的。

（2）施工单位的主要负责人、项目负责人、专职安全生产管理人员、作业人员或者特种作业人员，未经安全教育培训或者经考核不合格即从事相关工作的。

（3）未在施工现场的危险部位设置明显的安全警示标志，或者未按照国家有关规定在施工现场设置消防通道、消防水源、配备消防设施和灭火器材的。

（4）未向作业人员提供安全防护用具和安全防护服装的。

（5）未按照规定在施工起重机械和整体提升脚手架、模板等自升式架设设施验收合格后登记的。

（6）使用国家明令淘汰、禁止使用的危及施工安全的工艺、设备、材料的。

《条例》第六十三条规定，违反本条例的规定，施工单位挪用列入建设工程概算的安全生产作业环境及安全施工措施所需费用的，责令限期改正，处挪用费用20％以上50％以下的罚款；造成损失的，依法承担赔偿责任。

《条例》第六十四条规定，违反本条例的规定，施工单位有下列行为之一的，责令限期改正；逾期未改正的，责令停业整顿，并处5万元以上10万元以下的罚款；造成重大安全事故，构成犯罪的，对直接责任人员，依照刑法有关规定追究刑事责任：

（1）施工前未对有关安全施工的技术要求作出详细说明的。

（2）未根据不同施工阶段和周围环境及季节、气候的变化，在施工现场采取相应的安全施工措施，或者在城市市区内的建设工程的施工现场未实行封闭围挡的。

（3）在尚未竣工的建筑物内设置员工集体宿舍的。

（4）施工现场临时搭建的建筑物不符合安全使用要求的。

（5）未对因建设工程施工可能造成损害的毗邻建筑物、构筑物和地下管线等采取专项防护措施的。

施工单位有前款规定第（4）项、第（5）项行为，造成损失的，依法承担赔偿责任。

《条例》第六十五条规定，违反本条例的规定，施工单位有下列行为之一的，责令限期改正；逾期未改正的，责令停业整顿，并处10万元以上30万元以下的罚款；情节严重的，降低资质等级，直至吊销资质证书；造成重大安全事故，构成犯罪的，对直接责任人员，依照刑法有关规定追究刑事责任；造成损失的，依法承担赔偿责任：

（1）安全防护用具、机械设备、施工机具及配件在进入施工现场前未经查验或者查验不合格即投入使用的。

（2）使用未经验收或者验收不合格的施工起重机械和整体提升脚手架、模板等自升式架设设施的。

（3）委托不具有相应资质的单位承担施工现场安装、拆卸施工起重机械和整体提升脚手架、模板等自升式架设设施的。

（4）在施工组织设计中未编制安全技术措施、施工现场临时用电方案或者专项施工方案的。

《条例》第六十六条规定，违反本条例的规定，施工单位的主要负责人、项目负责人未履行安全生产管理职责的，责令限期改正；逾期未改正的，责令施工单位停业整顿；造成重大安全事故、重大伤亡事故或者其他严重后果，构成犯罪的，依照刑法有关规定追究刑事责任。

作业人员不服管理、违反规章制度和操作规程冒险作业，造成重大伤亡事故或者其他严重后果，构成犯罪的，依照刑法有关规定追究刑事责任。

施工单位的主要负责人、项目负责人有前款违法行为，尚不够刑事处罚的，处 2 万元以上 20 万元以下的罚款或者管理权限给予撤职处分；自刑罚执行完毕或者受处分之日起，5 年内不得担任任何施工单位的主要负责人、项目负责人。

四、《安全生产许可证条例》（以下简称《条例》）简介

（一）立法背景及目的

1. 立法背景

2004 年 1 月 13 日，《安全生产许可证条例》正式实施，这是我国安全生产领域又一部重要的行政法规，《条例》所确立的安全生产许可证制度，将对进一步规范企业的安全生产条件加强安全生产监督管理发挥重要作用。近年来，随着我国安全生产法律、法规逐步完善，整个社会的安全生产意识有所提高，但安全生产形势依然严峻，仅矿山企业、建筑施工企业、危险化学品生产企业、烟花爆竹生产企业和民用爆破生产企业，从 2002～2003 年 11 月就因为各类安全生产事故死亡 22657 人，死亡人数占全国工伤死亡总数的 80％，造成了很大的社会负面影响，强化安全生产监管制度，提高高危行业的准入门槛，从源头上防止和减少产生安全事故的因素，是《条例》出台的基本背景。

2. 立法目的

《条例》的根本目的就是为了严格规范安全生产条件，进一步加强安全生产监督管理，防止和减少生产安全事故，对危险性较大易发生事故的企业实行严格的安全生产许可证制度，提高高危行业的准入门槛，严格规范安全生产条例，将不具备安全生产条件的企业拒之门外，通过安全生产许可证制度，从源头上防止生产安全事故，赋予安全生产监管部门一个有效的监控手段，加强安全生产的监督管理力度，从而防止和减少安全生产事故，确保人民群众生命和财产安全，保障国民经济持续健康发展。

（二）条例适用范围

《条例》的第二条规定：

国家对矿山企业、建筑施工企业和危险化学品、烟花爆竹、民用爆破器材生产企业（以下统称"企业"）实行安全生产许可制度。

企业未取得安全生产许可证的，不得从事生产活动。

据统计，矿山企业、建筑施工企业和危险化学品、烟花爆竹、民用爆破器材生产企业是发生事故和死亡人数最多的几个行业。矿山（含煤矿企业）每年死亡 9000 人左右，居首位；建筑施工企业每年死亡 2000～2500 人，居第二位；化学危险品生产企业每年死亡近 400 人，居第三位；烟花爆竹生产企业每年死亡近 200 人，列第四位。

上述几类企业每年因生产安全事故死亡的人数约占全国工矿企业因生产安全事故死亡总数的 80％，因此，将安全许可证的发放范围限定在上述几类企业，就加强了对这些企业的安全生产监管力度，提高高危行业的准入门槛，从一定程度上能抑制事故的发生，减少因生产安全事故造成的死亡人数。

（三）取得安全生产许可证的条件

《条例》第六条规定："企业取得安全生产许可证，应当具备下列安全生产条件：

1. 建立、健全安全生产责任制，制定完备的安全生产规章制度和操作规程；

2. 安全投入符合安全生产要求；

3. 设置安全生产管理机构，配备专职安全生产管理人员；

4. 主要负责人和安全生产管理人员经考核合格；

5. 特种作业人员经有关业务主管部门考核合格，取得特种作业操作资格证书；

6. 从业人员经安全生产教育和培训合格；

7. 依法参加工伤保险。为从业人员缴纳保险费；

8. 厂房、作业场所和安全设施、设备、工艺符合有关安全生产法律、法规、标准和规程的要求；

9. 有职业危害防治措施，并为从业人员配备符合国家标准或者行业标准的劳动防护用品；

10. 依法进行安全评价；

11. 有重大危险源检测、评估、监控措施和应急预案；

12. 有生产安全事故应急救援预案、应急救援组织或者应急救援人员，配备必要的应急救援器材、设备；

13. 法律、法规规定的其他条件。"

（四）建筑施工企业的发证机关

《条例》第四条规定了建筑施工企业安全生产许可证两级管理原则："国务院建设主管部门负责中央管理的建筑施工企业安全生产许可证的颁发和管理。""省、自治区、直辖市人民政府建设主管部门负责前款规定以外的建筑施工企业安全生产许可证的颁发和管理，并接受国务院建设主管部门的指导和监督。"

（五）安全生产许可证的申领

《条例》第七条规定："企业进行生产前，应当依照本条例的规定向安全生产许可证颁发管理机关申请领取安全生产许可证，并提供本条例第六条规定的相关文件、资料。安全生产许可证颁发管理机关应当自收到申请之日起45日内审查完毕，经审查符合本条例规定的安全生产条件的，颁发安全生产许可证；不符合本条例规定的安全生产条件的，不予颁发安全生产许可证，书面通知企业并说明理由。"

认真贯彻实施条例，必须做好现有企业安全生产许可证的办理工作。根据条例第22条的规定：条例施行前已经进行生产的企业，应当自本条例施行之日起1年内，依照条例的规定向安全生产许可证颁发管理机关申请办理安全生产许可证，逾期不办理安全生产许可证，或者经审查不符合条例规定的安全生产条件，未取得安全生产许可证，继续进行生产的，依照条例将给予责令停止生产，没收非法所得，并处10万元以上50万元以下的罚款；造成重大事故或其他严重后果，构成犯罪的，依法追究刑事责任。

（六）法律责任

《条例》对未取得安全生产许可证擅自进行生产；生产许可证有效期满未办理延期手续；转让、冒用或使用伪造的安全生产许可证的，都给予明确的法律规定。

第十九条　违反本条例规定，未取得安全生产许可证擅自进行生产的，责令停止生产，没收违法所得，并处10万元以上50万元以下的罚款；造成重大事故或者其他严重后果，构成犯罪的，依法追究刑事责任。

第二十条　违反本条例规定，安全生产许可证有效期满未办理延期手续，继续进行生产的，责令停止生产，限期补办延期手续，没收违法所得，并处 5 万元以上 10 万元以下的罚款；逾期仍不办理延期手续，继续进行生产的，依照本条例第十九条的规定处罚。

第二十一条　违反本条例规定，转让安全生产许可证的，没收违法所得，处 10 万元以上 50 万元以下的罚款，并吊销其安全生产许可证；构成犯罪的，依法追究刑事责任；接受转让的，依照本条例第十九条的规定处罚。

冒用安全生产许可证或者使用伪造的安全生产许可证的，依照本条例第十九条的规定处罚。

第二章　建筑施工企业安全生产管理基础

第一节　建筑施工企业安全生产管理主要内容

安全生产管理是企业管理的一个重要组成部分，是指经营管理者对安全生产工作进行的策划、组织、指挥、协调、控制和改进的一系列活动，目的是保证在生产经营活动中的人身安全、财产安全，促进生产的发展，保持社会的稳定。

完善安全生产管理体制，建立健全安全生产管理制度、安全生产管理机构和安全生产责任制是安全管理的重要内容，也是实现安全生产目标管理的组织保证。

一、安全生产管理的主要任务

安全生产管理的任务从广义上讲，一是预测人类活动中各个领域里存在的危险，进一步采取措施，使人类在生产活动中不致受到伤害和职业病的危害；二是制定各种规程、规定和消除危害因素所采取的各种办法、措施；三是告诉人们去认识危险和防止灾害。

具体地讲，有以下几个方面：

(1) 贯彻落实国家安全生产法规，落实"安全第一、预防为主、综合治理"的安全生产方针。

(2) 制定安全生产的各种规程、规定和制度，并认真贯彻实施。

(3) 制定并落实各级安全生产责任制。

(4) 积极采取各项安全生产技术措施，保障职工有一个安全可靠的作业条件，减少和杜绝各类事故。

(5) 采取各种劳动卫生措施，不断改善劳动条件和环境，定期检测，防止和消除职业病及职业危害，做好女工和未成年工的特殊保护，保障劳动者的身心健康。

(6) 定期对企业各级领导、特种作业人员和所有职工进行安全教育，强化安全意识，提高安全素质。

(7) 及时完成各类事故进行调查、处理和上报。

(8) 推动安全生产目标管理，推广和应用现代化安全管理技术与方法，深化企业安全管理。

二、安全生产管理体制

为适应社会主义市场经济的需要，1993 年国务院将原来的"国家监察、行政管理、群众监督"的安全生产管理体制，发展和完善成为"企业负责、行业管理、国家监察、群众监督、劳动者遵章守纪"。实践证明，这样的安全生产管理体制更符合社会主义市场经济条件下，安全生产工作的要求。

1. 企业负责

企业负责这条原则，最先是由国务院副总理邹家华提出，并通过国务院（1993）50号文正式发布的。这条原则的确立，进一步完善了自1985年以来，我国实行的"国家监察、行政管理、群众监督"的管理体制，明确了企业作为市场经济的主体，必须承担的安全生产责任，即必须认真贯彻执行国家安全生产、劳动保护方面的政策、法律法规及规章制度，要对本企业的安全生产、劳动保护工作负责。在这个文件中还特别强调了"企业法定代表人是安全生产的第一责任者，要对本企业的安全生产全面负责"。从根本上改变了以往安全生产工作由国家包办代替，企业责任不明确的情况，健全了社会主义市场经济条件下的安全生产管理体制。

2. 行业管理

各行业的管理部门（包括政府主管部门、受政府委托的管理机构以及行业协会等），根据"管生产必须管安全"的原则，在各自的工作职责范围内，行使行业管理的职能，贯彻执行国家安全生产方针政策、法律法规及规范规章等，制定行业的规章制度和规范标准，负责对本行业安全生产管理工作进行策划、组织实施和监督检查及考核等。从行政管理到行业管理，体现出从计划经济向市场经济过渡的特点，说明了在安全生产工作中行业管理力度的增强。

3. 国家监察

安全生产行政主管部门按照国务院要求，实施国家劳动安全监察。国家监察是一种执法监察，主要是监察国家法律法规的执行情况，预防和纠正违反法规、政策的偏差。它不干预企事业遵循法律法规、制定的措施和步骤等具体事务，也不能替代行业管理部门日常管理和安全检查。

4. 群众监督

群众监督有两层含义，一是由工会对安全生产实施监督，工会组织作为代表广大职工根本利益的群众团体，对危害职工安全健康的现象有抵制、纠正以及控告的权力，这是一种自下而上的群众监督。中华全国总工会于1985年4月8日颁发了《工会劳动保护监督检查员暂行条例》、《基层（车间）工会劳动保护监督检查委员会工作条例》、《工会小组劳动保护检查员工作条例》，这三个条例对工会劳动保护工作作了具体规定，是工会进行群众监督工作的主要依据。二是《中华人民共和国劳动法》赋予劳动者这种监督权，在第五十六条中规定，"劳动者对用人单位管理人员违章指挥、强令冒险作业，有权拒绝执行；对危害生命安全和身体健康的行为，有权提出批评、检举和控告"。这是劳动者的一种直接监督形式。

5. 劳动者遵章守纪

国务院于1996年12月26日召开了全国安全生产工作电话会议，吴邦国副总理作了重要讲话，他说："当前，安全生产意识淡薄，仍然是一个带有普遍性的问题。据统计，现在有60％以上的事故是由于缺乏安全意识、违章指挥、违章操作、违反劳动纪律造成的。这充分说明认真做好安全生产宣传教育和岗位培训工作的重要性和紧迫性。""1993年以来，为适应社会主义市场经济的要求，我们将'国家监察、行政管理、群众监督'的体制，发展为'企业负责、行业管理、国家监察、群众监督'。之后，又考虑到许多事故是由于劳动者违章造成的，又加上了'劳动者遵章守纪'。实践证明，它更加符合当前加强安全生产工作的客观要求。"

因此，劳动者的遵章守纪与安全生产有着直接的关系，遵章守纪是实现安全生产的前提和重要保证。劳动者应当在生产过程中自觉遵守安全生产规章制度和劳动纪律，严格执行安全技术操作规程，做到不违章操作，并制止他人的违章操作，从而实现全员的安全生产。

三、安全生产管理制度

安全生产管理制度是根据坚持国家法律、行政法规制定的，项目全体员工在生产经营活动中必须贯彻执行，同时，也是企业规章制度的重要组成部分。通过建立安全生产管理制度，可以把企业员工组织起来，围绕安全生产目标进行生产建设。同时，我国的安全生产方针和法律法规也是通过安全生产管理制度去实现的。安全生产管理制度既有国家制定的，也有企业制定的。

1963年3月30日，在总结了我国安全生产管理经验的基础上，由国务院发布了《关于加强企业生产中安全工作的几项规定》。规定中重新确立了安全生产责任制，解决了安全技术措施计划，完善了安全生产教育，明确了安全生产的定期检查制度，严肃了伤亡事故的调查和处理，成为企业必须建立的五项基本制度，也是我们常说的安全生产"五项规定"。尽管我们在安全生产管理方面已取得了长足进步，但这五项制度仍是今天企业必须建立的安全生产管理基本制度。此外，随着社会和生产的发展，安全生产管理制度也在不断发展，国家和企业在五项基本制度的基础上又建立和完善了许多新制度，如意外伤害保险制度，拆除工程安全保证制度，易燃、易爆、有毒物品管理制度，防护用品使用与管理制度，特种设备及特种作业人员管理制度，机械设备安全检修制度，以及文明生产管理制度等。

四、安全生产管理机构

建筑施工企业安全生产管理机构是指建筑施工企业及其在建设工程项目中设置的负责安全生产管理工作的独立职能部门。它是建筑业企业安全生产的重要组织保证。

1. 安全生产管理机构的主要职责

（1）宣传和贯彻国家有关安全生产法律法规和标准；

（2）编制并适时更新安全生产管理制度并监督实施；

（3）组织或参与企业生产安全事故应急救援预案的编制及演练；

（4）组织开展安全教育培训与交流；

（5）协调配备项目专职安全生产管理人员；

（6）制订企业安全生产检查计划并组织实施；

（7）监督在建项目安全生产费用的使用；

（8）参与危险性较大工程安全专项施工方案专家论证会；

（9）通报在建项目违规违章查处情况；

（10）组织开展安全生产评优评先表彰工作；

（11）建立企业在建项目安全生产管理档案；

（12）考核评价分包企业安全生产业绩及项目安全生产管理情况；

（13）参加生产安全事故的调查和处理工作；

（14）企业明确的其他安全生产管理职责。

2. 安全生产管理机构的建立

每一个建筑业企业，都应当建立健全以企业法人为第一责任人的安全生产保证系统，都必须建立完善的安全生产管理机构。

（1）公司一级安全生产管理机构。

公司应设立以法人为第一责任者分工负责的安全管理机构，根据本单位的施工规模、设备管理及职工人数设置专职安全生产管理部门并配备专职安全生产管理人员。根据规定，建筑施工总承包特级资质企业不少于6人；一级资质企业不少于4人；二级和二级以下资质企业不少于3人。建筑施工专业承包一级资质企业不少于3人；二级和二级以下资质企业不少于2人。建筑施工劳务分包资质各级企业均不少于2人。建筑施工企业的分公司、区域公司等较大的分支机构应依据实际生产情况配备不少于2人的专职安全生产管理人员。

建立各部门、各分公司组成的安全生产领导小组，实行领导小组成员轮流进行安全生产值班制度，随时解决和处理生产中的安全问题。

（2）工程项目经理部安全生产管理机构。

工程项目经理部是施工第一线的管理机构，必须依据工程特点，建立以项目经理为首的安全生产领导小组。小组成员由项目经理、项目技术负责人、专职安全员、施工员及各工种班组的组长组成。工程项目经理部应根据工程规模大小配备专职安全员。建立安全生产领导小组成员轮流安全生产值日制度，解决和处理施工生产中的安全问题并进行巡回安全生产监督检查，并建立每周一次的安全生产例会制度和每日班前安全讲话制度。项目经理应亲自主持定期的安全生产例会，协调安全与生产之间的矛盾，督促检查班前安全讲话活动的活动记录。

项目施工现场必须建立安全生产值班制度。24小时分班作业时，每班都必须要有领导值班和安全管理人员在现场。做到只要有人作业，就有领导值班。值班领导应认真做好安全生产值班记录。

建设工程实行施工总承包的，安全生产领导小组由总承包企业、专业承包企业和劳务分包企业项目经理、技术负责人和专职安全生产管理人员组成。

施工现场安全管理机构示意图见图2-1。

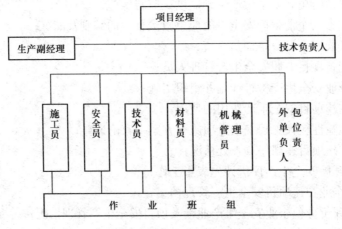

图2-1 施工现场安全管理机构示意图

（3）生产班组安全生产管理。

加强班组安全建设是安全生产管理的基础，也是关键所在。因为班组成员既是完成安全生产各项目标的主要承担者和实现者，也是生产安全事故和职业危害的直接受害者。每个生产班组都要设置不脱产的兼职安全巡查员，协助班组长搞好班组的安全生产管理。班组要坚持班前班后岗位安全检查、安全值日和安全日活动制度，同时要做好班组的安全记录。

加强班组安全管理是减少伤亡事故最切实、最有效的方法。

五、安全生产责任制

安全生产责任制是生产经营单位和企业根据"管生产必须管安全"、"安全生产，人人有责"的原则，明确规定各级领导、各职能部门、岗位、各工种人员在生产活动中应承担的安全职责的管理制度。

安全生产责任制是各项安全管理制度的核心，是企业岗位责任制的一个重要组成部分，是企业安全管理中最基本的制度，是保障安全生产的重要组织措施。它是经过长期的安全生产、劳动保护管理实践证明的成功制度与措施。

实践证明，凡是建立、健全了安全生产责任制的企业，各级领导重视安全生产、劳动保护工作，切实贯彻执行党的安全生产、劳动保护方针、政策和国家的安全生产、劳动保护法规，在认真负责地组织生产的同时，积极采取措施，改善劳动条件，工伤事故和职业性疾病就会减少。反之，就会职责不清，相互推诿，而使安全生产、劳动保护工作无人负责，无法进行，工伤事故与职业病就会不断发生。

建立和健全以安全生产责任制为中心的各项安全管理制度，是保障施工项目安全生产的重要组织手段。没有规章制度，就没有准绳，无章可循就容易出问题。安全生产关系到施工企业全员、全方位、全过程的一件大事，因此，必须制定具有制约性的安全生产责任制。

建立和实施安全生产责任制，就将安全与生产从组织领导上统一起来，把管生产必须管安全的原则从制度上固定下来，从而增强了各级管理人员的安全责任感，充分调动各级人员和各部门的积极性和主观能动性，使安全管理纵向到底、横向到边，专管成线，群管成网，责任明确，协调配合，共同努力，真正把安全生产工作落到实处。

（一）企业领导安全生产责任

1. 企业法人代表

（1）认真贯彻执行国家有关安全生产的方针政策和法规、规范，掌握本企业安全生产动态，定期研究安全工作。对本企业安全生产负全面领导责任。

（2）领导编制和实施本企业中、长期整体规划及年度、特殊时期安全工作实施计划。建立健全和完善本企业的各项安全生产管理制度及奖惩办法。

（3）建立健全安全生产的保证体系，保证安全技术措施经费的落实。

（4）领导并支持安全管理人员或部门的监督检查工作。

（5）在事故调查组的指导下，领导、组织本企业有关部门或人员做好特大、重大伤亡事故调查处理的具体工作，监督防范措施的制定和落实，预防事故重复发生。

2. 企业技术负责人（总工程师）

（1）贯彻执行国家和上级的安全生产方针、政策，协助法定代表人做好安全方面的技术领导工作，在本企业施工安全生产中负技术领导责任。

（2）领导制订年度和季节性施工计划时，要确定指导性的安全技术方案。

（3）组织编制和审批施工组织设计、特殊复杂工程项目或专业性工程项目施工方案时，应严格审查是否具备的安全技术措施及其可行性，并提出决定性意见。

（4）领导安全技术攻关活动，确定劳动保护研究项目，并组织鉴定验收。

（5）对本企业使用的新材料、新技术、新工艺从技术上负责，组织审查其使用和实施过程中的安全性，组织编制或审定相应的操作规程，重大项目应组织安全技术交底工作。

（6）参加特大、重大伤亡事故的调查，从技术上分析事故原因，制定防范措施。

3. 企业主管生产负责人

（1）协助法定代表人认真贯彻执行安全生产方针、政策、法规，落实本企业各项安全生产管理制度，对本企业安全生产工作负直接领导责任。

（2）组织实施本企业中长期、年度、特殊时期安全工作规划、目标及实施计划，组织落实安全生产责任制。

（3）参与编制和审核施工组织设计、特殊复杂工程项目或专业性工程项目施工方案。审批本企业工程生产建设项目中的安全技术管理措施，制订施工生产中安全技术措施经费的使用计划。

（4）领导组织本企业的安全生产宣传教育工作，确定安全生产考核指标。领导、组织外包工队长的培训、考核与审查工作。

（5）领导组织本企业定期和不定期的安全生产检查，及时解决施工中的不安全生产问题。

（6）认真听取、采纳安全生产的合理化建议，保证本企业安全生产保障体系的正常运转。

（7）在事故调查组的指导下，组织特大、重大伤亡事故的调查、分析及处理中的具体工作。

（二）项目管理人员安全生产责任

1. 项目经理

（1）对合同工程项目生产经营过程中的安全生产负全面领导责任。

（2）贯彻落实安全生产方针、政策、法规和各项规章制度，结合项目特点及施工全过程的情况，制定本工程项目各项安全生产管理办法，或针对性的安全管理要求，并监督其实施。

（3）在组织工程项目业务承包、聘用业务人员时，必须本着安全工作只能加强的原则，根据工程特点，确定安全工作的管理体制和人员，并明确各业务承包人的安全责任和考核指标，严格履行安全考核指标和安全生产奖惩办法，支持、指导安全管理人员的工作。

（4）健全和完善用工管理手续，录用外包队必须及时向有关部门申报，严格用工制度与管理规定，适时组织上岗安全教育，要对外包工队的健康与安全负责，加强劳动保护工作。

（5）组织落实施工组织设计中的安全技术措施，组织并监督工程项目施工中安全技术措施审批制度、安全技术交底制度和设备、设施交接验收使用制度的实施。

（6）领导、组织施工现场定期的安全生产检查，发现施工生产中不安全问题，组织制定措施，及时解决。对上级提出的安全生产与管理方面的问题，要定时、定人、定措施予以解决。

（7）发生事故，及时上报，保护好现场，做好抢救工作，积极组织配合事故的调查，认真落实纠正和预防措施，吸取事故教训。

2. 项目工程技术负责人（项目总工程师）

（1）对工程项目生产经营中的安全生产负技术领导责任。

（2）贯彻、落实安全生产方针、政策，严格执行安全技术规程、规范、标准。结合本工程项目特点，主持项目的安全技术交底。

（3）参加或组织编制施工组织设计，编制、审查施工方案时，要制定、审查安全技术措施，保证其可行性与针对性，并随时检查、监督落实工作。

（4）主持制定技术措施计划和季节性施工方案的同时，制定相应的安全技术措施并监督执行。及时解决执行中出现的问题。

（5）工程项目应用新材料、新技术、新工艺，要及时上报，经批准后方可实施。同时要组织上岗人员的安全技术培训、教育。认真执行相应的安全技术措施与安全操作规程，预防施工中因化学物品引起的火灾、中毒或其新工艺实施中可能造成的事故。

（6）主持安全防护设施和设备的验收。发现设备、设施的不正常情况应及时采取措施。严格控制不合标准要求的防护设备、设施投入使用。

（7）参加安全生产检查，对施工中存在的不安全因素，从技术方面提出整改意见和办法予以消除。

（8）参加、配合因工伤亡及重大未遂事故的调查，从技术上分析事故原因，提出防范措施、意见。

3. 安全员

（1）认真执行安全生产规章制度，不违章指导。

（2）落实施工组织设计中的各项安全技术措施。

（3）经常进行安全检查，消除事故隐患，制止违章作业。

（4）对员工进行安全技术和安全纪律教育。

（5）发生工伤事故及时报告，并认真分析原因，提出和落实改进措施。

4. 工长、施工员

（1）认真执行上级有关安全生产规定，对所管辖班组（特别是外包工队）的安全生产负直接领导责任。

（2）认真执行安全技术措施及安全操作规程，针对生产任务特点，向班组（包括外包队）进行书面安全技术交底，履行签认手续，并对规程、措施、交底要求执行情况经常检查，随时纠正作业违章。

（3）经常检查所辖班组（包括外包队）作业环境及各种设备、设施的安全状况，发现问题及时纠正解决。对重点、特殊部位施工，必须检查作业人员及各种设备设施技术状况是否符合安全要求，严格执行安全技术交底，落实安全技术措施，并监督其执行，做到不违章指挥。

（4）定期和不定期组织所辖班组（包括外包队）学习安全操作规程，开展安全教育活动，教育工人不违章作业。接受安全部门或人员的安全监督检查，及时解决提出的不安全问题。

（5）对分管工程项目应用的新材料、新工艺、新技术严格执行申报、审批制度，发现问题，及时停止使用，并上报有关部门或领导。

（6）发生因工伤亡及未遂事故要保护好现场，立即上报。

5. 班组长

（1）严格执行安全生产规章制度及安全操作规程，合理安排班组人员工作，对本班组人员在生产中的安全和健康负责。

（2）经常组织班组人员学习安全操作规程，监督班组人员正确使用个人劳保用品，不断提高自保能力。

（3）安排生产任务时要认真进行安全技术交底，有权拒绝违章指挥，也不违章指挥、冒险蛮干。

（4）岗前要对所使用的机具、设备、防护用具及作业环境进行安全检查，发现问题立即采取改进措施，及时消除事故隐患，并上报有关领导。

（5）组织班组开展安全活动，开好班前安全生产会，做好收工前的安全检查，坚持周安全讲评工作。

（6）认真做好新工人的岗位教育。

（7）发生因工伤亡及未遂事故要立即组织抢救，保护好现场，立即上报有关领导。

6. 分包单位（队）负责人

（1）认真执行安全生产的各项法规、规定、规章制度及安全操作规程，合理安排班组人员工作，对该项目本单位（队）人员在施工生产中的安全和健康负责。

（2）按制度严格履行各项劳务用工手续，做好本单位（队）人员的岗位安全培训，经常组织学习安全操作规程，监督员工遵守劳动、安全纪律，做到不违章指挥，制止违章作业。

（3）必须保持本单位（队）人员的相对稳定，人员需要变更时，须事先向有关部门申报，批准后新来人员应按规定办理各种手续，并经入场和上岗安全教育后方准上岗。

（4）根据上级的交底向本单位（队）各工种进行详细的书面安全交底，针对当天任务、作业环境等情况，做好班前安全讲话，监督其执行情况，发现问题及时纠正、解决。

（5）定期和不定期组织检查本单位（队）人员作业现场安全生产状况，发现问题及时纠正，重大隐患应立即上报有关领导。

（6）发生因工伤亡及未遂事故，保护好现场，做好伤者抢救工作，并立即上报有关领导。

7. 工人

（1）认真学习并严格执行安全技术操作规程，自觉遵守安全生产规章制度。

（2）积极参加生产安全活动，认真执行安全交底，不违章作业，服从安全人员的指导。

（3）发扬团结友爱精神，在安全生产方面做到互相帮助、互相监督。对新工人要积极传授安全生产知识。维护一切安全设施和防护用具，做到正确使用，不准擅自拆改。

（4）对不安全作业要敢于提出意见，并有权拒绝违章指令。

（5）发生因工伤亡及未遂事故，要保护好现场，并立即上报有关领导。

（三）各职能部门安全责任

1. 生产计划部门

（1）在编制年、季、月生产计划时，必须树立"安全第一"的思想，组织均衡生产，保障安全工作与生产任务协调一致。对改善劳动条件、预防伤亡事故的项目必须视同生产任务，纳入生产计划优先安排，在检查生产计划完成情况时，一并检查。对施工中重要的安全防护设施、设备的实施工作（如支拆脚手架、安全网等）也要纳入计划，列为正式工序，给予时间保证。

（2）在检查生产计划实施情况同时，要检查安全措施项目的执行情况。

（3）坚持按合理施工顺序组织生产，要充分考虑职工的劳逸结合，认真按施工组织设计组织施工。

（4）在生产任务与安全保障发生矛盾时，必须优先安排解决安全工作的实施。

2. 技术部门

（1）认真学习、贯彻国家和上级有关安全技术及安全操作规程规定，保障施工生产中的安全技术措施的制定与实施。

（2）在编制和审查施工组织设计和方案的过程中，要在每个环节中贯穿安全技术措施，对确定后的方案，若有变更，应及时组织修订。

（3）检查施工组织设计和施工方案中安全措施的实施情况，对施工中涉及安全方面的技术性问题，提出解决办法。

（4）对新技术、新材料、新工艺，必须制定相应的安全技术措施和安全操作规程。

（5）对改善劳动条件，减轻笨重体力劳动，消除噪声、治理尘毒危害等方面的治理情况进行研究，负责制定技术措施。

（6）参加伤亡事故和重大已、未遂事故中技术性问题的调查，分析事故原因，从技术上提出防范措施。

（7）会同劳动、教育部门编制安全技术教育计划，对职工进行安全技术教育。

3. 安全管理部门

（1）贯彻执行国家安全生产和劳动保护方针、政策、法规、条例及企业的规章制度。

（2）做好安全生产的宣传教育和管理工作，总结交流推广先进经验。

（3）经常深入基层，指导下级安全技术人员的工作，掌握安全生产情况，调查研究生产中的不安全问题，提出改进意见和措施。

（4）组织安全活动和定期安全检查，及时向上级领导汇报安全情况。

（5）参加审查施工组织设计（施工方案）和编制安全技术措施计划，并对贯彻执行情况进行督促检查。

（6）与有关部门共同做好新员工、转岗工人、特种作业人员的安全技术训练、考核、发证工作。

（7）进行工伤事故统计、分析和报告，参加工伤事故的调查和处理。

（8）制止违章指挥和违章作业，遇有严重险情，有权暂停生产，并报告领导处理。

（9）对违反安全生产和劳动保护法规的行为，经说服劝阻无效时，有权越级上告。

4. 机械动力部门

（1）对机、电、起重设备、锅炉、受压容器及自制机械设施的安全运行负责，按照安全技术规范经常进行检查，并监督各种设备的维修、保养的进行。

（2）对设备的租赁要建立安全管理制度，确保租赁设备完好、安全可靠。

（3）对新购进的机械、锅炉、受压容器及大修、维修、外租回厂后的设备必须严格检查和把关，新购进的要有出厂合格证及完整的技术资料，使用前制定安全操作规程，组织专业技术培训，向有关人员交底，并进行鉴定验收。

（4）参加施工组织设计、施工方案的会审，提出涉及安全的具体意见，同时负责督促下级落实，保证实施。

（5）对严重危及职工安全的机械设备，应会同技术部门提出技术改进措施，并付诸实施。

（6）对特种作业人员定期培训、考核，制止无证上岗。

（7）参加因工伤亡及重大未遂事故的调查，从事故设备方面，认真分析事故原因，提出处理意见，制定防范措施。

5. 劳动、劳务部门

（1）对职工（含外包队工）进行定期的教育考核，将安全技术知识列为工人培训、考工、评级内容之一，对招收新工人（含外包队工）要组织入厂教育和资格审查，保证提供的人员具有一定的安全生产素质。

（2）严格执行国家特种作业人员上岗位作业的有关规定，适时组织特种作业人员的培训工作，并向安全部门或主管领导通报情况。

（3）认真落实国家和地方政府有关劳动保护的法规，严格执行有关人员的劳动保护待遇，并监督实施情况。

（4）负责对劳动保护用品发放标准的执行情况进行监督检查，并根据上级有关规定，修改和制定劳保用品发放标准实施细则。

（5）对违反劳动纪律，影响安全生产者应加强教育，经说服无效或屡教不改的应提出处理意见。

（6）参加因工伤亡事故的调查，从用工方面分析事故原因，提出防范措施，并认真执行对事故责任者（工人）的处理决定，并将处理材料归档。

6. 材料采购部门

（1）凡购置的各种机、电设备，脚手架，新型建筑装饰、防水等料具或直接用于安全防护的料具及设备，必须执行国家、市有关规定，必须有产品介绍或说明的资料，严格审查其产品合格证明材料，必要时做抽样试验，回收后必须检修。

（2）采购的劳动保护用品，必须符合国家标准及相关规定，并向主管部门提供情况，接受对劳动保护用品的质量监督检查。

（3）负责采购、保管、发放和回收劳动保护用品，并向本单位劳动部门提供使用情况。

（4）做好材料堆放和物品储存，对物品运输应加强管理，保证安全。

（5）对批准的安全设施所用的材料应纳入计划，及时供应。

（6）对所属员工经常进行安全意识和纪律教育。

7. 财务部门

（1）根据本企业实际情况及企业安全技术措施经费的需要，按计划及时提取安全技术措施经费、劳保保护经费、安全教育宣传费用及其他安全生产所需经费，保证专款专用。

（2）按照国家对劳动保护用品的有关标准和规定，负责审查购置劳动保护用品的合法性，保证其符合标准。

（3）协助安全主管部门办理安全奖、罚的手续。

8. 人事部门

（1）根据国家有关安全生产的方针、政策及企业实际，配备具有一定文化程度、技术和实践经验的安全干部，保证安全干部的素质。

（2）会同有关部门对施工、技术、管理人员进行遵章守纪教育。

（3）按照国家规定，负责审查安全管理人员资格，有权向主管领导建议调整和补充安全监督管理人员。

（4）参加因工伤亡事故的调查，认真执行对事故责任者的处理决定，并将处理材料归档。

9. 保卫消防部门

（1）贯彻执行国家有关消防保卫的法规、规定，协助领导做好消防保卫工作。

（2）制定年、季消防保卫工作计划和消防安全管理制度，并对执行情况进行监督检查，参加施工组织设计、方案的审批，提出具体建议并监督实施。

（3）经常对职工进行消防安全教育，会同有关部门对特种作业人员进行消防安全考核。

（4）组织消防安全检查，督促有关部门对火灾隐患进行解决。

（5）负责调查火灾事故的原因，提出处理意见。

（6）参加新建、改建、扩建工程项目的设计、审查和竣工验收。

（7）负责施工现场的保卫，对新招收人员需进行暂住证等资格审查，并将情况及时通知安全管理部门。

（8）对已发生的重大事故，会同有关部门组织抢救，查明性质；对性质不明的事故要参与调查；对破坏和破坏嫌疑事故负责追查处理。

10. 教育部门

（1）组织与施工生产有关的学习班时，要安排安全生产教育课程。

（2）将安全教育纳入职工培训教育计划，负责组织职工的安全技术培训和教育。

11. 行政卫生部门

（1）配合有关部门，负责对职工进行体格普查，对特种作业人员要定期检查，提出处理意见。

（2）监测有毒有害作业场所的尘毒浓度，做好职业病预防工作。

（3）正确使用防暑降温费用，保证清凉饮料的供应及卫生。

（4）负责本企业食堂（含现场临时食堂）的管理工作，搞好饮食卫生，预防疾病和食物中毒的发生。对冬季取暖火炉的安装、使用负责监督检查，防止煤气中毒。

（5）经常对本部门人员开展安全教育，对机电设备和机具要指定专人负责并定期检查维修。

（6）对施工现场大型生活设施的建、拆，要严格执行有关安全规定，不违章指挥、违章作业。

（7）发生工伤事故要及时上报并积极组织抢救、治疗，并向事故调查组提供伤势情况，负责食物中毒事故的调查与处理，提出防范措施。

12. 基建部门

（1）在组织本企业的新建、改建、扩建工程项目的设计、施工、验收时，必须贯彻执行国家和地方有关建筑施工的安全法规和规程。

（2）自行组织施工的，施工前应按照施工程序编制安全技术措施，审查外包施工的承包单位资质等级必须符合施工的等级范围，提出施工安全要求，并督促检查落实。

13. 宣传部门

（1）大力宣传党和国家的安全生产方针、政策、法令，教育职工树立安全第一的思想。

（2）配合各种安全生产竞赛等活动，做好宣传鼓动工作。

（3）及时总结报导安全生产的先进事迹和好人好事。

（四）总包与分包单位安全生产责任

1. 总包单位安全生产责任

在几个施工单位联合施工实行总承包制度时，总包单位要统一领导和管理分包单位的安全生产，其责任有：

（1）审查分包单位的安全生产保证体系与条件，对不具备安全生产条件的，不得发包工程。

（2）对分包的工程，承包合同要明确安全责任。

（3）对外包单位工人承担的工程要做好详细的安全交底，提出明确的安全要求，并认真监督检查。

（4）对违反安全规定冒险蛮干的分包单位，要勒令停产。

（5）凡总包单位产值中包括外包单位完成的产值的，总包单位要统计上报外包单位的伤亡事故，并按承包合同的规定，处理外包单位的伤亡事故。

2. 分包单位安全生产责任

（1）分包单位行政领导对本单位的安全生产工作负责，认真履行承包合同规定的安全生产责任。

（2）认真贯彻执行国家和当地政府有关安全生产的方针、政策、法规、规定。

（3）服从总包单位关于安全生产的指挥，执行总包单位有关安全生产的规章制度。

（4）及时向总包单位报告伤亡事故，并按承包合同的规定调查处理伤亡事故。

六、安全生产管理目标

（一）安全生产管理目标概述

通常，企业发展所设定的目标主要是两类目标，一类是企业发展、效益提高、市场占有、企业竞争力提升的目标；另一类就是安全生产目标，它包括安全目标方针、工伤事故的指标、尘毒、噪声等。可见，企业安全生产方面的目标是企业整个发展目标体系的重要组成部分，是企业发展的重要目标。

（1）安全生产目标是生产经营单位确定的。在一定时期内应该达到的安全生产总目标。安全生产目标通常以千人负伤率、万吨产品死亡率、尘毒作业点合格率、噪声作业点合格率及设备完好率等预期达到的目标值来表示。为了保证生产经营活动的正常进行，生产经营单位必须加强目标管理，制定自上而下的、切实可行的安全生产目标，形成以总目标为中心的全体人员参与的完整的安全生产目标体系。

（2）安全目标体系就是安全目标的网络化、细分化。安全目标展开要做到横向到边，纵向到底，纵横连锁形成网络。横向到边就是把生产经营单位的总目标分解到各个部门；纵向到底就是把单位的总目标由上而下一层一层分解，明确落实到人，体现"安全生产、人人有责"。把安全生产目标有效展开，是确保安全生产目标体系建立的重要环节。

（3）安全生产目标管理是指项目根据企业的整体目标，在分析外部环境和内部条件的基础上，确定安全生产所要达到的目标，并采取一系列措施去努力实现这些目标的活动过程。推行安全生产目标管理不仅能进一步优化企业安全生产责任制，强化安全生产管理，体现"安全生产人人有责"的原则，使安全生产工作实现全员管理，而且有利于提高企业全体员工的安全素质。

（4）安全生产目标管理的任务是确定奋斗目标，明确责任，落实措施，实行严格的考核与奖惩，以激励企业员工积极参与全员、全方位、全过程的安全生产管理，严格按照安全生产的奋斗目标和安全生产责任制的要求，落实安全措施，消除人的不安全行为和物的不安全状态。

（5）企业（项目）要制订安全生产目标管理计划，经主管部门（企业分管领导）审查同意，由主管部门与企业（企业分管领导与项目经理）签订责任书，将安全生产管理目标纳入各企业（项目）的目标管理计划，企业法人代表（项目经理）应对安全生产目标管理计划的制订与实施负第一责任。

（6）安全生产目标管理的特点是强调安全生产管理的结果，一切决策以实现目标为准绳，依据相互衔接、相互制约的目标体系有组织地开展全体员工都参加的安全生产管理活动，并随生产经营活动而持久地进行下去，以此激发各级目标责任者为实现安全生产目标而自觉采取措施。

（二）安全生产目标管理的基本内容

安全生产目标管理的基本内容包括目标体系的确立，目标的实施及目标成果的检查与考核。主要包括以下几方面。

1. 确定切实可行的目标值。

要在生产经营单位中实行安全生产目标管理，首先要将安全生产任务转化为目标，确定目标值。可采用科学的目标预测法，根据需要和可能，采取系统分析的方法，确定合适的目标值，并研究为达到目标应采取的措施和手段。

建筑施工企业安全生产目标管理主要目标值有：

（1）工伤事故的次数和伤亡程度指标。

（2）安全投入指标。

（3）日常安全管理的工作指标。

2. 制定实施办法

根据安全目标的要求，制定实施办法，做到有具体的保证措施，力求量化，以便于实施和考核，包括组织技术措施，明确完成程序和时间、承担具体责任的负责人，并签订承诺书。

3. 规定具体的考核标准和奖惩办法。

(1) 要认真贯彻执行《安全生产目标管理考核标准》。考核标准不仅应规定目标值，而且要把目标值分解为若干个具体要求来加以考核。

(2) 安全生产目标管理必须与安全生产责任制挂钩。层层分解，逐级负责，充分调动各级组织和全体员工的积极性，保证安全生产管理目标的实现。

(3) 安全生产目标管理必须与企业生产经营、资产经营承包责任制挂钩。作为整个企业目标管理的一个重要组成部分，实行经营管理者任期目标责任制、租赁制和各种经营承包责任制的单位负责人，应把安全生产目标管理实现与他们的经济收入和荣誉挂起钩来，严格考核兑现奖罚。

(三) 安全生产目标的设定

安全生产目标的设定是安全生产目标管理的核心。设定的目标是否得当，关系着安全管理的成效，影响着职工参加管理的积极性。这是一个很重要的环节。

1. 安全生产目标设定的依据

(1) 国家的有关法律、法规、规范性文件、政策、法令等。

(2) 安全生产监督管理部门的要求。

(3) 上级管理部门的劳动保护工作方针、政策和要求。

(4) 行业及本企业的中长期劳动保护规划。

(5) 行业及本企业工伤事故和职业病统计资料与数据。

(6) 本企业的安全工作和施工现场劳动条件的现状与问题。

(7) 本企业的技术条件和经济条件。

2. 安全生产目标设定的原则

(1) 可行性原则。所谓可行，是指目标必须切合实际，要结合本企业的技术条件和经济条件，参照本企业历年来的安全生产统计资料，通过分析论证，确定经过努力可以达到的目标。但应注意，有些目标是法律或政府硬性规定，是必须达到的。

(2) 突出重点原则。安全目标计划应突出安全管理工作的重点，要分清主次，对次要目标及分项目标要少而精，以免影响对关键问题的控制。关键问题一般是发生频率高、后果严重的事故类型和职业病。

(3) 综合性原则。企业制定的安全生产目标，既要保证上级有关部门的安全控制指标的完成，也要兼顾企业各个管理环节、部门及每个员工的实际情况，并能为其所能接受和实现。

(4) 先进性原则。所谓先进，一是指要相对高于本企业前一阶段的指标；二是指标要尽可能高于国内同行业的平均水平。

(5) 可量化原则。目标要尽可能做到具体、量化。这既有利于检查、评比和控制，又有利于调动职工实现目标的积极性。对于有些难于量化的目标，也应尽量规定具体要求。

(6) 激励先进原则。在制定目标时，特别要注意激励先进人物，使之能突破所制定的目标，为下一年度制定新目标提供实践经验。

(7) 目标与措施的对应性。目标必须有措施作保证，目标与措施必须相对应，否则，就失去了安全目标管理的科学性。

3. 安全生产目标设定的内容和范围

（1）伤亡事故控制目标：如企业千人重伤率、千人死亡率、伤害频率和火灾事故的控制指标等。

（2）安全教育培训目标：如全员安全教育率、全员安全教育次数和教育时间、特种作业人员上岗持证率、特种作业人员教育复审率、厂长（经理）和安全管理人员上岗教育、新员工"三级"安全教育、班组长教育、变换工种教育和复岗教育等。

（3）尘毒有害作业场所达标率目标：主要指作业场所的尘毒检测合格率等。

（4）重大危险源和事故隐患监控管理目标：如对事故隐患整改的目标等。

（5）安全检查的目标：如安全检查的次数、特种设备检查率等。

（6）现代化的科学管理方法应用的目标：如安全检查表的运用范围、电化教育运用、事故树分析方法等。

（7）安全标准化班组达标率目标：如班组安全制度化教育等。

4. 建筑施工企业施工项目常采用的安全生产管理目标

（1）安全生产控制目标："六无"、"三消灭"。

1）"六无"，即无施工人员伤亡，无重大工程结构事故、无重大机械设备事故、无重大火灾事故、无重大管线事故、无危爆物品爆炸事故。

2）"三消灭"，即消灭违章指挥、消灭违章操作、消灭"惯性事故"。

（2）伤亡控制目标："一杜绝"、"二控制"。

1）"一杜绝"，即杜绝重伤及死亡事故（包括自有职工和外协队伍）。

2）"二控制"，即控制年负伤率、控制年安全事故率。

例如：工伤事故月度频率控制在 1‰年以内，年度频率控制在 12‰以内。

（3）安全生产标准化管理达标目标。

合格率：100%；优良率，如 80%以上。

（4）文明施工目标：

1）"一创建"，即创建安全文明示范工地。

2）文明施工检查合格率，如 95%以上。

（5）安全管理目标：

持证上岗率 100%；设备完好率，如 90%以上；安全检查合格率，如 80%以上。

七、安全生产管理原则

1. 坚持"管生产必须管安全"的原则

（1）"管生产必须管安全"原则，是指项目各级领导和全体员工在生产过程中必须坚持在抓生产的同时抓好安全工作。

（2）"管生产必须管安全"原则，是施工项目必须坚持的基本原则。国家和企业就是要保护劳动者的安全与健康，保证国家财产和人民生命财产的安全，尽一切努力在生产和其他活动中避免一切可以避免的事故。其次，项目的最优化目标是高产、低耗、优质、安全。忽视安全，片面追求产量、产值，是无法达到最优化目标的。伤亡事故的发生，不仅会给企业，还可能给环境、社会，乃至在国际上造成恶劣影响，造成无法弥补的损失。

（3）"管生产必须管安全"原则，体现了安全和生产的统一，生产和安全是一个有机的整体，两者不能分割，更不能对立起来，应将安全寓于生产之中，生产组织者在生产技术实施过程中，应当承担安全生产的责任，把"管生产必须管安全"原则落实到每个员工的岗位责任制上去，从组织上、制度上固定下来，以保证这一原则的实施。

2. 坚持"五同时"原则

"五同时"，是指企业的领导和主管部门在策划、布置、检查、总结、评价生产经营的时候，应同时策划、布置、检查、总结、评价安全工作。把安全工作落实到每一个生产组织管理环节中去，促使企业在生产工作中把对生产的管理与对安全的管理结合起来，并坚持"管生产必须管安全"的原则。使得企业在管理生产的同时必须贯彻执行我国的安全生产方针及法律法规，建立健全企业的各种安全生产规章制度，包括根据企业自身特点和工作需要设置安全管理专门机构，配备专职人员。

3. 坚持"三同时"原则

"三同时"，是指凡是我国境内新建、改建、扩建的基本建设工程项目、技术改造项目和引进的建设项目，其劳动安全卫生设施必须符合国家规定的标准，必须与主体工程同时设计、同时施工、同时投入生产和使用。以确保项目投产后符合劳动安全卫生要求，保障劳动者在生产过程中的安全与健康。

4. 坚持"三个同步"原则

"三个同步"，是指安全生产与经济建设、企业深化改革、技术改造同步策划、同步发展、同步实施的原则。"三个同步"要求把安全生产内容融化在生产经营活动的各个方面中，以保证安全与生产的一体化，克服安全与生产"两张皮"的弊病。

5. 坚持"四不放过"原则

"四不放过"，是指在调查处理工伤事故时，必须坚持事故原因分析不清不放过，事故责任者和群众没受到教育不放过，事故隐患不整改不放过，事故的责任者没有受到处理不放过的原则。

"四不放过"原则的第一层含义是要求在调查处理工伤事故时，首先要把事故原因分析清楚，找出导致事故发生的真正原因，不能敷衍了事，不能在尚未找到事故主要原因时就轻易下结论，也不能把次要原因当成主要原因，未找到真正原因决不轻易放过，直至找到事故发生的真正原因，搞清楚各因素的因果关系才算达到事故分析的目的。

"四不放过"原则的第二层含义是要求在调查处理工伤事故时，不能认为原因分析清楚了，有关责任人员也处理了就算完成任务了，还必须使事故责任者和企业员工了解事故发生的原因及所造成的危害，并深刻认识到搞好安全生产的重要性，大家从事故中吸取教训，在今后工作中更加重视安全工作。

"四不放过"原则的第三层含义是要求在对工伤事故进行调查处理时，必须针对事故发生的原因，制定防止类似事故重复发生的预防措施，并督促事故发生单位组织实施，只有这样，才算达到了事故调查和处理的最终目的。

6. 坚持"五定"原则

对查出的安全隐患要做到"五定"，即定整改责任人、定整改措施、定整改完成时间、定整改完成人、定整改验收人。

7. 坚持"六个坚持"

（1）坚持管生产同时管安全。安全寓于生产之中，并对生产发挥促进与保证作用，因此，安全与生产虽有时会出现矛盾，但从安全、生产管理的目标，表现出高度的一致和安全的统一。安全管理是生产管理的重要组成部分，安全与生产在实施过程中，两者存在着密切的联系，存在着进行共同管理的基础。国务院在《关于加强企业生产中安全工作的几项规定》中明确指出："各级领导人员在管理生产的同时，必须负责管理安全工作。""企业中各有关专职机构，都应该在各自业务范围内，对实现安全生产的要求负责。"管生产同时管安全，不仅是对各级领导人员明确安全管理责任，同时，也向一切与生产有关的机构、人员，明确了业务范围内的安全管理责任。由此可见，一切与生产有关的机构、人员，都必须参与安全管理，并在管理中承担责任。认为安全管理只是安全部门的事，是一种片面的、错误的认识。各级人员安全生产责任制度的建立，管理责任的落实，体现了管生产同时管安全的原则。

（2）坚持目标管理。安全管理的内容是对生产中的人、物、环境因素状态的管理，在有效的控制人的不安全行为和物的不安全状态，消除或避免事故，达到保护劳动者的安全与健康的目标。没有明确目标的安全管理是一种盲目行为，盲目的安全管理，往往劳民伤财，危险因素依然存在。在一定意义上，盲目的安全管理，只能纵容威胁人的安全与健康的状态，向更为严重的方向发展或转化。

（3）坚持预防为主。安全生产的方针是"安全第一、预防为主、综合治理"。

"安全第一"是从保护生产力的角度和高度，表明在生产范围内，安全与生产的关系，肯定安全在生产活动中的位置和重要性。进行安全管理不是处理事故，而是在生产经营活动中，针对生产的特点，对生产要素采取管理措施，有效的控制不安全因素的发生与扩大，把可能发生的事故，消灭在萌芽状态，以保证生产经营活动中，人的安全与健康。

"预防为主"，首先是端正对生产中不安全因素的认识和消除不安全因素的态度，选准消除不安全因素的时机。在安排与布置生产经营任务的时候，针对施工生产中可能出现的危险因素，采取措施予以消除是最佳选择，在生产活动过程中，经常检查，及时发现不安全因素，采取措施，明确责任，尽快地、坚决地予以消除，是安全管理应有的鲜明态度。

（4）坚持全员管理。安全管理不仅仅是少数人和安全机构的事，而是一切与生产有关的机构、人员共同的事，缺乏全员的参与，安全管理不会有生气、不会出现好的管理效果。当然，这并非否定安全管理第一责任人和安全监督机构的作用。安全管理机构和第一责任人在安全管理中的作用固然重要，但全员参与安全管理更加十分重要。安全管理涉及生产经营活动的方方面面，涉及从开工到竣工交付使用的全部过程和生产时间生产要素。因此，生产经营活动中必须坚持全员、全方位的安全管理。

（5）坚持过程控制。通过识别和控制特殊关键过程，达到预防和消除事故，防止或消除事故伤害。在安全管理的主要内容中，虽然都是为了达到安全管理的目标，但是对生产过程的控制，与安全管理目标关系更直接，显得更为突出，因此，对生产中人的不安全行为和物的不安全状态的控制，必须列入过程安全制定管理的节点。事故发生往往由于人的不安全行为运动轨迹与物的不安全状态运动轨迹的交叉所造成的，从事故发生的原因看，也说明了对生产过程的控制，应该作为安全管理重点。

（6）坚持持续改进。安全管理是在变化着的生产经营活动中的管理，是一种动态管理。其管理就意味着是不断改进发展的、不断变化的，以适应变化的生产活动，消除新的危险因素。需要的是不间断地摸索新的规律，总结控制的办法与经验，指导新的变化后的管理，从而不断提高安全管理水平。

八、安全生产管理要点

1. 基本要求

（1）取得安全行政主管部门颁布的《安全生产许可证》后，方可施工。

（2）总包单位及分包单位都应持有《施工企业安全资格审查认可证》，方可组织施工。

（3）必须建立健全安全管理保障制度。

（4）各类人员必须具备相应的安全生产资格方可上岗。

（5）所有施工人员必须经过三级安全教育。

（6）特殊工种作业人员，必须持有《特种作业操作证》。

（7）对查出的事故隐患要做到"定整改责任人、定整改措施、定整改完成时间、定整改完成人、定整改验收人"。

（8）必须把好安全生产措施关、交底关、教育关、防护关、检查关和改进关。

（9）必须建立安全生产值班制度，必须有领导带班。

2. 安全管理网络

（1）施工现场安全防护管理网络，见图2-2。

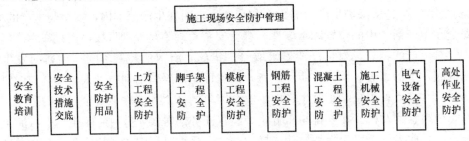

图2-2　施工现场安全防护管理网络

（2）施工现场临时用电安全管理网络，见图2-3。

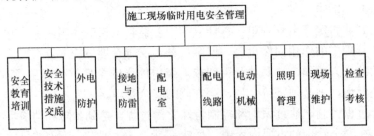

图2-3　施工现场临时用电安全管理网络

（3）施工现场机械安全管理网络，见图2-4。

（4）施工现场消防保卫管理网络，见图2-5。

（5）施工现场管理网络，见图2-6。

3. 各施工阶段安全生产管理要点

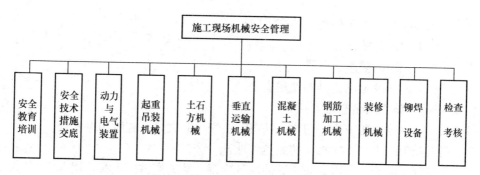

图 2-4 施工现场机械安全管理网络

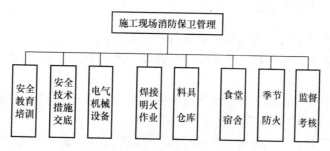

图 2-5 施工现场消防保卫管理网络

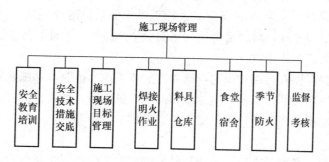

图 2-6 施工现场管理网络

（1）基础施工阶段安全管理要点：

1）挖土机械作业安全。

2）边坡防护安全。

3）降水设备与临时用电安全。

4）防水施工时的防火、防毒。

5）人工挖扩孔桩安全。

（2）结构施工阶段安全管理要点：

1）临时用电安全。

2）内外架及洞口防护。

3）作业面交叉施工及临边防护。

4）大模板和现场堆料防倒塌。

5）机械设备的使用安全。

（3）装修阶段安全管理要点：

1）室内多工种、多工序的立体交叉防护。

2）外墙面装饰防坠落。

3）防水和油漆的防火、防毒。

4）临电、照明及电动工具的使用安全。

（4）季节性施工安全管理要点：

1）雨季防触电、防雷击、防尘、防沉陷坍塌、防大风、临时用电安全。

2）高温季节防中暑、中毒、防疲劳作业。

3）冬期施工防冻、防滑、防火、防煤气中毒、防大风雪、大雾，用电安全。

九、外施队安全生产管理

（1）不得使用未经劳动部门审核合格的外施队。

（2）对外施队人员要严格进行安全生产管理，保障外施队人员在生产过程中的安全和健康。

（3）外施队长必须申请办理《施工企业安全资格认可证》。各用工单位应监督、协助外施队办理"认可证"，否则视同无安全资质处理。

（4）依照"管生产必须管安全"的原则，外施队必须明确一名领导作为本队安全生产负责人，主管本队日常的安全生产管理工作。50人以下的外施队，应设一名兼职安全员，50人以上的外施队应设一名专职安全员。用工单位要负责对外施队专（兼）职安全员进行安全生产业务培训考核，对合格者签发《安全生产检查员》证。外施队专（兼）职安全员应持证上岗，纠正本队违章行为。

（5）外施队要保证人员相对稳定，确需增加或调换人员时，外施队领导必须事先提出计划，报请有关领导和部门审核。增加或调换的人员按新入场人员进行三级安全教育。凡未经同意擅自增加或调换人员，未经安全教育考试上岗作业者，一经发现，追究有关部门和外施队领导责任。

（6）外施队领导必须对本队人员进行经常性的安全生产和法制教育，必须服从用工单位各级安全管理人员的监督指导。用工单位各级安全管理人员有权按照规章制度，对违章冒险作业人员进行经济处罚，停工整顿，直到建议清退出场。用工单位应认真研究安全管理人员的建议，对决定清退出场的外施队，用工单位必须及时上报集团总公司安全施工管理处和劳动力调剂服务中心，劳务部门当年不得再与该队签订用工协议，也不得转移到其他单位，若发现因外施队严重违章应清退出场而未清退或转移到集团其他单位的，则追究有关人员责任。

（7）外施队自身必须加强安全生产教育，提高技术素质和安全生产的自我保护意识，认真执行班前安全讲话制度，建立每周一次安全生产活动日制度。讲评一周安全生产情况，学习有关安全生产规章制度，研究解决存在安全隐患，表彰好人好事，批评违章行为，组织观看安全生产录像等，并做好活动记录。

（8）外施队领导和专（兼）职安全员必须每日上班前对本队的作业环境，设施设备的安全状态进行认真的检查，对检查发现的隐患，应本着凡是自己能解决的，不推给上级领导，立即解决。凡是检查发现的重大隐患，必须立即报告项目经理部的安全管理员。

（9）外施队领导和专（兼）职安全员应在本队人员作业过程中巡视检查，随时纠正违章行为，解决作业中人为形成的隐患。下班前对作业中使用的设施设备进行检查，确认机电拉闸断电，用火熄灭，活完料净场地清，确定无误后，方准离开现场。

（10）凡违反有关规定，使用未办理《施工企业安全资格认可证》、未经注册登记、无用工手续的外施队或对外施队没有进行三级安全教育，安全部门有权对用工单位和直接责任者进行经济处罚。造成严重后果，触犯刑法的，提交司法部门处理。

第二节　安全技术管理

安全技术是指为控制或消除生产过程中的危险因素，防止发生各种伤害，以及火灾、爆炸等事故，并为职工提供安全、良好的劳动条件而研究与应用的技术。简而言之，安全技术就是劳动安全方面所采取的各种技术措施的总称。

一、基础概念

1. 安全技术

安全技术的基本任务为：

（1）分析生产过程中引起伤亡事故的原因，采取各种技术措施，消除隐患，预防事故发生。

（2）掌握与积累各种资料，以便作为制定有关安全法令、规程、标准及企业的安全技术操作规程、各项安全制度的依据。

（3）编写安全生产宣传教育材料。

（4）研究并制定分析伤亡事故的办法。

2. 安全技术措施

安全技术措施是指为改善劳动条件、防止工伤事故和职业病的危害，从技术上采取的措施，是"预防为主"工作的具体体现。各种安全技术措施，都是根据变危险作业为安全作业、变笨重劳动为轻便劳动、变手工操作为机械操作的原则，通过改进安全设备、作业环境或操作方法，达到安全生产的目的。

在工程项目施工中，针对工程特点、施工现场环境、施工方法、劳动组织、作业方法、使用的机械、动力设备、变配电设施、架设工具以及各项安全防护设施等制定的确保安全施工的预防措施，称为施工安全技术措施。施工安全技术措施包括安全防护设施和安全预防设施，是施工组织设计的重要组成部分。它是具体安排和指导项目工程安全施工的安全管理与技术文件之一。

3. 安全技术措施计划

在社会主义建设中，有计划地改善劳动条件，搞好安全生产，是我们党和国家的一贯政策。企业必须安排适当的资金，用于改善安全设施，更新安全技术装备以及其他安全生产投入，以保证企业达到法律、法规、标准规定的安全生产条件，并对由于安全生产所必需的资金投入不足导致的后果承担责任。为了保证安全资金的有效投入，企业应编制安全技术措施计划。

所谓安全技术措施计划（即劳动保护措施计划），是指企业为了保护职工在生产过程中的安全和健康，根据需要制定的本年度或一定时期在安全技术工作上的规划。是企业综合计划即生产、经营、财务计划的组成部分，也是企业安全工作的重要内容。

二、安全技术管理的基本要求

1. 所有建筑工程的施工组织设计（施工方案），都必须有安全技术措施。爆破、吊装、水下、深坑、支模、拆除等大型特殊工程，都要编制单项安全技术方案，否则不得开工。

2. 施工现场道路、上下水及采暖管道、电气线路、材料堆放、临时和附属设施等的平面布置，都要符合安全、卫生、防水要求，并要加强管理，做到安全生产和文明生产。

3. 各种机电设备的安全装置和起重设备的限位装置，都要齐全有效，没有的不能使用。要建立定期维修保养制度，检修机械设备要同时检修防护装置。

4. 脚手架、井字架（龙门架）和安全网，搭设完必须经工长验收合格，方能使用。使用期间要指定专人维护保养，发现有变形、倾斜、摇晃等情况，要及时加固。

5. 施工现场、坑井、沟和各种孔洞，易燃易爆场所，变压器周围，都要指定专人设置围栏或盖板和安全标志，夜间要设红灯示警。各种防护设施、警告标志，未经施工负责人批准，不得移动和拆除。

6. 实行逐级安全技术交底制度。开工前，技术负责人要将工程概况、施工方法、安全技术措施等情况向全体职工进行详细交底，两个以上施工队或工种配合施工时，施工队长、工长要按工程进度定期或不定期地向有关班组长进行交叉作业的安全交底。班组每天对工人进行施工要求、作业环境的安全交底。

7. 混凝土搅拌站、木工车间、沥青加工点及喷漆作业场所等，都要采取措施，限期使尘毒浓度达到国家标准。

8. 采用各种安全技术和工业卫生的革新和科研成果，均要经过试验、鉴定和制定相应安全技术措施，才能使用。

9. 加强季节性劳动保护工作。夏季要防暑降温，冬季要防寒防冻，防止煤气中毒，雨季和台风到来之前，应对临时设施和电气设备进行检修，沿河流域的工地要做好防洪抢险准备。雨雪过后要采取防滑措施。

10. 施工现场和木工加工厂（车间）和贮存易燃易爆器材的仓库，要建立防火管理制度，备足防火设施和灭火器材，要经常检查，保持良好。

11. 凡新建、改建和扩建的工厂和车间，均应采用有利于劳动者的安全和健康的先进工艺和技术。劳动安全卫生设施与主体工程同时设计、同时施工、同时投产。

三、安全技术措施

1. 施工安全技术措施范围和依据

《建筑法》第三十八条规定，建筑施工企业在编制施工组织设计时，应当根据建筑工程的特点制定相应的安全技术措施。根据不同工程的结构特点，提出有针对性的具体安全技术措施，不仅可以指导施工，而且也是进行安全技术交底、安全检查和验收的有效可靠依据，同样也是职工生命的根本保证。为此，安全技术措施在安全施工中占有相当重要的位置。

安全技术措施范围，包括改善劳动条件（指影响人身安全和健康及设备安全的），预防各种伤亡事故，以及机械设备使用中的安全、预防职业病和职业中毒、确保行车安全等各项措施。

编制安全技术措施计划应以"安全第一，预防为主、综合治理"的安全生产方针为指导思想，以《安全生产法》等法律法规、国家或行业标准为依据。

项目部在编制施工组织设计和安全技术措施计划时，应根据国家公布的劳动保护立法和各项安全技术标准为依据，根据公司年度施工生产的任务，该工程施工的特点，确定安全技术措施项目，制定相应的安全技术措施，针对安全生产检查中发现的隐患、未能及时解决的问题以及对新工艺、新技术、新设备等所应采取的措施，做到不断改善劳动条件，防止工伤事故的发生。对专业性较强的工程项目应当编制专项安全施工组织设计，并采取安全技术措施。

项目部应当在施工现场采取维护安全、防范危险、预防火灾等措施，有条件的，应当对施工现场实行封闭管理。

施工现场对毗邻的建筑物、构筑物和特殊作业环境可能造成损害的，建筑施工企业应当采取安全防护措施。

2. 施工安全技术措施编制的要求

编制安全技术措施绝不是只摘录几条标准、规范，而是必须根据工程施工的特点，充分考虑各种危险因素，遵照有关规程规定，结合以往的施工经验与教训，按照以下要求编制。

（1）要在工程开工前编制，并经过审批。

（2）施工安全技术措施的编制要有超前性。施工安全技术措施在项目开工前必须编制好，在工程图纸会审时，就要开始考虑到施工安全问题。因为开工前经过编审后正式下达施工单位指导施工的安全技术措施，对于该工程各种安全设施的落实就有较充分的准备时间。设计和施工发生变更时，安全技术措施必须及时变更或相应补充完善。

（3）施工安全技术措施的编制要有针对性。施工安全技术措施是针对每项工程特点而制定的，编制安全技术措施的技术人员必须掌握工程概况、施工方法、施工环境条件等资料，并熟悉安全法规、标准等才能编写出有针对性的安全技术措施。编制时应主要考虑以下几个方面：

1）针对不同工程的特点可能造成的施工危害，从技术上采取措施，消除危险，保证施工安全。

2）针对不同的施工方法制定相应的安全技术措施。井巷作业、水下作业、立体交叉作业、滑模、网架整体提升吊装，大模板施工等，可能给施工带来不安全因素，从技术上采取措施，保证安全施工。

3）针对不同分部分项工程的施工工艺可能给施工带来的不安全因素，从技术上采取措施保证其安全实施。如土方工程、地基与基础工程、脚手架工程、支模、拆模等都必须编制单项工程的安全技术措施。

4）针对使用的各种机械设备、变配电设施给施工人员可能带来的危险因素，从安全保险装置等方面采取的技术措施。

5）针对施工中有毒、有害、易燃、易爆等作业可能给施工人员造成的危害，从技术上采取措施，防止伤害事故。

6）针对施工现场及周围环境，可能给施工人员及周围居民带来危害，以及材料、设备运输带来的困难和不安全因素，制定相应的安全技术措施予以保护。

7）针对季节性施工的特点，制定相应的安全技术措施。夏季要制定防暑降温措施；雨期施工要制定防触电、防雷、防坍塌措施；冬期施工要制定防风、防火、防滑、防煤气中毒、防亚硝酸钠中毒措施。

（4）施工安全技术措施的编制必须可靠。安全技术措施均应贯彻于每个施工工序之中，力求细致全面，具体可靠。如施工平面布置不当，临时工程多次迁移，建筑材料多次转运，不仅影响施工进度，造成很大浪费，有的还留下安全隐患。再如，易爆易燃物资临时仓库及明火作业区、工地宿舍、厨房等定位及间距不当，可能酿成事故。只有把多种因素和各种不利条件，考虑周全，有对策措施，才能真正做到预防事故。但是，全面具体不等于罗列一般通常的操作工艺、施工方法以及日常安全工作制度、安全纪律等。这些制度性规定，安全技术措施中不需再作抄录，但必须严格执行。

（5）编制施工安全技术的措施要有可操作性。对大中型项目工程，结构复杂的重点工程除必须在施工组织总体设计中编制施工安全技术措施外，还应编制单位工程或分部分项工程安全技术措施，详细制定出有关安全方面的防护要求和措施，并易于操作、实现，确保单位工程或分部分项工程的安全施工。

（6）编制施工组织设计或施工方案在使用新技术、新工艺、新设备、新材料的同时，必须研究应用相应的安全技术措施。

（7）安全技术措施中必须有施工总平面图，在图中必须对危险的油库、易燃材料库、变电设备以及材料、构件的堆放位置、塔式起重机、井字架或龙门架、搅拌台的位置等按照施工需要和安全规程的要求明确定位，并提出具体要求。

（8）特殊和危险性大的工程，施工前必须编制单独的安全技术措施方案。

（9）施工作业中因任务变更或原安全技术措施不当，对继续施工有影响的，应重新进行安全技术措施交底或补充编制安全技术措施，经批准后向施工人员交底方可继续施工。

3. 施工安全技术措施编制的主要内容

工程大致分为两类：结构共性较多的称为一般工程；结构比较复杂、技术含量高的称为特殊工程。由于施工条件、环境等不同，同类结构工程既有共性，也有不同之处。不同之处在共性措施中就无法解决。因此应根据工程施工特点不同危险因素，按照有关规程的规定，结合以往的施工经验与教训，编制安全技术措施。

安全技术措施包括安全防护设施和安全预防设施，主要有17方面的内容，如防火、防毒、防爆、防洪、防尘、防雷击、防触电、防坍塌、防物体打击、防机械伤害、防起重设备滑落、防高空坠落、防交通事故、防寒、防暑、防疫、防环境污染等方面措施。

（1）一般工程安全技术措施：

1）根据基坑、基槽、地下室等开挖深度、土质类别，选择开挖方法，确定边坡的坡度或采取何种基坑支护方式，以防塌方。

2）脚手架选型及设计搭设方案和安全防护措施。

3）高处作业的上下安全通道。

4）安全网（平网、立网）的架设要求，范围（保护区域）、架设层次、段落。

5）对施工电梯、龙门架（井架）等垂直运输设备，搭设位置要求，稳定性、安全装置等的要求，防倾覆、防漏电措施。

6）施工洞口的防护方法和主体交叉施工作业区的隔离措施。

7）场内运输道路及人行通道的布置。

8）编制临时用电的施工组织设计和绘制临时用电图纸。在建工程（包括脚手架具）的外侧边缘与外电架空线路的间距达到最小安全距离采取的防护措施。

9）防火、防毒、防爆、防雷等安全措施。

10）在建工程与周围人行通道及民房的防护隔离设置。

（2）危险性较大的特殊工程。

对于结构复杂，危险性大的特殊工程，应编制单项的安全技术措施。如爆破、大型吊装、沉箱、沉井、烟囱、水塔、特殊架设作业，高层脚手架、井架和拆除工程必须编制单项的安全技术措施。并注明设计依据，做到有计算、有详图、有文字说明。

（3）季节性施工安全措施。

季节性施工安全措施，就是考虑不同季节的气候，对施工生产带来的不安全因素，可能造成的各种突发性事故，从防护上、技术上、管理上采取的措施。一般建筑工程中在施工组织设计或施工方案的安全技术措施中，编制季节性施工安全措施。危险性大、高温期长的建筑工程，应单独编制季节性的施工安全措施。季节性主要指夏季、雨季和冬季。各季节性施工安全的主要内容是：

1）夏季气候炎热，高温时间持续较长，主要是做好防暑降温工作。

2）雨期进行作业，主要应做好防触电、防雷、防塌方、防洪和防台风的工作。

3）冬期进行作业，主要应做好防风、防火、防冻、防滑、防煤气中毒、防亚硝酸钠中毒的工作。

4. 施工安全技术措施的实施要求

经批准的安全技术措施具有技术法规的作用，必须认真贯彻执行。遇到因条件变化或考虑不周需变更安全技术措施内容时，应经原编制和审批人员办理变更手续，否则，不能擅自变更。

（1）工程开工前，应将工程概况、施工方法和安全技术措施，向参加施工的工地负责人、工长、班组长进行安全技术措施交底。每个单项工程开工前，应重复进行单项工程的安全技术交底工作。使执行者了解其要求，为落实安全技术措施打下基础，安全交底应有书面材料，双方签字并保存记录。

（2）安全技术措施中的各种安全设施的实施应列入施工任务计划单，责任落实到班组或个人，并实行验收制度。

（3）加强安全技术措施实施情况的检查，技术负责人、安全技术人员应经常深入工地检查安全技术措施的实施情况，及时纠正违反安全技术措施的行为，各级安全管理部门应以施工安全技术措施为依据，以安全法规和各项安全规章制度为准则，经常性地对工地实施情况进行检查，并监督各项安全措施的落实。

（4）对安全技术措施的执行情况，除认真监督检查外，还应建立起与经济挂钩的奖罚制度。

四、安全技术交底

1. 安全技术交底的目的

为确保实现安全生产管理目标、指标，规范安全技术交底工作，确保安全技术措施在工程施工过程中得到落实，按不同层次、不同要求和不同方式进行，使所有参与施工的人员了解工程概况、施工计划，掌握所从事工作的内容、操作方法、技术要求和安全措施等，确保安全生产，避免发生生产安全事故。

2. 安全技术交底依据

（1）施工图纸、施工图说明文件，包括有关设计人员对涉及施工安全的重点部位和环节方面的注明、对防范生产安全事故提出的指导意见，以及采用新结构、新材料、新工艺和特殊结构时设计人员提出的保障施工作业人员安全和预防生产安全事故的措施建议。

（2）施工组织设计、安全技术措施和专项安全施工方案。

（3）相关工种的安全技术操作规程。

（4）《建筑施工安全检查标准》（JGJ 59—2011）、《建筑施工扣件式钢管脚手架安全技术规范》（JGJ 130—2011）、《施工现场临时用电安全技术规范》（JGJ 46—2005）、《建筑施工高处作业安全技术规范》（JGJ 80—91）等国家、行业的标准、规范。

（5）地方法规及其他相关资料。

（6）建设单位或监理单位提出的特殊要求。

3. 安全技术交底职责分工

（1）工程项目开工前，由施工组织设计编制人、审批人向参加施工的施工管理人员（包括分包单位现场负责人、安全管理员）、班组长进行施工组织设计及安全技术措施交底。

（2）分部分项工程施工前、专项安全施工方案实施前，由方案编制人会同施工员将安全技术措施、施工方法、施工工艺、施工中可能出现的危险因素、安全施工注意事项等向参加施工的全体管理人员（包括分包单位现场负责人、安全管理员）、作业人员进行交底。

（3）每道施工工序开始作业前，项目部生产副经理（或施工员）向班组及班组全体作业人员进行安全技术交底。

（4）新进场的工人参加施工作业前，由项目部安全员及项目部分项管理人员进行工种交底。

（5）每天上班作业前，班组长负责对本班组全体作业人员进行班前安全交底。

4. 安全技术措施交底的基本要求

（1）工程项目安全技术交底必须实行三级交底制度。

由项目经理部技术负责人向施工员、安全员进行交底；施工员向施工班组长进行交底；施工班组长向作业人员交底，分别逐级进行。

工程实行总、分包的，由总包单位项目技术负责人向分包单位现场技术负责人，分包单位现场技术负责人向施工班组长，施工班组长向作业人员分别逐级进行交底。

（2）安全技术交底应具体、明确，针对性强。交底的内容必须针对分部分项工程施工时给作业人员带来的潜在危险因素和存在的问题而编写。

（3）安全技术交底应优先采用新的安全技术措施。

（4）工程开工前，应将工程概况、施工方法、安全技术措施等情况，向工地负责人、工长进行详细交底。必要时直至向参加施工的全体员工进行交底。

（5）两个以上施工队或工种配合施工时，应按工程进度定期或不定期地向有关施工单位和班组进行交叉作业的安全书面交底。

（6）工长安排班组长工作前，必须进行书面的安全技术交底，班组长要每天对作业人员进行施工要求、作业环境等书面安全交底。

（7）交底应采用口头详细说明（必要时应作图示详细解释）和书面交底确认相结合的形式。各级书面安全技术交底应有交底时间、内容及交底人和接受交底人的签字，并保存交底记录。交底书要按单位工程归总放在一起，以备查验。

（8）交底应涉及与安全技术措施相关的所有员工（包括外来务工人员），对危险岗位应书面告知作业人员岗位的操作规程和违章操作的危害。

（9）安全技术交底时应有对针对危险部位的安全警示标志的悬挂、拆除提出具体要求，包括施工现场入口处、洞、坑、沟、升降口、危险性气、液体及夜间警示牌、灯。

（10）高空及沟槽作业应对具体的技术细节及日常稳定状态的巡视、观察、支护的拆除等提出要求。

（11）涉及特殊持证作业及女工作业的情况时，技术交底内容还应充分参考相关法律、法规的内容进行。

（12）出现下列情况时，项目经理、项目总工程师或安全员应及时对班组进行安全技术交底。

1）因故改变安全操作规程。

2）实施重大和季节性安全技术措施。

3）推广使用新技术、新工艺、新材料、新设备。

4）发生因工伤亡事故、机械损坏事故及重大未遂事故。

5）出现其他不安全因素、安全生产环境发生较大变化。

5. 安全技术交底的内容

（1）工程项目、分部分项工程、工序的概况、施工方法、施工工艺、施工流程等常规内容。

（2）工程项目、分部分项工程、工序的特点和危险点。

（3）作业条件、作业环境、天气状况和可能遇到的不安全因素。

（4）劳动纪律。

（5）针对危险点采取的具体防范措施。

（6）施工机械、机具、工具的正确使用方法。

（7）个人劳动防护用品的正确使用方法。

（8）作业中应注意的安全事项。

（9）作业人员应遵守的安全操作规程和规范。

（10）作业人员发现事故隐患应采取的措施和发生事故后的紧急避险方法和应急措施。

（11）其他需要说明的事项。

6. 安全技术交底主要项目

（1）主要作业安全技术交底。

确定安全技术交底项目时，应结合作业现场的实际情况确定危险部位和人群，组织翔实的技术交底。一般情况下，除了施工工种安全技术交底以外，交底的项目还包括：

1）2m以上的高空作业。

2）基坑支护与降水作业。

3）土石方开挖作业。

4）模板、脚手架作业。

5）机电设备作业。

6）季节性施工作业。

7）洞口及临边作业。

8）顶管及地下连续墙作业。

9）沉井及挖孔、钻孔作业。

10）起重作业。

11）大型或特种构件运输。

12）动力机械操作作业。

13）施工临时用电。

14）深基坑、地下暗挖施工等。

（2）作业现场还应对如下情况进行安全技术交底：

1）易燃、易爆物品及危险化学品的使用与贮存。

2）使用新技术、新工艺、新设备、新技术的工程作业。

3）建设单位或结合专项活动提出的作业活动。

4）其他需要进行安全技术交底的作业活动。

7. 安全技术交底的监督检查

（1）公司的相关职能部门在进行安全检查时，同时检查项目经理部的安全技术交底工作。

（2）项目部技术负责人、安全员负责监督检查生产副经理、施工员、班组长的安全技术交底工作。应对每项工程技术交底情况及时进行监督。

8. 安全技术交底记录

项目部安全员须参加并监督除班组安全交底以外的所有类型安全技术交底，并负责收集、保存交底记录；交底双方应履行签字手续，各保留一套交底文件，书面交底记录应在技术、施工、安全三方备案。

五、总包对分包的进场安全总交底

为了贯彻"安全第一、预防为主、综合治理"的方针，保护国家、企业的财产免遭损失，保障职工的生命安全和身体健康，保障施工生产的顺利进行，各施工单位必须认真执行以下要求：

（1）贯彻执行国家、行业的安全生产、劳动保护和消防工作的各类法规、条例、规定，遵守企业的各项安全生产制度、规定及要求。

（2）分包单位要服从总包单位的安全生产管理。分包单位的负责人必须对本单位职工进行安全生产教育，以增强法制观念和提高职工的安全意识及自我保护能力，自觉遵守安全生产六大纪律和安全生产制度。

（3）分包单位应认真贯彻执行工地的分部分项、分工种及施工安全技术交底要求。分包单位的负责人必须检查具体施工人员落实情况，并进行经常性的督促、指导，确保施工安全。

（4）分包单位的负责人应对所属施工及生活区域的施工安全、文明施工等各方面工作全面负责。分包单位负责人离开现场，应指定专人负责，办理书面委托管理手续。分包单位负责人和被委托负责管理的人员，应经常检查督促本单位职工自觉做好各方面工作。

（5）分包单位应按规定，认真开展班组安全活动。施工单位负责人应定期参加工地、班组的安全活动，以及安全、防火、生活卫生等检查，并做好检查活动的有关记录。

（6）分包单位在施工期间必须接受总包方的检查、督促和指导。同时总包方应协助各施工单位搞好安全生产、防火管理。对于查出的隐患及问题，各施工单位必须限期整改。

（7）分包单位对各自所处的施工区域、作业环境、安全防护设施、操作设施设备、工具用具等必须认真检查，发现问题和隐患，立即停止施工，落实整改。如本单位无能力落实整改的，应及时向总包汇报，由总包协调落实有关人员进行整改，分包单位确认安全后，方可施工。

（8）由总包提供的机械设备、脚手架等设施，在搭设、安装完毕交付使用前，总包须会同有关分包单位共同按规定验收，并做好移交使用的书面手续，严禁在未经验收或验收不合格的情况下投入使用。

（9）分包单位与总包单位如需相互借用或租赁各种设备以及工具的，应由双方有关人员办理借用或租赁手续，制定有关安全使用及管理制度。借出单位应保证借出的设备和工具完好并符合要求，借入单位必须进行检查，并做好书面移交记录。

（10）分包单位对于施工现场的脚手架、设施、设备的各种安全防护设施、保险装置、安全标志和警告牌等不得擅自拆除、变动，如确需拆除变动的，必须经总包施工负责人和安全管理人员的同意，并采取必要、可靠的安全措施后方能拆除。

（11）特种作业及中、小型机械的操作人员，必须按规定经有关部门培训、考核合格后，持有效证件上岗作业。起重吊装人员必须遵守"十不吊"规定，严禁违章、无证操作，严禁不懂电气、机械设备的人员擅自操作使用电气、机械设备。

（12）各施工单位必须严格执行防火防爆制度，易燃易爆场所严禁吸烟及动用明火，消防器材不准挪作他用。电焊、气割作业应按规定办理动火审批手续，严格遵守"十不烧"规定，严禁使用电炉。冬期施工如必须采用明火加热的防冻措施时，应取得总包防火主管人员同意，落实防火、防中毒措施，并指派专人值班看护。

（13）分包单位需用总包提供的电气设备时，在使用前应先进行检测，如不符合安全使用规定的，应及时向总包提出，总包应积极落实整改，整改合格后方准使用，严禁擅自乱拖乱拉私接电气线路及电气设备。

（14）在施工过程中，分包单位应注意地下管线及高、低压架空线和通信设施、设备的保护。总包应将地下管线及障碍物情况向分包单位详细交底，分包单位应贯彻交底要求，如遇有问题或情况不明时要采取停止施工的保护措施，并及时向总包汇报。

（15）贯彻"谁施工谁负责安全、防火"的原则。分包单位在施工期间发生各类事故，应及时组织抢救伤员，保护现场，并立即向总包方和自己的上级单位和有关部门报告。

（16）按工程特点进行针对性交底。

六、安全技术措施计划

1. 安全技术措施计划的作用

安全技术措施计划是企业计划的重要组成部分，是有计划地改善劳动条件的重要手段，也是做好劳动保护工作、防止工伤事故和职业病的重要措施。是项目施工保障安全的指令性文件，具有安全法规的作用，必须认真编制和执行。安全技术措施计划的核心是安全技术措施。

编制安全技术措施计划，对于保证安全生产、提高劳动生产率、加速国民经济的发展都是非常必要的。通过编制和实施安全技术措施计划，可以把改善劳动条件工作纳入国家和企业的生产建设计划中，有计划有步骤地解决企业中一些重大安全技术问题，使企业劳动条件的改善逐步走向计划化和制度化。同时也可以更合理使用资金，使国家在改善劳动条件方面的投资发挥最大的作用。安全技术措施所需要的经费、设备器材以及设计、施工力量等纳入了计划，就可以统筹安排、合理使用。制订和实施安全技术措施计划是一项领导与群众相结合的工作。一方面企业各级领导对编制与执行措施计划要负起总的责任；另一方面，又要充分发动群众，依靠群众，群策群力，才能使改善劳动条件的计划很好实现。这样，在计划执行过程中，既可鼓舞职工群众的劳动热情，也更好地吸引职工群众参加安全管理，发挥职工群众的监督作用。

2. 编制安全技术措施计划的依据

编制安全技术措施计划应以"安全第一、预防为主、综合治理"的安全生产方针为指导思想，以《安全生产法》等法律法规、国家或行业标准为依据，同时考虑本单位的实际情况。

归纳起来，编制安全技术措施计划的依据有以下 5 点：

（1）党中央、国务院、各部委与地方政府发布的有关安全生产的方针政策、法律法规、标准规范、规章制度、政策、指示等。

（2）在安全生产检查中发现而尚未解决的问题。

（3）针对不安全因素易造成伤亡事故或职业病的主要原因应采取的措施。

（4）针对新技术、新工艺、新设备等应采取的安全技术措施。

（5）安全技术革新项目和职工提出的合理化建议等。

3. 安全技术措施计划的项目范围

（1）安全技术措施计划的应列项目。

安全技术措施计划项目范围包括以改善企业劳动条件、防止伤亡事故、预防职业病、提高职工安全素质为目的的一切技术措施。大致可分为：

1）安全技术措施。包括以防止伤亡事故为目的的一切措施。如各种设备、设施以及安全防护装置、保险装置、信号装置和安全防爆设施等。

2）工业卫生技术措施。它是指以对职工身体健康有害的作业环境和劳动条件与防止职业中毒和职业病为目的的一切措施。如防尘、防毒、防射线、防噪声与振动、通风、降温、防寒等装置或设施。

3）辅助房屋及设施。它指确保生产过程中职工安全卫生方面所必需的房屋及一切设施。如为职工设置的淋浴、盥洗设施，消毒设备，更衣室、休息室、取暖室、妇女卫生室等。但集体福利设施（如公共食堂、浴室、托儿所、疗养所）不在其内。

4）安全宣传教育设施。它是指提高作业人员安全素质的有关宣传教育所需的设施、教材、仪器和场所等，以及举办安全技术培训班、展览会，设立教育室等。如安全卫生教材、挂图、宣传画、书刊、录像、电影、培训室、劳动保护教育室、安全卫生展览等。

5）安全科学研究与试验设备仪器。

6）减轻劳动强度等其他技术措施。

安全技术措施计划的项目应按《安全技术措施计划项目总名称表》执行，以保证安全技术措施费用的合理使用。

（2）严格区别易被误列为安全技术措施计划的项目。

在安全技术措施计划编制过程中，会涉及某些项目既与改善作业环境、保证劳动者安全健康有关，也与生产经营、消防或福利设施相关，对此必须进行区分，避免将所有这些项目都列入安全技术措施计划内。区分时应注意以下几点：

1）安全技术措施与改进生产措施，应根据措施的主要目的和效果加以区分。有些措施项目虽与安全有关，但从改进生产的观点看，又是直接需要的措施，不应列入安全技术措施计划。而应列入生产经营计划中。

2）企业在新建、扩建、改建、技术改造时，应将所需的安全技术措施列入工程项目内，不得列为安全技术措施项目。安全技术问题得到解决才能投入使用。

3）制造新机器设备时，应包括该机器设备所需的安全防护装置，由制造单位负责，不得列为安全技术措施项目。

4）企业使用新机器、新设备。采用新技术所需的安全技术措施是该项设备或技术所必需的，不得列为安全技术措施项目。

5）机器设备检修与保证工人安全相关，但其主要目的在于保证机器设备正常运转、延长机器寿命，不应列为安全技术措施项目。

6）厂房的坚固与否与工人安全紧密相关，但厂房修理不应列为安全技术措施项目。如果厂房有倒塌危险时，安技人员可以建议修理，其费用由一般修理费开支。

7）辅助房屋及设施与集体福利设施要严格区分。如公共食堂、公共浴室、托儿所、疗养所等，这些福利设施对于保护工人在生产中的安全和健康，并没有直接关系，不应列为安全技术措施项目。

8）个人防护用品及专用肥皂、药品、饮料等属于劳动保护日常开支，不列为安全技术措施项目。

9）纯属消防行政的措施，不应列为安全技术措施项目。但在生产过程中所采取的一些防火防爆措施，特别是在化工生产中与安全技术密切相关的措施，可根据具体情况处理。

4. 编制安全技术措施计划的原则

（1）必要性和可行性原则。在编制计划时，一方面要考虑安全生产的需要，另一方面还要考虑技术可行性与经济承受能力。

（2）自力更生与勤俭节约的原则。编制计划时要注意充分利用现有的设备和设施，挖掘潜力，讲求实效。

（3）轻重缓急与统筹安排的原则。对影响最大、危险性最大的项目应预先考虑，逐步有计划解决。

（4）领导和群众相结合的原则。加强领导、依靠群众，使得计划切实可行，以便顺利实施。

5. 安全技术措施计划的编制内容。编制措施计划一般包括以下几方面的内容：

（1）措施应用的单位和工作场所。

（2）措施名称。

（3）措施内容与目的。

（4）经费预算及来源。

（5）负责设计、施工单位及负责人。

（6）措施使用方法及预期效果。

（7）措施预期效果及检查方法。

6. 安全技术措施计划的编制方法：

（1）确定措施计划编制时间。年度安全技术措施计划应与同年度的生产、技术、财务、供销等计划同时编制。

（2）布置措施计划编制工作。企业领导应根据本单位具体情况向下属单位或职能部门提出编制措施计划具体要求，并就有关工作进行布置。

（3）确定措施计划项目和内容。下属单位确定本单位的安全技术措施计划项目，并编制具体的计划和方案，经群众讨论后，报上级安全部门。安全部门联合技术、计划部门对上报的措施计划进行审查、平衡、汇总后，确定措施计划项目，并报有关领导审批。

（4）编制措施计划。安全技术措施计划项目经审批后，由安全管理部门和下属单位组各相关人员，编制具体的措施计划和方案，经群众讨论后，送上级安全管理部门和有关部门审查。

（5）审批措施计划。安全部门对上报计划进行审查、平衡、汇总后，再由安全、技术、计划部门联合会审，并确定计划项目、明确设计施工部门、负责人、完成期限，成文后报有关领导审批。安全措施计划一般由总工程师审批。

（6）下达措施计划。单位主要负责人根据总工程师的意见，召集有关部门和下属单位负责人审查、核定计划。根据审查、核定结果，与生产计划同时下达到有关部门贯彻执行。

7. 安全技术措施计划的实施验收。

编制好的安全技术措施项目计划要组织实施，项目计划落实到各有关部门和下属单位后，计划部门应定期检查。企业领导在检查生产计划的同时，应检查安全技术措施计划的完成情况。安全管理与安全技术部门应经常了解安全技术措施计划项目的实施情况，协助解决实施中的问题，及时汇报并督促有关单位按期完成。

已完成的计划项目要按规定组织竣工验收。交工验收一般应注意：

（1）所有材料、成品等必须经检验部门检验。

（2）外购设备必须有质量证明书。

（3）安全技术措施计划项目完成后，负责单位应向安全技术部门填报交工验收单，由安全技术部门组织有关单位验收；验收合格后，由负责单位持交工验收单向计划部门报完工，并办理财务结算手续。

（4）使用单位应建立台账，按《劳动保护设施管理制度》进行维护管理。

第三节 安全生产检查与评价

安全生产就是在生产过程中不发生工伤事故、职业病、设备或财产损失的状况，即人不受伤害，物不受损失。建筑企业安全生产工作的目标归根结底就是预防伤亡事故，把伤亡事故频率和经济损失降到低于社会容许的范围以及国际同行业先进水平，同时不断改善生产条件和作业环境，达到最佳安全状态。但是，由于安全与生产是同时存在的，因此危及劳动者的不安全因素也同时存在，事故的原因也是复杂和多方面的，所以，必须通过安全检查对施工生产中存在的不安全因素进行预测、预报和预防。

安全检查是指对施工项目在生产过程及安全管理中贯彻安全生产法律法规的情况、安全生产状况、劳动条件、事故隐患等所进行的检查。是安全生产职能部门必须履行的职责，必须认真抓紧抓好这项工作。

一、安全检查的意义与目的

安全检查是一项具有方针政策性、专业技术性和广泛群众性的工作，是一项综合性的安全生产管理措施，是建立良好的安全生产环境、做好安全生产工作的重要手段之一，是企业防止事故、减少职业病的有效方法。也是监督、指导、及时发现事故隐患，消除不安全因素的方法途径和有力措施，是交流安全生产经验，推动安全工作的一种行之有效安全生产管理制度。

（1）通过安全检查，可以发现施工生产中的人的不安全行为和物的不安全状态，从而采取对策，消除不安全因素，保障安全生产。

（2）利用安全检查，进一步宣传、贯彻、落实党和国家的安全生产方针、政策和企业的各项安全生产规章制度、规范、标准。

（3）通过安全检查，深入开展群众性的安全教育，不断增强领导和全体员工的安全意识，纠正违章指挥、违章作业，不断提高搞好安全生产的自觉性和责任感。

（4）通过安全检查，可以相互学习、取长补短、交流经验、吸取教训，进一步促进安全生产工作。

（5）通过安全检查，深入了解和掌握安全生产动态，为分析安全生产形势，研究对策，强化安全管理提供信息和依据。

二、安全检查的内容与方式、方法

安全生产检查是搞好安全生产工作的重要措施之一。通过检查，可以及时地发现施工生产中存在的事故隐患，及时要求责任方进行整改，消除事故隐患，避免和减少生产安全事故的发生。并可进行经验总结，为下一步的施工生产计划切实有效的防范措施。

1. 安全检查的内容

安全检查应本着突出重点的原则，根据施工（生产）季节、气候、环境的特点，制定检查项目内容、标准，对于危险性大、易发事故、事故危害大的生产系统、部位、装置、设备等应加强检查。概括起来，主要包括查思想、查制度、查组织、查措施、查机械设备装置、查安全防护设施、查安全教育培训、查劳保用品使用、查操作行为、查文明施工、查伤亡事故处理等等。

（1）查思想。以党和国家的安全生产方针、政策、法律、法规及有关规定、制度为依据，对照检查各级领导和职工是否重视安全工作，人人关心和主动搞好安全工作，使党和国家的安全生产方针、政策、法律、法规及有关规定、制度在部门和项目部得到落实。

（2）查制度。检查安全生产的规章制度是否建立、健全并严格执行。违章指挥、违章作业的行为是否及时得到纠正、处理，特别要重点检查各级领导和职能部门是否认真执行安全生产责任制，能否达到齐抓共管的要求。

（3）查措施。检查是否编制安全技术措施，安全技术措施是否有针对性，是否进行安全技术交底，是否根据施工组织设计的安全技术措施实施。

（4）查隐患。检查劳动条件、安全设施、安全装置、安全用具、机械设备、电气设备等是否符合安全生产法规、标准的要求。

（5）查事故处理。检查有无隐瞒事故的行为，发生事故是否及时报告、认真调查、严肃处理，是否制定了防范措施，是否落实防范措施。凡检查中发现未按"四不放过"的原则要求处理事故，要重新严肃处理，防止同类事故的再次发生。

（6）查组织。检查是否建立了安全领导小组，是否建立了安全生产保证体系，是否建立安全机构，安全干部是否严格按规定配备。

（7）查教育培训。新职工是否经过三级安全教育，特殊工种是否经过培训、考核持证，各级领导和安全人员是否经过专门培训。

2. 安全检查的分类

安全检查的类型分为定期检查和不定期检查两大类。包括公司或项目部定期组织的安全检查，综合性安全生产检查，季节性安全生产检查；各级管理人员的日常巡回检查，专业（项）安全检查，节假日安全检查，班组自我检查、交接检查等。

（1）定期安全生产检查。

定期安全生产检查一般是通过有计划、有组织、有目的的形式来实现的。检查周期根据各企业实际情况确定，如次/年、次/季、次/月、次/周等。定期检查面广，有深度，能及时发现并解决问题，属全面性和考核性的检查。

企业必须建立定期分级安全生产检查制度。一般每季度组织一次全面的安全生产检查；分公司、工程处每月组织一次安全生产检查；项目经理部每旬或每半个月组织一次安全生产检查。对施工规模较大的工地可以每月组织一次安全生产检查。每次安全生产检查应由单位主管生产的领导或技术负责人带队，由相关的安全、劳资、保卫等部门联合组织检查。

（2）经常性安全生产检查。

经常性安全生产检查是采取个别的、日常的巡视方式来实现的。在施工过程中进行经常性的预防检查，能及时发现隐患，及时消除，保证施工正常进行。

经常性的检查包括公司、项目经理部组织的安全生产检查，项目安全管理小组成员、安全专兼职人员和安全值日人员对工地进行的日常巡回检查及施工班组每天由班组长和安全值日人员组织的班前班后安全检查等。

生产班组的班组长、班组兼职安全员，班前对施工现场、作业场所、工具设备、安全防护用品、危险源标识进行检查，施工过程中巡回检查，发现问题应及时纠正。

（3）专业（项）安全生产检查。

专业（项）安全生产检查是对某个专项问题或在施工（生产）中存在的普遍性安全问题进行的单项定性检查。一般是针对特种作业、特种设备、特殊场所进行的检查，包括物料提升机、脚手架、施工用电、塔吊、压力容器、登高设施等。这类检查专业性强，也可以结合单项评比进行，参加专业安全生产检查组的人员应由技术负责人、安全管理小组、职能部门人员、专职安全员、专业技术人员、专项作业负责人组成。

（4）季节性安全生产检查。

季节性安全生产检查是由各级生产单位针对施工所在地气候特点及季节变化，按事故发生的规律对易发的潜在危险，可能给施工带来危害而重点突出组织的安全生产检查。

由项目经理带队，安全、机械、电气人员参加，如春季风大，着重防火、防爆；夏季高温多雨多雷电，重点检查脚手架、龙门架、电气设备、施工用电的安全状况以及防暑降温、防汛、防雷击、防触电等检查；冬季重点检查机械设备、施工用电、防火、防煤气和外加剂等中毒以及防滑、防冻保温措施等。

（5）节假日前后安全生产检查。

是针对节假日（特别是重大节日，如元旦、春节、劳动节、国庆节）前后职工纪律松懈、思想麻痹容易发生事故而进行的有针对性的节日前的安全生产、防火、保卫等综合安全生产检查和节日后的遵章守纪、安全生产检查。

（6）综合性安全生产检查。

综合性安全生产检查一般是由主管部门对下属各企业或生产单位进行的全面综合性检查，必要时可组织进行系统的安全性评价。

（7）自行检查。

施工人员在施工生产过程中，要经常进行自检、互检和交接检。

1）自检：班组作业前、后对自身处所的环境和工作程序要进行安全生产检查，可随时消除安全隐患。

2）互检：班组之间开展的安全生产检查。可以做到互相监督、共同遵章守纪。

3）交接检查：上道工序完毕，交给下道工序使用或操作前，应由工地负责人组织工长、安全员、班组长及其他有关人员参加，进行安全生产检查和验收，确认无安全隐患，达到合格要求后，方能交给下道工序使用或操作。

3. 安全检查的方法

安全检查要讲科学、讲效果，因此安全检查的方法很重要。目前，安全检查基本上都采用安全检查表和实测实量的检查手段，进行定性定量的安全评价。

（1）常规检查。

常规检查是常见的一种检查方法。采用"一看、二问、三检测"的手段，通常是由安全管理人员作为检查工作的主体，到作业场所的现场，通过感观或辅助一定的简单工具、仪表等，对作业人员的行为、作业场所的环境条件、生产设备设施等进行的检查。安全检查人员通过这一手段，及时发现现场存在的安全隐患并采取措施予以消除，纠正施工人员的不安全行为。

1）"看"：主要查看管理记录、持证上岗、现场标志、交接验收资料、"三宝"使用情况、"洞口"、"临边"防护情况、设备防护装置等。

2）"量"：主要是用尺实测实量。例如，脚手架各种杆件间距、塔吊道轨距离、电气开关箱安装高度、在建工程邻近高压线距离等。

3）"测"：用仪器、仪表实地进行测量。例如，用水平仪测量道轨纵、横向倾斜度，用地阻仪遥测地阻等。

4）"现场操作"：由司机对各种限位装置进行实际动作，检验其灵敏程度。例如，塔吊的力矩限制器、行走限位，龙门架的超高限位装置，翻斗车制动装置等。

总之，能测量的数据或操作试验，不能用估计、步量或"差不多"等来代替，要尽量采用定量方法检查。

常规检查完全依靠安全检查人员的经验和能力，检查的结果直接受安全检查人员个人素质的影响。因此，对安全检查人员个人素质的要求较高。

（2）安全检查表法。

为使检查工作更加规范，将个人的行为对检查结果的影响减少到最小，常采用安全检查表法。

安全检查表（SCL）是事先把系统加以剖析，列出各层次的不安全因素，确定检查项目，并把检查项目按系统的组成顺序编制成表，以便进行检查或评审，这种表就叫做安全检查表。安全检查表是进行安全检查，发现和查明各种危险和隐患，监督各项安全规章制度的实施，及时发现事故隐患并制止违章行为的一个有力工具。

安全检查表应列举需查明的所有可能会导致事故的不安全因素。每个检查表均需注明检查时间、检查者、直接负责人等，以便分清责任。安全检查表的设计应做到系统、全面，检查项目应明确。

编制安全检查表的主要依据：

1）有关标准、规程、规范及规定。

2）国内外事故案例及本单位在安全管理及生产中的有关经验。

3）通过系统分析，确定的危险部位及防范措施。

4）新知识、新成果、新方法、新技术、新法规和新标准。

（3）仪器检查法。

机器、设备内部的缺陷及作业环境条件的真实信息或定量数据，只能通过仪器检查来进行定量化的检验与测量，才能发现安全隐患，从而为后续整改提供信息。因此，必要时需要实施仪器检查。由于被检查的对象不同，检查所用的仪器和手段也不同。

三、安全生产检查的工作程序

安全检查工作一般包括以下几个步骤：

1. 安全检查准备

（1）确定检查对象、目的、任务。

（2）查阅、掌握有关法规、标准、规程的要求。

（3）了解检查对象的工艺流程、生产情况、可能出现危险、危害的情况。

（4）制订检查计划，安排检查内容、方法、步骤。

（5）编写安全检查表或检查提纲。

（6）准备必要的检测工具、仪器、书写表格或记录本。

（7）挑选和训练检查人员并进行必要的分工等。

2. 实施安全检查

实施安全检查就是通过访谈、查阅文件和记录、现场检查、仪器测量的方式获取信息。各种安全生产检查发现的隐患，要逐项登记。

（1）访谈。通过与有关人员谈话来了解相关部门、岗位执行规章制度的情况。

（2）查阅文件和记录。检查设计文件、作业规程、安全措施、责任制度、操作规程等是否齐全，是否有效；查阅相应记录，判断上述文件是否被执行。

（3）现场观察。到作业现场寻找不安全因素、事故隐患、事故征兆等。

（4）仪器测量。利用一定的检测检验仪器设备，对在用的设施、设备、器材状况及作业环境条件等进行测量，以发现隐患。

3. 通过分析作出判断

掌握情况（获得信息）之后，就要进行分析、判断和检验。可凭经验、技能进行分析、判断，必要时可以通过仪器检验得出正确结论。

通常采取会议的形式了解存在的问题，专职安全管理人员要根据检查所了解的情况、发现的问题从管理上、安全防护技术措施上对被查单位（项目）的安全生产进行动态分析，查找影响安全生产的因素，掌握其原因、危险程度和可能造成的危害，以便对总体的安全状况、事故预防能力有一个正确的认识，制定进一步改善安全管理，提高安全防护能力的具体措施。

4. 及时作出决定进行处理

作出判断后，应针对存在的问题作出采取措施的决定，即下达隐患整改意见和要求，包括要求进行信息的反馈。

安全检查的最终目的就是要发现问题，解决问题，总结安全生产经验措施，以保证安全、促进生产。因此，检查后立即组织参检人员、责任单位主要负责人进行安全生产例会，通报查出事故隐患的种类，分析隐患存在的客观、主观原因，探讨制定出整改措施。并可总结安全生产工作，推广好的经验措施。同时如实做好详细记录。会后，安全专职人员依据例会内容及安全生产技术规范向存在事故隐患的被查单位或个人签发《隐患整改通知单》，书面提出正确的整改意见，主要内容有整改要求、整改单位或责任人，整改限期。并对查出生产安全事故隐患的责任方按照规定进行经济处罚。

5. 整改落实

通过复查整改落实情况，获得整改效果的信息，以实现安全检查工作的闭环。

被检查单位收到《隐患整改通知单》后，应在规定的时间内组织隐患整改，切实做到消除隐患、防患于未然；整改完成后将《隐患整改反馈单》报送安全生产部门，并及时通知安全生产部门进行复查。经复查合格后，安全生产部门在《隐患整改复查通知单》上签署复查意见，复查人签名，即行销案。

四、安全检查的要求

安全检查要深入基层、紧紧依靠职工，坚持领导与群众相结合的原则，组织好检查工作。

1. 建立检查的组织领导机构。

各种安全检查都应根据检查要求配备适当的检查力量，特别是大范围、全面性的安全检查，应明确检查负责人，选调具有较高技术业务水平的专业人员参加，并明确分工、检查内容、标准等要求。

2. 明确检查的目的和要求。

每种安全检查都应有明确的检查目的、检查项目、内容及标准。既要严格要求，又要防止一刀切，要从实际出发，分清主、次矛盾，力求实效。特殊过程、关键部位应重点检查。检查时应尽量采用检测工具，用数据说话。对现场管理人员和操作人员要检查是否有违章指挥和违章作业的行为，还应进行应知应会知识的抽查，以便了解管理人员及操作工人的安全素质。

3. 安全检查计划和检查重点。

要做好检查工作，不能盲目检查，必须有思路、有计划，根据掌握的情况列出检查范围，要从实际出发制定检查计划或提纲。检查要把安全生产的薄弱环节和关键部位、关键问题作为检查的重点。检查突出重点，抓住薄弱环节和关键部位才有实效。

4. 做好检查的各项准备工作。

包括思想、业务知识、法规政策和检查设备、奖金的准备。

5. 认真做好检查记录。

检查记录是安全评价的依据，要做到认真详细，真实可靠，特别是对隐患的检查记录要具体。如隐患的部位、危险程度及处理意见等。采用安全检查评分表的，应记录每项扣分的原因。

6. 安全评价。

对安全检查记录要用定性定量的方法，认真进行系统分析安全评价。哪些检查项目已达标，哪些项目没有达标，哪些方面需要进行改进，哪些问题需要进行整改，受检单位应根据安全检查评价及时制定改进的对策和措施。

7. 检查要和总结推广经验结合，要和评比、奖惩结合。

安全生产检查要注意总结推广，总结安全生产先进典型经验，同时也要总结发生事故的教训，要从总结经验中提高，从事故中吸取教训，以便从中找出规律，采取措施确保安全生产。检查必须和评比、奖惩挂起钩，这样才会把安全生产同企业利益结合起来，才能收到效果。

8. 把自查与互查有机结合起来。

基层以自检为主，企业内相应部门间互相检查，取长补短，相互学习和借鉴。

9. 坚持查改结合。

整改是安全检查工作重要的组成部分，也是检查结果的归宿。检查不是目的，只是一种手段，整改隐患才是最终目的。因此，安全生产的检查要认真贯彻"边检查、边整改"的原则。对查出的问题要做到条条有着落，件件有交代。应该在检查过程中或以后，本着发现即改的精神，及时整改。整改工作包括隐患登记、整改、复查和销案。一时难以整改的，要采取切实有效的防范措施。为了监督各单位搞好事故隐患整改措施到位，及时加强复查。对于企业主管部门或安全主管部门下达的隐患整改通知、整改意见企业必须严肃对待认真研究执行，并将执行情况及时上报有关部门。

10. 建立检查档案。

制定和建立检查档案，结合安全检查表的实施，逐步建立健全检查档案，收集基本的数据，掌握基本安全状况，实现事故隐患及危险点的动态管理，为及时消除隐患提供数据，同时也为以后的安全检查奠定基础。

11. 确定检查表种类。

在制定安全检查表时，应根据用途和目的具体确定安全检查表的种类。

五、安全生产检查标准

住房和城乡建设部于 2011 年 12 月修订颁发了《建筑施工安全检查标准》（JGJ 59—2011）（以下简称《标准》），并自 2012 年 7 月 1 日起实施。《标准》共分 5 章 88 条，其中 1 个安全检查评分汇总表，19 个分项检查评分表。19 个分项检查评分表检查内容共有 189 个检查项目 767 条评分标准。

1. 检查分类

（1）对建筑施工中易发生伤亡事故的主要环节、部位和工艺等的完成情况进行安全检查评价时，应采用检查评分表的形式，分为安全管理、文明施工、扣件式钢管脚手架、门式钢管脚手架、碗扣式钢管脚手架、承插型盘扣式钢管脚手架、满堂脚手架、悬挑式脚手架、附着式升降脚手架、高处作业吊篮、基坑工程、模板支架、高处作业、施工用电、物料提升机、施工升降机、塔式起重机、起重吊装和施工机具共十九项分项检查评分表和一张安全检查评分汇总表。

（2）除了"高处作业"和"施工机具"以外的安全管理、文明施工等十七项检查评分表，设立了保证项目和一般项目，保证项目应是安全检查的重点和关键。

2. 评分方法及分值比例

（1）建筑施工安全检查评定中，保证项目应全数检查。

（2）建筑施工安全检查评定时，应按《标准》中各检查评定项目的有关规定，并按各自检查项目的检查评分表进行评分。检查评分表分为安全管理、文明施工、脚手架、基坑工程、模板支架、高处作业、施工用电、物料提升机与施工升降机、塔式起重机与起重吊装、施工机具分项检查评分表和检查评分汇总表。

（3）各分项检查评分表满分均为 100 分。表中各检查项目得分为按规定检查内容所得分数之和。每张表总得分应为各自表内各检查项目实得分数之和。

（4）在检查评分中，遇有多个脚手架、塔吊、龙门架和井架等时，则该项得分应为各单项实得分数的算术平均值。

（5）检查评分不得采用负值。各检查项目所扣分数总和不得超过该项应得分数。

（6）在检查评分中，当保证项目有一项不得分或保证项目小计得分不足 40 分时，此分项检查评分表不应得分。

（7）脚手架、物料提升机与施工升降机、塔式起重机与起重吊装项目的实得分值，应为所对应专业的分项检查评分表实得分值的算术平均值。

（8）检查评分汇总表满分为 100 分，各分项检查表在汇总表中所占的满分分值分别为：安全管理 10 分、文明施工 15 分、脚手架 10 分、基坑工程 10 分、模板支架 10 分、高处作业 10 分、施工用电 10 分、物料提升机与施工升降机 10 分、塔式起重机与起重吊装 10 分和施工机具 5 分。在汇总表中各分项项目实得分数应按下式计算：

在汇总表中各分项项目实得分数＝汇总表中该项应得满分分值×该项检查评分表实得分数÷100

汇总表总得分应为表中各分项项目实得分数之和。

（9）检查中遇有缺项时，分项检查表或检查评分汇总表总得分应按下式换算：

遇有缺项时总得分＝实查项目在该表中按各对应项实得分值之和÷实查项目在该表中应得满分的分值之和×100

3. 检查评定等级

建筑施工安全检查评分，应以汇总表的总得分及保证项目达标与否，作为对一个施工现场安全生产情况的评价依据，分为优良、合格、不合格三个等级。

当建筑施工安全检查评定的等级为不合格时，必须限期整改达到合格。

（1）优良。

分项检查评分表无零分，检查评分汇总表得分值应在 80 分及以上。保证项目分值均应达到规定得分标准。

（2）合格。

分项检查评分表无零分，检查评分汇总表得分值应在 70 分及以上。

（3）不合格。

1）检查评分汇总表得分值不足 70 分；

2）当有一分项检查评分表得零分时。

4. 分值的计算方法

（1）汇总表中各项实得分数计算方法

分项实得分＝该分项在汇总表中应得满分值×该分项在分项检查评分表中实得分÷100

【例 2-1】 如某施工项目，"文明施工检查评分表"实得 88 分，换算在汇总表中"文明施工"分项实得分为多少？

分项实得分＝15×88÷100＝13.2（分）

（2）汇总表中遇有缺项时，汇总表总分计算方法

缺项的汇总表分值＝实查项目实得分值之和÷实查项目应得分值之和×100

【例 2-2】 如某单层工业厂房项目，采用轮胎式起重机作为起重吊装机械。物料提升机与施工升降机在汇总表中缺项，其他各分项检查在汇总表实得分为 75 分。计算该工地汇总表实得分为多少？

缺项的汇总表分值＝75÷（100－10）×100＝83.3（分）

（3）分表中遇有缺项时，分表总分计算方法

缺项的分表分值＝实查项目实得分值之和÷实查项目应得分值之和×100

【例 2-3】 如某施工项目在实际施工中未采用移动式操作平台。安全检查评分时，"高处作业检查评分表"中"移动式操作平台"缺项（该项应得分值为 10 分），其他各项检查实得分为 76 分。计算该分表实得多少分？换算到汇总表中应为多少分？

缺项的分表分值＝76÷（100－10）×100＝84.44（分）

汇总表中高处作业分项实得分＝10×84.44÷100＝8.44（分）

（4）分表中遇保证项目缺项或者保证项目小计得分不足 40 分，评分表得 0 分，计算

方法实得分与应得分之比<66.7%时，评分表得 0 分（40÷60＝66.7%）。

（5）在汇总表的各项目中，脚手架、物料提升机与施工升降机、塔式起重机与起重吊装，为各分项检查表的实得分数的算术平均值。

【例 2-4】 某建筑工地施工中采用了多种脚手架。附属用房采用扣件式钢管脚手架，在安全检查中实得分为 88 分，高 18 层的主体建筑采用悬挑脚手架，实得分为 83 分。计算汇总表中脚手架实得分值为多少？

脚手架实得分＝（88＋83）÷2＝85.5（分）

换算到汇总表中分值＝10×85.5÷100＝8.55（分）

5. 检查评分表计分内容简介

（1）汇总表内容

"建筑施工安全检查评分汇总表"是对 19 个分项检查结果的汇总，主要包括安全管理、文明施工、脚手架、基坑工程、模板支架、高处作业、施工用电、物料提升机与施工升降机、塔式起重机与起重吊装和施工机具十项内容，利用该表所得分作为对施工现场安全生产情况，进行安全评价的依据。

1）安全管理。主要是对施工安全管理中的日常工作进行考核，发生事故由于管理不善是造成伤亡事故的主要原因之一。在事故分析中，事故大多不是因技术问题解决不了造成的，都是因违章所致。所以应做好日常的安全管理工作，并保存记录，为检查人员提供对该工程安全管理工作的确认资料。

2）文明施工。按照 167 号国际劳工公约《施工安全与卫生公约》的要求，施工现场不但应做到遵章守纪，安全生产，同时还应做到文明施工，整齐有序，变过去施工现场"脏、乱、差"为施工企业文明的"窗口"。

3）脚手架工程。新版《标准》为目前使用的 8 种脚手架分别设置了分项检查评分表，根据实际检查情况分别选用。使《标准》更具有实用性、可操作性。汇总时，以算术平均值计入。

①扣件式钢管脚手架：由钢管和扣件构成的，使用扣件箍紧连接的脚手架和支撑架，即靠拧紧扣件螺栓所产生的摩擦力承担连接作用的脚手架。

②门式钢管脚手架：门式钢管脚手架也称门型脚手架，属于框组式钢管脚手架的一种。是指由定型的门型框架为基本构件的脚手架，由门型框架、水平梁、交叉支撑组合成基本单元，这些基本单元相互连接，逐层叠高，左右伸展，并采用连墙件与建筑物主体结构相连构成的整体门型脚手架。是一种标准化钢管脚手架。

③碗扣式钢管脚手架：是采用定型钢管杆件和碗扣接头连接的一种承插锁固式多立杆脚手架和支撑架。

④承插型盘扣式钢管脚手架：在水平杆与立杆之间采用承插连接的脚手架。常见的承插连接方式有插片和楔槽、插片和碗扣、套管和插头以及 U 形托挂形式等。

⑤满堂脚手架：按施工作业范围满设的纵、横方向各有 3 排以上立杆的脚手架。包括扣件式、门式、碗扣式满堂钢管脚手架。

⑥悬挑式脚手架：包括从地面、楼板或墙体上用立杆斜挑的脚手架，以及提供一个层高的使用高度的外挑式脚手架和高层建筑施工分段搭设的多层悬挑式脚手架。

⑦附着式升降脚手架：是指将脚手架附着在建筑结构上，并利用自身设备使架体升

降，可以分段提升或整体提升，也称整体提升脚手架或爬架。

⑧高处作业吊篮：悬挂机构架设于建筑物或构筑物上，提升机驱动悬吊平台通过钢丝绳沿立面上下运动的一种非常设悬挂设备。按驱动方式分为手动、气动和电动。

4）基坑工程。近年来施工伤亡事故中坍塌事故比例增大，其中因开挖基坑时未按地质情况设置安全边坡和做好固壁支撑，造成的坍塌事故较多。

5）模板支架。建筑施工中，是用于固定各种模板的架子。在浇筑混凝土的时候，防止模板移动，支架的作用是很重要的。架支得不好，不牢固，会发生跑模，甚至垮塌事故。一般的模板支架为钢管，也有型钢等。

6）高处作业。指在坠落高度基准面2m或2m以上有可能坠落的高处进行的作业。高处作业容易发生安全事故，总结事故原因，往往由于安全知识缺乏，安全防护措施不到位导致了伤亡事故。因此要求在施工过程中，必须针对易发生事故的部位，采取可靠的防护措施，或补充措施，同时按不同作业条件佩戴和使用个人防护用品。

7）施工用电。是针对施工现场在工程建设过程中的临时用电而制定的，主要强调必须按照临时用电施工组织设计施工，有明确的保护系统，符合三级配电两级保护要求，做到"一机、一闸、一漏、一箱"，线路架设符合规定。

8）物料提升机与施工升降机。施工现场使用的物料提升机和施工升降机是垂直运输的主要设备。由于物料提升机目前尚未定型，多由企业自己设计制作使用，存在着设计制作不符合规范规定的现象，使用管理随意性较大的情况；施工升降机虽然是由厂家生产，但也存在组装、使用及管理上不合规范的隐患，所以必须按照规范及有关规定，对这两种设备进行认真检查，严格管理，防止发生事故。

9）塔式起重机与起重吊装。塔式起重机因其高度幅度高大的特点大量用于建筑工程施工，可以同时解决垂直及水平运输，但由于其作业环境、条件复杂多变，在组装、拆除及使用中存在一定的危险性，使用、管理不善易发生倒塔事故造成人员伤亡。所以要求组装、拆除必须由具有资格的专业队伍承担，使用前进行试运转检查，使用中严格按规定要求进行作业。

起重吊装是指建筑工程中的结构吊装和设备安装工程。起重吊装是专业性强且危险性较大的工作，所以要求必须做好专项施工方案，进行试吊，有专业队伍和经验收合格的起重设备。

10）施工机具。施工现场除使用大型机械设备外，也大量使用中小型机械和机具，这些机具虽然体积较小，但仍有其危险性，且因量多面广，有必要进行规范，否则造成事故也相当严重。

（2）分项检查表结构

分项检查表的结构形式分为两类，一类是自成整体的系统，如模板支架、施工用电等检查表，列出的各检查项目之间有内在的联系，按其结构重要程度的大小，对其系统的安全检查情况起到制约的作用。在这类检查评分表中，把影响安全的关键项目列为保证项目，其他项目列为一般项目；另一类是各检查项目之间无相互联系的逻辑关系，因此没有列出保证项目，如高处作业和施工机具两张检查表。

凡在检查表中列在保证项目中的各项，对系统的安全与否起着关键作用，为了突出这些项目的作用，而制定了保证项目的评分原则：即遇有保证项目中有一项不得分或保证项目小计得分不足 40 分时，此检查评分不得分。

1）"安全管理检查评分表"，是对施工单位安全管理工作的评价。检查的项目共十项，包括六项保证项目：安全生产责任制、施工组织设计及专项施工方案、安全技术交底、安全检查、安全教育、应急救援；四项一般项目：分包单位安全管理、持证上岗、生产安全事故处理、安全标志。通过调查分析，发现有 89％事故都不是因技术解决不了造成，而是由于管理不善，没有安全技术措施，缺乏安全技术知识，不作安全技术交底，安全生产责任不落实，违章指挥和违章作业等造成的。因此，把管理工作中的关键部分列为"保证项目"，保证项目能够做好，整体的安全工作也就有了一定的保证。

2）"文明施工检查评分表"，是对施工现场文明施工的评价。检查的项目共十项，包括六项保证项目：现场围挡、封闭管理、施工场地、材料管理、现场办公与住宿、现场防火；四项一般项目：综合治理、公示标牌、生活设施、社区服务。

3）"扣件式钢管脚手架检查评分表"，是对施工现场扣件式钢管脚手架搭设质量的评价。检查的项目共十一项，包括六项保证项目：施工方案、立杆基础、架体与建筑结构拉结、杆件间距与剪刀撑、脚手板与防护栏杆、交底与验收；五项一般项目：横向水平杆设置、杆件连接、层间防护、构配件材质、通道。

近几年来，从脚手架上坠落的事故已占高处坠落事故的 50％以上，脚手架上的事故如能得到控制，则高坠事故可以大量减少。按照安全系统工程学的原理，将近年来发生的事故用事故树的方法进行分析，问题主要出现在脚手架倒塌和脚手架上缺少防护措施上。从两方面考虑，找到引起倒塌和缺少防护的基本原因，由此确定了检查项目，按每分项在总体结构中的重要程度及因为它的缺陷而引起伤亡事故的频率，确定了它的分值。

4）"门式钢管脚手架检查评分表"，是对施工现场门式钢管脚手架搭设质量的评价。检查的项目共十项，包括六项保证项目：施工方案、架体基础、架体稳定、杆件锁臂、脚手板、交底与验收；四项一般项目：架体防护、构配件材质、荷载、通道。

《标准》中，脚手架的分项检查评分表共八张，几乎涵盖了目前所有使用的各种脚手架。因构配件和荷载传递的路径不同，各种脚手架的保证项目和一般项目也略有不同。

5）"碗扣式钢管脚手架检查评分表"，是对施工现场碗扣式钢管脚手架搭设质量的评价。检查的项目共十项，包括六项保证项目：施工方案、架体基础、架体稳定、杆件锁件、脚手板、交底与验收；四项一般项目：架体防护、构配件材质、荷载、通道。

6）"承插型盘扣式钢管脚手架检查评分表"，是对施工现场承插型盘扣式钢管脚手架搭设质量的评价。检查的项目共十项，包括六项保证项目：施工方案、架体基础、架体稳定、杆件设置、脚手板、交底与验收；四项一般项目：架体防护、杆件连接、构配件材质、通道。

7）"满堂脚手架检查评分表"，是对施工现场满堂脚手架搭设质量的评价。检查的项目共十项，包括六项保证项目：施工方案、架体基础、架体稳定、杆件锁件、脚手板、交底与验收；四项一般项目：架体防护、构配件材质、荷载、通道。

8）"悬挑式脚手架检查评分表"，是对施工现场悬挑式脚手架搭设质量的评价。检查的项目共十项，包括六项保证项目：施工方案、悬挑钢梁、架体稳定、脚手板、荷载、交底与验收；四项一般项目：杆件间距、架体防护、层间防护、构配件材质。

9)"附着式升降脚手架检查评分表"，是对施工现场附着式升降脚手架搭设质量的评价。检查的项目共十项，包括六项保证项目：施工方案、安全装置、架体构造、附着支座、架体安装、架体升降；四项一般项目：检查验收、脚手板、架体防护、安全作业。

10)"高处作业吊篮检查评分表"，是对施工现场高处作业吊篮搭设质量的评价。检查的项目共十项，包括六项保证项目：施工方案、安全装置、悬挂机构、钢丝绳、安装作业、升降作业；四项一般项目：交底与验收、安全防护、吊篮稳定、荷载。

11)"基坑支护安全检查评价表"，是对施工现场基坑支护工程的安全评价。检查的项目共十项，包括六项保证项目：施工方案、基坑支护、降排水、基坑开挖、坑边荷载、安全防护；四项一般项目：基坑监测、支撑拆除、作业环境、应急预案。

12)"模板支架检查评分表"，是对施工过程中模板工作的安全评价。检查的项目共十项，包括六项保证项目：施工方案、支架基础、支架构造、支架稳定、施工荷载、交底与验收。四项一般项目：杆件连接、底座与托撑、构配件材质、支架拆除。拆模时楼板混凝土未达到设计强度、模板支撑未经设计验算等是近年来模板支架坍塌事故的原因之一。

13)"高处作业检查评分表"，是对安全帽、安全网、安全带、临边防护、洞口防护、通道口防护、攀登作业、悬空作业、移动式操作平台、悬挑式物料钢平台十项内容使用与防护情况的评价。高处作业必须戴安全帽，挂安全带，以安全网防护。这些洞口、临边之间并没有有机的联系，但引起的伤亡事故却是相互交叉，既有高处坠落又有物体打击，因此它们放在一张表内。在发生物体打击的事故分析中，由于受伤者不戴安全帽的占事故总数的90%以上，而不戴安全帽都是由于怕麻烦图省事造成。无论工地有多少，只要有一人不戴安全帽，就存在被打击造成伤亡的隐患。同样，有一个不系安全带的，就存在高处坠落伤亡一人的危险。因此，在评分中突出了这个重点。对于洞口、临边防护的要求，考虑了建筑业安全防护技术的现状，没有对防护方法和设施等作统一要求，只要求严密可靠。

14)"施工用电检查评分表"，是对施工现场临时用电情况的评价。检查的项目共七项，包括四项保证项目：外电防护、接地与接零保护系统、配电线路、配电箱与开关箱；三项一般项目：配电室与配电装置、现场照明、用电档案。

临时用电也是一个独立的子系统，各部位有相互联系和制约的关系。但从事故的分析来看，发生伤亡事故的原因不完全是相互制约的，而是哪里有隐患，那里就存在着发生事故的危险，根据发生伤亡事故的原因分析定出了检查项目。其中由于施工碰触高压线造成的伤亡事故占30%；供电线在工地随意拖拉、破皮漏电造成的触电事故占16%；现场照明不使用安全电压造成的触电事故占15%。如能将这三类事故控制住，触电事故则可大幅度下降。因此把三项内容作为检查的重点列为保证项目。在临时用电系统中，保护零线和重复接地是保障安全的关键环节，但在事故的分析中往往容易被忽略，为了强调它的重要也将它列为保证项目。检查项目中的扣分标准是根据施工现场的通病及其危害程度、发生事故的概率确定的。

15)"物料提升机（龙门架与井字架）检查评分表"，是对物料提升机的设计制作、搭设和使用情况的评价。检查的项目共十项，包括五项保证项目：安全装置，防护设施，附墙架与缆风绳，钢丝绳，安拆、验收与使用；五项一般项目：基础与导轨架、动力与传动、通信装置、卷扬机操作棚、避雷装置。龙门架、井字架在近几年建筑中是主要的垂直运输工具，也是事故发生的主要部位。每年发生的一次死亡 3 人以上的重大伤亡事故中，属于龙门架与井字架上的就占 50％，主要由于选择缆风绳不当和缺少限位保险装置所致。因此检查表中把这些项目都列为保证项目，扣分标准是按事故直接原因，现场存在的通病及其危害程度确定的。在龙门架与井字架的安装和拆除过程中极易发生倒塌事故，这个过程在检查表中没有列出，可由各地自选补充。但应注意的是，龙门架与井字架所使用的缆风绳一定要使用钢丝绳，任何情况下都不能用麻绳、棕绳、再生绳、8 号钢丝及钢盘所代替。

16）"施工升降机检查评分表"，是对施工现场外用电梯的安全状况及使用管理的评价。检查的项目共十项，包括六项保证项目：安全装置，限位装置，防护设施，附墙架，钢丝绳、滑轮与对重，安拆、验收与使用；四项一般项目：导轨架、基础、电气安全、通信装置。施工升降机即外用电梯、人货两用电梯。

17）"塔吊检查评分表"，是塔式起重机使用情况的评价。检查的项目共十项，包括六项保证项目：载荷限制装置，行程限位装置，保护装置，吊钩、滑轮、卷筒与钢丝绳，多塔作业，安拆、验收与使用；四项一般项目：附着、基础与轨道、结构设施、电气安全。

由于高层和超高层建筑的增多，塔吊的使用也逐渐普遍。在运行中因力矩、超高、变幅、行走、超载等限位装置不足、失灵、不配套、不完善等造成的倒塔事故时有发生，因此将这些项目列为保证项目，并且增大了力矩限位器的分值，以促使各单位在使用塔吊时保证其齐全有效，控制由于超载开车造成的倒塔事故。塔吊在安装和拆除中也曾发生过多起倾翻事故，检查表中也将它列出。

18）"起重吊装安全检查评分表"，是对施工现场起重吊装作业和起重吊装机械的安全评价。检查的项目共十项，包括六项保证项目：施工方案、起重机械、钢丝绳与地锚、索具、作业环境、作业人员；四项一般项目：起重吊装、高处作业、构件码放、警戒监护。

19）"施工机具检查评分表"，是对施工中使用的平刨、圆盘锯、手持电动工具、钢筋机械、电焊机、搅拌机、气瓶、翻斗车、潜水泵、振捣器和桩工机械十一种施工机具安全状况的评价。

6. 检查评分表内容格式

检查评分表内容和格式，详见《建筑施工安全检查标准》（JGJ 59-2011）。

六、安全生产评价

一个建筑施工企业的安全管理水平如何，是否具备必要的安全生产条件，为施工人员提供安全、健康的作业环境，确保施工生产的安全进行，都需要客观地进行评估，为实现安全管理的标准化创造条件。

1. 安全生产条件评价内容

所谓安全生产条件，是指企业能够胜任安全生产工作的主客观条件。安全生产能力则为预防生产过程中发生事故的主观因素。《建筑施工企业安全生产许可证管理规定》明确规定建筑施工企业应具备的安全生产条件包括以下 12 个方面：

（1）建立、健全安全生产责任制，制定完备的安全生产规章制度和操作规程。

（2）保证本单位安全生产条件所需资金的投入。

（3）设置安全生产管理机构，按照国家有关规定配备专职安全生产管理人员。

（4）主要负责人、项目负责人、专职安全生产管理人员经建设主管部门或者其他有关部门考核合格。

（5）特种作业人员经有关业务主管部门考核合格，取得特种作业操作资格证书。

（6）管理人员和作业人员每年至少进行一次安全生产教育培训并考核合格。

（7）依法参加工伤保险，依法为施工现场从事危险作业的人员办理意外伤害保险，为从业人员交纳保险费。

（8）施工现场的办公、生活区及作业场所和安全防护用具、机械设备、施工机具及配件符合有关安全生产法律、法规、标准和规程的要求。

（9）有职业危害防治措施，并为作业人员配备符合国家标准或者行业标准的安全防护用具和安全防护服装。

（10）有对危险性较大的分部分项工程及施工现场易发生重大事故的部位、环节的预防、监控措施和应急预案。

（11）有生产安全事故应急救援预案、应急救援组织或者应急救援人员，配备必要的应急救援器材、设备。

（12）法律、法规规定的其他条件。

企业在任何发展阶段都应具备法律法规规定的且与自身发展相适应的基本的安全生产条件，在此基础上，能始终保持并不断地深化发展，也就是企业能够成功完成安全生产工作中的各项任务并积累经验，此时，企业才可称为具备安全生产能力。

评价，意为衡量、评定其价值，是指评价者通过详细的研究和评估，对评价对象的各个方面，根据评价标准进行量化和非量化的测量，确定其意义、价值或者状态的活动，最终得出一个可靠的并且符合逻辑的结论。

施工企业安全生产评价，是指为获得评价证据并对施工企业安全生产条件和能力进行客观评价，以确定其完成安全生产工作中各项任务，保证从业人员的人身安全和财产的完好，保证施工生产经营活动得以顺利进行的可能性所进行的系统的、独立的并形成文件的活动。

2. 施工企业安全生产评价的方式

（1）内部评价。

由施工企业自行对自身实施的安全生产自主评价，也称为第一方评价。

施工企业实施内部评价的目的，是为企业职业健康安全管理体系、环境管理体系的充分性、适宜性和有效性评审提供有效信息，实施年度安全质量标准化自查评价，通过自我检查、自我纠正、自我完善，做好安全生产管理工作。内部评价也可用在外部评价前的自我检查，确定是否具备接受外部评价的条件。

施工企业每年度应至少进行一次自我考核评价。

（2）外部评价。

由相关单位对施工企业实施的安全生产评价。

1）由政府建设行政主管部门对施工企业实施的安全生产评价，也称为第二方评价。第二方评价的目的是对施工企业进行监督检查，确认其安全生产能力及其持续保持情况，并据此提出整改要求，或进行相应的处理。

2）由施工企业或政府建设行政主管部门委托具备规定的建筑施工安全生产评价资质

的社会中介服务机构对施工企业实施的安全生产评价,也称为第三方评价。第三方评价的目的是从专业的角度,出具评价报告,确认施工企业安全生产条件和能力及其持续保持或整改情况,为企业安全生产状况提供客观、专业的证据和建议。社会中介服务机构、评价人员应对作出的评价结果承担相应的法律责任。

第三方评价前,施工企业应先完成自我评价工作,并向委托的评价机构提供自我评价报告。

3. 施工企业安全生产评价的类型

(1) 初次评价。

初次进入建筑市场时的评价,即市场准入评价。

刚进入建筑市场的企业,对建筑施工的法律法规、规范标准以及管理要求可能不甚了解,同时也缺乏实践的体会和管理经验,因此初次评价的重点在于促进企业掌握要求,建章立制,完善条件。

(2) 复核评价。

即评价合格后日常管理中的评价、每年一次的定期评价以及出现特殊情况时进行的专项评价。

1) 特殊情况评价包括适用法律法规发生变化,企业组织机构和管理体制发生重大变化,企业发生生产安全事故或不良业绩,其他影响安全生产管理的重大变化等。复核评价的重点是寻找管理的薄弱环节,健全、完善规章制度,落实责任。

2) 复核评价分为日常管理评价、年终评价等现状评价和资质评价、发生事故后评价、不良业绩后评价等专项评价。

(3) 跟踪评价。

对评价(初次评价或复核评价)时无在建工程项目的企业,在企业有在建工程项目时,再次进行的评价。

4. 施工企业安全生产评价小组

施工企业实施的内部评价应由施工企业主管人员负责,评价小组由专门的职能部门牵头组织,承担安全生产相关职责的各职能管理部门均应参与,小组人员应相对固定。或者直接由负责企业内部管理的综合职能部门,如企业管理办公室负责,评价结果直接向企业决策层汇报。

外部评价小组成员的组成,应根据被评价企业的类型、生产规模、管理特征,以及业绩情况,由适合的专家组成评价工作小组,对企业开展评价。评价小组成员应具备企业安全管理及相关专业能力,评价小组成员不应少于3人。

评价小组成员应分工明确、各司其职,组员对各自所承担的评价部分的工作质量负责,组长要对本组评价工作质量负责。

5. 施工企业安全生产评价要求

为促进施工企业安全生产,确保其具备必要的安全生产条件和能力,住房和城乡建设部于2010年5月颁发了《施工企业安全生产评价标准》(JGJ/T 77—2010)(以下简称《评价标准》)并自2010年11月1日起实施。规定了以下情况,要求对建筑施工企业进行安全生产评价:①市场准入;②发生事故;③不良业绩;④资质评价;⑤日常管理;⑥年终评价;⑦其他。

施工企业安全生产条件按安全生产管理、安全技术管理、设备和设施管理、企业市场行为和施工现场安全管理5项内容进行考核。每项考核内容均以评分表的形式和量化的方式，按标准附表中的内容，根据其评定项目的量化评分标准及其重要程度实施考核评价，采用一票否决或适当折减两种评分方式。

(1) 安全生产管理评价

安全生产管理评价是对企业安全管理制度建立和落实情况的考核。其内容包括安全生产责任制度、安全文明资金保障制度、安全教育培训制度、安全检查及隐患排查制度、生产安全事故报告处理制度、安全生产应急救援制度6个评定项目。

1) 施工企业安全生产责任制度的考核评价应符合下列要求：

①未建立以企业法人为核心分级负责的各部门及各类人员的安全生产责任制，则该项不应得分。

②未建立各部门、各级人员安全生产责任落实情况考核的制度及未对落实情况进行检查的，则该项不应得分。

③未实行安全生产的目标管理，未制订年度安全生产目标计划，未落实责任和责任人及未落实考核的，则该项不应得分。

④对责任制和目标管理等的内容和实施，应根据具体情况评定折减分数。

2) 施工企业安全文明资金保障制度的考核评价应符合下列要求：

①制度未建立且每年未对与本企业施工规模相适应的资金进行预算和决算，未专款专用，则该项不应得分。

②未明确安全生产、文明施工资金使用、监督及考核的责任部门或责任人，应根据具体情况评定折减分数。

3) 施工企业安全教育培训制度的考核评价应符合下列要求：

①未建立制度且每年未组织对企业主要负责人、项目经理、安全专职人员及其他管理人员的继续教育的，则该项不应得分。

②企业年度安全教育计划的编制，职工培训教育的档案管理，各类人员的安全教育，应根据具体情况评定折减分数。

4) 施工企业安全检查及隐患排查制度的考核评价应符合下列要求：

①未建立制度且未对所属的施工现场、后方场站、基地等组织定期和不定期安全检查的，则该评定项目不应得分。

②隐患的整改、排查及治理，应根据具体情况评定折减分数。

5) 施工企业生产安全事故报告处理制度的考核评价应符合下列要求：

①未建立制度且未及时、如实上报施工生产中发生伤亡事故的，则该项不应得分。

②对已发生的和未遂事故，未按"四不放过"原则进行处理的，则该项不应得分。

③未建立生产安全事故发生及处理情况事故档案的，则该项不应得分。

6) 施工企业安全生产应急救援制度的考核评价应符合下列要求：

①未建立制度且未按照本企业经营范围，并结合本企业的施工特点，制定易发、多发事故部位、工序、分部、分项工程的应急救援预案，未对各项应急预案组织实施演练的，则该项不应得分。

②应急救援预案的组织、机构、人员和物资的落实，应根据具体情况评定折减分数。

（2）安全技术管理评价

安全生产技术评价是对企业安全技术管理工作的考核。其内容包括法规、标准和操作规程配置，施工组织设计，专项施工方案（措施），安全技术交底，危险源控制5个评定项目。

1）施工企业法规、标准和操作规程配置及实施情况的考核评价应符合下列要求：

①未配置与企业生产经营内容相适应的、现行的有关安全生产方面的法规、标准，以及各工种安全技术操作规程，并未及时组织学习和贯彻的，则该项不应得分。

②配置不齐全，应根据具体情况评定折减分数。

2）施工企业施工组织设计编制和实施情况的考核评价应符合下列要求：

①未建立施工组织设计编制、审核、批准制度的，则该项不应得分。

②安全技术措施的针对性及审核、审批程序的实施情况等，应根据具体情况评定折减分数。

3）施工企业专项施工方案（措施）编制和实施情况的考核评价应符合下列要求：

①未建立对危险性较大的分部、分项工程专项施工方案编制、审核、批准制度的，则该项不应得分。

②制度的执行，应根据具体情况评定折减分数。

4）施工企业安全技术交底制定和实施情况的考核评价应符合下列要求：

①未制定安全技术交底规定的，则该项不应得分。

②安全技术交底资料的内容、编制方法及交底程序的执行，应根据具体情况评定折减分数。

5）施工企业危险源控制制度的建立和实施情况的考核评价应符合下列要求：

①未根据本企业的施工特点，建立危险源监管制度的，则该项不应得分。

②危险源公示、告知及相应的应急预案编制和实施，应根据具体情况评定折减分数。

（3）设备和设施管理评价

设备和设施管理评价是对企业设备和设施安全管理工作的考核。其内容包括设备安全管理、设施和防护用品、安全标志、安全检查测试工具4个评定项目。

1）施工企业设备安全管理制度的建立和实施情况的考核评价应符合下列要求：

①未建立机械、设备（包括应急救援器材）采购、租赁、安装、拆除、验收、检测、使用、检查、保养、维修、改造和报废制度的，则该项不应得分。

②设备的管理台账、技术档案、人员配备及制度落实，应根据具体情况评定折减分数。

2）施工企业设施和防护用品制度的建立及实施情况的考核评价应符合下列要求：

①未建立安全设施及个人劳保用品的发放、使用管理制度的，则该项不应得分。

②安全设施及个人劳保用品管理的实施及监管，应根据具体情况评定折减分数。

3）施工企业安全标志管理规定的制定和实施情况的考核评价应符合下列要求：

①未制定施工现场安全警示、警告标识、标志使用管理规定的，则该项不应得分。

②管理规定的实施、监督和指导，应根据具体情况评定折减分数。

4）施工企业安全检查测试工具配备制度的建立和实施情况的考核评价应符合下列要求：

①未建立安全检查检验仪器、仪表及工具配备制度的，则该项不应得分。

②配备及使用，应根据具体情况评定折减分数。

（4）企业市场行为评价

企业市场行为评价是对企业安全管理市场行为的考核。其内容包括安全生产许可证、安全生产文明施工、安全质量标准化达标、资质机构与人员管理制度4个评定项目。

1）施工企业安全生产许可证许可状况的考核评价应符合下列要求：

①未取得安全生产许可证而承接施工任务的、在安全生产许可证暂扣期间承接工程的、企业承发包工程项目的规模和施工范围与本企业资质不相符的，则该项不应得分。

②企业主要负责人、项目负责人和专职安全管理人员的配备和考核，应根据具体情况评定折减分数。

2）施工企业安全生产文明施工动态管理行为的考核评价应符合下列要求：

①企业资质因安全生产、文明施工受到降级处罚的，则该项不应得分。

②其他不良行为，视其影响程度、处理结果等，应根据具体情况评定折减分数。

3）施工企业安全质量标准化达标情况的考核评价应符合下列要求：

①本企业所属的施工现场安全质量标准化年度达标合格率低于国家或地方规定的，则该评定项目不应得分。

②安全质量标准化年度达标优良率低于国家或地方规定的，应根据具体情况评定折减分数。

4）施工企业资质、机构与人员管理制度的建立和人员配备情况的考核评价应符合下列要求：

①未建立安全生产管理组织体系、未制定人员资格管理制度、未按规定设置专职安全管理机构、未配备足够的安全生产专管人员的，则该项不应得分。

②实行分包的，总承包单位未制定对分包单位资质和人员资格管理制度并监督落实的，则该项不应得分。

（5）施工现场安全管理评价

施工现场安全管理评价是对企业所属施工现场安全状况的考核。重点关注对企业管理层相关考核评分项目在施工现场贯彻落实情况的追溯。其内容包括施工现场安全达标、安全文明资金保障、资质和资格管理、生产安全事故控制、设备设施工艺选用、保险6个评定项目。

1）施工现场安全达标考核，企业应对所属的施工现场按现行规范标准进行检查，有一个工地未达到合格标准的，则该项不应得分。

2）施工现场安全文明资金保障，应对企业按规定落实其所属施工现场安全生产、文明施工资金的情况进行考核，有一个施工现场未将施工现场安全生产、文明施工所需资金编制计划并实施、未做到专款专用的，则该项不应得分。

3）施工现场分包资质和资格管理规定的制定以及施工现场控制情况的考核评价应符合下列要求：

①未制定对分包单位安全生产许可证、资质、资格管理及施工现场控制的要求和规定，且在总包与分包合同中未明确参建各方的安全生产责任，分包单位承接的施工任务不符合其所具有的安全资质，作业人员不符合相应的安全资格，未按规定配备项目经理、专

职或兼职安全生产管理人员的，则该项不应得分。

②对分包单位的监督管理，应根据具体情况评定折减分数。

4）施工现场生产安全事故控制的隐患防治、应急预案的编制和实施情况的考核评价应符合下列要求：

①未针对施工现场实际情况制定事故应急救援预案的，则该项不应得分。

②对现场常见、多发或重大隐患的排查及防治措施的实施，应急救援组织和救援物资的落实，应根据具体情况评定折减分数。

5）施工现场设备、设施、工艺管理的考核评价应符合下列要求：

①使用国家明令淘汰的设备或工艺，则该项不应得分。

②使用不符合国家现行标准的且存在严重安全隐患的设施，则该项不应得分。

③使用超过使用年限或存在严重隐患的机械、设备、设施、工艺的，则该项不应得分。

④对其余机械、设备、设施以及安全标识的使用情况，应根据具体情况评定折减分数。

⑤对职业病的防治，应根据具体情况评定折减分数。

6）施工现场保险办理情况的考核评价应符合下列要求：

①未按规定办理意外伤害保险的，则该项不应得分。

②意外伤害保险的办理实施，应根据具体情况评定折减分数。

6. 施工企业安全生产评价工作流程

（1）评价前的准备工作

施工企业安全生产评价前的准备工作步骤见图2-7。

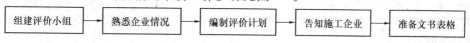

组建评价小组 → 熟悉企业情况 → 编制评价计划 → 告知施工企业 → 准备文书表格

图 2-7　评价前的准备工作流程图

1）组建评价小组。

确定评价小组的组长、组员，以及评价分工。

2）熟悉企业情况。

通过各种渠道（如：政府网络信息平台搜索、要求企业提供相关资料等），预先查阅、了解企业基本情况，包括：

①资质主项、增项范围及等级，安全生产许可证持有情况；

②企业生产规模、生产类型以及目前在建工程项目数量、进度、所在地和所属监督机构等情况；

③安全生产管理机构设置，三类人员配置及考核情况；

④企业在一个评价周期内的安全生产业绩情况，包括创优和处罚情况等。

3）编制评价计划。

包括评价时间、评价日程、评价内容及评价重点、评价反馈时间、评价整改要求等。

4）告知施工企业。

与被评价的企业沟通，确认评价计划，告知需要对方配合的要求，如备查资料的目录，陪同人员等。

5）准备文书表格。

被评价的企业应按表 2-1 准备以下管理制度或文件。

所需管理制度或文件   表 2-1

表	A-1	表	A-2	表	A-3
项	10项	项	7项	项	6项
1	安全生产责任制度	1	法律法规标准规范操作规程	1	设备管理制度
	安全生产责任制考核制度	2	施组编制审核批准制度	2	安全物资供应单位管理制度
	安全管理目标管理考核制度	3	专项施工方案编制审核批准制度		个人安全防护用品管理制度
	安全生产考核奖惩制度	4	安全技术交底规定		现场临时设施管理制度
2	安全文明资金保障制度	5	危险源监管制度	3	警示警告标识标志使用管理制度
3	安全培训教育制度		重大危险源管理方案/措施	4	安全检查检验设备配备制度
4	安全检查及隐患排查制度		危险源公示告知制度	表	A-4
5	生产安全事故报告处理制度			项	2项
6	事故应急救援预案制度				企业安全生产组织人员资格管理制度
	事故应急演练制度				分包单位资质和人员资格管理制度
				表	A-5
				项	事故应急救援预案

（2）评价的实施

施工企业安全生产评价实施的工作步骤见图 2-8。

图 2-8　评价实施工作流程图

1）召开首次会议。

会上，明确本次评价工作的目的，提出评价时需相关职能部门配合的工作要求，安排评价的日程计划等。

2）对照标准检查评分。

按照《评价标准》，通过询问交谈、巡查检测在建工地现状，查阅比对备查资料（包括企业内部管理资料，以及抽查与核验工地的资料）等方法获取评分证据进行评分。

3）组内汇总沟通，形成评价结论。

召开评价小组内部沟通会议，汇总评价证据，沟通扣分信息，最后提出评价结论。

4）与企业主要负责人沟通本次评价情况和结果。

5）召开末次会议。

向被评价的企业通报本次评价情况和结果，提出整改要求。

（3）评价后的后续工作

后续工作步骤见图2-9。

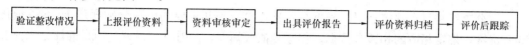

图 2-9　评价后的后续工作流程图

1) 验证整改情况。评价小组对企业整改的有效性进行验证并上报评价资料。

2) 评价资料审核审定。评价小组所在上级部门对本次评价情况进行审核，对评价结果进行审定。

3) 出具评价报告。评价小组向被评价的企业反馈书面评价报告。

4) 评价资料归档。评价申请、评价计划、评价报告、审查审定报告、企业整改回复的资料装订成册，编号归档。

5) 评价后跟踪。对需要跟踪评价或跟踪指导的被评价企业进行必要的跟踪、回访并再次评价。受政府相关部门委托评价的，发现特殊情况应及时报告政府相关部门。

7. 施工企业安全生产评价方法及评价等级

施工企业安全生产评价应按评定项目、评分标准和评分方法进行。其评价过程实际上就是按《评价标准》的评分表进行量化评分的过程。分以下几步：

①按评分表进行企业管理层和施工现场两个层面的分项评分；

②分别进行评分结果的平均汇总；

③进行综合加权平均，分析评价结果，确定等级。

施工企业安全生产评分评价汇总的流程图如图 2-10 所示。

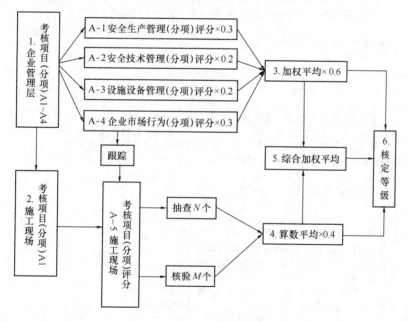

图 2-10　评分评价汇总流程图

（1）选用评分表

当施工企业无在建施工现场时，采用《评价标准》附表 A-1～表 A-4 四张表进行评

价；当施工企业有在建施工现场时，采用《评价标准》附表 A-1～表 A-5 五张表进行评价
（表 2-2～表 2-6）。

评分表针对每个评定项目，根据其考核评价原则和重要程度，分别规定 1～6 条量化
评分标准，规定相应的扣减分依据、扣减分值或幅度。同时规定该评定项目的评分取证方
法和应得分值，明确应检查的具体资料和记录，以及相应的核查要求。每张评价考核项目
（分项）评分表满分分值均为 100 分。

（附表 A-1）安全生产管理评分表 表 2-2

序号	评定项目	评分标准	评分方法	应得分	扣减分	实得分
1	安全生产责任制度	·企业未建立安全生产责任制度，扣 20 分，各部门、各级（岗位）安全生产责任制度不健全，扣 10～15 分； ·企业未建立安全生产责任制考核制度，扣 10 分，各部门、各级对各自安全生产责任制未执行，每起扣 2 分； ·企业未按考核制度组织检查并考核的，扣 10 分，考核不全面扣 5～10 分； ·企业未建立、完善安全生产管理目标，扣 10 分，未对管理目标实施考核的，扣 5～10 分； ·企业未建立安全生产考核、奖惩制度扣 10 分，未实施考核和奖惩的，扣 5～10 分	查企业有关制度文本；抽查企业各部门、所属单位有关责任人对安全生产责任制的知晓情况，查确认记录，查企业考核记录 查企业文件，查企业对下属单位各级管理目标设置及考核情况记录；查企业安全生产奖惩制度文本和考核、奖惩记录	20		
2	安全文明资金保障制度	·企业未建立安全生产、文明施工资金保障制度的扣 20 分； ·制度无针对性和具体措施的，扣 10～15 分； ·未按规定对安全生产、文明施工措施费的落实情况进行考核的，扣 10～15 分	查企业制度文本、财务资金预算及使用记录	20		
3	安全教育培训制度	·企业未按规定建立安全培训教育制度，扣 15 分； ·制度未明确企业主要负责人，项目经理，安全专职人员及其他管理人员，特种作业人员，待岗、转岗、换岗职工，新进单位从业人员安全培训教育要求的，扣 5～10 分； ·企业未编制年度安全培训教育计划，扣 5～10 分，企业未按年度计划实施的，扣 5～10 分	查企业制度文本、企业培训计划文本和教育的实施记录、企业年度培训教育记录和管理人员的相关证书	15		
4	安全检查及隐患排查制度	·企业未建立安全检查及隐患排查制度的，扣 15 分，制度不全面、不完善的，扣 5～10 分； ·未按规定组织检查的，扣 15 分；检查不全面、不及时的，扣 5～10 分； ·对检查出的隐患未采取定人、定时、定措施进行整改的，每起扣 3 分，无整改复查记录的，每起扣 3 分； ·对多发或重大隐患未排查或未采取有效治理措施的，扣 3～15 分	查企业制度文本、企业检查记录、企业对隐患整改消项、处置情况记录、隐患排查统计表	15		

84

序号	评定项目	评分标准	评分方法	应得分	扣减分	实得分
5	生产安全事故报告处理制度	• 企业未建立生产安全事故报告处理制度，扣 15 分； • 未按规定及时上报事故的，每起扣 15 分； • 未建立事故档案的，扣 5 分； • 未按规定实施对事故的处理及落实"四不放过"原则的，扣 10～15 分	查企业制度文本； 查企业事故上报及结案情况记录	15		
6	安全生产应急救援制度	• 未制定事故应急救援预案制度的，扣 15 分，事故应急救援预案无针对性的，扣 5～10 分； • 未按规定制定演练制度并实施的，扣 5 分； • 未按预案建立应急救援组织或落实救援人员和救援物资的，扣 5 分	查企业应急预案的编制、应急队伍建立情况以相关演练记录、物资配备情况	15		
分项评分				100		

评分员：　　　　　　　　　　　　　　　　　　　　　　　　　　　　　年　　月　　日

（附表 A-2）安全技术管理评分表　　　　　　　表 2-3

序号	评定项目	评分标准	评分方法	应得分	扣减分	实得分
1	法规标准和操作规程配置	• 企业未配备与生产经营内容相适应的现行有关安全生产方面的法律、法规、标准、规范和规程的，扣 10 分，配备不齐全，扣 3～10 分； • 企业未配备各工种安全技术操作规程，扣 10 分，配备不齐全的，每缺一个工种，扣 1 分； • 企业未组织学习和贯彻实施安全生产方面的法律、法规、标准、规范和规程的，扣 3～5 分	查企业现有的法律、法规、标准、操作规程的文本及贯彻实施记录	10		
2	施工组织设计	• 企业无施工组织设计编制、审核、批准制度的，扣 15 分； • 施工组织设计中未明确安全技术措施的，扣 10 分； • 未按程序进行审核、批准的，每起扣 3 分	查企业技术管理制度，抽查企业备份的施工组织设计	15		
3	专项施工方案（措施）	• 未建立对危险性较大的分部、分项工程编写、审核、批准专项施工方案制度的，扣 25 分； • 未实施或按程序审核、批准的，每起扣 3 分； • 未按规定明确本单位需进行专家论证的危险性较大的分部、分项工程名录（清单）的，每起扣 3 分	查企业相关规定、实施记录和专项施工方案备份资料	25		

序号	评定项目	评分标准	评分方法	应得分	扣减分	实得分
4	安全技术交底	·企业未制定安全技术交底规定的，扣25分； ·未有效落实各级安全技术交底的，扣5~10分； ·交底无书面记录，未履行签字手续的，每起扣1~3分	查企业相关规定、企业实施记录	25		
5	危险源控制	·企业未建立危险源监管制度的，扣25分； ·制度不齐全、不完善的，扣5~10分； ·未根据生产经营特点明确危险源的，扣5~10分； ·未针对识别评价出的重大危险源制定管理方案或相应措施的，扣5~10分； ·企业未建立危险源公示、告知制度的，扣8~10分	查企业规定及相关记录	25		
	分项评分			100		

评分员：　　　　　　　　　　　　　　　　　　　　　　　　　　　年　月　日

（附表 A-3）设备和设施管理评分表　　　　　表 2-4

序号	评定项目	评分标准	评分方法	应得分	扣减分	实得分
1	设备安全管理	·未制定设备（包括应急救援器材）采购、租赁、安装（拆除）、验收、检测、使用、检查、保养、维修、改造和报废制度的，扣30分； ·制度不齐全、不完善的，扣10~15分； ·设备的相关证书不齐全或未建立台账的，扣3~5分； ·未按规定建立技术档案或档案资料不齐全的，每起扣2分； ·未配备设备管理的专（兼）职人员的，扣10分	查企业设备安全管理制度，查企业设备清单和管理档案	30		
2	设施和防护用品	·未制定安全物资供应单位及施工人员个人安全防护用品管理制度的，扣30分； ·未按制度执行的，每起扣2分； ·未建立施工现场临时设施（包括临时建、构筑物、活动板房）的采购、租赁、搭设与拆除、验收、检查、使用的相关管理规定的，扣30分； ·未按管理规定实施或实施有缺陷的，每项扣2分	查企业相关规定及实施记录	30		

序号	评定项目	评分标准	评分方法	应得分	扣减分	实得分
3	安全标志	·未制定施工现场安全警示、警告标识、标志使用管理规定的,扣20分; ·未定期检查实施情况的,每项扣5分	查企业相关规定及实施记录	20		
4	安全检查测试工具	·企业未制定施工场所安全检查、检验仪器、工具配备制度的,扣20分; ·企业未建立安全检查、检验仪器、工具配备清单的,扣5~15分	查企业相关记录	20		
		分项评分		100		

评分员:　　　　　　　　　　　　　　　　　　　　　　　　　　　　　　　　　　年　月　日

(附表 A-4) 企业市场行为评分表　　　　　　　　表 2-5

序号	评定项目	评分标准	评分方法	应得分	扣减分	实得分
1	安全生产许可证	·企业未取得安全生产许可证而承接施工任务的,扣20分; ·企业在安全生产许可证暂扣期间继续承接施工任务的,扣20分; ·企业资质与承发包生产经营行为不相符的,扣20分; ·企业主要负责人、项目负责人、专职安全管理人员持有的安全生产合格证书不符合规定要求的,每起扣10分	查安全生产许可证及各类人员相关证书	20		
2	安全生产文明施工	·企业资质受到降级处罚的,扣30分; ·企业受到暂扣安全生产许可证的处罚的,每起扣5~30分; ·企业受当地建设行政主管部门通报处分的,每起扣5分; ·企业受当地建设行政主管部门经济处罚的,每起扣5~10分; ·企业受到省级及以上通报批评的,每次扣10分,受到地市级通报批评的,每次扣5分	查各级行政主管部门管理信息资料,各类有效证明材料	30		
3	安全质量标准化达标	·安全质量标准化达标优良率低于规定的,每5%扣10分; ·安全质量标准化年度达标合格率低于规定要求的,扣20分	查企业相应管理资料	20		
4	资质、机构与人员管理	·企业未建立安全生产管理组织体系(包括机构和人员等)、人员资格管理制度的,扣30分; ·企业未按规定设置专职安全管理机构的,扣30分,未按规定配足安全生产专管人员的,扣30分; ·实行总、分包的企业未制定对分包单位资质和人员资格管理制度的,扣30分,未按制度执行的,扣30分	查企业制度文本和机构、人员配备证明文件,查人员资格管理记录及相关证件,查总、分包单位的管理资料	30		
		分项评分		100		

评分员:　　　　　　　　　　　　　　　　　　　　　　　　　　　　　　　　　　年　月　日

（附表 A-5）施工现场安全管理评分表 表 2-6

序号	评定项目	评分标准	评分方法	应得分	扣减分	实得分
1	施工现场安全达标	·按《建筑施工安全检查标准》（JGJ 59）及相关现行标准规范进行检查不合格的，每 1 个工地扣 30 分	查现场及相关记录	30		
2	安全文明资金保障	·未按规定落实安全防护、文明施工措施费的，发现一个工地扣 15 分	查现场及相关记录	15		
3	资质和资格管理	·未制定对分包单位安全生产许可证、资质、资格管理及施工现场控制的要求和规定，扣 15 分，管理记录不全的扣 5~15 分； ·合同未明确参建各方安全责任的，扣 15 分； ·分包单位承接的项目不符合相应的安全资质管理要求，或作业人员不符合相应的安全资格管理要求的扣 15 分； ·未按规定配备项目经理、专职或兼职安全生产管理人员（包括分包单位）的，扣 15 分	查对管理记录、证书，抽查合同及相应管理资料	15		
4	生产安全事故控制	·对多发或重大隐患未排查或未采取有效措施的，扣 3~15 分； ·未制定事故应急救援预案的，扣 15 分，事故应急救援预案无针对性的，扣 5~10 分； ·未按规定实施演练的，扣 5 分； ·未按预案建立应急救援组织或落实救援人员和救援物资的，扣 5~15 分	查检查记录及隐患排查统计表，应急预案的编制及应急队伍建立情况以及相关演练记录、物资配备情况	15		
5	设备设施工艺选用	·现场使用国家明令淘汰的设备或工艺的，扣 15 分； ·现场使用不符合标准的、且存在严重安全隐患设施的，扣 15 分； ·现场使用的机械、设备、设施、工艺超过使用年限或存在严重隐患的，扣 15 分； ·现场使用不合格的钢管、扣件的，每起扣 1~2 分； ·现场安全警示、警告标志使用不符合标准的，扣 5~10 分； ·现场职业危害防治措施没有针对性的，扣 1~5 分	查现场及相关记录	15		
6	保险	·未按规定办理意外伤害保险的，扣 10 分； ·意外伤害保险办理率不足 100% 的，每低 2% 扣 1 分	查现场及相关记录	10		
		分项评分		100		

评分员：年　月　日

(2) 按规定的时限进行评价取证

1) 施工企业的安全生产情况应依据自评价之月起前 12 个月以来的情况；

2) 施工现场应依据自开工日起至评价时的安全管理情况。

(3) 抽查及核验企业在建施工现场

1) 抽查，抽取企业在建工地，对施工现场的管理状况和实物状况进行实体检查。

2) 核验，根据建设行政主管部门、安全监督机构或其他相关机构日常的监督、检查记录等资料，对施工现场安全生产管理常态进行复核、追溯。

抽查和核验施工现场的抽样量规定见表 2-7。

施工现场抽查和核验抽样量说明表　　　　　　　　　　　表 2-7

企业资质等级	在建工程实体施工现场抽查抽样量（个）		未抽查在建施工现场安全管理状况核验抽样量（%）	
	未发生因工死亡事故	发生因工死亡事故	未发生因工死亡事故	发生因工死亡事故
特级	≥8	按事故等级或情节轻重程度加 2~4	≥50%	按事故等级或情节轻重程度加 10%~30%
一级	≥5			
一级以下	≥3			
说明	企业在建工程实体少于上述规定抽样量的，则应全数检查			

抽检与核验抽样比率的基数均为企业在建工程项目总数。

对评价时无在建工程项目的企业，应在企业有在建工程项目时，再次进行跟踪评价。跟踪评价时在建工程量不应少于 1 个且应达到施工高峰期。

(4) 按评分规则评分

各评价考核项目（分项）评分表的评分标准＝评分点＋扣减分值或幅度

在评价施工企业安全生产条件能力时，应采用加权法计算，权重系数应符合表 2-8 的规定，并按《评价标准》的附表 B《施工企业安全生产评价汇总表》进行评价，见表 2-9。

权　重　系　数　　　　　　　　　　　表 2-8

评　价　内　容			权重系数
无施工项目	①	安全生产管理	0.3
	②	安全技术管理	0.2
	③	设备和设施管理	0.2
	④	企业市场行为	0.3
有施工项目	①②③④加权值		0.6
	⑤	施工现场安全管理	0.4

各评分表的评分应符合下列要求：

1) 评价考核项目（分项）的评分表的实得分数应为各评定项目实得分数之和。

2) 评价考核项目（分项）的评分表中的各个评定项目采用扣减分数的方法，扣减分数总和不得超过该评定项目的应得分数。

3) 评价考核项目（分项）有评定项目缺项的，其评分表评分的实得分应按下式计算：

有缺项的评价考核项目（分项）评分的实得分＝可评分的评定项目的实得分之和÷可评分的评定项目的应得分值之和×100

4) 各评分表评分不是孤立的，管理层管理制度的落实情况需追溯到施工现场，得到肯定或否定。

施工企业安全生产评价汇总表　　　　　　　　表 2-9

评价类型：□市场准入□发生事故□不良业绩□资质评价□日常管理□年终评价□其他

企业名称：_____　　经济类型：_____

资质等级：_____上年度施工产值：_____在册人数：_____

评价内容			评价结果				
			零分项（个）	应得分数（分）	实得分数（分）	权重系数	加权分数（分）
无施工项目	表 A-1	安全生产管理				0.3	
	表 A-2	安全技术管理				0.2	
	表 A-3	设备和设施管理				0.2	
	表 A-4	企业市场行为				0.3	
	汇总分数①＝表 A-1～表 A-4 加权值					0.6	
有施工项目	表 A-5	施工现场安全管理				0.4	
	汇总分数②＝汇总分数①×0.6＋表 A—5×0.4						

评价意见：

评价负责人（签名）			评价人员（签名）	
企业负责人（签名）			企业签章	
				年　月　日

（5）每个考核项目（分项）评分表的评分评价等级

依据评分表中各评定项目实得分和评分表实得分数两个方面的因素综合判定评价考核项目（分项）的等级，评定结果分为"合格"、"不合格"两个等级。

考核项目（分项）评分表中出现任意一个不满足基本合格条件的评定项目时，评定结果为"不合格"；评分表实得分数不低于 70 分，且评分表中没有实得分数为零的评定项目，则考核项目（分项）评定结果为"合格"。

（6）评分结果的汇总

1）企业管理层评分与施工现场评分分别平均。

①企业管理层评分加权平均。将安全生产管理、安全技术管理、设备和设施管理及企业市场行为四张表进行汇总统计，四张表的权数分别为 0.3、0.2、0.2、0.3。

②施工现场评分算术平均。抽查或核验的每个施工现场，分别形成一份施工现场安全管理评分表。

施工现场安全管理评价的最终评分结果，应取所有抽查及核验施工现场的安全管理评价实得分的算术平均值，且其中不得有一个施工现场评价评分结果为不合格。

2) 企业管理层加权平均值与施工现场评分算术平均值再次加权平均。

（7）评价等级的确定

施工企业安全生产考核评定的最终结果，依据各评分表中各评定项目实得分、各评分表实得分数和两次加权汇总分数三个方面的因素综合判定等级。

1）对有在建工程的企业，安全生产考核评定分为"合格"、"不合格"两个等级。

抽查或核验的每个施工现场安全生产分项评分评价结果都对施工企业安全生产评价有最终否决权。即使算术平均后达到分项合格标准，若有一个施工现场安全生产分项评分评价结果为不合格，则施工企业安全生产最终评价为不合格。

企业管理层每个分项评分评价结果不合格也具有对施工企业安全生产评价的最终否决权。

2）对无在建工程的企业，安全生产考核评定分为"基本合格"、"不合格"两个等级。

企业管理层每个分项评分评价结果不合格都具有对施工企业安全生产评价的最终否决权。

施工企业安全生产考核评价等级划分应按表 2-10 核定。

施工企业安全生产考核评价等级划分　　　　　　　　　　表 2-10

考核评价等级	考核内容		
	各项评分表中的实得分为零的项目数（个）	各评分表实得分数（分）	汇总分数（分）
合格	0	≥70 且其中不得有一个施工现场评定结果为不合格	≥75
基本合格	0	≥70	≥75
不合格	出现不满足基本合格条件的任意一项时		

七、安全生产验收制度

1. 验收原则

必须坚持"验收合格才能使用"的原则。

2. 验收的范围

（1）各类脚手架、井字架、龙门架、堆料架。

（2）临时设施及沟槽支撑与支护。

（3）支搭好的水平安全网和立网。

（4）临时电气工程设施。

（5）各种起重机械、路基轨道、施工电梯及其他中小型机械设备。

（6）安全帽、安全带和护目镜、防护面罩、绝缘手套、绝缘鞋等个人防护用品。

3. 验收程序

（1）脚手架杆件、扣件、安全网、安全帽、安全带以及其他个人防护用品，必须有出厂证明或验收合格的单据，由技术负责人、工长、安全员、材料保管人员共同审验。

（2）各类脚手架、堆料架、井字架、龙门架和支搭的安全网、立网由项目经理或技术负责人申报支搭方案并牵头会同工程部和安全主管部门进行检查验收。

（3）临时电气工程设施，由安全主管部门牵头，会同电气工程师、项目经理、方案制定人、工长、安全员进行检查验收。

（4）起重机械、施工用电梯由安装单位和使用工地的负责人牵头，会同有关部门检查验收。

（5）路基轨道由工地申报铺设方案，工程部和安全主管部门共同验收。

（6）工地使用的中小型机械设备，由工地技术负责人和工长牵头，会同工程部进行检查验收。

（7）所有验收，必须办理书面验收手续，否则无效。

八、隐患控制与处理

1. 项目经理部应对存在隐患的安全设施、过程和行为进行控制，组装完毕后应进行检查验收，确保不合格设施不使用、不合格物资不放行、不合格过程不通过。

2. 检查中发现的隐患应进行登记，不仅作为整改的备查依据，而且是提供安全动态分析的重要信息渠道。如多数单位安全检查都发现同类型隐患，说明是"通病"，若某单位在安全检查中重复出现隐患，说明整改不彻底，形成"顽症"。根据检查隐患记录分析，制定指导安全管理的预防措施。

3. 安全检查中查出的隐患，还应发出隐患整改通知单。对凡存在即发性事故危险的隐患，检查人员应责令停工，被查单位必须立即进行整改。

4. 对于违章指挥、违章作业行为，检查人员可以当场指出，立即纠正。

5. 被检查单位领导对查出的隐患，应立即研究制定整改方案，组织实施整改。按照"五定"，即定整改责任人、定整改措施、定整改完成时间、定整改完成人、定整改验收人，限期完成整改，并报上级检查部门备案。

6. 事故隐患的处理方式：

（1）停止使用、封存。

（2）指定专人进行整改以达到规定要求。

（3）进行返工，以达到规定要求。

（4）对有不安全行为的人员进行教育或处罚。

（5）对不安全生产的过程重新组织。

7. 整改完成后，项目经理部安监部门必要时对存在隐患的安全设施、安全防护用品整改效果进行验证，再及时通知企业主管部门等有关部门派员进行复查验证，经复查整改合格后，即可销案。

第四节 安全教育与培训

一、安全教育的意义

安全是生产赖以正常进行的前提，安全教育又是安全控制工作的重要环节，安全教育的目的，是提高全员安全素质、安全管理水平和防止事故发生，从而实现安全生产。

建筑施工具有流动性大，劳动强度大，露天作业多，高空作业多，施工生产受环境及气候的影响大等特点，施工过程中的不安全因素很多，安全管理与安全技术的发展却滞后于建筑规模的迅速扩大和施工工艺的快速发展，同时，由于部分作业人员缺乏基本的安全生产知识，自我保护意识差，导致了建筑施工行业伤亡事故多发的趋势。

党和政府始终非常重视建筑行业的安全生产和劳动保护，以及对职工的安全生产教育工作，国家及地方的各级人大、政府等先后制定颁发了一系列安全生产、劳动保护的方针、政策、法律、法规和规章。《中华人民共和国劳动法》、《中华人民共和国建筑法》、《中华人民共和国安全生产法》等都对安全生产、安全教育作出明确规定，说明国家对安全生产，工作的重视。这些重要的文件是我们开展安全生产、劳动保护工作的法律依据和行动准则，也是对广大职工进行安全生产教育培训的主要内容。

改革开放以来，随着社会主义市场经济的逐步建立，建设规模的逐渐扩大，建筑队伍也急剧膨胀，来自农村和边远地区的大量农民工，被补充到建筑队伍中来，目前农民工占建筑施工从业人员的比例已达到80％。这虽然给蓬勃发展的建筑市场提供了可观的人力资源，弥补了劳动力不足的问题，但是由于他们中的绝大多数人文化素质较低，加之原先所从事的工作是农业生产，他们的安全意识、安全知识及自我保护能力均难以满足现代建筑业安全生产的要求。对新的工作及工作环境所潜在的事故隐患、职业危害的认识及预防能力，都要比城市工人差，这就使他们往往会成为伤亡事故和职业危害的主要受害者。同时，一些企业和个人为片面追求经济效益，见利忘义，在新工人进入施工现场上岗前，没有对他们进行必要的安全生产和安全技能的培训教育；在工人转岗时，也没有按规定进行针对新岗位的安全教育。同时，农民工对施工管理人员的违章指挥和冒险作业命令有的不知道拒绝，有的不敢拒绝，在施工现场，他们常常不能正确辨识危险或发现不了隐患，对事故隐患、险兆报告意识较差，致使他们成了建设工程施工事故主要被伤害的群体。这些因素是近年来建筑行业伤亡事故多发的重要原因，特别是新上岗的工人发生的伤亡事故比例相当高。伤亡事故给个人、家庭、企业和国家都带来了无法弥补的损失，还给社会的安定带来了不利的影响。

因此，当前亟须对建筑施工的全体从业人员，尤其是新职工，进行普遍地、深入地、全面地安全生产和劳动保护方面的教育。目前，企业生产设施、设备落后，职工文化素质较差，用工形式多样，新职工较多，安全工作难度较大。不进行广泛深入的安全教育，就不能达到安全生产的目的。

通过安全教育，使他们了解我国安全生产和劳动保护的方针、政策、法规、规范，掌握安全生产知识和技能，提高职工安全觉悟和安全技术素质，增加企业领导和广大职工搞好安全工作的责任感和自觉性，树立起群防群治的安全生产新观念，真正从思想上认识安全生产的重要性，在工作中提高遵章守纪的自觉性，实践中体验劳动保护的必要性。因此，大力加强安全宣传教育培训工作，显得尤为重要。

二、安全教育的特点

安全教育既是施工企业安全管理工作的重要组成部分，也是施工现场安全生产的一个重要方面工作，安全教育具有以下几个特点。

1. 安全教育的全员性

安全教育的对象是企业所有从事生产活动的人员。因此，从企业经理、项目经理，到一般管理人员及普通工人，都必须接受安全教育。安全教育是企业所有人员上岗前的先决条件，任何人不得例外。

2. 安全教育的长期性

安全教育是一项长期性的工作，主要体现在以下三个方面。

(1) 安全教育贯穿于每个职工工作的全过程。从新工人进入企业开始，就必须接受安全教育，这种教育尽管存在着形式、内容、要求、时间等的不同，但是，对个人来讲，在其一生的工作经历中，都在不断地、反复地接受着各种类型的安全教育，这种全过程的安全教育是确保职工安全生产的基本前提条件。因此，安全教育必须贯穿于职工工作的全过程。

(2) 安全教育贯穿于每个工程施工的全过程。从施工队伍进入现场开始，就必须对职工进行入场安全教育，使每个职工了解并掌握本工程施工的安全生产特点；在工程的每个重要节点，也要对职工进行施工转折时期的安全教育；在节假日前后，要对职工进行安全思想教育，稳定情绪；在突击加班赶进度或工程临近收尾时，更要针对麻痹大意思想，进行有针对性的教育等。因此，安全教育应贯穿于整个工程施工的全过程。

(3) 安全教育贯穿于施工企业生产的全过程。有生产就有安全问题，安全与生产是不可分割的统一体。哪里有生产，那里就要讲安全；哪里有生产，那里就要进行安全教育。企业的生存靠生产，没有生产就没有发展，就无法生存；而没有安全，生产也无法长久进行。因此，只有把安全教育贯穿于企业生产的全过程，把安全教育看成是关系到企业生存、发展的大事，安全工作才能做得扎扎实实，才能保障生产安全，才能促进企业的发展。

安全教育的长期性所体现的这三种全过程告诫我们，安全教育的任务"任重而道远"，不应该也不可能会是一劳永逸的，这就需要经常地、反复地、不断地进行安全教育，才能减少并避免事故的发生。

3. 安全教育的专业性

施工现场生产所涉及的范围广、内容多。安全生产既有管理性要求，也有技术性知识，安全生产的管理性与技术性结合，使得安全教育具有专业性要求。教育者既要有充实的理论知识，也要有丰富的实践经验，这样才能使安全教育做到深入浅出、通俗易懂，并且收到良好的效果。

安全教育的目的是，通过对企业各级领导、管理人员及工人的安全培训教育，使他们学习并了解安全生产和劳动保护的法律、法规、标准，掌握安全知识与技能，运用先进的、科学的方法，避免并制止生产中的不安全行为，消除一切不安全因素，防止事故发生，实现安全生产。

三、教育对象的培训时间要求

原建设部建教〔1997〕83 号《关于印发〈建筑业企业职工安全培训教育暂行规定〉的通知》中要求建筑业企业职工每年必须接受一次专门的安全生产培训。

1. 企业法定代表人、项目经理每年接受安全生产培训的时间，不得少于 30 学时。

2. 企业专职安全生产管理人员除按照建教〔1991〕522 号文《建设企事业单位关键岗位持证上岗管理规定》的要求，取得岗位合格证书并持证上岗外，每年还必须接受安全专业技术培训，时间不得少于 40 学时。

3. 企业其他管理人员和技术人员每年接受安全生产培训的时间，不得少于 20 学时。

4. 企业特殊工种（包括电工、焊工、架子工、司炉工、爆破工、机械操作工、起重工、塔吊司机及指挥人员、人货两用电梯司机等）在通过专业技术培训并取得岗位操作证后，每年仍须接受有针对性的安全生产培训，时间不得少于 20 学时。

5. 企业其他职工每年接受安全生产培训的时间，不得少于 15 学时。

6. 企业待岗、转岗、换岗的职工，在重新上岗前，必须接受一次安全生产培训，时间不得少于 20 学时。

7. 建筑业企业新进场的工人，必须接受公司、项目部（或工程处、工区、施工队）、班组的三级安全生产培训教育，经考核合格后，方能上岗。

四、安全教育的类别

1. 按教育的内容分类

安全教育按教育的内容分类，主要包括：安全思想教育、安全法制教育、安全知识教育和安全技能教育。

（1）安全生产思想教育

1）首先提高企业各级领导和全体员工对安全生产重要意义的认识，从思想上认识搞好安全生产的重要意义，以增强关心人、保护人的责任感，树立牢固的群众观念，使其在日常工作中坚定地树立"安全第一"的思想，正确处理好安全与生产的关系，确保企业安全生产。其次是通过安全生产方针、政策教育，提高各级领导和全体员工的政策水平，使他们正确全面地理解国家的安全生产方针政策，严肃认真地执行安全生产法律法规和规章制度。

2）劳动纪律的教育。使全体员工懂得严格执行劳动纪律对实现安全生产的重要性，劳动纪律是劳动者进行共同劳动时必须遵守的规则和秩序。反对违章指挥，反对违章作业，严格执行安全操作规程，遵守劳动纪律是贯彻"安全第一，预防为主"的方针，减少伤亡事故，实现安全生产的重要保证。

（2）安全法制教育

安全法制教育就是采取各种有效形式，通过对职工进行安全生产、劳动保护方面的法律、法规的宣传教育，从而提高全体员工学法、知法、懂法、守法的自觉性，以达到安全生产的目的。促使每个职工从法制的角度去认识搞好安全生产的重要性，明确遵章守法、遵章守纪是每个职工应尽职责。而违章违规的本质也是一种违法行为，轻则会受到批评教育；造成严重后果的，还将受到法律的制裁。

安全法制教育就是要使每个劳动者懂得遵章守法的道理。作为劳动者，既有劳动的权利，也有遵守劳动安全法规的责任。要通过学法、知法来守法，守法的前提首先是"从我做起"，自己不违章违纪；其次是要同一切违章违纪和违法的不安全行为作斗争，以制止并预防各类事故的发生，实现安全生产的目的。

（3）安全知识教育

安全知识教育是一种最基本、最普通和经常性的安全教育活动，企业所有员工都应具备安全基本知识。因此，全体员工必须接受安全知识教育和每年按规定学时进行安全培训。

安全知识教育就是要让职工了解施工生产中的安全注意事项、劳动保护要求，掌握一般安全基础知识。从内容看，安全知识是生产知识的一个重要组成部分，所以，在进行安全知识教育时，也往往是结合生产知识交叉进行教育的。

安全知识教育要求做到因人施教、浅显易懂，不搞"填鸭式"的硬性教育，因为教育对象大多数是文化程度不高的操作工人，特别要注意教育的方式、方法，注重教育的实际效果。例如，对新工人进行安全知识教育，往往由于他们没有对施工现场有一个感性认识，因此，需要在工作一个阶段后，有了对现场的感性认识以后，再重复进行安全教育，使其认识达到从感性到理性，再从理性到感性的再认识过程，从而加深对安全知识教育的理解能力。

安全基本知识教育的主要内容有：本企业的生产经营概况，施工生产流程，主要施工方法，施工生产危险区域及其安全防护的基本常识和注意事项，施工设施、设备、机械的有关安全常识，电气设备安全常识，车辆运输安全常识，高处作业安全知识，施工过程中有毒有害物质的辨别及防护知识，防火安全的一般要求及常用消防器材的使用方法，特殊类专业（如桥梁、隧道、深基础、异形建筑等）施工的安全防护知识，工伤事故的简易施救方法和报告程序及保护事故现场等规定，个人劳动防护用品的正确穿戴、使用常识等。

（4）安全技能教育

安全技能教育，就是结合本工种专业特点，实现安全操作、安全防护所必须具备的基本技能知识要求。每个员工都要熟悉本工种、本岗位专业安全技能知识。安全技能知识是比较专门、细致和深入的知识，它包括安全技术、劳动卫生和安全操作规程。国家规定建筑登高架设、起重、焊接、电气、爆破、压力容器、锅炉等特种作业人员必须进行专门的安全技能培训，经考试合格，持证上岗。

2. 按教育的对象分类

安全教育按教育的对象分类，可分为领导干部的安全培训教育、一般管理人员的安全教育、新员工的三级安全教育、变换工种的安全教育等。企业应根据不同的教育对象，侧重于不同的教育内容，提出不同的教育要求。

（1）领导干部的安全培训教育

加强对企业领导干部的安全培训教育，是社会主义市场经济条件下，安全生产工作的一项重要举措。1993年国务院印发了《关于加强安全生产工作的通知》（国发 [1993] 50号），指出"在发展社会主义市场经济过程中，各有关部门和单位要强化搞好安全生产的职责，实行企业负责、行业管理、国家监察和群众监督的安全生产管理体制"。并且强调"企业法定代表人是安全生产的第一责任者，要对本企业的安全生产全面负责"。这个通知是在我国实行市场经济条件下，对安全生产管理体制作了重大调整，即增加并把"企业负责"作为第一项规定，从而改变了1985年确定的"国家监察、行政管理、群众监督"管理体制。使企业在走向市场的同时，也真正实行对自己负责的客观要求。

为加强对企业负责人的安全培训教育，原劳动部于1990年10月5日印发了《厂长、经理职业安全卫生管理资格认证规定》（劳安字 [1990] 25号），明确规定企业厂长、经理必须经过职业安全卫生管理资格认证，做到持证上岗。从而使企业领导干部的安全培训教育，进入规范化管理的行列。

原建设部为了督促施工企业落实主要领导的安全生产责任制，根据国务院文件精神，明确提出了"施工企业法定代表人是企业安全生产的第一责任人，项目经理是施工项目安全生产的第一责任人"。明确了企业与项目的两个安全生产第一责任人，使安全生产责任制得到了具体落实。

总之，要通过对企业领导干部的安全培训教育，全面提高他们的安全管理水平，使他们真正从思想上树立起安全生产意识，增强安全生产责任心，摆正安全与生产、安全与进度、安全与效益的关系，为进一步实现安全生产和文明施工打下基础。

（2）新员工的三级安全教育

"三级教育"是企业应坚持的安全生产基本教育制度。1963年国务院明确规定必须对新工人进行三级安全教育，此后，建设部又多次对三级安全教育提出了具体要求，特别是原建设部《关于印发〈建筑业企业职工安全培训教育暂行规定〉的通知》，除对安全培训教育主要内容作了要求外，还对时间作了规定，为安全教育工作的培训质量提供了法制保障。

三级安全教育是每个刚进企业的新员工（包括新招收的合同工、临时工、学徒工、农民工、大中专毕业实习生和代培人员）必须接受的首次安全生产方面的基本教育。三级一般是指公司（即企业）、项目（或工程处、施工队、工区）、班组这三级。由于企业的所有制性质、内部组织结构的不同，三级安全教育的名称可以不同，但必须要确保这三个层次安全教育工作的到位。因为这三个层次的安全教育内容，体现了企业安全教育有分工、抓重点的特点。三级安全教育是为了使新工人能尽快了解安全生产的方针、政策、法律、规章，逐步适应施工现场安全生产的基本要求。

三级安全教育一般是由企业的安全、教育、劳动、技术等部门配合组织进行的。受教育者必须经过教育、考试，合格后才准许进入生产岗位；考试不合格者不得上岗工作，必须重新补课并进行补考，合格后方可工作。

对新员工的三级安全教育情况，要建立档案。为加深对三级安全教育的感性认识和理性认识，新员工工作一个阶段后（一般规定在新员工上岗工作六个月后），还要进行安全继续教育。培训内容可以从原先的三级安全教育的内容中有重点地选择，并进行考核。不合格者不得上岗工作。

施工企业必须给每一名职工建立职工安全教育卡。教育卡应记录包括三级安全教育、转场及变换工种安全教育等的教育及考核情况，并由教育者与受教育者双方签字后入册，作为企业及施工现场安全管理资料备查。

1）公司安全教育。

按原建设部《建筑业企业职工安全培训教育暂行规定》（建教［1997］83号）的规定（下同），公司级的安全培训教育时间不得少于15学时。主要内容有：

①国家和地方有关安全生产、劳动保护的方针、政策、法律、法规、标准、规范、规程。如《宪法》、《刑法》、《建筑法》、《消防法》等法律有关章节条款；国务院《关于加强安全生产工作的通知》；国务院发布的《建筑安装工程安全技术规程》有关内容等。

②企业及其上级部门（主管局、集团、总公司、办事处等）印发的安全管理规章制度。

③安全生产与劳动保护工作的目的、意义等。

④事故发生的一般规律及典型事故案例。

⑤预防事故的基本知识，急救措施。

2）项目（施工现场）安全教育。

按规定，项目应就工地安全制度、施工现场环境、工程施工特点及可能存在的不安全因素等对新员工进行安全培训教育，时间不得少于15学时。主要内容有：

①各级管理部门有关安全生产的标准。

②建设工程施工生产的特点，施工现场的一般安全管理规定、要求。

③施工现场主要事故类别，常见多发性事故的特点、规律及预防措施，事故教训等。

④本单位安全生产制度、规定及安全注意事项。

⑤本工程项目施工的基本情况（工程类型、施工阶段、作业特点等），施工中应当注意的安全事项。

⑥机械设备、电气安全及高处作业等安全基本知识。

⑦防火、防毒、防尘、防塌方、防煤气中毒、防爆知识及紧急情况下安全处置和安全疏散知识。

⑧防护用品发放标准及防护用具使用的基本知识。

3）班组教育。

按规定，班组安全培训教育时间不得少于20学时。班组教育又叫做岗位教育，由班组长主持。主要内容有：

①本工种的安全操作规程。

②班组安全活动制度及纪律。

③本班组施工生产工作概况，包括工作性质、作业环境、职责、范围等。

④本岗位易发生事故的不安全因素及其防范对策。

⑤本人及本班组在施工过程中，所使用、所遇到的各种机具设备及其安全防护设施的性能、作用、操作要求和安全防护要求。

⑥个人使用和保管的各类劳动防护用品的正确穿戴、使用方法及劳防用品的基本原理与主要功能。

⑦发生伤亡事故或其他事故，如火灾、爆炸、设备及管理事故等，应采取的措施（救助抢险、保护现场、报告事故等）要求。

⑧工程项目中工人的安全生产责任制。

⑨本工种的典型事故案例剖析。

（3）转场及变换工种安全教育

施工现场变化大，动态管理要求高，随着工程进度的发展，部分工人（如专业分包工人）会从一个施工项目到另一个施工项目进行工作或者在同一个施工项目中，工作岗位也可能会发生变化，转场、转岗现象非常普遍。这种现场的流动、工种之间的互相转换，往往是施工生产的需要。但是，如果安全管理工作没有跟上，安全教育不到位，就可能给转场和转岗工人带来伤害事故。因此，必须对他们进行转场和转岗安全教育，教育考核合格后方准上岗。

1）转场教育。

施工人员转入另一个工程项目时必须进行转场安全教育。转场教育内容有：

①本工程项目安全生产状况及施工条件。

②施工现场中危险部位的防护措施及典型事故案例。

③本工程项目的安全管理体系、规定及制度。

2）变换工种的安全教育。

对待岗、转岗、换岗职工的安全教育主要内容是：

①新工作岗位或生产班组安全生产概况、工作性质和职责。

②新工作岗位必要的安全知识，各种机具设备及安全防护设施的性能、作用和安全防护要求等。

③新工作岗位、新工种的安全技术操作规程。

④新工作岗位容易发生事故及有毒有害的地方。

⑤新工作岗位个人防护用品的使用和保管。

总之，要确保每一个变换工种的职工，在重新上岗工作前，熟悉并掌握将要工作岗位的安全技能要求。

（4）特种作业人员的培训

1986年3月1日起实施的《特种作业人员安全技术考核管理规则》（GB 5306-85）是我国第一个特种作业人员安全管理方面的国家标准。对特种作业的定义、范围、人员条件和培训、考核、管理都作了明确的规定。

1）特种作业的定义：对操作者本人，尤其对他人和周围设施的安全有重大危害因素的作业，称为特种作业。直接从事特种作业者，称为特种作业人员。

2）特种作业范围：电工作业、锅炉司炉、压力容器操作、起重机械操作、爆破作业、金属焊接、井下瓦斯检验、机动车辆驾驶、轮机操作、机动船舶驾驶、建筑登高架设作业，以及符合特种作业基本定义的其他作业。

从事特种作业的人员，必须经国家规定的有关部门进行安全教育和安全技术培训，并经考核合格取得操作证者，方准独立作业。除机动车辆驾驶和机动船舶驾驶、轮机操作人员按国家有关规定执行外，其他特种作业人员上岗资格每两年进行一次复审。

电工、焊工、架工、司炉工、爆破工、机操工及起重工、打桩机和各种机动车辆司机等特殊工种工人，除进行一般安全教育外，还要经过本工种的安全技术教育，经考试合格发证后，方准独立操作，每年还要进行一次复审；对从事有尘毒危害作业的工作，要进行尘毒危害和防治知识教育。

（5）外施队伍安全生产教育内容

当前，建设行业的一大特点就是大部分建筑业企业已经没有自己的操作工人队伍，80%的建设工程施工作业都由进城的农民工来承担。每年农民工死亡人数，占事故死亡总人数的90%以上。因此，可以这样讲，建筑业的安全教育的重心、重点就是对外施队伍的安全生产教育。

1）各用工单位使用的外施队伍，必须接受三级安全教育，经考试合格后方可上岗作业，未经安全教育或考试不合格者，严禁上岗作业。

2）外施队伍上岗作业前的三级安全教育，分别由用工单位（公司、厂或分公司），项目经理部（现场）、班组（外施队伍）负责组织实施，总学时不得少于24学时。

3）外施队伍上岗前须由用工单位劳务部门负责将外施队伍人员名单提供给安全部门，

由用工单位（公司、厂或分公司）安全部门负责组织安全生产教育，授课时间不得少于8学时，具体内容是：

①安全生产的方针、政策和法规制度。

②安全生产的重要意义和必要性。

③建筑安装工程施工中安全生产的特点。

④建筑施工中因工伤亡事故的典型案例和控制事故发生的措施。

4）项目经理部（现场）必须在外施队伍进场后，由负责劳务的人员组织并及时将注册名单提交给现场安全管理人员，由安全管理人员负责对外施队伍进行安全生产教育，时间不得小于8学时，具体内容是：

①介绍项目工程施工现场的概况。

②讲解项目工程施工现场安全生产和文明施工的制度、规定。

③讲解建筑施工中高处坠落、触电、物体打击、机械（起重）伤害、坍塌五大伤害事故的控制预防措施。

④讲解建筑施工中常用的有毒有害化学材料的用途和预防中毒的知识。

5）外施队伍上岗作业前，必须由外施队长（或班组长）负责组织学习本工种的安全操作规程和一般安全生产知识。

6）对外施队伍进行三级安全教育时，必须分级进行考试。经考试不合格者，允许补考一次，仍不合格者，必须清退，严禁使用。

7）外施队伍中的特种作业人员，如电工、起重工（塔式起重机、外用电梯、龙门吊、桥吊、履带吊、汽车吊、卷扬机司机和信号指挥）、锅炉压力容器工、电焊工、气焊工、场内机动车司机、架子工等，必须持有原所在地地（市）级以上劳动保护监察机关核发的特种作业证（有的地方上会要求换领当地临时特种作业操作证，如北京），方准从事特种作业。

8）换岗作业必须进行安全生产教育，凡采用新技术、新工艺、新材料和从事非本工种的操作岗位作业前，必须认真进行面对面的、详细的新岗位安全技术教育。

9）在向外施队伍（班组）下达生产任务的时候，必须向全体作业人员进行详细的书面安全技术交底并讲解，凡没有安全技术交底或未向全体作业人员进行讲解的，外施队伍（班组）有权拒绝接受任务。

10）每日上班前，外施队伍（班组）负责人，必须召集所辖全体人员，针对当天任务，结合安全技术交底内容和作业环境、设施、设备状况及本队人员技术素质、安全意识、自我保护意识以及思想状态，有针对性地进行班前安全活动，提出具体注意事项，跟踪落实，并做好活动纪录。

3. 按教育的时间分类

安全教育按教育的时间分类，可以分为经常性的安全教育、季节性施工的安全教育、节假日加班的安全教育等。

（1）经常性的安全教育

经常性的安全教育是施工现场开展安全教育的主要形式，可以起到提醒、告诫职工遵章守纪，加强责任心，消除麻痹思想。

经常性安全教育的形式多样，可以利用班前会进行教育，也可以采取大小会议进行教育，还可以用其他形式，如安全知识竞赛、演讲、展览、黑板报、广播、播放录像等进行。总之，要做到因地制宜，因材施教，不搞形式主义，注重实效，才能使教育切实收到效果。

经常性教育的主要内容有：

1）安全生产法规、规范、标准、规定。

2）企业及上级部门的安全管理新规定。

3）各级安全生产责任制及管理制度。

4）安全生产先进经验介绍，最近的典型事故教训。

5）施工新技术、新工艺、新设备、新材料的使用及有关安全技术方面的要求。

6）最近安全生产方面的动态情况，如新的法律、法规、标准、规章的出台，安全生产通报、批示等。

7）本单位近期安全工作回顾、讲评等。

总之，经常性的安全教育必须做到经常化（规定一定的期限）、制度化（作为企业、项目安全管理的一项重要制度）。教育的内容：要突出一个"新"字，即要结合当前工作的最新要求进行教育；要做到一个"实"字，即要使教育不流于形式，注重实际效果；要体现一个"活"字，即要把安全教育搞成活泼多样、内容丰富的一种安全活动。这样，才能使安全教育深入人心，才能为广大员工所接受，才能收到促进安全生产的效果。

（2）季节性施工的安全教育

季节性施工主要是指夏季与冬期施工。季节变化后，施工环境不同，人对自然、环境的适应能力变得迟缓、不灵敏，易发生安全事故，因此，必须对安全管理工作进行重新调整和组合。季节性施工的安全教育，就是要对员工进行有针对性的安全教育，使之适合自然环境的变化，以确保安全生产。

1）夏季施工安全教育。

夏季高温、炎热、多雷雨，是触电、雷击、坍塌等事故的高发期。闷热的气候容易造成中暑，高温使得职工夜间休息不好，往往容易使人乏力、走神、瞌睡，较易引起伤害事故。南方沿海地区在夏季还经常受到台风暴雨和大潮汛的影响，也容易发生大型施工机械、设施、设备基础及施工区域（特别是基坑）等的坍塌。多雨潮湿的环境，人的衣着单薄、身体裸露部位多，使人的电阻值减小，导电电流增加，容易引发触电事故。因此，夏季施工安全教育的重点是：

①加强用电安全教育。讲解常见触电事故发生的原理，预防触电事故发生的措施，触电事故的一般解救方法，以加强员工的自我保护意识。

②讲解雷击事故发生的原因，避雷装置的避雷原理，预防雷击的方法。

③大型施工机械、设施常见事故案例，预防事故的措施。

④基础施工阶段的安全防护常识。基坑开挖的安全，支护安全。

⑤劳动保护工作的宣传教育。合理安排好作息时间，注意劳逸结合，白天上班避开中午高温时间，"做两头、歇中间"，保证工人有充沛的精力。

2）冬期施工安全教育。

冬季气候干燥、寒冷且常常伴有大风，受北方寒流影响，施工区域出现了霜冻，造成作业面及道路结冰打滑，既影响了生产的正常进行，又给安全带来隐患。同时，为了施工需要和取暖，使用明火、接触易燃易爆物品的机会增多，又容易发生火灾、爆炸和中毒事故。寒冷使人们衣着笨重，反应迟钝，动作不灵敏，也容易发生事故。因此，冬期施工安全教育应从以下几方面进行：

①针对冬期施工特点，避免冰雪结冻引发的事故。如施工作业面应采取必要的防雨雪结冰及防滑措施，个人要提高自身的安全防范意识，及时消除不安全因素。

②加强防火安全宣传。分析施工现场常见火灾事故发生的原因，讲解预防火灾事故的措施，扑救火灾的方法，必要时可采取现场演示，如消防灭火演习等来教育员工正确使用消防器材。

③安全用电教育。冬季用电与夏季用电的安全教育要求的侧重点不同，夏季着重于防触电事故，冬季则着重于防电气火灾。因此，应教育工人懂得施工中电气火灾发生的原因，做到不擅自私拉乱接电线及用电设备，不超负荷使用电气设备，免得引起电气线路发热燃烧，不使用大功率的灯具，如碘钨灯之类照射易燃、易爆及可燃物品或取暖，生活区域也要注意用电安全。

④冬季气候寒冷，人们习惯于关闭门窗，而施工作业点也一样，在深基坑、地下管道、沉井、涵洞及地下室内作业时，应加强对作业人员的自我保护意识教育。既要预防在这种环境中，进行有毒有害物质（固体、液态及挥发性强的气体）作业，对人造成的伤害，也要防止施工作业点原先就存在的各种危险因素，如泄漏跑冒并积聚的有毒气体，易燃、易爆气体，有害的其他物质等。要教会工人识别一般中毒症状，学会解救中毒人员的安全基本常识。

(3) 节假日加班的安全教育

节假日期间，大部分单位及员工已经放假休息，因此也往往影响到加班员工的思想和工作情绪，造成思想不集中，注意力分散，这给安全生产带来不利因素。加强对这部分员工的安全教育，是非常必要的。教育的内容是：

1) 重点做好安全思想教育，稳定职工工作情绪，使他们集中精力，轻装上阵。鼓励表扬员工节假日坚守工作岗位的优良作风，全力以赴做好本职工作。

2) 班组长要做好上岗前的安全教育，可以结合安全交底内容进行，工作过程中要互相督促，互相提醒，共同注意安全。

3) 重点做好当天作业将遇到的各类设施、设备、危险作业点的安全防护工作，对较易发生事故的薄弱环节，应进行专门的安全教育。

五、安全教育的形式

开展安全教育应当结合建筑施工生产特点，采取多种形式，有针对性地进行，还要考虑到安全教育的对象大部分是文化水平不高的工人，需要采用比较浅显、通俗、易懂、易记、印象深、趣味性强的教材及形式。目前安全教育的形式主要有：

(1) 广告宣传式。包括安全广告、安全宣传横幅、标语、宣传画、标志、展览、黑板报等形式。

(2) 演讲式。包括教学、讲座、讲演、经验介绍、现身说法、演讲比赛等形式。

(3) 会议（讨论）式。包括安全知识讲座、座谈会、报告会、先进经验交流会、事故现场分析会、班前班后会、专题座谈会等。

（4）报刊式。包括订阅安全生产方面的书报杂志，企业自编自印的安全刊物及安全宣传小册子等。

（5）竞赛式。包括口头、笔头知识竞赛，安全、消防技能竞赛，其他各种安全教育活动评比等。

（6）声像式。用电影、录像等现代手段，使安全教育寓教于乐。主要有安全方面的广播、电影、电视、录像、影碟片、录音磁带等。

（7）现场观摩演示形式。如安全操作方法、消防演习、触电急救方法演示等。

（8）固定场所展示形式。如劳动保护教育室、安全生产展览室等。

（9）文艺演出式。以安全为题材编写和演出的相声、小品、话剧等文艺演出的教育形式。

六、安全教育计划

企业必须制订符合安全培训指导思想的培训计划。安全培训的指导思想，是企业开展安全培训的总的指导理念，也是主动开展企业职业健康安全教育的关键，只有确定了具体的指导思想才能有规划的开展安全教育的各项工作。企业的安全培训指导思想必须与企业职业健康安全方针一致。

企业必须结合本企业实际情况，编制企业年度安全教育计划，每个季度应有教育重点，每月要有教育内容。培训实施过程中，要有相对稳定的教育培训大纲、培训教材和培训师资，确保教育时间和质量。严格按制度进行教育对象的登记、培训、考核、发证、资料存档等工作。考试不合格者、不准上岗工作。

1. 培训内容

（1）通用安全知识培训：

1）法律法规的培训。

2）安全基础知识培训。

3）建筑施工主要安全法律、法规、规章和标准及企业安全生产规章制度和操作规程培训，同行业或本企业历史事故案例分析。

（2）专项安全知识培训：

1）岗位安全培训。

2）分阶段的危险源专项培训。

2. 培训的对象和时间

（1）培训对象：主要分为管理人员、特殊工种人员、一般性操作工人。

（2）培训时间：可分为定期（如管理人员和特殊工种人员的年度培训）和不定期培训（如一般性操作工人的安全基础知识培训、企业安全生产规章制度和操作规程培训、分阶段的危险源专项培训等）。

3. 经费测算

培训的内容、对象和时间确定后，安全教育和培训计划还应对培训的经费作出概算，这也是确保安全教育和培训计划实施的物质保障。

4. 培训师资

根据拟定的培训内容，充分利用各种信息手段，了解有关教师的自然条件、专业专长、授课特点、培训效果，甄选培训教师。建议对聘请的教师建立师资档案，便于日后建立长期稳定的合作关系。

5. 培训形式

根据不同培训对象和培训内容，选择适当的培训形式。

6. 培训考核方式

考核是评价培训效果的重要环节，依据考核结果，可以评定员工接受培训认知的程度和采用的教育与培训方式的适宜程度，也是改进安全培训效果的重要输入信息。

考核的形式一般有以下几种：

（1）书面形式开卷。适宜普及性培训的考核，如针对一般性操作工人的安全教育培训。

（2）书面形式闭卷。适宜专业性较强的培训，如管理人员和特殊工种人员的年度考核。

（3）计算机联考。将试卷用计算机程序编制好，并放在企业局域网上，公司管理人员或特殊工种人员可以通过在本地网或通过远程登录的方式在计算机上答题，这种模式一般适用于公司管理人员和特殊工种人员。

（4）现场操作。适宜专业性较强的工种现场技能考核，然后参照相关标准对操作的结果进行考核。

7. 培训效果的评估方式

培训效果的评估是目前多数培训单位开展培训工作的薄弱环节。不重视培训效果的评估，使培训工作的开展"原地踏步"，停滞不前，管理水平与培训经验得不到真正意义上的提高。

开展安全培训效果的评估的目的在于为改进安全教育与培训的诸多环节提供依据，评估的内容主要从间接培训效果、直接培训效果和现场培训效果三个方面来进行。

（1）间接培训效果。主要是在培训完后通过问卷的方式对培训采取的方式、培训的内容、培训的技巧方面进行评价。

（2）直接培训效果。评价依据主要为考核结果，以参加培训的人员的考核分数来确定安全教育与培训的效果。

（3）现场培训效果。主要是在生产过程中出现的违章情况和发生的安全事故的频数来确定。

七、安全教育档案管理

培训档案的管理是安全教育与培训的重要环节，通过建立培训档案，在整体上对培训的人员的安全素质作必要的跟踪和综合评估。培训档案可以使用计算机程序进行管理，并通过该程序完成以下功能：个人培训档案录入、个人培训档案查询、个人安全素质评价、企业安全教育与培训综合评价。经常监督检查，认真查处未经培训就上岗操作和特种作业人员无证操作的责任单位和责任人员。

1. 建立《职工安全教育卡》

职工的安全教育档案管理应由企业安全管理部门统一规范，为每位在职员工建立《职工安全教育卡》。

2. 教育卡的管理

（1）分级管理。

《职工安全教育卡》由职工所属的安全管理部门负责保存和管理。班组人员的《职工安全教育卡》由所属项目负责保存和管理；企业总部（公司）人员的《职工安全教育卡》由企业安全管理部门负责保存和管理。

（2）跟踪管理。

《职工安全教育卡》实行跟踪管理，职工调动单位或变换工种时，交由职工本人带到新单位，由新单位的安全管理人员保存和管理。

（3）职工日常安全教育。

职工的日常安全教育由公司安全管理部门负责组织实施，日常安全教育结束后，安全管理部门负责在职工的《职工安全教育卡》中作出相应的记录。

3. 新入厂职工安全教育规定

新入厂职工必须按规定经公司、项目部、班组三级安全教育，分别由公司安全部门、项目部安全部门、班组安全员在《职工安全教育卡》中作出相应的记录，并签名。

4. 考核规定

（1）公司安全管理部门每月对《职工安全教育卡》抽查一次。

（2）对丢失《职工安全教育卡》的部门进行相应考核。

（3）对未按规定对本部门职工进行安全教育的进行相应考核。

（4）对未按规定对本部门职工的安全教育情况进行登记的部门进行相应考核。

要经常监督检查，认真查处未经培训就上岗操作和特种作业人员无证操作的责任单位和责任人员。

第五节　安全生产资料管理

施工现场安全资料是建设工程各参建单位在工程建设工程中形成的有关施工安全的各种形式的信息记录。

施工现场安全资料的记录是否正确、及时，直接体现了企业对工程项目的安全管理能力，它是施工现场实行全过程安全管理的主要痕迹。既是施工现场安全文明施工和优化管理的体现和鉴证记录，也是政府管理部门、行业监督部门与施工企业自我检查工作的主要内容。因此，安全生产组织和专职安全管理人员必须从工程开始就建立安全生产资料档案，在施工的全过程随工程进度同步收集、整理、归档有关的安全生产资料，直到工程竣工验收结算为止。

安全生产资料档案是安全管理基础工作之一，是检查考核落实安全责任制及各项规章制度的资料依据，也是现代化安全管理的基础。同时，它为安全管理工作提供分析、研究资料，从而能够掌握安全动态，以便对每个时期的安全工作进行目标管理，达到预测、预报、预防事故的目的，是系统反映企业现代管理水平的一项重要的技术基础工作。

施工现场安全资料由专职安全员和资料员负责收集、整理、装订和保管。同时要求施工现场的技术、施工、材料、机电、人事、保卫等有关人员必须按时为安全员提供相关资料。在具体操作中，要求所有资料表格清晰、字迹整齐、填写完整、内容真实、语言简练、针对性强、数据准确、前后吻合、签字盖章、手续齐全。档案整理应按照规定分类、编号，按顺序装订归档，做到与工程同步，格式统一、顺序一致、整齐美观、目录清晰。

为了厘清责任，便于追溯倒查，施工工程竣工后，安全资料应按分项装订成册并妥善保管至规定年限。至少应一年。

一、基本内容

1. 施工许可、企业和人员资质

（1）公司企业法人营业执照（复印件）。

（2）施工企业资质等级证书（复印件）。

（3）建设工程规划许可证（复印件）。

（4）建筑工程施工许可证（复印件）。

（5）施工企业安全生产许可证及年审记录（复印件）。

（6）现场建筑消防安全证。

（7）施工平面图。

（8）项目经理执业资格证书（复印件）、安全生产考核合格证书（复印件）及年度继续教育记录（复印件）。

（9）专职安全员安全生产考核合格证书（复印件）及年度继续教育记录（复印件）。

2. 安全组织与安全生产责任制及管理制度

（1）项目安全生产委员会名单。

（2）公司安全生产责任制。

（3）各级各部门安全生产责任制。

（4）项目施工现场安全生产管理制度。

（5）项目施工现场治安保卫工作制度。

（6）项目领导安全值班职责。

（7）项目领导安全值班记录。

（8）项目领导安全值班表。

3. 安全目标管理

（1）安全生产工作计划。

（2）安全管理目标分解示意图。

（3）项目部年度安全生产文明施工达标规划。

（4）各级安全生产文明施工责任书。

（5）安全生产目标管理责任书。

（6）生产班组长目标管理责任书。

（7）安全责任目标考核记录表。

（8）管理人员责任制考核表。

4. 施工组织设计、方案及审批和验收

（1）施工组织设计（方案、技术措施）目录表。

（2）总安全施工组织设计。

（3）施工组织设计审批会签表。

（4）各种防护设施和特殊、高大、异型脚手架的施工方案。

（5）各种防护设施和高大异型脚手架的审批、验收表。

（6）冬期、雨期施工方案。

（7）安全施工技术措施。

（8）安全事故救援应急预案。

5．安全技术交底

（1）安全技术交底目录表。

（2）安全技术交底规定。

（3）总包对分包的安全技术交底。

（4）分部工程安全技术交底。

（5）分项工程安全技术交底。

（6）临时用电安全技术交底。

（7）施工机具安全技术交底。

（8）垂直运输机械安全技术交底。

（9）脚手架工程安全技术交底。

（10）钢结构安全技术交底。

（11）电气安装安全技术交底。

6．安全操作规程

（1）各工种安全操作规程。

（2）各种机械设备、主要机具安全操作规程。

7．安全检查

（1）公司安全检查制度。

（2）安全检查评分表。

（3）项目部定期安全检查记录。

（4）安全隐患整改通知书及复查意见。

（5）事故隐患整改情况回执报告书。

（6）处罚通知书。

（7）违章违纪人员教育记录表。

（8）施工现场安全管理检查表。

（9）工地安全日检表。

8．安全教育

（1）安全教育培训制度。

（2）职工安全教育花名册。

（3）三级安全教育登记表。

（4）安全教育记录。

（5）变换工种工人安全教育记录。

（6）特种作业人员安全教育记录。

（7）施工管理人员安全培训登记表。

（8）安全教育测试试卷。

（9）安全教育资料。

9. 班前安全活动

（1）班前安全活动制度安全例会制度。

（2）班前安全活动记录。

（3）专职安全工作日志。

10. 现场管理人员及特种作业人员管理

（1）特种作业人员管理办法。

（2）现场管理人员名单。

（3）现场管理人员证件。

（4）特种作业人员登记表。

（5）特种作业人员操作证（复印件）。

（6）特种作业人员岗前培训记录表。

11. 工伤事故处理

（1）工伤事故调查和处理制度。

（2）工伤事故记录。

（3）工伤事故快报表。

（4）企业职工伤亡事故月（年）报表。

（5）企业职工死亡事故月（年）报表。

（6）职工意外伤害保险。

（7）其他有关资料。

12. 施工现场安全管理与安全标志

（1）施工现场安全生产管理制度。

（2）施工现场安全检查评分现场管理部分。

（3）施工现场安全标志牌登记。

（4）施工现场安全标志平面布置图。

13. 各类设备、设施验收检测

（1）现场施工机械设备登记表。

（2）现场安全防护用具登记表。

（3）机械设备安装验收表。

（4）机电测试记录表。

（5）防护设施验收表。

（6）模板工程验收表。

14. 遵章守纪

（1）安全生产奖罚办法。

（2）安全生产奖罚登记表。

（3）施工现场违章教育记录表。

（4）安全生产奖罚通知单。

15. 三级动火申请记录

施工现场三级动火申请审批表。

16. 临时用电资料

（1）电工安全操作规程。

（2）电工操作证复印件。

（3）临时用电方案。

（4）临时用电安全书面交底。

（5）临时用电检查验收表，施工现场临时用电检查评分表。

（6）电气绝缘电阻测试记录。

（7）接地电阻测定记录表。

（8）电工维修、交接班工作记录。

（9）配电箱及箱内电器、器件检验记录表。

17. 机械安全管理

（1）中小型机械使用的管理程序。

（2）各种中小型机械安装验收表。

（3）大型机械（塔吊）验收表。

（4）各种机械检查评分表。

（5）各种机械操作人员登记表及操作证复印件。

（6）施工现场机械平面布置图。

18. 外施队劳务管理

（1）外施队施工企业安全资格审查认可证。

（2）外施队企业法人营业执照。

（3）外施队负责人职责。

（4）外施队负责人安全生产责任状。

（5）公司与外施队劳务合作合同。

（6）外施队身份证、就业证、暂住证。

（7）外施队职工登记花名册。

（8）施工现场外施队管理制度。

二、常用表格

1. 职工安全生产教育记录卡

职工安全生产教育记录卡样式见图 2-11。各种记录表见表 2-11～表 2-13。

安全考核成绩记录   表 2-11

年度教育考核记录			转场、换岗教育考核记录		
日期	考核成绩	补考成绩	日期	考核成绩	补考成绩

教育日期		三级安全教育内容	教育者	受教育者
公司教育	年月日	1.企业情况，本行业生产特点及安全生产的意义。 2.党和政府的安全生产方针，企业安全生产、劳动保护方面规章制度。 3.企业内外典型事故教训。 4.事故急救防护知识		
项目部教育	年月日	1.本工程概况，生产特点。 2.本工程生产中的主要危险因素，安全消防方面注意事项。 3.具体讲解本单位有关安全生产的规章制度和当地政府的有关规定。 4.历年来本单位发生的重大事故和事故教训及防范措施		
班组教育	年月日	1.根据岗位工作进行安全操作规程和正确使用劳动保护用品的教育。 2.现场讲解岗位施工，机械工具结构性能，操作要领。 3.可能出现的不正常情况的判断和处理发生事故的应急处理方法。 4.本岗位曾发生事故的教育和分析，本工地的安全生产制度教育		

照片

工程名称：＿＿＿＿＿

姓　名：＿＿＿＿＿

出生年月：＿＿＿＿＿

文化程度：＿＿＿＿＿

班组工种：＿＿＿＿＿

图 2-11　职工安全生产教育记录卡

安全生产奖罚记录　　　　　　　　　　　　　　　　　　　　　　表 2-12

日期	主要是由	奖惩内容	证人	日期	主要是由	奖惩内容	证人

事故及事故隐患记录　　　　　　　　　　　　　　　　　　　　　　表 2-13

日期	事故类别	事故主要原因	伤害部位	证人	日期	事故类别	事故主要原因	伤害部位	证人

2. 施工现场安全生产检查评分表

见《建筑施工安全检查标准》中的各种检查评分表（略）。

3. 安全生产责任检查

（1）安全生产责任制执行情况检查。

安全生产责任制执行情况检查表见表 2-14。

安全生产责任制执行情况检查表　　　　　表 2-14

单位		受检人		职备	
检查项目 （条款）					
执行情况 及存在问题					
检查者签字			受检者签字		

年　月　日

（2）安全、场容检查。

安全、场容检查表见表 2-15。

安全、场容隐患通知单反馈表　　　　　表 2-15

工地名称		项目经理		所在工程处	
通知单编号		签发日期		限改完日期	
反馈日期		隐患和问题件数		已解决定件数	
未解决件数		是否向主管领导请示汇报			
未解决的具体 问题是什么					
什么原因					
采取什么措施					
备注			项目经理 年　月　日		

（3）现场安全防护检查。

现场安全防护检查表见表 2-16。

_____项目部　　　　　　　　　　　　　　　　　　　年　月　日

参加检查人员：	
存在问题（隐患）：	
整改措施	
	落实人：
复查结论	
	复查人：

记录：_____

第六节 安 全 色 标

安全色标是特定的表达安全信息含义的颜色和标志。它以形象而醒目的信息语言向人们提供表达禁止、警告、指令、提示等安全信息。

安全色与安全标志是以防止灾害为指导思想而逐渐形成的。对于它的研究，大约始于第二次世界大战期间，盟国的部队来自语言和文字各不相通的国家，因此，对于那些在军事上和交通上必须注意的安全要求或指示，如"这里有危险"、"禁止入内"、"当心车辆"等无法用文字或标语来表达，这就出现了安全色标的最初概念。1942 年，美国有名的颜料公司的菲巴比林氏统一制定了一种安全色的规则，虽未被美国国家标准协会（ASA）所采用，但广泛地为海军、杜邦公司和其他单位所应用。随着工业、交通业的发展，特别是第二次世界大战之后，一些工业发达的国家相继公布了本国的"安全色"和"安全标志"的国家标准。国际标准化组织（ISO）也在 1952 年设立了安全色标技术委员会（TC80），专门研究安全色与安全标志，力图使安全色与安全标志在国际上统一。这个组织在 1964 年和 1967 年先后公布了《安全色标准》（ISO R408—64）和《安全标志的符号、尺寸和图形标准》（ISO R577—67）。以后又经过多次会议，讨论修改了所公布的两个标准，1978 年海牙会议上通过了修改稿，就是现在国际标准草案 3864·3 文件。

国际上安全色标保持一致是十分必要的。这样做可使各国人们具有共同的信息语言，以便在交往中注意安全，也能给对外贸易工作带来方便。

自从 ISO 公布了安全色标的国际标准草案之后，许多国家纷纷修改了本国的安全色标标准，以力求与国际标准统一。现在越来越多的国家采纳了国际标准草案中的三个基本内容，即：(1) 都用红、蓝、黄、绿作为安全色；(2) 基本上采用了国际标准草案规定的四种基本安全标志图形；(3) 采纳了国际标准草案中制定的 19 个安全标志中的大部分。总之，各国的安全色标与国际标准正逐步取得一致。

我国也在 1982 年颁布了国家标准《安全色》(GB 2893) 和《安全标志》(GB 2894)，而后又陆续颁布了国家标准《安全色卡》(GB 6527·1—86)、《安全色使用导则》(GB 6527·2—86) 以及《安全标志使用导则》(GB 16179—1996)。中国规定的安全色的颜色及其含义与国际标准草案中所规定的基本一致，安全标志的图形种类及其含义与国际标准草案中所规定的也基本一致。现行的国家标准《安全色》(GB 2893—2008) 合并了《安全色使用导则》，《安全标志及其使用导则》(GB 2894—2008) 合并了《激光安全标志》。现把安全色与安全标志分述如下。

1. 安全色

各种颜色具有各自的特性，它给人们的视觉和心理以刺激，从而给人以不同的感受，如冷暖、进退、轻重、宁静与刺激、活泼与忧郁等各种心理效应。

安全色就是根据颜色给予人们不同的感受而确定的。由于安全色是表达"禁止"、"警告"、"指令"和"提示"等安全信息含义的颜色，所以要求容易辨认和引人注目。

(1) 含义及用途

国家标准《安全色》(GB 2893—2008) 中规定了安全色是传递安全信息含义的颜色，包括红、蓝、黄、绿四种颜色。其含义和用途见表 2-17。

安全色的含义及用途　　　　　　　　　　　　　　　　　　表 2-17

颜　色	含　义	用　途　举　例
红色	禁止、停止 危险、消防	禁止标志；交通禁令标志；消防设备标志；危险信号旗 停止信号：机器、车辆上的紧急停止手柄或按钮，以及禁止人们触动的部位
蓝色	指令 必须遵守的规定	指令标志：如必须佩带个人防护用具，道路指引车辆和行人行走方向的指令
黄色	警告 注意	警告标志；警告信号旗；道路交通标志和标线 警戒标志：如厂内危险机器和坑池边周围的警戒线 机械上齿轮箱的内部 安全帽
绿色	提示安全	提示标志 车间内的安全通道 行人和车辆通行标志 消防设备和其他安全防护装置的位置

注：1. 蓝色只有与几何图形同时使用时，才表示指令。

2. 为了不与道路两旁绿色行道树相混淆，道路上的提示标志用蓝色。

这四种颜色有如下的特性：

1) 红色　红色很醒目，使人们在心理上会产生兴奋感和刺激性。红色光波较长，不易被尘雾所散射，在较远的地方也容易辨认，即红色的注目性非常高，视认性也很好，所以用其表示危险、禁止和紧急停止的信号。

2）蓝色　蓝色的注目性和视认性虽然都不太好，但与白色相配合使用效果不错，特别是在太阳光直射的情况下较明显。因而被选用为指令标志的颜色。

3）黄色　黄色对人眼能产生比红色更高的明度，黄色与黑色组成的条纹是视认性最高的色彩，特别能引起人们的注意，所以被选用为警告色。

4）绿色　绿色的视认性和注目性虽然都不高，但绿色是新鲜、年轻、青春的象征，具有和平、久远、生长、安全等心理效应，所以用绿色提示安全信息。

（2）对比色规定

为使安全色更加醒目，使用对比色为其反衬色。对比色为黑白两种颜色。对于安全色来说，什么颜色的对比色用白色，什么颜色的对比色用黑色，决定于该色的明度。两色明度差别越大越好。所以黑白互为对比色；红、蓝、绿色的对比色定为白色；黄色的对比色定为黑色。

在运用对比色时，黑色用于安全标志的文字、图形符号和警告标志的几何边框。白色既可以用于红、蓝、绿的背景色，也可以用作安全标志的文字和图形符号。

（3）间隔条纹标志

用安全色和其对比色制成的间隔条纹标志，能显得更加清晰醒目。间隔的条纹标志有红色与白色相间隔的，黄色与黑色相间隔的，以及蓝色与白色相间隔的条纹。安全色与对比色相间的条纹宽度应相等，即各占 50%。这些间隔条纹标志的含义和用途见表 2-18。

间隔条纹标志的含义与用途 表 2-18

间隔条纹	含　义	用　途　举　例
红、白色相间	表示禁止或提示消防设备、设施位置的安全标记	道路上用的防护栏杆和隔离墩
黄、黑色相间	表示危险位置的安全标记	轮胎式起重机的外伸腿 吊车吊钩的滑轮架 铁路和通道交叉口上的防护栏杆
蓝、白色相间	表示指令的安全标记，传递必须遵守规定的信息	交通指示性导向标志
绿、白色相间	表示安全环境的安全标记	固定提示标志杆上的色带

（4）使用范围

安全色的使用范围和作用，按照《安全色》（GB 2893—2008）的规定，适用于公共场所、生产经营单位和交通运输、建筑、仓储等行业以及消防等领域所使用的信号和标志的表面色。

（5）注意事项

为了使人们对周围存在的不安全因素环境、设备引起注意，需要涂以醒目的安全色，以提高人们对不安全因素的警惕是十分必要的。另外，统一使用安全色，能使人们在紧急情况下，借助于所熟悉的安全色含义，尽快识别危险部位，及时采取措施，提高自控能力，有助于防止事故的发生。但必须注意，安全色本身与安全标志一样，不能消除任何危险，也不能代替防范事故的其他措施。

1) 安全色和对比色的颜色范围。在使用安全色时，一定要严格执行《安全色》（GB 2893—2008）中规定的安全色和对比色的颜色范围和亮度因数。因为只有合乎要求，才能便于人们能准确而迅速的辨认。在使用安全色的场所，照明光源应接近于天然昼光，其照度应不低于《工业企业照明设计标准》（GB 500348）的规定。

2) 安全色涂料。必须符合《安全色卡》（GB 6527·1）所规定的颜色。安全色卡具有最佳的颜色辨认率，即使在傍晚或普通的人造光源下也比较容易识别，所以能更好地提高人们对不安全因素的警惕。

3) 凡涂有安全色的部位，每半年应检查一次，应经常保持整洁、明亮，如有变色、褪色等不符合安全色范围，逆反射系数低于 70% 或安全色的使用环境改变时，应及时重涂或更换，以保证安全色正确、醒目，达到安全警示的目的。

2. 安全标志

安全标志是用以表达特定安全信息的标志，由图形符号、安全色、几何形状（边框）或文字构成。

制定安全标志的目的是引起人们对不安全因素的注意，预防事故的发生。因此要求安全标志含义简明，清晰易辨，引人注目。安全标志应尽量避免过多的文字说明，甚至不用文字说明，也能使人们一看就知道它所表达的信息含义。安全标志不能代替安全操作规程和保护措施。

根据国家有关标准，安全标志应由安全色、几何图形和图形符号构成。必要时，还需要补充一些文字说明与安全标志一起使用。

国家标准《安全标志及其使用导则》（GB 2894—2008）对安全标志的尺寸、衬底色、制作、设置位置、检查、维修以及各类安全标志的几何图形、标志数目、图形颜色及其辅助标志等都作了具体规定。安全标志的文字说明必须与安全标志同时使用。辅助标志应位于安全标志几何图形的下方，文字有横写、竖写两种形式。

（1）标志类型

1) 根据使用目的分类。安全标志根据其使用目的的不同，可以分为以下 9 种：

①防火标志（有发生火灾危险的场所，有易燃易爆危险的物质及位置，防火、灭火设备位置）。

②禁止标志（所禁止的危险行动）。

③危险标志（有直接危险性的物体和场所并对危险状态作警告）。

④注意标志（由于不安全行为或不注意就有危险的场所）。

⑤救护标志。

⑥小心标志。

⑦放射性标志。

⑧方向标志。

⑨指示标志。

2) 按用途分类。安全标志按其用途可分为禁止标志、警告标志、指令标志和提示标志四大类型。这四类标志用四个不同的几何图形来表示。

①禁止标志：禁止标志的含义是禁止人们不安全行为的图形标志。

禁止标志的基本形式是带斜杠的圆边框，如图 2-11 所示，外径 $d_1 = 0.025L$，内径 d_2

$=0.800d_1$，斜杠宽 $c=0.080d_1$，斜杠与水平线的夹角 $\alpha=45°$，L 为观察距离。带斜杠的圆环的几何图形，图形背景为白色，圆环和斜杠为红色，图形符号为黑色。

人们习惯用符号"×"表示禁止或不允许。但是，如果在圆环内画上"×"会使图像不清晰，影响视认效果。因此改用"\"即"×"的一半来表示"禁止"。这样做也与国际标准化组织的规定是一致的。

禁止标志有禁止吸烟、禁止烟火、禁止带火种、禁止用水灭火、禁止放置易燃物、禁止堆放、禁止启动、禁止合闸、禁止转动、禁止叉车和厂内机动车辆通过、禁止乘人、禁止靠近、禁止入内、禁止推动、禁止停留、禁止通行、禁止跨越、禁止攀登、禁止跳下、禁止伸出窗外、禁止依靠、禁止坐卧、禁止蹬踏、禁止触摸、禁止伸入、禁止饮用、禁止抛物、禁止戴手套、禁止穿化纤服装、禁止穿带钉鞋、禁止开启无线移动通信设备、禁止携带金属物或手表、禁止佩戴心脏起搏器者靠近、禁止植入金属材料者靠近、禁止游泳、禁止滑冰、禁止携带武器及仿真武器、禁止携带托运易燃及易爆物品、禁止携带托运有毒物品和有害液体、禁止携带托运放射性及磁性物品共 40 个。

②警告标志：警告标志的含义是提醒人们对周围环境引起注意，以避免可能发生危险的图形标志。

警告标志的基本形式是正三角形边框，如图 2-12 所示，外边 $a_1=0.034L$，内边 $a_2=0.700a_1$，边框外角圆弧半径 $r=0080a_2$，L 为观察距离。三角形几何图形，图形背景是黄色，三角形边框及图形符号均为黑色。

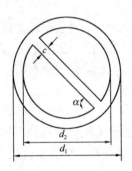

图 2-11 禁止标志的基本形式

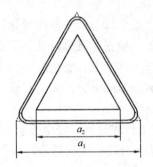

图 2-12 警告标志的基本形式

三角形引人注目，即使光线不佳时也比圆形清楚。国际标准草案 3864·3 文件中也把三角形作为"警告标志"的几何图形。

警告标志有：注意安全、当心火灾、当心爆炸、当心腐蚀、当心中毒、当心感染、当心触电、当心电缆、当心自动启动、当心机械伤人、当心塌方、当心冒顶、当心坑洞、当心落物、当心吊物、当心碰头、当心挤压、当心烫伤、当心伤手、当心夹手、当心扎脚、当心有犬、当心弧光、当心高温表面、当心低温、当心磁场、当心电离辐射、当心裂变物质、当心激光、当心微波、当心叉车、当心车辆、当心火车、当心坠落、当心障碍物、当心跌落、当心滑倒、当心落水、当心缝隙共 39 个。

③指令标志：指令标志的含义是强制人们必须做出某种动作或采用防范措施的图形标志。

指令标志是提醒人们必须要遵守某项规定的一种标志。基本形式是圆形边框，如图

2-13 所示，直径 $d=0.025L$，L 为观察距离。圆形几何图形，背景为蓝色，图形符号为白色。

标有"指令标志"的地方，就是要求人们到达这个地方，必须遵守"指令标志"的规定。例如进入施工工地，工地附近有"必须戴安全帽"的指令标志，则必须将安全帽戴上，否则就是违反了施工工地的安全规定。

指令标志有：必须戴防护眼镜、必须戴遮光护目镜、必须戴防尘口罩、必须戴防毒面具、必须戴护耳器、必须戴安全帽、必须戴防护帽、必须系安全带、必须穿救生衣、必须穿防护服、必须戴防护手套、必须穿防护鞋、必须洗手、必须加锁、必须接地、必须拔出插头共 16 个。

④提示标志：提示标志的含义是向人们提供某种信息（如标明安全设施或场所等）的图形标志。

提示标志是指示目标方向的安全标志。基本形式是正方形边框，如图 2-14 所示，边长 $a=0.025L$，L 为观察距离。长方形几何图形，图形背景为绿色，图形符号及文字为白色。

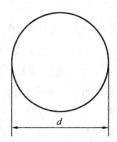

图 2-13　指令标志的基本形式　　　图 2-14　提示标志的基本形式

长方形给人以安定感，另外提示标志也需要有足够的地方书写文字和画出箭头，以提示必要的信息，所以用长方形是适宜的。

提示标志有紧急出口、避险处、应急避难场所、可动火区、击碎板面、急救点、应急电话和紧急医疗站共 8 个。

提示标志提示目标的位置时要加方向辅助标志。按实际需要指示左向或下向时，辅助标志应放在图形标志的左方，如指示右向时，则应放在图形标志的右方。

（2）辅助标志

有时候，为了对某一种标志加以强调而增设辅助标志。提示标志的辅助标志为方向辅助标志，其余三种采用文字辅助标志。

文字辅助标志就是在安全标志的下方标有文字补充说明安全标志的含义。基本形式是矩形边框，辅助标志的文字可以横写，也可以竖写。文字字体均为黑体字。一般来说，挂牌的辅助标志用横写，用杆竖立在特定地方的辅助标志，文字竖写在标志的立杆上。

各种辅助标志的背景颜色、文字颜色、字体，辅助标志放置的部位、形状与尺寸的规定见表 2-19。

辅助标志写法	横　　写	竖　　写
背景颜色	禁止标志—红色 警告标志—白色 指令标志—蓝色 提示标志—绿色	白色
文字颜色	禁止标志—白色 警告标志—黑色 指令标志—白色 提示标志—白色	黑色
字体	黑体字	黑体字
放置部位	在标志的下方，可以和标志连 在一起，也可以分开	在标志杆的上方（标志杆下部色带 的颜色应和标志的颜色相一致）
形状	矩形	矩形
尺寸	长 500mm	

文字辅助标志横写和竖写的示例见图 2-15 和图 2-16。

图 2-15　横写的文字辅助标志

安全标志在使用场所和视距上必须保证人们可以清楚地识别。为此，安全标志应当设置在它所指示的目标物附近，使人们一眼就能识别出它所提供的信息是属于哪一种象物。另外，安全标志应有充分的照明，为了保证能在黑暗地点或电源切断时也能看清标志，有些标志应带有应急照明电池或荧光。

安全标志所用的颜色应符合《安全色》（GB 2893—2008）规定的颜色。

（3）激光辐射窗口标志和说明标志

激光辐射窗口标志和说明标志应配合"当心激光"警告标志使用，说明标志包括激光产品辐射分类说明标志和激光辐射场所安全说明标志，激光辐射窗口标志和说明标志的图形、尺寸和使用方法符合规范规定。

（4）安全标志使用范围

安全标志的使用范围，按照《安全标志》（GB 2894—1996）规定，适用于工矿企业、建筑工地、厂内运输和其他有必要提醒人们注意安全的场所。

（5）安全标志牌

1）安全标志牌的要求。安全标志牌要有衬边。除警告标志边框用黄色勾边外，其余全部用白色将边框勾一窄边，即为安全标志的衬边，衬边宽度为标志边长或直径的 0.025 倍。

安全标志牌应采用坚固耐用的材料制作，一般不宜使用遇水变形、变质或易燃的材料。有触电危险的作业场所应使用绝缘材料。标志牌图形应清楚，无毛刺、孔洞和影响使

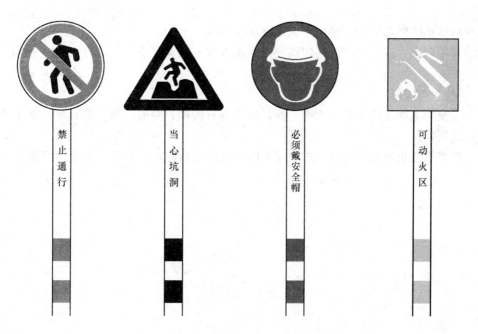

图 2-16　竖写在标志杆上部的文字辅助标志

用的任何疵病。

2）标志牌的型号选用：

①工地、工厂等的入口处设 6 型或 7 型。

②车间入口处、厂区内和工地内设 5 型或 6 型。

③车间内设 4 型或 5 型。

④局部信息标志牌设 1 型、2 型或 3 型。

无论厂区或车间内，所设标志牌其观察距离不能覆盖全厂或全车间面积时，应多设几个标志牌。

3）标志牌的设置高度。标志牌设置的高度，应尽量与人眼的视线高度相一致。悬挂式和柱式的环境信息标志牌的下缘距地面的高度不宜小于 2m；局部信息标志的设置高度应视具体情况确定。

4）安全标志牌的使用要求：

①标志牌应设在与安全有关的醒目地方，并使大家看见后，有足够的时间来注意它所表示的内容。环境信息标志宜设在有关场所的入口处和醒目处；局部信息标志应设在所涉及的相应危险地点或设备（部件）附近的醒目处。

②标志牌不应设在门、窗、架等可移动的物体上，以免标志牌随母体物体相应移动，影响认读。标志牌前不得放置妨碍认读的障碍物。

③标志牌的平面与视线夹角应接近 90°，观察者位于最大观察距离时，最小夹角不低于 75°。

④标志牌应设置在明亮的环境中。

⑤多个标志牌在一起设置时，应按警告、禁止、指令、提示类型的顺序，先左后右、先上后下地排列。

⑥标志牌的固定方式分附着式、悬挂式和柱式三种。悬挂式和附着式的固定应稳固，

不倾斜，柱式的标志牌和支架应牢固地连接在一起。

⑦其他要求，应符合《公共信息导向系统设置原则与要求》(GB/T 15566—2007)的规定。

5）检查与维修。

①安全标志牌至少每半年检查一次，如发现有破损、变形、褪色等不符合要求时应及时修整或更换。

②在修整或更换激光安全标志时应有临时的标志替换，以避免发生意外的伤害。

第三章　劳动保护与事故防范处理

第一节　职 业 卫 生

职业卫生是劳动保护工作的重要内容之一。职业卫生从卫生学观点出发，研究的是劳动者从事各种职业活动中的卫生问题，它以劳动者的健康免受有害因素侵害为目的，重点研究各行各业的职业卫生特点，研究劳动条件及其对劳动者身心健康的影响，从而提出预防疲劳过早出现、诊断并治疗职业病的措施，避免和消除职业危害的影响。

只有创造合理的劳动工作条件，才能使所有从事劳动的人员在体格、精神、社会适应等方面都保持健康。只有防止职业病和与职业有关的疾病，才能降低病伤缺勤，提高劳动生产率。因此，职业卫生实际上是指对各种工作中的职业病危害因素所致损害或疾病的预防，属预防医学的范畴。

党和政府一贯重视劳动保护（包括职业卫生）工作，新中国成立后发布了一系列的法律、法规、规章和条例，把关心和保护劳动者的安全与健康定为我国的一项基本政策。经过几十年的实践，切实保护了劳动者的身心健康。

一、职业性有害因素与职业病

不同的劳动条件存在各种职业性有害因素，他们对健康的不良影响，可导致职业性病损。

1. 职业性有害因素

职业性有害因素是指职业活动范围内与生产有关的劳动条件，包括生产过程、劳动过程和生产环境中存在或产生的可能直接危害劳动者健康和劳动能力的各种职业因素。

按照来源，职业性有害因素可以分为生产工艺过程中产生的有害因素、劳动过程中的有害因素和生产环境中的有害因素三类。

按照有害因素性质可以分为五类：化学性有害因素、物理性有害因素、生物性有害因素、工效学因素和社会心理因素。

一般情况下，职业危害因素常以五种状态存在：粉尘、烟尘、雾、蒸汽和气体。

（1）生产工艺过程中产生的有害因素

主要来源于原料、中间产物、产品、机器设备的工业毒物、粉尘、噪声、振动、高温、电离辐射及非电离辐射、污染性因素等职业性危害因素，均与生产过程有关。

1）化学性有害因素：

① 生产性毒物，如铅、汞、苯、镉、砷等金属及类金属及其化合物；氯、一氧化碳、硫化氢、二氧化硫等刺激性与窒息性气体；汽油、三氯乙烯、四氯化碳等有机溶剂；农药和丙烯腈等一些高分子化合物。

②生产性粉尘，如矽尘、石棉尘、煤尘、铁尘、铝尘、水泥尘、玻璃纤维尘等无机

尘；皮毛尘、谷物尘、烟草尘、棉尘、合成纤维尘等有机粉尘。

2）物理性有害因素：

①异常气候条件，如高温、高湿、寒冷、阴暗等不良生产环境。

②异常气压，如高气压（潜水或潜涵作业）、低气压、低氧环境等。

③电离辐射，如α、β、γ和X射线、中子流等。

④电磁辐射，如红外线、紫外线、激光、微波、高频电磁场等。

⑤噪声和振动。

3）生物性有害因素：

①病原微生物，如皮毛上的炭疽杆菌及森林脑炎病毒、布氏杆菌等。

②致病寄生虫。

（2）劳动过程中的有害因素

1）劳动组织和制度不合理，劳动作息制度不合理等。

2）心理性职业紧张。

3）劳动强度过大或生产定额不当，超过劳动者生理适应能力。

4）劳动时个别器官或系统过度紧张，如视力紧张等。

5）长时间处于不良体位或使用不合理的工具等。

（3）生产环境中的有害因素

1）自然环境中的因素，如炎热季节的太阳辐射。

2）生产场所建筑设施不符合卫生要求，如有毒与无毒工序共存，通风、照明设备安置不合理等。

3）不合理生产过程所引起的环境污染。

4）生产环境缺少必要的卫生安全防护设施，如防尘、防毒、防暑降温、防寒保暖等设施，或设施不完善。

5）安全防护或防护器具有缺陷。

2. 职业性病损

职业性有害因素在一定条件下对劳动者的健康和劳动能力产生不同程度的损害，称为职业性病损。职业性有害因素是引发职业性病损的病原性因素，但这些因素是否一定使接触者产生职业性病损，还取决于若干作用条件，如接触方式、接触机会、接触时间和接触强度。只有当有害因素、作用条件、接触者个体特征三者联在一起，符合一般疾病的致病模式，才能造成职业性病损。即会造成轻微的健康影响到严重的损害，甚至导致伤残或死亡。职业性病损包括职业病和工作有关疾病。

职业病，是指企业、事业单位和个体经济组织等用人单位的劳动者在职业活动中，因接触粉尘、放射性物质和其他有毒、有害因素而引起的疾病。即当职业性有害因素作用于人体的强度与时间超过一定限度时，造成的损害超出了机体的代偿能力，从而导致一系列的功能性或器质性的病理变化，出现相应的临床症状和体征，影响劳动能力的一类疾病。

职业病与生活中的常见病不同，一般认为应具备下列三个条件：

1）致病的职业性，疾病与其工作场所的生产性有害因素密切相关。

2）致病的程度性，接触有害因素的剂量，已足以导致疾病的发生。

3）发病的普遍性，在受同样生产性有害因素作用的人群中有一定的发病率，一般不会只出现个别病人。

工作有关疾病又称为职业性多发病，是由于生产过程、劳动过程和生产环境中某些不良因素，造成职业人群中某些常见病的发病率增高、潜伏的疾病发作或现患疾病的病情加重等，这些疾病统称为工作有关疾病。职业性有害因素仅是该病发生或发展的原因之一，但不是唯一的直接原因。例如，在潮湿的地下和坑道施工，工人易患消化性溃疡和风湿疾病。建筑工地的工人易患肌肉骨骼疾病（如腰酸背疼）等，这些都属于职业性多发病。还有一些职业危害较轻，仅产生某些体表的改变，如肿胀、皮肤色素增加等，这些改变尚在生理范围之内，称为职业特征，尚不能构成职业病。职业性多发病虽不属法定职业病，但不可忽视。

3. 职业病的范围

职业病具有一定的范围。医学上所指的职业病泛指职业性有害因素所引起的疾病，而在立法意义上，职业病指国家所规定的法定职业病。病人在治疗和休息期间，均应按劳动保险条例有关规定给予劳保待遇。有的国家对患职业病的工人给予经济上的补偿，故也称为需补偿的疾病。

《中华人民共和国职业病防治法》中所规定的职业病，必须具备四个条件：

（1）患病的主体是企业、事业单位或个体经济组织中的劳动者；

（2）必须是在从事职业活动的过程中产生的；

（3）必须是因接触粉尘、有毒、有害物质、放射性物质等职业性危害因素引起的；

（4）必须是国家公布的职业病分类和目录所列的职业病。

2002 年卫生部会同原劳动和社会保障部颁布的《职业病目录》中共有 10 大类 115 种法定职业病。

（1）尘肺：

矽肺、煤工尘肺、炭黑尘肺、石棉肺、滑石尘肺、水泥尘肺、云母尘肺、陶工尘肺、铝尘肺、电焊工尘肺、铸工尘肺和根据《尘肺病诊断标准》和《尘肺病理诊断标准》可以诊断的其他尘肺 13 种。

（2）职业性放射疾病：

外照射急性放射病、外照射亚急性放射病、外照射慢性放射病、内照射放射病、放射性皮肤疾病、放射性肿瘤、放射性骨损伤、放射性甲状腺疾病、放射性性腺疾病、放射复合伤和根据《职业性放射性疾病诊断标准（总则)》可以诊断的其他放射性损伤 11 种。

（3）职业中毒：

铅及其化合物中毒（不包括四乙基铅）、汞及其化合物中毒、锰及其化合物中毒、镉及其化合物中毒、铍病、铊及其化合物中毒、钡及其化合物中毒、钒及其化合物中毒、磷及其化合物中毒、砷及其化合物中毒、铀中毒、砷化氢中毒、氯气中毒、二氧化硫中毒、光气中毒、氨中毒、偏二甲基肼中毒、氮氧化合物中毒、一氧化碳中毒、二硫化碳中毒、硫化氢中毒、磷化氢、磷化锌、磷化铝中毒、工业性氟病、氰及腈类化合物中毒、四乙基铅中毒、有机锡中毒、羰基镍中毒、苯中毒、甲苯中毒、二甲苯中毒、正己烷中毒、汽油中毒、一甲胺中毒、有机氟聚合物单体及其热裂解物中毒、二氯乙烷中毒、四氯化碳中毒、氯乙烯中毒、三氯乙烯中毒、氯丙烯中毒、氯丁二烯中毒、苯的氨基及硝基化合物（不包括三硝基甲苯）中毒、三硝基甲苯中毒、甲醇中毒、酚中毒、五氯酚（钠）中毒、甲醛中毒、硫酸二甲酯中毒、丙烯酰胺中毒、二甲基甲酰胺中毒、有机磷农药中毒、氨基甲酸酯类农药中毒、杀虫脒中毒、溴甲烷中毒、拟除虫菊酯类农药中毒、根据《职业性中毒性肝病诊断标准》可以诊断的职业性中毒性肝病和、根据《职业性急性化学物中毒诊断标准（总则）》可以诊断的其他职业性急性中毒 56 种。

（4）物理因素所致职业病：

中暑、减压病、高原病、航空病和手臂振动病 5 种。

（5）生物因素所致职业病：

炭疽、森林脑炎和布式杆菌病 3 种。

（6）职业性皮肤病：

接触性皮炎、光敏性皮炎、黑变病、痤疮、溃疡、化学性皮肤灼伤和根据《职业性皮肤病诊断标准（总则）》可以诊断的其他职业性皮肤病 8 种。

（7）职业性眼病：

化学性眼部灼伤，电光性眼炎和职业性白内障（含放射性白内障、三硝基甲苯白内障）3 种。

（8）职业性耳鼻喉口腔疾病：

噪声聋、铬鼻病、牙酸蚀病 3 种。

（9）职业性肿瘤：

石棉所致肺癌、间皮瘤、联苯胺所致膀胱癌、苯所致白血病、氯甲醚所致肺癌、砷所致肺癌、皮肤癌、氯乙烯所致肝血管肉瘤、焦炉工人肺癌和铬酸盐制造业工人肺癌 8 种。

（10）其他职业病：

金属烟热、职业性哮喘、职业性变态反应性肺泡炎、棉尘病和煤矿井下工人滑囊炎 5 种。

二、建筑行业职业病

1. 建筑行业职业病的种类

建筑行业职业病的种类及产生危害的工作见表 3-1。

建筑行业职业病的种类 表 3-1

种类	序号	职业病名称	产生危害的工作
尘肺	1	矽肺	石工、风钻工、炮工、出碴工等
	2	石墨尘肺	铸造
	3	石棉肺	保温及石棉瓦拆除
	4	水泥尘肺	水泥库、装卸
	5	铝尘肺	铝制品加工
	6	电焊工尘肺	电焊、气焊
	7	铸工尘肺	浇铸工
职业中毒	1	铅及其化合物中毒	蓄电池、油漆、喷漆等
	2	锰及其化合物中毒	电焊
	3	二氧化硫中毒	酸洗、硫酸除锈、电镀

种类	序号	职业病名称	产生危害的工作
职业中毒	4	氨中毒	晒图
	5	氮氧化合物中毒	接触硝酸、放炮（TNT炸药）、锰烟
	6	一氧化碳中毒	煤气管道修理、冬季取暖
	7	二氧化碳中毒	接触煤烟
	8	硫化氢中毒	下水道作业工人
	9	四乙基铅中毒	含铅油库、驾驶、汽修
	10	苯中毒	油漆、喷漆、烤漆、浸漆
	11	甲苯中毒	油漆、喷漆、烤漆、浸漆
	12	二甲苯中毒	油漆、喷漆、烤漆、浸漆
	13	汽油中毒	驾驶、汽修、机修、油库工等
	14	氯乙烯中毒	粘接、塑料、制管、焊接、玻纤瓦、热补胎
	15	苯的氨基及硝基化合物（不包括三硝基甲苯）中毒	油漆、喷漆、烤漆、浸漆
	16	三硝基甲苯中毒	放炮、装炸药
物理因素所致职业病	1	中暑	露天作业、锅炉等
	2	减压病	潜涵作业，沉箱作业
	3	局部振动病	制管、振动棒、风铆、风钻、校平
职业性皮肤病	1	接触性皮炎	酸碱
	2	光敏性皮炎	沥青、煤焦油
	3	电光性皮炎	紫外线
	4	黑变病	沥青熬炒
	5	痤疮	沥青
	6	溃疡	铬、酸、碱
职业性眼病	1	化学性眼部烧伤	酸、碱、油漆
	2	电光性眼炎	紫外线、电焊
	3	职业性白内障（含放射性白内障）	激光
职业性耳鼻喉病	1	噪声聋	铆工、校平、气锤
	2	铬鼻病	电镀作业
职业性肿瘤	1	石棉所致肺癌、间皮癌	保暖工及石棉瓦拆除
	2	苯所致白血病	接触苯及其化合物油漆、喷漆
	3	铬酸盐制造业工人肺癌	电镀作业
其他职业病	1	化学灼伤	沥青、强酸、强碱、煤焦油
	2	金属烟热	锰烟、电焊镀锌管、熔铅锌
	3	职业性哮喘	接触易过敏之土漆、樟木、苯及其化合物
	4	职业性病态反应性肺泡炎	接触漆树等
	5	牙酸蚀病	强酸

2. 建筑行业受职业危害的主要工种

根据职业病的种类，建筑行业已列入的有关工种和尚未列入但确有职业病危害的工种相当广泛。主要工种见表 3-2。

建筑行业受职业危害的主要工种

表 3-2

序号	工种		主要职业病危害因素	可能引起的法定职业病	主要防护措施
1	土石方施工	凿岩石工	粉尘、噪声、高温、局部振动、电离辐射	尘肺、噪声聋、中暑、手臂振动病、放射性疾病	防尘口罩、护耳器、热辐射防护服、防振手套、放射防护
		爆破工	噪声、粉尘、高温、氮氧化物、一氧化碳、三硝基甲苯	噪声聋、尘肺、中暑、氮氧化物中毒、一氧化碳中毒、三硝甲苯中毒、三硝甲苯白内障	护耳器、防尘防毒口罩、热辐射防护服
		挖掘机、铲运机驾驶员	噪声、粉尘、高温、全身振动	噪声聋、尘肺、中暑	驾驶室密闭、设置空调、减振处理；护耳器、热辐射防护服
		打桩工	粉尘、噪声、高温	尘肺、噪声聋、中暑	防尘口罩、护耳器、热辐射防护服
2	砌筑	砌筑工	高温、高处作业	中暑	热辐射防护服
		石工	粉尘、高温	尘肺、中暑	防尘口罩、热辐射防护服
3	混凝土配制及制品加工	混凝土工	噪声、局部振动、高温	噪声聋、手臂振动病、中暑	护耳器、防振手套、热辐射防护服
		混凝土制品工	粉尘、噪声、高温	尘肺、噪声聋、中暑	防尘口罩、护耳器、热辐射防护服
		混凝土搅拌机械操作工	噪声、高温、粉尘、沥青烟	噪声聋、中暑、尘肺、接触性皮炎、痤疮	护耳器、热辐射防护服、防尘防毒口罩
4	钢筋工		噪声、金属粉尘、高温、高处作业	噪声聋、尘肺、中暑	护耳器、防尘口罩、热辐射防护服
5	架子工		高温、高处作业	中暑	热辐射防防服
6	工程防水	防水工	高温、沥青烟、煤焦油、甲苯、二甲苯、汽油等有机溶剂、石棉	甲苯中毒、二甲苯中毒、接触性皮炎、痤疮、中暑	防毒口罩、防护手套、防护工作服
		防渗墙工	噪声、高温、局部振动	噪声聋、中暑、手臂振动病	护耳器、热辐射防护服、防振手套
7	装饰装修	抹灰工	粉尘、高温、高处作业	尘肺、中暑	防尘口罩、热辐射防护服
		金属门窗工	噪声、金属粉尘、高温、高处作业	噪声聋、尘肺、中暑	护耳器、防尘口罩、热辐射防护服
		油漆工	有机溶剂、铅、汞、镉、铬、甲醛、甲苯二异氰酸酯、粉尘、高温	苯中毒、甲苯中毒、二甲苯中毒、铅及其化合物中毒、汞及其化合物中毒、镉及其化合物中毒、四醛中毒、苯致白血病、接触性皮炎、尘肺、中暑	通风、防毒防尘口罩、防护手套、防护工作服
		室内成套设施装饰工	噪声、高温	噪声聋、中暑	护耳器、热辐射防护服

序号	工种		主要职业病危害因素	可能引起的法定职业病	主要防护措施
8	筑路、养护、维修	沥青混凝土摊铺机操作工	噪声、高温、沥青烟、全身振动	噪声聋、中暑、接触性皮炎、痤疮	驾驶室密闭、设置空调、减振处理；护耳器、防毒口罩、防护手套、防护工作服
		水泥混凝土摊铺机操作工	噪声、高温、全身振动	噪声聋、中暑	驾驶室密闭、设置空调、减振处理；护耳器、热辐射防护服
		压路机操作工	噪声、高温、粉尘、全身振动	噪声聋、尘肺、中暑	驾驶室密闭、设置空调、减振处理；护耳器、热辐射防护服、防尘口罩
		筑路工	粉尘、噪声、高温	尘肺、噪声聋、中暑	防尘口罩、护耳器、热辐射防护服
		乳化沥青工	沥青烟、高温	接触性皮炎、痤疮、中暑	防毒口罩、防护手套、防护工作服
		铺轨机司机、轨道车司机、大型线路机械司机	噪声、高温	噪声聋、中暑	护耳器、热辐射防护服
		路基工	噪声、粉尘、高温	噪声聋、尘肺、中暑	护耳器、防尘口罩、热辐射防护服
		隧道工	噪声、高温、粉尘、一氧化碳、氮氧化物、甲烷、硫化氢、电离辐射	噪声聋、中暑、尘肺、一氧化碳中毒、氮氧化合物中毒、硫化氢中毒、放射性疾病	通风、防尘防毒口罩、护耳器、热辐射防护服、放射防护
		桥梁工	噪声、高温、高处作业	噪声聋、中暑	护耳器、热辐射防护服
9	工程设备安装	机械设备安装工	噪声、高温、高处作业	噪声聋、中暑	护耳器、热辐射防护服
		电气设备安装工	噪声、高温、高处作业、工频电场、工频磁场	噪声聋、中暑	护耳器、热辐射防护服、工频电场防护服
		管工	噪声、高温、粉尘	噪声聋、中暑、尘肺	护耳器、热辐射防护服、防尘口罩
10	中小型施工机械操作	卷扬机操作工	噪声、高温、全身振动	噪声聋、中暑、	护耳器、热辐射防护服
		平地机操作工	粉尘、噪声、高温、全身振动	尘肺、噪声聋、中暑	操作室密闭、设置空调、减振处理；防尘口罩、护耳器、热辐射防护服
11	其他	电焊工	电焊烟尘、锰及其化合物、一氧化碳、氮氧化物、臭氧、紫外线、红外线、高温、高处作业	电焊性尘肺、金属烟热、锰及其化合物中毒、氧化碳中毒、氮氧化物中毒、电光性眼炎、电光性皮炎、中暑	防尘防毒口罩、护眼镜、防护面罩、热辐射防护服
		超重机操作工	噪声、高温	噪声聋、中暑	驾驶室密闭、设置空调、护耳器、热辐射防护服
		石棉拆除工	石棉粉尘、噪声、高温	石棉肺、石棉所致肺癌、间皮瘤、噪声聋、中暑	防尘口罩、护耳器、石棉防护服

序号	工种		主要职业病危害因素	可能引起的法定职业病	主要防护措施
11	其他	木工	粉尘、噪声、高温、甲醛	尘肺、噪声聋、中暑、甲醛中毒	防尘防毒口罩、护耳器、热辐射防护服
		探伤工	X射线、γ射线、超声波	放射性疾病	放射防护
		沉箱及水下作业者	高气压	减压病	严格遵守操作规程
		防腐工	噪声、高温、苯、甲苯、二甲苯、铅、汞、汽油、沥青烟	噪声聋、中暑、苯中毒、甲苯中毒、二甲苯中毒、汽油中毒、铅及其化合物中毒、汞及其化合物中毒、苯致白血病、接触性皮炎、痤疮	护耳器、热辐射防护服、通风、防毒口罩、护目镜、防护手套

3. 预防医学的三级职业病预防原则

职业病的防治工作应遵守预防医学"三级预防"的原则，开展综合治理。

（1）一级预防。

第一级预防旨在控制职业危害而采取的综合型措施。即从根本上使劳动者不接触职业危害因素，或控制它对人的安全水平，即"病因预防"。主要指对新建项目职业危害的控制；对现在存在职业危害因素的要进行改善，减少危害和污染，达到国家职业卫生标准。如厂址选择、厂区规划、厂房建筑、生产设备的合理设计和安排；采取必要的卫生技术（通风、照明等）、安全技术和个体防护措施；建立健全合理的劳动制度、安全操作规程；就业前查出人群中的易感染者，制定就业禁忌症等，这些都是根本性的预防措施。

（2）二级预防。

第二级预防旨在早期发现受害人群，及时采取补救措施。其主要工作为对接触职业危害因素的人员实行健康监护，早期发现，早期鉴别，早期诊断；对存在职业危害因素的场所经常进行检查、检测，使工作场所的危害因素符合国家标准。发现问题立即改进，防止职业危害进一步扩大。

（3）三级预防。

第三级预防旨在妥善处理常见病、多发病以及与职业有关疾病和一般工伤等。对已经患职业病的员工，应及时作出正确诊断、处理，以防止病情恶化或发生并发症。对确诊者，要保障病人享受职业病有关待遇，及时进行治疗、康复和定期检查；对不能继续从事原工作的职业病人，应调离原工作岗位，并妥善处理。

三、劳动者享受的职业卫生保护权利

所有用人单位的劳动者都受《中华人民共和国职业病防治法》的保护。无论用人单位为何性质，属何经济类型，是否与劳动者签订了劳动（聘用）合同，只要用人单位与劳动者存在事实雇佣关系，其劳动者即受该法保护。

1. 劳动者享有下列职业卫生保护权利

（1）享有教育培训权，依法获得职业卫生教育、培训。

（2）享有健康服务权，依法获得职业健康检查、职业病诊疗、康复等职业病防治服务。

（3）享有知情权，有权了解工作场所产生或者可能产生的职业性危害因素、危害程度、危害后果、防护措施以及相关待遇等。

（4）享有卫生防护权，有权要求用人单位提供符合预防职业病要求的职业病防护设施和个人使用的职业病防护用品，改善工作条件。

（5）享有批评、检举、控告权，对违反职业病防治法律、法规以及危及生命健康的行为提出批评、检举和控告。

（6）享有拒绝违章作业权，有权拒绝违章指挥和强令进行没有职业病防护措施的作业。

（7）享有参与决策权，有权参与用人单位职业卫生工作的民主管理，对职业病防治工作提出意见和建议。

（8）享有赔偿权，对职业危害造成的健康损害有依法要求赔偿的权利。

（9）享有特殊保障权，未成年工、女工、特殊生理或病理状态劳动者依法享有特殊职业卫生保护。

（10）依法享有国家规定的工伤保险待遇。

用人单位应当保障劳动者行使其职业卫生保护权利。因劳动者依法行使正当权利而降低其工资、福利等待遇或者解除、终止与其订立的劳动合同的，其行为无效。

劳动者发现自己的职业卫生保护权利受到侵害，应当拿起法律武器，保障自己的合法权益。

2. 在职业病防治中，劳动者应履行的义务

（1）学习和掌握相关的职业卫生知识，增强职业病防范意识。

（2）遵守职业病防治法律、法规、规章和操作规程。

（3）正确使用和维护职业病防护设备和个人使用的职业病防护用品。

（4）发现职业病危害事故隐患及时报告。

劳动者不履行这几项规定义务的，用人单位应当对其进行教育。

四、施工单位的管理责任

《中华人民共和国职业病防治法》对用人单位所要承担的法定责任和义务作了非常具体、明确的规定，它主要包括职业病的前期预防、劳动过程中的防护与管理、职业病诊断与职业病病人保障等方面。用人单位严格履行法定义务，是劳动者享有和行使有关权利的条件和前提。如果用人单位不履行或者不完全履行法定义务，必须承担相应的法律责任，劳动者可以请求国家有关机关依法采取必要措施，强制用人单位履行义务，保障劳动者权利的实现。

职业病防治法规定用人单位应当承担以下法定责任，这些法定责任也是用人单位必须履行的法定义务。

1. 前期预防责任

用人单位应当依照法律、法规要求，严格遵守国家职业卫生标准，落实职业病预防措

施，从源头上控制和消除职业病危害。其主要负责人对本单位的职业病防治工作全面负责。

建设项目的职业病防护设施所需费用应当纳入建设项目工程预算，并与主体工程同时设计，同时施工，同时投入生产和使用。职业病危害严重的建设项目的防护设施设计，应当经安全生产监督管理部门审查，符合国家职业卫生标准和卫生要求的，方可施工。

建设项目在竣工验收前，建设单位应当进行职业病危害控制效果评价。建设项目竣工验收时，其职业病防护设施经安全生产监督管理部门验收合格后，方可投入正式生产和使用。

（1）保障劳动者获得职业卫生保护的义务。

用人单位应当为劳动者创造符合国家职业卫生标准和卫生要求的工作场所、环境和条件，并采取切实措施保障劳动者获得职业卫生保护。这是用人单位必须遵守和履行的一项重要义务。

（2）职业卫生管理义务。

用人单位应当建立、健全职业病防治责任制、职业卫生管理组织机构和职业卫生管理制度，加强对职业病防治的管理，提高职业病防治水平，对本单位产生的职业病危害承担责任。

（3）依法参加工伤保险的义务。

工伤社会保险是对因生产工作负伤、致残、死亡而中断生活来源的劳动者或其遗属提供生活保障、医疗服务、职业康复和经济补偿等物质帮助的一种社会保险制度。用人单位应当依法参加工伤社会保险。劳动者在职业活动中只要履行了自己的劳动义务，就有权享受用人单位为其提供的工伤社会保险待遇。

（4）保障工作场所符合职业卫生要求的义务。

产生职业病危害的用人单位的设立除应当符合法律、行政法规规定的设立条件外，其工作场所还应当符合下列职业卫生要求：

1）职业病危害因素的强度或者浓度符合国家职业卫生标准；

2）有与职业病危害防护相适应的设施；

3）生产布局合理，符合有害与无害作业分开的原则；

4）有配套的更衣间、洗浴间、孕妇休息间等卫生设施；

5）设备、工具、用具等设施符合保护劳动者生理、心理健康的要求；

6）法律、行政法规和国务院卫生行政部门、安全生产监督管理部门关于保护劳动者健康的其他要求。

发现工作场所职业病危害因素不符合国家职业卫生标准和卫生要求时，用人单位应当立即采取相应治理措施，仍然达不到国家职业卫生标准和卫生要求的，必须停止存在职业病危害因素的作业；职业病危害因素经治理后，符合国家职业卫生标准和卫生要求的，方可重新作业。

（5）申报职业危害项目的义务。

用人单位工作场所存在职业病目录所列职业病的危害因素的，应当及时、如实地向所在地安全生产监督管理部门申报危害项目，接受监督。职业病危害因素分类目录由国务院卫生行政部门会同国务院安全生产监督管理部门制定、调整并公布。职业病危害项目申报的具体办法由国务院安全生产监督管理部门制定。

（6）报告义务。

新建、扩建、改建建设项目和技术改造、技术引进项目（以下统称建设项目）可能产生职业病危害的，建设单位在可行性论证阶段应当向安全生产监督管理部门提交职业病危害预评价报告。安全生产监督管理部门应当自收到职业病危害预评价报告之日起三十日内，作出审核决定并书面通知建设单位。未提交预评价报告或者预评价报告未经安全生产监督管理部门审核同意的，有关部门不得批准该建设项目。

竣工验收前，建设单位还应当进行职业病危害控制效果评价。

2. 劳动过程中的防护与管理

用人单位按照职业病防治要求，用于预防和治理职业病危害、工作场所卫生检测、健康监护和职业卫生培训等费用，按照国家有关规定，在生产成本中据实列支。并应当保障职业病防治所需的资金投入，不得挤占、挪用，并对因资金投入不足导致的后果承担责任。

（1）采取职业病防治管理措施的义务。

用人单位应当采取下列职业病防治管理措施：

1）设置或者指定职业卫生管理机构或者组织，配备专职或者兼职的职业卫生专业人员，负责本单位的职业病防治工作。

2）制定职业病防治计划和实施方案。

3）建立、健全职业卫生管理制度和操作规程。

4）建立、健全职业卫生档案和劳动者健康监护档案。

5）建立、健全工作场所职业病危害因素监测及评价制度。

6）建立、健全职业病危害事故应急救援预案。

（2）提供职业病防护用品的义务。

用人单位必须采用有效的职业病防护设施，并为劳动者提供个人使用的职业病防护用品。所提供的防护用品必须符合防治职业病的要求，不符合要求的，不得使用。

（3）减少职业病危害的义务。

用人单位在组织生产、技术改造、工艺改革以及选用原材料时，应当将职业病防治和保护劳动者健康作为首要考虑的问题。用人单位在生产活动中，应当优先采用有利于防治职业病和保护劳动者健康的新技术、新工艺、新设备、新材料，逐步替代职业病危害严重的技术、工艺、设备、材料，达到消除或降低职业危害因素对劳动者健康影响的目的。

（4）职业危害如实地告知义务。

用人单位对采用的技术、工艺、设备、材料，应当知悉其产生的职业病危害，不得隐瞒其危害，还应通过在醒目位置设置公告栏、警示标志和中文警示说明，提供说明书等方式告知劳动者。说明产生职业病危害的种类、后果、防护措施，公布有关职业病防治的规章制度、安全操作规程、维护注意事项、职业病危害事故应急救援措施和工作场所职业病危害因素检测结果等内容。

用人单位与劳动者订立劳动合同（含聘用合同，下同）时，应当将工作过程中可能产生的职业病危害及其后果、职业病防护措施和待遇等如实告知劳动者，并在劳动合同中写明，不得隐瞒或者欺骗。

（5）设置报警装置和配置现场急救设施的义务。

对可能发生急性职业损伤的有毒、有害工作场所，用人单位应当设置报警装置，配置现场急救用品、冲洗设备、应急撤离通道和必要的泄险区。

对职业病防护设备、应急救援设施和个人使用的职业病防护用品，用人单位应当进行经常性的维护、检修，定期检测其性能和效果，确保其处于正常状态，不得擅自拆除或者停止使用。

（6）职业危害检测义务。

用人单位应当实施由专人负责的职业病危害因素日常监测，并确保监测系统处于正常运行状态。便于及时了解、掌握工作场所职业危害因素的浓度或强度，早期发现职业危害，及时采取防护措施，消除或减少职业危害因素对劳动者健康的影响，这是职业病二级预防中的关键环节。

用人单位应当按照国务院安全生产监督管理部门的规定，定期对工作场所进行职业病危害因素检测、评价。检测、评价结果存入用人单位职业卫生档案，定期向所在地安全生产监督管理部门报告并向劳动者公布。

（7）不转移职业病危害的义务。

任何单位和个人不得将产生职业病危害的作业转移给不具备职业病防护条件的单位和个人。不具备职业病防护条件的单位和个人不得接受产生职业病危害的作业。

（8）对劳动者进行职业卫生培训的义务。

用人单位应当对劳动者进行上岗前的职业卫生培训和在岗期间的定期职业卫生培训和教育，普及职业卫生知识，督促劳动者遵守职业病防治法律、法规、规章和操作规程，指导劳动者正确使用职业病防护设备和个人使用的职业病防护用品。

（9）职业健康监护的义务。

用人单位应当组织从事接触职业病危害因素的劳动者进行上岗前、在岗期间和离岗时的职业健康检查，并将检查结果书面告知劳动者。职业健康检查费用由用人单位承担。

用人单位不得安排未经上岗前职业健康检查的劳动者从事接触职业病危害的作业；不得安排有职业禁忌的劳动者从事其所禁忌的作业；对在职业健康检查中发现有与所从事的职业相关的健康损害的劳动者，应当调离原工作岗位，并妥善安置；对未进行离岗前职业健康检查的劳动者不得解除或者终止与其订立的劳动合同。

（10）为劳动者建立职业健康档案的义务。

用人单位应当为劳动者建立职业健康监护档案，并按照规定的期限妥善保存。

职业健康监护档案应当包括劳动者的职业史、职业病危害接触史、职业健康检查结果和职业病诊疗等有关个人健康资料。劳动者离开用人单位时，有权索取本人职业健康监护档案复印件，用人单位应当如实、无偿提供，并在所提供的复印件上签章。

（11）及时报告职业危害事故的义务。

发生或者可能发生急性职业病危害事故时，用人单位应当立即采取应急救援和控制措施，并及时报告所在地安全生产监督管理部门和有关部门。安全生产监督管理部门接到报告后，应当及时会同有关部门组织调查处理；必要时，可以采取临时控制措施。

对遭受或者可能遭受急性职业病危害的劳动者，用人单位应当及时组织救治、进行健康检查和医学观察，所需费用由用人单位承担。

（12）特殊劳动者保护义务。

用人单位不得安排未成年工从事接触职业病危害的作业，不得安排孕期、哺乳期的女职工从事对本人和胎儿、婴儿有危害的作业。

（13）举证义务。

劳动者申请作职业病鉴定时，用人单位应当如实提供职业病诊断所需的有关职业卫生和健康监护等资料。

（14）接受行政监督和民主管理的义务。

安全生产监督管理部门、卫生行政部门、劳动保障行政部门负责职业病防治的监督管理工作。用人单位负责本单位的职业病防治工作。工会组织依法对职业病防治工作进行监督，维护劳动者的合法权益。任何单位和个人有权对违反职业病防治法律、法规以及危及生命健康的行为提出批评、检举和控告。

3. 职业病诊断与职业病病人保障

职业病患者是受到法律保护的，每一个劳动者应懂得拿起法律武器保护自身的权益。当劳动者怀疑患有职业病时，可以在用人单位所在地、本人户籍所在地或者经常居住地，到依法承担职业病诊断的医疗卫生机构进行职业病诊断。用人单位和医疗卫生机构如发现职业病人或者疑似职业病病人时，应及时向所在地卫生行政部门和安全生产监督管理部门报告，否则由有关主管部门依据职责分工责令限期改正，给予警告，并处一万元以下的罚款。如劳动者被确诊为职业病，用人单位还应向所在地劳动保障行政部门报告。

职业病病人依法享有的职业病待遇，任何单位和个人不得随意剥夺，也不能因职业病病人变动工作而改变。对确诊的职业病病人，用人单位应当对其医疗、工作、生活等方面作出妥善安排，并在法律、政策允许的范围内给予适当的照顾，这在一定程度上可以解除劳动者的后顾之忧，有利于社会安定，对促进安全生产具有特别重要的意义。

（1）用人单位应当及时安排对疑似职业病病人进行诊断。在疑似职业病病人诊断或者医学观察期间，不得解除或者终止与其订立的劳动合同。

疑似职业病病人在诊断、医学观察期间的费用，由用人单位承担。

（2）职业病病人依法享受国家规定的职业病待遇。

1）用人单位应当按照国家有关规定，安排职业病病人进行治疗、康复和定期检查。

2）用人单位对不适宜继续从事原工作的职业病病人，应当调离原岗位，并妥善安置。

3）用人单位对从事接触职业病危害的作业的劳动者，应当给予适当岗位津贴。

（3）职业病病人的诊疗、康复费用，伤残以及丧失劳动能力的职业病病人的社会保障，按照国家有关工伤社会保险的规定执行。

（4）职业病病人除依法享有工伤社会保险外，依照有关民事法律，尚有获得赔偿的权利的，有权向用人单位提出赔偿要求。

（5）劳动者被诊断患有职业病，但用人单位没有依法参加工伤社会保险的，其医疗和生活保障由该用人单位承担。

（6）职业病病人变动工作单位，其依法享有的待遇不变。

用人单位发生分立、合并、解散、破产等情形的，应当对从事接触职业病危害的作业的劳动者进行健康检查，并按照国家有关规定妥善安置职业病病人。

五、施工现场建筑行业职业病危害预防控制措施

《建筑行业职业病危害预防控制规范》（GBZ/T 211—2008）已于 2009 年 5 月 15 日颁布实施。这一规范的实施具有积极的现实意义。职业伤害已成为发达国家和发展中国家的重要公共卫生学问题。而建筑行业是一个高风险行业，涉及的职业病危害因素来源复杂、种类繁多，几乎涵盖所有类型的职业病危害因素。相当多的建筑施工人员在环境恶劣的施工场所工作，接触各种有毒有害物质，对建筑施工人员的身心健康造成较大影响。该规范将对施工现场劳动保护措施提出规范要求，指导基层单位从源头做好职业病危害预防工作，有效控制建筑行业的职业病危害，保护广大的建筑工人尤其是农民工的根本利益。

1. 基本要求

（1）项目经理部应建立职业卫生管理机构和责任制，项目经理为职业卫生管理第一责任人，施工（生产）经理为直接责任人。施工队长、班组长是兼职职业卫生管理人员，负责本施工队、本班组的职业卫生管理工作。

（2）实行总承包和分包的施工项目，由总承包单位统一负责施工现场的职业卫生管理，检查督促分包单位落实职业病危害防治措施，职业病危害防治的内容应当在分包合同中列明。

任何单位不得将产生职业病危害的作业转包给不具备职业病防护条件的单位和个人。不具备职业病防护条件的单位和个人不得接受产生职业病危害的作业。项目经理部应根据项目的职业病危害特点，制定相应的职业卫生管理制度和操作规程，并同样适用于分包队或临时工的施工活动。

（3）项目经理部应根据施工规模配备专职卫生管理人员。

1）建筑工程、装修工程按照建筑面积配备：10000m² 以下的工程至少配备 1 人；10000～50000m² 的工程至少配备 2 人；50000m² 以上的工程至少配备 3 人。

2）土木工程、线路管道、设备安装按照总造价配备：5000 万元以下的工程至少配备 1 人；5000 万元～1 亿元的工程至少配备 2 人；1 亿元以上的工程至少配备 3 人。

3）分包单位应根据作业人数配备专职或兼职职业卫生管理人员：50 人以下的配备 1 人；50～200 人的配备 2 人；200 人以下的根据所承担工程职业病危害因素的实际情况增配，并不少于施工总人数的 0.5%。

（4）项目经理部应建立、健全职业卫生培训和考核制度。

项目经理部负责人、建造师、专职和兼职职业卫生管理人员应经过职业卫生相关法律法规和专业知识培训，具备与施工项目相适应的职业卫生知识和管理能力。项目经理部应组织对劳动者进行上岗前和在岗期间的定期职业卫生相关知识培训、考核，确保劳动者具备必要的职业卫生知识，正确使用职业病防护设施和个人防护用品知识。培训考核不合格者不能上岗作业。

（5）项目经理部应建立、健全职业健康监护制度。

职业健康监护主要包括职业健康检查和职业健康监护档案管理等内容。职业健康检查包括上岗前、在岗期间、离岗时健康检查和离岗后医学随访以及应急健康检查。职业健康检查应由省级以上卫生行政部门批准的职业健康检查机构进行。项目结束时，项目经理部

应将劳动者的健康监护档案移交给项目总包单位，总包单位应长期保管劳动者的健康监护资料。

（6）项目经理部应在施工现场入口处醒目位置设置公告栏，在施工岗位设置警示标志和说明，使进入施工现场的相关人员知悉施工现场存在的职业病危害因素及其对人体健康的危害后果和防护措施。

（7）施工现场使用高毒物品的用人单位应配备专职或兼职职业卫生医师和护士。对高毒作业场所每月至少进行一次毒物浓度检测，每半年至少进行一次控制效果评价；不具备该条件的，应与依法取得资质的职业卫生技术服务机构签订合同，由其提供职业卫生检测和评价服务。

（8）项目经理部应向施工工地有关行政主管部门申报施工项目的职业病危害，做好职业病和职业病危害事故的记录、报告和档案的移交工作。

（9）项目经理部应根据不同施工阶段可能发生的各种职业病危害事故制定相应的应急救援预案，并定期组织演练，及时修订应急救援预案。

2. 施工现场职业病危害因素的预防控制措施

（1）防控原则：

1）正确识别建筑行业职业病危害因素。

施工企业应在施工前进行施工现场卫生状况调查，明确施工现场是否存在排污管道、历史化学废弃物填埋、垃圾填埋和放射性物质污染等情况。根据施工工艺、施工现场的自然条件对不同施工阶段存在的职业病危害因素进行识别，列出职业病危害因素清单。识别范围必须覆盖施工过程中所有活动，包括常规和非常规（如特殊季节的施工和临时性作业）活动、所有进入施工现场人员（包括供货方、访问者）的活动，以及所有物料、设备和设施（包括自有的、租赁的、借用的）可能产生的职业病危害因素。

施工过程中，项目经理部应委托有资质的职业卫生服务机构根据职业病危害因素的种类、浓度（或强度）、接触人数、频度及时间，职业病危害防护措施和发生职业病的危险程度，对不同施工阶段、不同岗位的职业病危害因素进行识别、检测和评价，确定重点职业病危害因素和关键控制点。当施工设备、材料、工艺或操作堆积发生改变时，并可能引起职业病危害因素的种类、性质、浓度（或强度）发生变化时，或者法律及其职业卫生要求变更时，项目经理部应重新组织进行职业病危害因素的识别、检测和评价。

前述建筑行业受职业危害的主要工种中已列有各自的主要职业病危害因素和可能引起的法定职业病，可参考阅读，详见表 3-2。

2）选择不产生或少产生职业病危害的建筑材料、施工工艺、施工设备和工具。

3）对可能存在毒物危害的现场按规定采取防护措施，使工作场所职业病危害因素的浓度或强度符合规范要求。职业病防护设施应进行经常性的维护、检修，确保其处于正常状态。

4）按规定配备有效的个人防护用品。防护工作服、防护口罩、防护眼镜、耳塞和防振手套等个人防护用品必须保证选型正确，维护得当。建立、健全个人防护用品的采购、验收、保管、发放、使用、更换、报废等管理制度，并建立发放台账。

前述建筑行业受职业危害的主要工种中已列有各自施工的主要防护用品，可参考阅读，详见表 3-2。

5）制定合理的劳动制度。注意劳逸结合，应避免疲劳作业，带病作业以及其他因作业者的身体条件不行、可能危害其健康或受伤害的作业。

6）加强施工过程职业卫生管理。

如搞好工地卫生，防止食物中毒；有害作业场所，每天应搞好场内清洁卫生；严禁在有毒有害工作场所进食和吸烟，饭前班后必须及时洗手、漱口和更换衣服；患有皮肤病、眼结膜病、外伤及有过敏反应者，不得从事有毒物危害的作业；作业场所应通风良好，可采用自然通风和局部机械通风。

7）加强职业卫生教育培训和应急救援培训。

应根据施工现场可能发生的各种职业病危害事故对全体劳动者进行有针对性的应急救援培训，使劳动者掌握事故预防和自救互救等应急处理能力，避免盲目救治。

8）应严格遵守安全生产操作规程。

9）可能产生急性健康损害的施工现场设置检测报警装置、警示标志、紧急撤离通道和泄险区域等。当作业场所有害毒物的浓度超过国家规定标准时，应立即停止工作并报告上级处理。

（2）施工现场粉尘防控措施：

1）采用机械化、自动化或密闭隔离操作。如挖土机、推土机、压路机等施工机械的驾驶室或操作室密闭隔离，并在进风口设置滤尘装置。

2）采取湿式作业。如场地平整时，配备洒水车，定时喷水作业；爆破采用水封爆破；喷射混凝土采用湿喷；钻孔采用湿式钻孔。

3）设置局部防尘设施和净化排放装置。如焊枪配置带有排风罩的小型烟尘净化器；凿岩机、钻孔机等设置捕尘器。

4）混凝土搅拌站，木加工、金属切削加工、锅炉房等产生粉尘的场所，必须装置除尘器或吸尘罩，将尘粒捕捉后送到储仓内或经过净化后排放，以减少对大气的污染。

5）施工和作业现场经常洒水、控制和减少灰尘飞扬。

6）建筑物拆除和翻修作业时，在接触石棉的施工区域设置警示标志，禁止无关人员进入。

7）劳动者作业时应在上风向操作。

8）粉尘接触人员特别是石棉粉尘接触人员应做好戒烟、控烟教育。

9）采取综合防尘措施或低尘的新技术、新工艺、新设备，使作业场所的粉尘浓度不超过国家的卫生标准。

（3）施工现场噪声防控措施：

1）施工现场的噪声应严格控制在 70dB 以内。

2）改革工艺和选用低噪声设备，控制和减弱噪声源。如使用低噪声的混凝土振动棒、风机、电动空压机等；以液压和电气钻代替风钻和手提钻；物料运输中避免大落差和直接冲击。

3）采取消声措施，装设消声器。如气动机械、混凝土破碎机安装消声器，施工设备的排风系统（如压缩空气排放管、内燃发动机废气排放管）安装消声器。

4）采取吸声措施，采用吸声材料和结构，吸收和降低噪声。

5）采取隔声措施，把发声的物体和场所封闭起来。如混凝土搅拌站设置隔声控制室。

6）采用隔震措施，装设减振器或设置减振垫层、减轻振源声及其传播。

7）采用阻尼措施，用一些内耗损、内摩擦大的材料涂在金属薄板上，减少其辐射噪声的能量。

8）尽可能减少高噪声设备作业点的密度。

9）做好个人防护，戴耳塞、耳罩、头盔等防噪声用品。

10）定期进行健康检查，合理安排劳动和休息时间，经常检查噪声的发生情况和预防措施落实情况。

（4）施工现场振动防护措施：

1）应加强施工工艺、设备和工具的更新、改造。尽可能避免使用手持风动工具；采用自动、半自动操作装置，减少手及肢体直接接触振动体；用液压、焊接、粘接等代替风动工具的铆接；采用化学法除锈代替除锈机除锈等。

2）风动工具的金属部件改用塑料或橡胶，或加用各种衬垫物，减少因撞击而产生的振动；提高工具把手的温度，改进压缩空气进出口方位，避免手部受冷风吹袭。

3）手持振动工具，如风动凿岩机、混凝土破碎机、混凝土振动棒、风钻、喷砂机、电钻、钻孔机、铆钉机、铆打机等，应安装防振手柄，操作者应戴防振手套。挖土机、推土机、刮土机、铺路机、压路机等驾驶室应设置减振设施。

4）减少手持振动工具的重量，改善手持工具的作业体位，防止强迫体位，以减轻肌肉负荷和静力紧张；避免手臂上举姿势的振动作业。

5）采取轮流作业方式，减少劳动者接触振动的时间，增加工间休息次数和休息时间。冬季还应注意保暖防寒。

（5）油漆涂料作业卫生防护措施：

1）优先选用无毒建筑材料，用无毒、低毒材料替代有毒、高毒材料，尽可能减少有毒物品的使用量。如尽可能选用无毒水性涂料；用锌钡白、钛钡白替代油漆中的铅白，用铁红替代防锈漆中的铅丹等；禁止使用含苯的涂料、稀释剂和溶剂。

2）尽可能采用可降低工作场所化学毒物浓度的施工工艺和施工技术，使工作场所的化学毒物浓度符合规范要求。如涂料施工时用刷涂或辊刷替代喷涂，并加强通风和防护措施。

3）在高毒作业场所尽可能使用机械化、自动化或密闭隔离操作，使劳动者不接触或少接触高毒物品。如喷漆应采用密闭喷漆间。在较小的喷漆室内进行小件喷漆，应采取隔离防护措施。

4）施工现场必须设置有效通风装置，保证通风良好。在使用有机溶剂、稀料、涂料或挥发性化学物质时，应当设置全面通风或局部通风设施。在通风不良的车间、地下室、池槽、管道和容器内进行油漆、涂料作业时，应根据场地大小设置抽风机排除有害气体，防止急性中毒。若是刺激性较大的涂料作业时，还应采取人员轮换间歇等措施。

所有挖方工程、竖井、土方工程、地下工程、隧道等密闭空间作业应当设置通风设施，保证足够的新风量。

5）在作业点的上风向施工，正确使用施工工具。

6）分装和配制油漆、防腐、防水材料等挥发性有毒材料时，应有较好的自然通风条件并减少连续工作时间，尽可能采用露天作业。工作完毕后，有机溶剂、容器应及时加盖封严，防止有机溶剂的挥发。使用过的有机溶剂和其他化学品应进行回收处理，防止乱丢乱弃。

（6）焊接作业卫生防护措施：

1）以低毒的低锰焊条替代毒性较大的高锰焊条。

2）焊接作业场所应通风良好，可视情况在焊接作业点装设局部排烟装置，采取局部通风防尘装置或全面通风换气措施。

3）分散焊接点可设置移动式锰烟除尘器，集中焊接场所可采用机械抽风系统。

4）流动频繁、每次作业时间较短的焊接作业，焊接应选择上风方向进行，以减少锰烟尘危害。

5）在容器内施焊时，容器应有进、出风口，设通风设备，焊接时必须有人在场监护。

6）在密闭容器内施焊时，容器必须可靠接地，设置良好通风和有人监护，且严禁向容器内输入氧气。

（7）高处作业防护措施：

1）重视气象预警信息，当遇到大风、大雪、大雨、暴雨、大雾等恶劣天气时，禁止进行露天高处作业。

2）劳动者应进行严格的上岗前职业健康检查，有高血压、恐高症、癫痫、晕厥史、梅尼埃病、心脏病及心电图明显异常（心律失常）、四肢骨关节及运动功能障碍等职业禁忌证的劳动者禁止从事高处作业。

3）妇女禁忌从事脚手架的组装和拆除作业，月经期间禁忌从事《高处作业分级》（GB/T 3608—2008）规定的第Ⅱ级（含Ⅱ级）以上的作业，怀孕期间禁忌从事高处作业。

六、女工保护

新中国成立以来党和政府十分重视女工保护工作，曾经制定和颁布了不少关于女工保护的规定。特别是劳动部1990年初颁布了《女职工禁忌劳动范围的规定》，针对女工不同时期的生理特点，减少职业危害对女工的不良影响，保护女工的特殊利益，作出了明确规定。

保护女职工在生产过程中的安全和健康，是劳动保护工作的一项重要内容。针对女工的生理特点进行特殊保护，不仅保护了女工的劳动积极性，充分发挥女工对社会主义建设的积极作用，而且也是为了保护女工的身心健康，同时也是为了保护她们能够孕育聪明、健康的下一代。

1. 职业危害因素对女工的影响

职业危害因素对女性体格和生理功能方面的影响，可以分为下面几种类型：

（1）对妇女某些生理功能的影响：

1）妇女负重作业。使女工腹压增高，一般负重 10～20kg，子宫位置无明显变动；超过 20kg 时，子宫颈下降，停止负重即可恢复；当负重 30～40kg 时，可出现暂时性子宫下垂，停止负重后不久可以复位；如长期负重过大造成子宫周围支持组织的松弛，可引起子宫脱垂。

2）长时间定位作业。也能引起腹压增高、盆腔淤血而导致月经不调，以致痛经。长期坐位作业，由于下肢回流受阻，可致盆腔充血。

3）毒物。有些毒物对妇女的造血系统及肝脏较为敏感，妇女的皮肤比较柔嫩，易遭受刺激性和脂溶性物质毒物的侵害。

（2）对月经功能的影响。月经功能障碍是化学物质作用于女性生殖系统最常见的现象，如：

1）接触苯、二甲苯、汽油、二硫化碳、三硝基甲苯的女工，易出现月经过多综合症。

2）接触铅、无机汞、三氯乙烯等女工，易出现月经过少综合症（月经量少、周期延长，甚至闭经）。有的毒物可能引起妇女早期绝经。

以上作用，可由于毒物直接作用于内分泌系统，亦可能是慢性中毒的部分表现。

（3）对生育功能的影响：

1）妇女生育过程中，由于母体易感染性增高，而受到影响。

2）由于化学物的诱变、致畸、致癌作用而影响胚胎，有引发胎儿畸形或肿瘤的可能。

3）对胚胎的直接毒性。在胚胎的器官生长期（即妊娠后）的三个月，特别是 18～28 周，是对化学毒性最为敏感的时期。某些毒物可使受精卵死亡或被吸收。到胎儿期，抵抗毒物作用的能力也较弱，导致胎儿生长缓慢。

（4）对新生儿和哺乳儿的影响：

1）通过工作服、鞋或体表的污染，如铅、石棉等。

2）通过母乳而进入乳儿体内，已获得证明的有铅、汞、砷、二氧化碳和其他有机溶剂。

2. 女工职业危害的预防措施

（1）坚决贯彻执行党和国家关于妇女劳动保护政策，合理安排女工劳动和休息。切实维护妇女的合法权益。

（2）做好妇女经期、已婚待孕期、孕期、哺乳期的保护：

1）经期禁止安排冷水、低温作业，《体力劳动强度分级》标准中第Ⅲ级体力劳动强度的作业，《高处作业分级》标准中第Ⅱ级（含Ⅱ级）以上的作业。

2）已婚待孕期禁止从事铅、汞、镉等作业场所属于《有毒作业分级》标准中第Ⅲ、Ⅳ级的作业。

3）怀孕期禁止从事作业场所空气中含有铅及其化合物、汞及其化合物、苯、镉、铍、砷、氰化物、氮氧化物、一氧化碳、二硫化碳、氯、苯胺、甲醛等有毒物质浓度超过国家卫生标准的作业；人力进行的土方和石方作业；《体力劳动强度分级》标准中第Ⅲ级体力劳动强度的作业；伴有全身强烈振动的作业，如风钻、捣固机、锻造等作业以及拖拉机驾驶等；工作中需要频繁弯腰、攀高、下蹲的作业，如焊接作业；《高处作业分级》标准所规定的高处作业等等。

4）乳母禁止从事作业场所空气中含有铅及其化合物、汞及其化合物、苯、镉、铍、砷、氰化物、氮氧化物、一氧化碳、二硫化碳、氯、苯胺、甲醛等有毒物质浓度超过国家卫生标准的作业；《体力劳动强度分级》标准中第Ⅲ级体力劳动强度的作业；作业场所空气中锰、氟、溴、甲醇、有机磷化合物、有机氯化合物的浓度超过国家卫生标准的作业。

（3）妇女劳动卫生应和妇幼卫生工作密切结合，如果对女工的生理特点注意不够，不加保护，不仅会影响女工的安全和健康，而且还会影响到下一代的健康。对此，必须引起高度重视。

控制职业性有害因素或改善工作环境，可减少工作有关疾病的发生。

第二节　劳动防护用品

劳动防护用品又称为个人防护用品、劳动保护用品，是指由生产经营单位为从业人员配备的，使其在生产过程中免遭或者减轻事故伤害和职业危害的个人防护装备。国际上称为 PPE（Personal Protective Equipment），即个人防护器具。劳动防护用品分为一般劳动防护用品和特种劳动防护用品。特种劳动防护用品，必须取得特种劳动防护用品安全标志。

使用劳动保护用品，通过采取阻隔、封闭、吸收、分散、悬浮等措施，能起到保护机体的局部或全部免受外来侵害的作用，在一定条件下，使用个人防护用品是主要的防护措施。

防护用品应严格保证质量，安全可靠，而且穿戴要舒适方便，经济耐用。

一、劳动防护用品的配备、使用与管理规定

1. 劳动防护用品分类
（1）按照防护用途分类
1）以防止伤亡事故为目的的安全防护用品。主要包括：
① 防坠落用品，如安全带、安全网等。
② 防冲击用品，如安全帽、防冲击护目镜等。
③ 触电用品，如绝缘服、绝缘鞋、等电位工作服等。
④ 机械外伤用品，如防刺、割、绞碾、磨损用的防护服、鞋、手套等。
⑤ 酸碱用品，如耐酸碱手套、防护服和靴等。
⑥ 油用品，如耐油防护服、鞋和靴等。
⑦ 水用品，如胶制工作服、雨衣、雨鞋和雨靴、防水保险手套等。
⑧ 防寒用品，如防寒服、鞋、帽、手套等。
2）以预防职业病为目的的劳动卫生护品。主要包括：
① 防尘用品，如防尘口罩、防尘服等。
② 防毒用品，如防毒面具、防毒服等。
③ 防放射性用品，如防放射性服、铅玻璃眼镜等。
④ 防热辐射用品，如隔热防火服、防辐射隔热面罩、电焊手套、有机防护眼镜等。
⑤ 防噪声用品，如耳塞、耳罩、耳帽等。
（2）按照防护部位分类
1）头部防护类：包括各种材料制作的安全帽、工作帽、防寒帽等。
2）眼、面部防护类：包括电焊面罩，各种防冲击型、防腐蚀型、防辐射型、防强光型护目镜和防护面罩。
3）听觉器官防护类：包括各种材料制作的防噪声护具，主要有耳塞、耳罩和防噪声帽等。
4）呼吸器官防护类：包括过滤式防毒面具、各种防尘口罩（不包括纱布口罩）、过滤式防微粒口罩、长管面具、氧（空）气呼吸器等。

5）手部防护类：绝缘、耐油、耐酸碱手套，防寒、防振、防静电、防昆虫、防放射、防微生物、防化学品手套，搬运手套、焊接手套等。

6）足部防护类：包括矿工靴、防水胶靴，绝缘、耐油、耐酸酸鞋，防寒、防振、防滑、防砸、防刺穿、防静电、防化学品鞋，隔热阻燃鞋和焊接防护鞋。

7）躯体防护类：包括棉布工作服、一般防护服、水上作业服、救生衣、潜水服、带电作业屏蔽服，隔热、绝缘、防寒、防水、防尘、防油、防酸碱、防静电、防电弧、防放射性服，化学品、阻燃、焊接等防护服。

8）防坠落类：包括安全带（含速差式自控器与缓冲器），安全网，安全绳。

9）皮肤防护：各种劳动防护专用护肤用品。

2. 建筑施工企业劳动防护用品的配备、使用与管理基本要求

（1）劳动防护用品的配备，应该按照"谁用工、谁负责"的原则，由使用劳动防护用品的单位（以下简称"使用单位"）按照《个体防护装备选用规范》（GB/T 11651—2008）和《建筑施工作业劳动防护用品配备及使用标准》（GBJ 184—2009）以及有关规定，为作业人员按作业工种免费配备劳动防护用品。使用单位应当安排用于配备劳动防护用品的专项经费。

使用单位不得以货币或其他物品替代应当按规定配备的劳动防护用品。

（2）使用单位应建立健全劳动防护用品的购买、验收、保管、发放、使用、更换、报废等管理制度，并应按照劳动防护用品的使用要求，在使用前对其防护功能进行必要的检查。

（3）使用单位应选定劳动防护用品的合格供货方，为作业人员定配备的劳动防护用品必须符合国家标准或者行业标准，应具备生产许可证、产品合格证等相关资料。经本单位安全生产管理部门审查合格后方可使用。

国家对特种劳动防护用品实施安全生产许可证制度。使用单位采购、配备和使用的特种劳动防护用品必须具有安全生产许可证、产品合格证和安全鉴定证。

使用单位不得采购和使用无厂家名称、无产品合格证、无安全标志的劳动防护用品。

（4）劳动防护用品的使用年限应按《个体防护装备选用规范》（GB/T 11651—2008）执行。劳动防护用品达到使用年限或报废标准的应由企业统一回收报废。劳动防护用品有定期检测要求的应按照其产品的检测周期进行检测。

（5）使用单位应督促、教育本单位劳动者按照安全生产规章制度和劳动防护用品使用规则及防护要求，正确佩戴和使用劳动防护用品。未按规定佩戴和使用劳动防护用品的，不得上岗作业。

（6）建筑施工企业应对危险性较大的施工作业场所及具有尘毒危害的作业环境设置安全警示标识及安全防护用品标识牌。

（7）使用单位没有按国家规定为劳动者提供必要的劳动防护用品的，按劳动部《违反〈中华人民共和国劳动法〉行政处罚办法》（劳部发〔1994〕532号）有关条款处罚；构成犯罪的，由司法部门依法追究有关人员的刑事责任。

3. 劳动防护用品选用规定

劳动防护用品的选用见表3-3。

编号	类别名称	可以使用的防护用品	建议使用的防护用品
	作业类别		
A01	存在物体坠落、撞击的作业	B02 安全帽　　B39 防砸鞋(靴) B41 防刺穿鞋　　B68 安全网	B40 防滑鞋
A02	有碎屑飞溅的作业	B02 安全帽　　B10 防冲击护目镜 B46 一般防护服	B30 防机械伤害手套
A03	操作转动机械作业	B01 工作帽　　B10 防冲击护目镜 B71 其他零星防护用品	
A04	接触锋利器具作业	B30 防机械伤害手套 B46 一般防护服	B02 安全帽　　B39 防砸鞋(靴) B41 防刺穿鞋
A05	地面存在尖利器物的作业	B41 防刺穿鞋	B02 安全帽
A06	手持振动机械作业	B18 耳塞　B19 耳罩　B29 防振手套	B38 防振鞋
A07	人承受全身振动的作业	B38 防振鞋	
A08	铲、装、吊、推机械操作作业	B02 安全帽 B46 一般防护服	B05 防尘口罩(防颗粒物呼吸器) B10 防冲击护目镜
A09	低压带电作业(1kV 以下)	B31 绝缘手套　　B42 绝缘鞋 B64 绝缘服	B02 安全帽(带电绝缘性能) B10 防冲击护目镜
A10	高压带电作业　在 1kV～10kV 带电设备上进行作业时	B02 安全帽(带电绝缘性能) B31 绝缘手套　　B42 绝缘鞋 B64 绝缘服	B10 防冲击护目镜 B63 带电作业屏蔽服 B65 防电弧服
	在 10kV～500kV 带电设备上进行作业时	B63 带电作业屏蔽服	B13 防强光、紫外线、红外线护目镜或面罩
A11	高温作业	B02 安全帽　　B56 白帆布类隔热服 B13 防强光、紫外线、红外线护目镜或面罩 B34 隔热阻燃鞋　　B58 热防护服	B57 镀反射膜类隔热服 B71 其他零星防护用品
A12	易燃易爆场所作业	B23 防静电手套　　B35 防静电鞋 B52 化学品防护服　B53 阻燃防护服 B54 防静电服　　B66 棉布工作服	B05 防尘口罩(防颗粒物呼吸器) B06 防毒面具 B47 防尘服
A13	可燃性粉尘场所作业	B05 防尘口罩(防颗粒物呼吸器) B23 防静电手套　　B35 防静电鞋 B54 防静电服　　B66 棉布工作服	B47 防尘服 B53 阻燃防护服
A14	高处作业	B02 安全帽　B67 安全带　B68 安全网	B40 防滑鞋

作业类别		可以使用的防护用品	建议使用的防护用品
编号	类别名称		
A15	井下作业	B02 安全帽	
A16	地下作业	B05 防尘口罩（防颗粒物呼吸器） B06 防毒面具　　B08 自救器 B18 耳塞　　　　B23 防静电手套 B29 防振手套　　B32 防水胶靴 B39 防砸鞋（靴）　B40 防滑鞋 B44 矿工靴　　　B48 防水服 B53 阻燃防护服	B19 耳罩 B41 防刺穿鞋
A17	水上作业	B32 防水胶靴　　B49 水上作业服 B62 救生衣（圈）	B48 防水服
A18	潜水作业	B50 潜水服	
A19	吸入性气相毒物作业	B06 防毒面具　　B21 防化学品手套 B52 化学品防护服	B69 劳动护肤剂
A20	密闭场所作业	B06 防毒面具（供气或携气） B21 防化学品手套　B52 化学品防护服	B07 空气呼吸器 B69 劳动护肤剂
A21	吸入性气溶胶毒物作业	B01 工作帽　　　B06 防毒面具 B21 防化学品手套　B52 化学品防护服	B05 防尘口罩（防颗粒物呼吸器） B69 劳动护肤剂
A22	沾染性毒物作业	B01 工作帽　　　B06 防毒面具 B16 防腐蚀液护目镜 B21 防化学品手套　B52 化学品防护服	B05 防尘口罩（防颗粒物呼吸器） B69 劳动护肤剂
A23	生物性毒物作业	B01 工作帽 B05 防尘口罩（防颗粒物呼吸器） B16 防腐蚀液护目镜 B22 防微生物手套　B52 化学品防护服	B69 劳动护肤剂
A24	噪声作业	B18 耳塞	B19 耳罩
A25	强光作业	B13 防强光、紫外线、红外线护目镜或面罩 B15 焊接面罩　　B24 焊接手套 B45 焊接防护鞋　B55 焊接防护服 B56 白帆布类隔热服	
A26	激光作业	B14 防激光护目镜	B59 防放射性服
A27	荧光屏作业	B11 防微波护目镜	B59 防放射性服
A28	微波作业	B11 防微波护目镜　B59 防放射性服	
A29	射线作业	B12 防放射性护目镜 B25 防放射性手套　B59 防放射性服	
A30	腐蚀性作业	B01 工作帽 B16 防腐蚀液护目镜　B26 耐酸碱手套 B43 耐酸碱鞋　　　B60 防酸（碱）服	B36 防化学品鞋（靴）

作业类别		可以使用的防护用品	建议使用的防护用品
编号	类别名称		
A31	易污作业	B01 工作帽　　B06 防毒面具 B05 防尘口罩（防颗粒物呼吸器） B26 耐酸碱手套　B35 防静电鞋 B46 一般防护服　B52 化学品防护服	B27 耐油手套　B37 耐油鞋 B61 防油服　　B69 劳动护肤剂 B71 其他零星防护用品 如披肩帽、鞋罩、围裙、套袖等
A32	恶味作业	B01 工作帽　　B06 防毒面具 B46 一般防护服	B07 空气呼吸器 B71 其他零星防护用品
A33	低温作业	B03 防寒帽　　　B20 防寒手套 B33 防寒鞋　　　B51 防寒服	B19 耳罩 B69 劳动护肤剂
A34	人工搬运作业	B02 安全帽　　B68 安全网 B30 防机械伤害手套	B40 防滑鞋
A35	野外作业	B03 防寒帽　　　B17 太阳镜 B28 防昆虫手套　B32 防水胶靴 B33 防寒鞋　　B48 防水服　B51 防寒服	B10 防冲击护目镜 B40 防滑鞋 B69 劳动护肤剂
A36	涉水作业	B09 防水护目镜　B32 防水胶靴 B48 防水服	
A37	车辆驾驶作业	B04 防冲击安全头盔 B46 一般防护服	B10 防冲击护目镜　B17 太阳镜 B13 防强光、紫外线、红外线护目镜或面罩 B30 防机械伤害手套
A38	一般性作业		B46 一般防护服 B70 普通防护装备
A39	其他作业		

二、"三宝"的安全使用要求

1. 安全帽安全使用要求

（1）安全帽的防护原理

对人体头部受坠落物及其他特定因素引起的伤害起防护作用的帽子称为安全帽。安全帽由帽壳、帽衬、下颌带和附件组成。帽壳呈半球形，坚固、光滑并有一定弹性，打击物的冲击和穿刺动能主要由帽壳承受。帽壳和帽衬之间留有一定空间，可缓冲、分散瞬时冲击力，从而避免或减轻对头部的直接伤害。

当作业人员头部受到坠落物的冲击时，利用安全帽帽壳、帽衬在瞬间先将冲击力分解到头盖骨的整个面积上，然后利用安全帽帽壳、帽衬的结构材料和所设置的缓冲结构（插口、拴绳、缝线、缓冲垫等）的弹性变形、塑性变形和允许的结构破坏将大部分冲击力吸收，使最后作用到人员头部的冲击力降低到 4900N 以下，从而起到保护作业人员的头部不受到伤害或降低伤害的作用。

安全帽的帽壳材料对安全帽整体抗击性能起重要的作用。应根据不同结构形式的帽壳选择合适的材料。我国安全帽按材质可分为：塑料安全帽、合成树脂（如玻璃钢）安全帽、胶质安全帽、竹编安全帽、铝合金安全帽等。

（2）安全帽的技术性能要求

国标《安全帽》（GB 2811—2007）中对安全帽的各项性能指标均有明确技术要求。主要有：

1）质量要求：普通安全帽不超过430g，防寒安全帽不超过600g。

2）尺寸要求：安全帽的尺寸要求主要为：帽壳内部尺寸、帽舌、帽檐、垂直间距、水平间距、佩戴高度、凸出物和透气孔。

其中垂直间距和佩戴高度是安全帽的两个重要尺寸要求。

垂直间距是指安全帽在佩戴时，头顶最高点与帽壳内表面之间的轴向距离（不包括顶筋的空间）。国标要求是≤50mm。佩戴高度是指安全帽在佩戴时，帽箍底部至头顶最高点的轴向距离。国标要求是80～90mm。垂直间距太小，直接影响安全帽的冲击吸收性能；佩戴高度太大，直接影响安全帽佩戴的稳定性。这两项要求任何一项不合格都会直接影响到安全帽的整体安全性。

3）安全性能要求：安全性能指的是安全帽防护性能，是判定安全帽产品合格与否的重要指标，包括基本技术性能要求（冲击吸收性能、耐穿刺性能和下颌带强度）和特殊技术性能要求（抗静电性能、电绝缘性能、侧向刚性、阻燃性能和耐低温性能）。GB 2811—2007中明确规定了安全帽产品应达到的要求。

4）合格标志：国家对安全帽实行了生产许可证管理和安全标志管理。每顶安全帽的标志由永久标志和产品说明组成。永久标志应采用刻印、缝制、铆固标牌、模压或注塑在帽壳上。永久性标志包括：现行安全帽标准编号、制造厂名、生产日期（年、月）、产品名称、产品特殊技术性能（如果有）。产品说明包括必要的几条说明，适用和不适用场所，适用头围的大小，安全帽的报废判别条件和保持期限共12项，选购时，应注意检查。目前，产品说明以耐磨不干胶的形式贴在安全帽内壁的居多，便于检查和使用。

（3）安全帽的选择

使用者在选择安全帽时，应注意选择符合国家相关管理规定、标志齐全、经检验合格的安全帽，并应检查其近期检验报告。并且要根据不同的防护目的选择不同的品种，如，带电作业场所的使用人员，应选择具有电绝缘性能并检查合格的安全帽。通常应注意以下几点：

1）检查"三证"，即生产许可证、产品合格证、安全鉴定证。凡是在我国国内生产销售的PPE，按规定应具备以上证书。

2）检查标志，检查永久性标志和产品说明是否齐全、准确，以及"安全防护"的盾牌标志。

3）检查产品做工，合格的产品做工较细，不会有毛边，质地均匀。

4）目测佩戴高度、垂直距离、水平距离等指标，用手感觉一下重量。

（4）使用与保管注意事项

安全帽的佩戴要符合标准，使用要符合规定。如果佩戴和使用不正确，就起不到充分的防护作用。一般应注意下列事项：

1）凡进入施工现场的所有人员，都必须配戴安全帽。作业中不得将安全帽脱下，搁置一旁，或当坐垫使用。

2）佩带安全帽前，应检查安全帽各配件有无损坏，装配是否牢固，外观是否完好，帽衬调节部分是否卡紧，绳带是否系紧等，确信各部件齐全完好后方可使用。

3）按自己头围调整安全帽后箍，调整带到适合的位置，将帽内弹性带系牢。缓冲衬垫的松紧由带子调节，垂直间距一般在 25～50mm，至少不要小于 32mm 为好。这样才能保证当遭受到冲击时，帽体有足够的空间可供缓冲，平时也有利于头和帽体间的通风。

4）佩戴时一定要将安全帽戴正、戴牢，不能晃动，下颌带必须扣在颌下，并系牢，松紧要适度。调节好后箍，以防安全帽脱落。

5）使用者不能随意调节帽衬的尺寸，不能随意在安全帽上拆卸或添加附件，不能私自在安全帽上打孔，不要随意碰撞安全帽，不要将安全帽当板凳坐，以免影响其原有的防护性能。

6）经受过一次冲击或做过试验的安全帽应作废，不能再次使用。

7）安全帽不能在有酸、碱或化学试剂污染的环境中存放，不能放置在高温、日晒或潮湿的场所中，以免其老化变质。

8）要定期检查安全帽，检查有没有龟裂、下凹、裂痕和磨损等情况，如存在影响其性能的明显缺陷就及时报废。

9）严格执行有关安全帽使用期限的规定，不得使用报废的安全帽。植物枝条编织的安全帽有效期为 2 年，塑料安全帽的有效期限为 2 年半，玻璃钢（包括维纶钢）和胶质安全帽的有效期限为 3 年半，超过有效期的安全帽应报废。

2. 安全带安全使用要求

（1）安全带的分类与标记

安全带是防止高处作业人员发生坠落或发生坠落后将作业人员安全悬挂的个体防护装备。由带子、绳子和各种零部件组成。安全带按作业类别分为围杆作业安全带、区域限制安全带和坠落悬挂安全带三类。

安全带的标记由作业类别、产品性能两部分组成。

1）作业类别：以字母 W 代表围杆作业安全带，以字母 Q 代表区域限制安全带，以字母 Z 代表坠落悬挂安全带；

2）产品性能：以字母 Y 代表一般性能，以字母 J 代表抗静电性能，以字母 R 代表抗阻燃性能，以字母 F 代表抗腐蚀性能，以字母 T 代表适合特殊环境（各性能可组合）。

示例：围杆作业、一般安全带表示为"W-Y"；区域限制、抗静电、抗腐蚀安全带表示为"Q-JF"。

（2）安全带的一般技术要求

安全带不应使用回收料或再生料，使用皮革不应有接缝。安全带与身体接触的一面不应有凸出物，结构应平滑。腋下、大腿内侧不应有绳、带以外的物品，不应有任何部件压迫喉部、外生殖器。坠落悬挂安全带的安全绳同主带的连接点应固定于佩戴者的后背、后腰或胸前，不应位于腋下、腰侧或腹部，并应带有一个足以装下连接器及安全绳的口袋。

主带应是整根，不能有接头。宽度不应小于 40mm。辅带宽度不应小于 20mm。主带扎紧扣应可靠，不能意外开启。

腰带应和护腰带同时使用。护腰带整体硬挺度不应小于腰带的硬挺度，宽度不应小于80mm，长度不应小于600mm，接触腰的一面应有柔软、吸汗、透气的材料。

安全绳（包括未展开的缓冲器）有效长度不应大于2m，有两根安全绳（包括未展开的缓冲器）的安全带，其单根有效长度不应大于1.2m。禁止将安全绳用作悬吊绳。悬吊绳与安全绳禁止共用连接器。

用于焊接、炉前、高粉尘浓度、强烈摩擦、割伤危害、静电危害、化学品伤害等场所的安全绳应加相应护套。使用的材料不应同绳的材料产生化学反应，应尽可能透明。

织带折头连接应使用线缝，不应使用铆钉、胶粘、热合等工艺。缝纫线应采用与织带无化学反应的材料，颜色与织带应有区别。织带折头缝纫前及绳头编花前应经燎烫处理，不应留有散丝。不得之后燎烫。

绳、织带和钢丝绳形成的环眼内应有塑料或金属支架。钢丝绳的端头在形成环眼前应使用铜焊或加金属帽（套）将散头收拢。

所有绳在构造上和使用过程中不应打结。每个可拍（飘）动的带头应有相应的带箍。

所有零部件应顺滑，无材料或制造缺陷，无尖角或锋利边缘。"8"字环、"品"字环不应有尖角、倒角，几何面之间应采用R4以上圆角过渡。调节扣不应划伤带子，可以使用滚花的零部件。

金属零件应浸塑或电镀以防锈蚀。金属环类零件不应使用焊接件，不应留有开口。在爆炸危险场所使用的安全带，应对其金属件进行防爆处理。

连接器的活门应有保险功能，应在两个明确的动作下才能打开。

旧产品应按GB/T 6096—2009第4.2条规定的方法进行静态负荷测试，当主带或安全绳的破坏负荷低于15kN时，该批安全带应报废或更换相应部件。

（3）安全带的标记

安全带的标记由永久标记和产品说明组成。永久性标志应缝制在主带上，内容包括：产品名称、执行标准号、产品类别、制造厂名、生产日期（年、月）、伸展长度、产品的特殊技术性能（如果有）、可更换的零部件标识应符合相应标准的规定。

可以更换的系带应有下列永久标记：产品名称及型号、相应标准号、产品类别、制造厂名、生产日期（年、月）。

每条安全带应配有一份产品说明书，随安全带到达佩戴者手中。内容包括：安全带的适用和不适用对象，整体报废或更换零部件的条件或要求，清洁、维护、贮存的方法，穿戴方法，日常检查的方法和部位，首次破坏负荷测试时间及以后的检查频次、安全带同挂点装置的连接方法等13项。

（4）安全带的选择

选购安全带时，应注意选择符合国家相关管理规定、标志齐全、经检验合格的产品。

1）根据使用场所条件确定型号。

2）检查"三证"，即生产许可证、产品合格证、安全鉴定证。凡是在我国国内生产销售的PPE，按规定应具备以上证书。

3）检查特种劳动防护用品标志、标识，检查安全标志证书和安全标志标识。

4）检查产品的外观、做工，合格的产品做工较细，带子和绳子不应留有散丝。

5）细节检查，检查金属配件上是否有制造厂的代号，安全带的带体上是否有永久性标识，合格证和检验证明，产品说明是否齐全、准确。合格证是否注明产品名称，生产年月，拉力试验，冲击试验，制造厂名，检验员姓名等情况。

(5) 安全带的使用和维护

安全带的使用和维护有以下几点要求：

1) 为了防止作业者在某个高度和位置上可能出现的坠落，作业者在登高和高处作业时，必须按规定要求佩戴安全带。

2) 在使用安全带前，应检查安全带的部件是否完整，有无损伤，绳带有无变质，卡环是否有裂纹，卡簧弹跳性是否良好。金属配件的各种环不得是焊接件，边缘光滑，产品上应有"安鉴证"。

3) 使用时要高挂低用。要拴挂在牢固的构件或物体上，防止摆动或碰撞，绳子不能打结，钩子要挂在连接环上。当发现有异常时要立即更换，换新绳时要加绳套。

4) 高处作业如安全带无固定挂处，应采用适当强度的钢丝绳或采取其他方法。禁止把安全带挂在移动或带尖锐棱角或不牢固的物件上。

5) 安全带、绳保护套要保持完好，不允许在地面上随意拖着绳走，以免损伤绳套，影响主绳。若发现保护套损坏或脱落，必须加上新套后再使用。

6) 安全带严禁擅自接长使用。使用 3m 及以上的长绳必须要加缓冲器，各部件不得任意拆除。

7) 安全带在使用后，要注意维护和保管。要经常检查安全带缝制部分和挂钩部分，必须详细检查捻线是否发生裂断和残损等。

8) 安全带不使用时要妥善保管，不可接触高温、明火、强酸、强碱或尖锐物体，不要存放在潮湿的仓库中保管。

9) 安全带在使用两年后应抽验一次，使用频繁的绳要经常进行外观检查，发现异常必须立即更换。定期或抽样试验用过的安全带，不准再继续使用。

3. 安全网安全使用要求

劳动防护用品除个人随身穿用的防护性用品外，还有少数公用性的防护性用品，如安全网、护罩、警告信号等属于半固定或半随动的防护用具。用来防止人、物坠落，或用来避免、减轻坠落及物击伤害的网具，称为安全网。

安全网按功能分为安全平网、安全立网及密目式安全立网。现行的《安全网》(GB 5725—2009) 将原《密目式安全立网》与《安全网》合二为一。

(1) 安全网的分类标记

1) 平（立）网的分类标记由产品材料、产品分类及产品规格尺寸三部分组成。产品分类以字母 P 代表平网、字母 L 代表立网；产品规格尺寸以宽度×长度表示，单位为米；阻燃型网应在分类标记后加注"阻燃"字样。例如，宽度为 3m，长度为 6m，材料为锦纶的平网表示为：锦纶 P－3×6；宽度为 1.5m，长度为 6m，材料为维纶的阻燃型立网表示为：维纶 L－1.5×6 阻燃。

2) 密目网的分类标记由产品分类、产品规格尺寸和产品级别三部分组成。产品分类以字母 ML 代表密目网；产品规格尺寸以宽度×长度表示，单位为米；产品级别分为 A级和 B级。例如，宽度为 1.8m，长度为 10m 的 A级密目网表示为"ML－1.8×10A级"。

（2）安全网的技术要求

1）平网宽度不应小于 3m，立网宽（高）度不应小于 1.2m。平（立）网的规格尺寸与其标称规格尺寸的允许偏差为±4%。平（立）网的网目形状应为菱形或方形，边长不应大于 8cm。

2）单张平（立）网质量不宜超过 15kg。

3）平（立）网可采用锦纶、维纶、涤纶或其他材料制成，所有节点应固定。其物理性能、耐候性应符合 GB 5725—2009 的相关规定。

4）平（立）网上所用的网绳、边绳、系绳、筋绳均应由不小于 3 股单绳制成。绳头部分应经过编花、燎烫等处理，不应散开。

5）平（立）网的系绳与网体应牢固连接，各系绳沿网边均匀分布，相邻两系绳间距不应大于 75cm，系绳长度不小于 80cm。平（立）网如有筋绳，则筋绳分布应合理，两根相邻筋绳的距离不应小于 30cm。当筋绳加长用作系绳时，其系绳部分必须加长，且与边绳系紧后，再折回边绳系紧，至少形成双根。

6）平（立）网的绳断裂强力应符合 GB 5725—2009 的规定。

7）密目网的宽度应介于 1.2~2m。长度由合同双方协议条款指定，但最低不应小于 2m。网眼孔径不应大于 12mm。网目、网宽度的允许偏差为±5%。

8）密目网各边缘部位的开眼环扣应牢固可靠。开眼环扣孔径不应小于 8mm。

9）网体上不应有断纱、破洞、变形及有碍使用的编织缺陷。缝线不应有跳针、漏缝、缝边应均匀。

10）每张密目网允许有一个接缝，接缝部位应端正牢固。

（3）安全网的标志

安全网的标志由永久标志和产品说明书组成。

1）安全网的永久标识包括：执行标准号、产品合格证、产品名称及分类标记、制造商名称、地址、生产日期、其他国家有关法律法规所规定必须具备的标记或标志。

2）制造商应在产品的最小包装内提供产品说明书，应包括但不限于以下内容。

平（立）网的产品说明：平（立）网安装、使用及拆除的注意事项，储存、维护及检查，使用期限，在何种情况下应停止使用。

密目网的产品说明：密目网的适用和不适用场所，使用期限，整体报废条件或要求，清洁、维护、储存的方法，拴挂方法，日常检查的方法和部位，使用注意事项，警示"不得作为平网使用"，警示"B 级产品必须配合立网或护栏使用才能起到坠落防护作用"以及本品为合格品的声明。

（4）安全网的使用和维护

安全网的使用和维护有以下几点要求：

1）安全网的检查内容，包括网内不得存留建筑垃圾，网下不能堆积物品，网身不能出现严重变形和磨损，以及是否会受化学品与酸、碱烟雾的污染及电焊火花的烧灼等。

2）支撑架不得出现严重变形和磨损。其连接部位不得有松脱现象。网与网之间及网与支撑架之间的连接点亦不允许出现松脱。所有绑拉的绳都不能使其受严重的磨损或有变形。

3）网内的坠落物要经常清理，保持网体洁净。还要避免大量焊接或其他火星落入网内，并避免高温或蒸汽环境。当网体受到化学品的污染或网绳嵌入粗砂粒或其他可能引起磨损的异物时，应须进行清洗，洗后使其自然干燥。

4）安全网在搬运中不可使用铁钩或带尖刺的工具，以防损伤网绳。

5）安全网应由专人保管发放。如暂不使用，应存放在通风、避光、隔热、防潮、无化学品污染的仓库或专用场所，并将其分类、分批存放在架子上，不允许随意乱堆。在存放过程中，亦要求对网体作定期检验，发现问题，立即处理，以确保安全。

6）如安全网的贮存期超过两年，应按 0.2% 抽样，不足 1000 张时抽样两张进行耐冲击性能测试，测试合格后方可销售使用。

三、其他劳动防护用品的使用注意事项

1. 防护眼镜和面罩

物质的颗粒碎屑、火花热流、耀眼的光线和烟雾都会对眼睛造成伤害，所以应根据对象不同选择和使用防护眼镜。

（1）防护眼镜和面罩的作用

1）防止异物进入眼睛。

2）防止化学性物品的伤害。

3）防止强光、紫外线和红外线的伤害。

4）防止微波、激光和电离辐射的伤害。

（2）防护眼镜和面罩使用注意事项

1）选用的护目镜要选用经产品检验机构检验合格的产品。

2）护目镜的宽窄和大小要适合使用者的脸型。

3）镜片磨损粗糙、镜架损坏，会影响操作人员的视力，应及时调换。

4）护目镜要专人使用，防止传染眼病。

5）焊接护目镜的滤光片要按规定作业需要选用和更换。

6）防止重摔重压，防止坚硬的物体摩擦镜片和面罩。

2. 防护手套

对手的安全防护主要靠手套。使用防护手套时，必须对工件、设备及作业情况分析之后，选择适当材料制作的，操作方便的手套，方能起到保护作用。

（1）防护手套的作用

1）防止火与高温、低温的伤害。

2）防止电磁与电离辐射的伤害。

3）防止电、化学物质的伤害。

4）防止撞击、切割、擦伤、微生物侵害以及感染。

（2）防护手套使用注意事项

1）绝缘手套应定期检验电绝缘性能，不符合规定的不能使用。

2）橡胶、塑料等类防护手套用后应冲洗干净、晾干，保存时避免高温，并在制品上撒上滑石粉以防粘连。

3）操作旋转机床禁止戴手套作业。

3. 防护鞋

防护鞋的功能主要针对工作环境和条件而设定，一般都具有防滑、防刺穿、防挤压的功能，另外就是具有特定功能，比如防导电、防腐蚀等。

（1）防护鞋的作用

1）防止物体砸伤或刺割伤害。如高处坠落物品及铁钉、锐利的物品散落在地面，这样就可能引起砸伤或刺伤。

2）防止高低温伤害。冬季在室外施工作业，可能发生冻伤。

3）防止滑倒。在摩擦力不大，有油的地板可能会滑倒。

4）防止酸碱性化学品伤害。在作业过程中接触到酸碱性化学品，可能发生足部被酸碱灼伤的事故。

5）防止触电伤害。在作业过程中接触到带电体造成触电伤害。

6）防止静电伤害。静电对人体的伤害主要是引起心理障碍，产生恐惧心理，引起从高处坠落等二次事故。

（2）绝缘鞋（靴）的使用及注意事项

1）必须在规定的电压范围内使用。

2）绝缘鞋（靴）胶料部分无破损，且每半年作一次预防性试验。

3）在浸水、油、酸、碱等条件下不得作为辅助安全用具使用。

4）穿用绝缘靴时，应将裤管套入靴筒内。穿用绝缘鞋时，裤管不宜长及鞋底外沿条高度，更不能长及地面，保持布帮干燥。

第三节　安全事故应急救援预案的制定

一、国家有关法律法规的规定

1.《安全生产法》规定："生产经营单位的主要负责人员有组织制定并实施本单位的生产安全事故应急预案的职责。"

"生产经营单位对重大危险源应当登记建档，进行定期检测、评估、监控，并制订应急预案，告知从业人员和相关人员在紧急情况下应当采取的应急措施。"

"县级以上地方各级人民政府应当组织有关部门制定本行政区域内特大生产安全事故应急救援预案，建立应急救援体系。"

2.《职业病防治法》规定："用人单位应当建立、健全职业病危害事故应急救援预案。"

3.《消防法》规定："消防安全重点单位应当制定灭火和应急疏散预案，定期组织消防演练。"

4.《建设工程安全生产管理条例》规定：

第四十七条　县级以上地方人民政府建设行政主管部门应当根据本级人民政府的要求，制定本行政区域内建设工程特大生产安全事故应急救援预案。

第四十八条　施工单位应当制定木单位生产安全事故应急救援预案，建立应急救援组织或者配备应急救援人员，配备必要的应急救援器材、设备，并定期组织演练。

第四十九条 施工单位应当根据建设工程施工的特点、范围，对施工现场易发生重大事故的部位、环节进行监控，制定施工现场生产安全事故应急救援预案。实行施工总承包的，由总承包单位统一组织编制建设工程生产安全事故应急救援预案，工程总承包单位和分包单位按照应急救援预案，各自建立应急救援组织或者配备应急救援人员，配备救援器材、设备、并定期组织演练。

5. 国务院《关于特大安全事故行政责任追究的规定》中规定："市（地、州）、县（市、区）人民政府必须制定本地区特大安全事故应急处理预案。本地区特大安全事故应急处理预案经政府主要领导人签署后，报上一级人民政府备案。"

6. 国务院《特种设备安全监察条例》规定："特种设备使用单位应当制定特种设备的事故应急措施和救援预案。"

7. 国务院《使用有毒物品场所劳动保护条例》规定："从事使用高毒物品作业的用人单位，应当配备应急救援预案人员和必要的应急救援器材、设备，制定事故应急救援预案，并根据实际情况变化对应急救援预案适时进行修订，定期组织演练。事故应急救援预案和演练记录应当报当地卫生行政部门、安全生产监督管理部门和公安部门备案。"

二、应急预案的制定

为了预防和控制重大事故的发生，并能在重大事故发生后有条不紊地开展救援工作，各施工单位都应该制定和完善应急预案措施。

1. 组织机构及职责

应急预案实施的组织机构和各小组的职责见图 3-1。

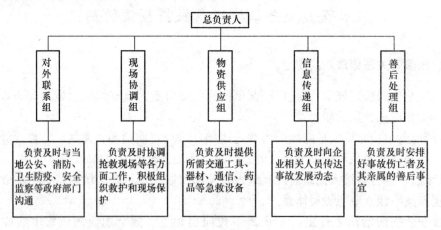

图 3-1 组织机构及职责

2. 应急预案的内容

（1）应急防范重点区域和单位。

（2）应急救援准备和快速反应详细方案。

（3）应急救援现场处置和善后工作安排计划。

（4）应急救援物资保障计划。

（5）应急救援请示报告制度。

3. 应急预案演习

(1) 确定应急预案内容后让所有职工都知道。

(2) 对应急预案要定期检查，不断完善。

(3) 所有施工现场人员都应参加应急演习，以熟悉应急状态后的行动方案。

三、北京市建设工程施工突发事故应急预案（摘要）

1 总则

1.1 建设工程施工特点与影响安全生产的因素

（略）

1.1.1 施工工艺复杂。（略）

1.1.2 工人劳动作业强度大。（略）

1.1.3 建设施工作业受外部条件和天气变化影响大。（略）

1.1.4 作业环境危险。（略）

1.1.5 建设施工企业安全生产管理水平参差不齐，作业人员安全防护意识普遍不高，安全教育培训不到位等情况仍然存在。（略）

1.2 建设工程施工安全生产的现状

（略）

1.3 指导思想和编制目标

以邓小平理论和"三个代表"重要思想为指导，以科学发展观为统领，坚持以人为本的理念，最大限度地减少各种灾害和事故损失，维护人民生命财产和社会公共安全，建立"统一领导、分级负责、功能全面、反应灵敏、运转高效"的建设工程施工突发事故应急体系。为加快推进"人文北京、科技北京、绿色北京"建设和构建社会主义和谐社会首善之区服务。

1.4 编制依据

依据《中华人民共和国突发事件应对法》、《北京市实施〈中华人民共和国突发事件应对法〉办法》、《北京市突发事件总体应急预案》、《生产安全事故报告和调查处理条例》、《工程建设重大事故报告和调查程序规定》等相关法律、法规和规定，结合本市建设系统应急管理工作实际，制定本预案。

1.5 工作原则

（1）安全第一，预防为主。强化安全风险管理，注重事故预防工作，以降低风险、消除隐患、防患未然。做好预警预测及预警响应工作，关口前移、重心下移，努力做到早发现、早报告、早控制、早解决，最大限度地预防各类安全事故的发生。

（2）统一领导，畅通指挥。各成员单位在市建筑工程事故应急指挥部的统一领导和指挥协调下，严格履行各自职责，切实做好建设工程施工突发事故的预防和处置工作。要密切与指挥部的联系，保持通信联络畅通，确保指挥部各项任务指令下达后迅速落实到位。

（3）强化准备，平战结合。立足实战，积极做好常态下的风险评估、制度建设、预案编制、应急队伍建设和抢险物资储备等各项工作，夯实应急管理基础，确保遇到各类突发事件能够快速反应、有效处置。

（4）依靠专家，科学救援。建立强有力的专家队伍，充分发挥行业专家在应急抢险救援中的作用，科学研判、民主决策，为科学救援和领导决策提供有力支持。

1.6 事故分级

依据建设工程施工突发事故造成的人员及财产损失等情况，事故等级由高到低划分为特别重大（Ⅰ级）、重大（Ⅱ级）、较大（Ⅲ级）、一般（Ⅳ级）四个级别。

1.6.1 特别重大建设工程施工突发事故（Ⅰ级）

符合下列条件之一的为特别重大建设工程施工突发事故：

（1）造成30人以上死亡；

（2）造成100人以上重伤（包括有害气体中毒，下同）；

（3）造成1亿元以上直接经济损失；

（4）造成市政基础设施、建筑物、构筑物严重损坏，社会影响特别巨大；

（5）其他被认为应当启动特别重大级别预案的情况。

1.6.2 重大建设工程施工突发事故（Ⅱ级）

符合下列条件之一的为重大建设工程施工突发事故：

（1）造成10人以上30人以下死亡；

（2）造成50人以上100人以下重伤；

（3）造成5000万元以上1亿元以下直接经济损失；

（4）造成市政基础设施、建筑物、构筑物严重损坏，社会影响巨大；

（5）其他被认为应当启动重大级别预案的情况。

1.6.3 较大建设工程施工突发事故（Ⅲ级）

符合下列条件之一的为较大建设工程施工突发事故：

（1）造成3人以上10人以下死亡；

（2）造成10人以上50人以下重伤；

（3）造成1000万元以上5000万元以下直接经济损失；

（4）造成市政基础设施、建筑物、构筑物损坏，社会影响较大；

（5）其他被认为应当启动较大级别预案的情况。

1.6.4 一般建设工程施工突发事故（Ⅳ级）

符合下列条件之一的为一般建设工程施工突发事故：

（1）造成3人以下死亡；

（2）造成3人以上10人以下重伤；

（3）造成100万元以上1000万元以下直接经济损失；

（4）造成市政基础设施、建筑物、构筑物损坏，对社会产生一定影响；

（5）其他被认为应当启动一般级别预案的情况。

1.7 适用范围

本预案适用于本市行政区域内各类新建、扩建、改建房屋建筑和市政基础设施工程（不含铁路、水利、交通等专业工程）在施工过程中发生的危及人员安全或导致人员伤亡，以及由于施工原因造成的危及社会和公众安全、导致国家和人民财产遭受严重损失的事故的预防和处置工作。

1.8 预案体系

本市建设工程施工突发事故应急预案体系分市、区两级管理，由轨道工程施工突发事故预案、工程防汛预案等组成。

2 应急指挥体系及职责

2.1 市建筑工程事故应急指挥部

市建筑工程事故应急指挥部由总指挥、副总指挥和成员单位主管负责同志组成。

2.1.1 指挥部职责

（1）贯彻落实《中华人民共和国突发事件应对法》、《北京市实施〈中华人民共和国突发事件应对法〉办法》等相关法律法规；

（2）研究制定本市应对建设工程施工突发事故的政策措施和指导意见；

（3）负责具体指挥本市特别重大、重大及城六区较大建设工程施工突发事故应急处置工作，指挥协调或督促指导区县政府做好较大、一般建设工程施工突发事故应急处置工作；

（4）分析总结本市建设工程施工突发事故的应对工作，制定工作规划和年度工作计划；

（5）组织开展北京市建筑工程事故应急指挥部所属应急救援队伍的建设管理以及应急物资的储备保障等工作；

（6）承办市应急委交办的其他事项。

2.1.2 指挥部总指挥、副总指挥及其职责

（1）总指挥

总指挥由市政府分管副市长担任，负责市建筑工程事故应急指挥部的领导工作，对本市建设工程突发事故应对工作实施统一指挥。

（2）副总指挥

副总指挥分别由市政府分管副秘书长、市重大办主任和市住房城乡建设委主任担任。

市政府分管副秘书长协助总指挥做好应急救援的各项工作。主要负责市建筑工程事故应急指挥部的统筹协调工作。受总指挥委托，负责建设工程突发事故现场处置协调工作，督促检查各单位责任制落实情况。

市重大办主任负责协助总指挥做好轨道建设工程突发事故的预防和应急处置工作。

市住房和城乡建设委主任协助总指挥做好建设工程突发事故应急救援各项工作。负责市建筑工程事故应急指挥部办公室的工作。

2.2 市建筑工程事故应急指挥部办公室及职责

市建筑工程事故应急指挥部办公室为市建筑工程事故应急指挥部的常设办事机构，设在市住房和城乡建设委员会，办公室主任由市住房和城乡建设委主任担任。主要职责是：

（1）组织落实北京市建筑工程事故应急指挥部决定，协调和调动成员单位应对建设工程施工突发事故相关工作；

（2）承担北京市建筑工程事故应急指挥部值守应急工作；

（3）收集、分析工作信息，及时上报重要信息；

（4）负责本市建设工程突发事故风险评估控制、隐患排查整改工作；

（5）负责发布蓝色、黄色预警信息，向市应急办提出发布橙色、红色预警信息的建议；

（6）配合有关部门承担北京市建筑工程事故应急指挥部新闻发布相关工作；

（7）组织拟订（修订）与北京市建筑工程事故应急指挥部职能相关的专项、部门应急预案，指导区县制定（修订）区县建设工程施工突发事故专项、部门应急预案；

（8）负责本市建设工程施工突发事故应急演练；

（9）负责本市应对建设工程施工突发事故的宣传教育与培训；

（10）负责北京市建筑工程事故应急指挥部应急指挥技术系统的建设与管理工作；

（11）负责北京市建筑工程事故应急指挥部专家顾问组的联系和现场指挥部的组建等工作；

（12）承担北京市建筑工程事故应急指挥部的日常工作。

2.3 成员单位及职责

（1）市委宣传部：负责组织协调开展对重大以上建设工程施工突发事故及处置情况的新闻发布和舆论调控工作。

（2）市发展改革委：负责组织协调对因建设工程施工突发事故造成损坏的供电线路实施抢修和应急处置。负责为抢险现场提供电力供应保障。

（3）市经济信息化委：负责为建设工程突发事故的处置提供电子政务网络及800兆无线政务网等方面的应急保障。

（4）市公安局：负责组织落实建设工程施工突发事故现场的治安秩序维护工作。参与事故的调查工作。

（5）市人力社保局：负责督促、指导事故所在企业做好事故伤亡人员的善后及赔偿相关工作。参与事故的调查工作。

（6）市国土局：负责参与突发事故抢险有关协调工作。

（7）市规划委：负责为建设工程施工突发事故抢险救援提供所需的工程勘察、工程设计资料、数据以及技术支持。

（8）市住房城乡建设委：负责市建筑工程事故应急指挥部办公室的日常工作。负责组织建设工程施工突发事故灾情速报，事故应急处置与损失评估等工作。负责组织建筑工程事故应急指挥部的技术系统建设。负责建设工程施工突发事故应急救援队伍的建设与协调管理。参与做好建设工程施工突发事故的宣传报道与新闻发布工作。负责指导各区县开展建设工程施工突发事故的预防与处置工作。

（9）市市政市容委：负责对因建设工程施工突发事故造成损坏的燃气管线、热力管线实施抢修和应急处置。

（10）市交通委：负责在建设工程施工突发事故中组织落实对道路、桥梁等交通设施的恢复，保障交通基础设施完好。因建设工程施工突发事故造成公共交通线路运行中断，负责协调公共交通运营时间和线路的调整。负责在建设工程施工突发事故中组织做好交通运输保障工作。

（11）市水务局：负责组织落实因建设工程施工突发事故成损坏的城市给、排水管线的抢修和应急处置工作。

（12）市卫生局：负责组织落实在建设工程施工突发事故中伤亡人员的救治与转运工作。

（13）市国资委：负责协调、督促本市国有企业做好建设工程施工突发事故抢险救援及善后相关工作。

（14）市安全监管局：负责组织建设工程施工突发事故调查处理工作。配合做好建设工程施工突发事故的抢险救援工作。

（15）市重大办：参与轨道建设工程施工突发事故的协调处置工作。协助市建筑工程事故应急指挥部办公室做好应急抢险相关资源的协调调度工作。

（16）市总工会：参与较大及以上级别建设工程施工突发事故的调查处理，指导企业做好事故善后处理工作。

（17）市通信管理局：负责为建设工程施工突发事故的指挥处置提供应急通信保障。负责组织、协调对因建设工程施工突发事故造成损坏的公共通信网络实施抢修和应急处置。

（18）市气象局：负责提供气象预警信息并为建设工程施工突发事故的处置提供气象信息服务。

（19）市公安局公安交通管理局：负责做好事故现场及周边道路交通维护疏导工作。必要时采取临时交通管制措施，为开展抢险救援开辟绿色通道。

（20）市公安局消防局：负责对建设工程施工突发事故引发的以火灾为主的次生灾害事故实施抢险救援。协助工程抢险救援队伍执行被困及被埋压人员的营救任务。

（21）各区县政府：负责组织、协调应由属地区县政府主责处置的建设工程施工突发事故。当发生应由市建筑工程事故应急指挥部主责处置的建设工程施工突发事故时，各区县政府负责组织做好事故应急的先期处置和后勤保障等工作。完成市建筑工程事故应急指挥部及办公室交办的其他任务。

（22）市轨道交通建设管理有限公司：负责具体组织落实在建轨道交通工程施工突发事故的预防和协调处置工作。

（23）市电力公司：负责具体组织落实对因建设工程施工突发事故造成损坏供电线路的抢修和应急处置。具体落实为抢险现场提供电力供应保障。

2.4　专家顾问组及职责

市建筑工程事故应急指挥部聘请建设工程相关专业专家组成专家顾问组。主要职责是：

（1）在制定建设工程施工突发事故应急有关规定、预案、制度、方案中提供专家意见。

（2）为建设工程施工突发事故应急抢险指挥调度等重大决策提供技术指导与建议。及时发现建设工程施工突发事故应急救援工作中存在的技术问题，并提出改进建议。

（3）对建设工程施工突发事故的发展趋势、抢险救援方案、应急处置措施、灾害损失和恢复方案等进行研究、评估，并提出相关建议。

（4）按照市建筑工程事故应急指挥部的要求，配合做好建设工程施工突发事故应急处置的宣传报道与事故原因调查工作。

（5）开展应急相关业务培训讲座，参与教材编审等。

3　监测与预警

3.1　预警监测

各区县建设行政主管部门（区县建筑工程事故应急指挥部办公室）、各施工企业应当定期开展典型事故案例研究，认真分析事故成因，紧密结合在建工程安全管理实际情况，找出施工安全事故风险隐患产生发展规律，建立健全事故风险预警指标体系和监测制度，落实各项预警监测措施。对发生概率高、事故后果影响大的各类安全风险，相关单位要安排足够的力量，密切监测风险动态变化情况，随时收集各类预警监测数据和信息，为有针对性地做好事故预防提供依据和参考。

3.2 预警级别

依据建设工程施工安全风险隐患可能造成的危害程度、发展情况和紧迫性等因素，由低到高划分为蓝色、黄色、橙色、红色四个预警级别。

3.2.1 蓝色预警。当符合下列条件之一时可发布蓝色预警：

（1）有关部门发布极端天气预警，并预计有可能引发一般突发事故时；

（2）在国家及本市重要活动、会议或重大节日到来前，并预计有可能发生一般突发事故时；

（3）经指挥部办公室会商研判，其他有可能引发一般突发事故的情形。

3.2.2 黄色预警。当符合下列条件之一时可发布黄色预警：

（1）有关部门发布极端天气预警，并预计有可能引发较大突发事故时；

（2）在国家及本市重要活动、会议或重大节日到来前，并预计有可能发生较大突发事故时；

（3）本市发生一起较大建设工程施工突发事故时；

（4）经指挥部办公室会商研判，其他有可能引发较大突发事故的情形。

3.2.3 橙色预警。当符合下列条件之一时可发布橙色预警：

（1）有关部门发布极端天气预警，并预计有可能引发重大突发事故时；

（2）在国家及本市重要活动、会议或重大节日到来前，并预计有可能发生重大突发事故时；

（3）本市发生一起重大建设工程施工突发事故时；

（4）经指挥部办公室会商研判，其他有可能引发重大突发事故的情形。

3.2.4 红色预警。当符合下列条件之一时可发布红色预警：

（1）有关部门发布极端天气预警，并预计有可能引发特别重大突发事故时；

（2）在国家及本市重要活动、会议或重大节日到来前，并预计有可能发生特别重大突发事故时；

（3）本市发生一起特别重大建设工程施工突发事故时；

（4）经指挥部办公室会商研判，其他有可能引发特别重大突发事故的情形。

3.3 预警发布和解除

3.3.1 蓝色和黄色预警：由市建筑工程事故应急指挥部办公室发布和解除，并报市应急办备案。

3.3.2 橙色和红色预警：由市建筑工程事故应急指挥部办公室向市应急办提出预警发布和解除建议，经市应急办报请分管市领导或市应急委主任批准后，由市应急办或授权市建筑工程事故应急指挥部办公室发布和解除。

发布预警信息应包括：建设工程施工突发事故的类别、预警级别、起始时间、可能影响范围、警示事项、应采取的措施和发布机关等。预警可通过系统内部应急指挥平台、传真、手机短信等途径发布。根据需要，也可通过电视、广播、网络等途径进行发布。

3.4 预警响应

当预警信息发布后，市建筑工程事故应急指挥部及各相关单位应按照本预案相应级别规定进行响应。

3.4.1 蓝色预警响应：相关成员单位严格落实 24 小时在单位值班带班制度，随时保持通信联络畅通。根据情况，各区县建设行政主管部门组织本辖区在建工地参建单位对有可能引发事故的风险隐患进行全面排查，发现问题立即督促责任单位整改。各区县政府组织所属抢险力量，做好随时应对突发事故的准备。各施工项目负责人、安全管理人员到岗到位，全面排查并消除各类安全隐患，做好抢险的各项准备工作。

3.4.2 黄色预警响应：在蓝色预警响应的基础上，相关单位进一步加强值班带班。各区县政府组织、督促本辖区在建工地参建单位进一步加强对风险隐患部位的巡查，必要时可针对重大风险源组织专家进行会商，制定有效措施，确保安全。根据需要，市建筑工程事故应急指挥部办公室开通异地会商系统和有线、无线通信设备，保持与各单位的沟通，督促指导属地开展预警响应工作。

3.4.3 橙色预警响应：在黄色预警响应的基础上，有关单位负责同志密切关注重大隐患整改情况，及时对重大风险源发展情况进行监控，全力消除安全隐患。必要时，调整施工时段或停止施工作业，及时将施工人员撤至安全区域。各单位应急力量和市、区各抢险队伍随时待命，做好立即赴现场应急抢险的准备。相关区县政府根据实际情况组织处于危险环境中的居民疏散避险。

3.4.4 红色预警响应：在橙色预警响应的基础上，各有关单位领导主动了解情况。24 小时监测重大危险源动态变化情况，发现超限数据立即采取措施并报告。迅速将处于危险作业环境中的施工人员撤离至安全区域。根据情况可向全市或局部发布停止相关施工作业的通知。

4 应急响应

4.1 应急响应权限划分

（略）

4.2 基本响应

建设工程施工突发事故发生后，所在企业和区县政府应立即启动本级应急预案，并在第一时间向市建筑工程事故应急指挥部办公室报告事故信息。按照处置权限划分，市建筑工程事故应急指挥部或属地区县政府立即协调相关单位和抢险资源开展抢险救援工作。

4.3 抢险救援基本流程及响应

4.3.1 事故信息报告

信息报告工作应贯穿事故发生、发展、处置和善后恢复的全过程。

建设工程突发事故发生后，事故单位、属地区县政府必须在第一时间将事故时间、地点、伤亡人数、事故经过、现场采取的措施、事故初步原因等有关情况报市建筑工程事故应急指挥部办公室，不得缓报、瞒报。当信息内容不清晰或不完整时，应尽快核实，并及时将准确信息报市建筑工程事故应急部办公室。当市建筑工程事故应急指挥部成员单位获取到事故信息后，应在第一时间将有关情况报市建筑工程事故应急指挥部办公室。市建筑工程事故应急指挥部办公室在接到事故信息后，应立即报指挥部领导、市应急办和相关上级单位，并立即将事故信息向指挥部有关成员单位通报。

在抢险工作进行中，各参与抢险的单位应及时将抢险救援进展情况以及存在的问题续报指挥部办公室。

4.3.2 抢险资源调动

当发生应由区县政府主责处置的建设工程施工突发事故时，事故所在区县政府应根据现场抢险救援需要，迅速调集相关方面人员、抢险队伍、设备物资到达现场，开展抢险救援工作。当现场抢险救援需求超出本级政府的协调能力时，应及时报请市建筑工程事故应急指挥部办公室协助支援。市建筑工程事故应急指挥部办公室根据现场救援需要，及时协调有关成员单位和相关资源到达现场参与抢险救援。

当发生应由市建筑工程事故应急指挥部主责处置的建设工程施工突发事故时，市建筑工程事故应急指挥部办公室应根据现场抢险救援需要，迅速协调相关方面人员、抢险队伍、设备物资到达现场，开展抢险救援工作。当抢险救援需求超出市建筑工程事故应急指挥部协调能力时，市建筑工程事故应急指挥部办公室及时报请市应急办给予支持。

相关单位在接到市建筑工程事故应急指挥部发布的指令后，应立即组织协调抢险资源赶赴现场参与处置。市公安局公安交通管理局负责为抢险人员、设备和物资快速到达现场提供通行便利。

4.3.3 先期处置

当发生应由市建筑工程事故应急指挥部主责处置的突发事故时，在市建筑工程事故应急指挥部到达现场前，相关单位应立即开展先期处置。先期处置分为企业先期处置和属地区县政府先期处置两类。

（1）企业先期处置。在政府部门到达事故现场前，事故所在总包企业为企业先期处置的主责单位，总包企业项目负责人为抢险救援指挥的第一责任人。建设工程施工突发事故发生后，事故所在项目总包企业应立即组织开展抢险救援。根据现场实际需要，企业先期处置可选择采取以下措施：立即将危险环境中的施工人员撤离至安全区域；核实事故人员伤亡情况；向市和属地区县建筑工程事故应急指挥部办公室（市和属地区县住房城乡建设委）报告事故准确信息，并随时续报救援进展情况；根据抢险需要立即拨打120、999、119、110、122等电话号码，通知相关单位到场救助；安排人员到现场周边迎候赶往现场抢险救援的人员、车辆和设备；当施工安全事故造成路面塌陷或高空悬挂危险物等次生灾害和隐患时，应及时安排专人对危险区域进行看护，并进行围挡、隔离、封闭，确定抢险救援工作区域，同时安排人员进行交通疏导，维护现场及周边秩序；调集所属人员和技术力量，在确保绝对安全的前提下，消除影响抢险救援的阻碍和不利因素，并组织开展抢险救援；在不影响一线救援的情况下，适时开展事故原因调查等。根据实际需要，主责处置企业还可采取一切必要措施开展先期处置。

当市建筑工程事故应急指挥部或属地区县政府到达现场后，总包企业项目负责人应及时报告抢险救援进展情况、需要处理的问题及有关工作措施。交接工作完成后，按照应急权限划分，移交事故处置协调指挥权，并配合做好后续抢险救援工作。

（2）区县政府先期处置。事故所在属地区县政府在接到事故信息后，立即启动区县政府先期处置程序赶赴现场。

根据现场实际需要，区县政府先期处置可选择采取以下措施：在赶往事故现场的同时，与事故所在企业核实事故准确信息以及现场抢险救援相关情况，及时将信息上报市建筑工程事故应急指挥部办公室；根据现场救援需求及时协调相关资源到达现场参与抢险；到达现场后，立即了解事故抢险救援进展情况、存在的问题及下一步措施等，与现场负责同志交接工作后，统筹协调各方资源继续组织开展抢险救援；随时向市建筑工程事故应急指挥部办公室续报抢险救援情况；为市建筑工程事故应急指挥部开展抢险救援工作提供后勤保障，主要包括：现场指挥部场所、抢险救援人员食宿准备、现场指挥部运行所需物资等。根据实际需要，主责处置区县政府还可采取一切必要措施开展先期处置。

当市建筑工程事故应急指挥部领导到达现场后，区县政府应立即报告抢险救援进展情况，将事故处置协调指挥权进行移交，并配合做好后续抢险救援工作。

4.3.4　成立现场救援指挥部

市建筑工程事故应急指挥部领导到达现场后，根据现场救援需要，适时成立现场指挥部。依据事故级别及造成的影响，现场指挥部总指挥由市建筑工程事故应急指挥部领导担任，也可由指挥部其他领导成员担任。现场指挥部一般情况下设8个工作组，根据抢险救援的实际需要，也可作相应调整。

（1）现场指挥部办公室：由市住房城乡建设委牵头，各成员单位指派一名联络员参加。负责传达现场指挥部领导决定，协调督促相关单位落实指挥部领导下达的指令。承担外联和现场指挥部内部协调、现场会务、资料收集等工作。

（2）抢险救援组：由市住房城乡建设委牵头，成员由市公安局消防局、市水务局、市发展改革委、市市政市容委、市卫生局、市交通委、市规划委专业抢险队伍，市属相关单位、事故所在总包企业组成。在牵头单位的组织指挥下，负责落实现场指挥部下达的抢险任务，组织开展一线抢险救援。

（3）社会面控制组：由市公安局牵头，成员由市公安局公安交通管理局、属地区县政府等单位组成。主要负责组织协调抢险救援现场及周边治安秩序维护工作，包括警戒线设置、人员控制、交通疏导等，并为抢险救援资源快速到达现场以及伤亡人员的快速转运提供通行便利。

（4）医疗救护组：由市卫生局牵头，成员由北京市急救中心（120）和北京市红十字会紧急救援中心（999）等单位组成，负责组织开展事故伤亡人员的医疗救治和转运，协助提出抢险救援建议和意见。

（5）宣传信息组：由市委宣传部牵头，成员由市住房城乡建设委、市公安局、市卫生局、市安全生产监督局及其他相关单位和属地区县政府等组成。主要负责研究制定新闻口径、组织安排新闻发布、协调接待媒体采访、上报事故相关信息等工作。

（6）专家工作组：由现场指挥部选调相关专业技术人员组建专家工作组，负责参与制定应急抢险救援工作方案，针对抢险救援中随时出现的疑难技术问题提出方案措施，为一线抢险救援提供技术指导。

（7）后勤保障组：由事故所在区县政府牵头，成员由事故责任企业及相关单位组成，主要负责协调落实临时设立现场指挥部工作场所、现场指挥部及抢险救援人员后勤保障、现场指挥部运行所需的硬件保障等。完成指挥部交办的其他任务。

（8）事故调查组：由市安全生产监督局牵头，成员由市总工会、市公安局、市监察局、市人力和社会保障局、市国土资源局、市规划委、市住房城乡建设委、市市政市容委、市交通委、市水务局及有关单位组成。必要时，邀请检察机关参与。主要职责是组织开展事故原因分析、事故责任调查等。

4.3.5 现场指挥部运行机制

为使现场指挥部抢险救援工作顺利开展，根据实际情况建立指挥部运行相关工作制度。

（1）制发证件。现场指挥部建立后，现场指挥部办公室根据实际需要为参与抢险的人员配发现场通行证件，同时将证件样式交公安部门识别。

（2）建立现场指挥部联席会议制度。现场指挥部根据抢险救援进展情况，适时召开现场指挥部相关单位联席会议，听取各工作组及相关单位情况汇报，通报信息、研判会商、制订方案、布置任务等。

（3）协调联动机制。指挥部办公室负责各工作组及成员单位间的沟通协调工作。各工作组之间和各单位之间在开展事故处置工作中，对出现的问题要主动沟通、密切配合、协同应对。必要时，由现场指挥部领导及现场指挥部办公室协调解决。

（4）信息报送制度。现场指挥部宣传信息组负责收集抢险工作信息，并及时向领导和上级部门报送。各工作组及各成员单位应及时将工作情况报宣传信息组。

（5）专家会商制度。为确保抢险救援工作安全顺利进行，加快抢险救援工作进程，避免事故影响和损失进一步扩大，专家组针对抢险救援工作中随时出现的技术问题及时进行会商，制定技术工作方案和措施，为开展抢险救援提供技术指导，为领导决策提供参考。

（6）现场值班制度。参与抢险的各单位应安排联络员进行全程现场值守，传达指令和信息，协助落实现场指挥部下达的任务。在开展抢险救援过程中如需更换联络人员，应做好工作交接，并及时报现场指挥部办公室。在完成指挥部下达的任务并报请现场指挥部领导同意后，联络员方可撤离。

（7）工作资料收集。现场指挥部办公室负责归集抢险救援工作中的各种资料。各工作组及成员单位在开展抢险救援工作中产生的文档资料，应及时报现场指挥部办公室。文档资料主要包括：请示报告、领导批示、会议纪要、工作方案、专家会商结果、大事记、各种图片、音像资料等。

（8）为确保抢险工作顺利开展，现场指挥部可根据实际需要建立现场指挥部运行相关工作机制。

4.3.6 处置措施

突发事故处置过程中，根据现场需要，现场指挥部可采取以下一项或多项措施进行处置：

（1）交通疏导和管制。（略）

（2）设置警戒区域及现场秩序维护。市公安局应根据现场抢险救援作业范围，组织对现场及周边设置警戒区域，对进入现场的人员实施控制，做好抢险现场及周边的治安秩序维护工作。

（3）消除抢险救援阻碍。因建设工程突发事故导致火灾、市政管线损坏等次生灾害，阻碍抢险救援工作正常开展时，市公安局消防局应立即组织实施灭火，各条受损管线行政主管部门应立即协调关闭危险源，为开展抢险救援工作创造条件。因建筑物、构筑物及其他障碍物阻碍抢险救援开展时，市住房城乡建设委及时与产权单位协调会商，根据实际情况对影响抢险救援的建筑物、构筑物或其他障碍物实施拆除。抢险救援不利影响消除后，各单位加快推进抢险救援各项工作。

（4）抢修受损市政管线设施。（略）

（5）风险源监测。根据事故性质、险情状况和抢险需要，现场指挥部组织专业监测机构，对事故现场及受影响范围的地形、建筑物、构筑物情况进行监测，并将监测情况及时提交现场指挥部专家组。

（6）专家会商。现场指挥部专家组针对抢险救援中出现的技术类问题或风险源监测到的不良数据，及时进行会商，形成专家意见，确定解决方案，并指导相关单位实施。

（7）相关资料调取。根据现场抢险救援需要，市规划行政主管部门应及时协调提供事故工程及毗邻建筑物、构筑物的规划、设计及工程勘察等资料数据，市市政市容委、市水务局、市发展改革委（北京市电力公司）、市通信管理局等单位应及时协调提供抢险救援范围内的管线设施相关数据资料，确保抢险工作安全顺利开展。

（8）事故人员营救。承担抢险任务的各单位应尽可能用最短时间和最为安全的方式，对事故人员开展营救。根据需要，可动用搜救犬、生命探测仪等手段辅助实施营救，各相关单位应为营救事故人员提供支持。在营救事故人员过程中，尽量避免对事故人员造成二次伤害。

（9）救护、转运事故人员。医疗急救部门应在第一时间对营救出的受伤人员进行救治，初步判定伤情、统计伤亡人数，并及时转运到医院。根据需要，市公安局公安交通管理局为转运工作提供交通便利。

（10）人员转移避险和临时安置。当建设工程施工突发事故对周边建筑物、构筑物安全造成影响时，属地区县政府根据实际情况组织将危险建筑物内的人员转移到安全区域避险，必要时对转移避险人员实施临时安置。

（11）公共交通运营调整。（略）

（12）家属接待。事故所在企业要做好事故伤亡人员家属接待工作，主动为家属提供相应的后勤保障，做好安抚和思想工作。避免事故伤亡人员家属干扰抢险工作正常开展。

（13）现场指挥部根据现场实际情况，随时制定并实施相关措施。

4.3.7　信息发布与新闻报道

（略）

4.3.8　响应结束

当事故处置工作基本完成，次生、衍生危害被基本消除，应急响应工作即告结束。

一般和较大建设工程施工突发事故，按照"谁启动、谁结束"的原则，由市建筑工程事故应急指挥部或事故属地区县政府宣布响应结束。重大和特别重大建设工程施工突发事故，由市建筑工程事故应急指挥部办公室或市应急办提出建议，报请指挥部总指挥或市应急委主要领导批准后宣布应急响应结束。应急响应结束后，根据需要及时通过媒体向社会发布信息。同时，现场指挥部可依据各单位抢险救援任务完成情况，向相关单位下达撤场指令。待事故现场恢复常态后，现场指挥部撤离现场。

4.3.9　响应升级

（1）因事态发展超出市建筑工程事故应急指挥部的响应能力，需要更多的部门和单位参与处置时，市建筑工程事故应急指挥部办公室应及时报请市应急办给予支持。

（2）当突发事件超出本市控制能力，需要国家有关部门或其他省市提供援助和支持时，应依据《北京市突发事件总体应急预案》要求，履行相关程序。

5　善后处置

5.1　善后处置

在开展应急救援的同时，适时启动善后处置相关工作。事故善后处置工作由事故所在施工企业具体落实。主要包括事故伤亡人员家属接待安抚、事故伤亡人员赔偿慰问、征用物资归还补偿、逐步恢复正常施工等。在恢复施工中，事故所在区县政府要做好指导工作。

5.2　事故调查

5.2.1　按照国务院《生产安全事故报告和调查处理条例》（国务院令第 493 号）的规定，一般事故的调查，由事故所在属地区县政府牵头组织开展，并将调查结果上报市建筑工程事故应急指挥部及相关部门。较大、重大建设工程突发事故的调查工作，在市委、市政府和市应急委的领导下组织开展。特别重大建设工程突发事故调查工作，市建筑工程事故应急指挥部配合牵头调查部门做好相关工作。

5.2.2　事故调查的内容主要包括：事故发生单位概况、事故发生经过和事故救援情况、事故造成的人员伤亡和直接经济损失、事故发生的原因和事故性质、事故责任的认定以及对事故责任者的处理建议、事故防范和整改措施等。在此基础上形成事故调查报告，于事故处置结束后 60 日内报市建筑工程事故应急指挥部办公室、相关上级单位和领导。

6　应急保障

6.1　救援队伍及设备物资保障

6.1.1　各施工企业应建立满足处置一般突发事故需要的专、兼职抢险救援队伍，并储备一定数量的设备物资。加强对储备物资的管理，根据需要及时补充和更新。当发生建设工程施工突发事故时，以施工企业应急救援队伍处置为主。当超出施工企业自身处置能力时，可请求所在区县政府给予支援。

6.1.2　各区县政府应建立满足处置较大突发事故需要的专业抢险救援队伍，并储备一定数量的设备物资。（略）

6.1.3　市建筑工程事故应急指挥部依托北京建工集团、北京城建集团、北京市政集团，进一步强化三支市级抢险救援队伍建设，健全应急队伍运行机制，完善物资储备。（略）

6.1.4　当抢险队伍和物资保障能力不能满足抢险需要时，各区县政府和相关企业可采取合同履约或有偿预约服务的方式，与市级专业抢险队伍或设备物资供应单位建立合作关系，确保发生突发事故时优先调用。

6.1.5　建立抢险队伍和物资共享机制。根据现场处置需要，市建筑工程事故应急指挥部办公室有权调派或临时征用各区县政府或相关企业抢险队伍和物资，各单位应按照市建筑工程事故应急指挥部办公室的指令落实到位。

6.2　专家队伍保障

6.2.1　各区县政府应当建立建设工程抢险救援专家队伍。专家队伍应由具有各类专业特长、现场抢险经验丰富的人员组成，为处置本辖区建设工程施工突发事故做好充分的技术力量储备。当本区县技术力量不能满足抢险救援需要时，可向市建筑工程事故应急指挥部办公室请求支援。

6.2.2 市建筑工程事故应急指挥部办公室在现有专家队伍基础上，进一步完善专家队伍运行和使用机制，定期充实更新，为处置不同类型建设工程施工突发事故提供技术支持。当市建筑工程事故应急指挥部所属专家力量不能满足抢险救援需要时，由市建筑工程事故应急指挥部办公室报请市应急办给予支持。

6.3 医疗救护保障

由市卫生局承担事故人员的救治工作。根据现场救援需要，协调医护人员及医疗设备到场，为受伤人员提供相应的医疗救护服务。

6.4 资金保障

事故应急救援资金由事故责任企业承担。各施工企业应充分做好应急资金的储备，为应对各类突发事故提供资金保障。

6.5 指挥系统技术保障

6.5.1 市建筑工程事故应急指挥部办公室要建立和完善应急指挥技术支撑体系，进一步拓展应急指挥平台的使用功能，加快推进应用，以满足各种复杂条件下建设工程施工事故指挥处置需要。

6.5.2 市建筑工程事故应急指挥部办公室和各区县政府逐步建立和完善应急指挥基础信息数据库。应急指挥基础信息数据库包括隐患及危险源监测和预警数据、应急决策咨询专家数据、抢险设备物资数量及分布信息数据、辅助决策知识库和案例库等，做到及时维护更新，确保数据准确可靠，为建设工程突发事故应急指挥和决策提供支持。

6.6 交通运输保障

根据现场救援需要，市公安局公安交通管理局负责对事故现场周边道路实施交通管制或交通疏导，为应急指挥人员、应急抢险队伍及设备物资快速到达现场提供快速通道。

6.7 后勤保障

由属地区县政府承担抢险工作中的后勤保障。主要包括：现场指挥部场所设置、通信联络保障、工作人员食宿等。

7 培训、演练和宣传教育

7.1 培训

市建筑工程事故应急指挥部办公室应组织开展对本预案及相关知识的培训，指导预案相关人员更好地理解预案和使用预案，进一步增强预案涉及单位及人员预防和处置建设工程施工突发事故的能力。

各区县政府应全面组织本辖区相关单位和在建工程参建单位人员，开展对本预案及应急知识的培训，丰富一线施工人员业务知识，提高建设工程突发事故的协调处置能力。

7.2 演练

7.2.1 市建筑工程事故应急指挥部办公室应根据本市应急演练管理有关要求，适时组织开展不同形式的建设工程施工突发事故应急演练。通过演练，进一步检验预案，磨合指挥协调机制，熟练各单位间的协调配合，确保发生建设工程施工突发事故后能快速有效处置。

7.2.2 各区县政府应组织本辖区在建工程参建单位开展建设工程施工突发事故应急演练，切实提高应急救援能力。各施工企业应当根据自身情况，定期组织应急演练，演练结束后应及时进行总结。市建筑工程事故应急指挥部办公室将对演练工作进行指导和检查。

7.3　宣传教育

市、区县建设行政主管部门应充分利用新闻媒体、网站、单位内部刊物等多种形式，对建筑业从业人员广泛开展建设工程施工突发事故应急相关知识的宣传和教育。

8　附则

8.1　名词术语、缩写语的说明

建设工程施工突发事故：是指在建设工程施工生产过程中突然发生，造成或者可能造成人员伤亡、财产损失、生态环境破坏和社会危害，需要采取应急处置措施予以应对的紧急事件。

直接经济损失：指建设工程施工突发事故及次生灾害造成的物质破坏，包括建筑物工程结构、设施、设备、物品、财物等破坏而引起的经济损失，以重新修复所需费用计算。不包括非实物财产，如货币、有价证券等损失。

次生灾害：指由建设工程施工突发事故造成的工程结构、相临建筑物、构筑物破坏、路面塌陷等，并进而引发的影响道路通行、公共交通运营、市政管线损坏以及人员伤亡等灾害。

本预案有关数量的表述中，"以上"含本数，"以下"不含本数。

8.2　预案管理

8.2.1　预案制定

本预案由北京市人民政府负责制定，由市建筑工程事故应急指挥部办公室负责解释。

各区县政府及相关部门和单位应根据本预案制定各自的工作预案，并报市建筑工程事故应急指挥部办公室备案。

8.2.2　预案审核与发布

本预案由市应急办组织审核并按照本市应急预案管理办法相关要求进行发布。

8.2.3　预案修订

随着相关法律法规的制定、修改和完善，机构调整或应急资源发生变化，以及应急处置过程中和各类应急演练中发现的问题和出现的新情况，适时对本预案进行修订。原则上每三年修订一次。

8.2.4　预案实施

本预案自发布之日起实施，《北京市建设工程施工突发事故应急预案》（京应急委发〔2007〕6号）同时废止。

第四节　事故的调查与处理

一、事故定义

所谓事故，是指造成死亡、伤害、职业病、财产损失、工作环境破坏或超出规定要求的不利环境影响的意外情况或事件的总称。

二、伤亡事故分类

企业员工伤亡，大体可分两类：一是因工伤亡，即在生产工作而发生的；二是非因工

伤亡，即与生产工作无关造成的伤亡。国家标准局1986年5月31日起颁布实施的《企业职工伤亡事故分类标准》所称伤亡事故，是指企业职工在生产劳动过程中，发生的人身伤害、急性中毒。具体来说，就是在企业生产活动中所涉及的区域内，在生产过程中，在生产时间内，在生产岗位上，与生产直接有关的伤亡事故、中毒事故；或虽不在本岗位劳动，但由于企业的设备和设施不安全、劳动条件和作业环境不良、管理不善，以及企业领导指派到企业外从事本企业活动，所发生的人身伤害（即轻伤、重伤、死亡）和急性中毒事故（指生产性毒物一次或短期内通过人的呼吸道、皮肤或消化道大量进入人体内，使人体在短时间内发生病变，导致职工立即中断工作，并需要进行急救的事故）。

国务院颁布的上述规定适用于中华人民共和国境内的一切企业、国家机关、事业单位、人民团体发生的伤亡事故参照执行。

企业员工是指由本企业支付工资的各种用工形式的职工，包括固定工职工、合同制职工、临时工（包括企业招用的临时农民工）等。

非本企业人员，是指代训工、实习生、民工、参加本企业生产的学生、现役军人、到企业进行参观、其他公务人员，劳动、劳教中的人员，外来救护人员以及由于事故而造成伤亡的军人、行人等。

1. 按伤害程度，伤亡事故划分

（1）轻伤：指损失工作日低于105日的失能伤害。

（2）重伤：指相当于表定损失工作日等于和超过105日的失能伤害。

（3）死亡：损失工作日定为6000工日。

轻伤，指造成劳动者肢体伤残，或某些器官功能性或器质性轻度损伤，表现为劳动能力轻度或暂时丧失的伤害。

重伤，指造成劳动者肢体残缺或视觉、听觉等器官受到严重损伤，一般能引起人体长期存在功能障碍，或劳动能力有重大损失的伤害。

原劳动部颁发的《重伤事故范围》中规定凡有下列情况之一的，均作为重伤事故处理：

（1）经医师诊断已成为残废或可能成为残废的。

（2）伤势严重，需要进行较大的手术才能挽救的。

（3）人体要害部位严重灼伤、烫伤，或虽非要害部位，但灼伤、烫伤，占全身面积1/3以上的。

（4）严重骨折（胸骨、肋骨、脊椎骨、锁骨、肩胛骨、腕骨、腿骨和脚骨等受伤引起骨折）、严重脑震荡等。

（5）眼部受伤较剧，有失明可能的。

（6）手部伤害。包括大拇指轧断一节的；食指、中指、无名指、小指任何一只轧断两节或任何两只各轧断一节的；局部肌腱受伤甚剧，引起机能障碍，有不能自由伸屈的残废可能的。

（7）脚部伤害。包括脚趾轧断三只以上的；局部肌腱受伤甚剧，引起机能障碍，有不能行走自如的残废可能的。

（8）内部伤害。如内脏损伤，内出血或伤及腹膜等。

（9）凡不在上述范围以内的伤害，经医师诊察后，认为受伤较重，可根据实际情况参考上述各点，由企业行政会同基层工会做个别研究，提出初步意见，由当地劳动部门审查确定。

"损失工作日"，指被伤害者失能的工作时间。这个概念的目的是估价事故在劳动力方面造成的直接损失，因此，某种伤害的损失工作日数一经确定，即为标准值，与伤害者的实际休息日无关。

2. 按事故严重程度，伤亡事故划分

（1）轻伤事故：指只有轻伤的事故。

（2）重伤事故：指有重伤无死亡的事故。

（3）死亡事故：分重大伤亡事故和特大伤亡事故

1）重大伤亡事故：指一次事故死亡 1～2 人的事故。

2）特大伤亡事故：指一次事故死亡 3 人以上的事故（含 3 人）。

3. 按产生原因，伤亡事故划分

按产生原因，伤亡事故的种类可分为如下 20 类：

（1）物体打击，指落物、滚石、锤击、碎裂崩块、碰伤等伤害，包括因爆炸而引起的物体打击。

（2）车辆伤害，包括挤、压、撞、倾覆等。

（3）机具伤害，包括绞、碾、碰、割、戳等。

（4）起重伤害，指起重设备或操作过程中所引起的伤害。

（5）触电，包括雷击伤害。

（6）淹溺。

（7）灼烫。

（8）火灾。

（9）高处坠落，包括从架子、屋顶上坠落以及从平地坠入坑内等。

（10）坍塌，包括建筑物、堆置物倒塌和土石方塌方等。

（11）冒顶片帮。

（12）透水。

（13）放炮。

（14）火药爆炸，指生产、运输、储藏过程中发生的爆炸。

（15）瓦斯爆炸，包括煤粉爆炸。

（16）锅炉爆炸。

（17）容器爆炸。

（18）其他爆炸，包括化学爆炸，炉膛、钢水包爆炸等。

（19）中毒和窒息，指煤气、油气、沥青、化学、一氧化碳中毒等。

（20）其他伤害，如扭伤、跌伤、冻伤、野兽咬伤等。

三、伤亡事故的范围

（1）企业发生火灾事故及在扑救火灾过程中造成本企业职工伤亡。

（2）企业内部食堂、医务室、俱乐部等部门职工或企业职工在企业的浴室、休息室、更衣室以及企业的倒班宿舍、临时休息室等场所发生的伤亡事故。

（3）职工乘坐本企业交通工具在企业外执行本企业的任务或乘坐本企业通勤机车、船只上下班途中，发生的交通事故，造成人员伤亡。

（4）职工乘坐本企业车辆参加企业安排的集体活动，如旅游、文娱体育活动等，因车辆失火、爆炸造成职工的伤亡。

（5）企业租赁及借用的各种运输车辆，包括司机或招聘司机，执行该企业的生产任务，发生的伤亡。

（6）职工利用业余时间，采取承包形式，完成本企业临时任务发生的伤亡事故（也括雇佣的外单位人员）。

（7）由于职工违反劳动纪律而发生的伤亡事故，其中属于在劳动过程中发生的，或者不在劳动过程中，但与企业设备有关的。

四、事故等级

企业在生产经营活动中发生的生产安全事故，按其造成的人身伤亡或者直接经济损失，一般分为特别重大事故、重大事故、较大事故和一般事故四个等级。

2007 年国务院 493 号令《生产安全事故报告和调查处理条例》总则第三条规定：

1. 特别重大事故，是指造成 30 人以上死亡，或者 100 人以上重伤（包括急性工业中毒，下同），或者 1 亿元以上直接经济损失的事故。

2. 重大事故，是指造成 10 人以上 30 人以下死亡，或者 50 人以上 100 人以下重伤，或者 5000 万元以上 1 亿元以下直接经济损失的事故。

3. 较大事故，是指造成 3 人以上 10 人以下死亡，或者 10 人以上 50 人以下重伤，或者 1000 万元以上 5000 万元以下直接经济损失的事故。

4. 一般事故，是指造成 3 人以下死亡，或者 10 人以下重伤，或者 1000 万元以下直接经济损失的事故。

其中，"以上"包括本数，"以下"不包括本数。

五、事故的报告

事故发生后，事故现场有关人员应当立即向本单位负责人报告；单位负责人接到报告后，应当于 1 小时内向事故发生地县级以上人民政府安全生产监督管理部门和负有安全生产监督管理职责的有关部门报告。情况紧急时，事故现场有关人员可以直接向事故发生地县级以上人民政府安全生产监督管理部门和负有安全生产监督管理职责的有关部门（以下简称"安监主管部门"）报告。

安监主管部门接到事故报告后，应当立即逐级上报事故情况，并通知公安机关、劳动保障行政部门、工会和人民检察院。每级上报的时间不得超过 2 小时。特别重大事故、重大事故逐级上报至国务院安全生产监督管理部门和负有安全生产监督管理职责的有关部门；较大事故逐级上报至省、自治区、直辖市人民政府安监主管部门；一般事故上报至设区的市级人民政府安监主管部门。

安监主管部门应当同时报告本级人民政府。国务院安全生产监督管理部门和负有安全生产监督管理职责的有关部门以及省级人民政府接到发生特别重大事故、重大事故的报告后，应当立即报告国务院。必要时，安监主管部门可以越级上报事故情况。

事故报告应当及时、准确、完整，任何单位和个人对事故不得迟报、漏报、谎报或者瞒报。

报告事故应当包括下列内容：

（1）事故发生单位概况；

（2）事故发生的时间、地点以及事故现场情况；

（3）事故的简要经过；

（4）事故已经造成或者可能造成的伤亡人数（包括下落不明的人数）和初步估计的直接经济损失；

（5）已经采取的措施；

（6）其他应当报告的情况。

自事故发生之日起 30 日内，事故造成的伤亡人数发生变化的，应当及时补报。道路交通事故、火灾事故自发生之日起 7 日内，出现新情况的，应当及时补报。

事故发生单位负责人接到事故报告后，应当立即启动事故相应应急预案，或者采取有效措施，组织抢救，防止事故扩大，减少人员伤亡和财产损失。

事故发生地有关地方人民政府、安监主管部门接到事故报告后，其负责人应当立即赶赴事故现场，组织事故救援。并应建立值班制度，并向社会公布值班电话，受理事故报告和举报。

事故发生地公安机关根据事故的情况，对涉嫌犯罪的，应当依法立案侦查，采取强制措施和侦查措施。犯罪嫌疑人逃匿的，公安机关应当迅速追捕归案。

六、事故的调查处理

事故调查处理应当坚持实事求是、尊重科学的原则，及时、准确地查清事故经过、事故原因和事故损失，查明事故性质，认定事故责任，总结事故教训，提出整改措施，并对事故责任者依法追究责任。

事故的调查处理通常按照下列步骤进行：

1. 迅速抢救伤员并保护好事故现场

事故发生后，事故发生单位应当立即采取有效措施，首先抢救伤员和排除险情，制止事故蔓延扩大，稳定施工人员情绪。现场人员也不要惊慌失措，要有组织、听指挥。同时，为了事故调查分析需要，要严格保护好事故现场以及相关证据，任何单位和个人不得破坏事故现场、毁灭相关证据。确因抢救伤员、疏导交通、排除险情等原因，而需要移动现场物件时，应当做好标志，绘制现场简图并做好书面记录，妥善保存现场重要痕迹、物证，有条件的可以拍照或录像。

事故现场是提供有关物证的主要场所，是调查事故原因不可缺少的客观条件。因此，要求现场各种物件的位置、颜色、形状及其物理化学性质等尽可能地保持事故结束时的原来状态，必须采取一切必要的和可能的措施严加保护，防止人为或自然因素的破坏。

清理事故现场，应在调查组确认无可取证，并充分记录后，经有关部门同意后，方能进行。任何人不得借口恢复生产，擅自清理现场，掩盖事故真相。

2. 组织事故调查组

特别重大事故由国务院或者国务院授权有关部门组织事故调查组进行调查。重大事故、较大事故、一般事故分别由事故发生地省级人民政府、设区的市级人民政府、县级人民政府负责调查。后者可以直接组织事故调查组进行调查，也可以授权或者委托有关部门组织事故调查组进行调查。未造成人员伤亡的一般事故，县级人民政府也可以委托事故发生单位组织事故调查组进行调查。

事故调查组的组成应遵循精简、效能的原则。根据事故的具体情况，由有关人民政府、安监管理部门会同监察机关、公安机关以及工会组成事故调查组进行调查，并应当邀请人民检察院派人参加。也可邀请有关专家和技术人员参与调查。

事故调查组组长由负责事故调查的人民政府指定，负责主持事故调查组的工作。调查组成员应当具有事故调查所需要的知识和专长，并与所调查的事故没有直接利害关系。在事故调查工作中应当诚信公正、恪尽职守，遵守事故调查组的纪律，保守事故调查的秘密。未经事故调查组组长允许，调查组成员不得擅自发布有关事故的信息。

事故调查中需要进行技术鉴定的，调查组应当委托具有国家规定资质的单位进行技术鉴定。必要时，事故调查组可以直接组织专家进行技术鉴定。技术鉴定所需时间不计入事故调查期限。

事故调查组的职责：

（1）查明事故发生的经过、原因、人员伤亡情况及直接经济损失；

（2）认定事故的性质和事故责任；

（3）提出对事故责任者的处理建议；

（4）总结事故教训，提出防范和整改措施；

（5）提交事故调查报告。

调查组有权向有关单位和个人了解与事故有关的情况，并要求其提供相关文件、资料，有关单位和个人不得拒绝。

事故发生单位的负责人和有关人员在事故调查期间不得擅离职守，并应当随时接受事故调查组的询问，如实提供有关情况。

事故调查中发现涉嫌犯罪的，事故调查组应当及时将有关材料或者其复印件移交司法机关处理。

3. 现场勘查

事故发生后，调查组必须迅速到现场进行勘查。现场勘查是技术性很强的工作，涉及广泛的科技知识和实践经验，对事故现场的勘查必须做到及时、全面、细致、客观。现场勘察的主要内容有：

（1）现场笔录

1）发生事故的时间、地点、气象等；

2）现场勘查人员姓名、单位、职务、联系电话等；

3）现场勘查起止时间、勘查过程；

4）能量逸散所造成的破坏情况、状态、程度等；

5）设备、设施损坏或异常情况及事故前后的位置；

6）事故发生前的劳动组合、现场人员的位置和行动；

7）散落情况；

8）重要物证的特征、位置及检验情况等。

（2）现场拍照或录像

1）方位拍摄，要能反映事故现场在周围环境中的位置；

2）全面拍摄，要能反映事故现场各部分之间的联系；

3）中心拍摄，要能反映事故现场中心情况；

4）细目拍摄，揭示事故直接原因的痕迹物、致害物等。

（3）绘制事故图

根据事故类别和规模以及调查工作的需要应绘制出下列示意图：

1）建筑物平面图、剖面图；

2）事故时人员位置及疏散（活动）图；

3）破坏物立体图或展开图；

4）涉及范围图；

5）设备或工、器具构造图等。

（4）事故事实材料和证人材料搜集

1）受害人和肇事者姓名、年龄、文化程度、工龄等；

2）出事当天受害人和肇事者的工作情况，过去的事故记录；

3）个人防护措施、健康状况及与事故致因有关的细节或因素；

4）对证人的口述材料应经本人签字认可，并应认真考证其真实程度。

4. 分析事故原因，明确责任者

通过全面充分的调查，查明事故经过，弄清造成事故的各种因素，包括人、物、生产管理和技术管理等方面的问题，经过认真、客观、全面、细致、准确地分析，确定事故的性质和责任。

事故调查分析的目的，是通过认真分析事故原因，从中接受教训，采取相应措施，防止类似事故重复发生，这也是事故调查分析的宗旨。

事故分析步骤，首先整理和仔细阅读调查材料，然后按《企业职工伤亡事故分类标准》（GB 6441—86）附录A中受伤部位、受伤性质、起因物、致害物、伤害方法、不安全状态和不安全行为七项内容进行分析，最后依次确定事故的直接原因、间接原因和事故责任者（见图3-2 事故分析流程图）。

（1）事故原因分析

分析事故原因时，应根据调查所确认的事实，从直接原因入手，逐步深入到间接原因，从而掌握事故的全部原因，再分清主次，进行责任分析。

通过对直接原因和间接原因的分析，确定事故的直接责任者和领导责任者，再根据其在事故发生过程中的作用，确定主要责任者。

1）属于下列情况者为直接原因：

① 机械、物质或环境的不安全状态，包括：

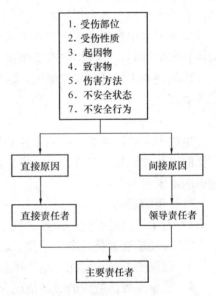

图3-2 事故分析流程图

防护、保险、信号等装置缺乏或有缺陷；设备、设施、工具、附件有缺陷；个人防护用品用具缺少或有缺陷；生产（施工）场地环境不良。

② 人的不安全行为，包括：

操作错误，忽视安全，忽视警告；造成安全装置失效；使用不安全设备；手代替工具操作；物体（指成品、半成品、材料、工具、切屑和生产用品等）存放不当；冒险进入危险场所；攀、坐不安全位置（如平台护栏、汽车挡板、吊车吊钩）；在起吊物下作业、停留；机器运转时进行加油、修理、检查、调整、焊接、清扫等工作；有分散注意力行为；在必须使用个人防护用品用具的作业或场合中，忽视其使用；不安全装束；对易燃、易爆等危险物品处理错误。

2) 属下列情况者为间接原因：

① 技术和设计上有缺陷——工业构件、建筑物、机械设备、仪器仪表、工艺过程、操作方法、维修检验等的设计、施工和材料使用存在问题。

② 教育培训不够，未经培训，缺乏或不懂安全操作技术知识。

③ 劳动组织不合理。

④ 对现场工作缺乏检查或指导错误。

⑤ 没有安全操作规程或不健全。

⑥ 没有或不认真实施事故防范措施；对事故隐患整改不力。

⑦ 其他。

（2）确定事故责任

根据事故调查所确认的事实，通过对直接原因和间接原因的分析，确定事故中的直接责任者和领导责任者；

在直接责任和领导责任者中，根据其在事故发生过程中的作用，确定主要责任者。

事故的性质通常分为三类：

1) 责任事故，就是由于人的过失造成的事故。

2) 非责任事故，即由于人们不能预见或不可抗拒的自然条件变化所造成的事故，或是在技术改造、发明创造、科学试验活动中，由于科学技术条件的限制而发生的无法预料的事故。但是，对于能够预见并可采取措施加以避免的伤亡事故，或没有经过认真研究解决技术问题而造成的事故，不能包括在内。

3) 破坏性事故，即为达到既定的目的而故意造成的事故。对已确定为破坏性事故的，应由公安机关和企业保卫部门认真追查破案，依法处理。

（3）责任认定

1) 因下列情况造成事故者为直接责任者：

① 违章操作，违章指挥，违反劳动纪律。

② 发现事故危险征兆，不立即报告，不采取措施。

③ 私自拆除、毁坏、挪用安全设施。

④ 设计、施工、安装、检修、检验、试验错误等。

2) 因下列情况造成事故者为领导责任者：

① 指令错误。

② 规章制度错误，没有或不健全。

③ 承包、租赁合同中无安全卫生内容和措施。

④ 不进行安全教育、安全资格认证。

⑤ 机械设备超负荷、带病运转。

⑥ 劳动条件、作业环境不良。

⑦ 新、改、扩建项目不执行"三同时"制度。

⑧ 发现隐患不治理。

⑨ 发生事故不积极抢救。

⑩ 发生事故后不及时报告或故障隐瞒。

⑪ 发生事故后不采取防范措施，致使一年内重复发生同类事故。

⑫ 违章指挥。

5. 提出处理意见，制定预防措施

根据对事故原因的分析，对已确定的事故直接责任者和领导责任者，根据事故后果和事故责任人应负的责任提出处理意见。同时，应制定防止类似事故再次发生的预防措施并加以落实。对于重大未遂事故不可掉以轻心，也应严肃认真按上述要求查找原因，分清责任，严肃处理。

6. 提交事故调查报告

调查组应着重把事故的经过、原因、责任分析和处理意见以及本次事故教训和改进工作的建议等写成文字报告，附上有关证据材料，经调查组全体人员签字后报批。如调查组内部意见有分歧，应在弄清事实的基础上，对照政策法规反复研究，统一认识。对于个别成员仍持有不同意见的，允许保留，并在签字时写明自己的意见。对此可上报上级有关部门处理直至报请同级人民政府裁决，但不得超过事故处理工作的时限。

事故调查组应当自事故发生之日起 60 日内提交事故调查报告；特殊情况下，经负责事故调查的人民政府批准，提交事故调查报告的期限可以适当延长，但延长的期限最长不超过 60 日。

事故调查报告应当包括下列内容：

(1) 事故发生单位概况；

(2) 事故发生经过和事故救援情况；

(3) 事故造成的人员伤亡和直接经济损失；

(4) 事故发生的原因和事故性质；

(5) 事故责任的认定以及对事故责任者的处理建议；

(6) 事故防范和整改措施。

7. 事故的处理结案

事故调查报告报送负责事故调查的人民政府后，事故调查工作即告结束。

重大事故、较大事故、一般事故，负责事故调查的人民政府应当自收到事故调查报告之日起 15 日内作出批复；特别重大事故，30 日内作出批复，特殊情况下，批复时间可以适当延长，但延长的时间最长不超过 30 日。

有关机关应当按照人民政府的批复，依照法律、行政法规规定的权限和程序，对事故发生单位和有关人员进行行政处罚，对负有事故责任的国家工作人员进行处分。事故发生单位应当按照批复，对本单位负有事故责任的人员进行处理。负有事故责任的人员涉嫌犯罪的，依法追究刑事责任。

事故发生单位对事故发生负有责任，主要负责人未依法履行安全生产管理职责，导致事故发生的，依照下列规定处以罚款；属于国家工作人员的，并依法给予处分；构成犯罪的，依法追究刑事责任。

（1）发生一般事故的，单位处 10 万元以上 20 万元以下的罚款；主要负责人处上一年年收入 30% 的罚款。

（2）发生较大事故的，单位处 20 万元以上 50 万元以下的罚款；主要负责人处上一年年收入 40% 的罚款。

（3）发生重大事故的，单位处 50 万元以上 200 万元以下的罚款；主要负责人处上一年年收入 60% 的罚款。

（4）发生特别重大事故的，单位处 200 万元以上 500 万元以下的罚款；主要负责人处上一年年收入 80% 的罚款。

在事故发生后隐瞒不报、谎报，伪造或故意破坏事故现场；转移、隐匿资金、财产，或者销毁有关证据、资料；或者无正当理由，拒绝接受调查以及拒绝提供有关情况和资料；在事故调查中作伪证或者指使他人作伪证；事故发生后逃匿的，由有关部门对事故发生单位处 100 万元以上 500 万元以下的罚款；对主要负责人、直接负责的主管人员和其他直接责任人员处上一年年收入 60% 至 100% 的罚款；属于国家工作人员的，并依法给予处分；构成违反治安管理行为的，由公安机关依法给予治安管理处罚；构成犯罪的，由司法机关依法追究刑事责任。

事故发生单位主要负责人在事故发生后不立即组织事故抢救；迟报或者漏报事故；在事故调查处理期间擅离职守的，由有关部门处上一年年收入 40% 至 80% 的罚款；属于国家工作人员的，并依法给予处分；构成犯罪的，依法追究刑事责任。

此外，事故发生单位对事故发生负有责任的，由有关部门依法暂扣或者吊销其有关证照；对事故发生单位负有事故责任的有关人员，依法暂停或者撤销其与安全生产有关的执业资格、岗位证书；事故发生单位主要负责人受到刑事处罚或者撤职处分的，自刑罚执行完毕或者受处分之日起，5 年内不得担任任何生产经营单位的主要负责人。

事故发生单位应当认真吸取事故教训，落实防范和整改措施，防止事故再次发生。防范和整改措施的落实情况应当接受工会和职工的监督。

安全生产监督管理部门和负有安全生产监督管理职责的有关部门应当对事故发生单位落实防范和整改措施的情况进行监督检查。

事故处理的情况由负责事故调查的人民政府或者其授权的有关部门、机构向社会公布，依法应当保密的除外。

事故处理结案后，应将事故资料归档保存，其中有：

（1）职工伤亡事故登记表；

（2）职工死亡、重伤事故调查报告书及批复；

（3）现场调查记录、图纸、照片；

（4）技术鉴定和试验报告；

（5）物证、人证材料；

（6）直接和间接经济损失材料；

(7) 事故责任者的自述资料；

(8) 医疗部门对伤亡人员的诊断书；

(9) 发生事故时的工艺条件、操作情况和设计资料；

(10) 处分决定和受处分人员的检查材料；

(11) 有关事故的通报、简报及文件；

(12) 注明参加调查组的人员、姓名、职务、单位。

七、伤亡事故统计报告

1. 职工伤亡事故统计的目的

(1) 及时反映企业安全生产状态，掌握事故情况，查明事故原因，分清责任，吸取教训，拟定改进措施，防止事故重复发生。

(2) 分析比较各单位、各地区之间的安全工作情况，分析安全工作形势，为制定安全管理法规提供依据。

(3) 事故资料是进行安全教育的宝贵资料，对生产、设计、科研工作也都有指导作用，为研究事故规律，消除隐患，保障安全，提供基础资料。

2. 关于工伤事故统计报告中的几个具体问题

(1) "工人职员在生产区域中所发生的和生产有关的伤亡事故"，是指企业在册职工在企业生产活动所涉及的区域内（不包括托儿所、食堂、诊疗所、俱乐部、球场等生活区域），由于生产过程中存在的危险因素的影响，突然使人体组织受到损伤或某些器官失去正常机能，以致负伤人员立即中断工作的一切事故。

(2) 员工负伤后一个月内死亡，应作为死亡事故填报或补报。超过一个月死亡的，不作死亡事故统计。

(3) 员工在生产工作岗位干私活或打闹造成伤亡事故，不作工伤事故统计。

(4) 企业车辆执行生产运输任务（包括本企业职工乘坐企业车辆）行驶在场外公路上发生的伤亡事故，一律由交通部门统计。

(5) 企业发生火灾、爆炸、翻车、沉船、倒塌、中毒等事故造成旅客、居民、行人伤亡，均不作职工伤亡事故统计。

(6) 停薪留职的职工到外单位工作发生伤亡事故由外单位负责统计报告。

第五节 工伤认定及赔偿

工伤，又称为产业伤害、职业伤害、工业伤害、工作伤害，是指劳动者在从事职业活动或者与职业活动有关的活动时所遭受的不良因素的伤害和职业病伤害。

一、工伤认定

1. 认定条件

(1) 职工有下列情形之一的，应当认定为工伤：

1) 在工作时间和工作场所内，因工作原因受到事故伤害的。

2) 工作时间前后在工作场所内，从事与工作有关的预备性或者收尾性工作受到事故伤害的。

3）在工作时间和工作场所内，因履行工作职责受到暴力等意外伤害的。

4）患职业病的。

5）因工外出期间，由于工作原因受到伤害或者发生事故下落不明的。

6）在上下班途中，受到非本人主要责任的交通事故或者城市轨道交通、客运轮渡、火车事故伤害的。

7）法律、行政法规规定应当认定为工伤的其他情形。

（2）职工有下列情形之一的，视同工伤：

1）在工作时间和工作岗位，突发疾病死亡或者在 48 小时之内经抢救无效死亡的。

2）在抢险救灾等维护国家利益、公共利益活动中受到伤害的。

3）职工原在军队服役，因战、因公负伤致残，已取得革命伤残军人证，到用人单位后旧伤复发的。

职工有本款中第 1）项、第 2）项情形的，按照《工伤保险条例》的有关规定享受工伤保险待遇；职工有本款中第 3）项情形的，按照《工伤保险条例》的有关规定享受除一次性伤残补助金以外的工伤保险待遇。

2. 不得认定为工伤或者视同工伤的条件

职工符合前述认定条件规定，但是有下列情形之一的，不得认定为工伤或者视同工伤：

（1）故意犯罪的。

（2）醉酒或者吸毒的。

（3）自残或者自杀的。

3. 工伤认定申请

（1）职工发生事故伤害或者按照职业病防治法规定被诊断、鉴定为职业病，所在单位应当自事故伤害发生之日或者被诊断、鉴定为职业病之日起 30 日内，向统筹地区社会保险行政部门提出工伤认定申请。遇有特殊情况，经报社会保险行政部门同意，申请时限可以适当延长。

（2）用人单位未按前款规定提出工伤认定申请的，工伤职工或者其近亲属、工会组织在事故伤害发生之日或者被诊断、鉴定为职业病之日起 1 年内，可以直接向用人单位所在地统筹地区社会保险行政部门提出工伤认定申请。

（3）按照本条第（1）款规定应当由省级社会保险行政部门进行工伤认定的事项，根据属地原则由用人单位所在地的设区的市级社会保险行政部门办理。

（4）用人单位未在本条第（1）款规定的时限内提交工伤认定申请，在此期间发生符合本条例规定的工伤待遇等有关费用由该用人单位负担。

4. 工伤认定申请材料

提出工伤认定申请应当填写《工伤认定申请表》，并提交下列材料：

（1）劳动、聘用合同文本复印件或者与用人单位存在劳动关系（包括事实劳动关系）、人事关系的其他证明材料。

（2）医疗机构出具的受伤后诊断证明书或者职业病诊断证明书（或者职业病诊断鉴定书）。

工伤认定申请表应当包括事故发生的时间、地点、原因以及职工伤害程度等基本情况。

社会保险行政部门收到工伤认定申请后，应当在 15 日内对申请人提交的材料进行审核，材料不完整的，应当一次性书面告知工伤认定申请人需要补正的全部材料。申请人按照书面告知要求补正材料后，社会保险行政部门应当在 15 日内作出受理或者不予受理的决定，并出具《工伤认定申请受理决定书》或《工伤认定申请不予受理决定书》。

5. 工伤认定的受理

（1）社会保险行政部门受理工伤认定申请后，根据审核需要可以对申请人提供的证据进行调查核实。也可以根据工作需要，委托其他统筹地区的社会保险行政部门或者相关部门进行调查核实。届时，应当由两名以上工作人员共同进行，并出示执行公务的证件。社会保险行政部门工作人员与工伤认定申请人有利害关系的，应当回避。

（2）社会保险行政部门工作人员在工伤认定中，可以进行以下调查核实工作：

1）根据工作需要，进入有关单位和事故现场；

2）依法查阅与工伤认定有关的资料，询问有关人员并作出调查笔录；

3）记录、录音、录像和复制与工伤认定有关的资料。调查核实工作的证据收集参照行政诉讼证据收集的有关规定执行。

用人单位、职工、工会组织、医疗机构以及有关部门应当予以协助，据实提供情况和证明材料。调查核实人员则应当保守有关单位商业秘密以及个人隐私，为提供情况的有关人员保密。

（3）职业病诊断和诊断争议的鉴定，依照职业病防治法的有关规定执行。对依法取得职业病诊断证明书或者职业病诊断鉴定书的，社会保险行政部门不再进行调查核实。职业病诊断证明书或者职业病诊断鉴定书不符合国家规定的要求和格式的，社会保险行政部门可以要求出具证据部门重新提供。

（4）职工或者其近亲属认为是工伤，用人单位不认为是工伤的，由该用人单位承担举证责任。用人单位拒不举证的，社会保险行政部门可以根据受伤害职工提供的证据或者调查取得的证据，依法作出工伤认定决定。

（5）社会保险行政部门应当自受理工伤认定申请之日起 60 日内作出工伤认定决定，出具《认定工伤决定书》或者《不予认定工伤决定书》。自工伤认定决定作出之日起 20 日内，将其送达受伤害职工（或者其近亲属）和用人单位，并抄送社会保险经办机构。文书送达参照民事法律有关送达的规定执行。社会保险行政部门对受理的事实清楚、权利义务明确的工伤认定申请，应当在 15 日内作出工伤认定的决定。

（6）作出工伤认定决定需要以司法机关或者有关行政主管部门的结论为依据的，在司法机关或者有关行政主管部门尚未作出结论期间，作出工伤认定决定的时限中止，并书面通知申请人。

（7）职工或者其近亲属、用人单位对不予受理决定不服或者对工伤认定决定不服的，可以依法申请行政复议或者提起行政诉讼。

（8）工伤认定结束后，社会保险行政部门应当将工伤认定的有关资料保存 50 年。

二、工伤保险待遇

1. 工伤医疗待遇

（1）职工因工作遭受事故伤害或者患职业病进行治疗，享受工伤医疗待遇。

职工治疗工伤应当在签订服务协议的医疗机构就医，情况紧急时可以先到就近的医疗机构急救。

（2）治疗工伤所需费用符合工伤保险诊疗项目目录、工伤保险药品目录、工伤保险住院服务标准的，从工伤保险基金支付。工伤保险诊疗项目目录、工伤保险药品目录、工伤保险住院服务标准，由国务院社会保险行政部门会同国务院卫生行政部门、食品药品监督管理部门等规定。

（3）职工住院治疗工伤的伙食补助费，以及经医疗机构出具证明，报经办机构同意，工伤职工到统筹地区以外就医所需的交通、食宿费用从工伤保险基金支付，基金支付的具体标准由统筹地区人民政府规定。

（4）工伤职工治疗非工伤引发的疾病，不享受工伤医疗待遇，按照基本医疗保险办法处理。

（5）工伤职工到签订服务协议的医疗机构进行工伤康复的费用，符合规定的，从工伤保险基金支付。

（6）社会保险行政部门作出认定为工伤的决定后发生行政复议、行政诉讼的，行政复议和行政诉讼期间不停止支付工伤职工治疗工伤的医疗费用。

（7）工伤职工因日常生活或者就业需要，经劳动能力鉴定委员会确认，可以安装假肢、矫形器、假眼、假牙和配置轮椅等辅助器具，所需费用按照国家规定的标准从工伤保险基金支付。

2. 停工留薪期待遇

（1）职工因工作遭受事故伤害或者患职业病需要暂停工作接受工伤医疗的，在停工留薪期内，原工资福利待遇不变，由所在单位按月支付。

（2）停工留薪期一般不超过 12 个月。伤情严重或者情况特殊，经设区的市级劳动能力鉴定委员会确认，可以适当延长，但延长不得超过 12 个月。工伤职工评定伤残等级后，停发原待遇，按照本章的有关规定享受伤残待遇。工伤职工在停工留薪期满后仍需治疗的，继续享受工伤医疗待遇。

（3）生活不能自理的工伤职工在停工留薪期需要护理的，由所在单位负责。

3. 工伤致残待遇

（1）工伤职工已经评定伤残等级并经劳动能力鉴定委员会确认需要生活护理的，从工伤保险基金按月支付生活护理费。

生活护理费按照生活完全不能自理、生活大部分不能自理或者生活部分不能自理 3 个不同等级支付，其标准分别为统筹地区上年度职工月平均工资的 50%、40% 或者 30%。

（2）职工因工致残被鉴定为一级至四级伤残的，保留劳动关系，退出工作岗位，享受以下待遇：

1）从工伤保险基金按伤残等级支付一次性伤残补助金，标准为：一级伤残为 27 个月的本人工资，二级伤残为 25 个月的本人工资，三级伤残为 23 个月的本人工资，四级伤残为 21 个月的本人工资。

2）从工伤保险基金按月支付伤残津贴，标准为：一级伤残为本人工资的 90%，二级伤残为本人工资的 85%，三级伤残为本人工资的 80%，四级伤残为本人工资的 75%。伤残津贴实际金额低于当地最低工资标准的，由工伤保险基金补足差额。

3）工伤职工达到退休年龄并办理退休手续后，停发伤残津贴，按照国家有关规定享受基本养老保险待遇。基本养老保险待遇低于伤残津贴的，由工伤保险基金补足差额。

4）职工因工致残被鉴定为一级至四级伤残的，由用人单位和职工个人以伤残津贴为基数，缴纳基本医疗保险费。

（3）职工因工致残被鉴定为五级、六级伤残的，享受以下待遇：

1）从工伤保险基金按伤残等级支付一次性伤残补助金，标准为：五级伤残为 18 个月的本人工资，六级伤残为 16 个月的本人工资。

2）保留与用人单位的劳动关系，由用人单位安排适当工作。难以安排工作的，由用人单位按月发给伤残津贴，标准为：五级伤残为本人工资的 70%，六级伤残为本人工资的 60%，并由用人单位按照规定为其缴纳应缴纳的各项社会保险费。伤残津贴实际金额低于当地最低工资标准的，由用人单位补足差额。

3）经工伤职工本人提出，该职工可以与用人单位解除或者终止劳动关系，由工伤保险基金支付一次性工伤医疗补助金，由用人单位支付一次性伤残就业补助金。一次性工伤医疗补助金和一次性伤残就业补助金的具体标准由省、自治区、直辖市人民政府规定。

（4）职工因工致残被鉴定为七级至十级伤残的，享受以下待遇：

1）从工伤保险基金按伤残等级支付一次性伤残补助金，标准为：七级伤残为 13 个月的本人工资，八级伤残为 11 个月的本人工资，九级伤残为 9 个月的本人工资，十级伤残为 7 个月的本人工资。

2）劳动、聘用合同期满终止，或者职工本人提出解除劳动、聘用合同的，由工伤保险基金支付一次性工伤医疗补助金，由用人单位支付一次性伤残就业补助金。一次性工伤医疗补助金和一次性伤残就业补助金的具体标准由省、自治区、直辖市人民政府规定。

4. 因工死亡处理

职工因工死亡，其近亲属按照下列规定从工伤保险基金领取丧葬补助金、供养亲属抚恤金和一次性工亡补助金：

（1）丧葬补助金为 6 个月的统筹地区上年度职工月平均工资。

（2）供养亲属抚恤金按照职工本人工资的一定比例发给由因工死亡职工生前提供主要生活来源、无劳动能力的亲属。标准为：配偶每月 40%，其他亲属每人每月 30%，孤寡老人或者孤儿每人每月在上述标准的基础上增加 10%。核定的各供养亲属的抚恤金之和不应高于因工死亡职工生前的工资。供养亲属的具体范围由国务院社会保险行政部门规定。

（3）一次性工亡补助金标准为上一年度全国城镇居民人均可支配收入的 20 倍。

（4）伤残职工在停工留薪期内因工伤导致死亡的，其近亲属享受本条第（1）款规定的待遇。

（5）一级至四级伤残职工在停工留薪期满后死亡的，其近亲属可以享受第（1）、（2）款规定的待遇。

5. 停止享受工伤保险待遇条件

工伤职工有下列情形之一的，停止享受工伤保险待遇：

（1）丧失享受待遇条件的。

（2）拒不接受劳动能力鉴定的。

（3）拒绝治疗的。

6. 特殊条件下的工伤保险待遇

（1）工伤职工工伤复发，确认需要治疗的，享受前述工伤医疗待遇、停工留薪期待遇。

（2）职工因工外出期间发生事故或者在抢险救灾中下落不明的，从事故发生当月起3个月内照发工资，从第4个月起停发工资，由工伤保险基金向其供养亲属按月支付供养亲属抚恤金。生活有困难的，可以预支一次性工亡补助金的50%。职工被人民法院宣告死亡的，按照职工因工死亡的规定处理。

（3）用人单位分立、合并、转让的，承继单位应当承担原用人单位的工伤保险责任；原用人单位已经参加工伤保险的，承继单位应当到当地经办机构办理工伤保险变更登记。

（4）用人单位实行承包经营的，工伤保险责任由职工劳动关系所在单位承担。

（5）职工被借调期间受到工伤事故伤害的，由原用人单位承担工伤保险责任，但原用人单位与借调单位可以约定补偿办法。

（6）企业破产的，在破产清算时依法拨付应当由单位支付的工伤保险待遇费用。

（7）职工被派遣出境工作，依据前往国家或者地区的法律应当参加当地工伤保险的，参加当地工伤保险，其国内工伤保险关系中止；不能参加当地工伤保险的，其国内工伤保险关系不中止。

（8）职工再次发生工伤，根据规定应当享受伤残津贴的，按照新认定的伤残等级享受伤残津贴待遇。

第六节 事故的预防

事故是不安全的行为和不安全状态的直接后果，而这两者都是可以用管理来控制的。严格的管理和严厉的法治是必需的，也是必要的，但并不是安全生产的目的和工作的全部。安全生产的目的是减少以至消除人身伤害和财产损失事故，提高效益。因此，安全管理人员和技术人员还应该学习事故预防知识，掌握事故预防对策。

一、施工现场不安全因素

1. 事故潜在的不安全因素

著名的海因里希法则（1∶29∶300 法则）显示，通过大量的事故调查，海因里希发现，每 330 起事故中，死亡或重伤仅为 1 起，占 0.3%，轻伤事故 29 起，占 8.8%；无伤害 300 起，占 90.9%。在生产过程的事故中，未遂事故的数量远远大于人身伤亡和财产损失事故的数量。可见仅仅关注伤害事故是不够的，要对所有的险肇事故给予足够的重视。

伤亡事故的发生不是一个孤立的事件，而是一系列原因事件相继发生的结果，事故潜在的不安全因素是造成人的伤害，物的损失事故的先决条件，各种人身伤害事故均离不开物与人这二个因素。人身伤害事故就是人与物之间产生的一种意外现象。在人与物这两个因素中，人的因素是最根本的，因为物的不安全因素的背后，实质上还是隐含着人的因素。即人和物两大系列往往是相互关联，互为因果相互转化的：有时人的不安全行为促进了物的不安全状态的发展，或导致新的不安全状态的出现；而物的不安全状态可以诱发人的不安全行为。因此，人的不安全行为和物的不安全状态，是造成绝大部分事故的两个潜在的不安全因素，通常也可称为事故隐患。

分析大量事故的原因可以得知，只有少量的事故仅仅由人的不安全行为或物的不安全状态引起，绝大多数的事故是与二者同时相关的。当人的不安全行为和物的不安全状态在各自发展过程中，在一定时间、空间发生了接触，伤害事故就会发生。而人的不安全行为和物的不安全状态之所以产生和发展，又是受多种因素作用的结果。

2. 人的不安全行为

人既是管理的对象，又是管理的动力，人的行为是安全控制的关键。人与人不同，即便是同一个人，在不同地点，不同时期，不同环境，他的劳动状态、注意力、情绪、效率也会有变化，这就决定了管理好人是难度很大的问题。由于受到政治、经济、文化技术条件的制约和人际关系的影响，以及受企业管理形式、制度、手段、生产组织、分工、条件等的支配，所以，要管好人，避免产生人的不安全行为，应从人的生理和心理特点来分析人的行为，必须结合社会因素和环境条件对人的行为影响进行研究。

人的不安全行为是指能造成事故的人为错误，是人为地使系统发生故障或发生性能不良事件，是违背设计和操作规程的错误行为。

人的不安全行为，通俗地用一句话讲，就是指能造成事故的人的失误。

（1）不安全行为在施工现场的类型

按《企业职工伤亡事故分类标准》（GB 6441—86），不安全行为可分为十三类：

1）操作失误、忽视安全、忽视警告。包括未经许可开动、关停、移动机器，开动、关停机器时未给信号，开关未锁紧，造成意外转动、通电或泄漏等，忘记关闭设备，忽视警告标志、警告信号，操作错误（指按钮、阀门、扳手、把柄等的操作），奔跑作业，供料或送料速度过快，机器超速运转，违章驾驶机动车，酒后作业，客货混载，冲压机作业时，手伸进冲压模，工件坚固不牢，用压缩空气吹铁屑及其他情况。

2）造成安全装置失效。包括拆除了安全装置，安全装置堵塞失掉了作用，调整的错误造成安全装置失效及其他情况。

3）使用不安全设备。包括临时使用不牢固的设施，使用无安全装置的设备及其他情况。

4）用手代替工具操作。包括用手代替手动工具，用手清除切屑，不用夹具固定、用手拿工件进行机加工。

5）物体（指成、半成品、材料、工具、切屑和生产用品等）存放不当。

6）冒险进入危险场所。

7）攀、坐不安全位置（如平台护栏、汽车挡板、吊车吊钩）。

8）在起吊物下作业、停留。

9）机器运转时加油、修理、检查、调整、焊扫等工作。

10）分散注意力行为。

11）在必须使用个人防护用品用具的作业或场合中，忽视其使用。包括未戴护目镜或面罩、未戴防护手套、未穿安全鞋、未戴安全帽、未佩戴呼吸护具、未佩戴安全带、未戴工作帽及其他情况。

12）不安全装束。

13）对易燃易爆等危险物品处理错误。

（2）人的行为与事故

据统计资料分析，88％的事故是由人的不安全行为所造成。而人的生理和心理特点又直接影响人的不安全行为。因为整个劳动过程是依靠人的骨骼、肌肉的运动和人的视觉、听觉、思维、意识，最后表现为人的外在行为过程。但由于人存在着某些生理和心理缺陷，都有可能发生人的不安全行为，从而导致事故。

1）人的生理疲劳与安全。人的生理疲劳，表现出动作紊乱而不稳定，不能正常支配状况下所能承受的体力，易产生重物失手、手脚发软，致使人和物从高处坠落等事故。

2）人的心理疲劳与安全。人的心理疲劳是指劳动者由于动机和态度改变引起工作能力的波动，或从事单调、重复劳动时的厌倦，或遭受挫折后的身心乏力等。这就会使劳动者感到心情不安、身心不支、注意力转移而产生操作失误。

3）人的视觉、听觉与安全。人的视觉是接受外部信息的主要通道，80％以上的信息是由视觉获得，但人的视觉存在视错觉，而外界的亮度、色彩、对比度，物体的大小，形态、距离等又支配视觉效果。当视器官将外界环境转化为信号输入时，有可能产生错视、漏视的失误而导致安全事故。同样，人的听觉亦是接受外部信息的通道。但常由于机械轰鸣，噪声干扰，不仅使注意力分散，听力减弱，听不清信号，还会使人产生头晕、头痛、乏力失眠，引起神经紊乱而致心率加快等病症，若不治理和预防都会有害于安全。

4）人的性格、气质、情绪与安全。人的气质、性格不同，产生的行为各异。意志坚定，善于控制自己，注意力稳定性好，行动准确，不受干扰，安全度就高；感情激昂，喜怒无常，易动摇，对外界信息的反应变化多端，常易引起不安全行为。自作聪明，自以为是，常常会发生违章操作；遇事优柔寡断，行动迟缓，则对突发事件应变能力差。此类不安全行为，均与发生事故密切相关。

5）人际关系与安全。群体的人际关系直接影响着个体的行为。当彼此遵守劳动纪律，重视安全生产的行为规范，相互友爱和信任时，无论做什么事都充满信心和决心，安全就有保障；若群体成员把工作中的冒险视为勇敢予以鼓励、喝彩，无视安全措施和操作规程，在这种群体动力作用下，不可能形成正确的安全观念。个人某种需要未得到满足，带着愤懑和怨气的不稳定情绪工作，或上下级关系紧张，产生疑虑、畏惧、抑郁的心理，注意力发生转移，也极容易发生事故。

产生不安全行为的主要原因，既有系统组织上的原因，也有思想上责任心的原因，还有工作上的原因。而主要的工作上的原因有工作知识的不足或工作方法不适当，技能不熟练或经验不充分，作业的速度不适当，工作不当，但又不听或不注意管理提示。

综上所述，在施工项目安全控制中，一定要抓住人的不安全行为这一关键因素；而在制定纠正和预防措施时，又必须针对人的生理和心理特点对不安全的影响因素，培养提高劳动者自我保护能力，能结合自身生理、心理特点来预防不安全行为发生，增强安全意

识，乃是搞好安全管理的重要环节

（3）必须重视和防止产生人的不安全行为

有资料分析显示：事故中有89%都不是因技术解决不了造成的，都是因违章所致。其中主要是由于没有安全技术措施，缺乏安全技术知识，不作安全技术交底，安全生产责任制不落实，违章指挥，违章作业造成的。《中国劳动统计年鉴》对近年来的企业伤亡事故原因（主要原因）比例排序为：违反操作规程或劳动纪律原因列居首位，占十一项原因总统计量的45%以上，如果加上教育培训不够，缺乏安全操作知识，对现场工作缺乏检查和指挥错误等不安全行为原因的事故占了全部事故统计量的60%以上。而值得引起注意和重视的是，国有大企业不安全行为原因和伤亡比例均值，大于城镇企业和其他企业。另有资料反映：美国有人曾分析了75000起伤亡事故，其中天灾仅占2%，即98%的伤亡事故在人的能力范围内，是可以预防的。在可防止的全部事故中，由于人的不安全行为造成的事故占88%。

以上资料表明，各种各样的伤亡事故，绝大多数是由人的不安全因素造成的，是在人的能力范围内，是可以预防的。

随着科学技术的发展，施工现场劳动条件的改善，机械设备的进一步完善，在造成事故的原因比例中，由于人的不安全因素造成的事故比例还会有所增加。因此，我们就更应该重视人的因素，预防和杜绝出现人的不安全行为。

3. 施工现场物的不安全状态

物的不安全状态是指能导致事故发生的物质条件，包括机械设备等物质或环境所存在的不安全因素，通常人们将其称为物的不安全状态或物的不安全条件，也有直接称其为不安全状态的。人的生理、心理状态能适应物质、环境条件，而物质、环境条件又能满足劳动者生理、心理需要时，则不会产生不安全行为；反之，就可能导致伤害事故的发生。

（1）物的不安全状态方面

1）物（包括机器、设备、工具、其他物质等）本身存在的缺陷；

2）防护保险方面的缺陷；

3）物的放置方法的缺陷；

4）作业环境场所的缺陷；

5）外部的和自然界的不安全状态；

6）作业方法导致的物的不安全状态；

7）保护器具信号、标志和个体防护用品的缺陷。

（2）不安全状态在施工现场的类型

按《企业职工伤亡事故分类标准》（GB 6441—86），不安全状态可分为四大类：

1）防护、保险、信号等装置缺乏或有缺陷：

① 无防护。包括无防护罩、无安全保险装置、无报警装置、无安全标志、无护栏或护栏损坏、（电气）未接地、绝缘不良、风扇无消声系统、噪声大、危房内作业、未安装防止"跑车"的挡车器或挡车栏及其他情况。

② 防护不当。包括防护罩设未在适当位置、防护装置调整不当，坑道掘进、隧道开凿支撑不当，防爆装置不当、放炮作业隐蔽所有缺陷、电气装置带电部分裸露及其他情况。

2）设备、设施、工具、附件有缺陷：

① 设计不当，结构不合安全要求。包括通道门遮挡视线、制动装置有缺欠、安全间距不够、拦车网有缺欠、工件有锋利毛刺、毛边、设施上有锋利倒棱及其他情况。

② 强度不够。包括机械强度不够、绝缘强度不够、起吊重物的绳索不合安全要求及其他情况。

③ 设备在非正常状态下运行。包括设备带"病"运转、超负荷运转及其他情况。

④ 维修、调整不良。包括设备失修、地面不平、保养不当、设备失灵及其他情况。

3）个人防护用品用具如防护服、手套、护目镜及面罩、呼吸器官护具、听力护具、安全带、安全帽、安全鞋等缺少或缺陷。包括无个人防护用品、用具和所用防护用品、用具不符合安全要求。

4）生产（施工）场地环境不良：

① 照明光线不良。包括照度不足、作业场地烟雾尘弥漫视物不清、光线过强。

② 通风不良。包括无通风、通风系统效率低、风流短路及其他情况。

③ 作业场所狭窄。

④ 作业场地杂乱。

⑤ 交通线路的配置不安全。

⑥ 操作工序设计或配置不安全。

⑦ 地面滑。

⑧ 储存方法不安全。

⑨ 环境温度、湿度不当。

（3）物质、环境安全问题

综上所述，施工现场物质和环境均具有危险源，也是产生安全事故的主要因素。因此，在施工项目安全控制中，应根据工程项目施工的具体情况，采取有效的措施减少或断绝危险源。

例如，发生起重伤害事故的主要原因有两类，一是起重设备的安全装置不全或失灵；二是起重机司机违章作业或指挥失误所致，因此，预防起重伤害事故也要从这两方面入手，即：第一、保证安全装置（行程、高度、变幅、超负荷限制装置，其他保险装置等）齐全可靠，并经常检查、维修，使转动灵敏，严禁使用带"病"的起重设备。第二、起重机指挥人员和司机必须经过操作技术培训和安全技术考核，持证上岗，不得违章作业。要坚持"十不吊"，此外，还有一些安全措施，如起吊容易脱钩的大型构件时，必须用卡环；严禁吊物在高压线上方旋转；严禁在高压线下面从事起重作业等。

同时，在分析物质、环境因素对安全的影响时，也不能忽视劳动者本身生理和心理的特点。如一个生理和心理素质好，应变能力强的司机，他们注意范围较大，几乎可以在同一时间，既注意到吊物和它周围的建筑物、构筑物的距离，又顾及到起升、旋转、下降、对中、就位等一系列差异较大的操作。这样，就不会发生安全事故。所以在创造和改善物质、环境的安全条件时，也应从劳动者生理和心理状态出发，使其能相互适应。实践证明，采光照明、色彩标志、环境温度和现场环境对施工安全的影响都不可低估。

1）采光照明问题。施工现场的采光照明，既要保证生产正常进行，又要减少人的疲劳和不舒适感，还应适应视觉暗、明的生理反应。这是因为当光照条件改变时，眼睛需要通过一定的生理过程对光的强度进行适应，方能获得清晰的视觉。所以，当由强光下进入暗环境，或由暗环境进入强光现场时，均需经过一定时间，使眼睛逐渐适应光照强度的改变，然后才能正常工作。因此，让劳动者懂得这一生理现象，当光照强度产生极大变化时作短暂停留，在黑暗场所加强人工照明，在耀眼强光下操作戴上墨镜，则可以减少事故的发生。

2）色彩的标志问题。色彩标志可提高人的辨别能力，控制人的心理，减少工作差错和人的疲劳。红色，在人的心理定势中标志危险、警告或停止；绿色，使人感到凉爽、舒适、轻松、宁静，能调剂人的视力，消除炎热、高温时烦躁不安的心理；白色，给人整洁清新的感觉，有利于观察检查缺陷，消除隐患；红白相间，则对比强烈，分外醒目。所以，根据不同的环境采用不同的色彩标志，如用红色警告牌，绿色安全网，白色安全带，红白相间的栏杆等，都能有效地预防事故的作用。

3）环境温度问题。环境温度接近体温时，人体热量难以散发，就会感到不适、头昏、气喘，活动稳定性差，手脑配合失调，对突发情况缺乏应变能力，在高温环境、高处作业时，就可能导致安全事故；反之，低温环境，人体散热量大，手脚冻僵，动作灵活性、稳定性差，也易导致事故发生。

4）现场环境问题。现场布置杂乱无序、视线不畅、沟渠纵横、交通阻塞，机械无防护装置，电器无漏电保护，粉尘飞扬、噪声刺耳等，使劳动者生理、心理难以承受，或不能满足操作要求时，则必然诱发事故。

综上所述，在施工项目安全控制中，必须将人的不安全行为、物的不安全状态与人的生理和心理特点结合起来综合考虑，制定安全技术措施，才能确保安全的目标。

4. 管理上的不安全因素

管理上的不安全因素，通常也可称为管理上的缺陷，它也是事故潜在的不安全因素，作为间接的原因共有以下因素。

（1）技术上的缺陷。

（2）教育上的缺陷。

（3）生理上的缺陷。

（4）心理上的缺陷。

（5）管理工作上的缺陷。

（6）学校教育和社会、历史上的原因造成的缺陷。

二、建筑施工现场伤亡事故的预防

1. 构成事故的主要原因

（1）事故发生的结构。

事故的直接原因是物的不安全状态和人的不安全行为，事故的间接原因是管理上的缺陷。事故发生的背景就是因为客观上存在着发生事故的条件，若能消除这些条件，事故是可以避免的。如已知的事故条件继续存在就会发生同类同种事故，尚且未知的事故条件也有存在的可能性，这是伤亡事故的一大特点。

（2）潜在危害性的存在。

人类的任何活动都具有潜在的危害，所谓危险性，并非它一定会发展成为事故，但由于某些意外情况，它会使发生事故的可能性增加，在这种危害性中既存在着人的不安全行为，也存在着物质条件的缺陷。

事实上，重要的不仅是要知道潜在的危害，而且应了解存在危害性的劳动对象、生产工具、劳动产品、生产环境、工作过程、自然条件、人的劳动和行为，以此为基础，及时高效率地解决任何潜在危害的预测。在特定的生产条件下，消除不安全因素构成的危害和可能性具有重要意义。

2. 安全生产的五条规律

（1）在一定的社会条件下生产的安全规律。

这种规律的实质是，承认生产中的潜在危险，这为制定安全法规、制度、措施及其实施创造了原则上的可能性，这一规律的作用受到社会的基本经济规律的制约。在我国安全生产和劳动保护是有组织、有系统的，应当在有目的的活动中付诸实现。

（2）劳动条件适应人的特点的规律。

人适应环境的可能性具有一定限度，这则规律要求策划、计划、组织劳动生产、构思新技术或设计新工艺、工序，以及解决其他任务时，必须树立以人为中心（即以人为本）的观点，必须以保证操作者能安全作业活动为出发点。要重点研究以人为主体的危险及其消除措施方法。

（3）不断地、有计划地改善劳动条件的规律。

随着我国社会主义现代化建设和生产方式的完善，应努力消除和降低生产中的不安全、不卫生因素。这一规律是我国在社会主义条件下有计划、按比例发展国民经济的具体体现。从国家、地方、行业乃至一个企业、一个工地，劳动条件理所当然地应有所改善、好转，而不能有所恶化、倒退。劳动条件得不到改善而恶化、倒退，尤其是产生恶果的，则是我们国家的安全法规所不能允许的。

（4）物质技术基础与劳动条件适应的规律。

科学技术的进步从根本上改善着劳动条件，但不能排除新的重要的危险因素的出现，或者有扩大其有害影响的可能性，如不重视这一规律将导致新技术效果的下降。这一规律的实质是劳动条件的改善，在时间上要与物质技术基础的发展阶段相适应。

（5）安全管理科学化的规律。

事故预防科学是一门以经验为基础而建立起来的管理科学，经验是掌握客观事物所必需的，将个别的已经证明行之有效的经验加以科学总结，而形成的一门知识体系。安全的科学管理，其目的是以个人或集体作为一个系统，科学地探讨人的行为，排除妨碍完成安全生产任务的不安全因素，使之按计划实现安全生产的目标。

安全生产的实现，必须是建立在安全管理是科学的、有计划的、目标明确的、措施方法正确的基础之上，这一规律揭示形成劳动安全计划指标是可能的，指标（目标）必须满足：现实对象明确，定量清楚，与客观条件相符，经济而有效，可以整体检查，并能显示以确保安全为目的的作用的整体性。

3. 各类事故预防原则

为了实现安全生产，预防各类事故的发生必须要有全面的综合性措施，实现系统安全，预防事故和控制受害程度的具体原则大致如下：

（1）消除潜在危险的原则。

（2）降低、控制潜在危险数值的原则。

（3）提高安全系数、增加安全余量的坚固原则。

（4）闭锁原则（自动防止故障的互锁原则）。

（5）代替作业者的原则。

（6）屏障原则。

（7）距离防护原则。

（8）时间防护原则。

（9）薄弱环节原则（损失最小化原则）。

（10）警告和禁止信息原则。

（11）个人防护原则。

（12）不予接近原则。

（13）避难、生存和救护原则。

4. 伤害事故预防措施

伤害事故预防，就是要消除人和物的不安全因素，弥补管理上的缺陷，实现作业行为和作业条件安全化。

（1）消除人的不安全行为，实现作业行为安全化的主要措施：

1）开展安全思想教育和安全规章制度教育。

2）进行安全知识岗位培训，提高职工的安全技术素质。

3）推广安全标准化管理操作和安全确认制度活动，严格按安全操作规程和程序进行各项作业。

4）重点加强重点要害设备、人员作业的安全管理和监控，搞好均衡生产。

5）注意劳逸结合，使作业人员保持充沛的精力，从而避免产生不安全行为。

（2）消除物的不安全状态，实现作业条件安全化的主要措施：

1）采取新工艺、新技术、新设备，改善劳动条件。

2）加强安全技术研究，采用安全防护装置，隔离危险部位。

3）采用安全适用的个人防护用具。

4）开展安全检查，及时发现和整改安全隐患。

5）定期对作业条件（环境）进行安全评价，以便采取安全措施，保证符合作业的安全要求。

（3）实现安全措施必须加强安全管理：

加强安全管理是实现安全生产的重要保证。建立、完善和严格执行安全生产规章制度、开展经常性的安全教育、岗位培训和安全竞赛活动，通过安全检查制定和落实防范措施等安全管理工作，是消除事故隐患，搞好事故预防的基础工作。因此，应当采取有力措施；加强安全施工管理，保障安全生产。

第七节　施工现场安全急救、应急处理和应急设施

一、现场急救概念和急救步骤

1. 现场急救概念

现场急救，就是应用急救知识和最简单的急救技术进行现场初级救生，最大程度上稳

定伤病员的伤、病情，减少并发症，维持伤病员的最基本的生命体征，例如，呼吸、脉搏、血压等。现场急救是否及时和正确，关系到伤病员生命和伤害的结果。

现场急救工作，还为下一步全面医疗救治作了必要的处理和准备。不少严重工伤和疾病，只有现场先进行正确的急救，及时做好伤病员的转送医院的工作，途中给予必需的监护，并将伤、病情，以及现场救治的经过，反映给接诊医生，保持急救的连续性，才可望提高一些危重伤病员的生存率，伤病员才有生命的希望。如果坐等救护车或直接把伤病员送入医院，可能会由于浪费了最关键的抢救时间，而使伤病员的生命丧失。

2. 急救步骤

急救是对伤病员提供紧急的监护和救治，给伤病员以最大的生存机会，急救一定要遵循下述四个急救步骤：

（1）调查事故现场。调查时要确保对救护者、伤病员或其他人无任何危险，迅速使伤病员脱离危险场所，尤其在工地、工厂大型事故现场，更是如此。

（2）初步检查伤病员，判断其神志、气管、呼吸循环是否有问题。必要时立即进行现场急救和监护，使伤病员保持呼吸道通畅，视情况采取有效的止血、防止休克、包扎伤口、固定、保存好断离的器官或组织、预防感染、止痛等措施。

（3）呼救。应请人去呼叫救护车，救护者可继续施救，一直要坚持到救护人员或其他施救者到达现场接替为止。此时还应反映伤病员的伤病情和简单的救治过程。

（4）如果没有发现危及伤病员的体征，可作第二次检查，以免遗漏其他的损伤、骨折和病变。这样有利于现场施行必要的急救和稳定病情，降低并发症和伤残率。

二、紧急救护常识

1. 应急电话

信息时代，通信设施的作用不言自明。电话是最为普通的通信保障。在安全生产方面，通过拨打现场事故的应急处理电话，保持通信的畅通和正确应用，对事故的及时急救，对控制事故的蔓延和发展都具有很大的作用。工伤事故现场重病人抢救应拨打120救护电话，请医疗单位急救；火警、火灾事故应拨打119火警电话，请消防部门急救；发生抢劫、偷盗、斗殴等情况应拨打报警电话110，向公安部门报警；煤气管道设备急修、自来水报修、供电报修，以及向上级单位汇报情况争取支持，都可以通过电话通信达到方便快捷的目的。因此在施工过程中保证通信的畅通，以及正确利用好电话通信工具，可以为现场事故应急处理发挥很大的作用。

工地应安装固定电话，并保证电话在事故发生时能应用和畅通。没有条件安装固定电话的工地应配置移动电话。电话可安装于办公室、值班室、警卫室内。在室外附近张贴119电话的安全提示标志，以使现场人员都了解，在应急时能快捷地找到电话拨打报警电话求救。电话一般应放在室内临现场通道的窗扇附近，电话机旁应张贴常用紧急急用查询电话和工地主要负责人和上级单位的联络电话，以便在节假日、夜间等情况下使用。房间无人上锁，有紧急情况无法开锁时，可击碎窗玻璃，便可以向有关部门、单位、人员拨打电话报警求救。

在拨打紧急电话时，要尽量说清楚以下内容：

（1）讲清楚伤者（事故）发生的具体位置。什么路多少号，靠近什么路口，提供附近有特征的建筑物的信息。

（2）说明报救者单位、姓名（或事故地）的电话或移动电话号码以便救护车（消防车、警车）找不到所报地点时，随时通过电话通信联系。

（3）说明伤情（病情、火情、案情）和已经采取了些什么措施，以便让救护人员事先做好急救的准备。

（4）基本打完报救电话后，应问接报人员还有什么问题不清楚，如无问题才能挂断电话。通完电话后，应派人在现场外等候接应救护车（消防车、警车），同时把救护车（消防车、警车）进工地现场的路上障碍及时予以清除，以利救护到达后，能及时进行抢救。

2. 施工现场常备的急救物品和应急设备

施工现场按要求一般应配备急救箱。以简单、适用为原则，保证现场急救的基本需要，并可根据不同情况予以增减，定期检查、更换超过消毒期的敷料和过期药品，每次急救后要及时补充。确保随时可供急救使用。急救箱应有专人保管，但不要上锁。放置在合适的位置，使现场人员都知道。

（1）救护常用物品。包括血压计、体温计、氧气瓶（便携式）及流量计、纱布、胶布、外用绷带（弹性绷带）、止血带、消毒棉球或棉棒、无菌敷料、三角巾、创可贴、（大、小）剪刀、镊子、手电筒、热水袋（可做冰袋用）、缝衣针或针灸针、火柴、一次性塑料袋、夹板、别针、病史记录、处方。

（2）消毒和保护用品。包括口罩、无菌橡皮手套、一次性导气管、肥皂或洗手液、消毒纸巾、外用酒精。

（3）常用药品。包括云南白药、好得快、红花油、烫伤膏、氨茶碱、10%葡萄糖、25%葡萄糖、10%葡萄糖酸钙、维生素、生理盐水、氨水、乙醚、酒精、碘酒、高锰酸钾等。

（4）其他应急设备和设施。

由于在现场经常会出现一些不安全情况，甚至发生事故，或因采光和照明情况不好，在应急处理时需配备应急照明，如可充电工作灯。

由于现场有危险情况，在应急处理时就需有用于危险区域隔离的警戒带、各类安全禁止、警告、指令、提示标志牌。

有时为了安全逃生、救生需要，还必须配置安全带、安全绳、担架等专用应急设备和设施工具。

3. 应了解的基本急救方法

施工现场易发生创伤性出血和心跳呼吸骤停，了解有关的基本急救方法非常必要。

（1）创伤性出血现场急救

创伤性出血现场急救是根据现场实际条件及时地、正确地采取暂时性地止血，清洁包扎，固定和运送等方面措施。

1）常用的止血方法：

① 加压包扎止血。是最常用的止血方法，在外伤出血时应首先采用。

适用范围：小静脉出血、毛细血管出血，动脉出血应与止血带配合使用；头部、躯体、四肢以及身体各处的伤口均可使用。

先抬高伤肢，然后用干净、消毒的较厚的纱布或棉垫覆盖在伤口表面。如无纱布，可

190

用干净的毛巾、手帕或其他棉织品等替代。在纱布上方用绷带、三角巾紧紧缠绕住，加压包扎，即可达止血目的。尽量初步地清洁伤口，选用干净的替代品，减少伤口感染的机会。

② 指压动脉出血近心端止血法。按出血部位分别采用指压面动脉、颈总动脉、锁骨下动脉、颞动脉、股动脉、腔前后动脉止血法。该方法简便、迅速有效，但不持久。

③ 止血带止血法。用加压包扎止血法不能奏效的四肢大血管出血，应及时采用止血带止血。

适用范围：受伤肢体有大而深的伤口，血流速度快；多处受伤，出血量大；受伤同时伴有开放性骨折；肢体已完全离断或部分离断；受伤部位可见到喷泉样出血；不能用于头部和躯干部出血的止血。

止血用品：最合适的止血带是有弹性的空心皮管或橡皮条。紧急情况下，可就地取材用宽布条、三角巾、毛巾、衣襟、领带、腰带等用作止血带的替代品。

不合适的替代品：电线、铁丝、绳索。

上止血带的位置：扎止血带的位置应在伤口的上方，医学上叫做"近心端"。应距离伤口越近越好，以减少缺血的区域。

上肢出血：上臂的上部和下部。

下肢出血：大腿的上部。

救治时，先抬高肢体，便静脉血充分回流，然后在创伤部位的近心端放上弹性止血带，在止血带与皮肤间垫上消毒纱布或棉垫，以免扎紧止血带时损伤局部皮肤。将有弹性的止血带缠绕肢体两周，然后在外侧打结（注意：别在伤口上打结）。止血带必须扎紧，要加压扎紧到切实将该处动脉压闭。同时记录上止血带的具体时间，争取在上止血带后2h以内尽快将伤员转送到医院救治。若途中时间过长，则应暂时松开止血带数分钟，同时观察伤口出血情况。若伤口出血已停止，可暂勿再扎止血带；若伤口仍继续出血，则再重新扎紧止血带加压止血，但要注意过长时间地使用止血带，肢体可能会因严重缺血而坏死。

2）包扎、固定。创伤处用消毒的敷料或清洁的医用纱布覆盖，再用绷带或布条包扎，既可以保护创口，预防感染，又可减少出血，帮助止血。在肢体骨折时，又可借助绷带包扎夹板来固定受伤部位上下二个关节，减少损伤，减少疼痛，预防休克。

3）搬运。经现场止血、包扎、固定后的伤员，应尽快正确地搬运转送医院抢救。不正确的搬运，可导致继发性的创伤，加重病痛，甚至威胁生命。搬运伤员要点：

① 在肢体受伤后局部出现疼痛、肿胀、功能障碍和畸形变化，表明可能发生骨折。宜在止血包扎固定后再搬运，防止骨折断端可能因搬运振动而移位，加重疼痛，再继发损伤附近的血管神经，使创伤加重。

② 在搬运严重创伤伴有大出血或已休克的伤员时，要平卧运送伤员，头部可放置冰袋或戴冰帽，路途中要尽量避免震荡。

③ 在搬运高处坠落伤员时，若疑有脊椎受伤可能的，一定要使伤员平卧在硬板上搬运，切忌只抬伤员的两肩与两腿或单肩背运伤员。因为这样会使伤员的躯干过分屈曲或过分伸展，致使已受伤了的脊椎移位，甚至断裂将造成截瘫，导致死亡。

4）创伤救护的注意事项：

① 护送伤员的人员，应向医生详细介绍受伤经过。如受伤时间、地点、受伤时所受暴力的大小，现场场地情况。凡属高处坠落致伤时还要介绍坠落高度，伤员最先着落地部位或间接击伤的部位，坠落过程中是否有其他阻挡或转折。

② 高处坠落的伤员，在已确诊有颅骨骨折时，即便当时神志清楚，但若伴有头痛、头晕、恶心、呕吐等症状，仍应劝其留院观察。因为，从以往事故看，有相当一部分伤者往往忽视这些症状，有的伤者自我感觉较好，但不久就因抢救不及时导致死亡。

③ 在房屋倒塌、土方陷落、交通事故中，在肢体受到严重挤压后，局部软组织因缺血而呈苍白，皮肤温度降低，感觉麻木，肌肉无力。一般在解除肢体压迫后，应马上用弹性绷带缠绕伤肢，以免发生组织肿胀，还要给以固定，令其少动，以减少和延缓毒性分解产物的释放和吸收。这种情况下的伤肢就不应该抬高，不应该局部按摩，不应该施行热敷，不应该继续活动。

④ 胸部受损的伤员，实际损伤常比胸壁表面所显示的更为严重，有时甚至完全表里分离。例如，伤员胸壁皮肤完好无伤痕，但可能已经肋骨骨折，甚至还伴有外伤性气胸和血胸，要高度提高警惕，以免误诊，影响救治。在下胸部受伤时，要想到腹腔内脏受击伤引起内出血的可能。例如，左侧常可招致脾脏破裂出血，右侧又可能招致肝脏破裂出血，后背力量致伤可能引起肾脏损伤出血。

⑤ 人体创伤时，尤其在严重创伤时，常常是多种性质外伤复合存在。例如，软组织外伤出血时，可伴有神经、肌腱或骨的损伤。肋骨骨折同时可伴有内脏损伤以致休克等，应提醒医院全面考虑，综合分析诊断。反之，往往会造成误诊、漏诊而错失抢救时机，断送伤员生命，造成终生内疚和遗憾。如有的伤员因年轻力壮，耐受性强，即使遭受严重创伤休克时，也很安静或低声呻吟，并且能正确回答问题，甚至在血压已降到零时，还一直神志清楚而被断送生命。

⑥ 引起创伤性休克的主要原因是创伤后的剧烈疼痛，失血引起的休克以及软组织坏死后的分解产物被吸收而中毒。处于休克状态的伤员要让其安静、保暖、平卧、少动，并将下肢抬高约20°左右，及时止血、包扎、固定伤肢以减少创伤疼痛，尽快送医院进行抢救治疗。

(2) 心跳骤停的急救

在施工现场的伤病员心跳呼吸骤停，即突然意识丧失、脉搏消失、呼吸停止的，在颈部、喉头两侧摸不到大动脉搏动时的急救方法。

1) 口对口（口对鼻）人工呼吸法。

人工呼吸就是用人工的方法帮助病人呼吸。一旦确定病人呼吸停止，应立即进行人工呼吸，最常见、最方便的人工呼吸方法是口对口人工呼吸。

① 伤员取平卧位，冬季要保暖，解开衣领，松开围巾或紧身衣着，解松裤带，以利呼吸时胸廓的自然扩张。可以在伤员的肩背下方垫以软物，使伤员的头部充分后仰，呼吸道尽量畅通，减少气流时的阻力，确保有效通气量，同时也可以防止因舌根陷落而堵塞气流通道。然后将病人嘴巴掰开，用手指清除口腔内的异物，如假牙、分泌物、血块、呕吐物等，使呼吸道畅通。

② 抢救者跪卧在伤员的一侧，以近其头部的一手紧捏伤员的鼻子（避免漏气），并将手掌外缘压住额部，另一只手托在伤员颈后，将颈部上抬，头部充分后仰，呈鼻孔朝天

位，使嘴巴张开准备接受吹气。

③ 急救者先深吸一口气，然后用嘴紧贴伤员的嘴巴大口将气吹入病人的口腔，经由呼吸道到肺部。一般先连续、快速向伤病员口内吹气四次，同时观察其胸部是否膨胀隆起，以确定吹气是否有效和吹气适度是否恰当。这时吹入病人口腔的气体，含氧气为18%，这种氧气浓度可以维持病人最低限度的需氧量。

④ 吹气停止后，口唇离开，急救者头稍侧转，并立即放松捏紧鼻孔的手，让气体从伤员肺部排出。此时应注意病人的胸部有无起伏，如果吹气时胸部抬起，说明气道畅通，口对口吹气的操作是正确的。同时还要倾听呼气声，观察有无呼吸道梗阻现象。

⑤ 如此反复而有节律地人工呼吸，不可中断。每次吹气量平均900毫升，吹气的频率为每分钟12～16次。

采用口对口人工呼吸法要注意：

① 口对口吹气时的压力需掌握好，刚开始时可略大些，频率也可稍快一些，经10～20次人工吹气后逐步减小吹气压力，只要维持胸部轻度升起即可。对幼儿吹气时，不必捏紧鼻孔，应让其自然漏气，为防止压力过高，急救者仅用颊部力量即可。

② 如遇到口腔严重外伤、牙关紧闭时不宜做口对口人工呼吸，可采用口对鼻人工呼吸。吹气时可改为捏紧伤员嘴唇，急救者用嘴紧贴伤员鼻孔吹气，吹气时压力应稍大，时间也应稍长，效果相仿。

③ 整个动作要正确，力量要恰当，节律要均匀，不可中断。当伤员出现自主呼吸时方可停止人工呼吸，但仍需严密观察伤员，以防呼吸再次停止。

2）体外心脏挤压法：

体外心脏挤压是指通过人工方法，有节律地对心脏挤压，来代替心脏的自然收缩，从而达到维持血液循环的目的，进而求得恢复心脏的自主节律，挽救伤员生命。

体外心脏挤压法简单易学，效果好，不需设备，也不增加创伤，便于推广普及。

体外心脏挤压通常适用于因电击引起的心跳骤停抢救。在日常生活中很多情况都可引起心跳骤停，都可以使用体外心脏挤压法来进行心脏复苏抢救，如雷击、溺水、呼吸窘迫、窒息、自缢、休克、过敏反应、煤气中毒、麻醉意外，某些药物使用不当，胸腔手术或导管等特殊检查的意外，以及心脏本身的疾病如心肌梗塞、病毒性心肌炎等引起心跳骤停等。但对高处坠落和交通事故等损伤性挤压伤，因伤员伤势复杂，往往同时伴有多种外伤存在，如肢体骨折，颅脑外伤，胸腹部外伤伴有内脏损伤，内出血，肋骨骨折等。这种情况下心跳停止的伤员就忌用体外心脏挤压。此外，对于触电同时发生内伤，应分情况酌情处理，如不危及生命的外伤，可放在急救之后处理，而若伴创伤性出血者，还应进行伤口清理，预防感染并止血，然后将伤口包扎好。

体外心脏挤压法操作方法如下：

① 使伤员就近仰卧于硬板上或地上，以保证挤压效果。注意保暖，解开伤员衣领，使头部后仰侧偏。

② 抢救者站在伤员左侧或跪跨在病人的腰部。

③ 抢救者以一手掌根部置于伤员胸骨下1/3段，即中指对准其颈部凹陷的下缘，另一手掌交叉重叠于该手背上，肘关节伸直，依靠体重和臂、肩部肌肉的力量，垂直用力，向脊柱方向冲击性地用力施压胸骨下段，使胸骨下段与其相连的肋骨下陷3～4cm，间接

压迫心脏，使心脏内血液搏出。

④ 挤压后突然放松（要注意掌根不能离开胸壁）依靠胸廓的弹性使胸骨复位。此时心脏舒张，大静脉的血液就会回流到心脏。

采用体外心脏挤压法要注意：

① 操作时定位要准确，用力要垂直适当，要有节奏地反复进行，要注意防止因用力过猛而造成继发性组织器官的损伤或肋骨骨折。

② 挤压频率一般控制在 60～80 次/min 左右，但有时为了提高效果可增加挤压频率到 100 次/min。

③ 抢救时必须同时兼顾心跳和呼吸，即使只有一个人，也必须同时进行口对口人工呼吸和体外心脏挤压，此时可以先吸二口气，再挤压，如此反复交替进行。

④ 抢救工作一般需要很长时间，必须耐心地持续进行，任何时刻都不能中止，即使在送往医院途中，也一定要继续进行抢救，边救边送。

⑤ 如果发现伤员嘴唇稍有启合、眼皮活动或有吞咽动作时，应注意伤员是否已有自动心跳和呼吸。

⑥ 如果伤员经抢救后，出现面色好转、口唇转红、瞳孔缩小、大动脉搏动触及、血压上升、自主心跳和呼吸恢复时，才可暂停数秒进行观察。如果停止抢救后，伤员仍不能维持正常的心跳和呼吸，则必须继续进行体外心脏挤压，直到伤员身上出现尸斑或身体僵冷等生物死亡征象时，或接到医生生通知伤员已死亡时，方可停止抢救。一般在心肺同时复苏抢救 30min 后，若心脏自主跳动不恢复，瞳孔仍散大且光反射仍消失，说明伤员已进入组织死亡，可以停止抢救。

4. 急救车的使用

遇有紧急情况，必须及时拨打 120 急救电话，并简要地说明待救人的基本症状，以及报救点的准确方位。

(1) 必须使用急救车的几种情况

1) 受严重撞击、高处坠落、重物挤压等各种意外情况造成的严重损伤和大出血。

2) 各种原因引起的呕血、咳血、便血等大出血。

3) 意外灾害事故造成人员发病、伤亡的现场，尤其是成批伤员和群体伤害。

(2) 救护车到达前的急救常规

1) 必须保持病人的正确体位，切勿随便推动或搬运病人，以免病情加重。

2) 昏迷、呕吐病人头侧向一边。

3) 脑外伤、昏迷病人不要抱着头乱晃。

4) 高空坠落伤者，不要随便搬头抱脚移动。

5) 将病人移到安全、易于救护的地方。如煤气中毒病人移到通风处。

6) 选择病人适宜的体位，安静卧床休息。

7) 保持呼吸道通畅，已昏迷的病人，应将呕吐物、分泌物掏取出来或头侧向一边顺位引流出来。

8) 外伤病人给予初步止血、包扎、固定。

9) 待救护车到达后，应向急救人员详细地讲述病人的病情、伤情以及发展过程、采取的初步急救措施。

三、施工现场应急处理措施

1. 塌方伤害

塌方伤害是由塌方、垮塌而造成的病人被土石方、瓦砾等压埋，发生掩埋窒息，土方石块埋压肢体或身体导致的人体损伤。

（1）急救要点：

1）迅速挖掘抢救出压埋者。尽早将伤员的头部露出来，即刻清除其口腔、鼻腔内的泥土、砂石，保持呼吸道的通畅。

2）救出伤员后，先迅速检查心跳和呼吸。如果心跳呼吸已停止，立即先连续进行 2 次人工呼吸。

3）在搬运伤员中，防止肢体活动，不论有无骨折，都要用夹板固定，并将肢体暴露在凉爽的空气中。

4）发生塌方意外事故后，必须打 120 急救电话报警。

5）切忌对压埋受伤部位进行热敷或按摩。

（2）注意事项：

1）肢体出血禁止使用止血带止血，因为可加重挤压综合征。

2）脊椎骨折或损伤固定和搬运原则，应使脊椎保持平行，不要弯曲扭动，以防止损伤脊髓神经。

2. 高处坠落摔伤

高处坠落摔伤是指从高处坠落而导致受伤。急救要点：

1）坠落在地的伤员，应初步检查伤情，不乱搬动摇晃，应立即呼叫 120 电话，请急救医生前来救治。

2）采取初步救护措施：止血、包扎、固定。

3）怀疑脊柱骨折，按脊柱骨折的搬运原则急救。切忌一人抱胸，一人扶腿搬运。伤员上下担架应由 3～4 人分别抱住头、胸、臀、腿，保持动作一致平稳，避免脊柱弯曲扭动，加重伤情。

3. 触电

急救要点：

1）迅速关闭开关，切断电源，使触电者尽快脱离电源。确认自己无触电危险再进行救护。

2）用绝缘物品挑开或切断触电者身上的电线、灯、插座等带电物品。

绝缘物品有干燥的竹竿、木棍、扁担、擀面杖、塑料棒等，带木柄的铲子、电工用绝缘钳子。抢救者可站在绝缘物体上，如胶垫、木板，穿着绝缘的鞋，如塑料鞋、胶底鞋等进行抢救。

3）触电者脱离电源后，立即将其抬至通风较好的地方，解开病人衣扣、裤带。轻型触电者在脱离电源后，应就地休息 1～2h 再活动。

4）如果呼吸、心跳停止，必须争分夺秒进行口对口人工呼吸和胸外心脏按压。

触电者必须坚持长时间的人工呼吸和心脏按压。

5）立即呼叫 120 电话请急救医生到现场救护。并在不间断抢救的情况下护送到医院进一步急救。

4. 挤压伤害

挤压伤害是指因暴力、重力的挤压或土块、石头等的压埋引起的身体伤害，可造成肾脏功能衰竭的严重情况。急救要点：

1）尽快解除挤压的因素，如被压埋，应先从废墟下扒救出来。

2）手和足趾的挤压伤。指（趾）甲下血肿呈黑紫色，可立即用冷水冷敷，减少出血和减轻疼痛。

3）怀疑已经有内脏损伤，应密切观察有无休克先兆。

4）严重的挤压伤，应呼叫120电话请急救医生前来处理，并护送到医院进行外科手术治疗。

5）千万不要因为受伤者当时无伤口，而忽视治疗。

6）在转运中，应减少肢体活动，不管有无骨折都要用夹板固定，并让肢体暴露在凉爽的空气中，切忌按摩和热敷，以免加重病情。

5. 硬器刺伤

硬器刺伤是指刀具、碎玻璃、铁丝、铁钉、铁棍、钢筋、木刺造成的刺伤。急救要点：

1）较轻的、浅的刺伤，只需消毒清洗后，用干净的纱布等包扎止血，或就地取材使用替代品初步包扎后，到医院去进一步治疗。

2）刺伤的硬器，如钢筋等仍插在胸背部、腹部、头部时，切不可立即拔出来，以免造成大出血而无法止血。应将刃器固定好，并将病人尽快送到医院，在手术准备后，妥当地取出来。

3）刃器固定方法。刃器四周用衣物或其他物品围好，再用绷带等固定住。路途中注意保护，使其不得脱出。

4）刃器已被拔出，胸背部有刺伤伤口，伤员出现呼吸困难，气急、口唇紫绀，这时伤口与胸腔相通，空气直接进出，称为开放性气胸，非常紧急，处理不当，呼吸很快会停止。

5）迅速按住伤口，可用消毒纱布或清洁毛巾覆盖伤口后送医院急救。纱布的最外层最好用不透气的塑料膜覆盖，以密闭伤口，减少漏气。

6）刺中腹部后导致肠管等内脏脱出来，千万不要将脱出的肠管送回腹腔内，因为会使感染机会加大，可先包扎好。

7）包扎方法。在脱出的肠管上覆盖消毒纱布或消毒布类，再用干净的盆或碗倒扣在伤口上，用绷带或布带固定，迅速送医院抢救。

8）双腿弯曲，严禁喝水、进食。

9）刺伤应注意预防破伤风。轻的、细小的刺伤，伤口深、尤其是铁钉、铁丝、木刺等刺伤，如不彻底清洗，容易引起破伤风。

6. 铁钉扎脚

急救要点：

1）将铁钉拔除后，马上用双手拇指用力挤压伤口，使伤口内的污染物随血液流出。如果当时不挤，伤口很快封上，污染物留在伤口内形成感染源。

2）洗净伤脚，有条件者用酒精消毒后包扎。伤后 12h 内到医院注射破伤风抗毒素，预防破伤风。

7. 火警火灾急救

（1）急救要点：

1）施工现场发生火警、火灾事故时，应立即了解起火部位，燃烧的物质等基本情况，拨打"119"电话向消防部门报警，同时组织撤离和扑救。

2）在消防部门到达前，对易燃易爆的物质采取正确有效的隔离。如切断电源，撤离火场内的人员和周围易燃易爆物及一切贵重物品，根据火场情况，机动灵活地选择灭火器具。

3）在扑救现场，应行动统一，如火势扩大，一般扑救不可能时，应及时组织扑救人员撤退，避免不必要的伤亡。

4）扑灭火情可单独采用，也可同时采用几种灭火方法（冷却法、窒息法、隔离法、化学中断法）进行扑救。灭火的基本原理是破坏燃烧三条件（即可燃物、助燃物、火源）中的任一条件。

5）在扑救的同时要注意周围情况，防止中毒、坍塌、坠落、触电、物体打击等二次事故的发生。

6）灭火后，应保护火灾现场，以便事后调查起火原因。

（2）火灾现场自救要点：

1）救火者应注意自我保护，使用灭火器材救火时应站在上风位置，以防因烈火、浓烟熏烤而受到伤害。

2）火灾袭来时要迅速疏散逃生，不要贪恋财物。

3）必须穿越浓烟逃走时，应尽量用浸湿的衣物披裹身体，用湿毛巾或湿布捂住口鼻，并贴近地面爬行。

4）身上着火时，可就地打滚，或用厚重衣物覆盖压灭火苗。

5）大火封门无法逃生时，可用浸湿的被褥衣物等堵塞门缝，泼水降温，呼救待援。

8. 烧伤

发生烧伤事故应立即在出事现场采取急救措施，使伤员尽快与致伤因素脱离接触，以免继续伤害深层组织。急救要点：

1）防止烧伤。身体已经着火，应尽快脱去燃烧衣物。若一时难以脱下，可就地打滚或用浸湿的厚重衣物覆盖以压灭火苗，切勿奔跑或用手拍打，以免助长火势，要注意防止烧伤手。如附近有河沟或水池，可让伤员跳入水中。如果衣物与皮肤粘连在一起，应用冷水浇湿或浸湿后，轻轻脱去或剪去。

2）冷却烧伤部位。如为肢体烧伤则可用冷水冲洗、冷敷或浸泡肢体，降低皮肤温度，以保护身体组织免受灼烧的伤害。

3）用干净纱布或被单覆盖和包裹烧伤创面做简单包扎，避免创面污染。切忌自己不要随便把水泡弄破，更不要在烧伤处涂各种药水和药膏，如紫药水、红药水等，以免掩盖病情。

4）为防止烧伤休克，烧伤伤员可口服自制烧伤饮料糖盐水。如在 500 毫升开水中放入白糖 50 克左右、食盐 1.5 克左右制成。但是，切忌给烧伤伤员喝白开水。

5）搬运烧伤伤员，动作要轻柔、平稳，尽量不要拖拉、滚动，以免加重皮肤损伤。

6）经现场处理后的伤员要迅速转送医院救治，转送过程中要注意观察呼吸、脉搏、血压等的变化。

9. 化学烧伤

（1）强酸烧伤急救要点：

1）立即用大量温水或大量清水反复冲洗皮肤上的强酸，冲洗得越早越干净越彻底越好，一点儿残留也会使烧伤越来越重。

2）切忌不经冲洗，急急忙忙地将病人送往医院。

3）用水冲洗干净后，用清洁纱布轻轻覆盖创面，送往医院处理。

（2）强碱烧伤急救要点：

1）立即用大量清水反复冲洗，至少20分钟。碱性化学烧伤也可用食醋来清洗，以中和皮肤上的碱液。

2）用水冲洗干净后，用清洁纱布轻轻覆盖创面，送往医院处理。

（3）生石灰烧伤急救要点：

1）应先用手绢、毛巾揩净皮肤上的生石灰颗粒，再用大量清水冲洗。

2）切忌先用水洗，因为生石灰遇水会发生化学反应，产生大量热量灼伤皮肤。

3）冲洗彻底后快速送医院救治。

10. 急性中毒

急性中毒是指在短时间内，人体接触、吸入、食用大量毒物，进入人体后，突然发生的病变，是威胁生命的主要原因。在施工现场如一旦发生中毒事故，应争取尽快确诊，并迅速给予紧急处理。采取积极措施因地制宜、分秒必争地给予妥善的现场处理和及时转送医院，这对提高中毒人员的抢救效率，尤为重要。

急性中毒现场救治，不论是轻度还是严重中毒人员，不论是自救还是互救、外来救护工作，均应设法尽快使中毒人员脱离中毒现场、中毒物源，排除吸收的和未吸收的毒物。

根据中毒的途径不同，采取以下相应措施：

（1）皮肤污染、体表接触毒物。

包括在施工现场因接触油漆、涂料、沥青、外加剂、添加剂、化学制品等有毒物品中毒。急救要点：

1）应立刻脱去污染的衣物并用大量的微温水清洗污染的皮肤、头发以及指甲等。

2）对不溶于水的毒物用适宜的溶剂进行清洗。

（2）吸入毒物（有毒的气体）。

此种情况包括进入下水道、地下管道、地下的或密封的仓库、化粪池等密闭不通风的地方施工，或环境中有有毒、有害气体以及焊割作业、乙炔（电石）气中的磷化氢、硫化氢、煤气（一氧化碳）泄漏，二氧化碳过量，油漆、涂料、保温、粘合等施工时，苯气体、铅蒸气等作业产生的有毒有害气体吸入人体造成中毒。急救要点：

1）应立即使中毒人员脱离现场，在抢救和救治时应加强通风及吸氧。

2）及早向附近的人求助或打120电话呼救。

3）神志不清的中毒病人必须尽快抬出中毒环境。平放在地上，将其头转向一侧。

4）轻度中毒患者应安静休息，避免活动后加重心肺负担及增加氧的消耗量。

5）病情稳定后，将病人护送到医院进一步检查治疗。

（3）食入毒物。包括误食腐蚀性毒物，河豚、发芽土豆、未熟扁豆等动植物毒素，变质食物、混凝土添加剂中的亚硝酸钠、硫酸钠等和酒精中毒。急救要点：

1）立即停止食用可疑中毒物。

2）强酸、强碱物质引起的食入毒物中毒，应先饮蛋清、牛奶、豆浆或植物油200毫升保护胃黏膜。

3）封存可疑食物，留取呕吐物、尿液、粪便标本，以备化验。

4）对一般神志清楚者应设法催吐，尽快排出毒物。一次饮600毫升清水或稀盐水（一杯水中加一匙食盐），然后用压舌板、筷子等物刺激咽后壁或舌根部，造成呕吐的动作，将胃内食物吐出来，反复进行多次，直到吐出物呈清亮为止。已经发生呕吐的病人不要再催吐。

5）对催吐无效或神志不清者，则可给予洗胃，但由于洗胃有不少适应条件，故一般宜在送医院后进行。大量喝温开水。

6）将病人送医院进一步检查。

急性中毒急救时要注意：

救护人员在将中毒人员脱离中毒现场的急救时，应注意自身的保护，在有毒有害气体发生场所，应视情况，采用加强通风或用湿毛巾等捂着口、鼻，腰系安全绳，并有场外人控制、应急，如有条件的要使用防毒面具。

常见食物中毒的解救，一般应在医院进行，吸入毒物中毒人员尽可能送往有高压氧舱的医院救治。

在施工现场如已发现心跳、呼吸不规则或停止呼吸、心跳的时间不长，则应把中毒人员移到空气新鲜处，立即施行口对口（口对鼻）呼吸法和体外心脏挤压法进行抢救。

第八节　重大事故调查与处理案例

2011年9月10日上午8时20分许，在位于西安市未央路凯玄大厦项目施工现场，因脚手架架体整体突然坍塌，致使正在该大厦东立面整体提升脚手架上进行降架和外墙面贴面砖施工及清洁的12名作业人员，自19层高处坠落，造成10人死亡、1人重伤、1人轻伤（现场死亡7人，经医院全力抢救无效死亡3人），直接经济损失约890万元。

按照《生产安全事故报告和调查处理条例》（国务院令第493号）和《陕西省安全生产条例》有关规定，成立了由省安全监管局局长杨达才任组长，省安全监管局、省监察厅、省住房和城乡建设厅、西安市政府有关领导任副组长，省安全监管、监察、住建、公安、工会等部门有关人员参加的西安"9·10"重大建筑施工坍塌事故调查组，并邀请省及西安市检察机关参加。下设综合、技术、管理3个小组。

事故调查组按照"科学严谨、依法依规、实事求是、注重实效"和"四不放过"的原则，通过现场勘察、技术分析、查阅资料、询问有关单位和当事人，查清了事故原因，界定了事故性质，区分了事故责任，提出了对事故相关责任单位、相关责任人的处理建议和施工安全防范整改措施。经 12 月 27 日事故调查组全体会议讨论，形成了事故调查报告。

一、事故经过及救援情况

（一）事故经过

2011 年 9 月 9 日下午，陕西建工集团第十一建筑工程有限公司凯玄大厦项目部召开例会，生产负责人杜祥勇安排外架班长梁涛带领架子工把整体提升脚手架从 20 层落到 16 层。9 月 10 日上午 5 时许，8 名外墙装修人员登上位于凯玄大厦 20 层高处脚手架上开始清洗外墙面；7 时 20 分，外架班长梁涛带领 8 名架子工人员开始进行整体提升脚手架的降架工作，同时架体上边还有 8 名工人在清洗外墙面，且清洗人员都集中在了楼体东边的架体上。8 时 20 分左右，附着式升降脚手架东侧偏南共 4 个机位、长度约 22m、高度 14m 的提升脚手架架体发生整体坍塌，致使 12 名作业人员（墙面砖勾缝作业工人 6 人、安装落水管工人 2 人、架体降架工人 4 人）随架体坠落至室外地面。

（二）救援情况

事故发生后，国家安全监管总局、住房和城乡建设部及陕西省委、省政府高度重视。国家安全监管总局局长骆琳、副局长王德学就事故救援、善后及事故调查及时作出批示，省委书记赵乐际及时电话了解事故救援情况，省委副书记、省长赵正永，省委常委、西安市委书记孙清云，副省长郑小明、副省长李金柱先后作出批示，要求省级相关部门和西安市政府全力做好伤员抢救、妥善做好事故善后，尽快开展事故调查，同时安排在全省立即开展建设工地脚手架安全专项检查。国家安全监管总局、住房和城乡建设部先后派员并带领专家赴现场指导救援及事故调查工作。省安委会副主任、省安全监管局局长杨达才及省安全监管局、省住房和城乡建设厅、省监察厅分管领导赶赴事故现场，指导协调事故救援及善后处理。

事故发生后，西安市立即启动了事故应急预案，市政府主要领导带领市建设、卫生、公安、安全监管、消防和西安市莲湖、未央区委、区政府、公安未央分局及当地街道办事处等有关部门人员立即赶赴事发现场组织开展事故救援。救援共调集 5 个消防中队 70 余名官兵、10 部车辆、1 部工程车、4 只搜救犬，调集卫生部门 7 部救护车和 35 名医护人员。当日 10 时 20 分，12 名工人被相继救出，分别被送往长安医院、中心医院及北环医院。西安市政府于当日 10 时 30 分召开现场紧急会议，研究安排事故伤员救治、善后处理、安全大检查事宜。为保障受伤人员及遇难者家属合法权益，确保不发生因事故引发的社会稳定问题，西安市政府成立了事故医疗救治及善后处理组，抽调专人、明确相关区级政府负责事故善后工作；陕西建工集团亦抽调专人成立了 12 个小组，对口负责接待家属并处理善后事宜。为便于新闻媒体公开真实报道，西安市专门印发了新闻通稿。按照省政府领导批示要求，省安全监管局当日下午 17 时在事故现场主持召开了专题会议，听取了西安市关于事故救援和善后处理等前期工作情况汇报，传达了省政府领导的重要指示和批示，进一步明确了下一步工作要求。截至目首，事故善后处理已全部结束，当地社会平稳有序。

二、项目工程概况及事故现场情况

（一）项目工程概况

凯玄大厦项目所在的莲湖区北关村属于《西安市城中村改造工作领导小组办公室关于

2003 年第一批城中村改造村的批复》中确定的西安市第一批 25 个城中村改造范围。凯玄大厦项目建设单位为莲湖区北关村一组，该组在行政关系上隶属莲湖区管辖；但用于凯玄大厦项目建设的土地则位于未央区行政区划内，属于"城市飞地"；2007 年划归西安市大明宫遗址区保护改造区划内。2008 年 9 月 16 日西安市地铁公司（甲方）与北关村一组（乙方）、莲湖区北关街道办事处（丙方）签订的《地铁二号线一期大明宫西站 1 号风亭、4 号出入口与北关村凯玄大厦结合建设协议》，约定凯玄大厦与地铁二号线大明宫西站结合建设。莲湖区发改委 2009 年 12 月 25 日向北关村委会下发《关于印发凯玄大厦项目备案确认书的通知》中明确，"同意备案"。西安市规划局派驻到市城改办的城中村（棚户区）规划管理处 2009 年 5 月 21 日书面"同意此工程（凯玄大厦）应纳入北关村城中村改造项目。"同时西安市规划局（大明宫）第 17 次局务会议对凯玄大厦建设进行了控规审查。

2008 年 11 月 16 日北关村一组（法定代表人杨长安，委托代理人王顺民）与陕西建工集团第十一建筑工程有限公司（董事长、法人代表徐捷，总经理黄永根。具有国家住房和城乡建设部核发的《房屋建筑工程施工总承包壹级资质》和省住房和城乡建设厅核发的《安全生产许可证》，属国有独资公司）签订凯玄大厦"建设工程施工合同"。2008 年 11 月 1 日，北关村委会与陕西建设监理有限公司（法人代表、总经理郭成喜。具有国家住房和城乡建设部核发的《房屋建筑工程监理甲级资质》）签订《建设工程委托监理合同》。2008 年 12 月 25 日，陕西建工集团第十一建筑工程有限公司与陕西新中建建筑劳务有限责任公司（法人代表任逸卿。无资质证书，属个体公司）签订《工程项目承包协议书》，约定陕西新中建建筑劳务有限责任公司在本工程中标后作为工程项目施工的承包实体，实行独立经营核算，自负盈亏。陕西建工集团第十一建筑工程有限公司负责项目部的组织管理工作并指定所属第四分公司作为该项目的责任管理单位。

（二）事故现场情况

西安凯玄大厦项目位于西安市未央路与玄武路路口东北角，该工程为框架剪力墙结构，地下 2 层地上 30 层，总高 108.5m，建筑面积 56000m²。2009 年下半年开始基坑开挖，2010 年 6 月开始桩基施工，2011 年 5 月主体封顶，目前室内已完工，正在进行 20～23 层外墙面砖擦缝工作。外墙附着式升降脚手架周边总长 182m，架体分为三个升降单元，架体高度 4 层约 14m。2011 年 8 月 20 日整体提升脚手架自 30 层下降到 20 层，事发时正在进行 20～23 层外墙面砖铺贴施工。

事故发生后的现场勘查情况是：凯玄大厦工程 20 层位置（高度 61.3m）附着式升降脚手架东面离侧及南面共 13 个机位为一个升降单元，其中东面南侧 5 个机位中有 4 个机位（长度 22m）的架体全部坠落至室外地面损毁；在该单元其余 9 个未坠落机位的架体中，与降架坠落架体紧邻的东面南侧 1 个机位上的定位承力构件已全部拆除，其余 8 个机位的定位承力构件有少部分被拆除；坠落 4 个机位的架体与南侧紧邻架体竖向断开，结构上没有形成整体，南侧紧邻架体上端有局部撕拉变形；剩余 9 个机位中多数防坠装置被人为填塞牛皮纸、木楔、苯板等物，致使防坠装置失效；坠落架体部位的建筑物上仅残留附墙支座、电葫芦、捯链及挂钩，均未发现明显变形和撕拉痕迹；坠落至地面的架体残骸由于抢险救人工作的移动，已无法看到原状。从架体残骸中找到的坠落机位的 4 个吊点挂板中，有 2 个完好，另外 2 个断裂成为 4 块，只找到其中的 3 块，断裂面有部分陈旧性裂痕；由于该升降单元南面大部分承力构件尚未拆除，该单元架体处于下降工况前的准备阶段；架体坠落时气象情况为中到大雨。

三、事故原因

（一）事故直接原因

经调查分析认定，此次事故发生的直接原因是，脚手架升降操作人员在未悬挂好电动葫芦吊钩和撤出架体上施工人员的情况下违规拆除定位承力构件，违规进行脚手架降架作业所致。

（二）事故间接原因

1. 陕西新中建建筑劳务有限责任公司，无资质违规承揽承包凯玄大厦建设工程并组织施工，对施工现场缺乏严密组织和有效管理，是事故发生的主要原因。

2. 陕西建设监里有限公司，对凯玄大厦外墙装饰和脚手架升降作业等危险性较大工程和工艺，未按规定进行旁站等强制性监理，是事故发生的主要原因。

3. 陕西建工集团第十一建筑工程有限公司，未依法履行施工总承包单位安全职责，将工程分包给无专业资质的陕西新中建建筑劳务有限责任公司，对施工现场统一监督、检查、验收、协调不到位，是事故发生的重要原因。

4. 西安凯玄实业有限公司（西安市莲湖区北关村一组）在凯玄大厦项目建设过程中，未完全取得建设工程相关手续违规进行项目建设，是事故发生的次要原因。

5. 西安市城改、规划和城市综合执法等都门，依法履行监管职责不到位，是事故发生的原因之一。

6. 自8月下旬开始，包括西安市在内的陕西关中地区连续10余天降雨，事发当天西安市天气仍然是中到大雨，脚手架因受长时间雨淋而超重超载，也是事故发生的客观原因。

四、事故性质

经调查认定，西安"9·10"重大建筑施工坍塌事故为生产安全责任事故。

五、事故责任认定及处理建议

（一）事故责任人及处理建议

1. 梁涛，男，陕西新中建建筑劳务有限责任公司聘用的凯玄大厦项目架子工领班。严重违反脚手架升降操作规范，在外墙装饰作业人员未撤离脚手架的情况下，带领操作人员违章进行脚手架降架作业，对事故的发生负有直接责任。建议依据《建设工程安全生产管理条例》第66条之规定，移交司法机关依法追究其法律责任。

2. 严小松，男，陕西新中建建筑劳务有限责任公司聘用的凯玄大厦项目架子工。违反脚手架升降操作规范，在外墙作业人员未撤离升降架的情况下，盲目启动电动葫芦进行脚手架降架作业，对事故的发生负有直接责任。鉴于本人已在事故中死亡，建议免于追究其法律责任。

3. 吴昌平，男，陕西新中建建筑劳务有限责任公司聘用的凯玄大厦项目外架作业负责人。对架子工人员资质审查不严和脚手架降架作业现场安全管理不力，对事故的发生负有主要责任。建议依据《建设工程安全生产管理条例》第 62 条第 5 款、第 64 条第 1 款之规定，移交司法机关依法追究其法律责任。

4. 李太和，男，陕西新中建建筑劳务有限责任公司聘用的凯玄大厦项目外墙装饰作业负责人。未按规定指挥施工人员进行外墙清洗作业，疏于对施工现场的安全管理，对事故的发生负有主要责任。建议依据《建设工程安全生产管理条例》第 64 条第 1 款、第 65 条第 1、2 款之规定，移交司法机关依法追究其法律责任。

5. 郭大安，男，陕西新中建建筑劳务有限责任公司凯玄大厦项目部安全负责人。负责项目安全生产工作，对施工现场和外架操作人员安全管理不严，对在外墙作业人员未撤离的情况下进行脚手架降架的严重违规行为未能进行制止，对事故的发生负有主要责任。建议依据《建设工程安全生产管理条例》第 64 条第 1 款、第 62 条第 2、5 款、第 65 条第 1、2 款之规定，移交司法机关依法追究其法律责任。

6. 杜祥勇，男，陕西新中建建筑劳务有限责任公司凯玄大厦项目部生产技术负责人。负责施工现场的协调与组织，为加快工程进度，违规安排外墙装饰与降架作业穿插进行，对事故的发生负有主要责任。建议依据《建设工程安全生产管理条例》第 62 条第 2、5 款、第 64 条第 1 款、第 65 条第 1、2、3 款、第 66 条之规定，移交司法机关依法追究其法律责任。

7. 范政，男，陕西新中建建筑劳务有限责任公司凯玄大厦项目部总负责人。不具备建筑施工相应资质违规承揽工程和组织施工，未认真履行施工现场安全管理职责，对事故的发生负有主要责任。建议依据《建设工程安全生产管理条例》第 62 条第 1、5 款，第 64 条第 1 款、第 65 条第 1、2、3 款、第 66 条之规定，移交司法机关依法追究其法律责任。

8. 田宏斌，男，陕西建设监理有限公司凯玄大厦项目部总监代表。负责项目施工现场日常监理工作，在施工人员进行外墙清洗和脚手架降架作业时未进行旁站，未能发现并制止降架和外墙清洗人员违规同时作业，对事故的发生负有重要责任。建议依据《建设工程安全生产管理条例》第 57 条第 2、3、4 款之规定，移交司法机关依法追究其法律责任。

9. 何斌宏，男，附着式升降脚手架实际出租方。盗用深圳市特辰科技有限公司名义，私刻假公章、伪造假合同、出租假设备（脚手架），将个人从市场上购买拼装的附着式升降脚手架租赁给不具有相应作业资质的项目承包人使用，缺乏对操作人员进行技术培训、交底以及施工中的技术指导，对事故的发生负有重要责任。建议依据《建设工程安全生产管理条例》第 59 条、第 60 条、第 61 条之规定，移交司法机关依法追究其法律责任。

10. 王顺民，男，西安市莲湖区北关村一组副组长、凯玄大厦建设单位现场负责人。在凯玄大厦项目未完全取得相关手续情况下违规进行建设，对事故的发生负有重要责任。建议依据《建设工程安全生产管理条例》第 54 条、第 65 条第 2 款之规定，移交司法机关依法追究其法律责任。

11. 杨长安，男，西安市莲湖区北关村一组组长、凯玄大厦实业有限公司董事长。对凯玄大厦项目报批和建设管理负有一定的领导责任。建议西安市人民政府责成莲湖区人民政府依据《建设工程安全生产管理条例》对其予以经济处罚。

12. 任仲平，男，陕西新中建建筑劳务有限责任公司凯玄大厦施工项目部经理，违规承包工程和组织施工，对此次事故的发生负有重要责任。建议依据《建设工程安全生产管理条例》第 65 条第 1、2、3 款、第 66 条之规定，由省建设行政主管部门吊销其二级建造师资质。

13. 罗建斌，男，陕西建工集团第十一建筑工程有限公司第四分公司经理，凯玄大厦项目施工管理单位负责人。未认真履行施工监管职责，与无资质的单位签订项目施工承包协议，对事故的发生负有直接管理责任。建议依据《建设工程安全生产管理条例》第 62 条第 1、2、5 款、第 65 条、第 66 条和《安全生产领域违法违纪行为政纪处分暂行规定》第 12 条第 1、7 款之规定，撤销其四分公司经理职务；由省建设行政主管部门吊销其二级建造师资质。

14. 徐枫，男，陕西建工集团第十一建筑工程有限公司市场一部部长，凯玄大厦施工项目部经理。在实际工作中未履行项目经理职责，对事故的发生负有主要管理责任。建议依据《建设工程安全生产管理条例》第 62 条第 1、2、5 款、第 65 条、第 66 条和《安全生产领域违法违纪行为政纪处分暂行规定》第 12 条第 1、7 款之规定，撤销其市场一部部长职务；由省建设行政主管部门吊销其一级建造师资质。

15. 景旬祥，男，陕西建工集团第十一建筑工程有限公司安全管理部副部长（主持工作）。监督检查安全生产各项规章制度落实不到位，对事故的发生负有安全监管责任。建议依据《建设工程安全生产管理条例》第 62 条第 5 款、第 65 条第 1、2、3 款和《安全生产领域违法违纪行为政纪处分暂行规定》第 12 条第 1、7 款之规定，给予其行政记大过处分。

16. 黄光裕，男，陕西建工集团第十一建筑工程有限公司主管安全生产副总经理。对凯玄大厦施工现场的安全管理工作督促检查不到位，对事故的发生负有分管领导责任。建议依据《建设工程安全生产管理条例》第 62 条第 1、5 款、第 65 条第 1、2、3 款、第 66 条和《安全生产领域违法违纪行为政纪处分暂行规定》第 12 条第 1、7 款之规定，给予其行政记过处分。

17. 黄永根，男，陕西建工集团第十一建筑工程有限公司总经理。对事故的发生负有领导责任。建议依据《建设工程安全生产管理条例》第 62 条第 1、5 款、第 65 条第 1、2、3 款、第 66 条和《安全生产领域违法违纪行为政纪处分暂行规定》第 12 条第 1、7 款之规定，给予其行政警告处分；依据《生产安全事故报告和调查处理条例》第 38 条第 3 款之规定，由省安全监管部门对其予以上年个人收入 60% 的经济处罚。

18. 徐捷，男，陕西建工集团第十一建筑工程有限公司董事长兼党委书记。全面领导公司工作，对事故的发生负有领导责任。建议依据《关于对党员领导干部进行诫勉谈话和函询的暂行办法》第 3 条第 3 款对其进行诫勉谈话。

19. 郭和平，男，陕西建设监理有限公司凯玄大厦项目部总监。对项目监理工作管理松懈，对现场监理人员资质审查把关不严，疏于对施工现场监理工作的检查指导，对事故的发生负有主要监理责任。建议依据《建设工程安全生产管理条例》第 57 条之规定，由省建设行政主管部门吊销其监理工程师资质并予以经济处罚。

20. 但华喜，男，西安曲江新区管理委员会大明宫遗址区保护改造办公室建设局局长。未按照西安市城乡建设委员会《行政执法委托书》的要求认真履行对大明宫遗址区建筑施工安全监管职责，对事故的发生负有主要监管领导责任。建议依据《建设工程安全生产管理条例》第 53 条第 4 款和《安全生产领域违法违纪行为政纪处分暂行规定》第 8 条第 2、5 款之规定，给予其行政降级处分。

21. 张建功，男，西安曲江新区管理委员会大明宫遗址区保护改造办公室副主任，分管遗址区保护改造办建设局工作。对遗址区保护改造区划内的安全生产工作领导不力，对事故的发生负有分管领导责任。建议依据《安全生产领域违法违纪行为政纪处分暂行规定》第 8 条第 5 款之规定，给予其行政警告处分。

22. 杨书民，男，西安曲江新区管理委员会副主任、党工委副书记。对管委会所属大明宫遗址区保护改造办公室安全监管工作领导不力，对事故的发生负有领导责任。建议依据《关于对党员领导干部进行诫勉谈话和函询的暂行办法》第 3 条第 7 款对其进行诫勉谈话。

以上有关人员的处分，依据干部管理权限由相关部门做出处理决定。

（二）事故责任单位及处理建议

1. 陕西新中建建筑劳务有限责任公司。违规承揽承包凯玄大厦建设工程并组织施工，对施工现场缺乏严密组织和有效管理，是事故直接和主要责任单位。建议由省工商行政管理部门依法吊销其营业执照。

2. 陕西建工集团第十一建筑工程有限公司。作为凯玄大厦施工总承包单位，对现场统一监督、检查、验收、协调不到位，未依法履行施工总承包单位安全职责，对事故的发生负有一定责任。建议省建设行政主管部门依据《安全生产许可证条例》第 14 条之规定，暂扣其安全生产许可证 6 个月（从暂停该公司建筑施工投标活动时间起算）；依据《生产安全事故报告和调查处理条例》第 37 条第 3 款之规定，由省安全监管部门对其予以 80 万元的经济处罚。

3. 陕西建设监理有限公司。对施工现场安全监理不严，对凯玄大厦外墙装饰和脚手架升降作业等危险性较大工程和工艺，监理人员未按规定进行旁站，对事故的发生负有监理不到位责任。建议省建设行政主管部门依据《建设工程安全生产管理条例》第 57 条之规定，将其监理资质由甲级降为乙级；给予其 30 万元经济处罚。

4. 西安凯玄实业有限公司（西安市莲湖区北关村村民委员会）。在凯玄大厦项目建设过程中，没有严格执行工程建设招标投标等项目管理基本程序，在未完全取得建设工程相关手续情况下，违规进行项目建设，对事故的发生负有一定责任。建议由省建设行政主管部门参照《中华人民共和国城乡规划法》第 64 条对其予以经济处罚。

5. 深圳市特辰科技有限公司。对派驻西安管理部的工作人员管理不严，使不法人员盗用公司名义制作假公章、伪造假合同、出租假设备（脚手架）的违法行为得以实现，对事故的发生负有一定的关联责任。建议责成其向省建设行政主管部门作出书面检查，由省建设行政主管部门对其法人代表进行约谈。

6. 西安曲江新区管理委员会。受市建委委托对大明宫遗址区保护改造区划内建筑施工安全监督管理不到位，对事故的发生负有监管不到位责任。建议责成其向西安市人民政府作出书面检查。

7. 西安市规划局、西安市城市管理综合行政执法局、西安市城中村改造办公室依法履行监管职责不到位。建议西安市人民政府依法依规对上述单位进行处理。

建议责成陕西建工集团向省国资委作出书面检查。

建议责成西安市人民政府向省人民政府作出书面检查。

六、整改措施及建议

（一）进一步落实企业安全生产主体责任。凯玄大厦项目各参建单位要认真汲取此次事故教训，进一步建立和完善以安全生产责任制为重点的安全管理制度，加强对施工现场和高危险性作业的动态管理，把施工项目部的领导带班制度、监理项目部的旁站监理制度和一线班组长的岗位安全责任落到实处。要强化施工总承包方对工程建设和安全生产的全面、全过程管理，严格程序，严格把关，严防类似事故的再次发生。

（二）强化施工现场安全管理。陕西建工集团要针对发展规模过快所带来的人才队伍建设滞后、管理力量薄弱等问题进行认真反思，指导第十一建筑工程有限公司加强安全管理。第十一建筑工程有限公司要加强建设项目施工现场安全监管，加大安全生产隐患排查力度。在与专业承包、劳务分包队伍签订合同协议时，应细化职责，明确安全生产责任。

（三）加强安全监理。陕西建设监理有限公司应加大对施工组织设计、专项施工方案和施工管理人员、特种作业人员资质审查，切实履行施工监理旁站作用，及时消除安全生产隐患。

（四）改进施工设施租赁管理服务。深圳特辰科技有限公司应加强队伍建设，规范附着式升降脚手架的租赁管理，加强对所出租附着式升降脚手架施工的技术指导服务工作。

（五）进一步落实建设行政主管部门行业安全监管职责。西安市建委要按照国务院《建设工程安全生产管理条例》规定和省、市有关建筑施工安全监管职能分工，加强对全市房屋建筑施工安全监管，确保事有人管、责有人负。西安曲江新区管理委员会要按照西安市人民政府有关规定，督促大明宫遗址区保护改造办公室认真落实房屋建设、市政建设、国土资源管理、房屋管理等责任。督促凯玄大厦建设单位依法完善项目建设相关手续，责令施工单位对该项目施工现场安全隐患实施整改，确保项目施工安全。

（六）切实加强城市安全管理和服务。西安市人民政府要针对近年来城市快速扩张、经济高位运行对安全生产和社会管理带来的压力特别是此次事故暴露出的安全监管薄弱环节，系统总结经验教训，进一步强化安全生产及其监管监察工作。一是进一步细化落实各行政区、县和开发区、工业园区对"城市飞地"和安全生产工作的属地领导管理责任；二是进一步理顺和落实建委、规划、城改和城管等部门对以建筑施工领域为重点的安全生产监管主体责任；三是统一组织对全市城中村改造工程的项目报建手续和施工现场管理等工作进行一次系统的检查整顿，进一步治理工程建设领域边许可边建设等违规行为；四是进一步加强对政府职能部门的教育，强化政策法规意识，提高依法行政能力。

第四章 文 明 施 工

第一节 文 明 施 工 概 述

一、文明施工的重要意义

改革开放以来，随着城市建设规模空前大发展，建筑业的管理水平也得到很大提高。文明施工在20世纪80年代中期抓施工现场安全标准化管理的基础上，得到了循序渐进，逐步深化的长足发展，重点体现了"以人为本"的思想。施工现场的文明施工是以安全生产为突破口，以质量为基础、以科技进步为重点，狠抓"窗口"达标，突破了传统的管理模式，注入新的内容，使施工现场纳入现代化企业制度的管理。

文明施工主要是指工程建设实施过程中，保持施工现场良好的作业环境、卫生环境和工作秩序，规范、标准、整洁、有序、科学的建设施工生产活动。文明施工主要包括以下几个方面的工作：规范施工现场的场容，保持作业环境的整洁卫生；科学组织施工，使生产有序进行；减少施工对周围居民和环境的影响；保证职工的安全和身体健康。其重要意义在于：

1. 它是改善人的劳动条件，适应新的环境，提高施工效益，消除施工给城市环境带来的污染，提高人的文明程度和自身素质，确保安全生产、工程质量的有效途径。

2. 它是施工企业落实社会主义精神、物质两个文明建设的最佳结合点，是广大建设者几十年心血的结晶。

3. 它是文明城市建设的一个必不可少的重要组成部分，文明城市的大环境客观上要求建筑工地必须成为现代化城市的新景观。

4. 文明施工对施工现场贯彻"安全第一、预防为主"的指导方针，坚持"管生产必须管安全"的原则起到保证作用。

5. 文明施工以各项工作标准规范施工现场行为，是建筑业施工方式的重大转变。文明施工以文明工地建设为切入点，通过管理出效益，改变了建筑业过去靠延长劳动时间增加效益的做法，是经济增长方式的一个重大转变。

6. 文明施工是企业无形资产原始积累的需要，是在市场经济条件下企业参与市场竞争的需要。创建文明工地投入了必要的人力物力，这种投入不是浪费，而是为了确保在施工过程中的安全与卫生所采取的必要措施。这种投入与产出是成正比的，是为了在产出的过程中体现出企业的信誉、质量、进度，其本身就能带来直接的经济效益，提高了建筑业在社会上的知名度，为促进生产发展，增强市场竞争能力起到积极的推动作用。文明施工已经成为企业的一个有效的无形资产，已被广大建设者认可，对建筑业的发展发挥了应有的作用。

7. 为了更好地同国际接轨，文明施工也参照国际劳工组织第167号《施工安全与卫生公约》，以保障劳动者的安全与健康为前提，文明施工创建了一个安全、有序的作业场所以及卫生、舒适的休息环境，从而带动了其他工作，是"以人为本"思想的具体体现。

二、文明施工在建设工程施工中的重要地位

实践证明，文明施工在建设工程施工中的重要地位，得到了建设系统各级管理机关的充分肯定。《建筑施工安全检查标准》（JGJ 59—2011）中，对文明施工检查的标准、规范提出了基本要求，施工现场文明施工包括现场围挡、封闭管理、施工场地、材料管理、现场办公与住宿、现场防火、综合治理、公示标牌、生活设施、社区服务等十项内容，把文明施工作为考核安全目标的重要内容之一。《建筑施工安全检查标准》自1999年实施以来，对加强建筑施工企业安全生产工作、规范施工现场管理起到了积极作用。越来越多的施工现场不但做到安全生产不发生事故，同时还做到文明施工，整洁有序，把过去建筑施工以"脏、乱、差"为主要特征的工地，改变成为城市文明新的"窗口"。

针对建筑工地存在的管理问题，诸如工地围挡不规范，现场布局不执行总平面布置、垃圾混堆乱倒、污水横流、施工人员住宿在施工的建筑物内既混乱又不安全以及高层建筑施工中的消防问题等。文明施工检查评分表中将现场围挡、封闭管理、施工场地、材料管理、现场办公与住宿、现场防火列入保证项目作为检查重点。同时对必要的生活卫生设施如食堂、厕所、饮水、保健急救和施工现场标牌、治安综合治理、社区服务等项也列为文明施工的重要工作，作为检查表的一般项目。说明国家对建设单位的文明施工非常重视，其在建设工程施工现场中占据重要的地位。

三、文明施工对各单位的管理要求

建设工程文明施工实行建设单位监督检查下的总包单位负责制。总包单位贯彻文明施工规定的有关要求，定期组织对施工现场文明施工工作的检查，落实措施。

文明施工对建设单位的要求：在施工方案确定前，应会同设计、施工单位和市政、防汛、公用、房管、邮电、电力及其他有关部门，对可能造成周围建筑物、构筑物、防汛设施、地下管线损坏或堵塞的建设工程工地，进行现场检查，并制定相应的技术措施，在施工组织设计中必须要有文明施工的内容要求，以保证施工的安全进行。

文明施工对总包单位的要求：应该将文明施工、环境卫生和安全防护设施要求纳入施工组织设计中，制定工地环境卫生制度及文明施工制度，并由项目经理组织实施。

文明施工对施工单位的要求：施工单位要积极采取措施，降低施工中产生的噪声。要加强对建筑材料、土方、混凝土、石灰膏、砂浆等在生产和运输中造成扬尘、滴漏的管理。施工单位在对操作人员明确任务、抓施工进度、质量、安全生产的同时，必须向操作人员明确提出文明施工的要求，严禁野蛮施工。对施工区域或危险区域，施工单位必须设立醒目的警示标志并采取警戒措施；还要运用各种其他有效方式，减少施工对市容、绿化和周边环境的不良影响。

文明施工对施工作业人员要求：每道工序都应按文明施工规定进行作业，对施工中产生的泥浆和其他浑浊废弃物，未经沉淀不得排放；对施工中产生的各类垃圾应堆置在规定的地点，不得倒入河道和居民生活垃圾容器内；不得随意抛掷建筑材料、残土、废料和其他杂物。

文明施工对集团总公司一级的企业要求：负责督促、检查本单位所属施工企业在建项目的工地，贯彻执行文明施工的规定，做好文明施工的各项工作。各施工工地均应接受所在区、县建设主管部门对文明施工的监督检查。

四、施工现场文明施工的总体要求

（一）一般规定

1. 有整套的施工组织设计或施工方案。

2. 有健全的施工指挥系统和岗位责任制度，工序衔接交叉合理，交接责任明确。

3. 有严格的成品保护措施和制度，大小临时设施和各种材料、构件、半成品按平面布置堆放整齐。

4. 施工场地平整，道路畅通，排水设施得当，水电线路整齐，机具设备状况良好，使用合理，施工作业符合消防和安全要求。

5. 实现文明施工，不仅要抓好现场的场容管理工作，而且还要做好现场材料、机械、安全、技术、保卫、消防和生活卫生等各方面的工作。一个工地的文明施工水平是该工地乃至所在企业各项管理工作水平的综合体现。

（二）现场场容管理

1. 工地主要入口要设置简朴规整的大门，门边设立明显的标牌，标明工程名称，施工单位和工程负责人姓名等内容。

2. 建立文明施工责任制，划分区域，明确管理负责人，实行挂牌作业，做到现场清洁整齐。

3. 施工现场场地平整，道路畅通，有排水措施，基础、地下管道施工完后要及时回填平整，清除积土。

4. 现场施工临水、临电要有专人管理，不得有长流水、长明灯。

5. 施工现场的临时设施，包括生产、办公、生活用房、仓库、料场、临时上下水管道以及照明、动力线路，要严格按施工组织设计确定的施工平面图布置、搭设或埋设整齐。

6. 施工现场清洁整齐，做到活完料清，工完场地清，及时消除在楼梯、楼板上的砂浆、混凝土。

7. 砂浆、混凝土在搅拌、运输、使用过程中，要做到不洒、不漏、不剩。盛放砂浆、混凝土应有容器或垫板。

8. 要有严格的成品保护措施，严禁损坏污染成品，堵塞管道。高层建筑要设置临时便桶，严禁随地大小便。

9. 建筑物内清除的垃圾渣土，要通过临时搭设的竖井或利用电梯等措施稳妥下卸，严禁从门窗口向外抛掷。

10. 施工现场不准乱堆垃圾及余物。应在适当地点设置临时堆放点，并定期外运。清运渣土垃圾及流体物品，要采取遮盖防漏措施，运送途中不得遗撒。

11. 根据工程性质和所在地区的不同情况，采取必要的围护和遮挡措施，保持外观整洁。

12. 针对施工现场情况设置宣传标语和黑板报，并适时更换内容，切实起到表扬先进、促进后进的作用。

13. 施工现场严禁居住家属，严禁居民、家属、小孩在施工现场穿行、玩耍。

（三）现场机械管理

1. 现场使用的机械设备，要按平面布置规划固定点存放，遵守机械安全规程，经常保持机身及周围环境的清洁，机械的标识、编号明显，安全装置可靠。

2. 清洗机械排出的污水要有排放措施，不得随地流淌。

3. 在使用的搅拌机、砂浆机旁应设沉淀池，不得将浆水直接排入下水道及河流等处。

4. 塔吊轨道基础按规定铺设整齐稳固，塔边要封闭，道砟不外溢，路基内外排水畅通。

五、文明施工检查标准

建设工程工地施工过程中应按《建筑施工安全检查标准》（JGJ 59—2011）的具体规定做到下面的要求。

（一）现场围挡

1. 建设工程工地四周应按规定设置连续、密闭的围挡。建造多层、高层建筑的，还应设置安全防护设施。在市区主要路段和市容景观道路及机场、码头、车站广场的工地设置的围挡，其高度不得低于 2.5m；一般路段的工地设置的围挡，其高度不得低于 1.8m。

2. 围挡使用的材料应保证围挡稳固、整洁、美观。市政基础设施工程因特殊情况不能进行围挡的，应当设置安全警示标志，并在工程险要处采取隔离措施。施工单位不得在工地围栏外堆放建筑材料、垃圾和工程渣土。在经批准临时占用的区域，应严格按批准的占地范围和使用性质存放、堆卸建筑材料或机具设备，临时区域四周应设置高于 1m 的围栏。

在有条件的工地，四周围墙、宿舍外墙等地方，必须张挂、书写反映企业精神、时代风貌的醒目宣传标语。

（二）封闭管理

1. 施工现场的进出口应设置大门，门头按规定设置企业标志，并应设置车辆冲洗设施（施工现场工地的门头、大门、各企业须统一标准。施工企业可根据各自的特色，标明集团、企业的规范简称）。工地内还须立旗杆，升挂集团、企业等旗帜。

2. 门口应设置门卫值班室，制定门卫值守管理制度和岗位责任制，配备门卫职守人员，切实起到门卫作用。来访人员应进行登记；进出料要有收发手续。

3. 进入施工现场的工作人员按规定整齐配戴工作卡。

（三）施工场地

1. 建筑工地的主要道路及材料加工区，地面应按规定用道砟或素混凝土等作硬化处理，道路应保持畅通。

2. 施工场地应设置排水设施，排水须保持通畅无积水。

3. 施工场地应有循环干道，且保持经常畅通，不堆放构件、材料，道路应平整坚实无积水。

4. 施工现场应有防止扬尘措施。

5. 制定防止泥浆、污水、废水污染环境的措施。工程施工的废水、泥浆应经流水槽或管道流到工地集水池统一沉淀处理，不得随意排放和污染施工区域以外的河道、路面。工程泥浆实行三级沉淀，二级排放。施工现场的管道不能有跑、冒、滴、漏或大面积积水现象。

6. 施工现场应该禁止吸烟，防止发生危险，应该按照工程情况设置固定的吸烟室或吸烟处，要求有烟缸或水盆。吸烟室应远离危险区并设必要的灭火器材。禁止流动吸烟。

7. 温暖季节要有绿化布置。

（四）材料管理

1. 施工现场建筑材料、构配件、料具应按照总平面图规定的位置码放。

2. 材料要码放整齐并按规定挂置标明名称、品种、规格、数量、进货日期等的标牌。

3. 施工现场材料码放应采取防火、防锈蚀、防雨等措施。

4. 建筑物内施工垃圾的清运，应采用器具或管道运输，严禁随意抛掷。

5. 易燃易爆物品不能混放，应分类储藏在专用库房内，并应制定防火措施。

（五）现场办公与住宿

1. 施工现场必须将施工作业区、材料存放区与办公、生活区严格分开不能混用，并应采取相应的隔离措施。

2. 在建工程内、伙房、库房不得兼做宿舍。因为在施工区内住宿会带来各种危险，如落物伤人、触电或内洞口、临边防护不严而造成事故；两班作业时，施工噪声影响工人的休息。

3. 宿舍、办公用房的防火等级应符合规范要求。

4. 宿舍应设置可开启式窗户，床铺不得超过2层，通道宽度不应小于0.9m。

5. 宿舍内住宿人员人均面积不应小于2.5m²，且不得超过16人。

6. 冬季北方严寒地区的宿舍应有保暖和防止煤气中毒措施。炉火应统一设置，有专人管理并有岗位责任。

7. 炎热季节宿舍应有防暑降温和防蚊虫叮咬措施，保证施工人员有充足睡眠。

8. 宿舍内床铺及各种生活用品力求统一并放置整齐，环境卫生应良好。

（六）现场防火

1. 施工现场应根据施工作业条件建立消防安全管理制度、制定消防措施，并记录落实效果。

2. 施工现场临时用房和作业场所的防火设计应符合规范要求。

3. 施工现场应设置消防通道、消防水源，并应符合规范要求。

4. 按照不同作业条件，在不同场所合理配置种类合适的灭火器材并保证可靠有效。布局配置应符合规范要求。

5. 明火作业应履行动火审批手续，配备动火监护人员。动火必须具有"二证一器一监护"，即焊工证、动火证、灭火器、监护人。作业后，必须确认无火源危险时方可离开。

（七）综合治理

1. 施工现场应在生活区适当设置业余学习和娱乐场所、阅报栏黑板报等设施。

2. 施工现场应建立健全治安保卫制度，进行责任分工并有专人负责进行检查落实情况。

3. 落实治安防范措施，杜绝失窃偷盗、斗殴等违法乱纪事件。治安保卫工作不但是直接影响施工现场的安全与否的重要工作，同时也是社会安定所必需，应该措施得利，效果明显。

要加强治安综合治理，做到目标管理、制度落实、责任到人。施工现场治安防范措施有力、重点要害部位防范设施到位。与施工现场的外包队伍须签订治安综合治理协议书，加强法制教育。

（八）公示标牌

1. 施工现场大门口处应设置公示标牌即"五牌一图"，主要内容应包括：工程概况牌、消防保卫牌、安全生产牌、文明施工牌、管理人员名单及监督电话牌、施工现场总平面图。

2. 标牌应规范、整齐、统一。

3. 施工现场应在明显处，有必要的安全生产、文明施工内容的宣传标语。

4. 施工现场应该设置宣传栏、读报栏、黑板报等宣传园地。

（九）生活设施

1. 应建立卫生责任制度并落实到人；

2. 食堂与厕所、垃圾站、有毒有害场所等污染源的距离应符合规范要求；

3. 食堂必须有卫生许可证，炊事人员必须持身体健康证上岗；

4. 食堂使用的燃气罐应单独设置存放间，存放间应通风良好，并严禁存放其他物品；

5. 食堂的卫生环境应良好，且应配备必要的排风、冷藏、消毒、防鼠、防蚊蝇等设施；

6. 厕所内的设施数量和布局应符合规范要求；

7. 厕所必须符合卫生要求；

8. 必须保证现场人员卫生饮水；

9. 应设置淋浴室，且能满足现场人员需求；

10. 生活垃圾应装入密闭式容器内，并应及时清理。

（十）社区服务

1. 夜间施工前，必须经批准后方可进行施工。

2. 施工现场严禁焚烧各类废弃物，应该按照有关规定进行处理。

3. 施工现场应制定防粉尘、防噪声、防光污染等措施。

4. 切实落实各类施工不扰民措施，减少并消除噪声、粉尘等影响周边环境的因素。

第二节　施工现场环境保护

环境保护是按照法律法规、各级主管部门和企业的要求，保护和改善作业现场的环境，控制现场的各种粉尘、废水、废气、固体废弃物、噪声、振动等对环境的污染和危害。环境保护也是文明施工的重要内容之一。

一、现场环境保护的意义

1. 保护和改善施工环境是保证人们身体健康和社会文明的需要。采取专项措施防止粉尘、噪声和水源污染，保护好作业现场及其周围的环境，是保证职工和相关人员身体健康、体现社会总体文明的一项利国利民的重要工作。

2. 保护和改善施工现场环境是消除对外部干扰保证施工顺利进行的需要。随着人们的法制观念和自我保护意识的增强，尤其在城市中，施工扰民问题反映突出，应及时采取防治措施，减少对环境的污染和对市民的干扰，也是施工生产顺利进行的基本条件。

3. 保护和改善施工环境是现代化大生产的客观要求。现代化施工广泛应用新设备、新技术、新的生产工艺，对环境质量要求很高，如果粉尘、振动超标就可能损坏设备、影响功能发挥，使设备难以发挥作用。

4. 节约能源、保护人类生存环境、保证社会和企业可持续发展的需要。人类社会即将面临环境污染和能源危机的挑战。为了保护子孙后代赖以生存的环境条件，每个公民和企业都有责任和义务来保护环境。良好的环境和生存条件，也是企业发展的基础和动力。

二、基本规定

1. 工程的施工组织设计中应有防治扬尘、噪声、固体废物和废水等污染环境的有效措施，并在施工作业中认真组织实施。

2. 施工现场应建立环境保护管理体系，责任落实到人，并保证有效运行。

3. 对施工现场防治扬尘、噪声、水污染及环境保护管理工作进行检查。

4. 定期对职工进行环保法规知识培训考核。

三、施工现场环境保护管理网络

施工现场环境保护管理网络组织见图 4-1。

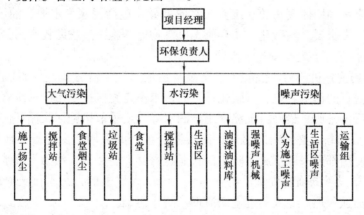

图 4-1　施工现场环境保护管理网络

四、施工现场防控大气污染基本要求

1. 施工现场主要道路必须进行硬化处理。施工现场应采取覆盖、固化、绿化、洒水等有效措施，做到不泥泞、不扬尘。施工现场的材料存放区、大模板存放区等场地必须平整夯实。

2. 遇有四级风以上天气不得进行土方回填、转运以及其他可能产生扬尘污染的施工。

3. 施工现场应有专人负责环保工作，配备相应的洒水设备，及时洒水，减少扬尘污染。

4. 建筑物内的施工垃圾清运必须采用封闭式专用垃圾道或封闭式容器吊运，严禁凌空抛撒。施工现场应设密闭式垃圾站，施工垃圾、生活垃圾分类存放。施工垃圾清运时应提前适量洒水，并按规定及时清运消纳。

5. 水泥和其他易飞扬的细颗粒建筑材料应密闭存放，使用过程中应采取有效措施防止扬尘。施工现场土方应集中堆放，采取覆盖或固化等措施。

6. 从事土方、渣土和施工垃圾的运输，必须使用密闭式运输车辆。施工现场出入口处设置冲洗车辆的设施，出场时必须将车辆清理干净，不得将泥沙带出现场。

7. 市政道路施工铣刨作业时，应采用冲洗等措施，控制扬尘污染。

灰土和无机料拌合，应采用预拌进场，碾压过程中要洒水降尘。

8. 规划市区内的施工现场，混凝土浇筑量超过 10m³ 以上的工程，应当使用预拌混凝土，施工现场设置搅拌机的机棚必须封闭，并配备有效的降尘防尘装置。

9. 施工现场使用的热水锅炉、炊事炉灶及冬施取暖锅炉等必须使用清洁燃料。施工机械、车辆尾气排放应符合环保要求。

10. 拆除旧有建筑时，应随时洒水，减少扬尘污染。渣土要在拆除施工完成之日起三日内清运完毕，并应遵守拆除工程的有关规定。

五、施工现场防控水污染基本要求

水污染物主要来源于工业、农业和生活污染。包括各种工业废水向自然水体的排放、化肥、农药、食物废渣、食油、粪便、合成洗涤剂、杀虫剂、病原微生物等对水体的污染。

施工现场废水和固体废物随水流流入水体部分，包括泥浆、水泥、油漆、各种油类、混凝土外加剂、重金属、酸碱盐、非金属无机毒物等。施工过程防控水污染的措施有：

1. 禁止将有毒有害废弃物作土方回填。

2. 施工现场搅拌机前台、混凝土输送泵及运输车辆清洗处应当设置沉淀池，搅拌站废水，现制水磨石的污水，电石（碳化钙）的污水不得直接排入市政污水管网，必须经二次沉淀后合格后再排放，最好将沉淀水用于洒水降尘或采取措施回收循环使用。

3. 现场存放油料，必须对库房进行防渗漏处理，如采用防渗混凝土地面、铺油毡等措施。储存和使用都要采取措施，防止油料泄跑、冒、滴、漏，污染土壤水体。

4. 施工现场设置的临时食堂，用餐人数在 100 人以上的，污水排放时应设置简易有效的隔油池，加强管理，专人负责定期清理，防止污染。

5. 工地临时厕所，化粪池应采取防渗漏措施。中心城市施工现场的临时厕所可采用水冲式厕所，并有防蝇、灭蛆措施，防止污染水体和环境。

6. 化学用品，外加剂等要妥善保管，库内存放，防止污染环境。

六、施工现场防控施工噪声污染

噪声是影响与危害非常广泛的环境污染问题。噪声环境可以干扰人的睡眠与工作、影响人的心理状态与情绪，造成人的听力损失，甚至引起许多疾病。此外噪声对人们的对话干扰也是相当大的。施工现场环境污染问题首推噪声污染。

1. 施工现场应遵照《建筑施工场界环境噪声排放标准》（GB 12523—2011）制定降噪

措施。在城市市区范围内，建筑施工过程中使用的设备，可能产生噪声污染的，施工单位应按有关规定向工程所在地的环保部门申报。

2. 施工现场的电锯、电刨、搅拌机、固定式混凝土输送泵、大型空气压缩机等强噪声设备应搭设封闭式机棚，并尽可能设置在远离居民区的一侧，以减少噪声污染。

3. 因生产工艺上要求必须连续作业或者特殊需要，确需在 20 时至次日 6 时期间进行施工的，建设单位和施工单位应当在施工前到工程所在地的区、县建设行政主管部门提出申请，经批准后方可进行夜间施工。

建设单位应当会同施工单位做好周边居民的安抚工作。并公布施工期限。

4. 进行夜间施工作业的，应采取措施，最大限度减少施工噪声，可采用隔声布、低噪声振捣棒等方法。

5. 对人为的施工噪声应有管理制度和降噪措施，并进行严格控制。承担夜间材料运输的车辆，进入施工现场严禁鸣笛，装卸材料应做到轻拿轻放，最大限度地减少噪声扰民。

6. 施工现场应进行噪声值监测，监测方法执行《建筑施工场界环境噪声排放标准》（GB 12523—2011），噪声值不应超过国家或地方噪声排放标准。

7. 建筑施工过程中场界环境噪声不得超过表 4-1 中规定的排放限值。夜间噪声最大声级超过限制的幅度不得高于 15dB（A）。

建筑施工场界环境噪声排放限值　单位 dB（A）　　　　表 4-1

昼间	夜间
70	55

第三节　施工现场环境卫生

一、施工区环境卫生管理

为创造舒适的工作环境，养成良好的文明施工作风，保证职工身体健康，明确划分施工区域和生活区域，将施工区和生活区分成若干片，分片包干，建立环境卫生管理责任区，从道路交通、消防器材、材料堆放到垃圾、厕所、厨房、宿舍、火炉、吸烟等都有专人负责，做到责任落实到人，使文明施工、环境卫生工作保持经常化、制度化。

1. 施工现场要勤打扫，保持整洁卫生，场地平整，各类物资码放整齐，道路畅通，无堆放物，无散落物，做到无积水、无黑臭、无垃圾，排水顺畅。生活垃圾与建筑垃圾分别定点堆放，严禁混放，并及时清运。

2. 施工现场严禁大小便，发现有随地大小便现象要对责任区负责人进行处罚。施工区、生活区有明确划分的标识牌，标牌上注明责任人姓名和管理范围。

3. 施工现场办公区、生活区卫生工作应由专人负责，明确责任。按比例绘制卫生区的平面图，并注明责任区编号和负责人姓名。

4. 施工现场零散材料和垃圾，要及时清理。垃圾应存放在密闭式容器中，定期灭蝇，及时清运。垃圾临时堆放不得超过一天。

5. 保持办公室整洁卫生，做到窗明地净，文具摆放整齐，达不到要求的，对当天卫生值班员进行处罚。

6. 冬季办公室和职工宿舍取暖炉，应有验收手续，合格后方可使用。

7. 楼内清理出的垃圾，要用容器或小推车，用塔吊或提升设备运下，严禁高空抛撒。

8. 施工现场的厕所，坚持天天打扫，每周撒白灰或打药一两次，消灭蝇蛆，便坑须加盖。

9. 施工现场应保证供应卫生饮水，有固定的盛水容器和有专人管理，并定期清洗消毒。

10. 施工现场应制定暑期防暑降温措施。夏季要确保施工现场的凉开水或清凉饮料供应，暑伏天可增加绿豆汤，防止中暑脱水现象发生。

11. 施工现场应制定卫生急救措施，配备保健药箱、一般常用药品及急救器材。为有毒有害作业人员配备有效的防护用品。

12. 施工现场发生法定传染病和食物中毒、急性职业中毒时立即向上级主管部门及有关部门报告，同时要积极配合卫生防疫部门进行调查处理。

13. 现场工人患有法定传染病或是病源携带者，应予以及时必要的隔离治疗，直至卫生防疫部门证明不具有传染性时方可恢复工作。

14. 对从事有毒有害作业人员应按照《职业病防治法》做职业健康检查。

施工现场的卫生要定期进行检查，发现问题，限期改正，并保存检查评分记录。

二、生活区环境卫生管理

生活区内应设置醒目的环境卫生宣传标牌和责任区包干图。按照卫生标准和环境卫生作业要求，生活"五有"设施，即食堂、宿舍（更衣室）、厕所、医务室（医药急救箱）、茶水供应点（茶水桶），冬季应注意防寒保暖，夏季应有防暑降温措施。生活"五有"设施须制定管理制度和责任制、落实责任人。

（一）宿舍卫生管理规定

1. 宿舍要有卫生管理制度，规定一周内每天卫生值日名单并张贴上墙，做到天天有人打扫，保持室内窗明地净，通风良好。

2. 宿舍内应有必要的生活设施及保证必要的生活空间，室内高度不得低于 2.5m，通道的宽度不得小于 1m，应有高于地面 30cm 的床铺，每人床铺占有面积不小于 2m^2。

3. 宿舍内床铺被褥干净整洁，各类物品应整齐划一，不到处乱放，做到整齐美观。

4. 宿舍内保持清洁卫生，清扫出的垃圾倒在指定的垃圾站，并及时清理。

5. 生活区场地应保持清洁无积水并有灭四害设施，控制四害孳生。自行落实除四害措施有困难的，可委托有关服务单位代为处理。

6. 生活区内必须有盥洗设施和洗浴间。生活废水应有污水池，二楼以上也要有水源及水池，做到卫生区内无污水、无污物，废水不得乱倒乱流。

7. 生活区宿舍内夏季应采取消暑和灭蚊蝇措施；冬季取暖炉的防煤气中毒设施齐全有效，建立验收合格证制度，经验收合格后，方可使用。

8. 未经许可禁止使用电炉及其他用电加热器具。

9. 应设阅览室、娱乐场所。

（二）办公室卫生管理规定

1. 办公室卫生由办公室全体人员轮流值班负责打扫并排出值班表。做到窗明地净，无蝇、无鼠。

2. 值班人员要做好来访记录。

3. 冬季负责取暖炉的看火，落地炉灰及时清扫，炉灰按指定地点堆放，定期清理外运，防止发生火灾。

4. 未经许可禁止使用电炉及其他电加热器具。

三、食堂卫生管理

（一）食堂卫生管理规定

1. 食品卫生采购运输

（1）采购外地食品应向供货单位索取县级以上食品卫生监督机构开具的检验合格证或检验单。必要时可请当地食品卫生监督机构进行复验。严禁购买无证、无照商贩食品。

（2）采购食品使用的车辆、容器要清洁卫生，做到生熟分开，防尘、防蝇、防雨、防晒。

（3）不得采购腐败变质、霉变、生虫、有异味或《食品卫生法》规定禁止生产经营的食品。

2. 食品贮存保管卫生

（1）根据《食品卫生法》的规定，食品不得接触有毒物、不洁物。

（2）贮存食品要隔墙、离地，注意做到通风、防潮、防虫、防鼠。主副食品、原料、半成品、成品要分开存放。

（3）盛放酱油、盐等副食调料要做到容器物见本色，加盖存放，清洁卫生。

（4）禁止使用再生塑料或非食用塑料桶、盆及铝制桶、盆盛装熟菜。

3. 制售过程的卫生

（1）制作食品的原料要新鲜卫生，做到不用、不卖腐败变质的食品，各种食品要烧熟煮透，以免发生食物中毒。

（2）制售过程及刀、墩、案板、盆、碗及其他盛器、筐、水池、抹布和冰箱等工具要严格做到生熟分开，售饭时要用工具销售直接入口食品。

（3）每年五月至十月底，中、夜两餐加工的食品都要留样，数量不少于50g/样，留样菜应保持24h并做好记录。

（4）非经过卫生监督管理部门批准，工地食堂禁止供应生吃凉拌菜，以防止肠道传染疾病。剩饭、菜要回锅彻底加热再食用。

（5）共用食具要洗净消毒，应有上下水洗手和餐具洗涤设备。

（6）使用的代价券必须每天消毒，防止交叉污染。

（7）盛放丢弃食物的泔水桶（缸）必须有盖，并及时清运。

4. 个人卫生

（1）炊管人员操作时必须穿戴好洁净的工作服、发帽，做到"三白"（白衣、白帽、白口罩），并保持清洁整齐，做到文明操作，不赤背、不光脚，禁止随地吐痰。

（2）炊管人员应做好个人卫生，要坚持做到四勤（勤洗手（澡）、勤理发、勤换衣、勤剪指甲）。

（二）炊事人员健康管理规定

1. 凡在岗位上的炊管人员，必须持有所在地区卫生防疫部门办理的健康证和岗位培训合格证，并且每年进行一次体检，凡体检不合格者不得上岗作业。

2. 凡患有痢疾、肝炎、伤寒、活动性肺结核、渗出性皮肤病以及其他有碍食品卫生的疾病，不得参加接触直接入口食品的制售及食品洗涤工作。

3. 民工炊管人员无健康证的不准上岗，否则予以经济处罚，责令关闭食堂，并追究有关领导的责任。

（三）施工现场集体食堂管理规定

1. 施工现场设置的临时食堂必须具备食堂卫生许可证、炊事人员身体健康证、卫生知识培训证。落实卫生责任制以及各项卫生管理制度，严格执行食品卫生法和有关管理规定。

2. 施工现场设置的临时食堂在选址和设计时应符合卫生要求，远离有毒有害场所，30m 内不得有污水沟、露天坑式厕所、暴露垃圾堆（站）和粪堆、畜圈等污染源距垃圾箱应大于 15m。

3. 施工现场的食堂和操作间相对固定、封闭，并且具备清洗消毒的条件和杜绝传染疾病的措施。

4. 食堂和操作间内墙应抹灰，屋顶不得吸附灰尘，应有水泥抹面锅台、地面，必须设排风设施。

操作间必须有生熟分开的刀、盆、案板等炊具及存放柜橱。

库房内应有存放各种佐料和副食的密闭器皿，有距墙、距地面大于 20cm 的粮食存放台。

不得使用石棉制品的建筑材料装修食堂。

5. 餐具严格执行消毒制度，定时定期进行消毒，预防食物中毒和传染疾病。

6. 食堂应有相应的更衣、消毒、盥洗、采光、照明、通风和防蝇、防尘设备，以及通畅的上下水管道。

7. 食堂内外整洁卫生，炊具干净，无腐烂变质食品，生熟食品分开加工保管，食品有遮盖。

8. 设置灭四害设施，投放灭鼠药饵要有记录并有防止人员误食措施。

9. 食堂操作间和仓库不得兼作宿舍使用。

10. 食堂炊管人员（包括合同工、临时工）应按有关规定进行健康检查和卫生知识培训并取得健康合格证和培训证。

11. 集体食堂的经常性食品卫生检查工作，各单位要根据《食品卫生法》有关规定和《饮食行业食品卫生管理标准和要求》及《建筑工地食堂卫生管理标准和要求》进行管理检查。

12. 食堂要保持干净、整洁、通风，冬季要有保暖措施。

四、厕所卫生管理

1. 施工现场要按规定设置厕所，厕所的设置要距食堂至少 30m 以外。

2. 厕所蹲位之间应设置隔板，隔板高度不应低于 0.9m。

3. 按规定采取冲水或加盖措施，定期打药或撒白灰粉，消灭蝇蛆。

4. 厕所屋顶墙壁要严密，门窗齐全有效，便槽内必须铺设瓷砖。

5. 应有化粪池，严禁将粪便直接排入下水道或河流沟渠中，露天粪池必须加盖。

6. 厕所应设专人负责定期保洁，天天冲洗打扫，做到无积垢、垃圾及明显臭味，并应有洗手水源，市区工地厕所要有水冲设施保持厕所清洁卫生。

7. 高层作业区每隔二三层设置便桶，杜绝随地大小便等不文明、不卫生现象。

8. 卫生保洁制度和责任人上墙公布。

第五章　施工现场消防管理

第一节　消防管理责任制

一、项目经理责任

1. 对项目工程生产经营过程中的消防工作负全面领导责任。

2. 贯彻落实消防保卫方针、政策、法规和各项规章制度，结合项目工程特点及施工全过程的情况，制定本项目各消防保卫管理办法或提出要求，并监督实施。

3. 根据工程特点确定消防工作的管理体制和人员，并明确各业务承包人的消防保卫责任和考核指标，支持、指导消防人员的工作。

4. 组织落实施工组织设计中消防措施，组织并监督项目施工中消防技术交底制度和设备、设施验收制度的实施。

5. 领导、组织施工现场定期的消防检查，发现消防工作中的问题，制定措施，及时解决。对上级提出的消防与管理方面的问题，要定时、定人、定措施予以整改。

6. 发生事故，要做好现场保护与抢救工作，及时上报，组织、配合事故的调查，认真落实制定的整改措施，吸取事故教训。

7. 对外包队伍加强消防安全管理，并对其进行评定。

8. 参加消防检查，对施工中存在的不安全因素，从技术方面提出整改意见和方法予以消除。

9. 参加、配合火灾及重大未遂事故的调查，从技术上分析事故原因，提出防范措施、意见。

二、施工员（工长）责任

1. 认真执行上级有关消防安全生产规定，对所管辖班组的消防安全生产负直接领导责任。

2. 认真执行消防安全技术措施及安全操作规程，针对生产任务的特点，向班组进行书面消防保卫安全技术交底，履行签字手续，并对规程、措施、交底的执行情况实施经常检查，随时纠正现场及作业中违章、违规行为。

3. 经常检查所辖班组作业环境及各种设备、实施的消防安全状况，发现问题及时纠正、解决。对重点、特殊部位施工，必须检查作业人员及设备、设施技术状况是否符合消防保卫安全要求，严格执行消防保卫安全技术交底，落实安全技术措施，并监督其认真执行，做到不违章指挥。

4. 定期组织所辖班组学习消防规章制度，开展消防安全教育活动，接受安全部门或人员的消防安全监督检查，及时解决提出的不安全问题。

5. 对分管工程项目应用的符合审批手续的新材料、新工艺、新技术，要组织作业工人进行消防安全技术培训。若在施工中发现问题，必须立即停止使用，并上报有关部门或领导。

6. 发生火灾或未遂事故要保护现场，立即上报。

三、班组长责任

1. 认真执行消防保卫规章制度及安全操作规程，合理安排班组人员工作。
2. 经常组织班组人员学习消防知识，监督班组人员正确使用个人劳动保护用品。
3. 认真落实消防安全技术交底。
4. 定期检查班组作业现场消防状况，发现问题及时解决。
5. 发现火灾苗头，保护好现场，立即上报有关领导。

四、班组工人责任

1. 认真学习，严格执行消防保卫制度。
2. 认真执行消防保卫安全交底，不违章作业，服从指导管理。
3. 发扬团结友爱精神，在消防保卫安全生产方面做到相互帮助、互相监督。对新工人要积极传授消防保卫知识，维护一切消防设施和防护用具，做到正确使用，不私自拆改、挪用。
4. 对不利于消防安全的作业要积极提出意见，并有权拒绝违章指令。
5. 发生火灾、失窃和未遂事故，保护现场并立即上报。
6. 有权拒绝违章指挥。

第二节　施工现场平面布置

施工现场运输道路、临时供电供水线路、各种管道、工地仓库、构件加工车间、主要机械设备位置及办公、生活设施、防火设施等平面布置，均应满足现场防火、灭火及人员安全疏散的要求。

城镇施工的工地四周应设置与外界隔离的围护栏，并在入口处设置施工现场平面布置图及施工现场安全管理规定。

一、塔式起重机的布置

1. 塔轨路基必须坚实可靠，两旁应设排水沟。
2. 采用两台塔式起重机或一台塔式起重机另配一台井架施工时，每台塔式起重机的回转半径及服务范围应能保证交叉作业的安全。
3. 塔式起重机临近高压线，应搭设防护架，并限制旋转角度。
4. 塔式起重机一侧必须按规定挂安全网。

二、道路的布置

（一）运输道路

1. 运输道路的最小宽度和转弯半径见表 5-1 及表 5-2。架空线及管道下面的道路，其通行空间宽度应比道路宽度大 0.5m，空间高度应大于 4.5m。

施工现场道路最小宽度 表 5-1

序 号	车辆类别及要求	道路宽度（m）
1	汽车单行道	≥3.0（考虑防火，应≥4.0）
2	汽车双行道	≥6.0
3	平板拖车单行道	≥4.0
4	平板拖车双行道	≥8.0

施工现场道路最小转弯半径 表 5-2

车辆类型	路面内侧的最小曲线半径（m）		
	无拖车	有一辆拖车	有两辆拖车
小客车、三轮汽车	6	—	—
一般二轴载重汽车	单车道 9	12	15
	双车道 7	12	15
三轴载重汽车	12	15	18
重型载重汽车	12	15	18
起重型载重汽车	15	18	21

2. 路面应压实平整，并高出自然地面 0.1~0.2m。雨期雨量较大的，一般沟深和底宽应不小于 0.4m。

3. 道路应靠近建筑物、木料场等易发生火灾的地方，以便车辆能直接开到消火栓处。

4. 尽量将道路布置成环路。否则应设置倒车场地。

（二）消防车道

施工现场内应设置临时消防车道，临时消防车道与在建工程、临时用房、可燃材料堆场及其加工场的距离，不宜小于 5m，且不宜大于 40m。施工现场周边道路满足消防车通行及灭火救援要求时，施工现场内可不设置临时消防车道。

临时消防车道的设置应符合下列规定：

1. 临时消防车道宜为环形，如设置环形车道确有困难，应在消防车道尽端设置尺寸不小于 12m×12m 的回车场。

2. 临时消防车道的净宽度和净空高度均不应小于 4m。

3. 临时消防车道的右侧应设置消防车行进路线指示标识。

4. 临时消防车道路基、路面及其下部设施应能承受消防车通行压力及工作荷载。

建筑高度大于 24m 的在建工程，建筑工程单体占地面积大于 3000m² 的在建工程，成组布置的数量超过 10 栋的临时用房应设置环形临时消防车道。如果设置环形临时消防车道确有困难，除应设置回车场外，还应按以下要求设置临时消防救援场地：

1. 临时消防救援场地应在在建工程装饰装修阶段设置。

2. 临时消防救援场地应设置在成组布置的临时用房场地的长边一侧及在建工程的长边一侧。

3. 场地宽度应满足消防车正常操作要求且不应小于 6m，与在建工程外脚手架的净距不宜小于 2m，且不宜超过 6m。

三、施工供电设施的布置

1. 在建工程不得在外电架空线路正下方施工、搭设作业棚、建造生活设施或堆放构件、架具、材料及其他杂物等。

2. 在建工程（含脚手架具）的周边与外电架空线路的边线，最小安全操作距离应不小于表 5-3 所列数值。

在建工程（含脚手架具）的外侧边缘与外电架空线路
的边线之间最小安全操作距离　　　　　　表 5-3

外电线路电压（kV）	1 以下	1～10	35～110	220	330～500
最小安全操作距离（m）	4.0	6.0	8.0	10	15

注：上、下脚手架的斜道严禁搭设在有外电线路的一侧。

3. 架空线路与路面的垂直距离应不小于表 5-4 所列数值。

施工现场内机动车道与外电架空线路交叉时的最小安全垂直距离　　　表 5-4

外电线路电压（kV）	1 以下	1～10	35
最小垂直距离（m）	6.0	7.0	7.0

4. 施工现场开挖非热管道沟槽的边缘与埋地外电缆沟槽边缘的距离不得小于 0.5m。

5. 变压器应布置在现场边缘高压线接入处，四周设有高度大于 1.7m 的铁丝网防护栏，并设有明显的标志。不应把变压器布置在交通道口处。

6. 线路应架设在道路一侧，距建筑物应大于 1.5m，垂直距离应在 2m 以上，木杆间距一般为 25～40m，分支线及引入线均应由杆上横担处连接。

7. 线路应布置在起重机械的回转半径之外。否则必须搭设防护栏，其高度要超过线路 2m，机械运转时还应采取相应的措施，以确保安全。

8. 供电线路跨过材料、构件堆场时，应有足够的安全架空距离。

四、临时设施的布置

施工现场出入口的设置应满足消防车通行的要求，并宜布置在不同方向，其数量不宜少于 2 个。当确有困难只能设置 1 个出入口时，应在施工现场内设置满足消防车通行的环形道路。

施工现场要明确划分用火作业区，易燃易爆、可燃材料堆放场，易燃废品集中点和生活区等。易燃易爆危险品库房应远离明火作业区、人员密集区和建筑物相对集中区。可燃材料堆场及其加工场、易燃易爆危险品库房不应布置在架空电力线下。

固定动火作业场应布置在可燃材料堆场及其加工场、易燃易爆危险品库房等全年最小频率风向的上风侧，并宜布置在临时办公用房、宿舍、可燃材料库房、在建工程等全年最小频率风向的上风侧。

各主要临时用房、临时设施的防火间距不应小于表 5-5 的规定，当办公用房、宿舍成组布置时，其防火间距可适当减小，但应符合以下要求：

(1) 每组临时用房的栋数不应超过10栋，组与组之间的防火间距不应小于8m；

(2) 组内临时用房之间的防火间距不应小于3.5m；当建筑构件燃烧性能等级为A级时，其防火间距可减少到3m。

各类建筑设施、材料的防火间距表（m） 表5-5

名称间距	办公用房、宿舍	发电机房、变配电房	可燃材料库房	厨房操作间、锅炉房	可燃材料堆场及其加工场	固定动火作业场	易燃易爆危险品库房
办公用房、宿舍	4	4	5	5	7	7	10
发电机房、变配电房	4	4	5	5	7	7	10
可燃材料库房	5	5	5	5	7	7	10
厨房操作间、锅炉房	5	5	5	5	7	7	10
可燃材料堆场及其加工场	7	7	7	7	7	10	10
固定动火作业场	7	7	7	7	10	10	12
易燃易爆危险品库房	10	10	10	10	10	12	12

易燃易爆危险品库房与在建工程的防火间距不应小于15m，可燃材料堆场及其加工场、固定动火作业场与在建工程的防火间距不应小于10m，其他临时用房、临时设施与在建工程的防火间距不应小于6m。临时宿舍尽可能建在离建筑物20m以外，并不得建在高压架空线路下方，应和高压架空线路保持安全距离。工棚净空不低于2.5m。

五、消防设施的布置

施工现场应设置灭火器、临时消防给水系统和临时消防应急照明等临时消防设施。临时消防设施应与在建工程的施工同步设置。房屋建筑工程中，临时消防设施的设置与在建工程主体结构施工进度的差距不应超过3层。

施工现场在建工程可利用已具备使用条件的永久性消防设施作为临时消防设施。当永久性消防设施无法满足使用要求时，应增设临时消防设施。

（一）临时消防给水系统

施工现场或其附近应设置稳定、可靠的水源，并应能满足施工现场临时消防用水的需要。消防水源可采用市政给水管网或天然水源。其进水口一般不应少于两处。当采用天然水源时，应采取措施确保冰冻季节、枯水期最低水位时顺利取水。

临时消防用水量应为临时室外消防用水量与临时室内消防用水量之和。

1. 临时室外消防给水系统

临时室外消防用水量应按临时用房和在建工程的临时室外消防用水量的较大者确定，施工现场火灾次数可按同时发生1次确定。临时用房建筑面积之和大于1000m²或在建工程单体体积大于10000m³时，应设置临时室外消防给水系统。当施工现场处于市政消火栓150m保护范围内且市政消火栓的数量满足室外消防用水量要求时，可不设临时室外消防给水系统。

临时用房的临时室外消防用水量不应小于表5-6的规定。

临时用房的临时室外消防用水量 表 5-6

临时用房建筑面积之和	火灾延续时间（h）	消火栓用水量（L/s）	每支水枪最小流量（L/s）
1000m² < 面积 ≤ 5000m²	1	10	5
面积 > 5000m²		15	5

在建工程的临时室外消防用水量不应小于表 5-7 的规定。

在建工程的临时室外消防用水量 表 5-7

在建工程（单体）体积	火灾延续时间（h）	消火栓用水量（L/s）	每支水枪最小流量（L/s）
10000m³ < 体积 ≤ 30000m³	1	15	5
体积 > 30000m³	2	20	5

施工现场临时室外消防给水系统的设置应符合下列要求：

（1）给水管网宜布置成环状；

（2）临时室外消防给水干管的管径应依据施工现场临时消防用水量和干管内水流计算速度进行计算确定，且不应小于 DN100；

（3）室外消火栓应沿在建工程、临时用房及可燃材料堆场及其加工场均匀布置，距在建工程、临时用房及可燃材料堆场及其加工场的外边线不应小于 5m；

（4）消火栓的间距不应大于 120m；

（5）消火栓的最大保护半径不应大于 150m。

2. 临时室内消防给水系统

建筑高度大于 24m 或单体体积超过 30000m³ 的在建工程，重要的及施工面积较大（超过施工现场内临时消火栓保护范围）的工程，均应设置临时室内消防给水系统。在建工程的临时室内消防用水量不应小于表 5-8 的规定。

在建工程的临时室内消防用水量 表 5-8

建筑高度、在建工程体积（单体）	火灾延续时间（h）	消火栓用水量（L/s）	每支水枪最小流量（L/s）
24m < 建筑高度 ≤ 50m 或 30000m³ < 体积 ≤ 50000m³	1	10	5
建筑高度 > 50m 或体积 > 50000m³	1	15	5

在建工程临时室内消防给水系统的设置应符合下列要求：

（1）消防竖管的设置位置应便于消防人员操作，其数量不应少于 2 根，随施工层延伸，当结构封顶时，应将消防竖管设置成环状。

（2）消防竖管的管径应根据在建工程临时消防用水量、竖管内水流计算速度进行计算确定，且不应小于 DN100。

（3）在建工程各结构层均应在位置明显且易于操作的部位设置室内消火栓接口及消防软管接口。间距为多层建筑不大于 50m，高层建筑不大于 30m。消火栓接口的前端应设置截止阀。

（4）设置室内消防给水系统的在建工程，应设消防水泵接合器。消防水泵接合器应设置在室外便于消防车取水的部位，与室外消火栓或消防水池取水口的距离宜为15～40m。

（5）在建工程结构施工完毕的每层楼梯处，应设置消防水枪、水带及软管，且每个设置点不少于2套。

施工现场临时消防给水系统应与施工现场生产、生活给水系统合并设置，但应设置将生产、生活用水转为消防用水的应急阀门。应急阀门不应超过2个，且应设置在易于操作的场所，并设置明显标识。

高度超过100m的在建工程，应在适当楼层增设临时中转水池及加压水泵。中转水池的有效容积不应少于10m³，上下两个中转水池的高差不宜超过100m。

临时消防给水系统的给水压力应满足消防水枪充实水柱长度不小于10m的要求；给水压力不能满足要求时，应设置消火栓泵，消火栓泵不应少于2台，且应互为备用；消火栓泵宜设置自动启动装置。

当外部消防水源不能满足施工现场的临时消防用水量要求时，应在施工现场设置临时贮水池。临时贮水池宜设置在便于消防车取水的部位，其有效容积不应小于施工现场火灾延续时间内一次灭火的全部消防用水量。

临时消防给水系统的贮水池、消火栓泵、室内消防竖管及水泵接合器等，应设有醒目标识。

施工现场的消火栓泵应采用专用消防配电线路。专用消防配电线路应自施工现场总配电箱的总断路器上端接入，且应保持不间断供电。

（二）临时消火栓布置

1.工程内临时消火栓应分设于各层明显且便于使用的地点，并保证消火栓的充实水柱能到达工程内任何部位。使用时栓口离地面1.2m，出水方向宜与墙壁成90°。

2.消火栓口径应为65mm，配备的水带每节长度不宜超过20m，水枪喷嘴口径不小于19mm。每个消火栓处宜设启动消防水泵的按钮。

3.室外消火栓应沿消防车道或堆料场内交通道路的边缘设置，消火栓之间的距离不应大于120m。周围3m之内，禁止堆物。

（三）灭火器

施工现场临时设施，应配置足够的灭火器。

1.下列场所应配置灭火器：

（1）易燃易爆危险品存放及使用场所；

（2）动火作业场所；

（3）可燃材料存放、加工及使用场所；

（4）厨房操作间、锅炉房、发电机房、变配电房、设备用房、办公用房、宿舍等临时用房；

（5）其他具有火灾危险的场所。

2.施工现场灭火器配置应符合下列规定：

（1）灭火器的类型应与配备场所可能发生的火灾类型相匹配。

（2）灭火器的最低配置标准应符合表5-9的规定。

项 目	固体物质火灾		液体或可熔化固体物质火灾、气体火灾	
	单具灭火器最小灭火级别	单位灭火级别最大保护面积 m^2/A	单具灭火器最小灭火级别	单位灭火级别最大保护面积 m^2/B
易燃易爆危险品存放及使用场所	3A	50	89B	0.5
固定动火作业场	3A	50	89B	0.5
临时动火作业点	2A	50	55B	0.5
可燃材料存放、加工及使用场所	2A	75	55B	1.0
厨房操作间、锅炉房	2A	75	55B	1.0
自备发电机房	2A	75	55B	1.0
变、配电房	2A	75	55B	1.0
办公用房、宿舍	1A	100	—	—

（3）灭火器的配置数量应按照《建筑灭火器配置设计规范》（GB 50140）经计算确定，且每个场所的灭火器数量不应少于 2 具。

（4）灭火器的最大保护距离应符合表 5-10 的规定。

灭火器配置场所	固体物质火灾	液体或可熔化固体物质火灾、气体类火灾
易燃易爆危险品存放及使用场所	15	9
固定动火作业场	15	9
临时动火作业点	10	6
可燃材料存放、加工及使用场所	20	12
厨房操作间、锅炉房	20	12
发电机房、变配电房	20	12
办公用房、宿舍等	25	—

3. 灭火器设置要求应符合下列规定：

（1）灭火器应设置在明显的地点，如房间出入口、通道、走廊、门厅及楼梯等部位。

（2）灭火器的铭牌必须朝外，以方便人们直接看到灭火器的主要性能指标。

（3）手提式灭火器设置在挂钩、托架上或灭火器箱内，其顶部离地面高度应小于 1.5m，底部离地面高度不宜小于 0.15m。

这一要求的目的是：便于人们对灭火器进行保管和维护；让扑救人能安全方便取用；防止潮湿的地面对灭火器的影响和便于平时打扫卫生。

（1）设置在挂钩、托架上或灭火器箱内的手提式灭火器要竖直向上设置。

（2）对于那些环境条件较好的场所，手提式灭火器可直接放在地面上。

（3）对于设置在灭火器箱内的手提式灭火器，可直接放在灭火器箱的底面上，但灭火器箱离地面高度不宜小于 0.15m。

4. 灭火器的性能、用途及使用年限

（1）灭火器的性能、用途见表 5-11。

几种灭火器的性能和用途　　　　　　　　　　　　　　表 5-11

灭火机种类	二氧化碳灭火机	四氧化碳灭火机	干粉灭火机
规格	2kg 以下 2～3kg 5～7kg	2kg 以下 2～3kg 5～8kg	8kg 50kg
药剂	液态二氧化碳	四氯化碳液体，并有一定压力	钾盐或钠盐干粉并有盛装压缩气体的小钢瓶
用途	不导电 扑救电气精密仪器，油类和分类火灾；不能扑救钾、钠、镁、铝等引起的火灾	不导电 扑救电气设备火灾；不能扑救钾、钠、镁、铝、乙炔、二硫化碳引起的火灾	不导电 扑救电气设备火灾，石油产品、油漏、有机溶剂、天然气火灾，不宜扑救电机火灾
效能	射程 3m	3kg，喷射时间 30%，射程 7m	8kg，喷射时间 4～8s，射程 4.5m
使用方法	一手拿喇叭筒对着火源，另一手打开开关	只要打开开关，液体就可喷出	提起圆环，干粉就可喷出
检查方法	每 3 月测量一次，当减少原重 1/10 时，应充气	每 3 月试喷少许，压力不够时应充气	每年检查一次干粉；是否受潮或结块，小钢瓶内气体压力，每半年检查一次，如重量减少 1/10，应换气

（2）灭火器不得设置在环境温度超出其使用温度范围的地点，其使用温度范围如表 5-12 所示。

灭火器的使用温度范围　　　　　　　　　　　　　　表 5-12

灭火器类型	使用温度范围（℃）	灭火器类型		使用温度范围（℃）
清水灭火器	+4～+55	干粉灭火器	贮气瓶式	−10～+55
酸碱灭火器	+4～+55		贮压式	−20～+55
化学泡沫灭火器	+4～+55	卤代烷式灭火器		−20～+55
		二氧化碳灭火器		−10～+55

（3）灭火器的报废年限

从灭火器出厂日期算起，达到表 5-13 中使用年限的，必须报废。

灭火器的使用年限　　　　　　　　　　　　　　表 5-13

灭火器类型	使用年限（年）		灭火器类型	使用年限（年）	
	手提式	推车式		手提式	推车式
化学泡沫灭火器	5	8	贮压式干粉灭火器	10	12
酸碱灭火器	5	—	1211 灭火器	10	10
清水灭火器	6	—	二氧化碳灭火器	12	12
贮气瓶式干粉灭火器	8	10			

六、现场料具存放安全要求

1. 严格按有关安全规程进行操作，所有材料码放都要整齐稳固。

2. 大模板存放应将地脚螺栓提上去。下部碰垫通长木方，使自稳角呈 70°～80°对脸堆放。长期存放的大模板应用拉杆连续绑牢。没有支撑或自稳角不足的大模板，存放在专用的堆放架内。

3. 外墙板、内墙板应堆放在型钢制作或钢管搭设的专用堆放架内。

4. 小钢模码放高度不超过 1m，加气块码放高度不超过 1.8m。脚手架上放砖的高度不准超过三层侧砖。

5. 存放水泥、砂石料等严禁靠墙堆放，易燃、易爆材料，必须存放在专用库房内，不得与其他材料混存。

6. 化学危险物品必须储存在专用仓库、专用场地或专用储存室（柜）内，并由专人管理。

7. 各种气瓶在存放和使用时，应距离明火 10m 以上，并避免曝晒和碰撞。

第三节　施工现场防火安全管理

一、施工现场防火基本要求

1. 施工现场的消防工作，应遵照国家有关法律、法规开展消防安全工作。

2. 施工单位的负责人应全面负责施工现场的防火安全工作，履行《中华人民共和国消防条例实施细则》第十九条规定的九项主要职责。

实行施工总承包的，由总承包单位负责。分包单位应向总承包单位负责，并应服从总承包单位的管理，同时应承担国家法律、法规规定的消防责任和义务。

3. 施工现场都要建立、健全防火检查制度，发现火险隐患，必须立即消除；一时难以消除的隐患，要定人员、定项目、定措施限期整改。

4. 施工现场要有明显的防火宣传标志。施工现场的义务消防人员，要定期组织教育培训，并将培训资料存入内业档案中。

5. 施工现场发生火警或火灾，应立即报告公安消防部门，并组织力量扑救。

6. 根据"四不放过"的原则，在火灾事故发生后，施工单位和建设单位应共同做好现场保护和会同消防部门进行现场勘察的工作。对火灾事故的处理提出建议，并积极落实防范措施。

7. 施工单位在承建工程项目签订的"工程合同"中，必须有防火安全的内容，会同建设单位搞好防火工作。

8. 各单位在编制施工组织设计时，施工总平面图，施工方法和施工技术均要符合消防安全要求。

9. 施工现场必须配备足够的消防器材，做到布局合理。要害部位应配备不少于 4 具的灭火器，要有明显的防火标志，指定专人经常检查、维护、保养、定期更新，保证灭火器材灵敏有效。

10. 施工现场夜间应有照明设备,并要安排力量加强值班巡逻。

11. 施工现场必须设置临时消防车道。其宽度不得小于 4m,并保证临时消防车道的畅通,禁止在临时消防车道上堆物、堆料或挤占临时消防车道。

12. 施工现场的重点防火部位或区域,应设置防火警示标识。

13. 临时消防车道、临时疏散通道、安全出口应保持畅通,不得遮挡、挪动疏散指示标识,不得挪用消防设施。

14. 施工单位应做好施工现场临时消防设施的日常维护工作,对已失效、损坏或丢失的消防设施,应及时更换、修复或补充。

15. 施工材料的存放、使用应符合防火要求。库房应采用非燃材料支搭。易燃易爆物品必须有严格的防火措施,应专库储存,分类单独存放,保持通风,配备灭火器材,指定防火负责人,确保施工安全。不准在工程内、库房内调配油漆、稀料。

16. 不准在高压架空线下面搭设临时性建筑物或堆放可燃物品。

17. 在建工程内不准作为仓库使用,不准存放易燃、可燃材料,不得设置宿舍。

18. 因施工需要进入工程内的可燃材料,要根据工程计划限量进入并采取可靠的防火措施。废弃材料应及时清除。

19. 从事油漆粉刷或防水等危险作业时,要有具体的防火要求,必要时派专人看护。

20. 施工现场严禁吸烟。

21. 施工现场和生活区,未经保卫部门批准不得使用电热器具。严禁工程中明火保温施工及宿舍内明火取暖。

22. 生活区的设置必须符合消防管理规定。严禁使用可燃材料搭设。

23. 生活区的用电要符合防火规定。用火要经保卫部门审批,食堂使用的燃料必须符合使用规定,用火点和燃料不能在同一房间内,使用时要有专人管理,停火时要将总开关关闭,经常检查有无泄漏。

24. 施工现场应明确划分用火作业,易燃可燃材料堆场、仓库、易燃废品集中站和生活区等区域。

二、消防安全管理制度

施工单位应针对施工现场可能导致火灾发生的施工作业及其他活动,制订消防安全管理制度。消防安全管理制度应包括下列主要内容:

(一)消防安全教育与培训制度

施工人员进场前,施工现场的消防安全管理人员应向施工人员进行消防安全教育和培训。防火安全教育和培训应包括下列内容:

1. 施工现场消防安全管理制度、防火技术方案、灭火及应急疏散预案的主要内容;

2. 施工现场临时消防设施的性能及使用、维护方法;

3. 扑灭初起火灾及自救逃生的知识和技能;

4. 报火警、接警的程序和方法。

施工单位编制的施工现场防火技术方案,应根据现场情况变化及时对其修改、完善。防火技术方案应包括下列主要内容:

1. 施工现场重大火灾危险源辨识。

2. 施工现场防火技术措施。

3. 临时消防设施、临时疏散设施配备。

4. 临时消防设施和消防警示标识布置图。

施工作业前，施工现场的施工管理人员应向作业人员进行消防安全技术交底。消防安全技术交底应包括下列主要内容：

1. 施工过程中可能发生火灾的部位或环节；

2. 施工过程应采取的防火措施及应配备的临时消防设施；

3. 初起火灾的扑救方法及注意事项；

4. 逃生方法及路线。

（二）可燃及易燃易爆危险品管理制度

1. 用于在建工程的保温、防水、装饰及防腐等材料的燃烧性能等级，应符合设计要求。

2. 可燃材料及易燃易爆危险品应按计划限量进场。进场后，可燃材料宜存放于库房内，如露天存放时，应分类成垛堆放，垛高不应超过 2m，单垛体积不应超过 50m³，垛与垛之间的最小间距不应小于 2m，且采用不燃或难燃材料覆盖；易燃易爆危险品应分类专库储存，库房内通风良好，并设置严禁明火标志。

3. 室内使用油漆及其有机溶剂、乙二胺、冷底子油或其他可燃、易燃易爆危险品的物资作业时，应保持良好通风，作业场所严禁明火，并应避免产生静电。

4. 施工产生的可燃、易燃建筑垃圾或余料，应及时清理。

（三）用火、用电、用气管理制度

1. 施工现场用火，应符合下列要求：

（1）动火作业应办理动火许可证

施工现场的动火作业，必须根据不同等级执行审批制度。动火许可证的签发人收到动火申请后，应前往现场查验并确认动火作业的防火措施落实后，方可签发动火许可证。用火地点变换，要重新办理用火证手续。

1）一级动火作业应由所在单位行政负责人填写动火申请表，编制安全技术措施方案，报公司安全部门审查批准后，方可动火。动火期限为 1 天。

凡属下列情况之一的属一级动火作业：

①禁火区域内；

②油罐、油箱、油槽车和贮存过可燃气体、易燃气体的容器以及连接在一起的辅助设备；

③各种受压设备；

④危险性较大的登高焊、割作业；

⑤比较密封的室内、容器内、地下室等场所；

⑥堆有大量可燃和易燃物质的场所。

2）二级动火作业由所在工地负责人填写动火申请表，编制安全技术措施方案，报本单位主管部门审查批准后，方可动火。动火期限为 3 天。

凡属下列情况之一的属二级动火作业：

①在具有一定危险因素的非禁火区域内进行临时焊、割等作业；

②小型油箱等容器；

③登高焊、割作业。

3）三级动火作业由所在班组填写动火申请表，经工地负责人审查批准后，方可动火。动火期限为 7 天。在非固定的、无明显危险因素的场所进行用火作业，均属三级动火作业。

4）古建筑和重要文物单位等场所作业，按一级动火手续上报审批。

（2）动火操作人员应具有相应资格

电焊工、气焊工从事电气设备安装和电、气焊切割作业，要有操作证和用火证。

（3）焊接、切割、烘烤或加热等动火作业前，应对作业现场的易燃、可燃物进行清理；作业现场及其附近无法移走的可燃物，应采用不燃材料对其覆盖或隔离。

（4）施工作业安排时，宜将动火作业安排在使用可燃建筑材料的施工作业前进行。确需在使用可燃建筑材料的施工作业之后进行动火作业，应采取可靠防火措施。

（5）裸露的可燃材料上严禁直接进行动火作业。

（6）焊接、切割、烘烤或加热等动火作业，应配备灭火器材，并设动火监护人进行现场监护，每个动火作业点均应设置一个监护人。

（7）五级（含五级）以上风力时，应停止焊接、切割等室外动火作业，否则应采取可靠的挡风措施。

（8）动火作业后，应对现场进行检查，确认无火灾危险后，动火操作人员方可离开。

（9）具有火灾、爆炸危险的场所严禁明火。

（10）施工现场不应采用明火取暖。

（11）厨房操作间炉灶使用完毕后，应将炉火熄灭，排油烟机及油烟管道应定期清理油垢。

2. 施工现场用电，应符合下列要求：

施工现场用电，应严格执行有关“施工现场电气安全管理规定”，加强电源管理，防止发生电气火灾。施工现场存放易燃、可燃材料的库房、木工加工场所、油漆配料房及防水作业场所不得使用明露高热强光源灯具。

（1）施工现场供用电设施的设计、施工、运行、维护应符合现行国家标准《建设工程施工现场供用电安全规范》（GB 50194）的要求。

（2）电气线路应具有相应的绝缘强度和机械强度，严禁使用绝缘老化或失去绝缘性能的电气线路，严禁在电气线路上悬挂物品。破损、烧焦的插座、插头应及时更换。

（3）电气设备与可燃、易燃易爆和腐蚀性物品应保持一定的安全距离。

（4）有爆炸和火灾危险的场所，按危险场所等级选用相应的电气设备。

（5）配电屏上每个电气回路应设置漏电保护器、过载保护器，距配电屏 2m 范围内不应堆放可燃物，5m 范围内不应设置可能产生较多易燃、易爆气体、粉尘的作业区。

（6）可燃材料库房不应使用高热灯具，易燃易爆危险品库房内应使用防爆灯具。

（7）普通灯具与易燃物距离不宜小于 300mm；聚光灯、碘钨灯等高热灯具与易燃物距离不宜小于 500mm。

（8）电气设备不应超负荷运行或带故障使用。

（9）禁止私自改装现场供用电设施。

（10）应定期对电气设备和线路的运行及维护情况进行检查。

3. 施工现场用气，应符合下列要求：

（1）储装气体的罐瓶及其附件应合格、完好和有效；严禁使用减压器及其他附件缺损的氧气瓶，严禁使用乙炔专用减压器、回火防止器及其他附件缺损的乙炔瓶；

（2）气瓶运输、存放、使用时，应符合下列规定：

1）气瓶应保持直立状态，并采取防倾倒措施，乙炔瓶严禁横躺卧放；

2）严禁碰撞、敲打、抛掷、滚动气瓶；

3）气瓶应远离火源，距火源距离不应小于 10m，并应采取避免高温和防止暴晒的措施；

4）燃气储装瓶罐应设置防静电装置；

（3）气瓶应分类储存，库房内通风良好；空瓶和实瓶同库存放时，应分开放置，两者间距不应小于 1.5m；

（4）气瓶使用时，应符合下列规定：

1）使用前，应检查气瓶及气瓶附件的完好性，检查连接气路的气密性，并采取避免气体泄漏的措施，严禁使用已老化的橡皮气管；

2）氧气瓶与乙炔瓶的工作间距不应小于 5m，气瓶与明火作业点的距离不应小于 10m；

3）冬季使用气瓶，如气瓶的瓶阀、减压器等发生冻结，严禁用火烘烤或用铁器敲击瓶阀，禁止猛拧减压器的调节螺栓；

4）氧气瓶内剩余气体的压力不应小于 0.1MPa；

5）气瓶用后，应及时归库。

（四）消防安全检查制度

施工过程中，施工现场的消防安全负责人应定期组织消防安全管理人员对施工现场的消防安全进行检查。消防安全检查应包括下列主要内容：

1. 可燃物及易燃易爆危险品的管理是否落实。

2. 动火作业的防火措施是否落实。

3. 用火、用电、用气是否存在违章操作。

4. 电、气焊及保温防水施工是否执行操作规程。

5. 临时消防设施是否完好有效。

6. 临时消防车道及临时疏散设施是否畅通。

7. 火险隐患整改情况。

8. 检查各级防火责任制、岗位责任制、八大工种责任书和各项防火安全制度执行情况。

9. 检查十项标准是否落实，基础管理是否健全，防火档案资料是否齐全，发生事故是否按"四不放过"原则进行处理。

10. 检查防火安全宣传教育，外包工管理等情况。

（五）应急预案演练制度

施工单位应编制施工现场灭火及应急疏散预案。灭火及应急疏散预案应包括下列主要内容：

1. 应急灭火处置机构及各级人员应急处置职责。

2. 报警、接警处置的程序和通讯联络的方式。

3. 扑救初起火灾的程序和措施。

4. 应急疏散及救援的程序和措施。

三、重点部位的防火要求

（一）易燃仓库的防火要求

1. 易着火的仓库应设在水源充足、消防车能驶到的地方，并应设在下风方向。

2. 可燃材料及易燃易爆危险品应按计划限量进场。进场后，可燃材料宜存放于库房内，如露天存放时，应分类成垛堆放，垛高不应超过 2m，单垛体积不应超过 50m³，垛与垛之间的最小间距不应小于 2m，且采用不燃或难燃材料覆盖。

易燃露天仓库四周内，应有宽度不小于 6m 的平坦空地作为消防通道，通道上禁止堆放障碍物。

3. 易燃仓库堆料场与其他建筑物、铁路、道路、架高电线的防火间距，应按现行国家标准《建筑设计防火规范》的有关规定执行。

4. 易燃易爆危险品应分类专库储存，库房内应保持通风良好，并设置严禁明火标志。还应经常进行防火安全检查。

5. 贮量大的易燃仓库，应设两个以上的大门，并应将生活区、生活辅助区和堆场分开布置。

6. 仓库或堆料场内一般应使用地下电缆，若有困难需设置架空电力线时，架空电力线与露天易燃物堆垛的最小水平距离，不应小于电杆高度的 1.5 倍。

7. 仓库或堆料场所使用的照明灯与易燃堆垛间至少应保持 1m 的距离。

8. 安装的开关箱、接线盒，应距离堆垛外缘不小于 1.5m，不准乱拉临时电气线路。

9. 仓库或堆料场严禁使用碘钨灯，以防电气设备起火。

10. 对仓库或堆料场内的电气设备，应经常检查维修和管理，贮存大量易燃品的仓库场地应设置独立的避雷装置。

（二）电焊、气割场所的防火要求

1. 一般要求

（1）焊、割作业点与氧气瓶、电石桶和乙炔发生器等危险物品的距离不得少于 10m，与易燃易爆物品的距离不得少于 30m。

（2）气瓶应保持直立状态，并采取防倾倒措施，乙炔瓶严禁横躺卧放。严禁碰撞、敲打、抛掷、滚动气瓶。

乙炔发生器和氧气瓶之间的存放距离不得少于 2m，使用时两者的距离不得少于 5m。

（3）氧气瓶、乙炔发生器等焊割设备上的安全附件应完整而有效，否则严禁使用。

（4）施工现场的焊、割作业，必须符合防火要求，严格执行"十不烧"规定。

2. 乙炔站的防火要求

（1）乙炔属于甲类易燃易爆物品，乙炔站的建筑物应采用一、二级耐火等级，一般应为单层建筑，与有明火的操作场所应保持 30~50m 间距。

（2）乙炔站泄压面积与乙炔站容积的比值应采用 0.05~0.22m²/m³。房间和乙炔发生器操作平台应有安全出口，应安装百叶窗和出气口，门应向外开启。

（3）乙炔房与其他建筑物和临时设施的防火间距，应符合现行国家标准《建筑设计防火规范》的要求。

（4）乙炔房宜采用不发生火花的地面，金属平台应铺设橡皮垫层。

（5）有乙炔爆炸危险的房间与无爆炸危险的房间（更衣室、值班室），不能直通。

（6）乙炔生产厂房应采用防爆型的电器设备，并在顶部开自然通风窗口。

（7）操作人员不应穿着带铁钉的鞋及易产生静电的服装。

3. 电石库的防火要求

（1）电石库属于甲类物品储存仓库。电石库的建筑应采用一、二级耐火等级。

（2）电石库应建在长年风向的下风方向，与其他建筑及临时设施的防火间距，应符合现行国家标准《建筑设计防火规范》的要求。

（3）电石库不应建在低洼处，库内地面应高于库外地面 220cm，同时不能采用易发火花的地面，可用木板或橡胶等铺垫。

（4）电石库应保持干燥、通风，不漏雨水。

（5）电石库的照明设备应采用防爆型，应使用不发火花型的开启工具。

（6）电石渣及粉末应随时进行清扫。

（三）油漆料库与调料间的防火要求

1. 油漆料库与调料间应分开设置，油漆料库和调料间应与散发火花的场所保持一定的防火间距。

2. 性质相抵触、灭火方法不同的品种，应分库存放。

3. 涂料和稀释剂的存放和管理，应符合《仓库防火安全管理规则》的要求。

4. 调料间应有良好的通风，并应采用防爆电器设备，室内禁止一切火源。调料间不能兼做更衣室和休息室。

5. 调料人员应穿不易产生静电的工作服，不带带钉子的鞋。使用开启涂料和稀释剂包装的工具，应采用不易产生火花型的工具。

6. 调料人员应严格遵守操作规程，调料间内不应存放超过当日加工所用的原料。

（四）木工操作间的防火要求

1. 操作间建筑应采用阻燃材料搭建。

2. 操作间冬季宜采用暖气（水暖）供暖。如用火炉取暖时，必须在四周采取挡火措施；不应用燃烧劈柴、刨花代煤取暖。每个火炉都要有专人负责，下班时要将余火彻底熄灭。

3. 电气设备的安装要符合要求。抛光、电锯等部位的电气设备应采用密封式或防爆式。刨花、锯末较多部位的电动机，应安装防尘罩。

4. 操作间内严禁吸烟和用明火作业。

5. 操作间只能存放当班的用料，成品及半成品要及时运走。木工应做到活完场地清，刨花、锯末每班都打扫干净，倒在指定地点。

6. 严格遵守操作规程，对旧木料一定要经过检查，起出铁钉等金属后，方可上锯锯料。

7. 配电盘、刀闸下方不能堆放成品、半成品及废料。

8. 工作完毕应拉闸断电，并经检查确无火险后方可离开。

（五）地下工程施工的防火要求

地下工程施工中除了遵守正常施工中的各项防火安全管理制度和要求，还应遵守以下防火安全要求：

1. 施工现场的临时电源线不宜直接敷设在墙壁或土墙上，应用绝缘材料架空安装。配电箱应采取防水措施，潮湿地段或渗水部位照明灯具应采取相应措施或安装防潮灯具。

2. 施工现场应有不少于两个出入口或坡道，施工距离长应适当增加出入口的数量。施工区面积不超过 50m²，且施工人员不超过 20 人时，可只设一个直通地上的安全出口。

3. 安全出入口、疏散走道和楼梯的宽度应按其通过人数每 100 人不小于 1m 的净宽计算。每个出入口的疏散人数不宜超过 250 人。安全出入口、疏散走道、楼梯的最小净宽不应小于 1m。

4. 疏散走道、楼梯及坡道内，不宜设置突出物或堆放施工材料和机具。

5. 疏散走道、安全出入口、疏散马道（楼梯）、操作区域等部位，应设置火灾事故照明灯。火灾事故照明灯在上述部位的最低照度应不低于 5lx（勒克斯）。

6. 疏散走道及其交叉口、拐弯处、安全出口处应设置疏散指示标志灯。疏散指示标志灯的间距不易过大，距地面高度应为 1～1.2m，标志灯正前方 0.5m 处的地面照度不应低于 1lx。

7. 火灾事故照明灯和疏散指示灯工作电源断电后，应能自动投合。

8. 地下工程施工区域应设置消防给水管道和消火栓，消防给水管道可以与施工用水管道合用。特殊地下工程不能设置消防用水时，应配备足够数量的轻便消防器材。

9. 地下工程的施工作业场所宜配备防毒面具。

10. 大面积油漆粉刷和喷漆应在地面施工，局部的粉刷可在地下工程内部进行，但一次粉刷的量不宜过多，同时在粉刷区域内禁止一切火源，加强通风。

11. 禁止中压式乙炔发生器在地下工程内部使用及存放。

12. 应备有通讯报警装置，便于及时报告险情。

13. 制定应急的疏散计划。

四、高层建筑施工防火管理要求

（一）高层建筑施工的特点

1. 施工队伍分散。有些高层建筑高度在 100m 以上，建筑面积达数十万平方米，施工过程中各工种交叉作业，人员来自不同单位，特别在内装饰阶段，不同的楼层有不同地区的施工队伍在施工。

2. 工程造价数额大。投资来源有单位集资，有国内外合资，港澳台商人投资，外国独资。投资的单位多、数额大，使用的材料多为国外进口，新材料、新设备多。这些工程施工中发生火灾事故，所造成的社会影响和经济损失都很大。

3. 施工现场狭窄。由于各地区进行城市规划，进行老城区改造，新的高层建筑都建在人口密集的闹市地区，与周围的商业、居民区毗邻，施工场地狭小，参加施工的民工多数在施工现场内住宿、生活，环境条件较差。

4. 立体交叉作业干扰大。高层建筑楼层多，施工零星分散，参加施工的单位多，人员杂，在立体交叉施工中，施工的节奏快，变化大。

5. 所需建筑材料量大集中，而且日有所进，堆放杂乱，特别是化学易燃和可燃材料多，储存保管和管理条件差。

6. 电气设备多，耗电量大。建筑机械和车辆进出频繁。有效机械部件和保养电气场所多。存在着的薄弱环节也多。

7. 不安全因素多。面临外面脚手架，内堆材料；外部临口临边，内部洞孔井道，层层楼面相通垂直上下，电焊气割作业重叠，而且动火的点多、面广、量大。

（二）高层建筑施工的火灾隐患

1. 管理方面　存在着管理人员缺乏消防业务知识；防火安全管理经验不足；对班组防火安全技术交底不清或不全；对违章人员处理和教育不严；对施工中所使用材料和设备性质不熟悉，以及执行防火制度不严格；管理人员马虎草率；动火审批手续不严；防火管理意识差；三级动火监护措施不落实等隐患。

2. 操作方面　由于防火意识不强，缺乏防火知识，往往存在侥幸心理和一定的盲目性；或者急于求成，而违章作业。对明火作业中，火星可能从层层相通的洞孔中溅落在某一层存放的易燃物品上，一遇火星即刻会引起燃烧的预料不足。对高层建筑施工多层次立体交叉作业，堆放不同性质的材料设备等易发生火灾认识不足。

3. 在设备器材方面　由于高层建筑施工消防器材设备没有配齐配足；对施工材料性能、工程特点不熟悉，配置器材针对性不强；对多层次作业的工程，没有设专用水泵，无消防水源，造成楼层缺水等。

4. 防火措施方面　高层建筑施工防火安全管理力量不足，或无专兼职监护人员；对义务消防队没有按建设规模组织，或组织后人员调动频繁和没有进行防火业务知识培训；施工中未采取有针对性的防火措施。

（三）高层建筑施工的防火措施

高层建筑施工有其人员多而复杂、建筑材料多、电气设备多且用电量大、交叉作业动火点多，以及通讯设备差、不易及时救火等特点，一旦发生火灾，其造成的经济损失和社会影响都非常大。因此施工中必须从实际出发，始终贯彻"预防为主，防消结合"的消防工作方针，因地制宜地进行科学的管理。

1. 领导重视，明确目标

（1）施工单位各级领导要重视施工防火安全，始终将防火工作放在重要位置。项目部要将防火工作列入项目经理的议事日程，做到同计划、同布置、同检查、同总结、同评比，交施工任务同时交防火要求，使防火工作做到经常化，制度化，群众化。

（2）按照"谁主管，谁负责"的原则，从上到下建立多层次的防火管理网络，实行分工负责制，明确高层建筑工程施工防火的目标和任务，使高层施工现场防火安全得到组织保证。建立防火领导小组，成立业主、施工单位、安装单位等参加的综合治理防火办公室，协调工地防火管理。领导小组或联合办公室要坚持每月召开防火会议和每月进行一次防火安全检查制度，找出施工过程中的薄弱环节，针对存在问题的原因制订落实整改措施。

（3）成立义务消防队，每个班组部要有一名义务消防员为班组防火员，负责班组施工的防火。同时要根据工程建筑面积、楼层的层数和防火重要程度，配专职防火干部、专职消防员、专职动火监护员，对整个工程进行防火管理，检查督促，配置器材和巡逻监护。

（4）领导小组要加强同上级主管部门、消防监督机关和周围地区的横向联系，加强对施工队的管理、检查和督促。建立多层次的防火管理网络，使现场防火工作始终处于受控状态，增强工地的防火工作应变能力，保障施工的顺利进行。

2. 建立制度，强化管理

（1）高层建筑工程施工要建立严格的《消防管理制度》、《施工材料和化学危险品仓库管理制度》等一系列防火安全制度和各工种的安全操作责任制，狠抓措施落实，进行强化管理，是防止火灾事故发生的根本保证。

（2）与各个分包队伍签订防火安全协议书，详细进行防火安全技术措施的交底，对木工操作场所的木屑刨花要明确人员做到日做日清，油漆等易燃物品要妥善保管，不准在更衣室等场所乱堆乱放，力求减少火险隐患。

（3）施工材料中，有不少属高分子合成的易燃物品，防火管理部门应责成有关部门加强对这些原材料的管理，要做到专人、专库、专管，施工前向施工班组做好安全技术交底，并实行限额领料、余料回收制度。施工中要将这些易燃材料的施工区域划为禁火区域，安置醒目的警戒标识并加强专人巡逻监护。施工完毕，负责施工的班组要对易燃的包装材料、装饰材料进行清理，要求做到随时做，随时清，现场不留火险。

3. 严格控制火源，执行安全措施

（1）每项工程都要划分动火级别。一般高层建筑动火划为二、三级，在外墙、电梯井、洞孔等部位，垂直穿到底及登高焊割，均划为二级动火，其余所有场所均为三级动火。

（2）按照动火级别进行动火申请和审批。二级动火应由承担施工单位在4天前提出申请并附上安全技术措施方案，报项目部主管领导审批，批准动火期限一般为3天。复杂危险场所，审批人在审批前应到现场察看确无危险或措施落实才予批准，动火证要同时交焊割工、监护人。三级动火由焊割班组长在动火前3天提出申请，报防火管理人员批准，动火期限一般为7天。

（3）焊割工要持操作证、动火证进行操作，并接受监护人的监护和配合。

（4）监护人要持动火证，在配有灭火器材情况下进行监护，监护时严格履行监护人的职责。

（5）危险性大的场所焊割，工程技术人员要按照规定制订专项安全技术措施方案。焊割工必须按方案程序进行动火操作。

（6）焊割工动火操作中要严格执行焊割操作规程，执行"十不烧"规定，瓶与瓶之间保持5m以上间距，瓶与明火保持10m以上间距，瓶的出口和割具进口的四个口要用轧头轧牢。施工现场应严格禁止吸烟，并且设置固定的吸烟点。在防火管理方面，不按照规定监控而发生火灾事故，就要按事故性质和损失程度追查责任。

4. 足额配置器材，配置分布合理

（1）20层（含20层）以上的高层建筑施工，应安装临时消防竖管，管径不得小于75mm，消防干管直径不小于100mm。设置灭火专用的足够扬程的高压水泵，每个楼层应安装消火栓，配置消防水龙带，周围3m内不准存放物品。配置数量应视接面大小而定。严禁消防竖管作为施工用水管线。为保证水源，大楼底层应设蓄水池（不小于20m³）。当高层建筑层次高而水压不足时，在楼层中间应设接力泵。地下消火栓必须符合防火规范。

（2）高压水泵、消防水管只限消防专用，消防泵的专用配电线路，应引自施工现场总断路器的上端，要保证连续不间断供电。消防泵房应使用非燃材料建造，位置设置合理，便于操作，并设专人管理、使用和维修、保养，以保证水泵完好，正常运转。

（3）所有高层建筑设置消防泵、消火栓和其他消防器材的部位，要有醒目的防火标识。

（4）高层建筑工程施工，应按楼层面积，一般每100m²设2个灭火器，同时备有通信报警装置，便于及时报告险情。施工现场灭火器材的配置，要根据工程开工后工程进度和施工实际及时配好，不能只按固定模式，而应灵活机动，易燃物品、动用明火多的场所和部位相对多配一些。灭火器材配置要有针对性，如配电间不应配酸式泡沫灭火机，仪器仪表室要配干粉灭火机等。一切灭火器材性能要安全良好。

（5）通信联络工具要有效、齐全，联得上、传得准。特别是消防用水泵房等应予重点关注。凡是安装高压水泵的要有值班管理制度，未安装高压水泵的工程，也应保证水源供应。

（6）高层建筑施工期间，不得堆放易燃易爆危险物品。如确需存放，应在堆放区域配置专用灭火器材。

（7）要弄清工程四周消火栓的分布情况，不仅要在现场平面布置图上标明，而且要让施工管理人员、义务消防队员、工地门卫都知道，一旦施工中发生火险，能及时利用水源。

5. 现场布置合规，施工组织合理

（1）工程技术管理人员在制订施工组织设计时，要同时考虑防火安全技术措施，并及时征求防火管理人员的意见，尽量做到安全、合理。防火管理人员在参与审核现场平面布置图时，要到现场实地察看，对大型临时设施布置是否安全，有权提出修改施工组织设计中有关安全方面的问题。因此，工程技术与防火管理人员要互相配合，力求把施工现场中的临时设施设置和施工中防火安全要求结合起来，合理并尽可能完善。

（2）现场防火管理人员，要熟知以下工作并建立防火档案资料：工程本身施工特点及环境；水源和消火栓的位置；灭火器材种类、性能、分布；高压水泵功率、管子口径，扬程高度。

（3）工程开工后，防火管理人员的首要工作就要把制订各种防火安全制度。首先是八大工种防火安全责任制的制订，防火责任书的签订，防火安全技术交底，防火档案等。对木工车间、危险品库、油漆间、配电间等重点部位要制度上墙，防火器材等都要同步配置。其次是日常工作，一定要抓措施落实，抓检查督促，抓违章违纪行为的处理。

（4）对现场防火管理，首先要抓好重点，其次要抓好薄弱环节，把着眼点放在容易发生事故的关键部位，严格监控。如焊割工、电工、油漆工、仓库管理员特殊工种。每个单位都有一整套完整的管理制度规定，但在施工现场关键是抓落实。

五、季节性防火要求

（一）冬期施工的防火要求

1. 强化冬季防火安全教育，提高全体员工的防人意识。对全体员工进行冬季施工的防火安全教育是做好冬季施工防火安全工作的关键。只有人人重视防火工作，处处想着防火工作，在做每一件工作时都与防火工作相联系，不断提高全体员工防火意识，冬季施工防火工作就有了保证。

2. 供暖锅炉房及操作人员的防火要求

1）供暖锅炉房应符合下列要求：

①锅炉房宜建造在施工现场的下风方向，远离在建工程、易燃可燃建筑、露天可燃材料堆场、料库等。

②锅炉房应不低于二级耐火等级，锅炉房的门应向外开启，锅炉正面与墙的距离应不小于3m，锅炉与锅炉之间的距离不小于1m。

③锅炉房应有适当通风和采光，锅炉上的安全设备应有良好照明。

④锅炉烟道和烟囱与可燃物应保持一定的距离。金属烟囱距可燃结构不小于100cm；距已做防火保护层的可燃结构不小于70cm。砖砌的烟囱和烟道其内表面距可燃结构不小于50cm，其外表面不小于10cm。未采取消烟除尘措施的锅炉，其烟囱应设防火星帽。

2）司炉工的要求：

①严格值班检查制度，锅炉开火以后，司炉人员不准离开工作岗位，值班时间绝不允许睡觉或做无关的事。司炉人员下班时，须向下一班作好交接班，并记录锅炉运行情况。

②严格执行操作程序、杜绝违章操作。炉灰倒在指定地点，注意不能带余火倒灰，随时观察水温及水位，禁止使用易燃、可燃液体点火。

3. 火炉安装与使用的防火要求

冬季施工的加热采暖方法，应尽量使用暖气，如果用火炉，必须事先提出方案和防火措施，经消防保卫部门同意后方能开火。但在油漆、喷漆、油漆调料间、木工房、料库及使用高分子装修材料的装修阶段，禁止用火炉采暖。

（1）各种金属与砖砌火炉，必须完整良好，不得有裂缝，各种金属火炉与楼板支柱、斜撑、拉杆等可燃物和易燃保温材料的距离不得小于1m，已做保护层的火炉距可燃物的距离不得小于70cm。各种砖砌火炉壁厚不得小于30cm。在没有烟囱的火炉上方不得有拉杆、斜撑等可燃物，必要时须架设铁板等非燃材料隔热，其隔热板应比炉顶外围的每一边部多出15cm以上。

（2）在木地板上安装火炉，必须设置炉盘，有脚的火炉炉盘厚度不得小于12cm，无脚的火炉炉盘厚度不得小于18cm。炉盘应伸出炉门前50cm，伸出炉后左右各15cm。各种火炉应根据需要设置高出炉身的火挡。

（3）金属烟囱一节插入另一节的尺寸不得小于烟囱的半径，衔接地方要牢固。各种金属烟囱与板壁、支柱、模板等可燃物的距离不得小于30cm。距已作保护层的可燃物不得小于15cm。各种小型加热火炉的金属烟囱穿过板壁、窗户、挡风墙、暖棚等必须设铁板，从烟囱周边到铁板的尺寸，不得小于5cm。

（4）各种火炉的炉身、烟囱和烟囱出口等部分与电源线和电气设备应保持50cm以上的距离。

（5）火炉由受过安全消防常识教育的人看守。移动各种加热火炉时，先将火熄灭后方准移动。掏出的炉灰必须随时用水浇灭后倒在指定地点。不准在火炉上熬炼油料、烘烤易燃物品。工程的每层都应配备灭火器材。

4. 易燃、可燃材料的防火要求

冬期施工中，国家级重点工程、地区级重点工程、高层建筑工程及起火后不易扑救的工程，禁止使用可燃材料作为保温材料，应采用不燃或难燃材料进行保温。一般工程可采用可燃材料进行保温，但必须严格进行管理。

（1）使用可燃材料进行保温的工程，必须设专人进行监护、巡逻检查。人员的数量应根据使用可燃材料的数量、保温的面积而定。

（2）合理安排施工工序及网络图，一般是将用火作业安排在前，保温材料安排在后。

（3）保温材料定位后，禁止一切用火、用电作业，特别是下层进行保温作业，上层进行用火、用电作业。

（4）照明线路、照明灯具应远离可燃的保温材料。

（5）保温材料使用完以后，要随时进行清理，集中进行存放保管。

（6）消防器材的保温防冻工作

1）（北方）冬期施工工地，应尽量安装地下消火栓，在入冬前应进行一次试水，加少量润滑油，消火栓用草帘、锯木等覆盖，做好保温工作，以防冻结。

及时扫除消火栓上的积雪，以免雪化后将消火栓井盖冻住。

2）高层临时消防竖管应进行保温或将水放空。消防水泵内应考虑采暖措施，以免冻结。

3）入冬前，做好消防水池的保温防冻工作。随时进行检查，发现冻结时应进行破冻处理。一般方法是在水池上盖上木板，木板上再盖上不小于 40～50cm 厚的稻草、锯末等。

4）入冬前应将泡沫灭火器、清水灭火器等轻便消防器材放入有采暖的地方，并套上保温套。

（二）雨期和夏季施工的防火要求

1. 雨期施工中电气设备的防火要求

（1）雨期施工到来之前，应对每个配电箱、用电设备进行一次检查，并采取相应的防雨措施，防止因短路造成起火事故。

（2）在雨期要随时检查有树木地方电线的情况，及时改变线路的方向或砍掉离电线过近的树枝。

2. 防雷设施的要求

（1）油库、易燃易爆物品库房、塔式起重机、卷扬机架、脚手架、在施的高层建筑工程等部位及设施都应安装避雷设施。

（2）防止雷击的方法是安装避雷装置，其基本原理是将雷电引入大地而消失以达到防雷的目的。所安装的避雷装置必须能保护住受保护的部位或设施。避雷装置三个组成部分必须符合规定，接地电阻不应大于规定的欧姆数值。

（3）每年雨期之前，应对避雷装置进行一次全面检查，并用仪器进行摇测，发现问题及时解决，使避雷装置处于良好状态。

3. 雨期施工中对易燃、易爆物品的防火要求

（1）电石、乙炔气瓶、氧气瓶、易燃液体等应在库内或棚内存放，禁止露天存放，防止因受雷雨、日晒发生起火事故。

（2）生石灰、石灰粉的堆放应远离可燃材料，防止因受潮或雨淋产生高热，引起周围可燃材料起火。

第六章　建筑施工分部分项工程安全技术

第一节　基础工程安全施工技术

基础工程是工程项目的重要组成部分。随着我国城市建设的规模越来越大，为了解决城市建设用地和人口密集的矛盾，同时为满足规划和建筑物本身的功能和结构要求，在高层和超高层建筑物日益增加的同时，开发地下空间（如地下室、停车库、地下商业及娱乐设施等）已成为一种趋势。高层或超高层建筑的基础设计越来越深，基础施工的难度也越来越大，与此同时，深基础施工技术也得到不断发展。

在高层建筑施工中，基础工程已成为影响建筑施工总工期和总造价的重要因素。在软土地区，高层建筑基础工程的造价往往要占到工程总造价的 25～40%，工期要占 1/3 左右。在深基础施工时，如果结构设计与施工、土方开挖及降低地下水位等处理不当，或者未采取适当的措施，很容易造成对周围建（构）筑物、道路、地下管线以及已完工的工程桩的有害影响，严重的其后果不堪设想。尤其是在软土地区，高层建筑施工的难点相当部分已转向基础工程施工。近年来，设计和施工中已将很大的注意力集中在解决深基础的施工技术上，从而促进了深基础施工技术的迅速发展。

随着基础工程施工难度的增大，基础工程施工的安全技术也不断发展，其内容涉及打桩、基坑支护、降低地下水位、土方开挖、爆破拆除支护结构等。历年来，由于对基础工程施工安全技术的认识不足，引发了多起伤亡事故，并对周围道路、建筑和地下管线形成破坏，造成不必要的经济损失，并影响了工期。因此，有必要了解基础工程安全施工技术的基本知识。

一、桩基工程的施工安全技术

软弱地基或高层建筑设计中，多采用桩基，它既能克服地基承载能力的不足，又可减小建（构）筑物的沉降量。

桩按施工方法可分为预制桩和灌注桩。预制桩按材料不同可分为钢筋混凝土桩、钢桩、木桩；按形状有方桩、圆桩、管桩；按施工方法又可分为锤击桩、静力压桩、钻孔沉桩、振动沉桩、水冲沉桩等。灌注桩按材料的不同有砂桩、碎石桩、CFG 桩和钢筋混凝土灌注桩等；按成孔方法可分为泥浆护壁成孔灌注桩、干作业成孔灌注桩、套管成孔灌注桩和爆扩成孔灌注桩等。

下面介绍几种常用的桩基施工安全技术。

（一）锤击沉桩施工安全

1. 锤击沉桩的安全技术措施

（1）开工前必须摸清基地附近的建（构）筑物和地下各种管线的情况，并绘制相应的平、剖面图。

（2）与各种管线的主管单位取得联系，核对管线情况，并成立监护领导小组，确定监测方案和防护方案，加强施工全过程的监测。

（3）设置排水系统，使孔隙水顺利排出地面，减少对打桩的影响。

打桩时挤土也挤水，如果打桩时孔隙水能自由涌向地面排出，土体挤动就小，所以设置排水系统，使孔隙水顺利排出地面，是减少打桩影响的一种有效措施。排水一般有两种做法：一是在打桩之前向基地内打入塑料排水板；另一种是向基坑内打入袋装砂井。这些塑料排水板或袋装砂井上都要有相通的排水沟，并保证通过这些排水沟将排放出地面的孔隙水排到基地外。

（4）设置防振沟以减轻对周围环境的破坏，即在被保护目标与打桩工作面之间，挖一定深度和宽度的沟，沟的做法按保护程度不同而不同。

打桩对环境的破坏作用除了挤压还有振动，设置防振沟是一种有效办法。具体做法有：打二排钢板桩，桩间土体挖空一定深度；或打一排钢板桩，挖沟填砂；不打钢板桩，只挖沟填砂；只挖沟，不填砂等。防振沟还可减少局部土体的挤动。

（5）控制打桩速度，即打入一根桩后，待孔隙水压消失一点再打入一根桩，可减少孔隙水压的提高，使土体的挤动减少。

（6）沉桩后基地中形成的孔洞，必须加以封盖。

2. 塔式桩机施工安全

（1）基本要求

1）进入施工现场必须戴好安全帽，扣好帽带。

2）2m 以上高空作业时，必须戴好安全带，不得随意向下抛物。

3）电机和机械设备的操作人员，须持证上岗。

4）各种电动机械设备必须有安全接地和防护装置，方可开动使用。

5）桩机、吊机所行驶的道路应平整，倾斜度应小于 1％，并要求地面承载力大于 150kN/m，否则，须经铺石碾压加固处理。

6）桩架等施工机械与现场输电线路之间的距离，应满足施工现场临时用电的规范要求。

（2）桩机安装及拆卸要求

1）桩机的安装及拆卸时，应有专人负责，统一指挥，角钢等部件均应编号。

2）角钢和其他部件堆放时要用楞木垫起，抬运时要同时起放。

3）吊卸部件时，围绳不能太紧或太松，防止同拔杆或龙门底座相撞。

4）安装桩架接点螺栓时，用"尖头板"对准螺栓孔，不能用手指探摸。操作时，应将"尖头板"插进中间孔内，先安装上、下两只螺栓，然后取出"尖头板"，再装中间的螺栓。

5）安装作业时，高处操作应有一人负责高处作业指挥，地面指挥同高处作业密切联系，并听从高处指挥的信号，司机应听从地面的信号。

6）桩架底盘及第一节塔架安装完，应将司机操作座位上的第一节塔架脚手棚板盖好，防止高处作业时有物件坠落砸伤司机。

7）桩架安装完毕，应把所有螺栓拧紧，棚板钉牢。

8）工具式材料等不准放在高空架子式脚手板上，随身携带的工具必须放工具袋中。

（3）桩机施工作业时的要求

1）吊桩作业时，龙门前（即下风）严禁站人。

2）在吊桩、套"送桩"、跑架子时，桩锤要保险好。

3）严禁升桩锤与拔"送桩"及跑架子同时进行。

4）桩锤吊在桩架上端时，严禁用桩架的钢丝绳去拉、提、吊远离"龙门"的桩。

5）34m以上桩架要常备2根三股钢丝绳，每逢节假日及台风季节，应妥善拉扣好。

6）桩架安装完毕，桩锤进档后，应先试跳，以检查锤的各部件工作是否正常。

7）插桩时，应注意桩头的下沉情况，1号与2号钢丝绳要同时松，防止桩帽与桩脱离。

8）桩帽大小应同桩截面尺寸配套，不许以大规格桩帽镶以铁板改为小规格桩帽，以防锤击沉桩作业时，焊缝开裂，导致铁板突然坠落伤人。

9）吊桩过程中，发现某节距内有10丝以上已拉断时，应及时调换，不得继续使用。"卸铲"须保持结构完整方可继续使用。

10）施工时要注意清除粘贴在桩身上的砂浆块或混凝土块，并清除桩帽和送桩杆内嵌夹的混凝土块，以防沉桩时坠落伤人。

11）使用撬棒工具校正桩身时，必须统一指挥，步调一致，防止撬棒等回弹伤人。

12）在桩锤上升和下降时，操作人员手脚严禁放在"龙门"档内，防止轧伤。

13）高处作业人员严禁搭乘桩锤上下。

14）高处作业人员应穿软底鞋登高操作，并在登高前将鞋底淤泥铲刮干净。

15）当使用蒸汽桩锤时，蒸汽管道应用草绳包扎好，防止烫伤。

16）当多机施工或一台运桩设备供应两台桩机用桩时，指挥联络信号必须清楚且统一，并力求联络视线不受阻碍，避免失误造成施工混乱。

17）冬期施工时，应注意将高处脚手架、扶梯、角铁上的霜、雪、冰清除，方可作业。

18）6级以上大风时，必须停止打桩作业，并将桩锤下降到最低位置。

19）夜间施工时，要配备足够的照明。

20）步履式行走装置的塔式桩机，应用专门接地线，该线路终端的入土深度不小于1.5m，并有专人负责移位和检查。

（4）运桩作业时的要求

1）运桩道路应平直、少弯曲，坡度应在1%以内。

2）吊机起吊受荷时，避免吊臂升降。

3）用吊车吊桩时，吊臂的旋转范围内应无人也无障碍；起吊时应平稳进行，放置桩身时，应低速轻放。

4）用铁轨小平车运桩时，不得搭车乘人，跟车人员应远离小车2m之外，以防桩身翻落伤人。小车到位后，应用木楔将车轮嵌住，以防小车滑移。

3. 履带式桩机施工安全

（1）基本要求

同塔式桩机施工作业要求。

（2）桩机安装及拆卸的要求

1）安装连接各杆件应在支架上进行；竖立导杆时，须将履带锁住；当导杆搬起75°时，必须拴紧留缆，待导杆竖直并装好撑杆后，留缆方可拆除。

2）桩机留缆的锚碇重量应不小于5t。

（3）桩机施工作业时的要求

1）施工作业时，必须铺垫厚钢板，钢板铺设的间距应不大于30m。沉桩作业位置移动时，由桩机自身动力将钢板吊移铺设，操作人员同驾驶员应密切配合，严防手脚被压。

2）沉桩作业时，导杆必须垂直，严防导杆前倾而失稳。

3）桩机吊桩的距离不可大于2m，否则应将桩移到导杆前再起吊，吊点位置应遵照规定设置，并严禁操作人员进入桩身里档。

4）应经常对桩锤的紧固件、锤体、桩帽、千斤、提升装置（起落架）进行检查与保养。

5）吊出"送桩"时，严防偏心受力。

（4）运桩作业时的要求

同塔式桩机施工中的运桩作业要求。

（二）静力压桩施工安全

1. 基本要求

同塔式桩机施工中的基本要求。

2. 桩机安装及拆卸的要求

（1）桩机安装及拆卸时，均应有专人负责，统一指挥，并按顺序进行。

（2）安装或拆卸桩架各部件时，应拉围绳，并注意下风不能站人。

（3）桩架杆架拼装时，用"尖头板"来对螺栓孔，不能用手指探摸，避免轧伤，安装螺栓时，宜先装对角部位。

3. 压桩施工作业时的要求

（1）吊桩时应有留缆配合，避免碰撞。

（2）吊桩中如发现钢丝绳三股中有10丝以上拉断，应及时调换。

（3）高空作业人员严禁搭乘压梁上下，须穿软底鞋登高操作，鞋底淤泥应清除干净。

（4）桩帽大小应同混凝土预制桩截面尺寸配套，不得以大规格桩帽镶嵌入钢板改成小规格桩帽，防止焊缝开裂导致钢板坠落伤人。

（5）绕毽头或围绳的操作人员须戴帆布手套，严禁用纱手套，并且手应离开毽头或围绳桩60cm以上，防止轧伤。

（6）钢丝绳如有绞绕，必须将钢丝绳放直后，才可进行工作。

（7）绕毽头或围绳时，如发现克索，应立即通知停车，解开克索后才能继续作业，严禁停车前用手直接去拉钢丝绳。

（8）冬期施工时，应先将高处脚手架上的霜、雪、冰清除干净，然后才能进行施工。

（9）6级以上大风天气时，应停止压桩施工。

（10）夜间施工应配备足够的照明设备。

（三）灌注桩施工安全

1. 一般安全要求

（1）现场场地应平整、坚实，松软地段应铺垫碾压。

（2）进入施工现场应戴好安全帽，登高作业时应系好安全带。

（3）成孔机电设备应有专人负责管理，凡上岗者均应持操作合格证。

（4）电器设备要设漏电开关，并保证接地有效可靠，机械传动部位防护罩应齐全完好。

（5）登高检修与保养的操作人员，必须穿软底鞋，并将鞋底淤泥清除干净。

2. 灌注桩施工安全

（1）电器设备应设置漏电开关，并保证接地有效可靠。

（2）登高检修与保养的操作人员，必须穿软底鞋，并将鞋底淤泥清除干净。

（3）冲击成孔作业的落锤区应严加管理，任何人不准进入。

（4）主钢丝绳应经常检查，三股中发现断丝数大于10丝时，应立即更换。

（5）使用伸缩钻杆作业时，应经常检查限位结构，严防脱落伤人或落入孔洞中；检查时避免用手指伸入探摸，严防轧伤。

（6）钻杆与钻头的连接应经常检查，防止松动脱落伤人。

（7）采用泥浆护壁时，应使泥浆循环系统保持正常状态，及时清扫场地上的浆液，做好现场防滑工作。

（8）使用取土筒钻孔作业时，应注意卸土作业方向，操作人员应站在上风，防止卸土时底盖伤人。

（9）钻孔后，应在孔口加盖板封挡，以免人或工具掉入孔中。

（10）吊置钢笼时，要合理选择捆绑吊点，并应拉好尾绳，保证平稳起吊，准确入孔，严防伤人。

二、基坑支护的安全技术

基础开挖是基础工程或地下工程施工中的一个关键环节。近年来，由于高层建筑和超高层建筑的大量涌现，深基坑工程也随之增多、增深。尤其在软土地区的旧城改造中，为了节约占地，在工程建设中，业主总是要求充分利用基础面积，使得地下建筑物往往要占基地面积的90%左右，基坑边常常紧靠邻近建筑，而周围环境要求深基础施工对其影响要减小到最低程度。因此，深基础施工的难度越来越大，其中支护结构设计与施工更为突出。经过多年来的实践，在不断解决这些难题的过程中，支护结构的设计与施工技术也得到不断发展。

（一）基础工程施工中的教训

随着国民经济的不断发展，城市建设中的高层建筑像雨后春笋般不断涌现，但是由于人们对深基础施工技术尚未引起足够重视而引发的重大事故也屡见不鲜。基础工程施工中发生事故，不但影响工期，而且也增加了工程的造价，还有的对周围环境造成了很大影响，损失较大。如有的工程桩被挤压严重位移，处理这些工程桩花费了巨大的财力和物力，并延误了工期；有的使周围建筑物沉降开裂，影响居民正常生活；有的使周围道路塌陷，地下管线裂断，影响正常的供水、供电、供气，造成严重的经济损失和社会危害；有的造成大面积基坑坍塌，多人伤亡。这些事故有以下几种类型：

1. 重力式挡墙结构失稳。

2. 围护体整体失稳。

3. 挡土结构强度不足，产生严重裂缝，工程出现险情。

4. 挡土结构严重位移，造成坑外地表严重下陷，影响周围建筑物、道路及管线安全。

5. 因设计不合理，施工时卸载太快而没有及时支撑，造成围护结构整体失稳。

6. 由于隔水帷幕选用不当，或围护结构施工质量不能得到保证，造成围护体系漏水，出现严重流砂现象，使周围建筑物、道路产生裂缝，管线裂断。

（二）支护结构破坏的主要形式

1. 整体失稳　由于作为支护结构的挡土结构插入深度不够，或支撑位置不当，或支撑与围檩系统的结合不牢等原因，造成挡土结构位移过大的前倾或后仰，甚至挡土结构倒塌，导致坑外土体大滑坡，支护结构系统整体失稳破坏。

2. 基坑隆起　在软弱的黏性土层中开挖基坑，当基坑内的土体不断开挖，挡土结构内外土面的高差等于结构外在基坑开挖水平面上作用下附加荷载。挖深增大，荷载亦增加。当挡土结构入土深度不足，则会使基坑内土体大量隆起，基坑外土体过量沉陷，支撑系统应力陡增，导致支护结构整体失稳破坏。

3. 管涌及流砂　含水砂质粉土层或粉质砂土层中的基坑支护结构，在基坑开挖过程中，挡土墙内外形成水头差。当动水压力的渗流速度超过临界流速或水力坡度超过临界坡度时，就会引起管涌及流砂现象。基坑底部和墙体外面大量的泥砂随地下水涌入基坑，导致坑外地面坍陷，严重时使墙体产生过大位移，引起整个支护体系崩塌。

4. 支撑折断或压屈　支撑设计时，由于计算受力不准确，或套用的规范不对，考虑的安全系数有误，或者施工时质量低劣，未能满足设计要求，一旦基坑土方开挖，在较大的侧向土压力作用下，发生支撑折断破坏，或严重压屈，引起墙体变形过大或破坏，导致整个支护结构破坏。

5. 墙体破坏　墙体强度不够，或连接构造不合理，在土压力、水压力作用下，产生的最大弯矩超过墙体抗弯强度，引起强度破坏。

（三）基坑支护结构设计的要求

结构设计属深基础施工技术措施范畴，它不是建（构）筑物设计。其目的是为深基础施工设计一个安全、良好的作业环境，它是施工项目施工组织设计中的重要内容之一。一个好的合理的支护结构设计，应该是在调查基地周围环境，研究采用的施工工艺及辅助措施后，应用土力学及其他结构计算理论与方法进行综合设计的结果。

1. 支持结构的作用

（1）为深基础施工创造一个安全的、良好的作业环境，保证基础工程能按期保质施工。

（2）保证基坑开挖时，最大限度地减少对周围建（构）筑物、道路及管线的影响，确保其安全。

（3）同时还应控制支护结构的变形区域位移对本工程桩的影响。

2. 基坑支护结构设计应具备的资料

（1）岩土工程勘察报告。

（2）邻近建筑物和地下设施的类型、分布情况和结构质量的检测资料。

（3）用地退界线及红线范围图、场地周围地下管线图、建筑总平面图、地下结构平面及剖面图。

3. 基坑支护结构设计的基本原则

(1) 安全可靠　支护结构设计必须在强度、变形、整体稳定和其他需要验算的项目方面符合有关规范的要求，确保基坑自身安全及周围建（构）筑物、道路和管线的安全。

(2) 方便施工　支护结构设计的目的是为基础工程施工作业创造良好的作业环境，因此应在满足安全的前提下，尽量方便施工。

(3) 经济合理　当前深基础工程支护结构及其辅助措施费占工程总造价的比例较大，但是毕竟是临时性的技术措施，因此只要能够满足施工阶段的安全，就没有必要设计得过分的可靠，应尽量考虑性价比。

4. 基坑支护结构设计的主要内容

(1) 支护结构的方案比较和选型。

(2) 支护结构的强度计算。

(3) 支护结构的变形计算。

(4) 支护结构的整体稳定性验算。

(5) 围护墙的抗渗验算。

(6) 基坑抗隆起验算。

(7) 提出降水要求，进行降水方案设计。

(8) 确定挖土工况，进行土方施工方案设计。

(9) 提出监测要求，进行监测方案设计。

基坑工程支护结构的计算可按《建筑基坑支护技术规程》(JGJ 120—2012)有关章节进行。

(四) 基坑工程支护体系的几种形式

1. H 型钢（工字钢）桩加横挡板

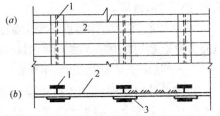

图 6-1　H 型钢桩加横插板式挡土墙
(a) 立面；(b) 平面
1—H 型钢桩；2—横挡板；3—楔子

也称桩板式支护结构，适用于土质较好，不需要抗渗止水或地下水位低的基坑。当在含水地层中使用时，应采用人工降低地下水位或配合集水井排水使水位低于其坑底标高，保证施工作业面的干燥环境。其构造形式如图 6-1 所示。

锤击 H 型（工字钢）钢桩达到设计深度；开挖土方时，边挖边在 H 型（工字）钢间加挡土板，直至基坑设计深度；结构施工完毕，自下而上按回填土顺序逐层拆除挡土板，随拆随填；填土完毕，用振动拔桩机拔出型钢桩。

当 H 型（工字钢）钢桩为悬壁式时，位移较大，一般均设置支撑或拉锚，当用于较深的基坑时，支撑或拉锚工作量会较大，否则变形较大。为了取得更好的支护效果，可将坑外拉锚和坑内支撑结合起来使用。另外，打桩和拔桩噪声较大，在市区施工受到限制。

2. 挡土灌注桩支护

(1) 间隔式（疏排）混凝土灌注桩加钢丝网水泥砂浆抹面护壁

适用于各种黏土、砂土、地下水位低的地质情况。当地下水位高于基坑底标高时，应采取降水措施以防止地下水冲压钢丝网水泥。其构造形式如图 6-2 所示。

钢筋混凝土灌注桩，按一定间隔疏排，每桩间隔净距不大于 1m。每根桩按承担 S 范围内的土压力计算插入深度及弯矩等，一般桩间净距以 0.6~0.8m 为宜。桩顶必须做压顶圈梁，将灌注桩彼此连成一个整体，最终连同钢丝网片共同发挥护壁作用。圈梁做完后方能挖土。在土方开挖面做钢丝网水泥砂浆抹面护壁，防止边坡土体剥落。

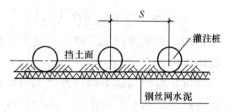

图 6-2　间隔式灌注桩示意图

灌注桩施工较为简便，无振动、无噪声、无挤土、不扰民，刚度大，抗弯能力强，变形较小。但水泥用量大，水下浇筑混凝土时，质量不易保证。基坑深度超过 10m，应在支护结构上采取其他措施。

（2）密排式混凝土灌注桩（或预制桩）

适用于黏土、砂土、软土、淤泥质土等土质。密排桩可以采用灌注桩或预制桩。先间隔成孔，随后浇筑混凝土成桩，然后再间隔成孔浇筑混凝土后成为密排式混凝土灌注桩，可以成一字形排列，如图 6-3（a）所示，也可以交错排列如图 6-3（b）所示。桩间筑水泥砂、水泥土桩，如图 6-3（c）所示。桩顶做连接圈梁。

密排桩较疏排桩受力性能好，若无防水抗渗措施，则不能止水。密排桩比地下连续墙施工简便，但整体性不如地下连续墙。如做好防渗措施（加水泥压力注浆等），其防水、挡土功能与地下连续墙相似。

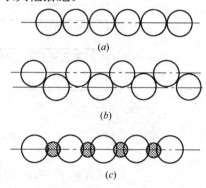

图 6-3　密排桩
（a）一字排；（b）交错排；
（c）筑水泥砂、水泥土桩

（3）双排灌注桩

有的工程为不用支撑简化施工，采用间隔一定距离的双排钻孔灌注桩与桩顶横（冒）梁组成空间结构围护墙，适用于黏土、砂土土质，地下水位较低的地区。

采用中等直径（如 $\phi 400~600mm$）的灌注桩，做成双排梅花式或前后排式的桩，如图 6-4 所示。桩顶用横（冒）梁连接，该梁宽大，与嵌固的灌注桩形成门式刚架。挖土一般只将前桩露出，而桩间土不动，使前后排桩同时受力。

双排灌注桩刚度大，位移小，施工简便，便于节约材料，缩短施工工期。单排悬臂桩不能满足变形要求时，可以采用双排悬臂桩支护。

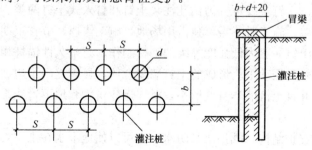

图 6-4　双排桩挡土示意图

3. 桩墙合一地下室逆作法

适用于土质为黏土、砂土，地下水位低且以桩做基础的深基坑。特别适合场地狭小的工程施工。

基坑护坡桩与地下结构外围承重结构合二为一，即为桩墙合一。结构四周边桩，既受垂直荷载也受水平荷载作用。作为护坡桩要有足够埋深，作为承重桩要达持力层。地下结构外墙的构筑应与挡土支护桩、承重桩连成整体，还须防水抗渗。以地下室各层楼板做挡土桩水平支撑，即可用地下室逆作法。地下室逆作法，从上往下施工，每层楼板施工完毕，向下挖土、运土。如图 6-5 所示。

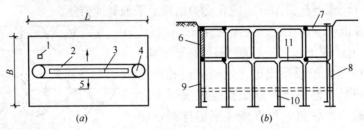

图 6-5　逆作法施工示意图

(a) 平面；(b) 剖面

1—提升设备；2—通道；3—输送带；4—施工竖井；5—开挖方向；6—降水井；
7—施工缝；8—护坡墙；9—护坡桩；10—承重柱桩；11—梁板

4. 土钉墙支护结构

土钉墙适用于地下水位低或经过降水措施使地下水位低于开挖层的具有一定黏结性的黏土、粉土、黄土类土及含有 30% 以上黏土颗粒的砂土边坡。土钉墙目前一般用于深度或高度在 15m 以下的基坑，常用深度或高度为 6～12m。

土钉加固技术是在土体内放置一定长度和分布密度的土钉体，主动支护土体，并与土共同作用，不仅提高了土体整体刚度，而且弥补了土体抗拉强度和抗剪强度低的弱点。喷射混凝土在高压空气作用下，高速喷向钢筋网面，在喷层与土层间产生嵌固效应，钢筋网能调整喷层与土钉内应力分布，增大支护体系的柔性与整体性。通过相互作用，土体自身结构强度的潜力得到充分发挥，从而改善了边坡变形和破坏性状，显著提高了整体稳定性。

土钉墙支护工艺，可以先喷后锚，如图 6-6（a）所示；土质较好时可以先锚后喷，如图 6-6（b）所示。土钉主要可分为钻孔注浆土钉和打入式土钉两类。

施工设备较简单。施工时不需单独占用场地，施工快速，节省工期。与其他支护桩形式相比费用较低。土钉一般为低强度等级的钢材制作，与永久性锚杆相比，大大减少了防腐的麻烦。施工噪声和振动小。形成的土钉墙复合体，显著提高了边坡整体稳定性和承受坡顶超载的能力。并且土钉墙本身变形小，对邻近建筑物和地下管线影响不大。

5. 钢板桩支护

板桩作为一种支护结构，既挡土又防水。它可以使地下水在土中渗流的路线延长，降低水力坡度，阻止地下水渗入基坑内。板桩有木板桩、钢筋混凝土板桩、钢筋混凝土护坡桩、钢板桩和钢木混合桩式支护结构等数种。钢板桩除用钢量多之外，其他性能比别的板

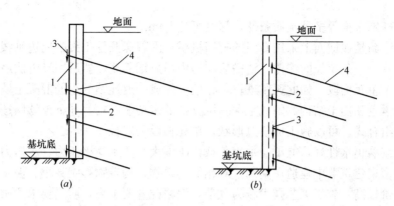

图 6-6　土钉支护

（a）先喷后锚支护工艺；（b）先锚后喷支护工艺

1—喷射混凝土；2—钢筋网；3—土钉锚头；4—土钉

桩都优越，在临时工程中可多次重复使用，钢筋混凝土板桩一般不重复使用。

钢板桩是一种较传统的基坑支护方式。适用于软土、淤泥质土及地下水多地区，易于施工。钢板桩的型式有 U 型、Z 型及直腹型等，常用的是 U 型咬口式（拉森式）结构。锤击打入带锁口的钢板桩，使之在基坑四周闭合，并保证水平、垂直和抗渗质量。钢板桩做成悬臂式、坑内支撑、上部拉锚等支护方式，在土方开挖和基础施工时抵抗板桩背后的水、土压力，达到基坑坑壁稳定。但钢板桩间啮合不好（必须保证啮合）就易渗水、涌砂。

6. 重力式挡墙结构

用各种方法（水泥土搅拌桩、高压喷射注浆桩、化学注浆桩等）加固基坑周边土形成一定厚度和深度的重力式墙，达到挡土的目的。目前最常用的是水泥土搅拌桩以格构形式组织的挡墙，如图 6-7 所示。深层搅拌水泥土墙常用于软土地区加固地基，其加固深度一般为基坑开挖深度的 1.8～2.0 倍。适用于 4～8m 深的基坑、基槽。既可靠自重和刚度进行挡土，又具有良好的抗渗透性能，起挡土防渗双重作用。施工方便，无振动无噪声。

高压喷射水泥注浆桩（化学注浆桩）适用于砂类土、黏性土、黄土和淤泥土，效果较好。密排桩可以紧密排列，也可中间离开 50～100mm，其间筑高压喷射水泥桩，如图 6-8 所示。高压喷射桩的直径应以与密排桩的圆相切设计。高压喷射桩的目的是起止水作用，以不让水渗入基坑内为原则。

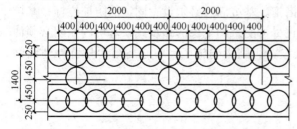

图 6-7　深层搅拌水泥土墙平面示意图

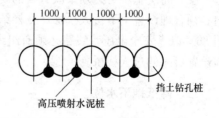

图 6-8　密排桩与高压喷射水泥桩示意图

7. 地下连续墙支护结构

地下连续墙做围护墙，内设支撑体系所形成的支护结构是常见的一种支护形式。适用于黏性土、砂砾石土等多种土质条件，深度可达50m。

地下连续墙是在地面上采用专门的挖槽机械，沿着深开挖工程的周边轴线，在泥浆护壁条件下，开挖一条狭长的深槽，清槽后在槽内吊放钢筋笼，然后用导管法浇筑水下混凝土，筑成一个单元槽段，如此逐段进行，在地下筑成一道连续的钢筋混凝土墙壁，作为截水、防渗、承重和挡土结构。因此是深基坑支护的多功能结构。地下连续墙按成槽方式分为壁板式和组合式。可以施工成任意形状。单元槽段一般长4～8m。

地下连续墙止水性好，能承受垂直荷载，刚度大，能承受土压力、水压力引起的水平荷载。用于密集建筑群中建造深基础，对相邻建筑物、构筑物影响甚小。但是使用机械设备较多，造价较高。施工工艺技术较为复杂，泥浆配置要求高，质量要求严格，施工需具备一定的技术水平。

8. 结构中心筑岛法基坑支护

开挖较大、较深的基坑，板桩刚度不够，又不允许设置过多支撑时，可等支护结构完成后，在护坡桩内侧放坡开挖中央部分土方至坑底，先浇筑好中央部分基础，再从这个基础向支护结构上方支斜撑，如图6-9所示。然后把放坡的土方逐层挖除运出，直至设计深度。最后浇筑靠近支护结构部分的建筑物基础和地下结构，逐步取代斜撑，这种施工方法通常称为中心筑岛开挖法。可以与水平支撑方法合用，使用灵活方便。

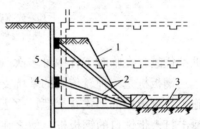

图6-9　中心筑岛法基坑支护
1—坡面；2—斜撑；3—基础；
4—托座；5—挡土墙

充分利用预留坡面土的作用，节省支撑材料，施工简便。有地下构筑物时最适宜，否则可用工程基础，如桩底板垫层等，但须分段施工。

中心岛结构是主体地下结构中的一部分。先行施工完毕的这部分结构必须能临时独立存在，又不影响它在原主体地下结构设计中的受力状态，并必须保证反压土边坡有足够的范围。

留设的施工缝必须符合规范要求和设计要求，并且要采取必要的保证质量措施，确保以后地下主体结构的整体性。对有防水要求的部位，其施工缝处必须采取可靠的止水措施。

中心岛部分的土方开挖必须待围护墙的强度达到设计要求后才能进行。

中心岛法施工时必须采取必要的安全措施。基坑周边必须设置固定的防护栏杆；基坑内必须合理设置上下行人扶梯，扶梯结构宜尽可能采用平稳的踏步式；基坑内照明必须使用36V以下安全电压，线路必须有组织架设，否则影响施工；中心岛结构与坑外地面间须设置可靠的过人栈桥。

三、降低地下水位

在地下水位较高的地区进行基础施工，降低地下水位是一项非常重要的技术措施。当基坑无支护结构防护时，通过降低地下水位，以保证基坑边坡稳定，防止地下水涌入坑内，阻止流砂现象发生。但此时的降水会将坑内外的局部水位同时降低，对基坑外周围建（构）筑物、道路及管线会造成不利影响，设计时应充分考虑。

当基坑有支护结构围护时，一般仅在基坑内降低地下水位。有支护结构围护的基坑，由于围护体的隔水效果较好，且隔水帷幕伸入透水性差的土层一定深度，在这种情况下的降水类似盆中抽水。实践表明，封闭式的基坑内降水到一定的时间后，在降水深度范围内的土体中，几乎无水可抽。此时降水的目的也已达到，既疏干了坑内的土体，改善了土方施工条件，又固结了基坑底的土体，有利于提高支护结构的安全度。根据施工及测试结果表明，降水效果好的基坑，其土的黏聚力和内摩擦角值可提高25%～30%左右。

（一）基坑降水的一般原则

1. 黏性土地基中，基坑开挖深度小于3m时，可采用集水井降水法（明排水法），开挖深度超过3m时，宜采用井点降水。

2. 砂性土地基中，基坑开挖深度超过2.5m，宜采用井点降水。

3. 降水深度超过6m时，宜采用多层轻型井点或喷射井点降水，也可采用深井井点降水，或在深井井点中加设真空泵的综合降水方法。

4. 放坡开挖或无隔水帷幕围护的基坑，降水井点宜设置在基坑外，有隔水帷幕围护的基坑，降水井点宜设置在基坑内。降水深度应不大于隔水帷幕的设置深度。

5. 基坑内降水，其降水深度应在基坑底以下0.5～1.0m之间，且宜设置在透水性较好的土层中。

6. 井点降水应确保砂滤层施工质量，以保证抽水效果，且做到出水常清。

（二）主要降水方法

1. 集水井（坑）降水

在基坑或沟槽开挖时，在坑底设置集水井（坑），并沿坑底四周或中央开挖排水沟，使水经排水沟流入集水井（坑）内，然后用水泵抽出坑外。抽出的水应予引开，以防倒流。它适用于基坑开挖深度不大的粗粒土层及渗水量小的黏性土层的施工。

2. 井点降水

井点降水就是在基坑开挖前，预先在基坑四周埋设一定数量的滤水管（井），利用抽水设备，在基坑开挖前和开挖过程中不断地抽出地下水，使地下水位降低到坑底以下，直至基础工程施工完毕为止。

井点降水的方法有：轻型井点、喷射井点、电渗井点、管井井点及深井井点等。施工时应根据含水层土的类别及其渗透系数、要求降水深度、工程特点、施工设备条件和施工期限等因素进行技术经济比较，选择适当的井点装置。

（1）轻型井点降水

轻型井点降低地下水位，是沿基坑周围以一定间距埋入井点管（下端为滤管）至蓄水层内，井点管上端通过弯连管与地面上水平铺设的集水总管相连接，利用真空原理，通过抽水设备将地下水从井点管内不断抽出，使原有地下水位降至坑底以下。轻型井点降水深度一般可达7m。轻型井点目前应用最广泛。

（2）喷射井点降水

喷射井点设备主要由喷射井管、高压水泵（或空气压缩机）和管路系统组成。其降水深度一般为8～20m。喷射井点用作深层降水，应用在粉土、极细砂和粉砂中较为适用。

（3）电渗井点降水

电渗井点一般与轻型井点或喷射井点结合使用，是利用轻型井点或喷射井点管本身作为阴极，一金属棒（钢筋、钢管、铝棒等）作为阳极。通入直流电（采用直流发电机或直流电焊机）后，带有负电荷的土粒即向阳极移动（即电泳作用），而带有正电荷的水则向阴极方向集中，产生电渗现象。在电渗与井点管内的真空双重用下，强制黏土中的水由井点管快速排出，井点管连续抽水，从而地下水位渐渐降低。其降水深度要据选用的井点确定。

对于渗透系数较小（小于0.1m/d）的饱和黏土，特别是淤泥和淤泥质黏土，单纯利用井点系统的真空产生的抽吸作用可能较难将水从土体中抽出排走，利用黏土的电渗现象和电泳作用特性，一方面加速土体固结，增加土体强度，另一方面也可以达到较好的降水效果。

（4）管井井点降水

管井井点就是沿基坑每隔一定距离设置一个管井，或在坑内降水时每一定距离设置一个管井，每个管井单独用一台水泵不断抽取管井内的水来降低地下水位。管井井点具有排水量大、排水效果好、设备简单、易于维护等特点，降水深度3~5m，可代替多层轻型井点作用。

（5）深井井点降水

深井井点降水是在深基坑的周围埋置深于基底的井管，通过设置在井管内的潜水电泵将地下水抽出，使地下水位低于坑底。适用于抽水量大、较深的砂类土层，降水深可达50m以内。由深井、井管和潜水水泵等组成。

这种方法具有不受吸程限制，排水效果好；井距大，对平面布置的干扰小；可用于各种情况，不受土层限制；成孔（打井）用人工或机械均可，较易于解决；井点制作、降水设备及操作工艺、维护均较简单，施工速度快；如果井点管采用钢管、塑料管，可以整根拔出重复使用等优点；但一次性投资大，成孔质量要求严格；降水完毕，井管拔出较困难。适用于渗透系数较大（10~250m/d），土质为砂类土，地下水丰富，降水深，面积大，时间长的情况，对在有流砂和重复挖填土方区使用，效果尤佳。

（三）降低地下水位的安全要求

1. 开挖低于地下水位的基坑（槽）、管沟和其他挖方时，应根据施工区域内的工程地质、水文地质资料、开挖范围和深度，以及防塌、防陷、防流砂的要求，分别选用集水坑降水、井点降水或两者结合降水等措施降低地下水位，施工期间应保证地下水位经常低于开挖底面0.5m以上。

2. 基坑顶四周地面应设置截水沟。坑壁（边坡）处如有阴沟或局部渗漏水时，应设法堵截或引出坡外，防止边坡受冲刷而坍塌。

3. 采用集水井（坑）降水时，应符合下列要求：

（1）根据现场地质条件，应能保持开挖边坡的稳定；

（2）集水井（坑）和排水沟一般应设在基础范围以外，防止地基土结构遭受破坏，大型基坑可在中间加设小支沟与边沟连通；

（3）集水井（坑）应比排水沟、基坑底面深一些，以利于集排水；

（4）集水井（坑）深度以便于水泵抽水为宜，坑壁可用竹筐、钢筋网外加碎石过滤层等方法加以围护，防止堵塞抽水泵；

（5）排泄从集水井（坑）抽出的泥水时，应符合环境保护要求；

（6）边坡坡面上如有局部渗出地下水时，应在渗水处设置过滤层，防止土粒流失，并应设置排水沟，将水引出坡面；

（7）土层中如有局部流砂现象，应采取防止措施。

4. 降水前，应考虑在降水影响范围内的已有建筑物和构筑物可能产生的附加沉降、位移或供水井水位下降，以及在岩溶土洞发育地区可能引起的地面塌陷，必要时应采取防护措施。在降水期间，应定期进行沉降和水位观测并作出记录。

5. 土方开挖前，必须保证一定的预抽水时间，一般真空井点不少于 7～10h，喷射井点或真空深井井点不少于 20h。

6. 井点降水设备的排水口应与坑边保持一定距离，防止排出的水回渗入坑内。

7. 在第一个管井井点或第一组轻型井点安装完毕后，应立即进行抽水试验，如不符合要求时，应根据试验结果对设计参数作适当调整。

8. 采用真空泵抽水时，管路系统应严密，确保无漏水或漏气现象，经试运转后，方可正式使用。

9. 降水深度必须考虑隔水帷幕的深度，防止产生管涌现象。

10. 降水过程必须与坑外观测井的监测密切配合，用观测数据来指导降水施工，避免隔水帷幕渗漏在降水过程中影响周围环境。

11. 坑外降水，为减少井点降水对周围环境的影响，应采取在降水管与受保护对象之间设置回灌井点或回灌砂井、砂沟等措施。

12. 井点降水工作结束后所留的井孔，应立即用砂土（或其他代用材料）填实。对于穿过不透水层进入承压含水层的井管，拔除后应用黏土球填衬封死，杜绝井管位置发生管涌。如井孔位于建筑物或构筑物基础以下，且设计对地基有特殊要求时，应按设计要求回填。

13. 在地下水位高而采用板桩作支护结构的基坑内抽水时，应注意因板桩的变形、接缝不密或桩端处透水等原因而造成渗水量大的情况，必要时应采取有效措施堵截板桩的渗漏水，防止因抽水过多使板桩外的土随水流入板桩内，从而淘空板桩外原有建（构）筑物的地基，危及建（构）筑物的安全。

四、基坑土方开挖

基坑开挖是基础工程施工一项重要的分项工程。当基坑有支护结构时，其开挖方案是支护结构设计必须考虑的一项重要措施。在某些情况下，开挖方案会决定设计的要求，是支护结构设计赖以计算的条件。也有支护结构设计先行完成，而对开挖方案提出一些限制条件。无论如何，一旦支护结构设计确定并已施工，基坑开挖必须符合支护结构设计的工况要求。

1. 挖土前根据安全技术交底了解地下管线、人防及其他构筑物情况和具体位置。地下构筑物外露时，必须进行加固保护。作业过程中应避开管线和构筑物。在现场电力、通信电缆 2m 范围内和现场燃气、热力、给水排水等管道 1m 范围内挖土时，必须在主管单位人员监护下来去人工开挖。

2. 在施工组织设计中，要有单项土方工程施工方案，对施工准备、开挖方法、放坡、排水、边坡支护应根据有关规范要求进行设计，边坡支护要有设计计算书。

3. 开挖槽、坑、沟深度超过 1.5m，必须根据土质和深度情况按安全技术交底放坡或加可靠支撑。遇边坡不稳、有坍塌危险征兆时，必须立即撤离现场，并及时报告施工负责人采取安全可靠排险措施后，方可继续挖土。

4. 开挖深度不超过 4.0m 的基坑，当场地条件允许，并经验算能保证土坡稳定性时，可采用放坡开挖；开挖深度超过 4.0m 的基坑，有条件采用放坡开挖时，宜设置多级平台分层开挖，每级平台的宽度不宜小于 1.5m。

5. 基坑开挖应严格按要求放坡，操作时应随时注意边坡的稳定情况，如发现有裂纹或部分塌落现象，要及时进行支撑或改缓放坡，并注意支撑的稳固和边坡的变化。

6. 放坡开挖的基坑，尚应符合下列要求：

（1）坡顶或坑边不宜堆土或堆载，遇有不可避免的附加荷载时，稳定性验算应计入附加荷载的影响。

（2）基坑边坡必须经过验算，保证边坡稳定。

（3）土方开挖应在降水达到要求后，采用分层开挖的方法施工，分层厚度不宜超过 2.5m。

（4）土质较差且施工期较长的基坑，边坡宜采用钢丝网水泥抹面或其他材料进行护坡。

（5）放坡开挖应采取有效措施降低坑内水位和排除地表水，严禁地表水或基坑排出的水倒流回渗入基坑。

7. 土方开挖的顺序、方法必须与设计工况相一致，并遵循："开槽支撑、先撑后挖、分层开挖、严禁超挖"的原则。

8. 槽、坑、沟必须设置人员上下坡道或安全梯。严禁攀登固壁支撑上下，或直接从沟、坑边壁上挖洞攀登爬上或跳下。间歇时，不得在槽、坑坡脚下休息。

9. 人工开挖土方，操作人员之间要保持安全距离，一般两人横向间距不得小于 2m，纵向间距不得小于 3m。严禁掏洞挖土、搜底挖槽。

10. 挖土方前对周围环境要认真检查，不能在危险岩石或建筑物下面进行作业。

11. 槽、坑、沟边 1m 以内不得堆土、堆料、停置机具。堆土高度不得超过 1.5m。槽、坑、沟与建筑物、构筑物的距离不得小于 1.5m。开挖深度超过 2m 时，必须在周边设两道牢固护身栏杆，并立挂密目安全网。

12. 用挖土机施工时，挖土机的工作范围内，不得有人进行其他工作；多台机械开挖，挖土机间距应大于 10m。挖土要自上而下，逐层进行，严禁先挖坡脚的危险作业。司机必须持证作业。

13. 机械挖土，应严格控制开挖面坡度和分层厚度，每层厚度宜控制在 2～3m 左右，防止边坡和挖土机下的土体滑动或工程桩被挤压位移。

14. 施工机械进场前必须经过验收，合格后方能使用。

15. 除设计允许外，挖土机械和车辆不得直接在支撑上行走操作。

16. 采用机械挖土方式时，严禁挖土机械碰撞支撑、立柱、井点管、围护墙和工程桩。

17. 挖土过程中遇有古墓、地下管道、电缆或其他不能辨认的异物和液体、气体时，应立即停止作业，并报告施工负责人，待查明处理后，再继续挖土。

18. 钢钎破冻土、坚硬土时，扶钎人应站在打锤人侧面用长把夹具扶钎，打锤范围内不得有其他人停留。锤顶应平整，锤头应安装牢固。钎子应直且不得有飞刺。打锤人不得戴手套。

19. 从槽、坑、沟中吊运送土至地面时，绳索、滑轮、钩子、筐篓等垂直运输设备、工具应完好牢固，起吊、垂直运送时，下方不得站人。

20. 采用机械挖土，坑底应保留 200～300mm 厚基土，用人工挖除整平，并防止坑底土体扰动。土方挖至设计标高后，立即浇筑垫层。

21. 配合机械挖土清理槽底作业时，严禁进入铲斗回转半径范围。必须待挖掘机停止作业后，方准进入铲斗回转半径范围内清土。

22. 为防止基坑底的土被扰动，基坑挖好后要尽量减少暴露时间，及时进行下一道工序的施工。如不能立即进行下一道工序，要预留 150～300mm 厚覆盖土层，待基础施工时再挖去。

23. 基坑中有局部加深的电梯井、水池等，土方开挖前应对其边坡作必要的加固处理。

24. 夜间施工时，应合理安排施工项目，防止挖方超挖或铺填超厚。施工现场应根据需要安设照明设施，在危险地段应设置红灯警示。

25. 运土道路的坡度、转弯半径要符合有关安全规定。

26. 须设置支撑的基坑，土方开挖作业面及工作路线的设计应尽量考虑创造条件使某些系统的支撑结构能尽快形成受力体系，使其很快处于工作状态。

27. 土方开挖时，临近挡土结构处的土方不应卸载太快，防止挡墙一侧土压力释放太快使挡墙产生过大的变形。

28. 挖土机械在作业过程中，严格保护支护结构或监测点等其他技术措施的设施。

29. 弃土应及时运出，如需要临时堆土，或留作回填土，堆土坡脚至坑边距离应按挖坑深度、边坡坡度和土的类别确定，在边坡支护设计时应考虑堆土附加的侧压力。

五、施工监测

深基础施工实行过程监测是十分重要的，实践证明，深基坑支护结构的设计与施工实际情况是有差异的。由于工程地质土层的复杂性和离散性，勘察所得数据往往难以代表土层的总体情况；设计人员在设计计算时选用有关参数或计算方法上也有差异；施工时的实际情况与计算时的要求也不尽相符，因此，造成设计与施工实际有差异，及时反馈施工信息就显示了它的重要性。一方面通过信息反馈能随时掌握施工过程中的情况，为及时采取相应措施提供依据。另一方面，实际施工能积累大量的资料，为提高施工技术水平和设计起重要作用。

（一）监测项目

1. 挡土结构顶部的水平位移和沉降观测；

2. 挡土结构墙体变形的观测；

3. 支撑立柱的沉降观测；

4. 周围建（构）筑物的沉降观测；

5. 周围道路的沉陷观测；

6. 周围地下管线的变形观测；

7. 坑外地下水位变化的观测。

（二）监测要求

1. 观测项目应合理设计布点；

2. 观测项目应明确观测使用的仪器设备的精确度及观测方法；

3. 各个项目按提供信息的需要确定其观测的频率；

4. 根据施工进度，明确各项目观测点的起止日期，或按形象进度确定起止点，注意收取初始数据；

5. 及时整理观测资料，按合同约定，传递相关方。

第二节　主体结构工程安全施工技术

一、模板安装拆除安全技术

近年来，建筑施工的伤亡事故中，坍塌事故比例增大，现浇混凝土模板支撑架的坍塌事故占到了一定的比例。没有经过设计计算，支撑系统强度不足、稳定性差，模板上堆物不均匀或超出设计荷载，混凝土浇筑过程中局部荷载过大等原因都是造成模板坍塌事故的原因。因此，必须加强对模板工程的安全管理。

（一）模板工程的施工方案

1. 模板工程的施工方案必须经上一级技术部门批准。

2. 模板设计的主要内容：

（1）绘制模板设计图，包括细部构造大样图和节点大样，注明所选材料的规格、尺寸和连接方法。

（2）绘制支撑系统的平面图和立面图，并注明间距及剪刀撑的设置。

（3）根据施工条件确定荷载，并按所有可能产生的荷载中最不利组合验算模板整体结构和支撑系统的强度、刚度和稳定性，并有相应的计算书。

（4）制定模板的制作、安装和拆除等施工程序、方法和安全措施。

（二）模板施工前的准备工作

1. 模板施工前，现场施工负责人应认真向有关工作人员进行安全交底。

2. 模板构件进场后，应认真检查构件和材料是否符合设计要求。

3. 做好模板垂直运输的安全施工准备工作，排除模板施工中现场的不安全因素。

（三）模板施工的安全技术

1. 一般规定

（1）模板运到现场后，应认真检查模板、支撑等构件和材料是否符合设计要求，钢模板有无严重锈蚀或变形，木模板及支撑材质是否合格。

（2）现场防护设施齐全。支模场地夯实平整，电源线绝缘、漏电保护装置齐全，切实做好模板垂直运输的安全施工准备工作。

（3）模板工程作业高度在 2m 和 2m 以上时，应根据高空作业安全技术规范的要求进行操作和防护，要有安全可靠的操作架子；在 4m 及 2 层以上操作时周围应设安全网、防护栏杆。在临街及交通要道地区施工应设警示牌，避免伤及行人。

（4）操作人员上下通行，应通过马道、乘施工电梯或上人扶梯等，不准攀登模板或脚手架上下，不准在墙顶、独立梁及其他狭窄而又无防护栏的模板面上行走。

（5）基础及地下工程模板安装，必须检查基坑土壁边坡的稳定状况，基坑上口边沿1m以内不得堆放模板及材料。向槽（坑）内运送模板构件时，严禁抛掷。使用溜槽或起重机械运送，下方操作人员必须远离危险区域。

（6）在高处作业架子和平台上一般不宜堆放模板料。若短时间堆放时，一定码平稳，控制在架子或平台的允许荷载范围内。

（7）高处支模所用工具不用时要放在工具袋内，不能随意将工具、模板零件放在脚手架上，以免坠落伤人。

（8）雨期施工时，高耸结构的模板作业要安装避雷设施。冬季时，对操作地点和人行道的冰雪要事先清除掉，避免人员滑倒摔伤。五级以上大风天气，不宜进行大模板拼装和吊装作业。

（9）在架空输电线路下进行模板施工，如果不能停电作业，应采取隔离防护措施，其安全操作距离应符合《施工现场临时用电安全技术规范》（JGJ 46—2005）的要求。

（10）夜间施工，照明电源电压不得超过 36V，在潮湿地点或易触及带电体场所，照明电源不得超过 24V。各种电源线应用绝缘线，且不允许直接固定在钢模板上。

（11）模板支撑不能固定在脚手架或门窗等不牢靠的临时物件上，避免发生倒塌或模板位移。

（12）模板安装过程中，不得间歇，柱头、搭头、立柱顶撑、拉杆等必须安装牢固成整体后，作业人员才允许离开。

（13）支设悬挑形式的模板时，应有稳定的立足点。支设临空构筑物模板时，应搭设支架。模板上有预留洞时，应在安装后将洞盖没。混凝土板上拆模后形成的临边或洞口，应按规定进行防护。

（14）在模板上施工时，堆物不宜过多，不宜集中一处，大模板的堆放应有防倾措施。

2. 模板的安装

（1）大模板工程

1）大模板放置时，下面不得有电线和气焊管线。

2）平模叠放运输时，垫木上下对齐，绑扎牢固，车上严禁坐人。

3）大模板组装或拆除时，指挥、拆除和挂钩人员，应站在安全可靠的地方才可操作，严禁任何人员随大模板起吊，安装外模板的操作人员应系安全带。

4）大模板应设操作平台、上下梯道、防护栏杆等设施。大模板安装就位后，为方便浇筑混凝土，两道墙模板平台间应搭设临时走道，严禁在外墙板上行走。

5）模板安装就位后，应采取防止触电的保护措施，由专人将大模板串联起来，并同避雷网接通，防止漏电伤人。

6）当风力 5 级时，仅允许吊装 1～2 层模板和构件。风力超过 5 级，应停止吊装。

（2）现浇整体式模板工程

1）支模应严格按工序进行，模板没有固定前，不得进行下道工序的施工。模板及其支撑系统在安装过程中必须设置临时固定设施，而且牢固可靠，严防倾覆。

2）小钢模在运输传递过程中，要放稳接牢，防止倒塌或掉落伤人。

3）使用吊装机械吊装单片柱模时，应采用卡环和柱模连接，严禁用钢筋钩代替，以避免柱模翻转时脱钩造成事故，待模板立后并拉好支撑，方可摘取卡环。

4）严禁在模板的连接件和支撑件上攀登上下，严禁在同一垂直面上安装模板。

5）支设高度在3m以上的柱模板和梁模板时，四周必须设牢固支撑，并应搭设操作平台，不足3m的，可使用马凳作业，不准站在柱模板上操作和在主梁底模上行走及立侧模，不准利用拉杆、支撑攀登上下。模板在6m以上不宜单独支模，应将几个柱子模板拉成整体。主柱超过4m时，不宜用工具式钢支柱，宜采用钢管式脚手架立柱或门式脚手架。若采用多层支架支模时，各层支架本身应成为整体空间结构，支架的层间垫块要平整，各层支架的立柱应垂直，上下层立柱应在同一条垂直线上。

6）用钢管和扣件搭设双排立柱支架支承梁模时，扣件应拧紧，横杆步距按设计规定，严禁随意增大。

7）墙模板在未安装对拉螺栓前，板面向后倾斜一定角度并撑牢，以防倒塌。安装过程中随时拆换支撑或增加支撑，以保持墙模处于稳定状态。模板未支撑稳固前不得松开卡环。

8）平板模板安装就位时，在支架搭设稳固，板下横楞与支架连接牢固后进行。U形卡按设计规定安装，以增强整体性，确保模板结构安全，防止整体倒塌。

9）上下层楼盖模板的支柱应在同一条垂直线上。底层支模地面应夯实平整，立柱下面垫通长垫板。冬季不能在冻土或潮湿地面上支立柱。

（四）拆模的安全技术要求

1. 拆模必须满足拆模时所需混凝土强度，经工程技术领导同意，不得因拆模而影响工程质量。

2. 各类模板拆除的顺序和方法，应根据模板设计的规定进行，如无具体规定，应按照先支的后拆，后支的先拆，先拆非承重的模板，后拆承重的模板和支架的顺序进行拆除。

3. 拆模作业时，必须设置警戒区域，并派人监护，严禁下方有人进入。拆模必须拆除干净彻底，不得留有悬空模板。

4. 拆模高处作业，应配置登高用具或搭设支架，必要时应戴安全带。模板拆除前，作业人员要事先检查所使用的工具是否完好牢固。

5. 拆模作业人员必须站在平稳牢固可靠的地方，保持自身平衡，不得猛撬，以防失稳坠落。

6. 作业人员在拆除模板过程中，如发现已灌注混凝土有影响结构安全的质量问题时，应暂停拆除，报告施工员经过处理后方可继续拆除。

7. 拆除模板一般应采用长撬杠，严禁作业人员站在正在拆除的模板上或在同一垂直面上拆除模板。

8. 严禁用吊车直接吊除没有撬松动的模板，吊运大型整体模板时必须拴结牢固，且吊点平衡，吊装、运大钢模时必须用卡环连接，就位后必须拉接牢固方可卸除吊环。

9. 拆除电梯井及大型孔洞模板时，下层必须支搭安全网等可靠防坠落措施。

10. 拆除高度在3m以上的模板时，应搭设脚手架或操作平台，并设防护栏杆。拆除时应逐块拆卸，不得成片松动、撬落和拉倒。严禁作业人员站在悬臂结构上面敲拆底模。

11. 在拆除用小钢模板支撑的顶板模板时，严禁将支柱全部拆除后，一次性拉拽拆除。已拆活动的模板，必须一次连续拆除完，方可停歇，严禁留下安全隐患。

12. 楼层高处拆下的材料，严禁向下抛掷。拆下的模板、拉杆、支撑等材料，必须边拆、边清、边运、边码垛。模板拆除后其临时堆放处离楼层边沿不应小于1m，堆放高度不得超过1m，楼层边口、通道口、脚手架边缘严禁堆放任何拆下物件。

13. 模板拆除间隙应将已活动的模板、拉杆、支撑等固定牢固，严防突然掉落、倒塌等意外伤人。

二、钢筋工程安全施工技术

（一）钢筋运输与堆放安全要求

1. 人工搬运钢筋时，步伐要一致。当上下坡（桥）或转弯时，要前后呼应，步伐稳慢。注意钢筋头尾摆动，防止碰撞物体或打击人身，特别防止碰挂周围和上下的电线。上肩或卸料时要互相打招呼，注意安全。

2. 人工垂直传递钢筋时，送料人应站立在牢固平整的地面或临时构筑物上，接料人应有护身栏杆或防止前倾的牢固物体，必要时挂好安全带。

3. 机械垂直吊运钢筋时，应捆扎牢固，吊点应设在钢筋束的两端。有困难时，才在该束钢筋的重心处设吊点，钢筋要平稳上升，不得超重起吊。

4. 临时堆放钢筋，不得过分集中，应考虑模板或桥道的承载能力。在新浇筑楼板混凝土凝固尚未达到1.2MPa强度前，严禁堆放钢筋。

5. 钢筋在运输和储存时，必须保留标牌，并按批分别堆放整齐，避免锈蚀和污染。

6. 注意钢筋切勿碰触电源，严禁钢筋靠近高压线路，钢筋与电源线路应保持安全距离。

（二）钢筋加工安全要求

1. 作业前必须检查加工机械设备、作业环境、照明设施等，并且试运行保证安全装置齐全有效。

2. 钢筋加工场地应由专人看管，非钢筋加工制作人员不得擅自进入钢筋加工场地。

3. 操作人员必须熟悉钢筋机械的构造性能和用途。并应按照清洁、调整、紧固，防腐、润滑的要求，维修保养机械。

4. 操作人员作业时必须扎紧袖口，理好衣角，扣好衣扣，严禁戴手套。女工应戴工作帽，将发挽入帽内不得外露。

5. 冷拉钢筋时，卷扬机前应设置防护挡板，或将卷扬机与冷拉方向成90°，且应用封闭式的导向滑轮，冷拉场地禁止人员通行或停留，以防被伤。

6. 机械运行中停电时，应立即切断电源。下班后应按顺序停机、拉闸断电，锁好闸箱门，清理作业场所。电路故障必须由专业电工排除，严禁非电工接、拆、修电气设备。

7. 机械明齿轮、皮带轮等高速运转部分，必须安装防护罩或防护板。

8. 电动机械的电闸箱必须按规定安装漏电保护器，并应灵敏有效。

9. 工作完毕后，应用工具将铁屑、钢筋头清除，严禁用手擦抹或嘴吹。切好的钢材、半成品必须按规格码放整齐。脚手架上不得集中码放钢筋，应随使用随运送。

（三）钢筋绑扎与安装安全要求

1. 在高处（2m以上）、深坑绑扎钢筋和安装钢筋骨架，必须搭设脚手架或操作平台，临边应搭设防护栏杆。

2. 绑扎和安装钢筋，不得将工具、箍筋或短钢筋随意放在脚手架或模板上。

3. 在高空、深坑绑扎钢筋和安装骨架，应搭设脚手架和马道。

4. 绑扎立柱和墙体钢筋时，不得站在钢筋骨架上或攀登骨架上下。

5. 绑扎3m以上的柱钢筋应搭设操作平台，已绑扎的柱骨架采用临时支撑拉牢，以防倾倒。绑扎圈梁、外墙、边柱钢筋时，应搭设外脚手架或悬挑架，并按规定挂好安全网。悬空大梁钢筋的绑扎，必须站在满铺脚手板的脚手架上或操作平台上操作。

6. 起吊钢筋或钢筋骨架时，下方禁止站人，待钢筋骨架降落至离楼地面或安装标高1m以内人员方准靠近操作，待就位放稳或支撑好后，方可摘钩。

7. 在高处楼层上拉钢筋或钢筋调向时，必须事先观察运行上方或周围附近是否有高压线，严防碰触。

8. 深基础或夜间施工应使用低压照明灯具。

三、混凝土工程安全施工技术

（一）材料运输安全要求

1. 搬运袋装水泥时，必须逐层从上往下阶梯式搬运，严禁从下抽拿。存放水泥时，必须压碴码放，并不得码放过高（一般不超过10袋为宜）。水泥袋码放不得靠近墙壁。

2. 使用手推车运料，向搅拌机料斗内倒砂石时，应设挡掩，不得撒把倒料；运送混凝土时，装运混凝土量应低于车厢5～10cm，不得抢跑，空车应让重车；及时清扫遗撒落地的材料，保持现场环境整洁。

3. 垂直运输使用井架、龙门架、外用电梯运送混凝土时，车把不得超出吊盘（笼）以外，车轮挡掩，稳起稳落；用塔吊运送混凝土时，小车必须焊有牢固吊环，吊点不得少于4个，并保持车身平衡；使用专用吊斗时吊环应牢固可靠，吊索具应符合起重机械安全规程要求。

（二）混凝土浇灌安全要求

1. 施工人员应严格遵守混凝土作业安全操作规程，振捣设备安全可靠，以防发生触电事故。

2. 浇灌混凝土若使用溜槽时，溜槽必须固定牢固，若使用串筒时，串筒节间应连接牢靠。在操作部位应设护身栏杆，严禁直接站在溜槽帮上操作。

3. 浇灌高度2m以上的框架梁、柱、雨篷、雨篷、阳台的混凝土时，应搭设操作平台，并有安全防护措施，严禁站在模板或支撑上操作。更不得直接在钢筋上踩踏、行走。

4. 浇灌拱形结构，应自两边拱脚对称同时进行。

5. 采用泵送混凝土进行浇灌时，应由2人以上人员牵引布料杆。输送管道的接头应紧密不漏浆，安全阀完好，管架等必须安装牢固，输送前应进行试送，检修时必须卸压。

6. 混凝土振捣器使用前必须经电工检验确认合格后方可使用。开关箱内必须装设漏电保护器，插座插头应完好无损，电源线不得破皮漏电。操作者必须穿绝缘鞋（胶鞋），戴绝缘手套。

7. 预应力灌浆应严格按照规定压力进行，输浆管应畅通，阀门接头应严密牢固。

（三）混凝土养护安全要求

1. 使用覆盖物养护混凝土时，预留孔洞必须按规定设牢固盖板或围栏，并设安全标志。

2. 使用电热法养护应设警示牌、围栏。无关人员不得进入养护区域。

3. 用软管浇水养护时，应将水管接头连接牢固，移动皮管不得猛拽，不得倒行拉移软管。

4. 蒸汽养护、操作和冬施测温人员，不得在混凝土养护坑（池）边沿站立和行走。应注意脚下孔洞与磕绊物等。

5. 覆盖物养护材料使用完毕后，必须及时清理并存放到指定地点，码放整齐。

四、砌筑工程安全施工技术

（一）基本安全要求

1. 在深度超过 1.5m 砌筑基础时，应检查槽帮有无裂缝、水浸或坍塌的危险隐患。送料、砂浆要设有溜槽，严禁向下猛倒和抛掷物料工具等。

2. 距槽帮上口 1m 以内，严禁堆积土方和材料。砌筑 2m 以上深基础时，应设有阶梯或坡道，不得攀跳槽、沟、坑上下，不得站在墙上操作。

3. 砌筑使用的脚手架，未经交接验收不得使用。验收使用后不准随便拆改或移动。

4. 在架子上用刨锛斩砖，操作人员必须面向里，把砖头斩在架子上。挂线用的坠物必须绑扎牢固。作业环境中的碎料、落地灰、杂物、工具集中下运，做到日产日清、自产自清、活完料净场地清。

5. 脚手架上堆放料量不得超过规定荷载（均布荷载每平方米不得超过 3kN，集中荷载不超过 1.5kN）。并应分散堆置，不得过分集中。

6. 每块脚手板上的操作人员不应超过两人，堆放砖块时不应超过单行 3 皮。宜一块板站人，一块板堆料。

7. 采用里脚手架砌墙时，不准站在墙上清扫墙面和检查大角垂直等作业。不准在刚砌好的墙上行走。

8. 在同一垂直面上下交叉作业时，必须设置安全隔离层。

9. 用起重机配合砖笼吊运砖时，要均匀分布，并必须预先在楼板上加设支柱及横木承载。砖笼严禁直接吊放在脚手架上。吊运砂浆的料斗不能装得过满。吊钩要扣稳，而且要待吊物下降至离楼地面 1m 以内时，人员才可靠近，扶住就位。人员不得站在建筑物的边缘。吊运物料时，吊臂回转范围内的下面不得有人员行走或停留。

10. 用手推车运输砖、石、砂浆等材料时应注意稳定，不得猛跑，前后车距离应不少于 2m；坡度行车，两车距离应不少于 10m。禁止并行或超车。所载材料不许超出车厢之上。

11. 上、落脚手架，不应猛烈跳上、跳落。

12. 在地坑、地沟砌砖时，严防塌方并注意地下管线、电缆等。

13. 在屋面坡度大于 25°时，挂瓦必须使用移动板梯，板梯必须有牢固挂钩。檐口应搭设防护栏杆，并立挂密目安全网。

14. 屋面上瓦应两坡同时进行，保持屋面受力均衡，瓦要放稳。屋面无望板时，应铺设通道，不准在桁条、瓦条上行走。

15. 在石棉瓦等不能承重的轻型屋面上作业时，必须搭设临时走道板，并应在屋架下弦搭设水平安全网。严禁在石棉瓦上作业和行走。

16. 雨期施工不得使用过湿的砖或砌块，以避免砂浆流淌，影响砌体质量。雨后继续施工时，应复核砌体垂直度，并要做好防雨措施，严防雨水冲走砂浆，造成砌体倒塌。

17. 冬期施工有霜、雪时，必须将脚手架等作业环境的霜、雪清除后方可作业。

18. 不准用不稳定的工具或物体在脚手板面垫高操作，更不应在未经设计和加固的情况下，在一层脚手架上再叠加一层（桥上桥）。

（二）砌砖施工安全要求

1. 基础砌砖时，应经常注意和检查基坑土质变化情况，有无崩裂和塌陷现象。当深基坑装设挡板支顶时，操作人员应设梯子上、落脚手架，不应攀爬支顶和踩踏砌体上、落脚手架，运料下基坑不得碰撞支顶。

2. 基坑边堆放材料距离坑边不得少于 1m。尚应按土质的坚实程度确定。当发现土壤出现水平或垂直裂缝时，应即将材料搬离并进行基坑装顶加固处理。

3. 深基坑装顶的拆除，应随砌筑的高度，自下而上将支顶逐层拆除并每拆一层，随即回填一层泥土，防止该层基土发生变化。当在坑内工作时，操作人员必须戴好安全帽。操作地段上面要有明显标志，警示基坑内有人操作。

4. 脚手架站脚处的高度，应低于已砌砖的高度。

5. 在砌筑前一天或半天（视天气情况而定）应将砖垛浇水湿润，不应将砖运到脚手架上才进行，以免造成场地湿滑。

6. 砖垛上取砖时，应先取高处后取低处，防止垛倒砸人。

7. 不准站在墙上做画线、称角、清扫墙面等工作。上下脚手架应走斜道，严禁踏上窗台出入平桥。

8. 砍砖时应面向内打，注意砖碎弹出伤人。

9. 砌砖在一层以上或高度超过 2m 时，若建筑物外边没有架设脚手架平桥，则应支架安全网或护身栏杆。

10. 沿海地区，在台风到来之前，已砌好的山墙应临时用联系杆（例如桁条）放置各跨山墙间，以保证其稳定。否则，应另行采取支撑措施。

11. 砌砖使用的工具、材料应放在稳妥的地方，工作完毕应将脚手板和砖墙上的碎砖、灰浆等清扫干净，防止掉落伤人。

（三）中、小型砌块施工安全要求

1. 砌块施工宜组织专业小组进行。施工人员必须认真执行有关安全技术规程和本工种的操作规程。

2. 吊装砌块和构件时应注意其重心位置，禁止用起重拔杆拖运砌块，不得起吊有破裂脱落危险的砌块。起重拔杆回转时，严禁将砌块停留在操作人员的上空或在空中整修、加工砌块。吊装较长构件时应加稳绳。吊装时不得在其下一层楼内进行任何工作。

3. 堆放在楼板上的砌块不得超过楼板的允许承载力。采用内脚手架施工时，在二层楼面以上必须沿建筑物四周设置安全网，并随施工高度逐层提升，屋面工程未完工前不得拆除。

4. 安装砌块时，不准站在墙上操作和在墙上设置支撑、缆绳等。在施工过程中，对稳定性较差的窗间墙、独立柱应加稳定支撑。

5. 当遇到下列情况时，应停止吊装工作：

(1) 因刮风，使砌块和构件在空中摆动不能停稳时；

(2) 噪声过大，不能听清指挥信号时；

(3) 起吊设备、索具、夹具有不安全因素且没有排除时；

(4) 大雾或照明不足时。

五、防水工程安全施工技术

（一）基本安全要求

1. 材料存放于专人负责的库房，严禁烟火并应挂有醒目的警告标志。

2. 施工现场和配料场地应通风良好，操作人员应穿软底鞋、工作服、扎紧袖口，并应配戴手套及鞋盖。涂刷处理剂和胶粘剂时，必须戴防毒口罩和防护眼镜。外露皮肤应涂擦防护膏。操作时严禁用手直接揉擦皮肤。

3. 患有皮肤病、眼病、刺激过敏者，不得参加防水作业。施工过程中发生恶心、头晕、过敏等现象时，应停止作业。

4. 用热玛蹄脂粘铺卷材时，浇油和铺毡人员，应保持一定距离，浇油时，檐口下方不得有人行走或停留。

5. 使用液化气喷枪及汽油喷灯点火时，火嘴不准对人。汽油喷灯加油不得过满，打气不能过足。

6. 装卸溶剂的容器，必须配软垫，不准猛推猛撞。使用容器后，其容器盖必须及时盖严。

7. 高处作业屋面周围边沿和预留孔洞，必须按"洞口、临边"防护规定进行安全防护。

8. 防水卷材采用热熔粘结，使用明火（如喷灯）操作时，应申请办理用火证，并设专人看火。配有灭火器材，周围 30m 以内不准有易燃物。

9. 雨、雪、霜天应待屋面干燥后施工。六级以上大风应停止室外作业。

10. 下班清洗工具。未用完的溶剂，必须装入容器，并将盖盖严。

11. 加热熔化沥青材料的地点必须在建筑物的下风方向距离建筑物 10m 以上，上方不得有电线，地下 5m 内不得有电缆。

12. 炉灶附近严禁放置易燃、易爆物品，并应配备锅盖或铁板、灭火器、砂袋等消防器材。

（二）卷材铺贴施工安全要求

1. 盛装热沥青的铁勺、铁壶、铁桶要用咬口接头，严禁用锡进行焊接，桶宜加盖，装油量不得超过上述容器的 2/3。

2. 油桶要平放，不得两人抬运。在运输途中，注意平稳，精神要集中，防止不慎跌倒造成伤害。

3. 垂直运输热沥青，应采用运输机具，运输机具应牢固可靠。如用滑轮吊运时，上面的操作平台应设置防护栏杆，提升时要系拉牵绳，防止油桶摆动，油桶下方 10m 半径范围内禁止站人。

4. 禁止直接用手传递，也不准工人沿楼梯挑上，接料人员应用钩子将油桶钩放在平台上放稳，不得过于探身用手接触油桶。

5. 在坡度较大的屋面运热沥青时，应采取专门的安全措施（如穿防滑鞋、设防滑梯等），油桶下面应加垫，保证油桶放置平稳。

6. 屋面四周没有女儿墙和未搭设外脚手架时，施工前必须搭设好防护栏杆，其高度应高出沿周边 1.2m。防护栏杆应牢固可靠。

7. 浇倒热沥青时，必须注意屋面的缝隙和小洞，防止沥青漏落。浇倒屋面四周边沿时，要随时拦扫下淌的沥青，以免流落下方，并应通知下方人员注意避开。檐口下方不得有人行走或停留，以防沥青流落伤人。

8. 浇倒热沥青与铺贴卷材的操作人员应保持一定距离，并根据风向错位，壶嘴要向下，不准对人，浇至四周边沿时，要侧身操作，以避免热沥青飞溅烫伤。

9. 避免在高温烈日下施工。

10. 运上屋面的材料，如卷材、鱼眼砂等，应平均分散堆放，随用随运，不得集中堆料。在坡度较大的屋面上堆放卷材时，应采取措施，防止滑落。

11. 在地下室、基础、池壁、管道、容器内等地方进行有毒、有害的涂料和涂抹沥青防水等作业时，应有通风设备和防护措施，并应定时轮换操作。

12. 地下室防水施工的照明用电，其电源电压应不大于 36V；在特别潮湿的场所，其电源电压不得大于 12V。

13. 配制速凝剂时，操作人员必须戴口罩和手套。

14. 处理漏水部位，须用手接触掺促凝剂的砂浆时，要戴胶皮手套或胶皮手指套。

15. 使用喷灯时，应清除周围的易燃物品；必须远离冷底子油，严禁在涂刷冷底子油区域内使用喷灯。喷灯煤油不得过满，打气不应过足，并必须在用火地点备有防火器材。

16. 铺贴垂直墙面卷材，其高度超过 1.5m 时，应搭设牢固的脚手架。

第三节　装饰装修工程安全施工技术

一、基本安全要求

1. 操作前应先检查脚手架是否稳固，脚手板是否有空隙、探头板，护身栏、挡脚板确认合格，方可使用。操作中也应随时检查脚手架。吊篮架的升降由架子工负责，非架子工不得擅自拆改或升降。

2. 外饰面工序上、下层同时操作时，脚手架与墙身的空隙部位应设遮隔措施。

3. 脚手架上的工具、材料要分散放稳，不得超过允许荷载。作业人员应戴安全帽。

4. 采用井字架、龙门架、外用电梯垂直运送材料时，预先检查卸料平台通道的两侧边安全防护是否齐全、牢固，吊盘（笼）内小推车必须加挡车掩，不得向井内探头张望。

5. 外装饰必须设置可靠的安全防护隔离层。贴面砖使用的预制件、大理石、瓷砖等，应堆放整齐、平稳，边用边运。安装时要稳拿稳放，待灌浆凝固稳定后，方可拆除临时支撑。废料、边角料严禁随意抛掷。

6. 脚手板不得搭设在门窗、暖气片、洗脸池等非承重的物器上。阳台通廊部位抹灰，外侧必须挂设安全网。严禁踩踏脚手架的护身栏杆和在阳台栏板上进行操作。

7. 室内抹灰使用的木凳、金属支架应搭设平稳牢固，宽度不得少于两块脚手板，跨度不得大于2m，架上堆放材料不得过于集中，移动高凳时上面不得站人，同一跨度内作业人员最多不得超过两人。高度超过2m时，应由架子工搭设脚手架。

8. 在高大门、窗旁作业时，必须将门窗扇关好，并插上插销。

9. 机械喷涂应戴防护用品，压力表安全阀应灵敏可靠，输浆管各部接口应拧紧卡牢。管路摆放顺直，避免折弯。

10. 输浆应按照规定压力进行，超压或管道堵塞，应卸压检修。

11. 调制和使用稀盐酸溶液时，应戴风镜和胶皮手套。调拌氯化钙砂浆时，应戴口罩和胶皮手套。

12. 使用磨石机，应戴绝缘手套穿胶靴，电源线不得破皮漏电，金刚砂块安装牢固，经试运转正常，方可操作。

13. 夜间或阴暗处作业，应用36V以下安全电压照明。

14. 瓷砖墙面作业时，瓷砖碎片不得向窗外抛扔。剔凿瓷砖应戴防护镜。

15. 使用电钻、砂轮等手持电动机具，必须装有漏电保护器，作业前应试机检查，作业时应戴绝缘手套。

16. 遇有六级以上强风、大雨、大雾，应停止室外高处作业。

二、干挂饰面板安全要求

1. 严格剔除有开裂、隐伤的块材。

2. 金属挂件所采用的构造方式、数量，要同块材外形规格的大小及其重量相适应。

3. 所有块材、挂件及其零件均应按常规方法进行材质定量检验。

4. 应配备专职检测人员及专用测力扳手，随时检测挂件安装的操作质量，务必排除结构基层上有松动的螺栓和紧固螺母的旋紧力未达到设计要求的情况，其抽检数量按1/3进行。

5. 室内外运输道路应平整，石块材料放在手推车上运输时应垫以松软材料，两侧宜有人扶持，以免碰花、碰损和砸脚伤人。

6. 现场平台或脚手架，必须安全牢固，脚手板上只准堆放单层石材，不得堆放与干挂施工无关的物品；需要上下交叉作业时，应互相错开，禁止上下同一工作面操作，并应戴好安全帽。

7. 块材钻孔、切割应在固定的机架上，并应用经过专业岗位培训的人员操作，操作时应戴防护眼镜。

8. 一切用电设备必须遵守《施工现场临时用电安全技术规范》（JGJ 46—2005）的规定。

三、饰面工程安全要求

1. 操作前必须按照操作规程搭设脚手架，注意脚手架工程要求的安全措施。

2. 在脚手架上操作的人不能集中，材料堆放要分散，使用工具要放平稳，脚手架严禁有探头板。

3. 操作中严禁向下甩物件和砂浆，防止坠物伤人。

4. 施工现场一切机电设备没有上岗证者一律禁止乱动。

5. 多工种立体交叉作业应有防护设施，所有工作人员必须戴安全帽。

6. 射钉机或风动工具应由经过专门培训的工人负责操作。

7. 电动工具应安装漏电保护器。

8. 剔凿瓷砖或手折断瓷砖，应戴防护眼镜和手套。

四、涂料工程安全要求

1. 各类涂料和其他易燃、有毒材料，应存放在专用库房内，不得与其他材料混放。挥发性油料应装如密闭容器内，妥善保管。

2. 库房应通风良好，不准住人，并设置消防器材和"严禁烟火"标识。库房与其他建筑物应保持一定的安全距离。

3. 用喷砂除锈，喷嘴接头要牢固，不准对人。喷嘴堵塞，应停机消除压力后，方可进行修理或更换。

4. 使用煤油、汽油、松香水、丙酮等调配油料，应戴好防护用品，严禁吸烟。熬胶、熬油必须远离建筑物，在空旷地方进行，严防发生火灾。

5. 沾染油漆的棉纱、破布、油纸等废物，应收集存放在有盖的金属容器内，并及时处理。

6. 在室内或容器内喷涂时，应戴防护镜。喷涂含有挥发性溶液和快干油漆时，严禁吸烟，作业周围不准有火种，并戴防毒口罩和保持良好的通风。

7. 采用静电喷漆，为避免静电聚集，喷漆室（棚）应有接地保护装置。

8. 刷涂外开窗扇，将安全带挂在牢固的地方。刷涂封檐板、水落管等应搭设脚手架或吊架。在大于 25°的铁皮屋面上刷油，应设置活动板梯、防护栏杆和安全网。

9. 使用合页梯作业时，梯子坡度不宜过限或过直，梯子下档用绳子拴好，梯子脚应绑扎防滑物。在合页梯上搭设架板作业时，两人不得挤在一处操作，应分段顺向进行，以防人员集中发生危险。使用单梯坡度宜为 60°。

10. 使用喷灯，加油不得过满，打气不应过足，使用的时间不宜过长，点火时灯嘴不准对人，加油应待喷灯冷却后进行，离开工作岗位时，必须将火熄灭。

11. 使用喷浆机，电动机接地必须可靠，电线绝缘良好。手上沾有浆水时，不准开关电闸，以防触电。通气管或喷嘴发生故障时，应关闭阀门后再进行修理。喷嘴堵塞，疏通时不准对人。

五、油漆工程安全要求

1. 各种油漆材料（汽油、漆料、稀料）应单独存放在专用库房内，不得与其他材料混放。库房应通风良好。易挥发的汽油、稀料应装入密闭容器中，严禁在库内吸烟和使用任何明火。

2. 油漆涂料的配制应遵守以下规定

（1）调制油漆应在通风良好的房间内进行。调制有害油漆涂料时，应戴好防毒口罩、护目镜，穿好与之相适应的个人防护用品。工作完毕应冲洗干净。

（2）工作完毕，各种油漆涂料的溶剂桶（箱）要加盖封严。

（3）操作人员应进行体检，患有眼病、皮肤病、气管炎、结核病者不宜从事此项作业。

3. 使用人字梯应遵守以下规定

（1）高度 2m 以下作业（超过 2m 按规定搭设脚手架）使用的人字梯应四脚落地，摆放平稳，梯脚应设防滑橡皮垫和保险拉链。

（2）人字梯上搭铺脚手板，脚手板两端搭接长度不得少于 20cm。脚手板中间不得同时两人操作，梯子挪动时，作业人员必须下来，严禁站在梯子上踩高跷式挪动。人字梯顶部铰轴不准站人、不准铺设脚手板。

（3）人字梯应经常检查，发现开裂、腐朽、樟头松动、缺挡等不得使用。

4. 使用喷灯应遵守以下规定：

（1）使用喷灯前应首先检查开关及零部件是否完好，喷嘴要畅通。

（2）喷灯加油不得超过容量的 4/5。

（3）每次打气不能过足。点火应选择在空旷处，喷嘴不得对人。气筒部分出现故障，应先熄灭喷灯，再行修理。

5. 外墙、外窗、外楼梯等高处作业时，应系好安全带。安全带应高挂低用，挂在牢靠处。油漆窗户时，严禁站在或骑在窗栏上操作，刷封檐板或水落管时，应使用脚手架或在专用操作平台架上进行。

6. 刷坡度大于 25°的铁皮层面时，应设置活动跳板、防护栏杆和安全网。

7. 刷耐酸、耐腐蚀的过氧乙烯涂料时，应戴防毒口罩。打磨砂纸时必须戴口罩。

8. 在室内或容器内喷涂，必须保持良好的通风。喷涂时严禁对着喷嘴察看。

9. 空气压缩机压力表和安全阀必须灵敏有效。高压气管各种接头应牢固，修理料斗气管时应关闭气门，试喷时不准对人。

10. 喷涂人员作业时，如出现头痛、恶心、心闷和心悸等现象时，应停止作业，到户外通风处换气。

六、玻璃工程安全要求

1. 切割玻璃，应在指定场所进行。切下的边角余料应集中堆放，及时处理，不得随地乱丢。搬运玻璃应戴手套。

2. 搬运玻璃应戴手套或用布、纸垫着玻璃，将手及身体裸露部分隔开。散装玻璃运输必须采用专门夹具（架）。玻璃应直立堆放，不得水平堆放。

3. 在高处安装玻璃，必须系安全带、穿软底鞋，应将玻璃放置平稳，垂直下方禁止通行。安装屋顶采光玻璃，应铺设脚手板。

4. 安装玻璃不得将梯子靠在门窗扇上或玻璃上。安装玻璃所用工具应放入工具袋内，严禁口含铁钉。

5. 悬空高处作业必须系好安全带，严禁腋下挟住玻璃，同时另一手扶梯攀登上下。

6. 安装窗扇玻璃时，严禁上下两层垂直交叉同时作业。安装天窗及高层房屋玻璃时，作业下方严禁走人或停留。碎玻璃不得向下抛掷。

7. 玻璃未钉牢固前，不得中途停工，以防掉落伤人。

8. 玻璃幕墙安装应利用外脚手架或吊篮架子从上往下逐层安装，抓拿玻璃时应用橡皮吸盘。

9. 门窗等安装好的玻璃应平整、牢固、不得有松动。安装完毕必须立即将风钩挂好或插上插销。

10. 安装完毕，所剩残余玻璃，必须及时清扫，集中堆放到指定地点。

七、门窗安装工程安全要求

1. 经常检查所用工具是否牢固，防止脱柄伤人。

2. 搬运钢门窗时应轻放，不得使用木料穿入框内吊运至操作位置。

3. 安装上层窗扇，不要向下乱扔东西，工作时注意脚踩稳，不要向下看。

4. 钢门窗不得平放，应竖立，其坡度不大于20°，并不准人字形堆放。

5. 不准脚踩窗扇芯子，或在冒扇芯子放置脚手板和悬吊重物。

6. 使用木工机械，禁止戴手套，操作时应集中思想，锯刨推进速度不宜太快，木节应放在推进方向的前面，不能刨过短过薄小条子等材料。

7. 木工机械的基座应稳固，部件齐全，机械的转动和危险部位应按规定安装防护装置。不准任意换粗保险丝，特别对机械的刀盒部分要严格检查，刀盘螺丝应旋紧，以防刀片飞出伤人。

8. 木工机械由专人负责管理，操作人员应熟悉该机械性能，熟悉操作技术，严禁机械随便动用，用完时应切断电源，并将开关箱关门上锁。

9. 木工车间、木料堆场严禁吸烟或随便动用明火，废料应及时清理归堆，工完料清。

八、外檐装饰抹灰工程安全要求

1. 高处作业时，应检查脚手架是否牢固，特别是在大风及雨后作业。

2. 在架子上工作，工具和材料要放置稳当，不许随便乱扔。

3. 对脚手板不牢和跷头板等及时处理，要铺有足够的宽度，以保证手推车运砂浆时的安全。

4. 严格控制脚手架施工荷载。

5. 用塔吊上料时，要有专人指挥，遇六级以上大风时暂停作业。

6. 砂浆机应有专人操作维修、保养，电器设备碰绝缘良好并接地。

7. 不准随意拆除、斩断脚手架软硬拉结，不准随意拆除脚手架止的安全设施，如妨碍施工应经施工负责人批准后，方能拆除妨碍部位。

九、室内水泥砂浆抹灰工程安全要求

1. 室内抹灰使用的木凳、金属支架应搭设牢固，脚手板高度不大于2m，架子上堆放材料不得过于集中，存放砂浆的灰斗、灰桶等要放稳。

2. 搭设脚手不得有跷头板，严禁脚手板支搭在门窗、暖气管道上。

3. 操作前应检查架子、高凳等是否牢固，不准用2×4.2×8木料（2m以上跨度）、

钢模板等作为立人板。

4. 搅拌与抹灰时，防止灰浆溅入眼内。

5. 在室内推运输小车时，特别是在过道中拐弯时要注意小车挤手。

6. 严禁从窗口向外抛掷物品。

第四节　拆除工程安全技术

随着社会主义市场经济的不断发展，城市面貌日新月异。旧城区改造任务的扩大使每年拆除各类建筑物和构筑物的面积也逐年递增，拆除物的结构也从砖木结构物发展到混合结构、框架结构、板式结构等，从房屋拆除发展到烟囱、水塔、桥梁、码头等建（构）筑物的拆除，因而建（构）筑物的拆除施工近年来已形成一个社会的行业。

一、拆除工程施工准备

（一）建（构）筑物拆除施工的特点

建（构）筑物的拆除施工程序从某种角度来说是建筑施工、安装的逆程序，然而从拆除物的对象、拆除工期、人员的素质等方面来看，却有它自己的特点。

1. 作业流动性大

由于拆除施工作业面不是很大，拆除的速度要比新建快得多，使用的机械也要比施工建筑机械少得多，如果采用爆破拆除，一幢大楼可在顷刻之间化为平地，因而对一个拆除施工企业来说，只要有任务，拆除作业可以在短期内从一个工地转移到第二、第三个工地。这样给拆除施工管理，尤其是拆除施工的现场安全管理带来了困难。

2. 拆除作业人员的素质较差

一般的拆除施工企业的工人通常是由一批刚放下锄头的农民工组成，他们不懂得房屋的基本结构，不懂得拆除的规范顺序，只是一心求快、多挣钱，采用自下而上的拆除楼板，大片拉倒墙体等违章拆除，不顾周围建筑物和人员的安全，更忘记了自身的生命价值。由于盲目拆除、野蛮施工，因而近年来死亡事故不断发生，给社会、企业、家庭带来了不安定因素。

3. 拆除过程中的潜在危险

（1）由于拆除物往往是年代已久的旧建（构）筑物，拆除委托方（甲方），往往很难交出原建（构）筑物结构图纸和设备安装图纸，给拆除施工企业在制定拆除施工方案时带来很多困难，有时不得不作局部破坏性检查。即使这样，有时也难免由于判断错误而造成事故。

（2）由于多次加层改建，改变了原承载系统的受力状态，因而在拆除中往往因拆除了某一构件造成原建（构）筑物的力学平衡体系受到破坏而造成部分构件产生倾覆压伤施工人员。

（二）拆除施工准备

施工单位在进行拆除施工前，应做好下列准备工作。

1. 技术准备

（1）熟悉被拆除建筑物（或构筑物）的竣工图纸，弄清建筑物的结构设计、建筑施工、水电及设备管线情况。因在施工过程中可能有变更，重点是了解竣工图。

（2）学习有关规范和安全技术文件。

（3）调查拆除工程涉及区域的地上、地下建筑、周围环境、场地、道路、水电设备管路、危房等情况。

（4）编制拆除工程安全施工组织设计或方案。

（5）对进场施工人员进行安全技术教育和交底。

2. 现场准备

（1）清除拆除倒塌范围内的材料和设备。

（2）疏通运输道路，备好拆除施工使用的临时水、电源。

（3）切断被拆建筑物的水、电、燃气、暖气、管线等。

（4）检查周围危旧房，必要时进行临时加固。

（5）发出安民告示，在拆除危险区设置警戒区标识。

3. 物资准备

拆除工程所需的机器工具、起重运输机械和爆破器材，以及爆破材料危险品临时库房。

4. 组织准备

拆除工程必须制定生产安全事故应急救援预案，成立组织领导机构，组织满足拆除施工要求的劳动力，并应配备抢险救援器材。

（三）拆除施工组织设计

拆除工程开工前，应根据工程特点、构造情况、工程量编制安全施工组织设计或方案。爆破拆除和被拆除建筑面积大于 $1000m^2$ 的拆除工程，应编制安全施工组织设计；被拆除建筑面积小于等于 $1000m^2$ 的拆除工程，应编制安全技术方案。

施工组织设计是指导拆除工程施工准备和施工全过程的技术文件。应由负责该项拆除工程的项目总工程师组织有关技术、生产、安全、材料、机械、保卫等部门人员进行编制，报上级主管部门审批后执行。

1. 编制原则

从实际出发，在确保人身和财产安全的前提下，选择经济、合理、扰民小的拆除方案，进行科学的组织，以实现安全、经济、进度快、扰民小的目标。

2. 编制依据

（1）被拆除建（构）筑物的竣工图（包括结构、水、电、设备及外管线），施工现场勘察得来的资料和信息。

（2）拆除工程有关的施工验收规范、安全技术规范、安全操作规程和国家、地方有关安全技术规定。

（3）与甲方签订的承包合同。

（4）本单位的技术装备条件。

3. 编制内容

（1）被拆除建筑和周围环境的简介。着重介绍被拆除建筑的结构类型，结构各部分构件受力情况，填充墙、隔断墙、装修做法，水、电、暖气、燃气设备情况，周围房屋、道路、管线有关情况。所提供的信息应是现场的实际情况，并用平面图表示。

（2）施工准备工作计划。包括组织技术、现场、设备器材、劳动力等，全部列出，计划落实到人。同时把组织领导机构名单和分工情况列出。

（3）拆除方法。根据现场实际和业主的要求，比较各种拆除方法，选择安全、经济、快速、扰民少的方法。详细叙述拆除方法的全面内容，采用控制爆破拆除的，还要详细说明爆破与起爆方法、安全距离、警戒范围、保护方法、破坏情况、倒塌方向与范围，以及安全技术措施。

（4）施工部署和进度计划。

（5）各工种人员的分工及组织进行周密的安排。

（6）机械、设备、工具、材料、计划列出清单。

（7）施工平面图应包括下列内容：

1）被拆除建筑物和周围建筑及地上、地下的各种管线、障碍物、道路的平面布置和尺寸。

2）起重吊装设备的开行路线和运输道路。

3）爆破材料及其他危险品临时库房位置、尺寸和做法。

4）各种机械、设备、材料以及被拆除的建筑材料堆放场地布置。

5）被拆除建筑物倾倒方向和范围、警戒区的范围应标明位置及尺寸。

6）标明施工中用的水、电、办公、安全设施、消火栓平面位置及尺寸。

（8）针对所选用的拆除方法和现场情况，编制全面的安全技术措施。

二、拆除工程作业的安全管理

由于不少地区和单位对拆除工程不重视，缺乏必要的拆除方案和技术安全措施，90年代早期发生了多起严重的因拆除施工造成的倒塌、伤亡事故。给国家和人民群众的生命财产造成了很大损失，给社会带来了不良影响。

为防止此类事故的发生，住房和城乡建设部原建筑业司于1994年发文"关于防止拆除工程中发生伤亡事故的通知"中对拆除工程的安全问题作了相应规定。2005年3月1日起颁布实施的《建筑拆除工程安全技术规范》（JGJ 147—2004），为确保建筑拆除工程的施工安全，以及从业人员在拆除作业中的健康和安全提供了法律保障。

（一）基本安全要求

1. 各地区建设行政主管部门对所辖区域内的拆除工程（指建筑物和构筑物）要建立健全制度，实行统一管理，明确职责，强化监督检查工作，确保拆除施工安全。

2. 建设单位应将拆除工程发包给具有爆破与拆除资质的施工单位承担，不得转包。需要变更施工队伍时，应到原发证部门重新办理拆除许可证手续，并经同意后才能施工。

建设单位应在动工前向工程所在地县级以上的地方人民政府建设行政主管部门办理备案手续，取得拆除许可证明。未取得拆除许可证明的任何单位，不得擅自组织拆除施工。

申请拆除许可证明，应具有下列资料：

（1）施工单位资质登记证明；

（2）拟拆除建筑物、构筑物的结构、体积及现状说明书或竣工图以及可能危及毗邻建筑的说明；

（3）拆除施工组织设计或安全专项施工方案；

（4）堆放、清除废弃物的措施。

3. 拆除工程（建设）单位与施工单位在签订施工合同时，应签订安全生产管理协议，明确双方的安全管理责任。拆除工程单位、监理单位应对拆除工程施工安全负检查督促责任；施工单位应对拆除工程的安全技术管理负直接责任。

4. 拆除工程（建设）单位应向施工单位提供下列资料：

（1）拆除工程的有关图纸和资料；

（2）拆除工程涉及区域的地上、地下建筑及设施分布情况资料。

5. 拆除工程必须制定安全生产事故应急救援预案，成立组织机构并应配备抢险救援器材。

6. 施工单位应对从事拆除作业的人员依法办理意外伤害保险。

7. 项目经理必须对拆除工程的安全生产负全面领导责任。项目经理部应设专职或兼职安全员，检查落实各项安全技术措施。

8. 拆除工程的安全施工组织设计或安全专项施工方案，应由技术负责人和总监理工程师签字批准后实施。施工过程中，确需变更的，须报请原审批人批准，方可实施。严格按照安全施工组织设计或拆除方案和安全技术措施计划进行。

9. 拆除工程在施工前，应组织技术人员和作业人员学习安全操作规程和拆除工程施工组织设计，并进行详细的书面安全技术交底。特种作业人员须持证上岗。

10. 拆除施工严禁立体交叉作业。

11. 从事拆除作业的人员应穿戴好个人防护用品并应正确使用。施工中必须遵守有关规章制度，不得违章冒险作业。

12. 施工前，应将被拆除工程的电线、天然气或煤气管道、上下水管道、供热管道等干线与通往该建筑物的支线切断或迁移。拆除过程中，需用照明和电动机械时，不得使用被拆除建筑物中的配电线，必须另外设置专用配电线路。

13. 作业人员使用手持电动工具时，严禁超负荷或带故障运转。

14. 拆除建（构）筑物，通常应该自上而下对称顺序进行，先拆非承重部分，后拆承重部分，禁止数层同时拆除。

拆除建筑物的栏杆、楼梯和楼板等，应有整体程度相配合，不能先行拆除。建筑物的承重支柱和横梁，要待它所承担的全部结构和荷重拆掉后才可拆除。

拆除管道和容器时，必须在查清残留物的性质，并采取相应措施确保安全后，方可进行拆除施工。

工人从事拆除工作的时候，应该站在专门搭设并经验收的脚手架上或者其他稳固的结构部分上操作。

15. 拆除施工中不但要确保人员的安全，还应确保未拆除部分的稳定。当拆除一部分时，先应采取加固或稳定措施，防止另一部分倒塌。当用控制爆破拆除工程时，必须严格按《爆破安全规程》进行，并经过爆破设计，对起爆点、引爆物、用药量和爆破程序进行严格计算，以确保周围建筑和人员的绝对安全。

16. 在高处进行拆除工作时应设置溜放槽，以便散碎废料顺槽溜下。拆下的较大的或沉重材料，应用吊绳或起重机械及时吊下或运走。楼板上不许有多人聚集和堆放材料，以免楼盖结构超载发生倒塌。拆卸下的施工垃圾及时清理，应采用封闭的垃圾道或垃圾带运下，分别堆放在指定的位置，禁止向下抛掷。

17. 拆除工程应划定危险区域，在周围设置围栏，做好警戒和警示标志，并派专人监护，严禁无关人员逗留，夜间应红灯示警。

18. 施工中必须由专人负责监测被拆除建筑的结构状态，并应做好记录。当发现有不稳定状态的趋势时，必须停止作业，采取有效措施，消除隐患。

19. 当拆除工程对周围相邻建筑安全可能产生危险时，必须采取相应保护措施，并应对建筑内的人员，进行撤离安置。

20. 在拆除工程作业中，发现不明物体，应停止施工，采取相应的应急措施，保护现场并应及时向有关部门报告。

21. 拆除时临时停止作业前，应拆除至结构的稳定部位，必要时采取临时加固措施。

22. 在居民密集点，交通要道进行拆除工程的施工脚手架须采用全封闭形式，并搭设防护隔离棚。脚手架应与被拆除物的主体结构同步拆下。

23. 遇有6级以上大风或大雾天、雷暴雨、冰雪天等恶劣气候影响施工安全时，禁止进行露天拆除作业。

24. 拆除工程施工必须建立安全技术档案，并应包括下列内容：
(1) 拆除工程施工合同及安全管理协议书；
(2) 拆除工程安全施工组织设计或安全专项施工方案；
(3) 安全技术交底；
(4) 脚手架及安全防护设施检查验收记录；
(5) 劳务用工合同及安全管理协议书；
(6) 机械租赁合同及安全管理协议书。

(二) 用推倒法拆除墙时的注意事项

拆除建筑物一般不得采用推倒方法，遇到特殊情况墙体需要推倒时，必须遵守以下规定：

1. 人员应避至安全地带。

2. 砍切墙根的深度不能超过墙厚的1/3，墙的厚度小于两块半砖的时候，不得进行掏掘。

3. 为防止墙壁向掏掘方向倾倒，在掏掘前，要用支撑撑牢。

4. 建筑物推倒前，应发出信号，待所有人员远离建筑物高度2倍以上的距离后，方可进行。

5. 在建筑物推倒倒塌范围内，有其他建筑物时，严禁采用推倒方法。

(三) 拆除工程文明施工管理

1. 清运渣土的车辆应在指定地点停放。清运渣土的车辆应封闭或采用苫布覆盖，出入现场时应有专人指挥。清运渣土的作业时间应遵守工程所在地的有关规定。

2. 对地下的各类管线，施工单位应在地面上设置明显标志。对水、电、气检查井、污水井应采取相应的保护措施。

3. 拆除工程施工时，设专人向被拆除的部位洒水降尘，并采取降低噪声的措施；拆除工程完工后，应及时将施工渣土清运出场。

4. 施工单位必须落实防火安全责任制，建立义务消防组织，明确责任人，负责施工现场的日常防火安全管理工作。

5. 根据拆除工程施工现场作业环境，应制定相应的消防安全措施；并应保证充足的消防水源，配备足够的灭火器材。

6. 施工现场应建立健全用火管理制度。施工作业用火时，必须履行用火审批手续，经现场防火负责人审查批准，领取用火证后，方可在指定时间、地点作业。作业时应配备专人监护，作业后必须确认无火源危险后方可离开作业地点。

7. 拆除建筑时，当遇有易燃、可燃物及保温材料时，严禁明火作业。

8. 施工现场应设置消防车道，并应保持畅通。

三、建（构）筑物拆除施工技术要求

建（构）筑物的拆除方法一般有人工拆除、机械拆除和爆破拆除等方法，这些拆除施工的技术要求各不相同。

（一）人工拆除方法

1. 定义

依靠手工加上一些非动力性工具如风镐、钢钎、榔头、手动葫芦、钢丝绳等，对建（构）筑物实施解体和破碎的作业方法。

2. 特点

（1）人员必须亲临拆除点操作，因此不可避免地要进行高空作业，危险性大，是拆除施工方法中最不安全的一种方法。

（2）劳动强度大、拆除速度慢。

（3）受天气影响大。刮风、下雨、结冰、下霜、打雷、下雾均不可登高作业。

（4）可以精雕细刻，易于保留部分建筑物。

3. 适用范围

拆除砖木结构，混合结构以及上述结构的分离和部分保留拆除项目。

4. 人工拆除技术及安全措施

（1）人工拆除的拆除顺序

建筑物的拆除顺序原则上按建造的逆程序进行，即先造的后拆，后造的先拆，具体可以归纳成"自上而下，先次后主"。所谓"自上而下"是指从上往下层层拆除，"先次后主"是指在同一层面上的拆除顺序，先拆次要的构件，后拆主要的构件。所谓次要构件就是不承重的构件，如阳台、屋檐、外楼梯、广告牌和内部的门、窗等，以及在拆除过程中原为承重构件去掉荷载后的构件。所谓主要构件就是承重构件，或者在拆除过程中暂时还承重的构件。

（2）不同结构的拆除技术和注意事项

由于房屋的结构不同，拆除方法也各有差异，下面主要叙述砖木结构、框架结构（或者混合结构）的拆除技术和注意事项。

1）坡屋面的砖木结构房屋

①揭瓦

a. 小瓦揭法

小瓦通常是纵向搭接、横向正反相间铺在屋面板上或屋面砖上。拆除时先拆屋脊瓦

（搭接形式），再拆屋面瓦，从上向下，一片一片叠起来，传接至地面堆放整齐。

注意事项：

拆除时人要斜坐在屋面板上向前拆以防打滑。当屋面坡度大于30°时要系安全带，安全带要固定在屋脊梁上；或者搭脚手架拆除。脚手架须请有资质的专业单位搭设，拉攀牢固，经验收合格后方可使用，并随建筑物拆除进度及时同步拆除。

检查屋面板有无腐烂。对腐烂的屋面板，人要坐在对应梁的位置上操作，防止屋面板断裂、掉落。

b. 平瓦揭法

平瓦通常是纵向搭接铺压在屋面板上或直接挂在瓦条上。对于前一种铺法的平瓦，拆除方法和注意事项同小瓦。后一种铺法虽然拆法大体相同，但注意事项如下：

安全带要系在梁上，不可系在挂瓦条上，拆除时人不可站在瓦上揭瓦，一定要斜坐在檩条对应梁的位置上。

揭瓦时房内不得有人，以防碎片伤人。

c. 石棉瓦揭法

石棉瓦通常是纵横搭接铺在屋面板上，特殊简易房，石棉瓦直接固定在钢梁上，而钢架的跨度与石棉瓦的长度相当。对这种结构的石棉瓦的拆除注意事项如下：

不可站在石棉瓦上拆固定钉，应在室内搭好脚手架，人站在脚手架上拆固定钉。然后用手顶起石棉瓦叠在下一块上，依次往下叠，在最后一块上回收。

瓦可通过室内传下，拆瓦、传瓦必须有统一指挥，以防伤人。

②屋面板拆除

拆屋面板时人应站在屋面板上，先用直头撬杠撬开一个缺口，再用弯头带起钉槽的撬杠，从缺口处向后撬，待板撬松后，拔掉铁钉，将板从室内传下。

注意事项：

撬板时人要站在对应桁条的位置上。

对于坡度大于30°的陡屋面，拆除时要系安全带或搭设脚手架。

③桁条拆除

桁条与支撑体的连接通常有三种：直接搁在承重墙上；搁在人字梁上；搁在支撑立柱上。

拆除桁条时用撬杠将两头固定钉撬掉，两头系上绳子，慢慢下放至下层楼面上作进一步处理。

④人字梁拆除

拆除桁条前在人字梁的顶端系两根可两面拉的绳子，桁条拆除后，将绳两面拉紧，用撬杠或气割枪将两端的固定钉拆除，使其自由，再拉一边绳、松另一边绳，使人字梁向一边倾斜，直至倒置，然后在两端系上绳子，慢慢放至下层楼面上作进一步解体或者整体运走。

2）框架结构（或砖混结构）的房屋

①屋面板拆除

屋面板分预制板和现浇板两种。

a. 预制板拆除方法

预制板通常直接搁在梁上或承重墙上，它与梁或墙体之间没有纵横方向的连接，一旦预制板折断，就会下落。因此，拆除时在预制板的中间位置打一条横向切槽，将预制板拦腰切断，让预制板自由下落即可。

注意事项：

开槽要用风镐，由前向后退打，保证人站在没有破坏的预制板上。

打断一块及时下放一块，因有粉刷层的关系，单靠预制板的重量有时不足以克服粉刷层与预制板之间的黏结力而自由下落，这时需用锤子将打断的预制板粉刷层敲松即可下落。

b. 现浇板拆除方法

现浇板是由纵横正交单层钢筋混凝土组成，板厚为12mm左右，它与梁或圈梁之间有钢筋连接组成整体。拆除时用风镐或锤子将混凝土打碎即可，不需考虑拆除顺序和方向。

②梁的拆除

梁分承重梁和联系梁（圈梁）两种，当屋面板（楼板）拆除后，联系梁不再承重了，属于次要构件，可以拆除。拆除时用风镐将梁的两端各打开一个缺口，露出所有纵向钢筋，然后确保其下落有效控制时，气割一端钢筋使其自然下垂，再割另一端钢筋使其脱离主梁，缓慢放至下层楼面作进一步处理。

承重梁（主梁）拆除方法大体上同联系梁。但因承重梁通常较大，不可直接气割钢筋让其自由下落，必须用吊具吊住大梁后，方可气割两端钢筋，然后吊至下层楼面或地面作进一步解体。

③墙体拆除

墙分砖墙和混凝土墙两种。

a. 砖墙拆除方法

用锤子或撬杠将砖块打（撬）松，自上而下作粉碎性拆除，对于边墙除了自上而下外还应由外向内作粉碎性拆除。

b. 混凝土墙拆除方法

用风镐沿梁、柱将墙的左、上、右三面开通槽，再沿地板面墙的背面打掉钢筋保护层，露出纵向钢筋，系好拉绳，气割钢筋，将墙拉倒，再破碎。

注意事项：

拆墙时室内要搭可移动的脚手架或脚手凳，临人行道的外墙要搭外脚手架并加密网封闭，人流稠密的地方还要加搭过街防护棚。

气割钢筋顺序为先割沿地面一侧的纵向钢筋，其次为上方沿梁的纵向钢筋，最后是两侧的横向钢筋。

不得采用掏掘或推倒的方法拆除墙体。

严禁站在墙体或被拆梁上作业。

楼板上严禁多人聚集或堆放材料。

④立柱拆除

立柱拆除采用先拉倒再解体破碎的方法。打掉立柱根部背面的钢筋保护层，剔凿露出纵向钢筋，在立柱顶端使用手动倒链向内定向牵引，采用气焊切割柱子三面钢筋，保留牵引方向正面的钢筋。气割钢筋，向内拉倒立柱，进一步破碎。

注意事项：

立柱倾倒方向应选在下层梁或墙的位置上。

撞击点应设置缓冲防振措施。

⑤清理层面垃圾

楼层内的施工垃圾，应采用封闭的垃圾道或垃圾袋运下，不得向下抛掷。

垃圾井道的要求如下：

垃圾井道的口径大小，对现浇板结构层面，道口直径为1.2～1.5m；对预制结构屋面，打掉两块预制板，上下对齐。

垃圾井道数量，原则上每跨不得多于1只，对进深很大的建筑可适当增加，但要分布合理。

井道周围要作密封性防护，防止灰尘飞扬。

（二）机械拆除方法

1. 定义

指使用大型机械如挖掘机、镐头机、重锤机等为主，人工为辅相配合的对建筑物、构筑物实施解体和破碎的施工方法。

2. 特点

（1）无需人员直接接触作业点，故安全性好。

（2）施工速度快，可以缩短工期，减少扰民时间。

（3）作业时扬尘较大，必须采取湿式作业法。

（4）还需要部分保留的建筑物不可直接拆除，必须先用人工分离后方可拆除。

3. 适用范围

拆除混合结构、框架结构、板式结构等高度不超过30m的建筑物及各类基础和地下构筑物。

4. 机械拆除施工的技术及安全措施

（1）机械拆除的拆除顺序

解体→破碎→翻渣→归堆待运。

（2）拆除方法

根据被拆建筑物、构筑物高度不同又分为镐头机拆除和重锤机拆除两种方法。

1）镐头机拆除方法：

镐头机可拆除高度不超过15m的建（构）筑物。

①拆除顺序：自上而下、逐层、逐跨拆除。

②工作面选择：框架结构房选择与承重梁平行的面作施工面；混合结构房选择与承重墙平行的面作施工面。

③停机位置选择：设备机身距建筑物垂直距离约3～5m，机身行走方向与承重梁（墙）平行，大臂与承重梁（墙）呈45°～60°。

④打击点选择：打击顶层立柱的中下部，让顶板、承重梁自然下塌，打断一根立柱后向后退，再打下一根，直至最后。对于承重墙要打顶层的上部，防止碎块下落砸坏设备。

⑤清理工作面：用挖掘机将解体的碎块运至后方空地作进一步破碎，空出镐头机作业通道，进行下一跨作业。

2) 重锤机拆除方法：

重锤机通常用 50t 吊机改装而成，锤重 3t，拔杆高 30～52m，有效作业高度可达 30m，锤体侧向设置可快速释放的拉绳，因此，重锤机既可以纵向打击楼板，又可以横向撞击立柱、墙体，是一个比较好的拆除设备。

①拆除顺序：从上向下层层拆除，拆除一跨后清除悬挂物，移动机身再拆下一跨。

②工作面选择：同镐头机。

③打击点选择：侧向打击顶层承重立柱（墙），使顶板、梁自然下塌。拆除一层以后，放低重锤以同样方法拆下一层。

④拔杆长度选择：拔杆长度力最高打击点高度加 15～18m，但最短不得短于 30m。

⑤停机位置选择：对于 50t 吊机，锤重为 3t，停机位置距打击点所在的拆除面的距离最大为 26m。机身垂直拆除面。

⑥清理悬挂物：用重锤侧向撞击悬挂物使其破碎，或将重锤改成吊篮，人站在吊篮内气割悬挂物，让其自由落下。

⑦清理工作面：拆除一跨以后，用挖土机清理工作面，移动机身拆除下一跨。

（3）机械拆除的注意事项

1）采用机械拆除应从上至下、逐层逐段进行，先拆除非承重结构，再拆除承重结构。只进行部分拆除的建筑，必须先将保留部分加固，再进行分离拆除。

2）根据被拆除物高度选择拆除机械，不可超高作业或任意扩大使用范围，供机械设备使用的场地必须保证足够的承载力。作业中不得同时回转、行走。打击点必须选在顶层。

3）镐头机作业高度不够，可以用建筑垃圾垫高机身以满足高度需要，但垫层高度不得超过 3m，其宽度不得小于 3.5m，两侧坡度不得大于 60°。

4）人、机不可立体交叉作业，机械作业时，在其回旋半径内不得有人工作业。

5）拆除框架结构建筑，必须按楼板、次梁、主梁、柱子的顺序进行施工。

6）机械严禁在有地下管线处作业，如果一定要作业，必须在地面垫 2～3cm 的整块钢板或走道板，保护地下管线安全。

7）在地下管线两侧严禁开挖深沟，如一定要挖深沟，必须在有管线的一侧先打钢板桩，钢板桩的长度为沟深的 2～2.5 倍，当沟深超过 1.5m 时，必须设内支撑以防塌方伤害管线。

8）机械拆除在分段切割时，必须确保未拆除部分结构的整体完整和稳定。

9）进行高处拆除作业时，对较大尺寸的构件或沉重的材料，必须采用起重机具及时吊下。拆卸下来的各种材料应及时清理，分类堆放在指定场所，严禁向下抛掷。

10）作业人员使用机具时，严禁超负荷使用或带故障运转。

11）机械解体作业时应设专职指挥员，监视被拆除物的动向，及时用对讲机指挥机械操作员进退。

12）桥梁、钢屋架拆除应符合下列规定：

①先拆除桥面的附属设施及挂件、护栏。

②按照施工组织设计选定的机械设备及吊装方案进行施工。不得超负荷作业。

③采用双机抬吊作业时，每台起重机载荷不得超过允许载荷的 80%，且应对第一吊

进行试吊作业，作业过程中必须保持两台起重机同步作业。

④拆除吊装作业的起重机司机，必须严格执行操作规程。信号指挥人员必须按照现行国家标准《起重吊运指挥信号》（GB 5082）的规定作业。

⑤拆除钢屋架时，必须采用绳索将其拴牢，待起重机吊稳后，方可进行气焊切割作业。吊运过程中，应采用辅助绳索控制被吊物处于正常状态。

（三）爆破拆除方法

1. 定义

利用炸药在爆炸瞬间产生高温高压气体对外做功，借此来解体和破碎建（构）筑物的方法。

2. 特点

（1）由于爆破前施工人员不进行有损建筑物整体结构和稳定性的操作，所以人身安全最有保障。

（2）由于爆破拆除是一次性解体，所以扬尘、扰民较少。

3. 适用范围

拆除混合结构、框架结构、钢混结构等各类超高建筑物及各类基础和地下构筑物。

4. 爆破拆除施工的技术及安全措施

爆破拆除属于特殊行业，从事爆破拆除的企业，不但需要精湛的技术，还必须有严格的管理和严密的组织。

（1）爆破拆除企业的注册

从事爆破拆除的企业，必须经当地公安主管部门审查、批准，发给火工品使用许可证后，方可到工商管理部门登记注册。

（2）爆破拆除企业的分级

公安管理部门根据爆破拆除企业的技术力量，将企业分为 A、B 两级资质。

A 级爆破拆除企业，必须具有从事爆破作业三年以上的两名高级职称和四名中级职称的技术人员。

B 级爆破拆除企业，必须具有从事爆破作业三年以上的一名高级职称和两名中级职称的技术人员。

（3）爆破拆除必须符合下列原则

1）爆破拆除设计、施工，火工品运输、保管、使用必须遵守国家制定的《爆破安全规程》（GB 6722—2003）。

2）从事爆破拆除方案设计、审核的技术人员，必须经过公安部组织的技术培训，经考试合格，发给中华人民共和国爆破工程技术人员安全作业证。安全作业证分高级和中级两种，分别对应高级职称和中级职称。持证设计、审核。

3）爆破拆除设计方案必须经所在地区公安管理部门和拆房安全管理部门审批、备案方可实施。

4）爆破作业人员，火工品保管员、押运员必须经过当地公安管理部门组织的技术培训，并经考试合格后分别发给"爆破员证"、"火工品保管员证"、"火工品押运员证"，持证上岗。

5）爆破拆除施工必须在确保周围建筑物、构筑物、管线、设备仪器和人身安全的前提下进行。

（4）爆破作业程序

1）编写施工组织设计

根据结构图纸（或实地查看）、周围环境、解体要求，确定倒塌方式和防护措施。

根据结构参数和布筋情况，决定爆破参数和布孔参数。

2）组织爆前施工

按设计的布孔参数钻孔，按倒塌方式拆除非承重结构，由技术员和施工负责人二级验收。

3）组织装药接线

①由爆破负责人根据设计的单孔药量组织制作药包，并将药包编号。

②对号装药、堵塞。

③根据设计的起爆网络接线联网。

④由项目经理、设计负责人、爆破负责人联合检查验收。

4）安全防护

由施工负责人指挥工人根据防护设计进行防护，由设计负责人检查验收。

5）警戒起爆

①由安全员根据设计的警戒点、警戒内容组织警戒人员。

②由项目经理指挥，安全员协助清场，警戒人员到位。

③零前 5min 发预备警报，开始警戒，起爆员接雷管，各警戒点汇报警戒情况。

④零前 1min 发起爆警报、起爆器充电。

⑤零时发令起爆。

6）检查爆破效果

由爆破负责人率领爆破员对爆破部位进行检查，发现哑炮立即按《爆破安全规程》（GB 6722—2003）规定的方法和程序排除哑炮，待确定无哑炮后，解除警报。

7）破碎清运

用镐头机对解体不充分的梁、柱作进一步破碎，回收旧材料，垃圾归堆待运。

（5）爆破拆除应重点注意的问题

从施工全过程来讲，爆破拆除是最安全的，但在爆破瞬间有三个不安全因素，必须在设计、施工中作严密的控制方能确保安全。

1）爆破飞散物（称飞石）的防护

飞散物是爆破拆除中不可避免的东西，为了确保安全需要采取以下措施：

①在爆破部位、危险的方向上对建筑物进行多层复合防护，把飞石控制在允许范围内。

②对危险区域实行警戒，保证在飞石飞行范围内没有人和重要设备。

2）爆破震动的防护

爆破在瞬间产生近十万大气压的冲击，根据作用反作用的原理，必然要对地表产生震动，控制不当，严重时可能影响地面爆点附近某些建筑物的安全，尤其是地下构筑物的安全。控制措施如下：

①分散爆点以减少震动。

②分段延时起爆，使一次起爆药量控制在允许范围内。

③隔离起爆，先用少量药量炸开一个缺口，使以后起爆的药量不与地面接触，以此隔震。

3）爆破扬尘的控制

爆破瞬间使大量建筑物解体，高压气流的冲击，在破碎面上产生大量的粉尘，控制扬尘的措施是：

①爆前对待爆建筑物用水冲洗，清除表面浮尘。

②爆破区域内设置若干"水炮"同时起爆，形成弥漫整个空间的水雾，吸收大部分粉尘。

③在上风方向设置空压水枪，起爆时打开水枪开关，造成局部人造雨，消除因解体塌落时产生的部分粉尘。

（6）爆破拆除的注意事项

1）从事爆破拆除工程的施工单位，必须持有所在地有关部门核发的《爆炸物品使用许可证》，承担相应等级或低于企业级别的爆破拆除工程。爆破拆除设计人员应具有承担爆破拆除作业范围和相应级别的爆破工程技术人员作业证。从事爆破拆除施工的作业人员应持证上岗。

2）爆破拆除所采用的爆破器材，必须向当地有关部门申请《爆破物品购买证》，到指定的供应点购买。严禁赠送、转让、转卖、转借爆破器材。

3）运输爆破器材时，必须向所在地有关部门申请领取《爆破物品运输证》。应按照规定路线运输，并应派专人押送。

4）爆破器材临时保管地点，必须经当地有关部门批准。严禁同室保管与爆破器材无关的物品。

5）爆破拆除的预拆除施工应确保建筑安全和稳定。预拆除施工可采用机械和人工方法拆除非承重的墙体或不影响结构稳定的构件。

6）对烟囱、水塔类构筑物采用定向爆破拆除工程时，爆破拆除设计应控制建筑倒塌时的触地振动，必要时应在倒塌范围铺设缓冲材料或开挖防震沟。

7）为保护临近建筑和设施的安全，爆破震动强度应符合现行国家标准《爆破安全规程》（GB 6722）的有关规定。建筑基础爆破拆除时，应限制一次同时爆破的用药量。

8）建筑爆破拆除施工时，应对爆破部位进行覆盖和遮挡防护，覆盖材料和遮挡设施应牢固可靠。

9）爆破拆除应采用电力起爆网路和非电导爆管起爆网路。必须采用爆破专用仪表检查起爆网路电阻和起爆电源功率，并应满足设计要求；非电导爆管起爆应采用复式交叉封闭网路。爆破拆除工程不得采用导爆索网路或导火索起爆方法。

10）装药前，应对爆破器材进行性能检测。试验爆破和起爆网路模拟试验应选择安全部位和场所进行。

11）爆破拆除工程的实施应在当地政府主管部门领导下成立爆破指挥部，并应按设计确定的安全距离设置警戒。

12）爆破拆除工程的实施除应符合本规范第3.3节的要求外，必须按照现行国家标准《爆破安全规程》（GB 6722）的规定执行。

第五节 案 例 分 析

一、墙体模板坍塌事故分析

某在建工程位于泉州市泉港区驿峰路口与 324 国道交叉口，总建筑面积 58808m²、造价 2587 万元，包括 8 幢各类办公楼：A 型 2 号厂房、B 型墙体模板、1 号厂房、2 号厂房、3 号厂房、综合楼、1 号宿舍楼，除 B 型、1 号厂房、2 号厂房、3 号厂房为双跨排架结构外，其余均为全现浇钢筋混凝土结构。

2006 年 12 月 25 日上午 11：30 左右，B 型厂房因墙体模板坍塌，引起脚手架倒塌，导致正在墙体及脚手架施工的 11 名工人掉落地面，造成轻伤的事故。现对该事故分析如下：

（一）事故经过

2006 年 12 月 25 日，施工单位正在施工 B 型厂房 3 号女儿墙压顶浇灌混凝土。该厂房层高 8.1m，女儿墙高度 1.5m，总高度 9.6m。现场未搭设垂直运输机械，当时施工分成 2 组，每组 6 人，其中 4 人站在女儿墙压顶上，并与构造柱一起浇灌混凝土，其余 8 人站在脚手架对接用桶装水泥浆进行浇筑。由于当时女儿墙体砌体 23 日刚砌，砂浆强度不够，加上混凝土女儿墙压顶已至完工。经计算混凝土重量达 25000kg，墙体模板压顶支撑强度和稳定性不够，造成系统失稳，墙体震动跨蹋，倒下的大量砌体砖头及钢筋混凝土压塌脚手架从 A 交⑫～㉑轴长度 50m 左右，整体倒塌，使得站在女儿墙及脚手架上的施工人员跌落，造成 11 人的轻伤事故，直接经济损失 26 万元。

（二）事故的原因分析

根据现场勘查、并对调查笔录和有关资料综合分析，造成这起女儿墙墙体模板坍塌事故的原因是多方面的，有施工方面违章操作，违反施工程序，也有监理单位监管失职。现从施工、监理两个责任主体方面的因素分述如下：

1. 施工因素

（1）施工企业未针对该女儿墙浇筑制定施工组织设计方案及安全技术措施，未针对支撑荷载进行计算。经事故现场调查，一是该女儿墙的压顶、模板支撑无可靠立足点，模板支撑支架强度和稳定性不够，造成失稳，二是无施工方案及模板支撑荷载计算。以上是发生这起事故的主要原因，也是一起严重违章而引起质量的安全事故。

（2）违反施工程序，施工单位为了赶进度，23 日才砌砖墙、24 日模板支撑、25 日进行女儿墙压顶，造成墙体砂浆强度不够；另外，本应先浇注构造柱，但施工单位将构造柱与女儿墙压顶同时浇筑，也是发生这起事故的主要原因。

（3）因构件失稳而造成倒塌事故。因砖墙受压构件较长，在压力还未达到极限时，工人 4 人站在女儿墙体上施工，实然产生弯曲以致引起破坏。

（4）竹脚手架搭设未高出女儿墙 1.2m 以上，外架与建筑物连接点设置不符合要求，连接点偏少，拉结点铁丝直径小，竹材质差，搭设不符合规范要求。以致工人站在女儿墙体上施工引起墙体倒塌，造成脚手架倒塌。

（5）女儿墙压顶时，外架未高出楼层 1.2m，且未搭设操作平台，导致 4 名工人无安全立足之处，而违章站在女儿墙压顶上进行混凝土浇筑作业，造成砖墙倒塌。

（6）对该女儿墙压顶模板支撑安装好后，不经过认真严格检查验收，而进入下一道工序施工，隐患无法及时排除。

（7）施工企业安全管理混乱，安全机构不健全，工地面积 58808m²，只配备一名安全员，且安全员业务素质低下，连基本安全知识都不懂，更谈不上管理工地安全。

（8）安全管理制度流于形式，得不到很好落实，无工地日常安全检查记录和公司安全检查记录，对入场新工人没有进行三级安全教育。

（9）未对有关安全施工技术要求，施工单位向施工作业班组、作业人员作出详细说明，并经双方签字确认；作业人员进入新的岗位或新的施工现场前，未接受安全教育培训。

2. 监理因素

（1）监理单位未对施工单位女儿墙压顶提出施工方案并进行审批，施工现场浇筑女儿墙压顶时，没有进行旁站监理，事故发生时，监理人员不在施工现场。

（2）监理单位对施工单位违章操作，违反施工程序的行为未能及时制止或报告，这是监理单位监管失职。

（3）监理单位对施工现场墙体模板支撑没有组织有关人员进行验收，发现事故安全隐患，没有要求施工单位进行整改，情况严重的，没有要求施工单位暂时停工，并及时报告建设单位。

（4）工程监理单位和监理工程师无按照法律、法规和工程建设强制性标准实施监理。

（三）防范措施

1. 从这起事故反映出，该工程墙体模板支架搭设的过程中，从工人到管理人员、从项目经理到公司经理及监理公司都没有提出问题，也都没有提醒有关人员编制方案及验收，只要是哪位领导或管理人员有一点安全法制意识，检查工作周到一些，就有可能发现问题、解决问题，避免事故的发生。因此，加强安全和技术培训，不断提高各级领导、管理人员和施工人员的法制观念、安全质量意识和管理技术水平，是十分重要的。

2. 施工单位应建立健全安全管理机构，配备业务素质高安全员，切实负起责任落实施工现场日常安全监管，发现安全隐患及时落实整改。

3. 建设工程项目施工必须严格执行《建设工程安全管理条例》、《建设工程施工现场管理规定》，必须编制好施工组织设计，并按有关权限、程序审批后才能施工，对违章要严肃处理。

4. 加强施工单位安全制度建设。建设工程施工前，施工单位负责项目管理的技术人员应当对有关安全施工的技术要求向施工作业班组、作业人员作业详细说明，并由双方签字确认。对作业人员进入新的岗位或者新的施工现场前，接受安全教育培训。未经教育培训或者教育培训不合格的人员，不得上岗作业。

5. 模板及其支架在安装过程中，必须设置防倾覆的临时固定设施。

6. 加强模板工程和脚手架工程的专项验收，模板工程、脚手架工程施工单位验收合格后，经监理单位签认后，才可以进入下一道工序施工，严禁不经各方验收，进入下一道工序施工或提前使用。

7. 施工单位安排合理施工程序和合理工期，提高女儿墙砖砌体的强度和质量，构造柱与女儿墙压顶时，应分开浇筑，确保施工过程的安全。

8. 加强监理单位安全责任制的落实：一是工程监理单位应当审查施工组织设计中的安全技术措施或者专项施工方案是否符合工程建设强制性标准；二是在实施监理过程中，发现存在安全事故隐患的，应当要求施工单位整改，情况严重的，应当要求施工单位暂时停工，并及时报告建设单位；三是施工单位拒不整改或者不停止施工，工程监理单位应当及时向有关监管部门报告。

9. 发挥建设单位监管作用，对施工单位违章操作、违反施工程序的情况下，要及时制止和停止作业。

（四）结束语

这是一起本不应该发生的事故，其根源在于企业（包括项目部）安全管理混乱、思想上重视不够，组织上把关不严，违章作业、违反施工程序，监理单位监管失职所致，这个教训是深刻的。此次事故告诫我们，施工生产中各级领导必须学习安全法律法规，牢固树立"安全第一"的观念，严格执行安全操作规程和施工方案，杜绝违章指挥和违章作业，工作要细致、方法要稳定，才能杜绝或减少安全事故的发生。

二、武汉市某大厦拆除工程外檐板坍塌事故

2007 年 6 月 20 日，武汉市某大厦发生一起因拆除外檐悬挑结构的坍塌事故，造成 4 人死亡，5 人受伤。

（一）事故发生经过

武汉市某大厦装修改造工程由某建筑公司承包后，又将建筑物的局部拆除工程转包给四川省合江县某建筑公司武汉分公司，该分公司又雇佣了重庆市合川龙凤镇某建筑工程队做劳务施工。

2007 年 6 月 19 日，作业人员在拆除大厦的 17 层④～⑩轴外檐悬挑结构时，采用先拆除⑤～⑨轴的外檐，然后再拆除④轴和⑩轴处的局部外檐。该悬挑外檐结构由悬挑梁与外檐板组成，④～⑩轴外檐总长为 216m，轴与轴间距为 36m。上部结构为悬挑梁（与结构柱连接），外檐板在悬挑梁下部（板厚 80mm，板高 50m），由悬挑梁承力。但是在拆除之前，施工负责人没有讲明悬挑结构的承力部位，也没说清楚拆除程序，作业人员错误地先将⑤～⑨轴处与柱相连的悬挑梁处凿除了混凝土，由于悬挑梁钢筋尚未切断，另外尚有④轴和⑩轴两处混凝土未拆除，虽已造成隐患却没导致坍塌事故。至下午 4 时左右，主楼工长和监理人员进行了查看，便认为"基本完好，未发现异常现象"，因此错过了采取补救措施的机会。

次日，6 月 20 日作业人员继续凿除④轴和⑩轴处与柱相连接的悬挑梁，并切断其连接钢筋，此时外檐板失去承力结构向外倾倒，砸坏外脚手架后坠落，造成裙房门厅支模人员 4 人死亡，5 人受伤。

（二）事故原因分析

1. 技术方面

主要是拆除程序错误，应该先拆除非承重结构，后拆除承重结构。该工程由于先拆除了悬挑梁，使外檐板失去承力传递结构，剩余连接部分无法支承外檐墙板的自重而发生坍塌坠落，将下面（距坠落处 46m）的支模人员砸伤致死。

2. 管理方面

（1）拆除方案不清楚。该拆除方案只是一般规定如"先上后下、先外后内"，"用凿子小块地凿打"，"不能分隔成大块破除"等，没有针对该工程结构特点进行指导和详细写明拆除程序，因此作业人员分不清哪些是承重部位，哪些属非承重部分，误将承重部位先拆除，导致发生事故。

（2）现场指挥错误。四川合江县某建筑公司是否具备拆除资质，为什么拆除之前该单位负责人未向作业人员讲清拆除程序及注意事项，为什么主楼工长和监理人员 6 月 19 日查看之后，还认为"基本完好"。说明作业人员和管理人员不懂建筑结构，不认真查看图纸，导致了违章指挥和违章操作，已经发生隐患，却未及时采取补救措施，最终导致事故。

（3）总包放弃管理。总包单位将拆除工程包给分包单位后，既不认真审查资质，又不对方案的可操作性进行认真研究，再加上雇佣农民工作劳务，层层放松管理，最后发生事故。

（三）事故结论与教训

1. 事故主要原因

本次事故由于总包单位对分包拆除工程时，未认真审查其资质，拆除过程中又疏于管理，分包单位对工程结构不清楚而违章指挥，作业人员未经培训无相应证书，违章操作，导致拆除程序错误，导致事故发生。

2. 事故性质

本次事故属责任事故。从总包非法转包部分拆除工程，分包又雇佣农民工拆除，既未进行安全教育，又未进行交底，致使不懂拆除工程安全技术的农民工违章拆除，导致事故发生。

3. 主要责任

（1）四川省合江县某建筑公司在施工现场违章指挥，工人因不懂基本施工技术和缺少安全监督管理，导致违章操作而发生事故。

（2）本次事故由某建筑公司引发，没对分包单位资质认真审查，非法转包工程，且疏于管理，总包单位应负全面管理责任。

（四）事故预防措施

1. 认真贯彻《建筑法》、《安全生产法》和《建设工程安全生产管理条例》的有关规定，分包虽然是发生事故的直接责任者，但总包违反《建筑法》转包工程，不进行全面管理，应追究总包单位的管理责任。

2. 房屋拆除工程因市场混乱事故多，《建筑法》第五十条专门进行了规定，但仍没得到全面贯彻。必须要求拆除作业之前，制定详细的作业方案，对作业人员讲明拆除程序和注意事项，必须由具有相应资质的人员指挥。

3. 拆除工程的交底不能过于简单，不仅应有文字说明，还应绘制结构图纸，标明拆除程序和拆除方法，拆除过程中须有技术人员在现场亲自指挥。

（五）专家点评

房屋拆除工程与新建工程相比较，有些工程更具危险性和复杂性，必须由懂得工程结构的具有相应资质的队伍施工，施工之前调查了解原建筑结构和使用现状，并制定详细的拆除方案，否则容易发生事故。为此，《建筑法》中专门进行了规定，要求必须严格执行。

本次拆除工程事故是由不具备拆除资质的队伍施工，不懂工程结构，拆除作业前无正确可行的方案指导，也未向作业人员对拆除程序进行交底，且整个拆除过程中也未得到懂结构的管理人员指导，以致在拆除挑檐时，错误的先把悬挑梁凿除，致使挑檐板坠落，导致发生伤亡事故。

总包承揽该大厦装修工程后，又把建筑物的局部拆除工程进行分包，由于没认识拆除工程的危险性和复杂性而放弃管理。《建筑法》中规定，禁止总包单位将工程分包给不具备相应资质条件的单位，总包单位按照总承包合同的约定对建筑单位负责。

第七章 建筑施工专项安全技术

第一节 高处作业安全防护

一、高处作业概述

（一）高处作业的含义及分级

1. 何谓高处作业

国家标准《高处作业分级》（GB/T 3608—2008）规定：在距坠落高度基准面 2m 或 2m 以上有可能坠落的高处进行的作业，称为高处作业。

所谓基准面，指坠落到的底面，如地面、楼面、楼梯平台、相邻较低建筑物的屋面、基坑的底面、脚手架的通道板等，坠落高度基准面则是通过可能坠落范围最低处的水平面。可能坠落范围是以作业位置为中心，可能坠落范围半径为半径划成的与水平面垂直的柱形空间。可能坠落范围半径则是为确定可能坠落范围而规定的相对于作业位置的一段水平距离。其大小取决于作业现场的地形、地势或建筑物分布等有关的基础高度。基础高度是这样规定的，以作业位置为中心，6m 为半径，所划出的一个垂直水平面的柱形空间内的最低处与作业位置间的高度差称为基础高度。因此，高处作业高度（简称作业高度）的衡量，以从作业区各作业位置至相应的坠落基准面之间的垂直距离中的最大值为准。

2. 高处作业的分级

（1）高处作业高度分为 2～5m、5m 以上～15m、15m 以上～30m 及 30m 以上四个区段。

（2）直接引起坠落的客观危险因素分为 11 种：

1）阵风风力五级（风速 8.0m/s）以上；

2）GB/T 4200—2008 规定的 II 级或 II 级以上的高温作业；

3）平均气温等于或低于 5℃ 的作业环境；

4）接触冷水温度等于或低于 12℃ 的作业；

5）作业场地有冰、雪、霜、水、油等易滑物；

6）作业场所光线不足，能见度差；

7）作业活动范围与危险电压带电体的距离小于表 7-1 的规定；

作业活动范围与危险电压带电体的距离   表 7-1

危险电压带电体的电压等级/kV	距离/m	危险电压带电体的电压等级/kV	距离/m
≤10	1.7	220	4.0
35	2.0	330	5.0
63～110	2.5	500	6.0

8）摆动，立足处不是平面或只有很小的平面，即任一边小于500mm的矩形平面，直径小于500mm的圆形平面或具有类似尺寸的其他形状的平面，致使作业者无法维持正常姿势；

9）《体力劳动强度分级》（GB 3869—1997）规定的Ⅲ级或Ⅲ级以上的体力劳动强度；

10）存在有毒气体或空气中含氧量低于0.195的作业环境；

11）可能会引起各种灾害事故的作业环境和抢救突然发生的各种灾害事故。

（3）高处作业分级

坠落高度越高，危险性也就越大，所以按不同的坠落高度，当不存在以上任何一种客观危险因素时，高处作业可按表7-2规定的A类法分级。当存在以上一种或一种以上的客观危险因素时，高处作业可按表7-2规定的B类法分级。即B类法比A类法等级提高了一级。

高处作业分级 表7-2

分 类 法	高处作业高度/m			
	$2 \leqslant h_w \leqslant 5$	$5 < h_w \leqslant 15$	$15 < h_w \leqslant 30$	$h_w > 30$
A	Ⅰ	Ⅱ	Ⅲ	Ⅳ
B	Ⅱ	Ⅲ	Ⅳ	Ⅳ

（二）高处作业安全工作的重要性

随着社会经济的不断发展，我国的建筑市场在近几十年来一直呈现着欣欣向荣的景象，其最大的特点是高层或高耸建筑越来越多。目前世界最高的10幢建筑物，中国就占了6个，其中大陆的上海环球金融中心（492m）、上海金茂大厦（421m）、广州中信广场大楼（391m）、深圳顺兴广场大楼（384m）分别位列第二、第六、第八和第九。上海东方明珠电视塔更以468m的高度成为亚洲第一、世界第三的高塔。建筑物在不断向空间升高的同时，也在不断向地下拓展。凡深度达5m以上的基础称为深基础，目前最深的基础深达20多米，因此深基础施工同高层建筑一样均存在高处作业的安全生产问题。

超高建筑和深基础的出现使得施工难度增大，安全生产问题也越来越突出，稍不注意就容易发生安全事故，尤其是高处坠落事故，近年来一直居于"五大伤害"之首，主要原因有：

1. 临边洞口处作业无防护设施或防护不严密、不牢固。

2. 脚手架搭设不规范、作业层防护不严、脚手架跳板不满铺、架体与墙体的拉结点少且不牢固或被随意拆除造成的脚手架倒塌和人员坠落等。

3. 在塔式起重机、龙门架（井字架）的安装、拆除过程中，违反操作规程，造成坠落事故。

4. 违章乘坐吊篮，钢丝绳断裂、吊盘停靠装置失效。

5. 模板支撑系统钢竹混用，无剪刀撑，缺少水平杆和斜撑，楼层模板立杆排列混乱，造成整体失稳坍塌坠落。

6. 工人未经培训违章作业，缺乏必要的自我保护意识和安全知识，是导致事故发生的最主要原因。

7. 施工单位重生产、轻安全，只讲进度和效益，安全生产责任制不落实，安全管理措施不到位，也是事故发生的重要原因。

分析上述高处坠落事故发生的原因，我们不难看出，高处作业存在于脚手架的搭设、使用、拆除，模板的搭、设，大型机械的搭、拆和使用等多个环节中，因此对高处作业的安全管理工作也就更显示出其重要性，加强高处作业的安全管理措施和对工人的安全教育，更是控制事故发生的重要方面。

二、建筑施工高处作业的基本安全要求

1992 年 8 月 1 日《建筑施工高处作业安全技术规范》（JGJ 80—91）正式施行，对建筑施工高处作业提出了明确的防护要求，规范了高处作业的安全技术措施，使其技术合理、经济适用，对预防各种伤害事故的发生发挥了积极的作用。现将该标准及高处作业的安全防护作如下介绍。

1. 每个工程项目中涉及的所有高处作业的安全技术措施必须列入工程的施工组织设计，并经公司上级主管部门审批后方可施工。

2. 施工前，应逐级进行安全技术教育及交底，落实所有安全技术措施和人身防护用品，未经落实时不得进行施工。

3. 高处作业中的安全标志、工具、仪表、电气设施和各种设备，必须在施工前加以检查，确认其完好，方能投入使用。

4. 攀登和悬空高处作业人员以及搭设高处作业安全设施的人员，必须经过专业技术培训及专业考试合格，持证上岗，并必须定期进行体格检查。

5. 高处作业人员的衣着要灵便，必须正确穿戴好个人防护用品。

6. 高处作业中所用的物料，均应堆放平稳，不妨碍通行和装卸。对有坠落可能的物件，应一律先行撤除或加以固定。

工具应随手放入工具袋；作业中的走道、通道板和登高用具，应随时清扫干净；拆卸下的物件及余料和废料均应及时清理运走，不得任意乱置或向下丢弃。传递物件禁止抛掷。

7. 雨天和雪天进行高处作业时，必须采取可靠的防滑、防寒和防冻措施。凡水、冰、霜、雪均应及时清除。

对进行高处作业的高耸建筑物，应事先设置避雷设施。遇有六级以上强风、浓雾等恶劣气候，不得进行露天攀登与悬空高处作业。暴风雪及台风暴雨后，应对高处作业安全设施逐一加以检查，发现有松动、变形、损坏或脱落等现象，应立即修理完善。

8. 用于高处作业的防护设施，不得擅自拆除。确因作业需要，临时拆除或变动安全防护设施时，必须经施工负责人同意，并采取相应的可靠措施，作业后应立即恢复。

9. 建筑物出入口应搭设长 6m，且宽于出入通道两侧各 1m 的防护棚，棚顶满铺不小于 5cm 厚的脚手板，防护棚两侧必须封严。

10. 对人或物构成威胁的地方，必须支搭防护棚，保证人、物安全。

11. 高处作业的防护棚搭设与拆除时，应设置警戒区并应派专人监护。严禁上下同时拆除。

12. 施工中如果发现高处作业的安全设施有缺陷和隐患，必须及时解决；危及人身安全时，必须停止作业。

13. 高处作业安全设施的主要受力杆件，力学计算按一般结构力学公式，强度及挠度计算按现行有关规范进行，但钢受弯构件的强度计算不考虑塑性影响，构造上应符合现行的相应规范的要求。

14. 高处作业应建立和落实各级安全生产责任制，对高处作业安全设施，应做到防护要求明确，技术合理，经济适用。

三、临边作业安全防护

（一）临边作业的含义

施工现场中，工作面边沿无围护设施或围护设施高度低于80cm时的高处作业。

（二）临边作业的范围

基坑周边，尚未安装栏杆或栏板的阳台、料台与挑平台周边，雨篷与挑檐边，无外架防护的屋面与楼层周边，水箱与水塔周边，斜道两侧边，卸料平台外侧边，分层施工的楼梯口和梯段边以及井架与施工用电梯和脚手架等与建筑物通道的两侧边等处，通称"五临边"。

（三）临边作业防护措施

对临边高处作业，必须设置防护措施，并符合下列规定：

1. 基坑周边，尚未安装栏杆或栏板的阳台、料台与挑平台周边，雨篷与挑檐边，无外脚手的屋面与楼层周边及水箱与水塔周边等处，都必须设置防护栏杆。

2. 头层墙高度超过3.2m的二层楼面周边，以及无外脚手架的高度超过3.2m的楼层周边，必须在外围架设安全平网一道。如图7-1。

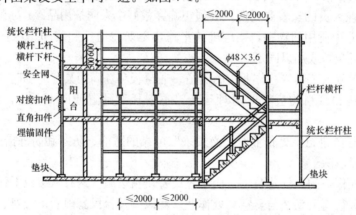

图7-1　楼梯、楼层和阳台临边防护栏杆

根据住房和城乡建设部颁发的《建筑施工安全检查标准》（JGJ 59—2011）的规定，取消了平网在落地式脚手架外围的使用，改为立网全封闭。立网应该使用密目式安全网，其标准是：密目密度不低于2000个/cm²；做耐贯穿试验［将网与地面成30°夹角，在其中心上方3m处，用5kg重的钢管（管径48.3mm）垂直自由落下，不穿透］。

3. 分层施工的楼梯口和梯段边，必须安装临时护栏。对于主体工程上升阶段的顶层楼梯口应随工程结构进度安装正式防护栏杆。回转式楼梯间应支设首层水平安全网，每隔4层设一道水平安全网。

4. 井架与施工用电梯和脚手架等与建筑物通道的两侧边，必须设防护栏杆。地面通道上部应装设安全防护棚。双笼井架通道中间，应予分隔封闭。

5. 各种垂直运输接料平台，除两侧设防护栏杆外，平台口还应设置安全门或活动防护栏杆。

6. 阳台栏板应随工程结构进度及时进行安装。

（四）防护栏杆规格与连接要求

临边防护栏杆杆件的规格及连接要求，应符合下列规定：

1. 原木横杆上杆梢径不应小于 70mm，下杆梢径不应小于 60mm，栏杆柱梢径不应小于 75mm。并须用相应长度的圆钉钉紧，或用不小于 12 号的镀锌钢丝绑扎，要求表面平顺和稳固无动摇。

2. 钢筋横杆上杆直径不应小于 16mm，下杆直径不应小于 14mm，栏杆柱直径不应小于 18mm，采用电焊或镀锌钢丝绑扎固定。

3. 钢管横杆及栏杆柱均采用 φ48.3mm×3.6mm 的管材，以扣件固定。

4. 以其他钢材如角钢等作防护栏杆杆件时，应选用强度相当的规格，以电焊固定。

（五）防护栏杆搭设要求

搭设临边防护栏杆时，必须符合下列要求：

1. 防护栏杆应由上、下两道横杆及栏杆柱组成，上杆离地高度为 1.0～1.2m，下杆离地高度为 0.5～0.6m。坡度大于 1∶22 的屋面，防护栏杆高应为 1.5m，并加挂安全立网。除经设计计算外，横杆长度大于 2m 时，必须加设栏杆柱。

2. 栏杆柱的固定：

（1）当在基坑四周固定时，可采用钢管并打入地面 50～70cm 深。钢管离边口的距离，不应小于 50cm。当基坑周边采用板桩时，钢管可打在板桩外侧。

（2）当在混凝土楼面、屋面或墙面固定时，可用预埋件与钢管或钢筋焊牢。如采用竹、木栏杆时，可在预埋件上焊接 30cm 长的 L50×5 角钢，其上下各钻一孔，然后用 10mm 螺栓与竹、木杆件拴牢。

（3）当在砖或砌块等砌体上固定时，可预先砌入规格相适应的 80×6 弯转扁钢作预埋铁的混凝土块，然后用与楼面、屋面相同的方法固定。

3. 栏杆柱的固定及其与横杆的连接，其整体构造应使防护栏杆在上杆任何处，能经受任何方向的 1000N 外力。当栏杆所处位置有发生人群拥挤、车辆冲击或物件碰撞等可能时，应加大横杆截面或加密柱距。

4. 防护栏杆必须自上而下用安全立网封闭，或在栏杆下边设置严密固定的高度不低于 180mm 的挡脚板或 400mm 的挡脚笆。挡脚板与挡脚笆上如有孔眼，不应大于 25mm。板与笆下边距离底面的空隙不应大于 10mm。

但接料平台两侧的栏杆必须自上而下加挂安全立网。

5. 当临边的外侧面临街道时，除防护栏杆外，敞口立面必须采取挂满安全网或其他可靠措施作全封闭处理。

四、洞口作业安全防护

（一）洞口作业的含义

孔与洞边口旁的高处作业，包括施工现场及通道旁深度在 2m 及 2m 以上的桩孔、人孔、沟槽与管道、孔洞等边沿上的作业称为洞口作业。

楼板、屋面、平台等面上，短边尺寸小于 25cm 的；墙上高度小于 75cm 的孔洞，即为"孔"；楼板、屋面、平台等面上，短边尺寸等于或大于 25cm 的孔洞；墙上，高度等于或大于 75cm，宽度大于 45cm 的孔洞，即为"洞"。

施工现场常常会因工程和工序需要而产生洞口，常见的有楼梯口、电梯井口、预留洞口（坑、井）、井架通道口，这就是通常所说的"四口"。

（二）洞口防护措施

进行洞口作业以及在因工程和工序需要而产生的，使人与物有坠落危险或危及人身安全的其他洞口进行高处作业时，必须按下列规定设置防护设施。

1. 板与墙的洞口必须设置牢固的盖板、防护栏杆、安全网或其他防坠落的防护设施。

2. 电梯井口必须设防护栏杆或固定栅门。

3. 钢管桩、钻孔桩等桩孔上口，杯形、条形基础上口，未填土的坑槽，以及人孔、天窗、地板门等处，均应按洞口防护设置稳固的盖件。

4. 施工现场通道附近的各类洞口与坑槽等处，除设置防护设施与安全标志外，夜间还应设红灯示警。

（三）洞口防护要求

洞口根据具体情况采取设防护栏杆、加盖件、张挂安全网与装栅门等措施时，必须符合下列要求：

1. 楼板、屋面和平台等面上短边尺寸 2.5～25cm 的孔口，应设坚实盖板并能防止挪动移位。

2. 楼板面等处边长为 25～50cm 的洞口、安装预制构件时的洞口以及缺件临时形成的洞口，应设置固定盖板（如木盖板）。盖板须能保持周围搁置均衡，并有固定其位置的措施。

3. 边长为 50～150cm 的洞口，必须设置以扣件扣接钢管而的网格，并在其上满铺脚手板，脚手板应绑扎固定，未经许可不得随意移动。也可采用预埋通长钢筋网片，纵横钢筋间距不得大于 20cm。

4. 边长在 150cm 以上的洞口，四周必须搭设围护架，并设双道防护栏杆，洞口下张设水平安全网，网的四周拴挂牢固、严密。

5. 垃圾井道和烟道，应随楼层的砌筑或安装而消除洞口，或参照预留洞口作防护。管道井施工时，除按上款办理外，还应加设明显的标志。如有临时性拆移，需经施工负责人核准，工作完毕后必须恢复防护设施。

6. 位于车辆行驶道旁的洞口、深沟与管道坑、槽，所加盖板应能承受不小于当地额定卡车后轮有效承载力 2 倍的荷载。

7. 墙面等处的竖向洞口，凡落地的洞口应设置开关式、工具式或固定式的防护门，门栅网格的间距不应大于 15cm，也可采用防护栏杆，下设挡脚板。

8. 下边沿至楼板或底面低于 80cm 的窗台等竖向洞口，如侧边落差大于 2m 时，应加设 1.2m 高的临时护栏。

9. 对邻近的人与物有坠落危险性的其他竖向的孔、洞口。均应予以盖设或加以防护，并有固定其位置的措施。

10. 电梯井口必须设不低于 1.2m 的金属防护门，安装时离楼地面 5cm，上下必须固定。电梯井内应每隔两层并最多隔 10m 设一道水平安全网，安全网应封闭严密。见图 7-2。未经上级主管技术部门批准，电梯井内不得做垂直运输通道和垃圾通道。

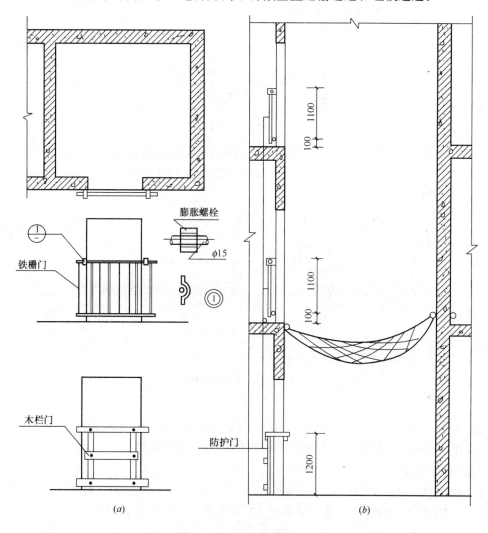

图 7-2　电梯井口防护门

（a）立面图；（b）剖面图

11. 洞口防护栏杆的杆件及其搭设应符合规范。

12. 洞口应按规定设置照明装置的安全标识。

洞口防护设施的构造型式见图 7-3。

五、攀登作业安全防护

（一）攀登作业的含义

借助登高用具或登高设施，在攀登条件下进行的高处作业。

（二）攀登作业的防护要求

1. 攀登作业可以利用梯子攀登或者借助建筑结构或脚手架上的登高设施以及载人垂

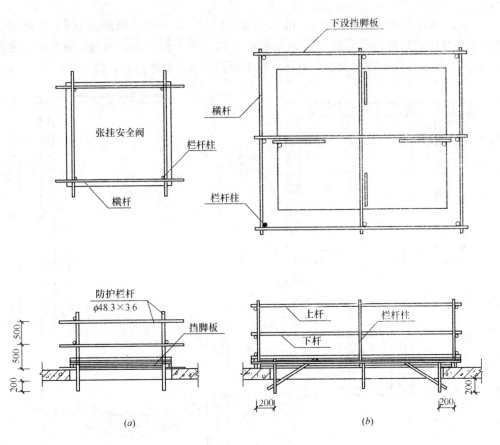

图 7-3　洞口防护栏杆

(a) 边长 1500～2000 的洞口；(b) 边长 2000～4000 的洞口

直运输设备，因此在施工组织设计中应确定用于现场施工的登高和攀登设施。

2. 柱、梁和行车梁等构件吊装所需的直爬梯及其他登高用拉攀件，应在构件施工图或说明内作出规定。

3. 攀登的用具，结构构造上必须牢固可靠。供人上下的踏板其使用荷载不应大于1100N。当梯面上有特殊作业，重量超过上述荷载时，应按实际情况加以验算。

4. 使用梯子攀登作业时，梯脚底部应坚定，不得垫高使用，并采取加包扎、钉胶皮、锚固或夹牢等防滑措施。

梯子的种类和形式不同，其安全防护措施也不同。

(1) 立梯：工作角度以 75°±5° 为宜，梯子的上端应用有固定措施，踏板上下间距以30cm 为宜，不得有缺档。

(2) 折梯：使用时上部夹角以 35°～45° 为宜，上部铰链必须牢固，下部两单梯之间应有可靠的拉撑措施。

(3) 固定式直爬梯：应用金属材料制成。梯宽不应大于 50cm，支撑应采用不小于L70×6的角钢，埋设与焊接均必须牢固。梯子顶端的踏棍应与攀登的顶面齐平，并加设 1～1.5m 高的扶手。使用直爬梯进行攀登作业时，攀登高度以 5m 为宜。超过 2m 时，宜加设护笼，超过 8m 时，必须设置梯间平台。

（4）移动式梯子，应按现行的国家标准验收其质量，合格后方可使用。

梯子如需接长使用，必须有可靠的连接措施，应对连接处进行检查，且接头不得超过1处。连接后梯梁的强度，不应低于单梯梯梁的强度。

上下梯子时，必须面向梯子，且不得手持器物。

（5）作业人员应从规定的通道上下，不得在阳台之间等非规定通道进行攀登，也不得任意利用吊车臂架等施工设备进行攀登。

（6）钢柱安装登高时，应使用钢挂梯或设置在钢柱上的爬梯。挂梯构造见图7-4。

钢柱的接柱应使用梯子或操作台。操作台横杆高度，当无电焊防风要求时，其高度不宜小于1m；有电焊防风要求时，其高度不宜小于1.8m。见图7-4。

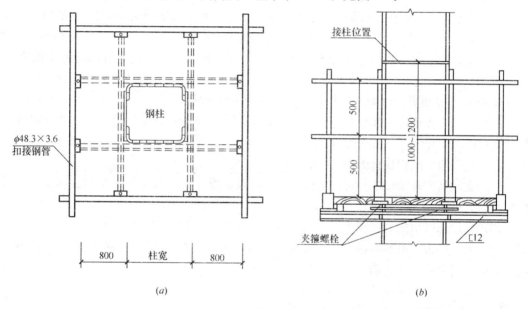

图 7-4　钢柱接柱用操作台

（a）平面图；（b）立面图

（7）登高安装钢梁时，应视钢梁高度，在两端设置挂梯或搭设钢管脚手架。梁面上需行走时，其一侧的临时护栏横杆可采用钢索；当改用扶手绳时，绳的自然下垂度不应大于1/20，并应控制在100mm以内。

（8）钢屋架的安装，应遵守下列规定：

1）在屋架上下弦登高操作时，对于三角形屋架应在屋脊处，梯形屋架应在两端，设置攀登时上下的梯架。材料可选用原木，踏步间距不应大于40cm。

2）屋架吊装以前，应在上弦设置防护栏杆。

3）屋架吊装以前，应预先在下弦挂设安全网；吊装完毕后，即将安全网铺设固定。

六、悬空作业安全防护

（一）悬空作业的含义

在周边临空状态下进行的高处作业。

（二）悬空作业的防护要求

1. 悬空作业处应有牢靠的立足处并必须视具体情况，配置防护栏网、栏杆或其他安全设施。

2. 悬空作业所用的索具、脚手板、吊篮、吊笼、平台等设备，均需经过技术鉴定或验证方可使用。

3. 构件吊装和管道安装时的悬空作业，必须遵守下列规定：

（1）钢结构的吊装，构件应尽可能在地面组装，并应搭设进行临时固定、电焊、高强度螺栓连接等工序的高空安全设施，随构件同时上吊就位。拆卸时的安全措施，也应一并考虑和落实。高空吊装预应力钢筋混凝土屋架、桁架等大型构件前，也应搭设悬空作业中所需的安全设施。

（2）悬空安装大模板、吊装第一块预制构件、吊装单独的大中型预制构件时，必须站在操作平台上操作。吊装中的大模板和顶制构件以及石棉水泥板等屋面板上，严禁站人和行走。

（3）安装管道时必须有已完结构或操作平台为立足点，严禁在安装的管道上站立和行走。

4. 模板支撑和拆卸时的悬空作业，必须遵守下列规定：

（1）支撑应按规定的作业程序进行，模板未固定前不得进行下一道工序。严禁在连接件和支撑件上攀登上下，并严禁在上下同一垂直面上装、拆模板。结构复杂的模板，装、拆应严格按照施工组织设计的措施进行。

（2）支设高度在3m以上的柱模板，四周应设斜撑，并应设立操作平台。低于3m的可使用马凳操作。

（3）支设悬挑形式的模板时，应有稳固的立足点。支设临空构筑物模板时，应搭设支架或脚手架。模板上有预留洞时，应在安装后将洞盖没。混凝土板上拆模后形成的临边或洞口，应按规范规定进行防护。

拆模高处作业，应配置登高用具或搭设支架。

5. 钢筋绑扎时的悬空作业，必须遵守下列规定：

（1）绑扎钢筋和安装钢筋骨架时，必须搭设脚手架和马道。

（2）绑扎圈梁、挑梁、挑檐、外墙和边柱等钢筋时，应搭设操作台和张挂安全网。

悬空大梁钢筋的绑扎，必须在满铺脚手板的支架或操作平台上操作。

（3）绑扎立柱和墙体钢筋时，不得站在钢筋骨架上或攀登骨架上下。3m以内的柱钢筋，可在地面或楼面上绑扎，整体竖立。绑扎3m以上的柱钢筋，必须搭设操作平台。

6. 混凝土浇筑时的悬空作业，必须遵守下列规定：

（1）浇筑离地2m以上框架、过梁、雨篷和小平台混凝土时，应设操作平台，不得直接站在模板或支撑件上操作。

（2）浇筑拱形结构，应自两边拱脚对称地相向进行。浇筑储仓，下口应先行封闭，并搭设脚手架以防人员坠落。

（3）特殊情况下如无可靠的安全设施，必须系好安全带并扣好保险钩，或架设安全网。

7. 进行预应力张拉的悬空作业时，必须遵守下列规定：

（1）进行预应力张拉时，应搭设站立操作人员和设置张拉设备用的牢固可靠的脚手架或操作平台。雨天张拉时，还应架设防雨棚。

（2）预应力张拉区域应标示明显的安全标志，禁止非操作人员进入。张拉钢筋的两端必须设置挡板，挡板应距所张拉钢筋的端部 1.5～2m，且应高出最上一组张拉钢筋 0.5m，其宽度应距张拉钢筋两外侧各不小于 1m。

（3）孔道灌浆应按预应力张拉安全设施的有关规定进行。

8. 悬空进行门窗作业时，必须遵守下列规定：

（1）安装门、窗、油漆及安装玻璃时，严禁操作人员站在樘子、阳台栏板上操作。门、窗临时固定，封填材料未达到强度，以及电焊时，严禁手拉门、窗进行攀登。

（2）在高处外墙安装门、窗，无脚手架时，应张挂安全网。无安全网时。操作人员应系好安全带，其保险钩应挂在操作人员上方的可靠物件上。

（3）进行各项窗口作业时，操作人员的重心应位于室内，不得在窗台上站立，必要时应系好安全带进行操作。

七、操作平台安全

（一）操作平台的含义

操作平台是指现场施工中用以站人、载料并可进行操作的平台。

（二）操作平台的防护要求

1. 移动式操作平台

移动式操作平台是指可以搬移的用于结构施工、室内装饰和水电安装等的操作平台。使用时必须符合下列规定：

（1）操作平台应由专业技术人员按现行的相应规范进行设计，计算书及图纸应编入施工组织设计。

（2）操作平台的面积不应超过 10m²，高度不应超过 5m。同时还应进行稳定验算，并采取措施减少立柱的长细比。

（3）装设轮子的移动式操作平台，轮子与平台的接合处应牢固可靠，立柱底端离地面不得超过 80mm。

（4）操作平台可采用 $\phi48.3 \times 3.6mm$ 钢管以扣件连接，亦可采用门架式或承插式钢管脚手架部件，按产品使用要求进行组装。平台的次梁，间距不应大于 40cm。

（5）操作平台台面应满铺脚手板。四周必须按临边作业要求设置防护栏杆，并应布置登高扶梯。

移动式操作平台构造型式见图 7-5。

2. 悬挑式钢平台

悬挑式钢平台是指可以吊运和搁置于楼层边的用于接送物料和转运模板等的悬挑形式的操作平台，通常采用钢构件制作。必须符合下列规定：

（1）悬挑式钢平台应按现行规范进行设计及安装，其结构构造应能防止左右晃动，计算书及图纸应编入施工组织设计。

（2）悬挑式钢平台的搁支点与上部拉结点必须位于建筑物上，不得设置在脚手架等施工设备上。

（3）斜拉杆或钢丝绳，构造上宜两边各设前后两道，两道中的每一道均应作单道受力计算。

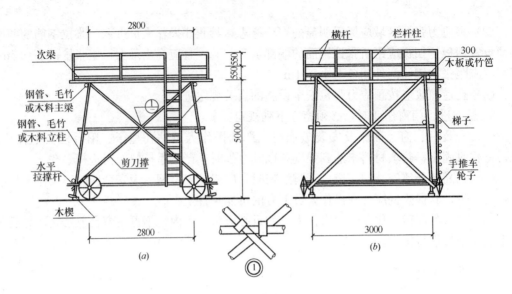

图 7-5　移动式操作平台

(a) 立面图；(b) 侧面图

（4）应设置 4 个经过验算的吊环。吊运平台时应使用卡环，不得使吊钩直接钩挂吊环。吊环应用甲类 3 号沸腾钢（不得使用螺纹钢）制作。

（5）钢平台安装时，钢丝绳应采用专用的挂钩挂牢，采取其他方式时卡头的卡子不得少于 3 个。钢丝绳与建筑物（柱、梁）锐角利口处应加衬软垫物。

（6）钢平台外口应略高于内口，左右两侧必须装置固定的防护栏杆。

（7）钢平台吊装，需待横梁支撑点电焊固定，接好钢丝绳调整完毕，经过检查验收后，方可松卸起重吊钩，上下操作。

（8）钢平台使用时，应有专人进行检查，发现钢丝绳有锈蚀损坏应及时调换，焊缝脱焊应及时修复。

（9）操作平台上应显著地标明容许荷载值。操作平台上人员和物料的总重量，严禁超过设计的容许荷载。应配备专人加以监督。

悬挑式钢平台的构造型式见图 7-6。

八、交叉作业安全防护

（一）交叉作业的含义

在施工现场的上下不同层次，于空间贯通状态下同时进行的高处作业。

（二）交叉作业的防护要求

1. 支模、粉刷、砌墙等各工种进行上下立体交叉作业时，不得在同一垂直方向上操作。下层作业的位置，必须处于依上层高度确定的可能坠落范围半径之外。不符合以上条件时，必须采取隔离封闭措施后，方可施工。

2. 钢模板、脚手架等拆除时，下方不得有其他操作人员。

3. 钢模板部件拆除后，临时堆放处离楼层边沿不得超过 1m，堆放高度不得超过 1m。楼层边口、通道口、脚手架边缘严禁堆放任何拆下物件。

4. 结构施工自二层起，凡人员进出的通道口（包括井架、施工用电梯的进出通道口）

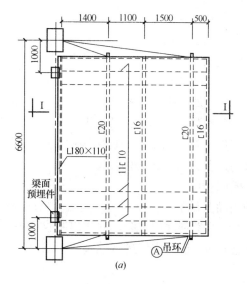

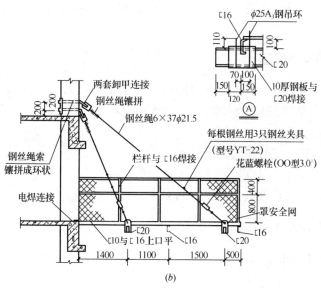

图 7-6　悬挑式钢平台

（a）平面图；（b）Ⅰ-Ⅰ剖面图

均应搭设安全防护棚。高度超过 24m 的层次上的交叉作业，应设双层防护棚。

5. 由于上方施工可能坠落物件或处于起重机把杆回转范围之内的通道，在其受影响的范围内，必须搭设顶部能防止穿透的双层防护棚。防护棚的宽度，根据建筑物与围墙的距离而定，如果超过 6m 的搭设宽度为 6m，不满 6m 的应搭满。

九、高处作业安全防护设施的验收

建筑施工进行高处作业之前，应进行安全防护设施的逐项检查和验收。验收合格后，方可进行高处作业。验收也可分层进行或分阶段进行。

安全防护设施，应由单位工程负责人验收，并组织有关人员参加。

安全防护设施的验收，应具备下列资料：

1. 施工组织设计及有关验算数据；

2. 安全防护设施验收记录；

3. 安全防护设施变更记录及签证。

安全防护设施的验收，主要包括以下内容：

1. 所有临边、洞口等各类技术措施的设置状况；

2. 技术措施所用的配件、材料和工具的规格和材质；

3. 技术措施的节点构造及其与建筑物的固定情况；

4. 扣件和连接件的紧固程度；

5. 安全防护设施的用品及设备的性能与质量是否合格的验证。

安全防护设施的验收应按类别逐项查验，并作出验收记录。凡不符合规定者，必须整改合格后再行查验。施工工期内还应定期进行抽查。

第二节　建筑脚手架搭拆安全技术

一、建筑脚手架的作用

脚手架是建筑工程施工中必不可少的空中作业工具，无论结构施工还是室外装修施工，以及设备安装都需要根据操作要求搭设脚手架。

脚手架的主要作用：

1. 能堆放及运输一定数量的建筑材料；

2. 可以使施工作业人员在不同部位进行操作；

3. 保证施工作业人员在高空操作时的安全。

二、建筑脚手架的分类

随着建筑施工技术的进步，脚手架的种类也愈来愈多。

1. 按用途划分

(1) 操作脚手架：为施工操作提供高处作业条件的脚手架，包括"结构脚手架"、"装修脚手架"。

(2) 防护用脚手架：只用作安全防护的脚手架，包括各种护栏架和棚架。

(3) 承重、支撑用脚手架：用于材料的运转、存放、支撑以及其他承载用途的脚手架，如受料平台、模板支撑架和安装支撑架等。

2. 按设置形式划分

(1) 单排脚手架：只有一排立杆的脚手架，其横向水平杆的另一端搁置在墙体结构上。

(2) 双排脚手架：具有两排立杆的脚手架。

(3) 多排脚手架：具有 3 排以上立杆的脚手架。

(4) 满堂脚手架：按施工作业范围满设的、两个方向各有 3 排以上立杆的脚手架。

(5) 满高脚手架：按墙体或施工作业最大高度，由地面起满高度设置的脚手架。

（6）交圈（周边）脚手架：沿建筑物或作业范围周边设置并相互交圈连接的脚手架。

（7）特形脚手架：具有特殊平面和空间造型的脚手架，如用于烟囱、水塔、冷却塔以及其他平面为圆形、环形、"外方内圆"形、多边形和上扩、上缩等特殊形式的建筑施工脚手架。

3. 按脚手架的支固方式划分

（1）落地式脚手架：搭设（支座）在地面、楼面、屋面或其他平台结构之上的脚手架。

（2）悬挑脚手架（简称"挑脚手架"）：采用悬挑方式支固的脚手架。

（3）附墙悬挂脚手架（简称"挂脚手架"）：在上部或（和）中部挂设于墙体挑挂件上的定型脚手架。

（4）悬吊脚手架（简称"吊脚手架"）：悬吊于悬挑梁或工程结构之下的脚手架。当采用篮式作业架时，称为"吊篮"。

（5）附着升降脚手架（简称"爬架"）：附着于工程结构、依靠自身提升设备实现升降的悬空脚手架。

（6）水平移动脚手架：带行走装置的脚手架（段）或操作平台架。

4. 按构架方式划分

（1）杆件组合式脚手架：俗称"多立杆式脚手架"，简称"杆组式脚手架"。

（2）框架组合式脚手架：简称"框组式脚手架"，即由简单的平面框架（如门架）与连接、撑拉杆件组合而成的脚手架，如门式钢管脚手架、梯式钢管脚手架等。

（3）格构件组合式脚手架，即由桁架梁和格构柱组合而成的脚手架，如桥式脚手架（有提升（降）式和沿齿条爬升（降）式两种）。

（4）台架：具有一定高度和操作平面的平台架，多为定型产品，其本身具有稳定的空间结构。可单独使用或立拼增高与水平连接扩大，并常带有移动装置。

5. 按脚手架平、立杆的连接方式分类

（1）承插式脚手架：在平杆与立杆之间采用承插连接的脚手架。常见的承插连接方式有插片和楔槽、插片和碗扣、套管和插头以及 U 形托挂等。

（2）扣件式脚手架：使用扣件箍紧连接的脚手架，即靠拧紧扣件螺栓所产生的摩擦力承担连接作用的脚手架。

此外，还可按脚手架杆件所用材料不同划分为木脚手架、竹脚手架、钢管或金属脚手架；按搭设位置划分为外脚手架和里脚手架；按使用对象或场合划分为高层建筑脚手架、烟囱脚手架、水塔脚手架。还有定型与非定型、多功能与单功能之分。

三、脚手架材质的要求

1. 钢管

钢管脚手架采用外径 48.3mm，壁厚 3.6mm，无严重锈蚀、弯曲、压扁或裂纹的钢管。应有产品质量合格证，必须涂有防锈漆并严禁打孔。脚手杆件不得钢木混搭。

2. 扣件

采用可锻铸铁或铸钢制作的扣件，其材质应符合现行国家标准《钢管脚手架扣件》（GB 15831—2006）的规定。新扣件必须有产品合格证。旧扣件使用前应进行质量检查，有裂缝、变形的严禁使用，出现滑丝的螺栓必须更换。不得使用铅丝和其他材料绑扎。

3. 脚手板

脚手板可采用钢、木两种材料，每块重量不宜大于 30kg。

冲压新钢脚手板，必须有产品质量合格证。板长度为 1.5～3.6m，厚 2～3mm，肋高 50mm，宽 230～250mm，其表面锈蚀斑点直径不大于 5mm，并沿横截面方向不得多于 3 处。脚手板一端应压连接卡口，以便铺设时扣住另一块的端部，板面应冲有防滑圆孔。

木脚手板应采用杉木或松木制作，其长度为 2～6m，厚度不小于 50mm，宽 230～250mm，不得使用有腐朽、裂缝、斜纹及大横透节的板材。两端应设直径为 4mm 的镀锌钢丝箍两道。

4. 安全网

平网宽度不得小于 3m，立网宽（高）度不得小于 1.2m，长度不得大于 6m，菱形或方形网目的安全网，其网目边长不得大于 8cm，必须使用锦纶、维纶、涤纶等材料，严禁使用损坏或腐朽的安全网和丙纶网。密目安全网只准做立网使用。

四、脚手架安全作业的基本要求

1. 脚手架搭设或拆除人员必须由符合劳动部《特种作业人员安全技术培训考核管理规定》，经培训考核合格，领取《特种作业人员操作证》的专业架子工担任。上岗人员应定期进行体检，凡不适合高处作业者不得上脚手架操作。

2. 搭拆脚手架时，操作人员必须戴安全帽、系安全带、穿防滑鞋。脚下应铺设必要数量的脚手板，并应铺设平稳，且不得有探头板。

3. 脚手架的搭拆必须制定施工方案和搭设的安全技术措施，进行安全技术交底。对于高大异形的脚手架，必须编制专项施工方案，报上级审批后才能搭设。

4. 脚手架搭设前应清除障碍物、平整场地、夯实基土、作好排水。以保证地基具有足够的承载能力，避免脚手架整体或局部沉降失稳。

5. 脚手架搭设安装前应由施工负责人及技术、安全等有关人员先对基础等架体承重部位共同进行验收；搭设安装后应进行分段验收，特殊脚手架须由企业技术部门会同安全、施工管理部门验收合格后方可使用。验收要定量与定性相结合，验收合格后应在脚手架上悬挂合格牌，且在脚手架上明示使用单位、监护管理单位和责任人。施工阶段转换时，对脚手架重新实施验收手续。

未搭设完的脚手架，非架子工一律不准上架。

6. 作业层上的施工荷载应符合设计要求，不得超载。不得在脚手架上集中堆放模板、钢筋等物件，不得放置较重的施工设备（如电焊机等），严禁在脚手架上拉缆风绳和固定、架设模板支架及混凝土泵送管等，严禁悬挂起重设备。

7. 脚手架搭设作业时，应按形成基本构架单元的要求逐排、逐跨和逐步地进行搭设。矩形周边脚手架宜从其中的一个角部开始向两个方向延伸搭设，确保已搭部分稳定。

8. 操作层必须设置 1.2m 高的两道护身栏杆和 180mm 高的挡脚板，挡脚板应与立杆固定，并有一定的机械强度。

9. 临街搭设的脚手架外侧应有防护措施，以防坠物伤人。

10. 不得在脚手架基础及邻近处进行挖掘作业。

11. 架上作业人员应佩戴工具袋，工具用后装于袋中，不要放在架子上，以免掉落伤人。应作好分工和配合，不要用力过猛，以免引起人身或杆件失衡。

12. 架设材料要随上随用，以免放置不当时掉落，可能发生伤人事故。

13. 在搭设作业进行中，地面上的配合人员应避开可能落物的区域。

14. 除搭设过程中必要的1～2步架的上下外，作业人员不得攀缘脚手架上下，应走房屋楼梯或另设安全人梯。

15. 在脚手架上进行电、气焊作业时，应有防火措施和专人看守。

16. 大雾及雨、雪天气和6级以上大风时，不得进行脚手架上的高处作业。雨、雪天后作业，必须采取安全防滑措施。

17. 搭拆脚手架时，地面应设围栏和警戒标志，排除作业障碍并派专人看守，严禁非操作人员入内。

18. 工地临时用电线路架设及脚手架的接地、避雷措施，脚手架与架空输电线路的水平与垂直安全距离等应按现行行业标准《施工现场临时用电安全技术规范》（JGJ 46—2005）的有关规定执行。钢管脚手架上安装照明灯时，电线不得接触脚手架，并要做绝缘处理。

五、扣件式钢管脚手架安全要求

（一）一般要求

1. 扣件式钢管脚手架应由立杆（冲天），纵向水平杆（大横杆、顺水杆），横向水平杆（小横杆），剪刀撑（十字盖），抛撑（压栏子），纵、横扫地杆和拉接点等组成。脚手架必须有足够的强度、刚度和稳定性，在允许施工荷载作用下，确保不变形、不倾斜、不摇晃。

2. 根据专项施工方案和安全技术措施交底的要求，基础验收合格后，放线定位。

3. 单排脚手架搭设高度不应超过24m，双排脚手架搭设高度不宜超过50m。底层步距均不应大于2m。脚手架立杆顶端栏杆宜高出女儿墙上端1m，宜高出檐口上端1.5m。

4. 立杆应纵成线、横成方，垂直偏差不得大于架高的1/200。纵向水平杆宜设置在立杆内侧，其长度不宜小于3跨。横向水平杆位于纵向水平杆上。采用竹笆脚手板时，横向水平杆则在纵向水平杆的下部，采用直角扣件固定在立杆上。纵向水平杆应等间距设置，间距不应大于400mm。

5. 纵向水平杆应使用对接扣件连接或搭接，两根相邻纵向水平杆的接头不宜设置在同步或同跨内，不同步或不同跨的两个相邻接头水平方向错开的距离不应小于500mm；各接头中心至最近主节点的距离不宜大于纵距的1/3。搭接长度不应小于1m，等间距设置3个旋转扣件固定。端部扣件盖板的边缘至杆端距离不应小于100mm。

6. 主节点（纵向水平杆与立杆的交点处）处必须设置一根横向水平杆，用直角扣件扣接且严禁拆除。主节点处两个直角扣件的中心距不应大于150mm。作业层上非主节点处的横向水平杆，宜根据支承脚手板的需要等间距设置，最大间距不应大于纵距的1/2。横向水平杆伸出外立杆的端头应大于100mm。双排脚手架横向水平杆的靠墙一端至墙装饰面的距离不应大于100mm。单排脚手架的横向水平杆的一端，应用直角扣件固定在纵向水平杆上，另一端应插入墙内，插入长度不应小于180mm。

7. 脚手架必须设置纵、横向扫地杆。纵向扫地杆应采用直角扣件固定在距底座上皮不大于200mm处的立杆上。横向扫地杆亦应采用直角扣件固定在紧靠纵向扫地杆下方的立杆上。当立杆基础不在同一高度上时，必须将高处的纵向扫地杆向低处延长两跨与立杆固定，高低差不应大于1m。靠边坡上方的立杆轴线到边坡的距离不应小于500mm。

8. 单排、双排与满堂脚手架立杆接长除顶层顶步外，其余各层各步接头必须采用对接扣件连接。两根相邻立杆的接头不应设置在同步内，同步内隔一根立杆的两个相隔接头在竖直方向错开的距离不宜小于500mm；各接头中心至最近主节点的距离不宜大于步距的1/3。立杆接长应采用不少于2个旋转扣件固定，其余要求同纵向水平杆接长的规定。每根立杆底部宜设置底座或垫板。

9. 对高度在24m以下的单、双排脚手架，脚手架与在建建筑物拉结点宜采用刚性连墙件与建筑物可靠连接。严禁使用仅有拉筋的柔性连墙件，可采用双股8号钢丝或φ6钢筋与结构拉结牢固，并与顶撑配合使用的附墙连接方式。连墙件采用两步三跨或三步两跨布置，拉结点之间水平距离不大于6m，垂直距离不应大于建筑物层高，并且不大于4m。连墙件应从第一步大横杆处开始设置，拉结点偏离主节点的距离不应大于300mm。高度超过24m的脚手架不得使用柔性材料进行拉结。

10. 双排脚手架应设剪刀撑与横向斜撑，单排脚手架应设剪刀撑。

每道剪刀撑跨越立杆的根数宜按表7-3的规定确定。每道剪刀撑宽度不应小于4跨，且不应小于6m，斜杆与地面的倾角宜在45°～60°。高度在24m以下的单、双排脚手架，均必须在外侧两端、转角及中间间隔不大于15m的立面上，各设置一道剪刀撑，并由底至顶连续设置。高度在24m及以上的双排脚手架应在外侧全立面连续设置剪刀撑。剪刀撑斜杆的接长应采用搭接或搭接，搭接要求同立杆搭接要求。剪刀撑斜杆应用旋转扣件固定在与之相交的横向水平杆的伸出端或立杆上，旋转扣件中心线至主节点的距离不宜大于150mm。

剪刀撑跨越立杆的最多根数   表7-3

剪刀撑斜杆与地面的倾角	45°	50°	60°
剪刀撑跨越立杆的最多根数	7	6	5

横向斜撑应在同一节间，由底至顶层呈之字形连续布置。开口型双排脚手架的两端均必须设置横向斜撑。高度在24m以下的封闭型双排脚手架可不设横向斜撑；高度在24m以上的封闭型脚手架，除拐角应设置横向斜撑外，中间应每隔6跨设置一道。

11. 铺、翻脚手板

脚手板铺设于架子的作业层上。脚手板必须满铺、铺严、铺稳，不得有探头板和飞跳板。铺脚手板可对头或搭接铺设，对头铺脚手板，搭接处应设两根横向水平杆，外伸长度为130～150mm，和不应大于300mm。有门窗口的地方应设吊杆和支柱，吊杆间距超过1.5m时，必须增加支柱。搭接铺脚手板时，两块板端头的搭接长度应外伸不小于100mm，合计不小于200mm。作业层端部脚手板探头长度应取150mm。

翻脚手板应两人操作，配合要协调，要按每档由里逐块向外翻，到最外一块时，站到邻近的脚手板把外边一块翻上去。翻、铺脚手板时必须系好安全带。脚手板翻板后，下层必须兜双层水平安全网兜底，作为防护层。施工层以下每隔10m应用安全网封闭。

12. 单、双排脚手架、悬挑式脚手架沿架体外围应用密目式安全网全封闭。密目式安全网宜设置在脚手架外立杆的内侧，并与架体绑扎牢固。

13. 脚手架操作面外侧应设两道护身栏杆和一道180mm高挡脚板或设一道护身栏，

立挂安全网，下口封严。防护高度为 1.2m，严禁用竹笆作脚手架。

14. 脚手架各杆件相交伸出的端头均应大于 10cm，以防止杆件滑脱。

15. 脚手架必须配合施工进度搭设，一次搭设高度不应超过相邻连墙件以上两步。每搭完一步脚手架后，应按规定校正步距、纵距、横距及立杆的垂直度。

16. 垫板应采用长度不少于 2 跨、厚度不小于 50mm、宽度不小 200mm 的木垫板。底座、垫板均应准确地放在定位线上。

17. 脚手架开始搭设立杆时，应每隔 6 跨设置一根抛撑，直至连墙件安装稳定后，方可根据情况拆除。连墙件、剪刀撑和横向斜撑应随立杆、纵向和横向水平杆等同步搭设，不得滞后安装。

18. 扣件螺栓拧紧力矩为 40～65N·m。对接扣件开口应朝上或朝内。各杆件端头伸出扣件盖板边缘长度不应小于 100mm。

（二）型钢悬挑脚手架

1. 悬挑脚手架的搭设高度不超过 20m。

2. 型钢悬挑梁规范中推荐为双轴对称截面型钢。悬挑钢梁及锚固件按设计确定，钢梁截面高度不小于 160mm。悬挑梁尾端应有不少于两点和钢筋混凝土梁板结构拉结锚固，用于锚固型钢悬挑梁的 U 形钢筋拉环或锚固螺栓直径不宜小于 16mm。其构造如图 7-7 所示。

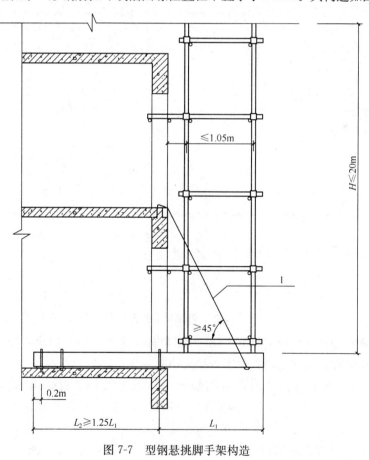

图 7-7 型钢悬挑脚手架构造
1—钢丝绳或钢拉杆

3. U 形钢筋拉环或螺栓应采用冷弯成型,与型钢悬挑梁连接应紧固。U 形钢筋拉环、锚固螺栓与型钢间隙应用钢楔或硬木楔楔紧,螺栓应采用双螺母拧紧。严禁型钢悬挑梁晃动。

4. 每个型钢悬挑梁外端宜设置钢丝绳或钢拉杆与上一层建筑结构斜拉结,钢丝绳、钢拉杆作为附加安全措施,在悬挑钢梁受力计算时不考虑其作用。钢丝绳与建筑结构拉结的吊环应使用 HPB235 级钢筋,其直径不宜小于 20mm。钢丝绳直径不应小于 14mm,钢丝绳卡不得少于 3 个。

5. 悬挑钢梁悬挑长度按设计确定,固定段长度不应小于悬挑段长度的 1.25 倍。型钢悬挑梁固定端应采用 2 个(对)及以上 U 形钢筋拉环或锚固螺栓与梁板固定,U 形钢筋拉环或锚固螺栓应预埋至混凝土梁、板底层钢筋位置,并应与混凝土梁、板底层钢筋焊接或绑扎牢固,其锚固长度应符合现行国家标准《混凝土结构设计规范》(GB 50010—2010)中钢筋锚固的规定。其构造如图 7-8~图 7-10 所示。

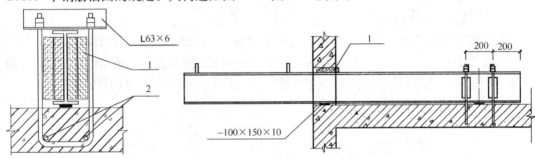

图 7-8 悬挑钢梁 U 形固定构造

1—木楔侧向楔紧;2—两根 1.5m
长直径 18mm 的 HRB335 钢筋

图 7-9 悬挑钢梁穿墙构造

1—木楔楔紧

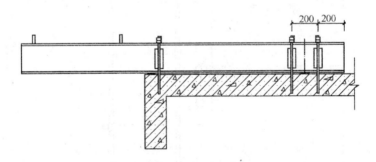

图 7-10 悬挑钢梁楼面构造

悬挑钢梁悬挑长度一般情况下不超过 2m 能满足施工需要,但在工程结构局部有可能满足不了使用要求,局部悬挑长度不宜超过 3m。

6. 当型钢悬挑梁与建筑结构采用螺栓钢压板连接固定时,钢压板尺寸不应小于 100mm×10mm(宽×厚);当采用螺栓角钢压板连接时,角钢的规格不应小于 63mm×63mm×6mm。

7. 型钢悬挑梁悬挑端应设置能使脚手架立杆与钢梁可靠固定的定位点,定位点离悬挑梁端部不应小于 100mm。

8. 锚固位置设置在楼板上时，楼板的厚度不宜小于120mm。如果楼板的厚度小于120mm应采取加固措施。

9. 悬挑钢梁支承点应设置在结构梁上，不得设置在外伸阳台上或悬挑板上。

10. 悬挑梁间距应按悬挑架架体立杆纵距设置，每一纵距设置一根。

11. 悬挑架的外立面剪刀撑应自下而上连续设置。剪刀撑与横向斜撑的设置符合规范构造要求的规定。

12. 锚固悬挑梁的主体结构混凝土实测强度等级不得低于C20。

（三）满堂脚手架

1. 满堂脚手架的搭设高度不宜超过36m；施工层不得超过一层。

2. 满堂脚手架的高宽比不宜大于3。当高宽比大于2时，应在架体的四周和内部，水平间隔6～9m，竖向间隔4～6m设置连墙件与建筑结构拉结，当无法设置连墙件时，应采取设置钢丝绳张拉固定等措施。

3. 满堂脚手架应在架体外侧四周及内部纵、横向每隔6～8m由底至顶设置连续竖向剪刀撑。当架体搭设高度在8m以下时，应在架顶部设置连续水平剪刀撑；当架体搭设高度在8m及以上时，应在架体底部、顶部及竖向间隔不超过8m分别设置连续水平剪刀撑。宽度应为6～8m。水平剪刀撑宜在竖向剪刀撑斜杆相交平面设置。

4. 满堂脚手架的搭设构造规定和单、双排脚手架相同。

5. 满堂脚手架应设爬梯，踏步间距不得大于300mm。

（四）满堂支撑架

1. 满堂支撑架搭设高度不宜超过30m。

2. 满堂支撑架的高宽比不应大于3。当高宽比超过规范规定时，应在支架的四周和内部与建筑结构刚性连接，连墙件水平间距应为6～9m，竖向间距应为2～3m；自顶层水平杆中心线至顶撑顶面的立杆段长度 a 不应超过0.5m。

3. 满堂支撑架可分为普通型和加强型两种。

当架体沿外侧周边及内部纵、横向每隔5～8m，设置由底至顶的连续竖向剪刀撑（宽度5～8m），在竖向剪刀撑顶部交点平面，且水平剪刀撑距架体底平面或相邻水平剪刀撑的间距不超过8m时，定义为普通型满堂支撑架。

当连续竖向剪刀撑的间距不大于5m，连续水平剪刀撑距架体底平面或相邻水平剪刀撑的间距不大于6m时，定义为加强型满堂支撑架。

当架体高度不超过8m且施工荷载不大时，扫地杆布置层可不设水平剪刀撑。

4. 加强型满堂支撑架剪刀撑设置：

当立杆纵、横间距为0.9m×0.9m～1.2m×1.2m时，在架体外侧周边及内部纵、横向每4跨（且不大于5m），应由底至顶设置宽度为4跨的连续竖向剪刀撑。

当立杆纵、横间距为0.6m×0.6m～0.9m×0.9m（含本身）时，在架体外侧周边及内部纵、横向每5跨（且不大于3m），应由底至顶设置宽度为5跨的连续竖向剪刀撑。

当立杆纵、横间距为0.4m×0.4m～0.6m×0.6m（含0.4m）时，在架体外侧周边及内部纵、横向每3～3.2m应由底至顶设置宽度为3～3.2m的连续竖向剪刀撑。

在竖向剪刀撑架顶部交点平面和扫地杆层及竖向间隔不超过6m设置连续水平剪刀撑，宽度3～5m。

5. 满堂支撑架的可调底座、可调托撑螺杆伸出长度不宜超过 300mm，插入立杆内的长度不得小于 150mm。满堂支撑架顶部可调托撑的螺杆外径不得小于 36mm，直径与螺距应符合《梯形螺纹　第 2 部分：直径与螺距系列》（GB/T 5796.2—2005）的规定；支托板厚不应小于 5mm，螺杆与支托板应焊牢，焊缝高度不得小于 6mm；螺杆与螺母旋合长度不得少于 5 扣，螺母厚度不得小于 30mm。

6. 满堂支撑架的搭设构造规定和单、双排脚手架相同。

7. 满堂支撑架在使用过程中，应设有专人监护施工。当出现异常情况时，应立即停止施工，并应迅速撤离作业面上人员。应在采取确保安全的措施后，查明原因，作出判断和处理。

8. 满堂支撑架顶部的实际荷载不得超过设计规定。

六、碗扣式钢管脚手架安全要求

（一）一般要求

1. 脚手架及模板支架施工前必须编制专项施工方案，并经批准后方可实施。搭设前，施工管理人员据此对操作人员进行技术交底。

2. 脚手架基础必须按专项施工方案进行施工，按基础承载力要求进行验收。合格后，应按专项方案的设计进行放线定位。

3. 垫板宜采用长度不少于 2 跨，厚度不小于 50mm 的木垫板。底座和垫板应准确地放置在定位线上；底座的轴心线应与地面垂直。

4. 碗扣式钢管脚手架应从中间向两边搭设，或两层同时按同一方向进行搭设，不得采用两边向中间合拢的方法搭设。

5. 双排脚手架首层立杆应采用不同的长度交错布置，底层纵、横向横杆作为扫地杆距地面高度应不大于 350mm，施工中严禁拆除。立杆应配置可调底座或固定底座。

6. 碗扣式钢管脚手架的步距为 600mm 的倍数，一般采用 1.8m，只有在荷载较大或较小的情况下，才采用 1.2m 或 2.4m。

7. 碗扣式钢管脚手架的底层组架最为关键，其组装的质量直接影响到整架的质量，因此，要严格控制搭设质量。当组装完两层横杆（即安装完第一步横杆）后，应进行下列检查：

（1）检查并调整水平框架（同一水平面上的四根横杆）的直角度和纵向直线度（对曲线布置的脚手架应保证立杆的正确位置）。

（2）检查横杆的水平度，并通过调整立杆可调座使横杆间的水平偏差小于 $\frac{1}{400}L$。

（3）逐个检查立杆底脚，并确保所有立杆不能有浮地松动现象。

（4）当底层架子符合搭设要求后，检查所有碗扣接头，并予以锁紧。

在搭设过程中，应随时注意检查上述内容，并调整。

8. 双排脚手架专用外斜杆应设置在有纵横向横杆的碗扣节点上。在封闭的脚手架拐角处及一字型脚手架端部应设置竖向通高斜杆。设置应符合下列规定：

当脚手架高度≤24m 时，每隔 5 跨设置一组竖向通高斜杆；脚手架高度大于 24m 时，每隔 3 跨设置一组竖向通高斜杆；斜杆必须对称设置。

当斜杆临时拆除时，拆除前应在相邻立杆间设置相同数量的斜杆。

9. 当采用钢管扣件做斜杆时应符合下列规定：

(1) 斜杆应每步与立杆扣接，扣接点距碗扣节点的距离宜≤150mm；当出现不能与立杆扣接的情况时亦可采取与横杆扣接，扣件拧紧力矩为 40～65N·m。

(2) 纵向斜杆应在全高方向设置成八字形且内外对称，斜杆间距不应大于 2 跨（如图 7-11）。

10. 连墙件的设置应符合下列规定：

(1) 连墙件应呈水平设置，当不能呈水平设置时，与脚手架连接的那一端应下斜连接。

(2) 每层连墙杆应在同一平面，其位置应由建筑结构和风荷载计算确定，且水平间距应不大于 4.5m。

(3) 连墙杆应设置在有横向横杆的碗扣节点处，采用钢管扣件做连墙件时，连墙件应采用直角扣件与立杆连接，连接点距碗扣节点距离应≤150mm。

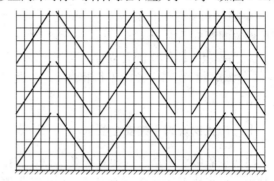

图 7-11　钢管扣件斜杆设置图

(4) 连墙杆应采用可承受拉、压荷载的刚性结构。连接应牢固可靠。

11. 当脚手架高度大于 24m 时，顶部 24m 以下所有的连墙件层必须设置水平斜杆。水平斜杆应设置在纵向横杆之下。

12. 工具式钢脚手板必须有挂钩，并带有自锁装置，与廊道横杆锁紧，严禁浮放。冲压钢脚手板、木脚手板、竹串片脚手板，两端应与横杆绑牢，作业层相邻两道廊道横杆间采加设间横杆，脚手板探头长度应小于 150mm。

13. 脚手架搭设应按立杆、横杆、斜杆、连墙件的顺序逐层搭设，底层水平框架的纵向直线度偏差应小于 $L/200$ 架体长度；横杆间水平度偏差应小于 $L/400$ 架体长度。

14. 双排脚手架的搭设应分阶段进行，每段搭设后必须经检查验收后方可正式投入使用。

15. 脚手架的搭设应与建筑物的施工同步上升，并应高于作业面 1.5m。

16. 双排脚手架高度 H 小于或等于大于 30m 时，垂直度偏差应小于或等于 $H/500$，当高度大于 30m 时，垂直度偏差应小于或等于 $H/1000$。

17. 脚手架内外侧加挑梁时，在一跨挑梁范围内只允许承受人行荷载，严禁堆放物料。

18. 连墙件必须随架子高度上升及时在规定位置处设置，严禁任意拆除。

(二) 模板支撑架

1. 模板支撑架应根据所承受的荷载选择立杆的间距和步距。扫地杆设置同普通脚手架的要求。组配横杆及选择根据支撑高度选择组配立杆、托撑及可调底座。立杆上端包括可调螺杆伸出顶层水平杆的长度不得大于 0.7m。

2. 模板支撑架斜杆设置应符合下列要求：

(1) 当立杆间距大于 1.5m 时，应在拐角处设置通高专用斜杆，中间每排每列应设置通高八字形斜杆或剪刀撑。

（2）当立杆间距小于或等于 1.5m 时，模板支撑架四周从底到顶连续设置竖向剪刀撑。中间纵、横向连续由底到顶设置竖向剪刀撑，其间距应小于或等于 4.5m。

（3）模板支撑架高度超过 4m 时，应在四周拐角处设置专用斜杆或四面设置八字斜杆，并在每排每列设置一组通高十字撑或专用斜杆。

（4）剪刀撑的斜杆与地面夹角应在 45°～60°。斜杆应每步与立杆扣接。

3. 当模板支撑架高度大于 4.8m 时，顶部和底部必须设置水平剪刀撑。中间水平剪刀撑设置间距应不大于 4.8m。

4. 当模板支撑架周围有立体结构时，应设置连墙件。

5. 模板支撑架高宽比应不得超过 2。若大于 2，可采取扩大下部架体尺寸或采取其他构造措施。

七、门式钢管脚手架安全要求

门式钢管脚手架是以门架、交叉支撑、连接棒、挂扣式脚手板、锁臂、底座等组成基本结构，再以水平加固杆、剪刀撑、扫地杆加固，并采用连墙件与建筑物主体结构相连的一种定型化钢管脚手架。又称门式脚手架。

（一）一般要求

1. 脚手架搭设前必须对门架、配件、加固件按规范进行检查验收，不合格的严禁使用。

2. 地基基础施工应按门架专项施工方案和安全技术措施交底进行。基础上应先弹出门架立杆位置线，垫板、底座安放位置应准确，标高应一致。

3. 门架、配件应能配套使用，在不同组合情况下，均应保证连接方便、可靠，且应具有良好的互换性。

4. 不同型号的门架与配件严禁混合使用于同一脚手架。

5. 底部门架的立杆下端宜设置固定底座或可调底座。

6. 上下榀门架立杆应在同一轴线位置上，门架立杆轴线的对接偏差不应大于 2mm。上下榀门架的组装必须设置连接棒，连接棒与门架立杆配合间隙不应大于 2mm。

7. 门架的两侧应设置交叉支撑，并应与门架立杆上的锁销锁牢。

8. 门式脚手架或模板支架上下榀门架间应设置锁臂，当采用插销式或弹销式连接棒时，可不设锁臂。

9. 门式脚手架作业层应连续满铺与门架配套的挂扣式脚手板，并应有防止脚手板松动或脱落的措施。当脚手板上有孔洞时，孔洞的内切圆直径不应大于 25mm。

10. 门式脚手架的内侧立杆离墙面净距不宜大于 150mm；当大于 150mm 时，应采取内设挑架板或其他隔离防护的安全措施。

11. 门式脚手架顶端栏杆宜高出女儿墙上端或檐口上端 1.5m。

12. 可调底座和可调托座的调节螺杆直径不应小于 35mm，可调底座的调节螺杆伸出长度不应大于 200mm。

13. 门式脚手架的底层门架下端应设置纵、横向通长的扫地杆。纵向扫地杆应固定在距门架立杆底端不大于 200mm 处的门架立杆上，横向扫地杆宜固定在紧靠纵向扫地杆下方的门架立杆上。

14. 门式脚手架剪刀撑的设置要求和构造与扣件式钢管脚手架基本相同。不同之处是：

（1）剪刀撑斜杆应采用搭接接长，搭接长度不宜小于1m，搭接处应采用3个及以上旋转扣件扣紧；

（2）每道剪刀撑的宽度不应大于6个跨距，且不应大于10m；也不应小于4个跨距，且不应小于6m。设置连续剪刀撑的斜杆水平间距宜为6～8m。

15. 门式脚手架应在门架两侧的立杆上设置纵向水平加固杆，并应采用扣件与门架立杆扣紧。水平加固杆设置应符合下列要求：

（1）在顶层、连墙件设置层必须设置；

（2）当脚手架每步铺设挂扣式脚手板时，至少每4步应设置一道，并宜在有连墙件的水平层设置；

（3）当脚手架搭设高度小于或等于40m时，至少每两步门架应设置一道；当脚手架搭设高度大于40m时，每步门架应设置一道；

（4）在脚手架的转角处、开口型脚手架端部的两个跨距内，每步门架应设置一道；

（5）悬挑脚手架每步门架应设置一道；

（6）在纵向水平加固杆设置层面上应连续设置。

16. 连墙件设置的位置、数量应按专项施工方案确定，并应按确定的位置设置预埋件。

17. 在门式脚手架的转角处或开口型脚手架端部，必须增设连墙件，连墙件的垂直间距不应大于建筑物的层高。且不应大于4.0m。

18. 连墙件应靠近门架的横杆设置，距门架横杆不宜大于200mm。连墙件应固定在门架的立杆上。下斜杆设置时连墙杆的坡度宜小于1∶3。

19. 门式脚手架通道口高度不宜大于2个门架高度，宽度不宜大于1个门架跨距。应采取加固措施，并应符合下列规定：

（1）当通道口宽度为一个门架跨距时，在通道口上方的内外侧应设置水平加固杆，水平加固杆应延伸至通道口两侧各一个门架跨距，并在两个上角内外侧应加设斜撑杆。

（2）当通道口宽为两个及以上跨距时，在通道口上方应设置经专门设计和制作的托架梁，并应加强两侧的门架立杆。

20. 作业人员上下脚手架的斜梯应采用挂扣式钢梯，并应与门架挂扣牢固。其设置应符合专项施工方案组装布置图的要求，底层钢梯的底部应加设钢管并用扣件扣紧在门架的立杆上。钢梯的两侧均应设置栏杆扶手、挡脚板，宜采用"之"字形设置，每段梯可跨越两步或三步门架再行转折。

21. 在建筑物的转角处，门式脚手架内、外两侧立杆上应按步设置水平连接杆、斜撑杆，将转角处的两榀门架连成一体（图7-12）。连接杆、斜撑杆采用钢管，其规格应与水平加固杆相同，并用扣件与门架立杆及水平加固杆扣紧。

22. 门式脚手架与模板支架的搭设程序应符合下列规定：

（1）门架的组装应自一端向另一端延伸，自下而上按步架设，并应逐层改变搭设方向。不得自两端相向搭设或自中间向两端搭设。每搭设完两步门架后，应检查、调整门架的水平度及立杆的垂直度。

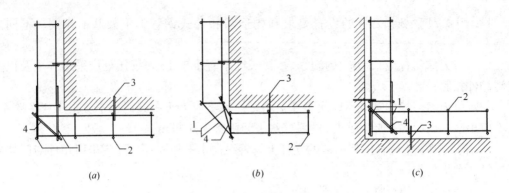

图 7-12 转角处脚手架连接

(a)、(b) 阳角转角处脚手架连接；(c) 阴角转角处脚手架连接；
1—连接杆；2—门架；3—连墙件；4—斜撑杆

(2) 门式脚手架的搭设应与施工进度同步，一次搭设高度不宜超过最上层连墙件两步，且自由高度不应大于 4m。

(3) 满堂脚手架和模板支架应采用逐列、逐排和逐层的方法搭设。

23. 交叉支撑、水平架和脚手板应紧随门架的安装及时设置。连接门架与配件的锁臂、搭钩必须锁住、锁牢。水平架和脚手板应在同一步内连续设置，脚手板必须铺满、铺严，不准有空隙。

24. 加固杆、剪刀撑必须与门架同步搭设。水平加固杆应设于门架立杆内侧，剪刀撑应设于门架立杆外侧，并扣接牢固。

25. 连墙件的安装必须随脚手架搭设同步进行，严禁滞后设置或搭设完毕后补做。当脚手架作业层高出相邻连墙件已两步的，应采取确保脚手架稳定的临时拉结措施，直到连墙件搭设完毕后，方可拆除。

26. 加固件、连墙件等杆件与门架采用扣件连接时，扣件规格必须与所连钢管外径相匹配，扣件螺栓拧紧，扭力矩值应为 40~65N·m。杆件端头伸出扣件盖板边缘长度不应小于 100mm。

27. 门式脚手架通道口的斜撑杆、托架梁及通道口两侧的门架立杆加强杆件应与门架同步搭设，严禁滞后安装。

28. 悬挑脚手架搭设前应检查预埋件和支承型钢悬挑梁的混凝土强度。

29. 满堂脚手架与模板支架的可调底座、可调托座宜采取防止砂浆、水泥浆等污物填塞螺纹的措施。

30. 在施工作业层外侧周边应设置 180mm 高的挡脚板和两道栏杆，上道栏杆高度应为 1.2m，下道栏杆应居中设置。挡脚板和栏杆均应设置在门架立杆的内侧。

31. 护身栏杆、立挂密目安全网应设置在脚手架作业层外侧，门架立杆的内侧。

32. 脚手架搭设完毕或分段搭设完毕必须进行验收检查，合格签字后，交付使用。

（二）悬挑脚手架

1. 门式悬挑脚手架的设置要求和构造，剪刀撑的设置要求和构造与扣件式钢管悬挑脚手架基本相同。

2. 悬挑脚手架底层门架立杆与型钢悬挑梁应可靠连接，不得滑动或窜动。型钢梁上应设置固定连接棒与门架立杆连接，连接棒的直径不应小于 25mm，长度不应小于 100mm，应与型钢梁焊接牢固。

3. 在建筑平面转角处（图 7-13），型钢悬挑梁应经单独计算设置；架体应按步设置水平连接杆，并应与门架立杆或水平加固杆扣紧。

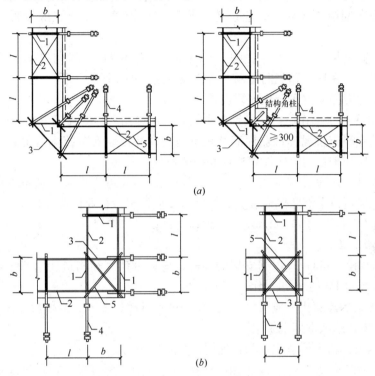

图 7-13　建筑平面转角处型钢悬挑梁设置

（a）型钢悬挑梁在阳角处设置；（b）型钢悬挑梁在阴角处设置

1—门架；2—水平加固杆；3—连接杆；4—型钢悬挑梁；5—水平剪刀撑

4. 悬挑脚手架在底层应满铺脚手板，并应将脚手板与型钢梁连接牢固。

（三）满堂脚手架

1. 满堂脚手架的门架跨距和间距应根据实际荷载计算确定，门架净间距不宜超过 1.2m。

2. 满堂脚手架的高宽比不应大于 4，搭设高度不宜超过 30m。

3. 对高宽比大于 2 的满堂脚手架，宜设置缆风绳或连墙件等有效措施防止架体倾覆，缆风绳或连墙件设置宜符合下列规定：

（1）在架体端部及外侧周边水平间距不宜超过 10m 设置；宜与竖向剪刀撑位置对应设置；

（2）竖向间距不宜超过 4 步设置。

4. 满堂脚手架的构造设计，在门架立杆上宜设置托座和托梁，使门架立杆直接传递荷载。门架立杆上设置的托梁应具有足够的抗弯强度和刚度。

5. 满堂脚手架的搭设构造规定和普通门式脚手架相同。

6. 满堂脚手架在每步门架两侧立杆上应设置纵向、横向水平加固杆，并应采用扣件与门架立杆扣紧。

7. 满堂脚手架的剪刀撑设置应符合下列要求：

（1）搭设高度12m及以下时，在脚手架的周边应设置连续竖向剪刀撑；在脚手架的内部纵向、横向间隔不超过8m应设置一道竖向剪刀撑；在顶层应设置连续的水平剪刀撑。

（2）搭设高度超过12m时，在脚手架的周边和内部纵向、横向间隔不超过8m应设置连续竖向剪刀撑；在顶层和竖向每隔4步应设置连续的水平剪刀撑。

（3）竖向剪刀撑应由底至顶连续设置。

8. 满堂脚手架顶部作业区应满铺脚手板，并应采用可靠的连接方式与门架横杆固定。操作平台上的孔洞应按现行行业标准《建筑施工高处作业安全技术规范》（JGJ 80—91）的规定防护。操作平台周边应设置栏杆和挡脚板。

9. 满堂脚手架中间设置通道口时，通道口底层门架可不设垂直通道方向的水平加固杆和扫地杆，通道口上部两侧应设置斜撑杆，并应按现行行业标准《建筑施工高处作业安全技术规范》（JGJ 80—91）的规定在通道口上部设置防护层。

（四）模板支架

1. 门架的跨距与间距应根据支架的高度、荷载由计算和构造要求确定，门架的跨距不宜超过1.5m，门架的净间距不宜超过1.2m。

2. 模板支架的高宽比不应大于4，搭设高度不宜超过24m。当模板支架的高宽比大于2时，其防护措施同满堂脚手架。

3. 模板支架的搭设构造规定和普通门式脚手架相同。

4. 模板支架在门架立杆上设置托座和托梁，宜采用调节架、可调托座调整高度，可调托座调节螺杆的高度不宜超过300mm。底座和托座与门架立杆轴线的偏差不应大于2.0mm。

5. 用于支承梁模板的门架，可采用平行或垂直于梁轴线的布置方式（图7-14）。

6. 当梁的模板支架高度较高或荷载较大时，门架可采用复式（重迭）的布置方式（图7-15）。

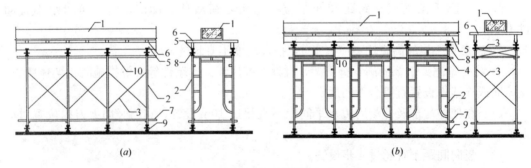

图7-14　梁模板支架的布置方式（一）

（a）门架垂直于梁轴线布置；（b）门架平行于梁轴线布置

1—混凝土梁；2—门架；3—交叉支撑；4—调节架；5—托梁；6—小楞；

7—扫地杆；8—可调托座；9—可调底座；10—水平加固杆

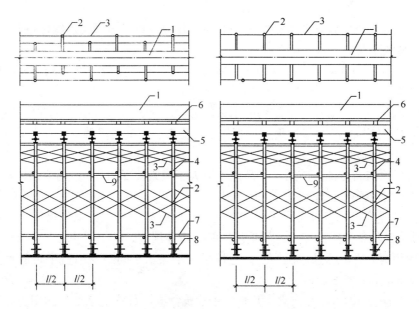

图 7-15　梁模板支架的布置方式（二）

1—混凝土梁；2—门架；3—交叉支撑；4—调节架；5—托梁；

6—小楞；7—扫地杆；8—可调底座；9—水平加固杆

7. 梁板类结构的模板支架，应分别设计。板支架跨距（或间距）宜是梁支架跨距（或间距）的倍数，梁下横向水平加固杆应伸入板支架内不少于 2 根门架立杆，并应与板下门架立杆扣紧。

8. 模板支架在支架的四周和内部纵横向应按现行行业标准《建筑施工模板安全技术规范》（JGJ 162）的规定与建筑结构柱、墙进行刚性连接，连接点应设在水平剪刀撑或水平加固杆设置层，并应与水平杆连接。

9. 模板支架在每步门架两侧立杆上应设置纵向、横向水平加固杆，并应采用扣件与门架立杆扣紧。

10. 模板支架的剪刀撑设置应符合下列要求：

（1）在支架的外侧周边及内部纵横向每隔 6～8m，应由底至顶设置连续竖向剪刀撑。

（2）搭设高度 8m 及以下时，在顶层应设置连续的水平剪刀撑；搭设高度超过 8m 时，在顶层和竖向每隔 4 步及以下应设置连续的水平剪刀撑。

（3）水平剪刀撑宜在竖向剪刀撑斜杆交叉层设置。

八、高处作业吊篮安全要求

（一）构造和安装

1. 高处作业吊篮应由悬挂机构、吊篮平台、提升机构、防坠落机构、电气控制系统、钢丝绳和配套附件、连接件构成。

2. 吊篮搭设构造、安装和拆除必须遵照专项施工方案进行，组装或拆除时，应 3 人配合操作，严格按搭设程序作业，任何人不允许改变方案。

3. 高处作业吊篮所用的构配件应是同一厂家的产品。组装前应确认结构件、紧固件已经配套且完好，其规格型号和质量应符合设计要求。

4. 在建筑物屋面上进行悬挂机构的组装时，作业人员应与屋面边缘保持 2m 以上的距离。组装场地狭小时应采取防坠落措施。

5. 吊篮悬挂机构宜采用刚性联结方式进行拉结固定。前后支架的间距，应能随建筑物外形变化进行调整。

6. 悬挂吊篮的支架支撑点处结构的承载能力，应大于所选择吊篮工况的荷载最大值。悬挂机构前支架应与支撑面保持垂直，脚轮不得受力。前支架严禁支撑在女儿墙上、女儿墙外或建筑物挑檐边缘。

7. 悬挑横梁前高后低，前后水平高差不应大于横梁长度的 2%。前梁外伸长度应符合高处作业吊篮使用说明书的规定。

8. 配重件应稳定可靠地安放在配重架上，并应有防止随意移动的措施。严禁使用破损的配重件或其他替代物。配重件的重量应符合设计规定。

9. 当使用两个以上的悬挂机构时，悬挂机构吊点水平间距与吊篮平台的吊点间距应相等，其误差不应大于 50mm。

10. 安装任何形式的悬挑结构，其施加于建筑物或构筑物支承处的作用力，均应符合建筑结构的承载能力，不得对建筑物和其他设施造成破坏和不良影响。

11. 提升机应具有良好的穿绳性能，使吊篮平台能通过提升机构沿动力钢丝绳升降。不得卡绳和堵绳。

12. 吊篮平台四周应装有固定式的安全护栏，护栏应设有腹杆，工作面的护栏高度不应低于 0.8m，其余部位则不应低于 1.1m，护栏应能承受 1000N 的水平集中载荷。平台内工作宽度不应小于 0.4m，并应设置防滑底板，底板排水孔直径最大为 10mm。平台底部四周应设有高度不小于 150mm 挡板，挡板与底板间隙不大于 5mm。

13. 安装时钢丝绳应沿建筑物立面缓慢下放至地面，不得抛掷。

14. 高处作业吊篮安装和使用时，在 10m 范围内如有高压输电线路，应按照现行行业标准《施工现场临时施工用电安全技术规范》（JGJ 46—2005）的规定，采取隔离措施。

（二）使用与检查

1. 高处作业吊篮应设置作业人员专用的用以挂设安全带的，装有安全锁或其他安全装置的安全绳。安全绳应固定在建筑物可靠位置上独立于工作钢丝绳另行悬挂，不得与吊篮上任何部位有连接。在正常运行时，安全钢丝绳应处于悬垂状态。宜选用与工作钢丝绳相同的型号、规格，并应符合下列规定：

（1）安全绳应符合现行国家标准《安全带》（GB 6095—2009）的要求，其直径应与安全锁扣的规格相一致。

（2）安全绳不得有松散、断股、打结现象。

（3）安全锁扣的部件应完好、齐全，规格和方向标识应清晰可辨。

2. 吊篮正常工作时，人员应从地面进入吊篮，不得从建筑物顶部、窗口等处或其他孔洞处出入吊篮。吊篮内作业人员不应超过 2 个。应佩戴安全帽，系好安全带，配戴工具袋，严格遵守操作规程，并应将安全锁扣正确挂置在独立设置的安全绳上。

3. 吊篮必须安装上行程限位装置和在断电时使悬吊平台平稳下降的手动滑降装置，宜安装下限位装置和超载保护装置。吊篮所有外露传动部分，应装有防护装置。

4. 吊篮制动器必须使带有动力试验载荷的悬吊平台，在不大于 100mm 制动距离内停止运行。

5. 对离心触发式安全锁，吊篮平台运行速度达到安全锁锁绳速度（≤30m/min）时，即能自动锁住安全钢丝绳，使吊篮平台在200mm范围内停住。对摆臂式防倾斜安全锁，悬吊平台工作时纵向倾斜角度不大于8°时，能自动锁住并停止运行。在锁绳状态下安全锁应不能自动复位。

6. 安全锁必须在有效标定期限内使用，有效标定期限不大于一年。

7. 使用离心触发式安全锁的吊篮在空中停留作业时，应将安全锁锁定在安全绳上；空中启动吊篮时，应先将吊篮提升使安全绳松弛后再开启安全锁。不得在安全绳受力时强行扳动安全锁开启手柄；不得将安全锁开启手柄固定于开启位置。

8. 吊篮平台上应设有操纵用按钮开关，操纵系统应灵敏可靠。平台应设有靠墙轮或导向装置或缓冲装置。平台上应醒目地注明额定载重量及注意事项。手柄操作方向应有明显箭头指示。

9. 吊篮宜安装防护棚，防止高处坠物造成作业人员伤害。

10. 使用吊篮作业时，应排除影响吊篮正常运行的障碍。在吊篮下方可能造成坠落物伤害的范围，设置安全隔离区和警告标志，人员、车辆不得停留、通行。

11. 使用境外吊篮设备应有中文使用说明书；产品的安全性能应符合我国的现行标准。

12. 不得将吊篮作为垂直运输设备，不得采用吊篮运输物料。

13. 每天工作前应经过安全检查员核实配重和检查悬挂机构并应进行空载运行，以确认设备处于正常状态。

14. 吊篮的负载不得超过1kN/m²，吊篮平台内作业人员和材料要对称分布，不得集中在一头，保持吊篮荷载均衡。严禁超载运行或带故障使用。吊篮在正常使用时，严禁使用安全锁制动。

15. 吊篮做升降运行时，工作平台两端高差不得超过150mm。吊篮升降时不要碰撞建筑物，特别是阳台、窗户等部位，应有专人负责推动吊篮，防止吊篮挂碰建筑物。

16. 吊篮悬挂高度在60m及其以下的，宜选用长边不大于7.5m的吊篮平台；悬挂高度在100m及其以下的，宜选用长边不大于5.5m的吊篮平台；悬挂高度100m以上的，宜选用不大于2.5m的吊篮平台。

17. 进行喷涂作业或使用腐蚀性液体进行清洗作业时，应对吊篮的提升机、安全锁、电气控制柜采取防污染保护措施。

18. 悬挑结构平行移动时，应将吊篮平台降落至地面，并应使其钢丝绳处于松弛状态。

19. 在吊篮内进行电焊作业时，应对吊篮设备、钢丝绳、电缆采取保护措施。不得将电焊机放置在吊篮内；电焊缆线不得与吊篮任何部位接触；电焊钳不得搭挂在吊篮上。

20. 在高温、高湿等不良气候和环境条件下使用吊篮时，应采取相应的安全技术措施。

21. 当吊篮施工遇有雨雪、大雾、风沙及5级以上大风等恶劣天气时，应停止作业，并应将吊篮平台停放至地面，应对钢丝绳、电缆进行绑扎固定。

22. 吊篮投入运行后，应按照使用说明书要求定期进行全面检查，并做好记录。当施工中发现吊篮设备故障和安全隐患时，应及时排除，对可能危及人身安全时，必须停止作业，并应由专业人员进行维修。维修后的吊篮应重新进行验收检查，合格后方可使用。

23. 下班后不得将吊篮停留在半空中，应将吊篮放至地面。人员离开吊篮、进行吊篮维修或每日收工后应将主电源切断，并将电气柜中各开关置于断开位置并加锁。

（三）拆除与维护

1. 拆除前应将吊篮平台下落至地面，并应将钢丝绳从提升机、安全锁中退出，切断总电源。

2. 拆除支承悬挂结构时，应对作业人员和设备采取相应的安全措施。

3. 拆卸分解后的零部件不得放置在建筑物边缘，应采取防止坠落的措施。零散物品应放置在容器中。不得将吊篮任何部件从屋顶处抛下。

4. 吊篮应存放在通风、无雨淋日晒和无腐蚀气体的环境中，并将随机工具、备件及需防锈的表面和各润滑点涂以防锈脂和注入润滑油。

5. 吊篮应按使用说明书要求进行检查、测试、维护保养。随行电缆损坏或有明显擦伤时，应立即维护和更换。

6. 控制线路和各种电器元件，动力线路的接触器应保持干燥、无灰尘污染。钢丝绳不得折弯，不得沾有砂浆杂物等。

7. 除非测试、检查和维修需要，任何人不得使安全装置或电器保护装置失效。在完成测试、检查和维修后，应立即将这些装置恢复到正常状态。

九、坡道安全要求

1. 脚手架运料坡道宽度不得小于 1.5m，坡度以 1：6（高：长）为宜。人行坡道，宽度不得小于 1m，坡度不得大于 1：3.5。

2. 立杆、纵向水平杆间距应与结构脚手架相适应。单独坡道的立杆、纵向水平杆间距不得超过 1.5m，横向水平杆间距不得大于 1m。坡道宽度大于 2m 时，横向水平杆中间应加吊杆，并每隔 1 根立杆在吊杆下加绑托杆和八字戗。

3. 脚手板应铺严、铺牢。对头搭接时板端部分应用双横向水平杆。搭接板的板端应搭过横向水平杆 200mm，并用三角木填顺板头凸棱。斜坡坡道的脚手板应钉防滑条，防滑条厚度 30mm，间距不得大于 300mm。

4. 之字坡道的转弯处应搭设平台，平台面积应根据施工需要，但宽度不得小于 1.5m。平台应绑剪刀撑或八字戗。

5. 坡道及平台必须绑两道护身栏杆和 180mm 高度的挡脚板。

十、安全网

1. 安全网选择

根据负载高度选择平网的架设宽度。立网不能代替平网使用。新网必须有产品检验合格证；旧网应在外观检查合格的情况下，进行抽样检验，符合要求时方准使用。

平网宽度不得小于 3m，立网宽（高）度不得小于 1.2m，密目式安全立网宽（高）度不得小于 1.2m。每张安全网重量一般不宜超过 15kg。

2. 支撑杆应有足够的强度和刚度，间距不得大于 4m，同时系网处无尖锐边缘。系绳沿网边要均匀分布，相邻两根系绳间距，平网和立网都不得大于 0.75m，密目式安全立网不得大于 0.45m。系绳长度不小于 0.8m。平网上两根相邻筋绳距离不小于 30cm。当筋绳、系绳合一使用时，系绳部分必须加长，要求与边绳系紧后，再折回边绳系紧，至少形成双根。

3. 平网架设

架设平网应外高里低与平面成 15°角，网片不要绷紧（便于能量吸收），网片系绳连接牢固不留空隙。《建筑施工安全检查标准》（JGJ 59—2011）规定，取消了平网在落地式脚手架外围的使用，改为立网全封闭。立网应该使用密目式安全网。

（1）首层网　当施工高度达 3.2m 时应架首层网。首层网架设的宽度，视建筑的防护高度和脚手架型式而定。首层网在建筑工程主体及装修和整修施工期间不能拆除。

无外脚手架或采用单排外脚手架、悬挑式脚手架和工具式脚手架时，凡高度在 4m 以上的建筑物，首层四周必须支固定 3m 宽的水平安全网（20m 以上的建筑物搭设 6m 宽双层安全网），网底距下方物体表面不得小于 3m（20m 以上的建筑物不得小于 5m）。安全网下方不得堆物品。

（2）随层网　随施工作业层逐层上升搭设的安全网称为随层网。当大型工具不足时，也可在脚手板下架设一道随层平网，作为防护层。立网全封闭时，可不搭设随层网，但作业层脚手板要满铺，加强防护。

（3）层间网　在首层网与随层网之间搭设的固定安全网称为层间网。自首层开始，每隔 10m 架设一道 3m 宽的水平安全网。安全网的外边沿要明显高于内边沿 50～60cm。立网全封闭时，可不搭设层间网。

4. 立网架设

立网应架设在防护栏杆上，上部高出作业面不小于 1m。立网距作业面边缘处，最大间隙不得超过 10cm。立网的下部应封闭牢靠。小眼立网和密目安全网都属于立网，视不同要求采用。

5. 搭设好的水平安全网在承受 100kg 重、表面积 2800cm² 的砂袋假人，从 10m 高处的冲击后，网绳、系绳、边绳不断。

6. 扣件式钢管外脚手架，必须立挂密目安全网，沿外架子内侧进行封闭，安全网之间必须连接牢固，并与架体固定。

7. 悬挑式脚手架和工具式脚手架必须立挂密目安全网，沿外排架子内侧进行封闭，并按标准搭设水平安全网防护。

8. 在施工程的电梯井、采光井、螺旋式楼梯口，除必须设金属可开启式安全防护门外。还应在井口内首层并最多每隔 10m 固定一道水平安全网。

9. 施工过程中，对安全网及支撑系统，应定期进行检查、整理、维修。检查支撑系统杆件、间距、结点以及封挂安全网用的钢丝绳的松紧度，检查安全网片之间的连接、网内杂物、网绳磨损以及电焊作业等损伤情况。

10. 对施工期较长的工程，安全网应每隔 3 个月按批号对其试验绳进行强力试验一次；每年抽样安全网，做一次冲击试验。

11. 拆除安全网时，必须待所防护区域内无坠落可能的作业时，方可进行。

12. 拆除安全网应自上而下依次进行。拆除过程中要由专人监护。作业人员系好安全带，同时应注意网内杂物的清理。

13. 拆除下来的安全网，由专人作全面检查，确认合格的产品，签发合格使用证书方准入库。

14. 安全网要存放在干燥通风无化学物品腐蚀的仓库中，存放应分类编号，定期检验。

十一、检查与验收

1. 进入现场的各构配件应具备以下证明资料：

（1）主要构配件应有产品标识、产品质量合格证及质量检验报告。

（2）碗扣构配件供应商应配套提供管材、零件、铸件、冲压件等材质、产品性能检验报告。

（3）扣件还应有生产许可证、法定检测单位的测试报告。

2. 构配件进场质量检查的重点：

（1）各构配件按照相关规定进行外观质量检查。

（2）钢管等杆件的壁厚、外径、断面、焊接质量。

（3）碗扣脚手架可调底座和可调托撑丝杆直径、与螺母配合间隙及材质。

（4）门架与配件应涂防锈漆或镀锌。钢管应涂防锈漆。

（5）扣件在使用前应逐个挑选，有裂缝、变形、螺栓出现滑丝的严禁使用。

（6）可调托撑支托板厚不应小于5mm，变形不应大于1mm。

3. 在脚手架、满堂脚手架和模板支撑架使用过程中，应定期对脚手架及其地基基础进行检查和维护。特别是下列情况下，必须进行检查：

（1）基础完工后及脚手架搭设前。

（2）作业层上施工加荷载前。

（3）遇大雨和六级以上大风后。

（4）寒冷地区开冻后。

（5）停用时间超过一个月恢复使用前。

（6）如发现倾斜、下沉、松扣、崩扣等现象要及时修理。

（7）达到设计高度后。

4. 脚手架搭设质量应按阶段进行检查与验收，检验合格后方可继续搭设。

（1）扣件式脚手架每搭设6～8m高度后。

（2）碗扣式脚手架首段高度达到6m时；架体随施工进度升高按结构层进行检验；架体高度大于24m时，在24m处或设计高度二分之一处。

（3）门式脚手架每搭设2个楼层高度；满堂脚手架、模板支架每搭设4步高度。

5. 碗扣式双排脚手架应重点检查以下内容：

（1）保证架体几何不变性的斜杆、连墙件等设置设置情况。

（2）基础的沉降，立杆底座与基础面的接触情况。

（3）上碗扣锁紧情况。

（4）立杆连接销的安装、斜杆扣接点、扣件拧紧程度。

6. 脚手架使用过程中，应定期检查下列内容：

（1）杆件的设置和连接，连墙件、支撑、门洞桁架等的构造应符合规范和专项施工方案的要求。

（2）地基应无积水，底座应无松动，立杆应无悬空。

（3）锁臂、挂扣件、扣件螺栓应无松动。

（4）高度在 24m 以上的扣件式双排、满堂脚手架，高度在 20m 以上的扣件式满堂支撑架，其立杆的沉降与垂直度偏差应符合规范规定。

（5）安全防护措施应符合规范要求。

（6）应无超载使用。

7. 脚手架、满堂脚手架和模板支撑架验收时，应具备下列技术文件：

（1）专项施工方案及变更文件。

（2）安全技术交底文件。

（3）构配件质量检验记录。

（4）周转使用的脚手架构配件使用前的复验合格记录。

（5）搭设的施工记录和质量安全检查记录。

8. 脚手架搭设的技术要求、允许偏差与检验方法应符合各自脚手架的规定。

9. 满堂脚手架和模板支撑架在施加荷载或浇筑混凝土时，应设专人全过程监督。发现异常情况应及时处理。

十二、脚手架拆除安全要求

脚手架拆除作业的安全防护要求与搭设作业时的安全防护要求相同。

1. 脚手架拆除作业的危险性大于搭设作业，应按专项方案施工。在进行拆除工作之前，必须作好准备工作：

（1）当工程施工完成后，必须经单位工程负责人检查验证，确认脚手架不再需要后，方可拆除。脚手架拆除必须由施工现场技术负责人下达正式通知。

（2）全面检查脚手架是否安全。即扣件连接、连墙件、支撑体系等是否符合构造要求。

（3）应根据检查结果补充完善脚手架专项方案中的拆除顺序和措施，经审批后方可实施。

（4）拆除前应向操作人员进行安全技术交底。

（5）拆除前应清除脚手架上的材料、工具和杂物，清理地面障碍物。

2. 拆除脚手架现场应设置安全警戒区域和警告牌，并由专职人员负责警戒，严禁非施工作业人员进入拆除作业区内。拆除大片架子应加临时围栏。作业区内电线及其他设备有妨碍时，应事先与有关部门联系拆除、转移或加防护。

3. 作业人员戴安全帽、系安全带、穿防滑鞋才允许上架作业。

4. 脚手架拆除程序，应由上而下按层按步的拆除。拆除顺序与搭设顺序相反，后搭的先拆，先搭的后拆，严禁上下同时进行拆除作业。先拆护身栏、脚手板和横向水平杆，再依次拆剪刀撑的上部扣件和接杆。最后是纵向水平杆和立杆。拆除全部剪刀撑以前，必须搭设临时加固斜支撑，预防架子倾倒。连墙杆应随拆除进度逐层拆除，严禁先将连墙杆整层或数层拆除后再拆脚手架。分段拆除高差大于两步时，应增设连墙件加固。

5. 拆除时应设专人指挥，分工明确、统一行动、上下呼应、动作协调。当解开与另一人有关的结扣时，应先通知对方，以防坠落。

6. 拆脚手架杆件，必须由 2～3 人协同操作，严禁单人拆除如脚手板、长杆件等较重、较大的杆部件。拆纵向水平杆时，应由站在中间的人向下传递，严禁向下抛掷。

7. 拆除立杆时，先把稳上部，再拆开后两个扣，然后取下；拆除大横杆、斜撑、剪刀撑时，应先拆中间扣，然后托住中间，再解端头扣，松开连接后，水平托举取下。

8. 拆卸下来的钢管、门架与各构配件应防止碰撞，严禁抛掷至地面。可采用起重设备吊运式人工传送至地面。

9. 当脚手架拆至下部最后一根立杆高度（约 6.5m）时，应在适当位置先搭设临时抛撑加固后，再拆除连墙件。当单、双排脚手架采取分段、分立面拆除时，对不拆除的脚手架两端应按规定设置连墙件和横向斜撑加固。

10. 拆除门架的顺序，应从一端向另一端，自上而下逐层地进行。同一层的构配件和加固杆件必须按照先下后上、先外后内的顺序进行拆除。最后拆除连墙件。拆除的工人必须站在临时设置的脚手板上进行拆卸作业。拆除连接部件时，应先将止退装置旋转至开启位置，然后拆除，不得硬拉，严禁敲击。严禁使用手锤等硬物击打、撬别。连墙件、通长水平杆和剪刀撑等必须在脚手架拆除到相关门架时，方可拆除。

11. 大片架子拆除后所预留的斜道、上料平台、通道等，应在大片架子拆除前先进行加固，以便拆除后确保其完整、安全和稳定。

12. 拆除时严禁撞碰附近电源线，以防事故发生。不能撞碰门窗、玻璃、水落管、房檐瓦片、地下明沟等。

13. 在拆架过程中，不能中途换人，如必须换人时，应将拆除情况交代清楚后方可离开。

14. 运至地面的钢管、门架与各构配件应按规定及时检查、整修与保养，按品种、规格分类存放，以便于运输、维护和保管。

第三节　施工现场临时用电安全管理

施工现场临时用电与一般工业或居民生活用电相比具有其特殊性，有别于正式"永久性"用电工程，具有暂时性、流动性、露天性和不可选择性。

进入施工现场的各类人员，难免要接触到各类电气设备。由于电是看不见，摸不着的，不了解用电常识的人稍不注意就有可能发生触电事故。轻者接触部位被麻一下，重者可能被烧伤、击倒、人事不省甚至危及生命。触电造成的伤亡事故是建筑施工现场的多发事故之一，因此，每一个进入施工现场的人员必须高度重视安全用电工作，掌握必备的用电安全技术知识。

一、电气安全基本常识

（一）安全电压

安全电压是指为防止触电事故而采用的 50V 以下特定电源供电的电压系列。分为42V、36V、24V、12V 和 6V 五个等级，根据不同的作业条件，可以选用不同的安全电压等级。

以下特殊场所必须采用安全电压照明供电：

1. 使用行灯，必须采用小于或等于 36V 的安全电压供电。

2. 隧道、人防工程、有高温、导电灰尘或距离地面高度低于 2.4m 的照明等场所，电源电压应不大于 36V。

3. 在潮湿和易触及带电体场所的照明电源电压，应不大于 24V。

4. 在特别潮湿的场所，导电良好的地面、锅炉或金属容器内工作的照明电源电压不得大于 12V。

（二）电线的相色

电源线路可分工作相线（火线）、工作零线和专用保护零线，一般情况下，工作相线（火线）带电危险，工作零线和专用保护零线不带电（但在不正常情况下，工作零线也可以带电）。

一般相线（火线）分为 A、B、C 三相，分别为黄色、绿色、红色；工作零线为黑色；专用保护零线为黄绿双色线。

（三）插座的使用

1. 插座的分类

常用的插座分为单相双孔、单相三孔和三相三孔、三相四孔等，如图 7-16 所示。

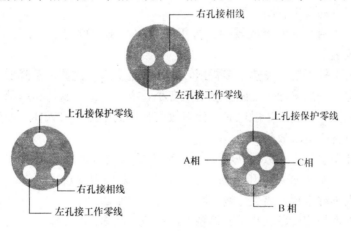

图 7-16　插座接线示意

2. 正确选用与安装接线

（1）三孔插座应选用"品字形"结构，不应选用等边三角形排列的结构，因为后者容易发生三孔互换而造成触电事故。

（2）插座在电箱中安装时，必须首先固定安装在安装板上，接地极与箱体一起作可靠的 PE 保护。

（3）三孔或四孔插座的接地孔（较粗的一个孔），必须置在顶部位置，不可倒置，两孔插座应水平并列安装，不准垂直并列安装。

（4）插座接线要求

对于两孔插座，左孔接零线，右孔接相线；

对于三孔插座，左孔接零线，右孔接相线，上孔接保护零线；

对于四孔插座，上孔接保护零线，其他三孔分别接 A、B、C 三根相线。如图 7-16。

关于接线可以记为"左零右火上接地"。

（四）触电事故

当人体接触电气设备或电气线路的带电部分，并有电流流经人体时，人体将会因电流刺激而产生危及生命的所谓医学效应。这种现象称为人体触电。

施工现场的触电事故主要分为电击和电伤两大类，也可分为低压触电事故和高压触电事故。

电击是人体直接接触带电部分，电流通过人体，如果电流达到某一定的数值就会使人体和带电部分相接触的肌肉发生痉挛（抽筋），呼吸困难，心脏麻痹，直到死亡。电击是内伤，是最具有致命危险的触电伤害。

电伤是指皮肤局部的损伤，有灼伤、烙印和皮肤金属化等伤害。

人们常称电击伤为触电。电击伤是由电流通过人体所引起的损伤，大多数是人体直接接触带电体所引起。在电压较高或雷电击中时则为电弧放电而至损伤。

1. 触电事故的特点

由于触电事故的发生都很突然，并在相当短的时间内对人体造成严重损伤，故死亡率较高。根据事故统计，触电事故有如下特点：

（1）电压越高，危险性越大。

（2）触电事故的发生有明显的季节性。

一年中春、冬两季触电事故较少，每年的夏秋两季，特别是六、七、八、九4个月中，触电事故较多。

其主要原因不外乎气候炎热、多雷雨，空气中湿度大，这些因素降低了电气设备的绝缘性能，人体也因炎热多汗，皮肤接触电阻变小，衣着单薄，身体暴露部分较多，大大增加了触电的可能性。一旦发生触电时，便有较大强度的电流通过人体，产生严重的后果。

（3）低压设备触电事故较多。

据统计，此类事故占总数的90%以上。因为低压设备远较高压设备应用广泛，人们接触的机会较多，施工现场低压设备就较多，另外人们习惯称220/380V的交流电源为"低压"，好多人不够重视，丧失警惕，容易引起触电事故。

（4）发生在携带式设备和移动式设备上的触电事故多。

（5）在高温、潮湿、混乱或金属设备多的现场中触电事故多。

（6）缺乏安全用电知识或不遵守安全技术要求，违章操作和无知操作而触电的事故占绝大多数。因此新工人、青年工人和非专职电工的事故占较大比重。

2. 触电类型

一般按接触电源时情况不同，常分为两相触电、单相触电和"跨步电压"触电。

（1）两相触电

人体同时接触二根带电的导线（相线）时，因为人是导体，电线上的电流就会通过人体，从一根电线流到另一根电线，形成回路，使人触电，称为两相触电。人体所受到的电压是线电压，因此触电的后果很严重。

（2）单相触电

如果人站在大地上，接触到一根带电导线时，因为大地也能导电，而且和电力系统（发电机、变压器）的中性点相连接，人就等于接触了另一根电线（中性线）。所以也会造成触电，称为单相触电。

目前触电死亡事故中大部分是这种触电，一般都是由于开关、灯头、导线及电动机有缺陷而造成的。

（3）"跨步电压"触电

当输电线路发生断线故障而使导线接地时，由于导线与大地构成回路，导线中有电流通过。电流经导线入地时，会在导线周围的地面形成一个相当强的电场，此电场的电位分布是不均匀的。如果从接地点为中心划许多同心圆，这些同心圆的圆周上，电位是各不相同的，同心圆的半径越大，圆周上电位越低，反之，半径越小，圆周上电位越高。如果人畜双脚分开站立，就会受到地面上不同点之间的电位差，此电位差就是跨步电压。如沿半径方向的双脚距离越大，则跨步电压越高。

当人体触及跨步电压时，电流也会流过人体。虽然没有通过人体的全部重要器官，仅沿着下半身流过。但当跨步电压较高时，就会发生双脚抽筋，跌倒在地上，这样就可能使电流通过人体的重要器官，而引起人身触电死亡事故。

除了输电线路断线会产生跨步电压外，当大电流（如雷电流）从接地装置流入大地时，接地电阻偏大也会产生跨步电压。

因此，安全工作规程要求人们在户外不要走近断线点 8m 以内的地段。在户内，不要走近 4m 以内的地段，否则会发生人、畜触电事故，这种触电称为跨步电压触电。

跨步电压触电一般发生在高压线落地时，但是对低压电线也不可大意。据试验，当牛站在水田里，如果前后蹄之间的跨步电压达到 10V 左右，牛就会倒下，触电时间长了，牛会死亡。人、畜在同一地点发生跨步电压触电时，对牲畜的危害比较大（电流经过牲畜心脏），对人的危害较小（电流只通过人的两腿，不通过心脏），但当人的两脚抽筋以致跌倒时，触电的危险性就增加了。

3. 触电事故的主要原因

（1）缺乏电气安全知识，自我保护意识淡薄。

（2）违反安全操作规程。

（3）电气设备安装不合格。

（4）电气设备缺乏正常检修和维护。

（5）偶然因素。

二、施工临时用电安全要求

为了保证施工现场用电安全，住房和城乡建设部修订颁发了《施工现场临时用电安全技术规范》（JGJ 46—2005）。根据《规范》要求和长期工作实践，一般施工现场工作人员必须了解以下安全用电要求。

1. 项目经理部应制定安全用电管理制度。

2. 项目经理应明确施工用电管理人员、电气工程技术人员和各分包单位的电气负责人。

3. 施工现场临时用电设备在 5 台及以上或设备总容量在 50kW 及以上者，应编制临时用电工程施工组织设计；临时用电设备在 5 台以下和设备总容量在 50kW 以下者，应制定安全用电技术措施和电气防火措施。

4. 地下工程使用 220V 以上电气设备和灯具时，应制定强电进入措施。

5. 工程项目每周应对临时用电工程至少进行一次安全检查，对检查中发现的问题及时整改。

6. 建筑施工现场的电工属于特殊作业工种，必须经有关部门技能培训考核合格后，持操作证上岗，无证人员不得从事电气设备及电气线路的安装、维修和拆除。

7. 电工作业应持有效证件，电工等级应与工程的难易度和技术复杂性相适应。电工作业由二人以上配合进行，并按规定穿绝缘鞋、戴绝缘手套、使用绝缘工具，严禁带电接线和带负荷插拔插头等。

8. 在建工程与外电线路的安全距离应符合《施工现场临时用电安全技术规范》（JGJ 46—2005）第 4.1.2 条规定。

9. 施工现场的机动车道与外电架空线路交叉时，架空线路的最低点与路面的垂直距离应符合《施工现场临时用电安全技术规范》（JGJ 46—2005）第 4.1.3 条规定。

10. 对达不到规范规定的最小距离时，必须采取防护措施，增设屏障、遮拦或停电后作业，并悬挂醒目的警告标识牌。

11. 不准在高压线下方搭设临建、堆放材料和进行施工作业。在高压线一侧作业时，必须保持 6m 以上的水平距离，达不到上述距离时，必须采取隔离防护措施。

12. 起重机不得在架空输电线下面工作，在通过架空输电线路时，应将起重臂落下，以免碰撞。

13. 在临近输电线路的建筑物上作业时，不能随便往下扔金属类杂物，更不能触摸、拉动电线或电线接触钢丝和电杆的拉线。

14. 移动金属梯子和操作平台时，要观察高处输电线路与移动物体的距离，确认有足够的安全距离，再进行作业。

15. 搬扛较长的金属物体，如钢筋、钢管等材料时，不要碰触到电线。

16. 在地面或楼面上运送材料时，不要踏在电线上。停放手推车、堆放钢模板、跳板、钢筋时不要压在电线上。

17. 在移动有电源线的机械设备，如电焊机、水泵、小型木工机械等，必须先切断电源，不能带电搬动。

18. 当发现电线坠地或设备漏电时，切不可随意跑动或触摸金属物体，并保持 10m 以上距离。

19. 不准在宿舍工棚、仓库、办公室内用电饭锅、电水壶、电炉、电热杯等电器，如需使用应由管理部门指定地点，严禁使用电炉。

20. 不准在宿舍内乱拉乱接电源。只有专职电工可以接线、换保险丝，其他人不准私自进行，不准用其他金属丝代替熔丝（保险丝）。

21. 不准在潮湿的地上摆弄电器，不得用湿手接触电器，严禁不用插头而直接将电线的金属丝插入插座，以防触电。

22. 严禁在电线上晾衣服和挂其他东西。

23. 如果发现有损坏的电线、插头、插座，要马上报告。专职安全员应贴上警告标识，以免其他人员使用。

三、施工现场临时用电管理

电是施工现场不可缺少的能源。随着各种类型的电气装置和机械设备的不断增多，而施工现场环境的特殊性和复杂性，使得现场临时用电的安全性受到了严重威胁，各种触电事故频频发生。因此，必须根据国家规范要求，采取可靠的安全防护措施和技术措施，以确保人身和机械设备的安全。施工现场临时用电的检查按照《建筑施工安全检查标准》（JGJ 59—2011）中的"施工用电检查评分表"进行。行业标准《施工现场临时用电安全技术规范》（JGJ 46—2005）对防止触电事故的发生，保障施工现场安全用电作了具体的要求。下面结合二者对施工现场用电安全的要求进行阐述。

（一）临时用电管理

1. 临时用电施工组织设计

施工现场临时用电施工组织设计是施工现场临时用电安装、架设、使用、维修和管理的重要依据，指导和帮助供、用电人员准确按照用电施工组织设计的具体要求和措施执行确保施工现场临时用电的安全性和科学性。

《施工现场临时用电安全技术规范》（JGJ 46—2005）（以下简称《规范》）规定："施工现场临时用电设备在 5 台及以上或设备总容量在 50kW 及以上者，应编制用电组织设计"。"临时用电设备在 5 台以下和设备总容量在 50kW 以下者，应制定安全用电措施和电气防火措施"。

（1）施工现场临时用电施工组织设计应包括的重要内容：

1）现场勘测；

2）确定电源进线、变电所或配电室、配电装置、用电设备位置及线路走向；

3）进行负荷计算；

4）选择变压器；

5）设计配电系统：

①设计配电线路，选择导线或电缆；

②设计配电装置，选择电器；

③设计接地装置；

④绘制临时用电工程图纸，主要包括用电工程总平面图、配电装置布置图、配电系统接线图、接地装置设计图。

6）设计防雷装置；

7）确定防护措施；

8）制定安全用电措施和电气防火措施。

（2）临时用电施工组织设计必须由电气工程技术人员组织编制，经相关部门审核及具有法人资格企业的技术负责人批准后实施。

（3）施工现场临时用电工程必须经编制、审核、批准部门和使用单位共同验收，合格后方可投入使用。

2. 临时用电的档案管理

《规范》规定："施工现场临时用电必须建立安全技术档案"，其内容包括：

（1）用电组织设计的安全资料

单独编制的施工现场临时用电施工组织设计及相关的审批手续。

（2）修改用电组织设计的资料

临时用电施工组织设计及变更时，必须履行"编制、审核、批准"程序，变更用电施工组织设计时应补充有关图纸资料。

（3）用电技术交底资料

电气工程技术人员向安装、维修电工和各种用电设备人员分别贯彻交底的文字资料。包括总体意图、具体技术要求、安全用电技术措施和电气防火措施等文字资料。交底内容必须有针对性和完整性，并有交人员的签名及日期。

（4）用电工程检查验收表

（5）电气设备的试、检验凭单和调试记录

电气设备的调试、测试和检验资料，主要是设备绝缘和性能完好情况。

（6）接地电阻、绝缘电阻和漏电保护器漏电动作参数测定记录表

接地电阻测定记录应包括电源变压器投入运行前其工作接地阻值和重复接地阻值。

（7）定期检（复）查表

定期检查复查接地电阻值和绝缘电阻值的测定记录等。

（8）电工安装、巡检、维修、拆除工作记录

电工维修等工作记录是反映电工日常电气维修工作情况的资料，应尽可能记载详细，包括时间、地点、设备、部位、维修内容、技术措施、处理结果等。对于事故维修还要作出分析提出改进意见。

安全技术档案应由主管该现场的电气技术人员负责建立与管理。其中"电工安装、巡检、维修、拆除工作记录"可指定电工代管，每周由项目经理审核认可，并应在临时用电工程拆除后统一归档。

3. 人员管理

（1）对现场电工的要求

1）现场电工必须经过培训，经有关部门按国家现行标准考核合格后，方能持证上岗。

2）安装、巡检、维修或拆除临时用电设备和线路，必须由现场电工完成，并应有人监护。

3）现场电工的等级应同工程的难易程度和技术复杂性相适应。

（2）对各类用电人员的要求

1）必须通过相关教育培训和技术交底，考核合格后方可上岗工作。

2）掌握安全用电的基本知识和所用设备的性能。

3）使用电气设备前必须按规定穿戴和配备好相应的劳动防护用品，并应检查电气安全装置和保护设施是否完好，严禁设备带"缺陷"运转。

4）保管和维护所用设备，发现问题及时报告解决。

5）暂时停用设备的开关箱必须分断电源隔离开关，并应关门上锁。

6）移动电气设备时，必须经电工切断电源并做妥善处理后进行。

（二）外电线路及电气设备防护

1. 外电线路防护

外电线路主要指不为施工现场专用的原来已经存在的高压或低压配电线路，外电线路一般为架空线路，个别现场也会遇到地下电缆。由于外电线路位置已经固定，所以施工过

程中必须与外电线路保持一定安全距离，当因受现场作业条件限制达不到安全距离时，必须采取屏护措施，防止发生因碰触造成的触电事故。

（1）《规范》规定：在建工程不得在外电架空线路正下方施工、搭设作业棚、建造生活设施或堆放构件、架具、材料及其他杂物等。

（2）当在架空线路一侧作业时，必须保持安全操作距离。

外电线路尤其是高压线路，由于周围存在的强电场的电感应所致，便附近的导体产生电感应，附近的空气也在电场中被极化，而且电压等级越高电极化就越强，所以必须保持一定安全距离，随电压等级增加，安全距离也相应加大。施工现场作业，特别是搭设脚手架，一般立杆、大横杆钢管长 6.5m，如果距离太小，操作中的安全无法保障，所以这里的"安全距离"在施工现场就变成了"安全操作距离"，除了必要的安全距离外，还要考虑作业条件的因素，所以距离相应加大了。

《规范》规定了各种情况下的最小安全操作距离：即与外电架空线路的边线之间必须保持的距离。

1）在建工程（含脚手架）的周边与外电线路的边线之间的最小安全距离应符合《规范》第 4.1.2 条（本教材表 3-3）之规定。

2）施工现场的机动车道与外电架空线路交叉时，架空线路的最低点与路面的最小垂直距离应符合《规范》第 4.1.3 条（本教材表 3-4）之规定。

3）起重机的任何部位或被吊物边缘在最大偏斜时与架空线路边线的最小安全距离应符合《规范》第 4.1.4 条（本教材表 7-1）之规定。

4）施工现场开挖沟槽边缘与外电埋地电缆沟槽边缘之间的距离不得小于 0.5m。

（3）防护措施。

当达不到规范规定的最小距离时，必须采取绝缘隔离防护措施。

1）增设屏障、遮栏或保护网，并悬挂醒目的警告标志。

2）防护设施必须使用非导电材料，并考虑到防护棚本身的安全（防风、防大雨、防雪等）。

3）特殊情况下无法采用防护设施，则应与有关部门协商，采取停电、迁移外电线路或改变工程位置等措施，未采取上述措施的严禁施工。

防护设施与外电线路之间的安全距离不应小于表 7-4 所列数值。

防护设施与外电线路之间的最小安全距离 表 7-4

外电线路电压（kV）	≤10	35	110	220	330	500
最小安全距离（m）	1.7	2.0	2.5	4.0	5.0	6.0

架设防护设施时，必须经有关部门批准，采用线路暂时停电或其他可靠的安全技术措施，并应有电气工程技术人员和专职安全人员监护。

2. 电气设备防护

（1）电气设备现场周围不得存放易燃易爆物、污源和腐蚀介质，否则应予清除或做防护处置，其防护等级必须与环境条件相适应。

（2）电气设备设置场所应能避免物体打击和机械损伤，否则应做防护处置。

（三）接地与防雷

1. 接地与接零保护系统

为了防止意外带电体上的触电事故，根据不同情况应采取保护措施。保护接地和保护接零是防止电气设备意外带电造成触电事故的基本技术措施。

1）接地与接零的概念

所谓接地，即将电气设备的某一可导电部分与大地之间用导体作电气连接，简单地说，是设备与大地作金属性连接。

接地主要有四种类别：

①工作接地　在电力系统中，某些设备因运行的需要，直接或通过消弧线圈、电抗器、电阻等与大地金属连接，称为工作接地（例如三相供电系统中，电源中性点的接地）。阻值应不大于4Ω。有了这种接地可以稳定系统的电压，能保证某些设备正常运行，可以使接地故障迅速切断。防止高压侧电源直接窜入低压侧，造成低压系统的电气设备被摧毁不能正常工作的情况发生。

②保护接地　因漏电保护需要，将电气设备正常运行情况下不带电的金属外壳和机械设备的金属构架（件）接地，称为保护接地。阻值应不大于4Ω。电气设备金属外壳正常运行时不带电而故障情况下就可能呈现危险的对地电压，所以这种接地可以保护人体接触设备漏电时的安全，防止发生触电事故。

③重复接地　在中性点直接接地的电力系统中，为了保证接地的作用和效果，除在中性点处直接接地外，在中性线上的一处或多处再作接地，称为重复接地。其阻值应不大于10Ω。重复接地可以起到保护零线断线后的补充保护作用，也可降低漏电设备的对地电压和缩短故障持续时间。在一个施工现场中，重复接地不能少于三处（始端、中间、末端）。

在设备比较集中地方如搅拌机棚、钢筋作业区等应作一组重复接地；在高大设备处如塔吊、外用电梯、物料提升机等也要作重复接地。

④防雷接地　防雷装置（避雷针、避雷器等）的接地，称为防雷接地。作防雷接地的电气设备，必须同时作重复接地。阻值应不大于30Ω。

接零即电气设备与零线连接。接零分为：

①工作接零　电气设备因运行需要而与工作零线连接，称为工作接零。

②保护接零　电气设备正常情况不带电的金属外壳和机械设备的金属构架与保护零线连接，称为保护接零。保护接零是将设备的碰壳故障改变为单相短路故障，保护接零与保护切断相配合，由于单相短路电流很大，所以能迅速切断保险或自动开关跳闸，使设备与电源脱离，达到避免发生触电事故的目的。

城防、人防、隧道等潮湿或条件特别恶劣施工现场的电气设备必须采用保护接零。

当施工现场与外电线路共用同一供电系统时，不得一部分设备作保护接零，另一部分作保护接地。

2）"TT" 与 "TN" 符号的含义

TT——第一个字母 T，表示工作接地；第二个字母 T，表示采用保护接地。

TN——第一个字母 T，表示工作接地；第二个字母 N，表示采用保护接零。

TN-C——保护零线 PE 与工作零线 N 合一设置的接零保护系统（三相四线）。

TN-S——保护零线 PE 与工作零线 N 分开的设置的接零保护系统（三相五线）。

TN-C-S ——在同一电网内，一部分采用 TN-C，另一部分采用 TN-S。

3）施工现场临时用电必须采用 TN-S 系统，不要采用 TN-C 系统

《规范》规定：建筑施工现场临时用电工程专用的电源中性点直接接地的 220/380V 三相四线制低压电力系统，必须符合下列规定：

①采用三级配电系统；

②采用 TN-S 接零保护系统（即三相五线制接零保护系统）；

③采用二级漏电保护系统。

电气设备的金属外壳必须与专用保护零线连接。专用保护零线（简称保护零线）应由工作接地线、配电室的零线或第一级漏电保护器电源侧的零线引出。

TN-C 系统有缺陷：如三相负载不平衡时，零线带电；零线断线时，单相设备的工作电流会导致电气设备外壳带电；对于接装漏电保护器带来困难等。而 TN-S 由于有专用保护零线，正常工作时不通过工作电流，三相不平衡也不会使保护零线带电。由于工作零线与保护零线分开，可以顺利接装漏电保护器等。由于 TN-S 具有的优点，克服了 TN-C 的缺陷，从而给施工用电安全提供了可靠保证。

4）采用 TN 系统还是采用 TT 系统，依现场的电源情况而定。

在低压电网已作了工作接地时，应采用保护接零，不应采用保护接地。因为用电设备发生碰壳故障时，第一，采用保护接地时，故障点电流太小，对 1.5kW 以上的动力设备不能使熔断器快速熔断，设备外壳将长时间有 110V 的危险电压；而保护接零能获取大的短路电流，保证熔断器快速熔断，避免触电事故。第二，每台用电设备采用保护接地，其阻值达 4Ω，也是需要一定数量的钢材打入地下，费工费材料；而采用保护接零敷设的零线可以多次周转使用，从经济上也是比较合理的。

但是在同一个电网内，不允许一部分用电设备采用保护接地，而另外一部分设备采用保护接零，这样是相当危险的，如果采用保护接地的设备发生漏电碰壳时，将会导致采用保护接零的设备外壳同时带电。

《规范》规定："当施工现场与外电线路共用同一供电系统时，电气设备的接地、接零保护应与原系统保护一致。不得一部分设备做保护接零，另一部分设备做保护接地"。

①当施工现场采用电业部门高压侧供电，自己设置变压器形成独立电网的，应作工作接地，必须采用 TN-S 系统。

②当施工现场有自备发电机组时，接地系统应独立设置，也应采用 TN-S 系统。

③当施工现场采用电业部门低压侧供电，与外电线路同一电网时，应按照当地供电部门的规定采用 TT 或采用 TN。

④当分包单位与总包单位共用同一供电系统时，分包单位应与总包单位的保护方式一致，不允许一个单位采用 TT 系统而另外一个单位采用 TN 系统。

5）施工现场的电力系统严禁利用大地作相线或零线。

6）工作零线与保护零线必须严格分设。在采用了 TN-S 系统后，如果发生工作零线与保护零线错接，将导致设备外壳带电的危险。

①保护零线应由工作接地线处引出，或由配电室（或总配电箱）电源侧的零线处引出。

②保护零线严禁穿过漏电保护器，工作零线必须穿过漏电保护器。

③电箱中应设两块端子板（工作零线 N 与保护零线 PE），保护零线端子板与金属电箱

相连，工作零线端子板与金属电箱绝缘。

④保护零线必须做重复接地，工作零线禁止做重复接地。

7）保护零线（PE）的设置要求

①保护零线必须采用绝缘导线。

配电装置和电动机械相连接的 PE 线应为截面不小于 2.5mm^2 的绝缘多股铜线。手持式电动工具的 PE 线应为截面不小于 1.5mm^2 的绝缘多股铜线。

②PE 线上严禁装设开关或熔断器，严禁通过工作电流，且严禁断线。

③保护零线作为接零保护的专用线，必须独用，不能他用，电缆要用五芯电缆。

④保护零线除了从工作接地线（变压器）或总配电箱电源侧从零线引出外，在任何地方不得与工作零线有电气连接，特别注意电箱中防止经过铁质箱壳形成电气连接。

⑤保护零线的统一标志为绿/黄双色线；相线 L1（A）、L2（B）、L3（C）相序的绝缘颜色依次为黄、绿、红色；N 线的绝缘颜色为淡蓝色；任何情况下上述颜色标记严禁混用和互相代用。

⑥保护零线除必须在配电室或总配电箱处作重复接地外，还必须在配电线路的中间处及末端作重复接地，配电线路越长，重复接地的作用越明显，为使接地电阻更小，可适当多打重复接地。

⑦保护零线的截面积应不小于工作零线的截面积，同时必须满足机械强度的要求。

2. 防雷

（1）作防雷接地的电气设备，必须同时作重复接地。施工现场的电气设备和避雷装置可利用自然接地体接地，但应保证电气连接并校验自然接地体的热稳定。

（2）施工现场内的起重机、井字架、龙门架等机械设备，以及钢脚手架和正在施工的在建工程等的金属结构，应安装防雷设备，若在相邻建筑物、构筑物等设施的防雷装置接闪器的保护范围以外，则应安装防雷装置。

当最高机械设备上避雷针（接闪器）的保护范围能覆盖其他设备，且又最后退出于现场，则其他设备可不设防雷装置。

（3）施工现场内所有防雷装置的冲击接地电阻值不得大于 30Ω。

（4）塔式起重机的防雷装置应单独设置，不应借用架子或建筑物的防雷装置。

（5）各机械设备或设施的防雷引下线可利用该设备或设施的金属结构体，但应保证电气连接。

（6）机械设备上的避雷针（接闪器）长度应为 $1\sim2\text{m}$。

（7）安装避雷针（接闪器）的机械设备，所有固定的动力、控制、照明、信号及通信线路，宜采用钢管敷设。钢管与该机械设备的金属结构体应做电气连接。

（四）配电室及自备电源

1. 配电室应靠近电源，并应设在灰尘少、潮气少、振动小、无腐蚀介质、无易燃易爆物及道路畅通的地方。

2. 配电室和控制室应能自然通风，并应采取防雨雪和防止动物出入的措施。

3. 成列的配电柜和控制柜两端应与重复接地线及保护零线作电气连接。

4. 配电柜应装设电源隔离开关及短路、过载、漏电保护电器。电源隔离开关分断时应有明显可见分断点。

5. 配电室应设值班人员，值班人员必须熟悉本岗位电气设备的性能及运行方式，并持操作证上岗值班。

6. 配电室内必须保持规定的操作和维修通道宽度。

7. 配电室的建筑物和构筑物的耐火等级应不低于 3 级，室内应配置砂箱和可用于扑灭电气火灾的灭火器。

8. 配电室内设置值班或检修室时，该室边缘距配电柜的水平距离大于 1m，并采取屏障隔离。

9. 配电室的门应向外开，并配锁。

10. 配电室的照明分别设置正常照明和事故照明。

11. 配电室应保持整洁，不得堆放任何妨碍操作、维修的杂物。

12. 配电柜应装设电度表，并应装设电流、电压表。电流表与计费电度表不得共用一组电流互感器。

13. 配电柜应编号，并应有用途标记。

14. 配电柜或配电线路停电维修时，应挂接地线，并应悬挂"禁止合闸、有人工作"停电标志牌。停送电必须由专人负责。

15. 配电室内的母线涂刷有色油漆，以标志相序；以柜正面方向为基准，其涂色符合表 7-5 规定。

母 线 涂 色 表 7-5

相 别	颜 色	垂直排列	水平排列	引下排列
L₁（A）	黄	上	后	左
L₂（B）	绿	中	中	中
L₃（C）	红	下	前	右
N	淡蓝	—	—	—

16. 发电机组电源必须与外电线路电源连锁，严禁并列运行。

17. 发电机组应采用电源中性点直接接地的三相四线制供电系统和独立设置 TN-S 接零保护系统，其工作接地电阻值应符合《规范》第 5.3.1 条要求。

18. 发电机供电系统应设置电源隔离开关及短路、过载、漏电保护电器。电源隔离开关分断时应有明显可见分断点。

19. 发电机组并列运行时，必须装设同期装置，并在机组同步运行后再向负载供电。

20. 发电机组的排烟管道必须伸出室外。发电机组及其控制、配电室内必须配置可用于扑灭电气火灾的灭火器，严禁存放贮油桶。

21. 室外地上变压器应设围栏，悬挂警示牌，内设操作平台。变压器围栏内不得堆放任何杂物。

（五）配电线路

施工现场的配电线路一般可分为室外和室内配电线路。室外配电线路又可分为架空配电线路和电缆配电线路。

《规范》规定："架空线路必须采用绝缘导线"，"室内配线必须采绝缘导线或电缆"。施工现场的危险性，决定了严禁使用裸线。导线和电缆是配电线路的主体，绝缘必须良好，是直接接触防护的必要措施，不允许有老化、破损现象，接头和包扎都必须符合规定。

1. 导线和电缆

(1) 架空线导线截面的选择应符合下列要求：

1) 导线中的计算负荷电流不大于其长期连续负荷允许载流量。

2) 线路末端电压偏移不大于其额定电压的 5%。

3) 三相四线制线路的 N 线和 PE 线截面不小于相线截面的 50%，单相线路的零线截面与相线截面相同。

4) 按机械强度要求，绝缘铜线截面不小于 $10mm^2$，绝缘铝线截面不小于 $16mm^2$；在跨越铁路、公路、河流、电力线路档距内，绝缘铜线截面不小于 $I6mm^2$，绝缘铝线截面不小于 $25mm^2$。

(2) 电缆中必须包含全部工作芯线和用作保护零线或保护线的芯线。需要三相四线制配电的电线路必须采用五芯电缆。

五芯电缆必须包含淡蓝、绿/黄二种颜色绝缘芯线。淡蓝色芯线必须用作 N 线；绿/黄双色芯线必须用作 PE 线，严禁混用。

(3) 电缆类型应根据敷设方式、环境条件选择。埋地敷设宜选用铠装电缆；当选用无铠装电缆时，应能防水、防腐。架空敷设宜选用无铠装电缆。

(4) 电缆截面的选择应符合前 (1) ~ (3) 款的规定，根据其长期连续负荷允许载流量和允许电压偏移确定。

(5) 室内配线所用导线或电缆的截面应根据用电设备或线路的计算负荷确定，但铜线截面不应小于 $1.5mm^2$，铝线截面不应小于 $2.5mm^2$。

(6) 长期连续负荷的电线电缆其截面应按电力负荷的计算电流及国家有关规定条件选择。

(7) 应满足长期运行温升的要求。

2. 架空线路的敷设

(1) 施工现场运电杆时及人工立电杆时，应由专人指挥。

(2) 电杆就位移动时，坑内不得有人。电杆立起后，必须先架好叉木，才能撤去吊钩。电杆坑填土夯实后才允许撤掉叉木、溜绳或横绳。

(3) 架空线必须架设在专用电杆上，严禁架设在树木、脚手架及其他设施上。宜采用钢筋混凝土杆或木杆。钢筋混凝土杆不得有露筋、宽度大于 0.4mm 的裂纹和扭曲；木杆不得腐朽，其梢径不应小于 14mm。电杆的埋设深度为杆长的 1/10 加 0.6m，回填土应分层夯实。在松软土质处宜加大埋入深度或采用卡盘等加固。

(4) 杆上作业时，禁止上下投掷料具。料具应放在工具袋内，上下传递料具的小绳应牢固可靠。递完料具后，要离开电杆 3m 以外。

(5) 架空线路的档距不得大于 35m，线间距不得小于 0.3m，靠近电杆的两导线的间距不得小于 0.5m。

(6) 架空线路横担间的最小垂直距离，横担选材、选型，绝缘子类型选择，拉线、撑杆的设置等均应符合规范要求。

(7) 架空线路与邻近线路或固定物的距离应符合表 7-6 的规定。

项　目	距　离　类　别					
最小净空距离（m）	架空线路的过引线、接下线下邻线		架空线与架空线电杆外缘	架空线与摆动最大时树梢		
	0.13		0.05	0.50		
最小垂直距离（m）	架空线同杆架设下方的通信、广播线路	架空线最大弧垂与地面			架空线最大弧垂与暂设工程顶端	架空线与邻近电力线路交叉
		施工现场	机动车道	铁路轨道		1kV 以下	1～10kV
	1.0	4.0	6.0	7.5	2.5	1.2	2.5
最小水平距离（m）	架空线电杆与路基边缘		架空线电杆与铁路轨道边缘		架空线边线与建筑物凸出部分		
	1.0		杆高（m）+3.0		1.0		

除此之外，还应考虑施工各方面情况，如场地的变化，建筑物的变化，防止先架设好的架空线与后施工的外脚手架、结构挑檐、外墙装饰等距离太近而达不到要求。

（8）架空线路必须有短路保护和过载保护。

（9）大雨、大雪及六级以上强风天，停止登杆作业。

3. 电缆线路的敷设

电缆干线应采用埋地或架空敷设，严禁沿地面明敷设，并应避免机械损伤和介质腐蚀。埋地电缆路径应设方位标志。

（1）埋地敷设

1）电缆在室外直接埋地敷设时，必须按电缆埋设图敷设，埋地敷设的深度不应小于 0.7m，并应在电缆紧邻上、下、左、右侧均匀敷设不小于 50mm 厚的细砂，然后覆盖砖或混凝土板等硬质保护层。

2）埋地电缆在穿越建筑物、构筑物、道路、易受机械损伤介质、体育馆场所及引出地面从 2.0m 高到地下 0.2m 处，必须加设防护套管，防护套管内径不应小于电缆外径的 1.5 倍。

3）埋地电缆与其附近外电电缆和管沟的平行间距不得小于 2m，交叉间距不得小于 1m。

4）埋地电缆的接头应设在地面上的接线盒内，接线盒应能防水、防尘、防机械损伤，并应远离易燃、易爆、易腐蚀场所。

5）施工现场埋设电缆时，应尽量避免碰到下列场地：经常积、存水的地方，地下埋设物较复杂的地方，时常挖掘的地方，预定建设建筑物的地方，散发腐蚀性气体或溶液的地方，以及制造和贮存易燃易爆或燃烧的危险物质场所。

6）应有专人负责管理埋设电缆的标志，不得将物料堆放在电缆埋设的上方。

（2）架空敷设

1）架空电缆应沿电杆、支架或墙壁敷设，并采用绝缘子固定，绑扎线必须采用绝缘线，固定点间距应保证电缆能承受自重所带来的荷载，敷设高度应符合架空线路敷设高度的要求，但沿墙壁敷设时最大弧垂距地不得小于 2.0m。

2）架空电缆严禁沿脚手架、树木或其他设施敷设。

（3）在建工程内的电缆线路必须采用电缆埋地引入，严禁穿越脚手架引入。电缆垂直敷设应充分利用在建工程的竖井、垂直洞等，并宜靠近用电负荷中心，固定点每层不得少于一处。电缆水平敷设宜沿墙或门口刚性固定，最大弧垂距地不得小于 2.0m。

（4）装饰装修工程或其他特殊阶段，应补充编制单项施工用电方案。电源线可沿墙角、地面敷设，但应采取防机械损伤和电火措施。

（5）电缆线路必须有短路保护和过载保护，短路保护和过载保护电器与电缆的选配应符合规范要求。

4. 室内配电线路

（1）室内配线应根据配线类型采用瓷瓶、瓷（塑料）夹、嵌绝缘槽、穿管或钢索敷设。明敷主干线距地面高度不得小于 2.5m。

（2）潮湿场所或埋地非电缆配线必须穿管敷设，管口和管接头应密封；当采用金属管敷设时，金属管必须做等电位连接，且必须与 PE 线相连接。

（3）架空进户线的室外端应采用绝缘子固定，过墙处应穿管保护，距地面高度不得小于 2.5m，并应采取防雨措施。

（4）钢索配线的吊架间距不宜大于 12m。采用瓷夹固定导线时，导线间距不应小于 35mm，瓷夹间距不应大于 800mm；采用瓷瓶固定导线时，导线间距不应小于 100mm，瓷瓶间距不应大于 1.5m；采用护套绝缘导线或电缆时，可直接敷设于钢索上。

（5）室内配线必须有短路保护和过载保护，短路保护和过载保护电器与绝缘导线、电缆的选配应符合规范要求。对穿管敷设的绝缘导线线路，其短路保护熔断器的熔体额定电流不应大于穿管绝缘导线长期连续负荷允许载流量的 2.5 倍。

（六）配电箱及开关箱

施工现场的配电箱是电源与用电设备之间的中枢环节，而开关箱是配电系统的末端，是用电设备的直接控制装置，它们的设置和运用直接影响着施工现场的用电安全。

1. 三级配电、两级保护

《规范》规定："配电系统应设置配电柜或总配电箱、分配电箱、开关箱，实行三级配电"。这样，配电层次清楚，既便于管理又便于查找故障。"总配电箱以下可设若干分配电箱；分配电箱以下可设若干开关箱"。

同时要求，"动力配电箱与照明配电箱宜分别设置。当合并设置为同一配电箱时，动力和照明应分路配电；动力开关箱与照明开关箱必须分设。"使动力和照明自成独立系统，不致因动力停电影响照明。

"两级保护"主要指采用漏电保护措施，除在末级开关箱内加装漏电保护器外，还要在上一级分配电箱或总配电箱中再加装一级漏电保护器，即将电网的干线与分支线路作为第一级，线路末端作为第二级。总体上形成两级保护。

2. 一机一闸一漏一箱

这个规定主要是针对开关箱而言的。《规范》规定："每台用电设备必须有各自专用的开关箱"，这就是一箱，不允许将两台用电设备的电气控制装置合置在一个开关箱内，避免发生误操作等事故。

《规范》规定："开关箱必须装设隔离开关、断路器或熔断器，以及漏电保护器"，这就是一漏。因为规范规定每台用电设备都要加装漏电保护器，所以不能有一个漏电保护器保护二台或多台用电设备的情况，否则容易发生误动作和影响保护效果。另外还应避免发生直接用漏电保护器兼作电器控制开关的现象，由于将漏电保护器频繁动作，将导致损坏或影响灵敏度失去保护功能。（漏电保护器与空气开关组装在一起的电器装置除外）。

《规范》规定："严禁用同一个开关箱直接控制 2 台及 2 台以上用电设备（含插座）"，这就是通常所说的"一机一闸"，不允许一闸多机或一闸控制多个插座的情况，主要也是防止误操作等事故发生。

3. 配电箱及开关箱的电气技术要求

（1）材质要求

1）配电箱、开关箱应采用冷轧钢板或阻燃绝缘材料制作，钢板厚度应为 1.2～2.0mm，其中开关箱箱体钢板厚度不得小于 1.2mm，配电箱箱体网板厚度不得小于1.5mm，箱体表面应做防腐处理。

2）不得采用木质配电箱、开关箱、配电板。

（2）制作要求

1）配电箱、开关箱外形结构应能防雨、防尘，箱体应端正、牢固。箱门开、关松紧适当，便于开关。

2）必须有门锁。

3）配电箱、开关箱的箱体尺寸应与箱内电器的数量和尺寸相适应。

（3）安装位置要求

1）总配电箱应设在靠近电源的区域，分配电箱应设在用电设备或负荷相对集中的区域，分配电箱与开关箱的距离不得超过 30m，开关箱与其控制的固定式用电设备的水平距离不宜超过 3m。分配电箱与开关箱的距离与手持电动工具的距离不宜大于 5m。

2）动力配电箱与照明配电箱宜分别设置。当合并设置为同一配电箱时，动力和照明应分路配电；动力开关箱与照明开关箱必须分设。

3）配电箱、开关箱应装设在干燥、通风及常温场所，不得装设在有严重损伤作用的瓦斯、烟气、潮气及其他有害介质中，亦不得装设在易受外来固体物撞击、强烈振动、液体浸溅及热源烘烤场所。否则，应予清除或作防护处理。

4）配电箱、开关箱周围应有足够 2 人同时工作的空间和通道，不得堆放任何妨碍操作、维修的物品，不得有灌木、杂草。

5）固定式配电箱、开关箱的中心点与地面的垂直距离应为 1.4～1.6m。移动式配电箱、开关箱应装设在坚固、稳定的支架上，其中心点与地面的垂直距离宜为 0.8～1.6m。携带式开关箱应有 100～200mm 的箱腿。配电柜下方应砌台或立于固定支架上。

6）开关箱必须立放，禁止倒放，箱门不得采用上下开启式，并防止碰触箱内电器。

（4）内部开关电器安装要求

1）箱内电器安装常规是左大右小，大容量的控制开关，熔断器在左面，右面安装小容量的开关电器。

2）箱内所有的开关电器应安装端正、牢固，不得有任何的松动、歪斜。

3）配电箱、开关箱内的电器（含插座）应按其规定位置先紧固安装在金属或非木质阻燃绝缘电器安装板上，然后方可整体紧固在配电箱、开关箱箱体内。

4）配电箱的电器安装板上必须分设并标明 N 线端子板和 PE 线端子板，一般放在箱内配电板下部或箱内底侧边。N 线端子板必须与金属电安装板绝缘；PE 线端子板必须与金属电器安装板做电气连接。

进出线中的 N 线必须通过 N 线端子板连接；PE 线必须通过 PE 线端子板连接。

5）箱内电器安装板板面电器元件之间的距离和与箱体之间的距离可按照表 7-7 确定。

配电箱、开关箱内电器安装尺寸选择值　　　　　　　表 7-7

间 距 名 称	最小净距(mm)
并列电器(含单极熔断器)间	30
电器进、出线瓷管(塑胶管)孔与电器边沿间	15A，30 20~30A，50 60A 及以上，80
上、下排电器进出线瓷管(塑胶管)孔间	25
电器进、出线瓷管(塑胶管)孔至板边	40
电器至板边	40

6）配电箱、开关箱的金属箱体、金属电器安装板以及内部开关电器正常不带电的金属底座、外壳等必须通过 PE 线端子板与 PE 线做电气连接，金属箱门与金属箱必须通过采用编织软铜线做电气连接。

（5）配电箱、开关箱内接连导线要求

1）配电箱、开关箱内的连接线必须采用铜芯绝缘导线。铝线接头万一松动，造成接触不良，产生电火花和高温，使接头绝缘烧毁，导致对地短路故障。因此为了保证可靠的电气连接，保护零线应采用绝缘铜线。

2）导线绝缘的颜色配置正确并排列整齐。

3）配电箱、开关箱内导线分支接头不得采用螺栓压接，应采用焊接并做绝缘包扎，不得有外露带电部分。

（6）配电箱、开关箱导线进出口处要求

1）配电箱、开关箱中导线的进线口和出线口应设在箱体的下底面，即"下进下出"，不能设在上面、后面、侧面，更不应当从箱门缝隙中引进和引出导线。

2）配电箱、开关箱的进、出线口应配置固定线卡、进出线应加绝缘护套并成束卡在箱体上，不得与箱体直接接触。

移动式配电箱、开关箱的进、出线应采用橡皮护套绝缘电缆，不得有接头。

4. 配电箱、开关箱的使用和维护

（1）配电箱、开关箱应有名称、用途、分路标记及系统接线图。有专人管理。

（2）配电箱、开关箱必须按照下列顺序操作：

1）送电操作顺序为：总配电箱→分配电箱→开关箱；

2）停电操作顺序为：开关箱→分配电箱→总配电箱。

但出现电气故障的紧急情况可除外。

（3）开关箱的操作人员必须按《规范》第3.2.3条规定操作。

（4）施工现场停止作业1h以上时，应将动力开关箱断电上锁。

（5）配电箱、开关箱应定期检查、维修。检查、维修人员必须是专业电工。检查、维修时必须按规定穿、戴绝缘鞋、手套，必须使用电工绝缘工具，并应做检查、维修工作记录。

（6）对配电箱、开关箱进行定期维修、检查时，必须将其前一级相应的电源隔离开关分闸断电，并悬挂"禁止合闸、有人工作"停电标志牌，严禁带电作业。

（7）配电箱、开关箱内不得放置任何杂物，不得随意挂接其他用电设备，并应保持整洁。

（8）配电箱、开关箱内的电器配置和接线严禁随意改动。

（9）配电箱、开关箱的进线和出线严禁承受外力，严禁与金属尖锐断口、强腐蚀介质和易燃易爆物接触。

（10）配电箱、开关箱箱体应外涂安全色标、级别标志和统一编号。

（七）电器装置

配电箱、开关箱内常用的电器装置有隔离开关、断路器或熔断器以及漏电保护器。他们都是开闭电路的开关设备。

1. 常用电器装置介绍

（1）隔离开关

隔离开关一般多用于高压变配电装置中，是一种没有灭弧装置的开关设备。隔离开关的主要作用是在设备或线路检修时隔离电压，以保证安全。

隔离开关在分闸状态时有明显可见的断口，以便检修人员能清晰判断隔离开关处于分闸位置，保证其他电气设备的安全检修。在合闸状态时能可靠地通过正常负荷电流及短路故障电流。隔离开关只能切断空载的电气线路，不能切断负荷电流，更不能切断短路电流，应与断路器配合使用。因此，绝不可以带负荷拉合闸，否则，触头间所形成的电弧，不仅会烧毁隔离开关和其他相邻的电气设备，而且也可能引起相间或对地弧光造成事故。所以在停电时应先拉断路器后拉隔离开关，送电时应先合隔离开关后合断路器。如果误操作将引起设备损坏和人身伤亡。

隔离开关一般可采用刀开关（刀闸）、刀形转换开关以及熔断器。刀开关和刀形转换开关可用于空载接通和分断电路的电源隔离开关，也可用于直接控制照明和不大于3.0kW的动力电路。

当施工现场的某台用电设备或某配电支路发生故障，需要检修时，在不影响其他设备或配电支路的正常运行情况下，为保障检修人员的安全，必须使开关箱或配电箱内的开关电器，能在任何情况下，都可以使用电设备实行电源隔离。为此，《规范》规定了配电箱及开关箱内必须装设隔离开关。

要注意空气开关不能用作隔离开关。自动空气断路器简称空气开关或自动开关，是一种自动切断线路故障用的保护电器，可用在电动机主电路上作为短路、过载和欠压保护作用，但不能用作电源隔离开关。主要由于空气开关没有明显可见的断开点、手柄开关位置有时不明确，壳内金属触头有时易发生粘合现象，再加上本身体积小、结构紧凑，断开点之间距离小有被击穿的可能等因素，因此单独使用空气开关难以实现可靠的电源隔离，无法确保线路及用电设备的安全。它必须与隔离开关配合才能用于控制 3.0kW 以上的动力电路。

隔离开关分为户内用和户外用两类。隔离开关按结构形式有单柱式、双柱式和三柱式三种；按运动方式可分为瓷柱转动、瓷柱摆动和瓷柱移动；按闸刀的合闸方式又可分为闸刀垂直运动和闸刀水平运动两种。

隔离开关的主要技术参数有：

1）额定电压　指隔离开关正常工作时，允许施加的电压等级。

2）最高工作电压　由于输电线路存在电压损失，电源端的实际电压总是高于额定电压，因此，要求隔离开关能够在高于额定电压的情况下长期工作，在设计制造时就给隔离开关确定了一个最高工作电压。

3）额定电流　指隔离开关可以长期通过的最大工作电流。隔离开关长期通过额定电流时，其各部分的发热温度不超过允许值。

4）动稳定电流　指隔离开关承受冲击短路电流所产生电动力的能力。它是生产厂家在设计制造时确定的，一般以额定电流幅值的倍数表示。

5）热稳定电流　指隔离开关承受短路电流热效应的能力。它是由制造厂家给定的某规定时间（1s 或 4s）内，使隔离开关各部件的温度不超过短时最高允许温度的最大短路电流。

6）接线端子额定静拉力。指绝缘子承受机械载荷的能力，分为纵向和横向。

（2）低压断路器

低压断路器（又称自动空气开关）是一种不仅可以接通和分断正常负荷电流和过负荷电流，还可以接通和分断短路电流的开关电器。低压断路器在电路中除起控制作用外，还具有一定的保护功能，如过负荷、短路、欠压和漏电保护等。低压断路器可以手动直接操作和电动操作，也可以远方遥控操作。断路器和熔断器在使用时一般只选择一个即可。

低压断路器容量范围很大，最小为 4A，而最大可达 5000A。低压断路器广泛应用于低压配电系统各级馈出线，各种机械设备的电源控制和用电终端的控制和保护。

1）低压断路器分类

按使用类别分，有选择型（保护装置参数可调）和非选择型（保护装置参数不可调）；

按结构型式分，有万能式（又称框架式）和塑壳式（又称装置式）断路器；

按灭弧介质分，有空气式和真空式（目前国产多为空气式）；

按操作方式分，有手动操作、电动操作和弹簧储能机械操作；

按极数分，可分为单极、二极、三极和四极式；

按安装方式分，有固定式、插入式、抽屉式和嵌入式等。

2）低压断路器的结构

低压断路器的主要结构元件有：触头系统、灭弧系统、操作机构和保护装置。

触头系统的作用是实现电路的接通和分断。

灭弧系统的作用是用以熄灭触头在分断电路时产生的电弧。

操作机构是用来操纵触头闭合与断开。

保护装置的作用是，当电路出现故障时，使触头断开、分断电路。

3）常用低压断路器

常用的低压断路器有万能式断路器（标准型式为 DW 系列）和塑壳式断路器（标准型式为 DZ 系列）两大类。

4）低压断路器的主要特性及技术参数

我国低压电器标准规定低压断路器应有下列特性参数：

①型式

断路器型式包括相数、极数、额定频率、灭弧介质、闭合方式和分断方式。

②主电路额定值

主电路额定值有：a. 额定工作电压；b. 额定电流；c. 额定短时接通能力；d. 额定短时受电流。万能式断路器的额定电流还分主电路的额定电流和框架等级的额定电流。

③额定工作制

断路器的额定工作制可分为 8h 工作制和长期工作制两种。

④辅助电路参数

断路器辅助电路参数主要为辅助接点特性参数。万能式断路器一般具有常开接点、常闭接点各 3 对，供信号装置及控制回路用；塑壳式断路器一般不具备辅助接点。

⑤其他

断路器特性参数除上述各项外，还包括：脱扣器型式及特性、使用类别等。

⑥断路器的选用

额定电流在 600A 以下，且短路电流不大时，可选用塑壳断路器；额定电流较大，短路电流亦较大时，应选用万能式断路器。

一般选用原则为：

a. 断路器额定电流≥负载工作电流；

b. 断路器额定电压≥电源和负载的额定电压；

c. 断路器脱扣器额定电流≥负载工作电流；

d. 断路器极限通断能力≥电路最大短路电流；

e. 线路末端单相对地短路电流/断路器瞬时（或短路时）脱扣器整定电流≥1.25；

f. 断路器欠电压脱扣器额定电压＝线路额定电压。

（3）高压断路器

高压断路器在高压开关设备中是一种最复杂、最重要的电器。它是一种能够实现控制与保护双重作用的高压电器。

1）控制作用　在规定的使用条件下，根据电力系统运行的需要，将部分或全部电气设备以及线路投入或退出运行。

2）保护作用　当电力系统某一部分发生故障时，在继电保护装置的作用下，自动地将该故障部分从系统中迅速切除，防止事故扩大，保护系统中各类电气设备不受损坏，保证系统安全运行。

高压断路器的种类很多，按照其安装场所不同，可分为户内式和户外式。按照其灭弧介质的不同，主要有以下几类：

1）油断路器（分为多油断路器和少油断路器）　指触头在变压器油中开断，利用变压器油为灭弧介质的断路器。

2）压缩空气断路器　是指利用高压力的空气来吹弧的断路器。

3）真空断路器　指触头在真空中开断，以真空为灭弧介质和绝缘介质的断路器。

4）六氟化硫（SF$_6$）断路器　指利用高压力的 SF$_6$ 来吹弧的断路器。

5）磁吹断路器　指在空气中由磁场将电弧吹入灭弧栅中使之拉长，冷却而熄灭的断路器。

6）固体产气断路器　利用固体产气物质在电弧高温作用下分解出的气体来熄灭电弧的断路器。

高压断路器的主要技术参数有：额定电压、额定电流、额定开断电流、额定遮断容量、动稳定电流、热稳定电流、合闸时间、分闸时间等。

（4）熔断器

熔断器（俗称保险丝）是一种简单的保护电器，当电气设备和电路发生短路和过载时，能自动切断电路，避免电器设备损坏，防止事故蔓延，从而对电气设备和电路起到安全保护作用。熔断器熔断时间和通过的电流大小有关，通常是电流越大，熔断时间越短。熔断器主要用作电路的短路保护，也可作为电源隔离开关使用。

熔断器由绝缘底座（或支持件）、触头、熔体等组成。熔体是熔断器的主要工作部分，熔体相当于串联在电路中的一段特殊的导线，当电路发生短路或过载时，电流过大，熔体因过热而熔化，从而切断电路。熔体常做成丝状、栅状或片状。熔体材料具有相对熔点低、特性稳定、易于熔断的特点。一般采用铅锡合金、镀银铜片、锌、银等金属。

在熔体熔断切断电路的过程中会产生电弧，为了安全有效地熄灭电弧，一般均将熔体安装在熔断器壳体内，采取措施，快速熄灭电弧。

熔断器选择的主要内容是：熔断器的型式、熔体的额定电流、熔体动作选择性配合，确定熔断器额定电压和额定电流的等级。

1）熔断器的类型

熔断器分为高压熔断器、低压熔断器。高压熔断器又有户外式、户内式；低压熔断器又有填料式、密闭式、螺旋式、瓷插式等。

①按结构分：有开启式、半封闭式和封闭式

开启式熔断器在熔体熔化时没有限制电弧火焰和金属熔化粒子喷出的装置。

半封闭式熔断器的熔体装于管内，端部开启，使熔体熔化时的电弧火焰和金属熔化粒子的喷出有一定的方向。

封闭式熔断器的熔体完全封闭在壳体内，没有电弧和金属熔化粒子的喷出。

②按安装方式分：有瓷插式熔断器、螺旋式熔断器、管式熔断器

螺旋式熔断器 RL：在熔断管装有石英砂，熔体埋于其中，熔体熔断时，电弧喷向石英砂及其缝隙，可迅速降温而熄灭。为了便于监视，熔断器一端装有色点，不同的颜色表示不同的熔体电流，熔体熔断时，色点被反作用弹簧弹出后自动脱落，通过瓷帽上的玻璃窗口可看见。螺旋式熔断器额定电流为 5～200A，主要用于短路电流大的分支电路或有易燃气体的场所。常用的型号有 RL1、RL7 等系列。

瓷插式熔断器 RC：具有结构简单、价格低廉、外形小、更换熔丝方便等优点，广泛用于中小型控制系统中。常用的型号有 RC1A 系列。

瓷插式熔断器中要用标准的标有额定电流值的易熔铜片，尤其 60A、100A、200A 的

电路，必须使用易熔铜片熔丝。30A 以下用软铅，也要注意不要太大，尤其一些 1.5kW、2.5kW 的三相小马达用家用保险丝即可。

③管式熔断器按有无填料分：有填料密封管式、无填料管式

有填料管式熔断器 RT：有填料管式熔断器是一种有限流作用的熔断器。由填有石英砂的瓷熔管、触点和镀银铜栅状熔体组成。填料管式熔断器均装在特别的底座上，如带隔离刀闸的底座或以熔断器为隔离刀的底座上，通过手动机构操作。填料管式熔断器额定电流为 50～1000A，主要用于短路电流大的电路或有易燃气体的场所。常用的型号有 RT12、RL14、RL15、RL17 等。

无填料管式熔断器 RM：无填料管式熔断器的熔丝管是由纤维物制成。使用的熔体为变截面的锌合金片。熔体熔断时，纤维熔管的部分纤维物因受热而分解，产生高压气体，使电弧很快熄灭。无填料管式熔断器具有结构简单、保护性能好、使用方便等特点，一般均与刀开关组成熔断器刀开关组合使用。

另外，有填料封闭管式快速熔断器 RS：有填料封闭管式快速熔断器是一种快速动作型的熔断器，由熔断管、触点底座、动作指示器和熔体组成。熔体为银质窄截面或网状形式，熔体为一次性使用，不能自行更换。由于其具有快速动作性，一般作为半导体整流元件保护用。

工地中配电箱常选用 RC 型和 RM 型。RC1 系列瓷插式熔断器已淘汰，目前以 RC1A 系列代替。RC1A 型熔断器注意必须上进下出，垂直安装，不准水平安装，更不准下进上出。RL1 螺旋式熔断器安装应注意，底座中心进，边缘螺旋出。

2）熔断器熔体额定电流的确定

熔体额定电流不等于熔断器额定电流，熔体额定电流按被保护设备的负荷电流选择，熔断器额定电流应大于熔体额定电流，与主电器配合确定。

由于各种电气设备都具有一定的过载能力，允许在一定条件下较长时间运行；而当负载超过允许值时，就要求保护熔体在一定时间内熔断。还有一些设备启动电流很大，但启动时间很短，所以要求这些设备的保护特性要适应设备运行的需要，要求熔断器在电机启动时不熔断，在短路电流作用下和超过允许过负荷电流时，能可靠熔断，起到保护作用。熔体额定电流选择偏大，负载在短路或长期过负荷时不能及时熔断；选择过小，可能在正常负载电流作用下就会熔断，影响正常运行，为保证设备正常运行，必须根据负载性质合理地选择熔体额定电流，不宜过大，够用即可。既要能够在线路过负荷时或短路时起到保护作用（熔断），又要在线路正常工作状态（包括正常的尖峰电流）下不动作（不熔断）。

①熔体额定电流应不小于线路计算电流，以使熔体在线路正常运行时不致熔断。

②熔体额定电流还应躲过线路的尖峰电流，以使熔体在线路出现正常的尖峰电流时也不致熔断。

对于尖峰电流的考虑：

对于照明和电热设备电路：电路上总熔体的额定电流，等于电度表额定电流的 0.9～1 倍；支路上熔体的额定电流，等于支路上所有电气设备额定电流总和的 1～1.1 倍。

对于交流电动机电路：单台电动机电路中熔体的额定电流，等于该电动机额定电流的 1.5～2.5 倍，这是因为考虑到电动机的启动电流是电动机额定电流的 5～8 倍，熔断器在电动机启动时不应熔断；多台电动机电路上总熔体的额定电流，等于电路中功率最大一台

电动机额定电流的 1.5～2.5 倍，再加上其他电动机额定电流的总和。

系数 1.5～2.5 可以这样选取，若电动机是空载或轻载启动，或不经常启动且启动时间不长，则系数取小些，反之则取大些。

3）熔断器熔体熔断时间与启动设备动作时间的配合

为了可靠地分断短路电流，特别是当短路电流超过启动设备的极限遮断电流时，要求熔断器熔断时间小于启动设备的释放动作时间。

①熔断器与熔断器之间的配合。为保证前、后级熔断器动作的选择性，一般要求前级熔断器的熔体额定电流为后级的额定电流的 2～3 倍。

②熔断器与电缆、导线截面的配合。为保证熔断器对线路的保护作用，熔断器熔体的额定电流应小于电缆、导线的安全载流量。

4）熔断器额定电压与额定电流等级的确定

①熔断器的额定电压，应按线路的额定电压选择，即熔断器的额定电压大于线路的额定电压。

②熔断器的额定电流等级应按熔体的额定电流确定，在确定熔断器的额定电流等级时，还应考虑到熔断器的最大分断电流，熔断器的最大分断电流应大于线路上的冲击电流有效值。

（5）漏电保护器

漏电电流动作保护器，简称漏电保护器也叫漏电保护开关，包括漏电开关和漏电继电器，是一种新型的电气安全装置，主要用于当用电设备（或线路）发生漏电故障，并达到限定值时，能够自动切断电源，以免伤及人身和烧毁设备。

当漏电保护装置与空气开关组装在一起时，使这种新型的电源开关具备短路保护、过载保护、漏电保护和欠压保护的效能。

1）作用

①当人员触电时尚未达到受伤害的电流和时间即跳闸断电，防止由于电气设备和电气线路漏电引起的触电事故。

②设备线路漏电故障发生时，人虽未触及即先跳闸，避免设备长期存在带电隐患，以便及时发现并排除故障（因未排除故障无法合闸送电）。

③及时切断电气设备运行中的单相接地故障，可以防止因漏电而引起的火灾或损坏设备等事故。

④防止用电过程中的单相触电事故。

2）漏电保护器的工作原理

是依靠检测漏电或人体触电时的电源导线上的电流在剩余电流互感器上产生不平衡磁通，当漏电电流或人体触电电流达到某动作额定值时，其开关触头分断，切断电源，实现触电保护。见图 7-17。

3）漏电保护器的类型

①按工作原理分为：电压型漏电电保开关、电流型漏电保护开关（有电磁式、电子式及中性点接地式之分）、电流型漏电继电器。

②按极数和线数来分：有单极二线、二极二线、三极三线、三极四线、四极四线等数种漏电保护开关。

③按脱扣器方式分为：电磁型与电子型漏电保护开关。

④按漏电动作的电流值分为：高灵敏度型漏电开关（额定漏电动作电流为5~30mA）；中灵敏度型漏电开关（额定漏电动作电流为30~1000mA）；低灵敏度型漏电开关（额定漏电动作电流为1000mA以上）。

⑤按动作时间分为：高速型（额定漏电动作电流下的动作时间小于0.1s）；延时型（0.1~0.2s）；反时限型（额定漏电动作电流下为0.2~1s）。1.4倍额定漏电动作电流下为0.1~0.5s；4.4倍额定漏电动作电流下的动作时间小于0.05s。

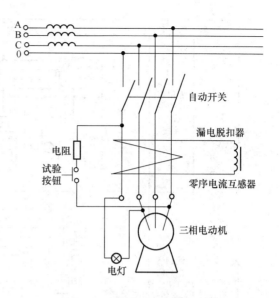

图 7-17　漏电保护开关原理

4）漏电保护器的基本结构

漏电保护器有电流动作型和电压动作型，由于电压动作型漏电保护器性能不够稳定，已很少使用。

电流动作型漏电保护器的基本结构组成主要包括三个部分：检测元件、中间环节、执行机构。其中检测元件为一零序互感器。用以检测漏电电流，并发出信号；中间环节包括比较器、放大器。用以交换和比较信号；执行机构为一带有脱扣机构的主开关，由中间环节发出指令动作，用以切断电源。

5）漏电保护器的主要参数

漏电保护器的主要动作性能参数有：额定漏电动作电流、额定漏电不动作电流、额定漏电动作时间等。其他参数还有：电源频率、额定电压、额定电流等。

①额定漏电动作电流

在规定的条件下，使漏电保护器动作的电流值。

②额定漏电不动作电流

在规定的条件下，漏电保护器不动作的电流值，一般应选漏电动作电流值的二分之一。即漏电电流在此值和此值以下时，保护器不应动作。

③额定漏电动作时间

是指从突然施加漏电动作电流起，到保护电路被切断为止的时间。

④额定电压及额定电流 与被保护线路和负载相适应。

6）漏电保护器的连接方法

漏电保护器的正确使用接线方法应按图7-18选用。

7）漏电保护器的选用

漏电保护器是按照动作特性来选择的，按照用于干线、支线和线路末端，应选用不同灵敏度和动作时间的漏电保护器，以达到协调配合。一般在线路的末级（开关箱内），应安装高灵敏度，快速型的漏电保护器；在干线（总配电箱内）或分支线（分配电箱内），

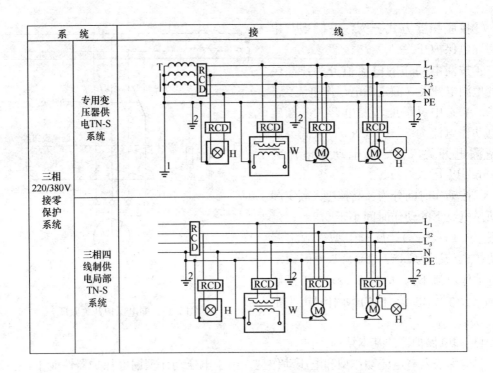

图 7-18　漏电保护器使用接线方法示意

L₁、L₂、L₃—相线；N—工作零线；PE—保护零线、保护线；1—工作接地；2—重复
接地；T—变压器；RCD—漏电保护器；H—照明器；W—电焊机；M—电动机

应安装中灵敏度、快速型或延时型（总配电箱）漏电保护器，以形成分级保护。

按《规范》规定，施工现场漏电保护器的选用应遵循：

①开关箱中漏电保护器的额定漏电动作电流不应大于 30mA，额定漏电动作时间不应大于 0.1s。

②使用于潮湿或有腐蚀介质场所的漏电保护器应采用防溅型产品，防溅型漏电保护器的额定漏电动作电流不应大于 15mA，额定漏电动作时间不应大于 0.1s。

③Ⅱ类手持电动工具应装设防溅型漏电保护器。

装设漏电保护电器只能是防止人身触电伤亡事故的一种有效安全技术措施，绝对不宜过分夸大其作用。所以必须有供电线路的维护及其他安全措施的紧密配合。

8）两级漏电保护器要匹配

当采用二级保护时，可将干线与分支线路作为第一级，线路末端作为第二级。

第一级漏电保护区域较大，停电后影响也大，漏电保护器灵敏度不要求太高，其漏电动作电流和动作时间应大于后面的第二级保护，这一级保护主要提供间接保护和防止漏电火灾，如果选用参数过小就会导致误动作影响正常生产。

在电路末端安装漏电动作电流小于 30mA 的高速动作型漏电保护器，这样形成分级分段保护，使每台用电设备均有两级保护措施。

分级保护时，各级保护范围之间应相互配合，应在末端发生事故时，保护器不会越级动作和当下级漏电保护器发生故障时，上级漏电保护器动作以补救下级失灵的意外情况。

①第一级漏电保护

a. 总配电箱设置漏电保护器时

设置在总配电箱内对干线也能保护，漏电保护范围大，但跳闸后影响范围也大。总配电箱一般不宜采用漏电掉闸型，总电箱电源一经切断将影响整个低压电网用电，使生产和生活遭受影响，所以保护器灵敏度不能太高，这一级主要提供间接接触保护和防止漏电火灾为主。漏电动作电流应按干线实测泄漏电流 2 倍选用，一般可选择漏电动作电流 0.2～0.5A（照明线路小，动力线路大）的中灵敏度漏电报警和延时型（≥0.2s）的漏电保护器。

b. 分配电箱设置漏电保护器时

将第一级漏电保护器设置在分配电箱内，虽然较设在总配电箱内保护范围小，但停电范围影响也小，一般都可满足现场安全运行需要。分配电箱装设漏电保护器不但对线路和用电设备有监视作用，同时还可以对开关箱起补充保护作用。分配电箱漏电保护器主要提供间接保护作用，参数选择不能过于接近开关箱，应形成分级分段保护功能，当选择参数太大会影响保护效果，但选择参数太小会形成越级跳闸，分配电箱先于开关箱跳闸。

人体对电击的承受能力，除了和通过人体的电流大小有关外，还与电流在人体中持续的时间有关。根据这一理论，国际上把设计漏电保护器的安全限值定为 30mA·s。即使电流达到 100mA，只要漏电保护器在 0.3s 之内动作切断电源，人体尚不会引起致命的危险。这个值也是提供间接接触保护的依据。

漏电保护器按支线上实测泄漏电流值的 2.5 倍选用，一般可选漏电动作电流值为 100～200mA、漏电动作时间 0.1s（不应超过 30mA·s 限值）。

②第二级（末级）漏电保护

开关箱是分级配电的末级，使用频繁危险性大，应提供间接接触防护和直接接触防护，保护区域小，主要用来对有致命危险的人身触电事故防护。这一级是将漏电保护器设置在线路末端用电设备的电源进线处（开关箱内），要求设置高灵敏度、快速型的漏电保护器。应按作业条件和《规范》规定选择漏电保护器，当用电设备容量较大时（如钢筋对焊机等），为避免保护器的误动作，可选择 50mA×0.1s 的漏电保护器。

虽然设计漏电保护器的安全界限值为 30mA×0.1s，但当人体和相线直接接触时，通过人体的触电电流与所选择的漏电保护器的动作电流无关，它完全由人体的触电电压和人体在触电时的人体电阻所决定（人体阻抗随接触电压的变化而变化），由于这种触电的危险程度往往比间接触电的情况严重，所以临电规范及国标都从动作电流和动作时间两个方面进行限制，由此用于直接接触防护漏电保护器的参数选择即为 30mA×0.1s＝3mA·s。这是在发生直接接触触电事故时，从电流值考虑应不大于摆脱电流；从通过人体电流的持续时间上，小于一个心搏周期，而不会导致心室颤动。当在潮湿条件下，由于人体电阻的降低，所以又规定了漏电动作电流不应大于 15mA。

2. 电器装置选择的一般规定

（1）配电箱、开关箱内的电器必须可靠、完好，严禁使用破损、不合格的电器。

（2）总配电箱的电器应具备电源隔离，正常接通与分断电路，以及短路、过载、漏电保护功能。电器设置应符合下列原则：

1）当总路设置总漏电保护器时，还应装设总隔离开关、分路隔离开关以及总断路器、分路断路器或总熔断器、分路熔断器。当所设总漏电保护器是同时具备短路、过载、漏电保护功能的漏电断路器时，可不设总断路器或总熔断器。

2）当各分路设置分路漏电保护器时，还应装设总隔离开关、分路隔离开关以及总断路器、分路断路器或总熔断器、分路熔断器。当分路所设漏电保护器是同时具备短路、过载、漏电保护功能的漏电断路器时，可不设分路断路器或分路熔断器。

3）隔离开关应设置于电源进线端，应采用分断时具有可见分断点，并能同时断开电源所有极的隔离电器。如采用分断时具有可见分断点的断路器，可不另设隔离开关。

4）熔断器应选用具有可靠灭弧分断功能的产品。

5）总开关电器的额定值、动作整定应与分路开关电器的额定值、动作整定值相适应。

（3）总配电箱应装设电压表、总电流表、电度表及其他需要的仪表。专用电能计量仪表的装设应符合当地供用电管理部门的要求。

装设电流互感器时，其二次回路必须与保护零线有一个连接点，且严禁断开电路。

（4）分配电箱应装设总隔离开关、分路隔离开关以及总断路器、分路断路器或总熔断器、分路熔断器。其设置和选择应符合《规范》要求。

（5）开关箱必须装设隔离开关、断路器或熔断器，以及漏电保护器。当漏电保护器是同时具有短路、过载、漏电保护功能的漏电断路器时，可不装设断路器或熔断器。隔离开关应采用分断时具有可见分断点，能同时断开电源所有极的隔离电器，并应设置于电源进线端。当断路器是具有可见分断点时，可不另设隔离开关。

（6）开关箱中的隔离开关只可直接控制照明电路和容量不大于 3.0kW 的动力电路，但不应频繁操作。容量大于 3.0kW 的动力电路应采用断路器控制，操作频繁时还应附设接触器或其他启动控制装置。

（7）开关箱中各种开关电器的额定值和动作整定值应与其控制用电设备的额定值和特性相适应。通用电动机开关箱中电器的规格可按《规范》选配。

（8）漏电保护器应装设在总配电箱、开关箱靠近负荷的一侧，且不得用于启动电气设备的操作。

（9）总配电箱中漏电保护器的额定漏电动作电流应大于 30mA，额定漏电动作时间应大于 0.1s，但其额定漏电动作电流与额定漏电动作时间的乘积不应大于 $30mA \times 0.1s$。

（10）总配电箱和开关箱中漏电保护器的极数和线数必须与其负荷侧负荷的相数和线数一致。

（11）配电箱、开关箱中的漏电保护器宜选用无辅助电源型（电磁式）产品，或选用辅助电源故障时能自动断开的辅助电源型（电子式）产品。当选用辅助电源故障时不能自动断开的辅助电源型（电子式）产品时，应同时设置缺相保护。

（12）漏电保护器应按产品说明书安装、使用。对搁置已久重新使用或连续使用的漏电保护器应逐月检测其特性，发现问题应及时修理或更换。

（13）配电箱、开关箱的电源进线端严禁采用插头和插座做活动连接。

（八）施工照明

1. 施工现场的一般场所宜选用额定电压为 220V 的照明器。施工现场照明应采用高光效、长寿命的照明光源。为便于作业和活动，在一个工作场所内，不得只装设局部照明。停电时，必须有自备电源的应急照明。

2. 照明器使用的环境条件

（1）正常湿度的一般场所，选用开启式照明器；

（2）潮湿或特别潮湿场所，选用密闭型防水照明器或配有防水灯头的开启式照明器；

（3）含有大量尘埃但无爆炸和火灾危险的场所，应选用防尘型照明器；

（4）对有爆炸和火灾危险的场所，按危险场所等级选用相应的防爆型照明器；

（5）存在较强振动的场所，应选用防振型照明器；

（6）有酸碱等强腐蚀介质场所，选用耐酸碱型照明器。

3. 特殊场所应使用安全特低电压照明器

（1）隧道、人防工程、高温、有导电灰尘、比较潮湿或灯具离地面高度低于 2.5m 等场所的照明，电源电压不应大于 36V；

（2）潮湿和易触及带电体场所的照明，电源电压不得大于 24V；

（3）特别潮湿场所、导电良好的地面、锅炉或金属容器内的照明，电源电压不得大于 12V。

4. 行灯使用的要求

（1）电源电压不大于 36V；

（2）灯体与手柄应坚固、绝缘良好并耐热耐潮湿；

（3）灯头与灯体结合牢固，灯头无开关；

（4）灯泡外部有金属保护网；

（5）金属网、反光罩、悬吊挂钩固定在灯具的绝缘部位上。

在特别潮湿、导电良好的地面、锅炉或金属容器内工作的照明灯具，其电源电压不得大于 12V。

5. 施工现场照明线路的引出处，一般从总配电箱处单独设置照明配电箱。为了保证三相负荷平衡，照明干线应采用三相线与工作零线同时引出的方式。或者根据当地供电部门的要求以及施工现场具体情况，照明线路也可从配电箱内引出，但必须装设照明分路开关，并注意各分配电箱引出的单相照明应分相接设，尽量做到三相负荷平衡。

6. 照明变压器必须使用双绕组型安全隔离变压器，严禁使用自耦变压器。二次线圈、铁芯、金属外壳必须有可靠保护接零，并必须有防雨、防砸措施。携带式变压器的一次侧电源线应采用橡皮护套或塑料护套铜芯软电缆，中间不得有接头，长度不宜超过 3m，电源插销应有保护触头。

7. 照明线路不得拴在金属脚手架、龙门架上，严禁在地面上乱拉、乱拖。灯具需要安装在金属脚手架、龙门架上时，线路和灯具必须用绝缘物与其隔离开，且距离工作面高度在 3m 以上。控制刀闸应配有熔断器和防雨措施。

8. 每路照明支线上，灯具和插座数量不宜超过 25 个，负荷电流不宜超过 15A。

9. 对夜间影响飞机或车辆通行的在建工程及机械设备，必须设置醒目的红色信号灯，其电源应设在施工现场总电源开关的前侧，并应设置外电线路停止供电时的应急自备电源。

10. 照明装置

（1）照明灯具的金属外壳必须与 PE 线相连接，照明开关箱内必须装设隔离开关、短路与过载保护电器和漏电保护器。

（2）对于需要大面积照明的场所，应采用高压汞灯、高压钠灯或混光用的卤钨灯。流动性碘钨灯采用金属支架安装时，支架应稳固，灯具与金属支架之间必须用不小于0.2m的绝缘材料隔离。

（3）室外220V灯具距地面不得低于3m，室内220V灯具距地面不得低于2.5m。普通灯具与易燃物距离不宜小于300mm；聚光灯、碘钨灯等高热灯具与易燃物距离不宜小于500mm，且不得直接照射易燃物。达不到规定安全距离时，应采取隔热措施。

（4）任何灯具的相线必须经开关控制，不得将相线直接引入灯具。灯具内的接线必须牢固，灯具外的接线必须做可靠的防水绝缘包扎。

（5）施工照明灯具露天装设时，应采用防水式灯具，距地面高度不得低于3m。

（6）碘钨灯及钠、铊、铟等金属卤化物灯具的安装高度宜在3m以上，灯线应固定在接线柱上，不得靠近灯具表面。

（7）投光灯的底座应安装牢固，应按需要的光轴方向将枢轴拧紧固定。

（8）路灯的每个灯具应单独装设熔断器保护。灯头线应做防水弯。

（9）荧光灯管应采用管座固定或用吊链悬挂，荧光灯的镇流器不得安装在易燃的结构物上。

（10）一般施工场所不得使用带开关的灯头，应选用螺口灯头。相线接在与中心触头相连的一端，零线接在与螺纹口相连的一端。灯头的绝缘外壳不得有损伤和漏电。

（11）暂设工程的照明灯具宜采用拉线开关控制，开关安装位置宜符合下列要求：

1）拉线开关距地面高度为2～3m，与出入口的水平距离为0.15～0.2m，拉线的出口向下；

2）其他开关距地面高度为1.3m，与出入口的水平距离为0.15～0.2m。

（12）施工现场的照明灯具应采用分组控制或单灯控制。

（九）用电设备

施工现场的电动建筑机械和手持电动工具主要有起重机械、施工电梯、混凝土搅拌机、蛙式打夯机、焊机、手电钻等，这些用电设备在使用过程中容易发生导致人体触电的事故。常见的有起重机械施工中碰触电力线路，造成断路、线路漏电；设备绝缘老化、破损、受潮造成设备金属外壳漏电等，因此必须加强施工现场用电设备的用电安全管理，消除触电事故隐患。

1．基本安全要求

（1）施工现场的电动建筑机械、手持电动工具及其用电安全装置必须符合相应的国家标准、专业标准、安全技术规程和现行有关强制性标准的规定，并应有产品合格证和使用说明书。

（2）所有电动建筑机械、手持电动工具均应实行专人专机负责制，并定期检查和维修保养，确保设备可靠运行。

（3）所有电气设备的外露导电部分，均应做保护接零。对产生振动的设备其保护零线的连接点不少于两处。

（4）各类电气设备均必须装设漏电保护器并应符合规范要求。

（5）塔式起重机、外用电梯、滑升模板的金属操作平台和需要设置避雷装置的物料提升机等，除应连接PE线外，还应做重复接地。设备的金属结构构件之间应保证电气连接。

（6）塔式起重机、外用电梯等设备由于制造原因无法采用 TB-S 保护系统时，其电源应引自总配电柜，其配电线路应按规定单独敷设，专用配电箱不得与其他设备混用。

（7）电动建筑机械和手持式电动工具的负荷线应按其计算负荷选用无接头的橡皮护套铜芯软电缆，其性能应符合现行国家标准《额定电压 450/750V 及以下橡皮绝缘电缆》（GB/T 5013）中第 1 部分（一般要求）和第 4 部分（软线和软电缆）的要求。截面按《规范》选配。

（8）使用 I 类手持电动工具以及打夯机、磨石机、无齿锯等移动式电气设备时必须戴绝缘手套。

（9）手持式电动工具中的塑料外壳 II 类工具和一般场所手持式电动工具中的 III 类工具可不连接 PE 线。

（10）所有用电设备拆、修或挪动时必须断电后方可进行。

2. 起重机械

（1）塔式起重机的电气设备应符合现行国家标准《塔式起重机安全规程》（GB 5144—2006）中的要求。

（2）塔式起重机与外电线路的安全距离，应符合《规范》要求。

（3）塔式起重机应按《规范》要求作重复接地和防雷接地。轨道式塔式起重机应在轨道两端各设一组接地装置，两条轨道应作环形电气连接，轨道的接头处应做电气连接。对较长的轨道，每隔不大于 30m 加一组接地装置，并符合规范要求。

（4）塔式起重机的供电电缆垂直敷设时应设固定点，距离不得超过 10m，并避免机械损伤。轨道式塔式起重机的电缆不得拖地行走。

（5）需要夜间工作的塔式起重机，应设置正对工作面的投光灯。塔身高于 30m 时，应在塔顶和臂架端部装设红色信号灯。

（6）在强电磁波源附近工作的塔式起重机，操作人员应戴绝缘手套和穿绝缘鞋，并应在吊钩与机体间采取绝缘隔离措施，或在吊钩吊装地面物体时，在吊钩上挂接临时接地装置。

（7）外用电梯的电源控制开关应用空气自动开关，不得使用铁壳开关或胶盖闸刀。空气自动开关必须装入箱内，停用时上锁。

（8）外用电梯梯笼内、外均应安装紧急停止开关。

（9）外用电梯和物料提升机的上、下极限位置应设置限位开关。

（10）外用电梯和物料提升机在每日工作前必须对行程开关、限位开关、紧急停止开关、驱动机构和制动器等进行空载检查，正常后方可使用。检查时必须有防坠落措施。

3. 桩工机械

（1）潜水式钻孔机电机的密封性能应符合现行国家标准《外壳防护等级（IP 代码）》（GB 4208）中的 IP68 级的规定。

（2）潜水电机的负荷线应采用防水橡皮护套铜芯软电缆，长度应不小于 1.5m，且不得承受外力。

（3）潜水式钻孔机开关箱应装设防溅型漏电保护器，其额定漏电动作电流不应大于 15mA，额定漏电动作时间不应大于 0.1s。

4. 夯土机械

（1）夯土机械必须装设防溅型漏电保护器，其额定漏电动作电流不应大于15mA，额定漏电动作时间应不小于0.1s。

（2）夯土机械PE线的连接点不得少于2处。

（3）夯土机械的负荷线应采用耐气候型的橡皮护套铜芯软电缆，中间不得有接头。

（4）使用夯土机械必须按规定穿戴绝缘用品，使用过程应有专人调整电缆。电缆线长度应不大于50m，严禁电缆缠绕、扭结和被夯土机械跨越。

（5）夯土机械的操作手柄必须绝缘。

（6）多台夯土机械并列工作时，其间距不得小于5m；前后工作时，其间距不得小于10m。

5. 焊接机械

（1）电焊机应放置在防雨、防砸、干燥和通风良好的地点，下方不得有堆土和积水。周围不得堆放易燃易爆物品及其他杂物。

（2）电焊机应单独设开关，装设漏电保护装置并符合《规范》规定。交流电焊机械应配装防二次侧触电保护器。

（3）交流电焊机一次线长度不应大于5m，二次线长度不应大于30m，两侧接线应压接牢固，并安装可靠防护罩，焊机二次线应采用防水型橡皮护套铜芯软电缆，中间不得超过一处接头，接头及破皮处应用绝缘胶布包扎严密。

（4）发电机式直流电焊机的换向器应经常检查和维护，应消除可能产生的异常电火花。

（5）电焊机把线和回路零线必须双线到位，不得借用金属管道、金属脚手架、轨道、钢盘等作回路地线。二次线不得泡在水中，不得压在物料下方。

（6）焊工必须按规定穿戴防护用品，持证上岗。

6. 手持式电动工具

（1）空气湿度小于75%的一般场所可选用Ⅰ类或Ⅱ类手持式电动工具，其金属外壳与PE线的连接点不得少于2处。除塑料外壳Ⅱ类工具外，相关开关箱中漏电保护器的额定漏电动作电流不应大于15mA，额定漏电动作时间不应大于0.1s，其负荷线插头应具备专用的保护触头。所用插座和插头在结构上应保持一致，避免导电触头和保护触头混用。

（2）在潮湿场所和金属构架上操作时，严禁使用Ⅰ类手持式电动工具，必须选用Ⅱ类或由安全隔离变压器供电的Ⅲ类手持工电动工具。金属外壳Ⅱ类手持式电动工具使用时，必须符合上一条要求。开关箱和控制箱应设置在作业场所外面。

（3）在锅炉、金属容器、地沟或管道中等狭窄场所必须选用由安全隔离变压器供电的Ⅲ类手持式电动工具，其开关箱和安全隔离变压器均应设置在狭窄场所外面，并连接PE线。开关箱应装设防溅型漏电保护器，并符合规范要求。操作过程中，应有人在外面监护。

（4）手持式电动工具的负荷线应采用耐气候型的橡皮护套铜芯软电缆，并不得有接头。

（5）手持式电动工具的外壳、手柄、插头、开关、负荷线等必须完好无损，使用前必须做绝缘检查和空载检查，在绝缘合格、空载运转正常后方可使用。绝缘电阻不应小于表7-8规定的数值。

测量部位	绝缘电阻（MΩ）		
	Ⅰ类	Ⅱ类	Ⅲ类
带电零件与外壳之间	2	7	1

注：绝缘电阻用 500V 兆欧表测量。

（6）使用手持式电动工具时，必须按规定穿、戴绝缘防护用品。

7. 其他电动建筑机械

（1）施工现场消防泵的电源，必须引自现场电源总闸的外侧，其电源线宜暗敷设。

（2）混凝土搅拌机、插入式振动器、平板振动器、地面抹光机、水磨石机、钢筋加工机械、木工机械、盾构机构、水泵等设备的漏电保护应符合《规范》要求。

（3）混凝土搅拌机、插入式振动器、平板振动器、地面抹光机、水磨石机、钢筋加工机械、木工机械、盾构机械的负荷线必须采用耐气候型橡皮护套铜芯软电缆，并不得有任何破损和接头。

水泵的负荷线必须采用防水橡皮护套铜芯软电缆，严禁有任何破损和接头，并不得承受任何外力。

盾构机械的负荷线必须固定牢固，距地高度不得小于 2.5m。

（4）对混凝土搅拌机、钢筋加工机械、木工机械、盾构机械等设备进行清理、检查、维修时，必须首先将其开关箱分闸断电，呈现可见电源分断点，并关门上锁。

（5）施工现场使用的鼓风机外壳必须作保护接零。鼓风机应采用胶盖闸控制，并应装设漏电保护器和熔断器，其电源线应防止受损伤和火烤。禁止使用拉线开关控制鼓风机。

（6）移动式电气设备和手持式电动工具应配好插头，插头和插座应完好无损，并不得带负荷插接。

第四节　案　例　分　析

一、两起高处坠落事故分析

位于某沿海经济经济技术开发区的某石油炼化基地工程，建筑面积 55000m²，由发电站、变电站、空压站、转运站、栈桥等大小 30 多个单体工程组成，均为钢筋混凝土框架结构和钢结构组合工程。因工程专业性强，结构复杂，参建施工单位有数十家。

2009 年 5 月 9 日上午 11：30 左右，该工程一电厂烟囱在已经顺利封顶施工完毕的情况下，拆除滑模支架过程中发生一起高空坠落事故，导致拆除支架的 2 名工人从 80m 高空坠落死亡。事故发生后 3 个月时间不到，2009 年 8 月 5 日该在建工程 2 号转运站楼层内又发生一起作业工人从栈桥设备楼层预留洞口高空坠落事故，造成一名作业工人不治身亡。两起高空坠落事故给死亡者家属带来了莫大的痛苦，给企业带来了不可估量的损失，给社会也带来了负面影响。"关爱员工，保证员工的生命安全"是企业义不容辞的社会责任，通过两起高坠事故的惨痛教训，为了改进企业安全管理措施，提高安全管理工作水平，预防和杜绝此类高空坠落事故的再次发生，我们对此两起事故进行了仔细分析。

（一）事故经过

2009 年 5 月 9 日中午，某施工单位木工班长（同时是兼职安全员）带领三名木工拆除已经施工完毕烟囱最顶端滑模。11 点左右滑模拆除完毕，开始拆除烟囱筒内作业人员操作平台支架。作业工人甲和乙把平台周围防护栏杆拆除掉一半，把进料口安全盖板先拆除吊下地面，此时 11：30 到了工人下班时间，两名工人把部分支撑支架拆松了但没有来得及完全拆除就离开拆除区域，通过烟囱筒壁外安全钢爬梯（可直达地面）下到地面。最后两名工人（木工班长和另外一名没有参与拆除支架的工人）解脱安全带，从支撑平台一端走向另一端通向烟囱筒壁外的钢爬梯，在两名工人刚踏上没有防护栏杆的一段支撑平台时，支撑平台的模板突然倾翻，两名工人直接从 80m 高空刚拆除安全盖板的进料口坠入烟囱筒内，烟囱底部安装有一部提升式卷扬机用来提升物料，两名工人当场死亡，造成直接经济损失 110 万元。

2009 年 8 月 5 日一名抹灰工在 2 号转运站进行墙体室内抹灰。因 2 号转运站和 2 号栈桥（钢结构）是彼此相连的，2 号栈桥皮带输送机直接将石油焦成品输送到 2 号转运站，故在 2 号转运站楼层内从上到下共 9 层（35m 高）楼板上同一位置预留有长×宽＝1500mm×1000mm 设备安装洞口。由于该洞口紧靠山墙墙体，进行内部抹灰时不得不在此洞口上方进行操作。第 9 层预留洞口覆盖有一块 1830mm×900mm 的模板防护，该工人刚一踏上覆盖洞口的模板，模板突然断裂，该工人直接从 35m 高空坠落到地面，送医院急救后不治，造成直接经济损失 40 万元。

（二）事故原因分析

事故发生通常由三大因素所引发：即人的不安全行为、物的不安全状态、环境的不安全因素。根据现场勘查和影像资料的综合分析，并通过问责调查，明确了造成这两起事故的主要原因有以下方面：

1. 人的不安全行为

（1）思想松懈麻痹大意。烟囱在事故发生前 3 天封顶施工完毕时，施工单位和监理都认为大功告成，悬挂大红鞭炮放炮庆祝，无形之中在管理层和作业工人中都产生了松懈思想，放松了安全警惕性，没有树立干工程越到最后越关键的安全思想意识，没有认识到安全工作一刻也不能放松，安全管理一刻也不能懈怠。2 号转运站抹灰作业工人违章操作，在没有配备安全带的情况下冒险操作，思想上麻痹大意，操作行为上无形之中已经陷入了危险之中。管理人员管理松懈，监督检查不到位，存在重大危险源的关键部位没有指派施工员和专职安全员全程监督指挥，以致留下安全隐患。

（2）人员业务素质低下

1）作业人员：烟囱施工中的班长（兼安全员）安全监督不到位，不懂安全操作规程，在没有确定能在有限的时间内完成的工作盲目拆除安全防护栏杆和进料口安全盖板，拆松作业平台支撑架，导致事故发生。2 号转运站抹灰工人不具备安全操作知识，在没有确定作业场所是否安全及佩带安全防护用品的情况下冒险进入危险场所作业，酿成悲剧。两起事故均反映出施工单位对职工的培训教育不够，培训教育流于形式，没有落在实处。

2）管理人员：施工单位安全管理不到位，对重大危险源防护重视力度不够，配备的安全员业务素质低下。烟囱拆除支架过程中专职安全员没有现场监督，没有召开班组班前安全讲话，没有对高空拆除烟囱支架有关安全技术向施工班组、人员作出详细说明和交底，并双方履行签字手续。在已经发生烟囱高空坠落事故并接连整改达两个月时间之后，现场勘查 2 号转运站楼层预留洞口防护仍然严重不合格，不符合建筑施工安全检查标准，1500mm×1000 mm 的洞口仅靠一张模板覆盖，周围没有搭设防护栏杆，且 35m 以下楼层该位置同一洞口搭设的防护也不符合规范要求，松散倾斜，无安全兜网，一通到底，若作业中施工机具或人员冲击，存在再次发生高空坠落的事故隐患。

3) 监理人员：监理单位对存在重大危险源的烟囱施工方案把关不严，审批不仔细，烟囱支架拆除安全保证措施不全，重大危险源辨识不全面，马虎审批通过；配备的监理业务素质不高，在已经有一起高空坠落事故的教训下，监理单位对项目查出的"四口、五临边"存在的隐患仍然没有严格按照建设工程强制性标准实施监理，发现严重隐患没有要求施工单位暂停施工进行整改，监理例会开的多，对安全工作雷声大雨点小，说的多实际督促施工单位整改落实的少，监理单位对施工单位违章施工监管失职，监管力度不够。

（3）操作错误、忽视安全

在没有做好安全防护措施前拆除烟囱支架防护栏杆和进料口安全盖板及拆松支架，作业工人提前解脱安全带，造成所有安全防护设施失效。

作业人员相互配合协性差，拆除支架及近进料口安全盖板的作业人员没有及时向没参加拆除该部位的工人相互提示或警示，忽视安全。

（4）有分散注意力行为

1) 烟囱支架拆除过程中作业人员走向烟囱外安全钢爬梯过程中恰好正是下班时间，急躁冒进为了赶下班时间分散了作业人员部分注意力。

2) 2 号转运站楼层设备预留洞口有一块模板覆盖，分散了抹灰工的注意力，使工人误认为踩上去是安全的，结果导致失误。

2. 物的不安全状态

（1）烟囱支架进料口周圈防护栏杆被拆除，无其他可靠防护措施；2 号转运站楼层设备预留洞口周边无防护栏杆，仅靠一块模板覆盖防护不符合安全规范要求，周围无警示标志，存在重大安全隐患。

（2）烟囱支架操作平台部分支架被拆松使平台载人模板形成探头板，没有做好防护措施和警示标志，留下安全隐患；2 号转运站楼层设备预留洞口 9 层以下该洞口全部作周边临边防护，但无安全兜网或其他能够承受重物坠落的防护措施。

（3）抹灰工无个人劳动防护用品，未配备安全带，现场无施工员或人员监督。

3. 环境的不安全因素

（1）烟囱作业场所狭窄，空间受限；抹灰工人作业面受限。

（2）烟囱模板支架拆除为高空作业和临边；抹灰工人作业场所临边。

（3）烟囱作业平台安全通道设置不合理，支架防护栏杆拆除后无可靠安全带止扣点；抹灰工人作业场所无安全带悬挂处。

（4）施工单位对本项目工作环境中存在的重大危险源辨识不彻底，危害因素分析不清楚，没有进行重大危险源公示，没采取针对性防护措施。

（三）预防措施

1. 施工单位必须建立健全安全管理机构，配备业务素质高的安全管理人员，落实施工现场日常安全巡查制度，发现一处隐患解决一处隐患，从企业领导至一线工人都要树立

"安全工作怎么抓都不过分"的高度警惕思想。

2. 加大施工单位安全制度建设。坚持开展班组班前安全活动，通过各种形式加大安全工作的宣贯力度，增加对职工的安全培训和操作技能教育，进行重大危险源辨识和公示，使职工认识到自己工作环境中存在的危险源和危害因素，树立职工安全意识。

3. 禁止在主体封顶或某个单项工程完工的时候燃放烟花爆竹等形式庆祝，该形式会在一定程度上使管理层和作业工人思想意识产生短暂松懈而忽视安全，树立"不到竣工验收工程随时都是主体"的紧迫思想，清醒认识"安全工作只有起点，没有终点，安全工作一刻也不能放松"。

4. 监理单位必须建立健全安全管理机构，配备业务素质合格的安全监理人员（目前有些项目没有专门设置安全监理的做法是不合理的），严格审查施工单位施工组织设计和专项方案中有关安全的技术措施是否符合工程建设强制性标准，危险源辨识是否清楚，危害性因素分析是否具体。监理过程中发现事故隐患的应当要求施工单位整改或暂停施工，施工单位拒不整改或不停止施工的，监理单位应当及时向建设单位和有关监督部门报告。

（四）结束语

两起不该发生的安全事故带给我们沉痛的教训，悲剧是惨痛的，教训是深刻的，但是只要我们树立"一切事故的发生都是可以找得到预兆的、一切事故发生的源头都是可以采取措施避免的"信心和认识，紧紧围绕安全生产的重点和难点，制定预防措施，抓住苗头，落实责任，将事故隐患消灭在萌芽状态，真正做到未雨绸缪，防患于未然，我们的安全工作就能上一个新台阶。

二、某维修施工脚手架倒塌事故安全技术分析及警示

（一）事故经过

2008 年 12 月 26 日上午 8 时许，在青岛北海船舶重工有限公司厂区内，30 万吨级"德纳里"号（BW DENALI PANAMA）油轮停泊在船厂码头内进行改装作业，船舶长×宽×高为 360m×50m×32m；在其中一个船舱内的钢管脚手架拆除施工过程中，脚手架突然发生大面积垮塌，造成 2 人死亡，6 人受伤。事故舱（简称 B 舱）为长×宽×深＝50m×26m×28m 的货舱，正在进行脚手架拆除作业，该脚手架由普通 $\phi48×3.5mm$ 钢管、扣件搭设而成。拆除分阶段进行，先拆除完 I 区上部 5-7 步脚手架，接着拆除 II 区上部 5-7 步脚手架，见图 7-19、图 7-20。

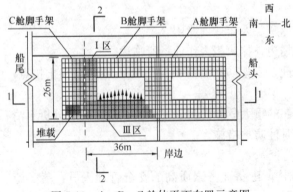

图 7-19 A、B、C 舱体平面布置示意图

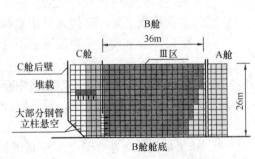

图 7-20 1-1（B 舱纵剖立面图）

在即将进行Ⅲ区（东部）脚手架拆除时，发现Ⅲ区脚手架向货舱中心倾斜变形，随即发生垮塌，见图7-21、图7-22，并引起南、北、西部各区的连锁垮塌，持续时间约10余秒。东部全部垮塌，西部大部分垮塌，剩余少量未垮塌的架体亦严重变形，存在继续垮塌的可能性。

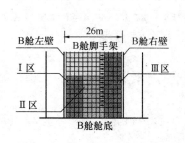

图7-21　2-2（B舱横剖立面图）

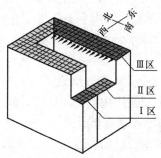

图7-22　B舱架体轴侧示意图

（二）现场调查情况

经勘察，B舱脚手架高26m，用于舱体钢结构的改造施工操作层；属敞开式；沿舱体内部周圈搭设，与舱体无任何连接；在不等间距的操作层上，铺有"冲压钢脚手板"；架体钢管直接坐落在舱底钢板上。

扣件式钢管，有较长使用年限，表面有锈蚀；少部分有局部缺损，主要表现有凹陷、挠曲、端口破坏、切割孔洞等。

架体参数（根据未垮塌的C舱和另一个A舱测量所得）主要有：横杆步距2.0m，立杆横、纵距2.0m；A舱在局部有立杆纵距2.2m，所以，不排除B舱的立杆纵距存在不等尺寸的情况。连接方式：立杆为对接，部分立杆上下不贯通，上部立杆直接设在下部大横杆上；横杆为对接、搭接，搭接的只有一个扣件。

在C舱脚手架的下半部分，约有4个步距8m高，和B舱脚手架相连；上半部分，约有5个步距10m高，被舱体钢结构分隔开。

根据A舱尚未拆除的脚手架和C舱尚未垮塌的脚手架搭设情况，架体均没有设置横向、纵向的"剪刀撑"，架体底部的"扫地杆"约有80%未搭设。

（三）事故的安全技术因素调查分析

1. 安全技术管理问题：承包单位没有编制脚手架专项安全技术方案。经调查组初步验算，按照2.0m格构搭设的脚手架（轴心受压稳定系数明显减小），在料具材料合格、搭设质量合格，并采取了相应构造措施的前提下，钢管立杆受压强度计算值达到262.6N/mm²，远不能满足安全要求。

2. 搭设质量问题：实际施工中，没有垂直度控制措施，只凭目测控制；杆件连接方式随意。

3. 构造措施缺陷问题：仅有不足20%的扫地杆；且距离底板大于200mm；26m高的架体立杆没有连墙件与舱体进行刚性拉结；架体没有剪刀撑和横向斜撑。

4. 料具材质质量问题：残缺破损的钢管表现为凹陷、挠曲、端口破坏、切割孔洞等，扣件锈蚀现象普遍。

5. 外力的影响问题：在C舱脚手架的第8个步距约16m高处，堆放有钢脚手板和钢管等材料，冲压钢脚手板，长 2.5m×宽 0.3m，22.5kg/个重×23 层×5 列＝25.8kN；钢管及扣件约重 22.5kN；相加约 48kN。

但是 C 舱的脚手架南部有 3 道立杆的底端，未支撑在水平舱底，而是大部分悬空在一个倾斜 45 度的光滑舱底上面，只有 C 舱北部的 3 道立杆支撑在水平舱底；随意堆放的料具，对下部悬空的脚手架产生了先向下再水平向北的推力，这是造成 B 舱脚手架被推挤压"鼓"出的另一个原因，见图 2。在首先垮塌的 B 舱Ⅲ区，是否有超载堆放的料具，现暂无考证。

（四）安全技术调查结论

1. 脚手架架体构造措施缺陷，缺少与舱体侧壁的刚性固定连接件、架体缺少纵横向剪刀撑和斜撑；是重要原因。

2. 部分钢管挠曲、变形、有孔洞缺陷，属于不合格料具；脚手架搭设质量不合格，没有按照国家标准采取量化控制措施；是主要原因之一。

3. 未经采取特殊安全措施，而随意在架体内堆放超载的料具，是主要原因之一。

4. 承包单位没有编制工程施工组织设计；发包单位没有对承包合同中的有关条款进行落实；在安全保证体系、安全人员配置、脚手架方案审批、安全技术交底、日常安全检查、隐患整改、搭设验收、材料进场验收等管理环节存在严重问题；是事故的管理原因。

（五）事故的教训和调查组的建议

通过半满堂脚手架的非标准搭设造成的事故分析，证明了脚手架安全技术管理的重要性，并说明了连墙件、剪刀撑、扫地杆等结构构造措施的必要性。

必须重视高大脚手架的搭设和拆除施工；必须重视对施工单位的监督和管理。在高大脚手架施工前，脚手架专项施工方案应经过专家组论证通过后，方可施工。施工过程中，应有相关专业安全监督部门监管。

三、某彩印厂工程触电事故

（一）事故发生经过

新乡市某彩印厂工程由卫辉市某建筑公司承包。该工程发生事故之前正在进行厂房通道的混凝土地面施工，通道总长度 90m，宽 13m，通道地面按宽度分为南北两段施工，每段宽 65m，南段已施工完毕。2006 年 8 月 11 日晚开始北段施工，到夜间零点左右时，地面作业需用滚筒进行碾压抹平，但施工区域内有一活动操作台（用钢管扣件组装）影响碾压作业进行，于是由 3 名作业人员推开操作台。但由于工地的电气线路架设混乱，再加上夜间施工只采用了局部照明，推动中挂住电线推不动，因光线暗未发现原因，使用钢管撬动操作台，从而将电线绝缘损坏，导致操作台带电，3 人当场触电死亡。

（二）事故原因分析

1. 技术方面

（1）按《施工现场临时用电安全技术规范》（JGJ 46—2005）规定，室内照明高度低于 24m 时，应采用 36V 安全电压供电。该现场采用 220V 的危险电压，且线路架设不按规定，从而带来触电危险。

（2）按照规范要求厂房夜间作业应设一般照明及局部照明。该厂房通道全长 90m，现场只安排局部照明，线路敷设不规范的隐患操作人员很难发现。

（3）《施工现场临时用电安全技术规范》（JGJ 46—2005）规定，电气安装应同时采用保护接零和漏电保护装置，当发生意外触电时可自动切断电源进行保护。而该工地电气混乱，工人触电后未能得到保护而失去生命。

2. 管理方面

（1）该工地电气混乱，未按规定编制施工用电组织设计，因此隐患多而发生触电事故。

（2）电工缺乏日常检查维修，现场管理人员视而不见，因此隐患未能及时解决。

（3）夜间施工既未有电工跟班，也未预先组织现场环境的检查，因此把隐患留给夜间施工的工人，导致事故的发生。

（三）事故结论与教训

1. 事故主要原因

本次事故是因施工现场管理混乱，临时用电工程未按规定编制专项施工方案，现场电气安装后未经验收，施工中又无人检查提出整改要求，在线路架设、电源电压等不符合要求下施工，保护接零及漏电保护装置未安装或安装不合格导致失误，再加上夜间施工照明面积不够，施工人员推操作平台误挂电线造成触电事故。

2. 事故性质

本次事故属责任事故。施工现场用电违章操作，现场指挥人员违章指挥，上级又管理失控，长期混乱隐患未能及时解决。

3. 主要责任

项目工程生产负责人不按规定编制用电方案，对电工安装电气线路不合要求又没提出整改意见，夜间施工环境混乱导致发生触电事故，应负违章指挥责任。

卫辉市某城乡建筑公司主要负责人对施工现场不编制方案，随意安装电气和现场管理失控应负全面管理不到位的责任。

（四）事故的预防对策

1. 应该对企业资质等级进行全面清理。该施工单位对临时用电不编制方案，电气安装错误，保护措施不合要求，漏电装置失灵，夜间施工条件不具备，触电事故发生后不懂急救知识等表现，都说明该项目经理及电工不懂电气使用规范，上级管理部门来现场也未提出整改要求。如此资质的企业何能承包建筑工程，如何保障作业人员的安全。

2. 主管部门应组织对企业管理人员和作业人员的定期培训。《规范》为1988年颁发，时至2002年已有14年之久仍不了解，不执行，却在承包工程施工，本身就是管理上的失误，应该采取定期学习法规、规范，针对企业的实际及施工技术进步，提高管理水平和队伍素质。

（五）专家点评

住房和城乡建设部伤亡事故统计表明，建筑企业的五大伤害中触电事故占有较大比例。为加强施工现场临时用电管理住房和城乡建设部于1988年颁布了行业标准《施工现场临时用电安全技术规范》（JGJ 46—88，现行标准为2005版），要求各地严格执行。

本次事故的施工现场严重违反了本规范的相关规定。室内照明架设高度低于24m仍用220V电源，因此当发生意外触电时造成死亡事故；现场用电不按要求设置保护接零和漏电保护装置，当有人触电时不能得到保护，作业人员实际上是在无保护措施条件下施工；夜间生产照明不足又无电工跟班作业，当临时发生问题无人解决，给夜间施工带来危险。

施工用电是建筑安全管理的弱项，现场管理人员多为工民建专业，缺乏用电管理知识，而施工用电又属临时设施故多被忽视而由电工自己管理，当现场电工素质较低，不懂规范、责任心不强时，会给电气安装带来隐患。必须加强专业电工的学习和对项目经理电气专业知识的培训，掌握一般基本规定以加强用电管理。

第八章 施工机械设备安全管理

第一节 基本安全管理要求

建筑施工机械是现代建筑工程施工中人员上下和建筑材料运输等的重要工具，是实现施工生产机械化、自动化，减轻繁重体力劳动，提高劳动生产率的重要设备。随着我国改革开放的不断深入，能源、交通和各项基础设施建设步伐的加快，规模的扩大，建筑施工机械的使用越来越频繁，在施工中的作用也越来越重要。

常见的有各种起重机械、物料提升机、施工升降机（电梯）、土方施工机械、各种木工机械、卷扬机、搅拌机、钢筋机械、桩工机械、电焊机以及各种手持电动工具等各类机械。这些机械在使用过程中如果管理不严、操作不当，极易发生伤人事故。机械伤害已成为建筑行业"五大伤害"之一。因此，现场施工人员了解施工机械的安全技术要求对预防和控制伤害事故的发生非常必要。

一、机械设备安全技术管理

1. 项目经理部技术部门应在工程项目开工前编制包括主要施工机械设备安全防护技术的安全技术措施，并报管理部门审批。

2. 认真贯彻执行经审批的安全技术措施。

3. 项目经理部应对分包单位、机械租赁方执行安全技术措施的情况进行监督。分包单位、机械租赁方应接受项目经理部的统一管理，严格履行各自在机械设备安全技术管理方面的职责。

4. 严格执行安全技术交底制度。

二、施工场地及临时设施准备

1. 要为机械使用提供良好的工作环境和作业条件。需要构筑基础的机械，要预先构筑好满足安全与使用要求的轨道基础或固定基础。一般机械的安装场地必须平整坚实，四周要有排水沟。

2. 设置机械施工必需的临时设施，主要有：停机场、机修所、油库，以及固定使用的机械工作棚等。其设置要点是：位置要选择得当，布置要合理，便于机械施工作业和使用管理，符合安全要求，建造费用低，以及交通运输方便等条件。

3. 根据施工机械作业时的最大用电量和用水量，设置相应的电、水输入设施，保证机械施工用电、用水的需要。

三、机械验收

1. 项目经理部应对进入施工现场的机械设备的安全装置和操作人员的资质进行审验，

机械上的各种安全防护及保险装置和各种安全信息装置必须齐全有效。不合格的机械和人员不得进入施工现场。

2. 大型机械设备安装前，项目经理部应根据设备租赁方提供的参数进行安装设计架设，经验收合格后的机械设备，可由资质等级合格的设备安装单位组织安装。安装完成后，报请主管部门验收，验收合格后方可办理移交手续。

对于塔式起重机、施工升降机的安装、拆卸，必须由具有资质的专业队承担，要按有针对性的安拆方案进行作业，安装完毕应按规定进行技术试验，验收合格后方可交付使用。

3. 中、小型机械由分包单位组织安装后，项目部机械管理部门组织验收，验收合格后方可使用。

4. 所有机械设备验收资料均由机械管理部门统一保存，并交安全部门一份备案。

四、机械进场前、后的准备

1. 施工现场所需的机械，由施工负责人根据施工组织设计审定的机械需用计划，向机械经营单位签订租赁合同后按时组织进场。

2. 进入施工现场的机械，必须保持技术状况完好，安全装置齐全、灵敏、可靠，机械编号的技术标牌完整、清晰，起重、运输机械应经年审并具有合格证。

3. 电力拖动的机械要做到一机、一闸、一箱，漏电保护装置灵敏可靠；电气元件、接地、接零和布线符合规范要求；电缆卷绕装置灵活可靠。

4. 需要在现场安装的机械，应根据机械技术文件（随机说明书、安装图纸和技术要求等）的规定进行安装。安装要有专人负责，经调试合格并签署交接记录后，方可投入生产。

5. 现场机械的明显部位或机棚内要悬挂切实可行的简明安全操作规程和岗位责任标牌。

6. 进入现场的机械，应遵守机械有关检查和保养规定，认真及时做好例行保养，保持机械的完好状态。机械不得带"病"运转。刚从其他工地转来的机械，可按正常保养级别及项目提前进行；停放已久的机械应进行使用前的保养；以前封存不用的机械应进行启封保养；新机、经过大修或技术改造的机械，应按规定进行走合期保养。达不到使用条件的要及时调换。

五、施工机械安全管理与定期检查

1. 建立健全安全生产责任制

机械安全生产责任制是企业岗位责任制的重要内容之一。由于机械的安全直接影响施工生产的安全，所以机械的安全指标应列入企业经理的任期目标。企业经理是企业机械的总负责人，应对机械安全负全责。

机械管理部门要有专人管机械安全，基层也要有专职或兼职的机械安全员，形成机械安全管理网。

项目经理部是机械使用规模设置机械设备管理部门。机械管理人员应具备一定的专业管理能力，并熟悉掌握机械安全使用的有关规定与标准。

2. 编制安全施工技术措施

编制机械施工方案时，应有保证机械安全的技术措施。对于重型机械的拆装、重大构件的吊装，超重、超宽、超高物件的运输，以及危险地段的施工等等，都要编制安全施工、安全运行的技术方案，以确保施工、生产和机械的安全。

机械管理部门应根据有关安全规程、标准制定项目机械安全管理制度并组织实施。在机械保养、修理中，要制定安全作业技术措施，以保障人身和机械安全。在机械及附件、配件等保管中也应制定相应的安全制度。特别是油库和机械库要制定更严格的安全制度和安全标志，确保机械和油料的安全保管。

3. 贯彻执行机械使用安全技术规程

《建筑机械使用安全技术规程》（JGJ 33—2012）是住房和城乡建设部制定和颁发的标准。它是根据机械的结构和运转特点，以及安全运行的要求，规定机械使用和操作过程中必须遵守的事项、程序及动作等基本规则，是机械安全运行、安全作业的重要保障。机械施工和操作人员认真执行本规程，可保证机械的安全运行，防止事故的发生。

4. 开展机械安全教育，实行操作证制度

机械安全教育是企业安全生产教育的重要内容，主要是针对专业人员进行具有专业特点的安全教育工作，所以也叫专业安全教育。对各种机械的操作人员，必须进行专业技术培训和机械使用安全技术规程的学习，作为取得操作证的主要考核内容。

操作人员必须体检合格，无妨碍作业的疾病和生理缺陷，经过专业培训、考核合格取得操作证后，并经过安全技术交底，方可上岗作业。学员必须在专人监护指导下方准上岗工作。

特种设备应取得建设行政主管部门或安监部门颁发的操作证。非特种设备应由企业颁发操作证。

5. 认真开展机械安全检查活动

机械安全检查的内容，一是机械本身的故障和安全装置的检查，主要是消除机械故障和隐患，确保安全装置灵敏可靠；二是机械安全施工生产的检查，主要是检查施工条件、施工方案、措施是否能确保机械安全施工生产。

在项目经理的领导下，机械管理部门应对现场机械设备组织定期检查，发现违章操作行为应立即纠正；对查出的隐患，要落实责任，限期整改。

机械管理部门负责组织落实上级管理部门和政府执法检查时下达的隐患整改指令。

六、施工机械安全技术要求基本规定

1. 机械设备的管理实行"三定"制度，即定人、定机、定岗，其他人一律不得操作。现场机械设备只能由经过专业培训、考核合格取得特种作业操作证的专业人员使用。

2. 机械作业前，施工技术人员应向操作人员进行安全技术交底。操作人员应熟悉作业环境和施工条件，听从指挥，遵守现场安全管理规定。机械使用与安全生产发生矛盾时，必须首先服从安全要求。

3. 操作人员在每班作业前，应认真对机械设备进行检查，特别对有关安全装置重点检查，消除事故隐患。机械使用前，应先试运转。

4. 作业中操作人员和配合人员必须按规定穿戴安全防护用品，长发应束紧不得外露。

5. 机械必须按照出厂使用说明书规定的技术性能、承载能力和使用条件，正确操作，合理使用，严禁超载、超速作业或任意扩大使用范围。

6. 操作人员在作业过程中，应集中精力正确操作，注意机械工况，不得擅自离开工作岗位或将机械交给其他无证人员操作。无关人员不得进入作业区或操作室内。

7. 严格执行安全操作规程，落实规章制度，杜绝违章操作。对于违章指挥，操作人员应先说明理由，后拒绝执行。

8. 施工机具设备都应有接地保护装置。

9. 机具设备运转工作时，不得进行维修、保养、清理等作业。

10. 机械设备发生故障，必须由专人进行维修，其他人不得擅自修理。排除故障或更换部件过程中，要切断电源和锁上开关箱，并专人监护。操作人员离机或中途停机，必须切断电源。

11. 作业完毕，应切断电源，锁好开关箱。

12. 认真执行机械设备的交接班制度，做好交接班记录。接班人员经检查确认无误后，方可进行工作。

13. 定期对设备进行清洁、润滑、紧固、调整，使设备始终处于良好的工作状态。

14. 机械在寒冷季节使用，应按规定进行保养与使用。

15. 机械集中停放的场所，应有专人看管，并应设置消防器材及工具；大型内燃机械应配备灭火器；机房、操作室及机械四周不得堆放易燃、易爆物品。

16. 变配电所、乙炔站等易发生危险的场所，应在危险区域界限处，设置围栅和警示标志，非工作人员未经批准不得入内。挖掘机、起重机、打桩机等重要作业区域，应设置警示标志及安全措施。

17. 对在作业中会产生有毒有害因素的场所，应配置相应的安全保护设备、监测设备（仪器）、废品处理装置；在隧道、沉井、管道基础施工中，应采取措施，使有害物控制在规定的限度内。

18. 对将停用一个月以上或封存的机械，应认真做好停用或封存前的保养工作，并应采取预防风沙、雨淋、水泡、锈蚀等措施。

19. 机械使用的润滑油（脂）的品牌应符合出厂使用说明书的规定，并应按时更换。

20. 当发生机械事故时，应立即组织抢救，保护好事故现场，并按国家有关事故报告和调查处理规定执行。

第二节 施工机械设备安全防护要求

一、起重吊装机械与垂直运输机械

起重吊装是指在建筑施工中，采用相应的机械和设备来完成结构吊装和设备吊装，其作业属高处危险作业，技术条件多变，施工技术也比较复杂。起重吊装机械也可以进行材料运输工作。

（一）基本安全要求

1. 建筑起重机械进入施工现场须出具：建筑起重机械特种设备制造许可证、产品合格证、制造监督检验证明、备案证明、安装使用说明书和自检合格证明。

2. 建筑起重机械有下列情形之一的，不得出租、使用：

(1) 属国家明令淘汰或禁止使用的品种、型号；

(2) 超过安全技术标准或制造厂规定的使用年限的；

(3) 经检验达不到安全技术标准规定的；

(4) 没有完整安全技术档案的；

(5) 没有齐全有效的安全保护装置的。

3. 建筑起重机械的安全技术档案应包括以下资料：

(1) 购销合同、制造许可证、产品合格证、制造监督检验证明、安装使用说明书、备案证明等原始资料；

(2) 定期检验报告、定期自行检查记录、定期维护保养记录、维修和技术改造记录、运行故障和生产安全事故记录、累积运转记录等运行资料；

(3) 历次安装验收资料。

4. 建筑工程中建筑起重机械的选用，应使其使用温度、主要性能参数、利用等级、载荷状态、工作级别等与施工工作量的需要相匹配。

5. 起重机、施工电梯、物料提升机拆装方案必须经企业技术负责人审批后方可施工。

6. 建筑起重机的内燃机、电动机和电气、液压装置部分，应该执行《建筑机械使用安全技术规程》(JGJ 33—2012) 的规定。

7. 项目经理部应为起重作业提供符合起重机要求的工作场地和环境。基础承载能力必须满足建筑起重机械的安全使用要求。

8. 操作人员在作业前必须按技术方案和技术交底对工作现场环境、行驶道路、架空电线、建筑物以及构件重量和分布情况进行全面了解。

9. 起重机应装有音响清晰的信号装置。在起重臂、吊钩、平衡重等转动体上应标以鲜明的色彩标志。

10. 起重机的变幅限制器、力矩限制器、起重量限制器以及各种行程限位开关等安全保护装置，应完好齐全、灵敏可靠，不得随意调整或拆除。严禁利用限制器和限位装置代替操纵机构。

11. 安装起重工、信号工、司机、司索必须持证上岗，作业时应密切配合，执行规定的指挥信号。当信号不清或错误时，操作人员可拒绝执行。

12. 起重机作业时，在臂长的水平投影范围内设置警戒线，并有监护措施。起重臂和重物下方严禁有人停留、作业或通过。重物吊运时，严禁从人上方通过。严禁用起重机载运人员。

13. 操纵室远离地面的起重机，在正常指挥发生困难时，应采用对讲机等有效的通信联络措施。

14. 操作人员进行起重机回转、变幅、行走和吊钩升降等动作前，应发出音响信号示意。

15. 操作人员应按规定的起重性能作业，不得超载。

16. 在风速达到 10.8m/s 及以上大风或大雨、大雪、大雾等恶劣天气时，应停止露天的起重吊装作业。重新作业前，应先试吊，确认各种安全装置灵敏可靠后方可进行作业。

在风速达到 8.0m/s 及以上大风时，禁止起重机械及垂直运输机械的安装拆卸作业，禁止吊运大模板等大体积物件。

17. 严禁使用起重机进行斜拉、斜吊和起吊地下埋设或凝固在地面上的重物以及其他不明重量的物体。

18. 起吊重物应绑扎平稳、牢固，不得在重物上再堆放或悬挂零星物件。易散落物件应使用吊笼栅栏固定后方可起吊。标有绑扎位置的物件，应按标记绑扎后起吊。吊索与物件的夹角宜为 45°~60°，且不得小于 30°，吊索与物件棱角之间应加垫块。

19. 起吊载荷达到起重机额定起重量的 90％ 及以上时，应先将重物吊离地面不大于 200mm 后，检查起重机的稳定性，制动器的可靠性，重物的平稳性，绑扎的牢固性，确认无误后方可继续起吊。对大体积或易晃动的重物应拴拉绳。

20. 重物起升和下降速度应平稳、均匀，不得突然制动。回转应平稳，当回转未停稳前不得作反向动作。非重力下降式起重机，不得带载自由下降。

21. 严禁起吊重物时悬挂在空中。作业中遇突发故障，应采取措施将重物降落到安全地方，并关闭发动机或切断电源后进行检修。在突然停电时，应立即把所有控制器拨到零位，断开电源总开关，并采取措施使重物降到地面。

22. 起重机的任何部位与架空输电导线的安全距离不得小于表 8-1 的规定。

起重机与架空输电导线的安全距离　　　　表 8-1

电压（kV） 作业距离	<1	10	35	110	220	330	500
垂直方向（m）	1.5	3.0	4.0	5.0	6.0	7.0	8.5
水平方向（m）	1.5	2.0	3.5	4.0	6.0	7.0	8.5

23. 起重机使用的钢丝绳，应有钢丝绳制造厂签发的产品技术性能和质量的证明文件。

24. 起重机使用的钢丝绳，其结构形式、规格及强度应符合起重机使用说明书的要求。钢丝绳与卷筒应连接牢固，放出钢丝绳时，卷筒上应至少保留三圈。收放钢丝绳时应防止钢丝绳损坏、扭结、弯折和乱绳，不得使用扭结、变形的钢丝绳。

25. 钢丝绳采用编结固接时，编结部分的长度不得小于钢丝绳直径的 20 倍，并不应小于 300mm，其编结部分应捆扎细钢丝。当采用绳卡固接时，与钢丝绳直径匹配的绳卡的规格、数量应符合表 8-2 中的规定。最后一个绳卡距绳头的长度不得小于 140mm。绳卡滑鞍（夹板）应在钢丝绳承载时受力的一侧，"U" 螺栓应在钢丝绳的尾端，不得正反交错。绳卡初次固定后，应待钢丝绳受力后再度紧固，并宜拧紧到使两绳直径高度压扁 1/3。作业中应经常检查紧固情况。

与绳径匹配的绳卡数　　　　表 8-2

钢丝绳直径（mm）	10 以下	10~20	21~26	28~36	36~40
最少绳卡数（个）	3	4	5	6	7
绳卡间距（mm）	80	140	160	220	240

26. 每班作业前，应检查钢丝绳及钢丝绳的连接部位。钢丝绳报废标准按《起重机

钢丝绳保养、维护、安装、检验和报废》（GB/T 5972—2009）规定执行。

27. 向转动的卷筒上缠绕钢丝绳时，不得用手拉或脚踩来引导钢丝绳。钢丝绳涂抹润滑脂，必须在停止运转后进行。

28. 起重机的吊钩和吊环严禁补焊。当出现下列情况之一时应更换：

（1）表面有裂纹、破口；

（2）危险断面及钩颈有永久变形；

（3）挂绳处断面磨损超过高度的 10%；

（4）吊钩衬套磨损超过原厚度的 50%；

（5）心轴（销子）磨损超过其直径的 5%。

29. 起重机使用时，每班都应对制动器进行检查。当制动器的零件，出现下述情况之一时，应报废：

（1）裂纹；

（2）制动器摩擦片厚度磨损达原厚度 50%；

（3）弹簧出现塑性变形；

（4）小轴或轴孔直径磨损达原直径的 5%。

30. 制动轮的制动摩擦面不应有妨碍制动性能的缺陷或沾染油污。制动轮出现下述情况之一时，应报废：

（1）裂纹；

（2）起升、变幅机构的制动轮，轮缘厚度磨损大于原厚度的 40%；

（3）其他机构的制动轮，轮缘厚度磨损大原厚度的 50%；

（4）轮面凹凸不平度达 1.5～2.0mm（小直径取小值，大直径取大值）时。

（二）塔式起重机安全防护要求

1. 起重机的轨道基础应符合下列要求：

（1）路基承载能力应满足塔式起重机使用说明书要求。

（2）每间隔 6m 应设轨距拉杆一个，轨距允许偏差为公称值的 1/1000，且不超过 ±3mm。

（3）在纵横方向上，钢轨顶面的倾斜度不得大于 1/1000。塔机安装后，轨道顶面纵、横方向上的倾斜度，对于上回转塔机应不大于 3/1000；对于下回转塔机应不大于 5/1000。在轨道全程中，轨道顶面任意两点的高差应小于 100mm。

（4）钢轨接头间隙不得大于 4mm，并应与另一侧轨道接头错开，错开距离不得小于 1.5m，接头处应架在轨枕上，两轨顶高度差不得大于 2mm。

（5）距轨道终端 1m 处必须设置缓冲止挡器，其高度不应小于行走轮的半径。在轨道上应安装限位开关碰块，且安装位置应保证塔机在与缓冲止挡器或与同一轨道上其他塔机相距大于 1m 处能完全停住，此时电缆线还应由足够的富余长度。

（6）鱼尾板连接螺栓应紧固，垫板应固定牢靠。

2. 起重机的混凝土基础应符合下列要求：

（1）混凝土基础按塔机制造厂的使用说明书要求制作。使用说明书中混凝土强度未明确的，混凝土强度等级不低于 C30。

（2）基础表面平整度允许偏差 1/1000。

（3）预埋件的位置、标高和垂直度以及施工工艺符合使用说明书要求。

3. 起重机的轨道基础或混凝土基础应验收合格后，方可使用。

4. 起重机的轨道基础、混凝土基础应修筑排水设施，并应与基坑保持一定安全距离。

5. 起重机的金属结构、轨道及所有电气设备的金属外壳，应有可靠的接地装置，接地电阻不应大于4Ω。

6. 起重机的拆装必须由取得建设行政主管部门颁发的起重设备安装工程承包资质，并符合相应等级的单位进行，拆装作业时应有技术和安全人员在场监护。

7. 起重机拆装前，应编制拆装施工方案，由企业技术负责人审批，并应向全体作业人员交底。

8. 拆装作业应重点检查以下项目，并应符合下列要求：

（1）混凝土基础或路基和轨道铺设应符合技术要求。

（2）对所拆装起重机的各机构、结构焊缝、重要部位螺栓、销轴、卷扬机构和钢丝绳、吊钩、吊具以及电气设备、线路等进行检查，使隐患排除于拆装作业之前。

（3）对自升塔式起重机顶升液压系统的液压缸和油管、顶升套架结构、导向轮、顶升支撑（爬爪）等进行检查，及时处理存在的问题。

（4）对拆装人员所使用的工具、安全带、安全帽等进行检查，不合格者立即更换。

（5）检查拆装作业中配备的起重机、运输汽车等辅助机械，应状况良好，技术性能应保证拆装作业的需要。

（6）拆装现场电源电压、运输道路、作业场地等应具备拆装作业条件。

（7）安全监督岗的设置及安全技术措施的贯彻落实已达到要求。

9. 起重机的拆装作业应在白天进行。当遇大风、浓雾和雨雪等恶劣天气时，应停止作业。

10. 指挥人员应熟悉拆装作业方案，遵守拆装工艺和操作规程，使用明确的指挥信号进行指挥。所有参与拆装作业的人员，都应听从指挥，如发现指挥信号不清或有错误时，应停止作业，待联系清楚后再进行。

11. 拆装人员在进入工作现场时，应穿戴安全保护用品，高处作业时应系好安全带，熟悉并认真执行拆装工艺和操作规程，当发现异常情况或疑难问题时，应及时向技术负责人反映，不得自行其是，应防止处理不当而造成事故。

12. 拆装顺序、要求、安全注意事项必须按批准的专项施工方案进行。

13. 采用高强度螺栓连接的结构，必须使用高强度螺栓专业制造生产的连接螺栓；连接螺栓时，应采用扭矩扳手或专用扳手，并应按装配技术要求拧紧。

14. 在拆装作业过程中，当遇天气剧变、突然停电、机械故障等意外情况，短时间不能继续作业时，必须使已拆装的部位达到稳定状态并固定牢靠，经检查确认无隐患后，方可停止作业。

15. 安装起重机时，必须将大车行走缓冲止挡器和限位开关碰块安装牢固可靠，并应将各部位的栏杆、平台、扶杆、护圈等安全防护装置装齐。

16. 在拆除因损坏或其他原因而不能用正常方法拆卸的起重机时，必须按照技术部门批准的安全拆卸方案进行。

17. 起重机安装过程中，必须分阶段进行技术检验。整机安装完毕后，应进行整机技术检验和调整，各机构动作应正确、平稳、无异响，制动可靠，各安全装置应灵敏有效；在无载荷情况下，塔身和基础平面的垂直度允许偏差为 4/1000，经分阶段及整机检验合格后，应填写检验记录，经技术负责人审查签证后，方可交付使用。

18. 塔式起重机升降作业时，应符合下列要求：

(1) 升降作业过程，必须有专人指挥，专人照看电源，专人操作液压系统，专人拆装螺栓。非作业人员不得登上顶升套架的操作平台。操纵室内应只准一人操作，必须听从指挥信号；

(2) 升降应在白天进行，特殊情况需在夜间作业时，应有充分的照明；

(3) 在作业中风力突然增大达到 8.0m/s 及以上时，必须立即停止，并应紧固上、下塔身各连接螺栓；

(4) 顶升前应预先放松电缆，其长度宜大于顶升总高度，并应紧固好电缆卷筒。下降时应适时收紧电缆；

(5) 升降时，必须调整好顶升套架滚轮与塔身标准节的间隙，并应按规定使起重臂和平衡臂处于平衡状态，并将回转机构制动住，当回转台与塔身标准节之间的最后一处连接螺栓（销子）拆卸困难时，应将其对角方向的螺栓重新插入，再采取其他措施。不得以旋转起重臂动作来松动螺栓（销子）；

(6) 升降时，顶升撑脚（爬爪）就位后，应插上安全销，方可继续下一动作；

(7) 升降完毕后，各连接螺栓应按规定扭力紧固，液压操纵杆回到中间位置，并切断液压升降机构电源。

19. 起重机的附着锚固应符合下列要求：

(1) 起重机附着的建筑物，其锚固点的受力强度应满足起重机的设计要求。附着杆系的布置方式、相互间距和附着距离等，应按出厂使用说明书规定执行。有变动时，应另行设计；

(2) 装设附着框架和附着杆件，应采用经纬仪测量塔身垂直度，并应采用附着杆进行调整，在最高锚固点以下垂直度允许偏差为 2/1000；

(3) 在附着框架和附着支座布设时，附着杆倾斜角不得超过 $10°$；

(4) 附着框架宜设置在塔身标准节连接处，箍紧塔身。塔架对角处在无斜撑时应加固；

(5) 塔身顶升接高到规定锚固间距时，应及时增设与建筑物的锚固装置。塔身高出锚固装置的自由端高度，应符合出厂规定；

(6) 起重机作业过程中，应经常检查锚固装置，发现松动或异常情况时，应立即停止作业，故障未排除，不得继续作业；

(7) 拆卸起重机时，应随着降落塔身的进程拆卸相应的锚固装置。严禁在落塔之前先拆锚固装置；

(8) 当风速大于 8m/s 时，严禁进行安装或拆卸锚固装置作业；

(9) 锚固装置的安装、拆卸、检查和调整，均应有专人负责，工作时应系安全带和戴安全帽，并应遵守高处作业有关安全操作的规定；

(10) 轨道式起重机作附着式使用时，应提高轨道基础的承载能力和切断行走机构的电源，并应设置阻挡行走轮移动的支座。

20. 起重机内爬升时应符合下列要求：

（1）内爬升作业应在白天进行，当风速大于 8m/s 时，应停止作业；

（2）内爬升时，应加强机上与机下之间的联系以及上部楼层与下部楼层之间的联系，遇有故障及异常情况，应立即停机检查，故障未排除，不得继续爬升；

（3）内爬升过程中，严禁进行起重机的起升、回转、变幅等各项动作；

（4）起重机爬升到指定楼层后，应立即拔出塔身底座的支承梁或支腿，通过内爬升框架固定在楼板上，并应顶紧导向装置或用楔块塞紧；

（5）内爬升塔式起重机的固定间隔应符合使用说明书要求；

（6）当内爬升框架设置在的楼层楼板上时，该方案应经土建施工企业确认，并在楼板下面应增设支柱作临时加固。搁置起重机底座支承梁的楼层下方两层楼板，也应设置支柱作临时加固；

（7）起重机完成内爬升作业后，楼板上遗留下来的开孔，应立即采用混凝土封闭；

（8）起重机完成内爬升作业后，应检查内爬升框架的固定，确保支撑梁的紧固以及楼板临时支撑的稳固等，确认可靠后，方可进行吊装作业。

21. 每月或连续大雨后，应及时对轨道基础进行全面检查，检查内容包括：轨距偏差、钢轨顶面的倾斜度、轨道基础的沉降、钢轨的不直度及轨道的通过性能等。对混凝土基础，应检查其是否有不均匀的沉降。

22. 至少每月一次，对塔机工作机构、所有安全装置、制动器的性能及磨损情况、钢丝绳的磨损及端头固定、液压系统、润滑系统、螺栓销轴等连接处等进行检查；根据工作环境和繁忙程度检查周期可缩短。

23. 配电箱应设置在塔机 3m 范围内或轨道中部，且明显可见；电箱中应设置保险式断路器及塔机电源总开关；电缆卷筒应灵活有效，不得拖缆；塔机应设置短路、过流、欠压、过压及失压保护、零位保护、电源错相及断相保护。

24. 起重机在无线电台、电视台或其他近电磁波发射天线附近施工时，与吊钩接触的作业人员，应戴绝缘手套和穿绝缘鞋，并应在吊钩上挂接临时放电装置。

25. 当同一施工地点有两台以上起重机时，应保持两机间任何接近部位（包括吊重物）距离不得小于 2m。

26. 轨道式起重机作业前，应检查轨道基础平直无沉陷，鱼尾板连接螺栓及道钉无松动，并应清除轨道上的障碍物，松开夹轨器并向上固定好。

27. 启动前应重点检查以下项目，并符合下列要求：

（1）金属结构和工作机构的外观情况正常；

（2）各安全装置和各指示仪表齐全完好；

（3）各齿轮箱、液压油箱的油位符合规定；

（4）主要部位连接螺栓无松动；

（5）钢丝绳磨损情况及各滑轮穿绕符合规定；

（6）供电电缆无破损。

28. 送电前，各控制器手柄应在零位。接通电源后，应检查供电系统有无漏电现象。

29. 作业前，应进行空载运转，试验各工作机构是否运转正常，有无噪声及异响，各机构的制动器及安全防护装置是否有效，确认正常后方可作业。

30. 起吊重物时，重物和吊具的总重量不得超过起重机相应幅度下规定的起重量。

31. 应根据起吊重物和现场情况，选择适当的工作速度，操纵各控制器时应从停止点（零点）开始，依次逐级增加速度，严禁越档操作。在变换运转方向时，应将控制器手柄扳到零位，待电动机停转后再转向另一方向，不得直接变换运转方向、突然变速或制动。

32. 在吊钩提升、起重小车或行走大车运行到限位装置前，均应减速缓行到停止位置，并应与限位装置保持一定距离。严禁采用限位装置作为停止运行的控制开关。

33. 动臂式起重机的变幅应单独进行；允许带载变幅的，当载荷达到额定起重量的90%及以上时，严禁变幅。

34. 重物就位时，应采用慢就位机构使之缓慢下降。

35. 提升重物作水平移动时，应高出其跨越的障碍物 0.5m 以上。

36. 对于无中央集电环及起升机构不安装在回转部分的起重机，在作业时，不得顺一个方向连续回转。

37. 当停电或电压下降时，应立即将控制器扳到零位，并切断电源。如吊钩上挂有重物，应稍松稍紧反复使用制动器，使重物缓慢地下降到安全地带。

38. 采用涡流制动调速系统的起重机，不得长时间使用低速挡或慢就位速度作业。

39. 作业中如遇风速大于 10.8m/s 大风或阵风时，应立即停止作业，锁紧夹轨器，将回转机构的制动器完全松开，起重臂应能随风转动。对轻型俯仰变幅起重机，应将起重臂落下并与塔身结构锁紧在一起。

40. 作业中，操作人员临时离开操纵室时，必须切断电源。

41. 起重机载人专用电梯严禁超员，其断绳保护装置必须可靠，当起重机作业时，严禁开动电梯。电梯停用时，应降至塔身底部位置，不得长时间悬在空中。

42. 非工作状态时，必须松开回转制动器，塔机回转部分在非工作状态应能自由旋转；行走式塔机应停放在轨道中间位置，小车及平衡重应置于非工作状态，吊钩宜升到离起重臂顶端 2～3m 处。

43. 停机时，应将每个控制器拨回零位，依次断开各开关，关闭操纵室门窗，下机后，应锁紧夹轨器，断开电源总开关，打开高空指示灯。

44. 检修人员上塔身、起重臂、平衡臂等高空部位检查或修理时，必须系好安全带。

45. 停用起重机的电动机、电器柜、变阻器箱、制动器等，应严密遮盖。

46. 动臂式和尚未附着的自升式塔式起重机塔身上不得悬挂标语牌。

（三）履带式起重机安全防护要求

1. 起重机应在平坦坚实的地面上作业、行走和停放。在作业时，工作坡度不得大于5%，并应与沟渠、基坑保持安全距离。

2. 起重机启动前应重点检查以下项目，并符合下列要求：

（1）各安全防护装置及各指示仪表齐全完好；

（2）钢丝绳及连接部位符合规定；

（3）燃油、润滑油、液压油、冷却水等添加充足；

（4）各连接件无松动。

3. 起重机启动前应将主离合器分离，各操纵杆放在空挡位置。并应按《建筑机械使用安全技术规程》（JGJ 33—2012）规定启动内燃机。之后，应检查各仪表指示值，待运转正常再接合主离合器，进行空载运转，按顺序检查各工作机构及其制动器，确认正常后，方可作业。

4. 起吊重物时应先稍离地面试吊，当确认重物已挂牢，起重机的稳定性和制动器的可靠性均良好，再继续起吊。在重物升起过程中，操作人员应把脚放在制动踏板上，密切注意起升重物，防止吊钩冒顶。当起重机停止运转而重物仍悬在空中时，即使制动踏板被固定，仍应脚踩在制动踏板上。

5. 作业时，起重臂的最大仰角不得超过出厂规定。当无资料可查时，不得超过78°。

6. 起重机变幅应缓慢平稳，严禁在起重臂未停稳前变换挡位。

7. 在起吊载荷达到额定起重量的90%及以上时，升降动作应慢速进行，并严禁同时进行两种及以上动作，严禁下降起重臂。

8. 采用双机抬吊作业时，应选用起重性能相似的起重机进行。抬吊时应统一指挥，动作应配合协调，载荷应分配合理，起吊重量不得超过两台起重机在该工况下允许起重量总和的75%，单机的起吊载荷不得超过允许载荷的80%。在吊装过程中，两台起重机的吊钩滑轮组应保持垂直状态。

9. 当起重机带载行走时，起重量不得超过相应工况额定起重量的70%，行走道路应坚实平整，起重臂位于行驶方向正前方向，载荷离地面高度不得大于200mm，并应拴好拉绳，缓慢行驶。不宜长距离带载行驶。

10. 起重机行走时，转弯不应过急；当转弯半径过小时，应分次转弯。

11. 起重机上下坡道时应无载行走，上坡时应将起重臂仰角适当放小，下坡时应将起重臂仰角适当放大。严禁下坡空挡滑行。严禁在坡道上带载回转。

12. 起重机工作时，在起升、回转、变幅三种动作中，只允许同时进行其中两种动作的复合操作。

13. 作业结束后，起重臂应转至顺风方向，并降至40°~60°，吊钩应提升到接近顶端的位置，应关停内燃机，将各操纵杆放在空挡位置，各制动器加保险固定，操纵室和机棚应关门加锁。

14. 起重机转移工地，应采用火车或平板拖车运送。运输时，所用跳板的坡度不得大于15°。起重机装上车后，应将回转、行走、变幅等机构制动，并采用木楔紧履带两端，再牢固绑扎。后部配重用枕木垫实，不得使吊钩悬空摆动。

15. 起重机需自行转移时，应卸去配重，拆短起重臂，主动轮应在后面，机身、起重臂、吊钩等必须处于制动位置，并应加保险固定。

16. 起重机通过桥梁、水坝、排水沟等构筑物时，必须先查明允许载荷后再通过。必要时应对构筑物采取加固措施。通过铁路、地下水管、电缆等设施时，应铺设木板保护，并不得在上面转弯。

（四）汽车、轮胎式起重机安全防护要求

1. 起重机工作的场地应保持平坦坚实，地面松软不平时，支腿应用垫木垫实；起重机应与沟渠、基坑保持安全距离。

2. 起重机启动前重点检查项目除与履带式起重机基本相同外，轮胎气压应符合规定。

3. 起重机启动前，应将各操纵杆放在空挡位置，手制动器应锁死，并应按《建筑机械使用安全技术规程》（JGJ 33—2012）规定启动内燃机。在怠速运转3~5min后中高速运转，检查各仪表指示值，运转正常后接合液压泵，液压达到规定值，油温超过 30℃ 时，方可开始作业。

4. 作业前，应全部伸出支腿，调整机体使回转支撑面的倾斜斜度在无载荷时不大于 1/1000（水准居中）。支腿有定位销的必须插上。底盘为弹性悬挂的起重机，插支腿前应先收紧稳定器。

5. 作业中严禁扳动支腿操纵阀。调整支腿必须在无载荷时进行，并将起重臂转至正前或正后方可再行调整。

6. 应根据所吊重物的重量和提升高度，调整起重臂长度和仰角，并应估计吊索和重物本身的高度，留出适当空间。

7. 起重臂伸缩时，应按规定程序进行，在伸臂的同时应下降吊钩。当制动器发出警报时，应立即停止伸臂。起重臂缩回时，仰角不宜太小。

8. 起重臂伸出后，或主副臂全部伸出后，变幅时不得小于各长度所规定的仰角。

9. 汽车式起重机起吊作业时，汽车驾驶室内不得有人，重物不得超越驾驶室上方，且不得在车的前方起吊。

10. 起吊重物达到额定起重量的 50% 及以上时，应使用低速挡。

11. 作业中发现起重机倾斜、支腿不稳等异常现象时，应立即使重物下降至安全的地方，下降中严禁制动。

12. 重物在空中需要较长时间停留时，应将起升卷筒制动锁住，操作人员不得离开操纵室。

13. 起吊重物达到额定起重量的 90% 以上时，严禁下降起重臂，严禁同时进行两种及以上的操作动作。

14. 起重机带载回转时，操作应平稳，避免急剧回转或停止，换向应在停稳后进行。

15. 当轮胎式起重机带载行走时，道路必须平坦坚实，载荷必须符合出厂规定，重物离地面不得超过 500mm，并应拴好拉绳，缓慢行驶。

16. 作业后，应将起重臂全部缩回放在支架上，再收回支腿。吊钩专用钢丝绳挂牢；应将车架尾部两撑杆分别撑在尾部下方的支座内，并用螺母固定；应将阻止机身旋转的销式制动器插入销孔，并将取力器操纵手柄放在脱开位置，最后应锁住起重操纵室门。

17. 行驶前，应检查并确认各支腿的收存无松动，轮胎气压应符合规定。行驶时水温应在 80～90℃ 范围内，水温未达到 80℃ 时，不得高速行驶。

18. 行驶时应保持中速，不得紧急制动，过铁道口或起伏路面时应减速，下坡时严禁空挡滑行，倒车时应有人监护。

19. 行驶时，严禁人员在底盘走台上站立或蹲坐，并不得堆放物件。

（五）卷扬机安全防护要求

卷扬机在建筑施工中使用广泛，它可以单独使用，也可以作为起重机械的卷扬机构。卷扬机的种类按动力可分为手动、电动、蒸汽、内燃卷扬机等；按卷筒数可分为单筒、双筒、多筒卷扬机等；按速度可分为快速、慢速卷扬机等。常用的形式为：电动单筒和电筒双筒卷扬机。

卷扬机的标准传动形式是卷筒通过离合器而连接于原动机，其上配有制动器，原动机始终按同一方向转动。提升时，靠上离合器，下降时，离合器打开，卷扬机卷筒由于载荷重力的作用而反转，重物下降，其转动速度，用制动器控制。另一种卷扬机是由电动机、齿轮减速机、卷筒、制动器等构成的，载荷的提升和下降均为一种速度，由电机的正反转控制，电机正转时物料上升，反转时下降。

1. 安装时，基面平稳牢固、周围排水畅通、地锚设置可靠，并应搭设工作棚。操作人员的位置应在安全区域，并能看清指挥人员和拖动或起吊的物件。

2. 卷扬机设置位置必须满足：卷筒中心线与导向滑轮的轴线位置应垂直，且导向滑轮的轴线应在卷筒中间位置，卷筒轴心线与导向滑轮轴心线的距离：对光卷筒不应小于卷筒长度的 20 倍；对有槽卷筒不应小于卷筒长度的 15 倍。

3. 作业前，应检查卷扬机与地面的固定，弹性联轴器不得松旷，并应检查安全装置、防护设施、电气线路、接零或接地线、制动装置和钢丝绳等，全部合格后方可使用。

4. 卷扬机至少装有一个制动器，制动器必须是常闭式的。

5. 卷扬机的传动部分及外露的运动件均应设防护罩。

6. 卷扬机应装设能在紧急情况下迅速切断总控制电源的紧急断电开关，并安装在司机操作方便的地方。

7. 钢丝绳卷绕在卷筒上的安全圈数应不少于 3 圈。钢丝绳末端固定应可靠，在保留两圈的状态下，应能承受 1.25 倍的钢丝绳额定拉力。

8. 钢丝绳不得与机架、地面摩擦，通过道路时，应设过路保护装置。

9. 建筑施工现场不得使用摩擦式卷扬机。

10. 卷筒上的钢丝绳应排列整齐，当重叠或斜绕时，应停机重新排列，严禁在转动中用手拉脚踩钢丝绳。

11. 作业中，操作人员不得离开卷扬机，物件或吊笼下面严禁人员停留或通过。休息时应将物件或吊笼降至地面。

12. 作业中如发现异响、制动失灵、制动带或轴承等温度剧烈上升等异常情况时，应立即停机检查，排除故障后方可使用。

13. 作业中停电时，应将控制手柄或按钮置于零位，并切断电源，将提升物件或吊笼降至地面。

14. 作业完毕，应将提升吊笼或物件降至地面，并应切断电源，锁好开关箱。

(六) 井字架、龙门架物料提升机

1. 进入施工现场的井架、龙门架必须具有下列安全装置：

(1) 上料口防护棚；

(2) 层楼安全门、吊篮安全门；

(3) 断绳保护装置及防坠器；

(4) 安全停靠装置；

(5) 起重量限制器；

(6) 上、下限位器；

(7) 紧急断电开关、短路保护、过电流保护、漏电保护；

(8) 信号装置；

(9) 缓冲器。

2. 卷扬机应执行《建筑机械使用安全技术规程》有关规定。

3. 基础应符合说明书要求。缆风绳、附墙装置不得与脚手架连接，不得用钢筋、脚手架钢管等代替缆风绳。

4. 起重机的制动器应灵活可靠。

5. 运行中吊篮的四角与井架不得互相擦碰，吊篮各构件连接应牢固、可靠。

6. 龙门架或井架不得和脚手架联为一体。

7. 垂直输送混凝土和砂浆时，翻斗出料口应灵活可靠，保证自动卸料。

8. 吊篮在升降工况下严禁载人，吊篮下方严禁人员停留或通过。

9. 作业后，应检查钢丝绳、滑轮、滑轮轴和导轨等，发现异常磨损，应及时修理或更换。

10. 作业后，应将吊篮降到最低位置，各控制开关扳至零位，切断电源，锁好开关箱。

(1) 井字架、龙门架的支搭应符合规程要求。高度在 10～15m 的应设一组缆风绳，每增高 10m 加设一组，每组四根，缆风绳用直径不小于 12.5m 的钢丝绳，并按规定埋设地锚，严禁捆绑在树木、电线杆等物体上，钢丝绳花篮螺丝调节松紧，严禁用别杠调节钢丝绳长度。缆风绳的固定应不少于 3 个卡扣，并且卡扣的弯曲部分一律卡在钢丝绳的短头部分。

(2) 钢管井字架立杆采用对接扣件连接，不得错开搭接，立杆、大横杆间距均不大于 1m，四角应设双排立杆。天轮架必须绑两根天轮木，加顶桩打八字戗。

(3) 井字架必须使用配套的天轮和地轮，禁止使用开口滑轮，天轮加油处应设爬梯、平台，并铺板、绑牢，加护身栏。

(4) 井字架、龙门架的天轮高于最高一层上料平台的垂直距离应不小于 6m，在距顶部 4m 处的滑轨上应安装超高限位装置，并保证在使用中灵敏有效。使吊笼上升最高位置与天轮间的垂直距离不小于 2m。

(5) 井字架、龙门架的导向滑轮应单独设置牢固地锚，不得捆绑在脚手架上。安装后的卷扬机卷筒与导向滑轮应垂直对正，两者之间距离不得小于卷筒长度 20 倍，此段平行的钢丝绳应予以遮掩，钢丝绳不得与遮掩物或其他物发生接触摩擦。

(6) 制动闸与制止衬垫间隙应保持均匀，闸瓦开度不大于 1mm，闸带开度不大于 1.5mm。

(7) 工作完毕或暂停工作时，吊盘应落到地面，因故障吊盘暂停悬空时，司机不准离开卷扬机。

(8) 严禁施工人员乘坐吊盘上下。

(9) 卷扬机的电器设备必须有可行的接地或接零，工作完毕后应将控制器放到零位，切断电源，锁好电闸箱。

(10) 禁止使用倒顺开关作为卷扬机的控制开关。

(11) 井字架、龙门架首层进口一侧应搭设长度不小于 2m 的防护棚，另三个侧面必须采取封闭的措施。主体高度在 24m 以上的建筑物进出料防护棚应搭设双层防护棚。

(12) 井字架、龙门架首层进料口应采用联动防护门，吊盘定位应采用自动连锁装置，应保证灵敏有效，安全可靠。

(13) 井字架、龙门架吊笼出入口应设安全门，两侧应有安全防护措施。

（14）井字架、龙门架楼层进出料口应设安全门，两侧应绑两道护身栏杆，并设挡脚板。非工作状态时楼层进出料口安全门必须予以关闭。

（15）井字架、龙门架应设上下联络信号。

（七）施工升降机

1. 施工升降机的安装和拆卸工作必须由取得建设行政主管部门颁发的起重设备安装工程承包资质的单位负责施工，并必须由经过专业培训，取得操作证的专业人员进行操作和维修。

2. 地基应浇制混凝土基础，必须符合施工升降机使用说明书要求，说明书无要求时其承载能力应大于 150kPa，地基上表面平整度允许偏差为 10mm，并应有排水设施。

3. 应保证升降机的整体稳定性，升降机导轨架的纵向中心线至建筑物外墙面的距离宜选用说明书提供的较小的安装尺寸。

4. 导轨架安装时，应用经纬仪对升降机在两个方向进行测量校准。其垂直度允许偏差应符合表 8-3 中的要求。

导轨架垂直度 表 8-3

架设高度（m）	$m \leqslant 70$	$70 < m \leqslant 100$	$100 < m \leqslant 150$	$150 < m \leqslant 200$	$m > 200$
垂直度偏差（mm）	$\leqslant 1/1000H$	$\leqslant 70$	$\leqslant 90$	$\leqslant 110$	$\leqslant 130$

5. 导轨架顶端自由高度、导轨架与附墙距离、导轨架的两附墙连接点间距离和最低附墙点高度均不得超过出厂规定。

6. 升降机的专用开关箱应设在底架附近便于操作的位置，馈电容量应满足升降机直接启动的要求，箱内必须设短路、过载、错相、断相及零位保护等装置。

7. 升降机梯笼周围应按使用说明书的要求，设置稳固的防护栏杆，各楼层平台通道应平整牢固，出入口应设防护门。全行程四周不得有危害安全运行的障碍物。

8. 升降机安装在建筑物内部井道中间时，应在全行程范围井壁四周搭设封闭屏障。装设在阴暗处或夜班作业的升降机，应在全行程上装设足够的照明和明亮的楼层编号标志灯。

9. 升降机安装后，应经企业技术负责人会同有关部门对基础和附墙支架以及升降机架设安装的质量、精度等进行全面检查，并应按规定程序进行技术试验（包括坠落试验），经试验合格签证后，方可投入运行。

10. 升降机的防坠安全器，只能在有效的标定期限内使用，有效标定期限不应超过一年。使用中不得任意拆检调整。

11. 升降机安装后，在投入使用前，必须经过坠落试验。升降机在使用中每隔 3 个月，应进行一次坠落试验。试验程序应按说明书规定进行，梯笼坠落试验制动距离不得超过 1.2m；试验后以及正常操作中每发生一次防坠动作，均必须由专门人员进行复位。

12. 作业前应重点检查以下项目，并应符合下列要求：

（1）各部结构无变形，连接螺栓无松动；

（2）齿条与齿轮、导向轮与导轨均接合正常；

（3）各部钢丝绳固定良好，无异常磨损；

（4）运行范围内无障碍。

13. 启动前，应检查并确认电缆、接地线完整无损，控制开关在零位。电源接通后，应检查并确认电压正常，应测试无漏电现象。应试验并确认各限位装置、梯笼、围护门等处的电器连锁装置良好可靠，电器仪表灵敏有效。启动后，应进行空载升降试验，测定各传动机构制动器的效能，确认正常后，方可开始作业。

14. 升降机应按使用说明书要求，进行维护保养，并按使用说明书规定，定期检验制动器的可靠性，制动力矩必须达到使用说明书要求；升降机在每班首次载重运行时，应对行程开关、限位开关、紧急停止开关、驱动机械和制动器等进行空载检查，正常后方可使用，检查时应有防坠落的措施。

15. 梯笼内乘人或载物时，应使载荷均匀分布，不得偏重。严禁超载运行。

16. 操作人员应根据指挥信号操作。作业前应鸣声示意。在升降机未切断总电源开关前，操作人员不得离开操作岗位。

17. 当升降机运行中发现有异常情况时，应立即停机并采取有效措施将梯笼降到底层，排除故障后方可继续运行。在运行中发现电气失控时，应立即按下急停按钮；在未排除故障前，不得打开急停按钮。

18. 升降机在风速 10.8m/s 及以上大风、大雨、大雾以及导轨架、电缆等结冰时，必须停止运行，并将梯笼降到底层，切断电源。暴风雨后，应对升降机各有关安全装置进行一次检查，确认正常后，方可运行。

19. 升降机运行到最上层或最下层时，严禁用行程限位开关作为停止运行的控制开关。

20. 当升降机在运行中由于断电或其他原因而中途停止时，可以进行手动下降，将电动机尾端制动电磁铁手动释放拉手缓缓向外拉出，使梯笼缓慢地向下滑行。梯笼下滑时，不得超过额定运行速度，手动下降必须由专业维修人员进行操纵。

21. 作业后，应将梯笼降到底层，各控制开关拨到零位，切断电源，锁好开关箱，闭锁梯笼门和围护门。

二、土石方施工机械

土石方工程必须根据土石方工程面广量大、施工条件复杂等特点，尽可能采用机械化与半机械化的施工方法，以减轻劳动强度，提高劳动生产率。土石方施工机械减轻了工人繁重的体力劳动，大大加快了施工进度。

（一）基本安全要求

1. 土石方机械的内燃机、电动机和液压装置的使用，应符合《建筑机械使用安全技术规程》（JGJ 33—2012）的规定。

2. 机械进入现场前，应查明行驶路线上的桥梁、涵洞的上部净空和下部承载能力，保证机械安全通过。承载力不够的桥梁，事先应采取加固措施。机械通过桥梁时，应采用低速挡慢行，在桥面上不得转向或制动。

3. 作业前，应查明施工场地明、暗设置物（电线、地下电缆、管道、坑道等）的地点及走向，并采用明显记号表示。严禁在离电缆、燃气管道 1m 距离以内进行大型机械作业。

4. 作业中，应随时监视机械各部位的运转及仪表指示值，如发现异常，应立即停机检修。

5. 机械运行中，严禁接触转动部位和进行检修。在修理（焊、铆等）工作装置时，应使其降到最低位置，并应在悬空部位垫上垫木。

6. 在电杆附近取土时，对不能取消的拉线、地垄和杆身，应留出土台。土台半径：电杆应为 1.0～1.5m，拉线应为 1.5～2.0m。并应根据土质情况确定坡度。

7. 机械不得靠近架空输电线路作业，并应按照表 7-1 的规定留出安全距离。

8. 在施工中遇下列情况之一时应立即停工，待符合作业安全条件时，方可继续施工：

(1) 填挖区土体不稳定、有坍塌可能；

(2) 地面涌水冒浆，出现陷车或因雨发生坡道打滑；

(3) 发生大雨、雷电、浓雾、水位暴涨及山洪暴发等情况；

(4) 施工标志及防护设施被损坏；

(5) 工作面净空不足以保证安全作业；

(6) 出现其他不能保证作业和运行安全的情况。

9. 配合机械作业的清底、平地、修坡等人员，应在机械回转半径以外工作。当必须在回转半径以内工作时，应停止机械回转并制动好后，方可作业。当机械需回转工作时，机械操作人员应确认其回转半径内无人时，方可进行回转作业。

10. 雨期施工，机械作业完毕后，应停放在较高的坚实地面上。

11. 挖掘基坑时，当坑底无地下水，坑深在 5m 以内，且边坡坡度符合表 8-4 规定时，可不加支撑。

挖方深度在 5m 以内的基坑（槽）或管沟的边坡最陡坡度（不加支撑）　　表 8-4

岩土类别	边坡坡度（高：宽）		
	坡顶无荷载	坡顶有静载	坡顶有动载
中密的砂土、杂素填土	1：1.00	1：1.25	1：1.50
中密的碎石类土（充填物为砂土）	1：0.75	1：1.00	1：1.25
可塑状的黏性土、密实的粉土	1：0.67	1：0.75	1：1.00
中密的碎石类土（充填物为黏性土）	1：0.50	1：0.67	1：0.75
硬塑状的黏性土	1：0.33	1：0.50	1：0.67
软土（经井点降水）	1：1.00		

12. 当挖土深度超过 5m 或发现有地下水以及土质发生特殊变化等情况时，应根据土的实际性能计算其稳定性，再确定边坡坡度或者采用基坑支护方式进行护坡。

13. 当对石方或冻土进行爆破作业时，所有人员、机具应撤至安全地带或采取安全保护措施。

14. 机械作业不得破坏基坑支护系统。

15. 在行驶或作业中，除驾驶室外，土方机械任何地方均严禁乘坐或站立人员。

(二) 单斗挖掘机安全防护要求

1. 单斗挖掘机的作业和行走场地应平整坚实，对松软地面应垫以枕木或垫板，沼泽地区应先作路基处理，或更换湿地专用履带板。

2. 轮胎式挖掘机使用前应支好支腿并保持水平位置，支腿应置于作业面的方向，转向驱动桥应置于作业面的后方。采用液压悬挂装置的挖掘机，应锁住两个悬挂液压缸。履带式挖掘机的驱动轮应置于作业面的后方。

3. 作业前重点检查项目应符合下列要求：

（1）照明、信号及报警装置等齐全有效；

（2）燃油、润滑油、液压油符合规定；

（3）各铰接部分连接可靠；

（4）液压系统无泄漏现象；

（5）轮胎气压符合规定。

4. 启动前，应将主离合器分离，各操纵杆放在空挡位置，驾驶员应发出信号，确认安全后方可启动设备，并应按照本规程有关规定启动内燃机。

5. 启动后，接合动力输出，应先使液压系统从低速到高速空载循环 10～20min，无吸空等不正常噪声，工作有效，并检查各仪表指示值，待运转正常再接合主离合器，进行空载运转，顺序操纵各工作机构并测试各制动器，确认正常后，方可作业。

6. 作业时，挖掘机应保持水平位置，将行走机构制动住，并将履带或轮胎揳紧。

7. 平整作业场地时，不得用铲斗进行横扫或用铲斗对地面进行夯实。

8. 挖掘岩石时，应先进行爆破。挖掘冻土时，应采用破冰锤或爆破法使冻土层破碎。

9. 挖掘机正铲作业时，除松散土壤外，其最大开挖高度和深度，不应超过机械本身性能规定。在拉铲或反铲作业时，履带距工作面边缘距离应大于 1.0m，轮胎距工作面边缘距离应大于 1.5m。

10. 遇较大的坚硬石块或障碍物时，应待清除后方可开挖，不得用铲斗破碎石块，冻土，或用单边斗齿硬啃。

11. 在坑边进行挖掘作业，当发现有塌方危险时，应立即处理或将挖掘机撤至安全地带。作业面不得留有伞沿及松动的大块石。

12. 作业时，应待机身停稳后再挖土，当铲斗未离开工作面时，不得作回转、行走等动作。回转制动时，应使用回转制动器，不得用转向离合器反转制动。

13. 作业时，各操纵过程应平稳，不宜紧急制动。铲斗升降不得过猛，下降时，不得撞碰车架或履带。

14. 斗臂在抬高及回转时，不得碰到洞壁、沟槽侧面或其他物体。

15. 向运土车辆装车时，应降低挖铲斗卸落高度，不得偏装或砸坏车厢。回转时严禁铲斗从运输车驾驶室顶上越过。

16. 作业中，当液压缸伸缩将达到极限位时，应动作平稳，不得冲撞极限块。

17. 作业中，当需制动时，应将变速阀置于低速挡位置。

18. 作业中，当发现挖掘力突然变化，应停机检查，严禁在未查明原因前擅自调整分配阀压力。

19. 作业中不得打开压力表开关，且不得将工况选择阀的操纵手柄放在高速挡位置。

20. 反铲作业时，斗臂应停稳后再挖土。挖土时，斗柄伸出不宜过长，提斗不得过猛。

21. 作业中，履带式挖掘机作短距离行走时，主动轮应在后面，斗臂应在正前方与履带平行，制动住回转机构，铲斗应离地面 1m。上、下坡道不得超过机械本身允许最大坡度，下坡应慢速行驶。不得在坡道上变速和空挡滑行。

22. 轮胎式挖掘机行驶前，应收回支腿并固定好，监控仪表和报警信号灯应处于正常显示状态。轮胎气压应符合规定，工作装置应处于行驶方向的正前方，铲斗应离地面 1m。长距离行驶时，应采用固定销将回转平台锁定，并将回转制动板踩下后锁定。

23. 当在坡道上行走且内燃机熄火时，应立即制动并揳住履带或轮胎，待重新发动后，方可继续行走。

24. 作业后，挖掘机不得停放在高边坡附近和填方区，应停放在坚实、平坦、安全的地带，将铲斗收回平放在地面上，所有操纵杆置于中位，关闭操纵室和机棚。

25. 履带式挖掘机转移工地应采用平板拖车装运。短距离自行转移时，应低速缓行。

26. 保养或检修挖掘机时，除检查内燃机运行状态外，必须将内燃机熄火，并将液压系统卸荷，铲斗落地。

27. 利用铲斗将底盘顶起进行检修时，应使用垫木将抬起的履带或轮胎垫稳，并用木楔将落地履带或轮胎揳牢，然后将液压系统卸荷，否则严禁进入底盘下工作。

（三）推土机

1. 推土机在坚硬土壤或多石土壤地带作业时，应先进行爆破或用松土器翻松。在沼泽地带作业时，应更换湿地专用履带板。

2. 不得用推土机推石灰、烟灰等粉尘物料和用作碾碎石块的作业。

3. 牵引其他机构设备时，应有专人负责指挥。钢丝绳的连接应牢固可靠。在坡道或长距离牵引时，应采用牵引杆连接。

4. 作业前重点检查项目应符合下列要求：

（1）各部件无松动、连接良好；

（2）燃油、润滑油、液压油等符合规定；

（3）各系统管路无裂纹或泄漏；

（4）各操纵杆和制动踏板的行程、履带的松紧度或轮胎气压均符合要求。

5. 启动前，应将主离合器分离，各操纵杆放在空挡位置，并应按照《建筑机械使用安全技术规程》的规定启动内燃机，严禁拖、顶启动。

6. 启动后应检查各仪表指示值，液压系统应工作有效；当运转正常、水温达到 55℃、机油温度达到 45℃时，方可全载荷作业。

7. 推土机机械四周应无障碍物，确认安全后，方可开动，工作时严禁有人站在履带或刀片的支架上。

8. 采用主离合器传动的推土机接合应平稳，起步不得过猛，不得使离合器处于半接合状态下运转；液力传动的推土机，应先解除变速杆的锁紧状态，踏下减速器踏板，变速杆应在一定档位，然后缓慢释放减速踏板。

9. 在块石路面行驶时，应将履带张紧。当需要原地旋转或急转弯时，应采用低速挡进行。当行走机构夹入块石时，应采用正、反向往复行驶使块石排除。

10. 在浅水地带行驶或作业时，应查明水深，冷却风扇叶不得接触水面。下水前和出水后，均应对行走装置加注润滑脂。

11. 推土机上、下坡或超过障碍物时应采用低速挡。其上坡坡度不得超过 25°，下坡坡度不得大于 35°，横向坡度不得超过 10°。在陡坡上（25°以上）严禁横向行驶，并不得急转弯。在上坡不得换挡，下坡不得空挡滑行。当需要在陡坡上推土时，应先进行填挖，使机身保持平衡，方可作业。

12. 在上坡途中，当内燃机突然熄灭，应立即放下铲刀，并锁住制动踏板。在推土机停稳后，将主离合器脱开，把变速杆放到空挡位置，用木块将履带或轮胎揳死，方可重新启动内燃机。

13. 下坡时，当推土机下行速度大于内燃机传动速度时，转向动作的操纵应与平地行走时操纵的方向相反，此时不得使用制动器。

14. 填沟作业驶近边坡时，铲刀不得越出边缘。后退时，应先换挡，方可提升铲刀进行倒车。

15. 在深沟、基坑或陡坡地区作业时，应有专人指挥，其垂直边坡高度不应大于 2m。若超过上述深度时，应放出安全边坡，同时禁止用推土刀侧面推土。

16. 在推土或松土作业中不得超载，不得作有损于铲刀、推土架、松土器等装置的动作，各项操作应缓慢平稳。无液力变矩器装置的推土机，在作业中有超载趋势时，应稍微提升刀片或变换低速挡。

17. 推树时，树干不得倒向推土机及高空架设物。用大型推土机推房屋或围墙时，其高度不宜超过 2.5m，用中小型推土机，其高度不宜超过 1.5m。严禁推与地基基础连接的钢筋混凝土桩等建筑物。

18. 两台以上推土机在同一地区作业时，前后距离应大于 8.0m，左右距离应大于 1.5m。在狭窄道路上行驶时，未得前机同意，后机不得超越。

19. 推土机顶推铲运机作助铲时，应符合下列要求：

(1) 进行助铲位置进行顶推中，应与铲运机保持同一直线行驶。

(2) 铲刀的提升高度应适当，不得触及铲斗的轮胎。

(3) 助铲时应均匀用力，不得猛推猛撞，应防止将铲斗后轮胎顶离地面或使铲斗吃土过深。

(4) 铲斗满载提升时，应减少推力，待铲斗提高地面后即减速脱离接触。

(5) 后退时，应先看清后方情况，当需绕过正后方驶来的铲运机倒向助铲位置时，宜从来车的左侧绕行。

20. 作业完毕后，应将推土机开到平坦安全的地方，落下铲刀，有松土器的，应将松土器爪落下。在坡道上停机时，应将变速杆挂低速挡，接合主离合器，锁住制动踏板，并将履带或轮胎揳住。

21. 停机时，应先降低内燃机转速，变速杆放在空挡，锁紧液力传动的变速杆，分开主离合器，踏下制动踏板并锁紧，待水温降到 75℃ 以下，油温度降到 90℃ 以下时，方可熄火。

22. 推土机长途转移工地时，应采用平板拖车装运。短途行走转移距离不宜超过 10km，铲刀距地面宜为 400mm，不得用高速挡行驶和进行急转弯；不得长距离倒退行驶。并在行走过程中应经常检查和润滑行走装置。

23. 在推土机下面检修时，内燃机必须熄火，铲刀应放下或垫稳。

（四）拖式铲运机

1. 拖式铲运机牵引用拖拉机的使用应符合推土机的有关规定。

2. 铲运机作业时，应先采用松土器翻松。铲运作业区内应无树根、树桩、大的石块和过多的杂草等。

3. 铲运机行驶道路应平整结实，路面比机身应宽出 2m。

4. 作业前，应检查钢丝绳、轮胎气压、铲土斗及卸土板回缩弹簧、拖把万向接头、撑架以及各部滑轮等；液压式铲运机铲斗与拖拉机连接叉座与牵引连接块应锁定，各液压管路连接应可靠，确认正常后，方可启动。

5. 开动前，应使铲斗离开地面，机械周围应无障碍物，确认安全后，方可开动。

6. 作业中，严禁任何人上下机械，传递补物件，以及在铲斗内、拖把或机架上坐立。

7. 多台铲运机联合作业时，各机之间前后距离不得小于 10m（铲土时不得小于 5m），左右距离不得小于 2m。行驶中，应遵守下坡让上坡、空载让重载、支线让干线的原则。

8. 在狭窄地段运行时，未经前机同意，后机不得超越。两机交会或超越平行时应减速，两机间距不得小于 0.5m。

9. 铲运机上、下坡道时，应低速行驶，不得中途换挡，下坡时不得空挡滑行，行驶的横向坡度不得超过 6°，坡宽应大于机身 2m 以上。

10. 在新填筑的土堤上作业时，离堤坡边缘不得小于 1m。需要在斜坡横向作业时，应先将斜坡挖填，使机身保持平衡。

11. 在坡道上不得进行检修作业。在陡坡上严禁转弯、倒车或停车。在坡上熄火时，应将铲斗落地、制动牢靠后再行启动。下陡坡时，应将铲斗触地行驶，帮助制动。

12. 铲土时，铲土与机身应保持直线行驶。助铲时应有助铲装置，应正确掌握斗门开启的大小，不得切土过深。两机动作应协调配合，做到平稳接触，等速助铲。

13. 在下陡坡铲土时，铲斗装满后，在铲斗后轮未达到缓坡地段前，不得将铲斗提离地面，应防铲斗快速下滑冲击主机。

14. 在凹凸不平地段行驶转弯时，应放低铲斗，不得将铲斗提升到最高位置。

15. 拖拉陷车时，应有专人指挥，前后操作人员应协调，确认安全后，方可起步。

16. 作业后，应将铲运机停放在平坦地面，并应将铲斗落在地面上。液压操纵的铲运机应将液压缸缩回，将操纵杆放在中间位置，进行清洁、润滑后，锁好门窗。

17. 非作业行驶时，铲斗必须用锁紧链条挂牢在运输行驶位置上，机上任何部位均不得载人或装载易燃、易爆物品。

18. 修理斗门或在铲斗下检修作业时，必须将铲斗提起后用销子或锁紧链条固定，再用垫木将斗身顶住，并用木楔揳住轮胎。

（五）自行式铲运机

1. 自行式铲运机的行驶道路应平整坚实，单行道宽度不应小于 5.5m。

2. 多台铲运机联合作业时，前后距离不得小于 20m（铲土时不得小于 10m），左右距离不得小于 2m。

3. 作业前，应检查铲运机的转向和制动系统，并确认灵敏可靠。

4. 铲土或在利用推土机助铲时，应随时微调转向盘，铲运机应始终保持直线前进。不得在转弯情况下铲土。

5. 下坡时，不得空挡滑行，应踩下制动踏板辅助内燃机制动，必要时可放下铲斗，以降低下滑速度。

6. 转弯时，应采用较大回转半径低速转向，操纵转向盘不得过猛；当重载行驶或在弯道上、下坡时，应缓慢转向。

7. 不得在大于15°的横坡上行驶，也不得在横坡上铲土。

8. 沿沟边或填方边坡作业时，轮胎离路肩不得小于0.7m，并应放低铲斗，降速缓行。

9. 在坡道上不得进行检修作业。遇在坡道上熄火时，应立即制动，下降铲斗，把变速杆放在空挡位置，然后方可启动内燃机。

10. 穿越泥泞或软地面时，铲运机应直线行驶，当一侧轮胎打滑时，可踏下差速器锁止踏板。当离开不良地面时，应停止使用差速器锁止踏板。不得在差速器锁止时转弯。

11. 夜间作业时，前后照明应齐全完好，前大灯应能照至30m；当对方来车时，应在100m以外将大灯光改为小灯光，并低速靠边行驶。非作业行驶时，同拖式铲运机第17条的规定。

（六）挖掘装载机

1. 挖掘作业前应先将装载斗翻转，使斗口朝地，并使前轮稍离开地面，踏下并锁住制动踏板，然后伸出支腿，使后轮离地并保持水平位置。

2. 作业时，操纵手柄应平稳，不得急剧移动；支臂下降时不得中途制动。挖掘时不得使用高速挡。

3. 在边坡、壕沟、凹坑卸料时，应有专人指挥，轮胎距沟、坑边缘的距离应大于1.5m。

4. 回转应平稳，不得撞击并用于砸实沟槽的侧面。

5. 动臂后端的缓冲块应保持完好；如有损坏时，应修复后方可使用。

6. 移位时，应将挖掘装置处于中间运输状态，收起支腿，提起提升臂后方可进行。

7. 装载作业前，应将挖掘装置的回转机构置于中间位置，并用拉板固定。

8. 在装载过程中，应使用低速挡。

9. 铲斗提升臂在举升时，不应使用阀的浮动位置。

10. 在前四阀工作时，后四阀不得同时进行工作。

11. 行驶中，不应高速和急转弯。下坡时不得空挡滑行。

12. 在行驶或作业中，除驾驶室外，挖掘装载机任何地方均严禁乘坐或站立人员。

13. 行驶时，支腿应完全收回，挖掘装置应固定牢靠，装载装置宜放低，铲斗和斗柄液压活塞杆应保持完全伸张位置。

14. 当停放时间超过1h时，应支起支腿，使后轮离地；停放时间超过1d时，应使后轮离地，并应在后悬架下面用垫块支撑。

（七）轮胎式装载机

1. 装载机运距超过合理距离时，应与自卸汽车配合装运作业。自卸汽车的车厢容积应与铲斗容量相匹配。

2. 装载机不得在倾斜度超过出厂规定的场地上作业。作业区内不得有障碍物及无关人员。

3. 装载机作业场地和行驶道路应平坦。在石方施工场地作业时，应在轮胎上加装保护链条或用钢质链板直边轮胎。

4. 作业前重点检查项目应符合下列要求：

（1）照明、音响装置齐全有效。

（2）燃油、润滑油、液压油符合规定。

（3）各连接件无松动。

（4）液压及液力传动系统无泄漏现象。

（5）转向、制动系统灵敏有效。

（6）轮胎气压符合规定。

5. 启动内燃机后，应怠速空运转，各仪表指示值应正常，各部管路密封良好，待水温达到 55℃、气压达到 0.45MPa 后，可起步行驶。

6. 起步前，应先鸣声示意，宜将铲斗提升离地 0.5m。行驶过程中应测试制动器的可靠性。行走路线应避开路障或高压线等。除规定的操作人员外，不得搭乘其他人员，严禁铲斗载人。

7. 高速行驶时应采用前两轮驱动；低速铲装时，应采用四轮驱动。行驶中，应避免突然转向。铲斗装载后升起行驶时，不得急转弯或紧急制动。

8. 在公路上行驶时应遵守交通规则，下坡不得空挡滑行。

9. 装料时，应根据物料的密度确定装载量，铲斗应从正面铲料，不得使铲斗单边受力。卸料时，举臂翻转铲斗应低速缓慢动作。

10. 操纵手柄换向时，不应过急、过猛。满载操作时，铲臂不得快速下降。

11. 在松散不平的场地作业时，应把铲臂放在浮动位置，使铲斗平稳地推进；当推进时阻力过大时，可稍稍提升铲臂。

12. 铲臂向上或向下动作到最大限度时，应速将操纵杆回到空挡位置。

13. 不得将铲斗提升到最高位置运输物料。运载物料时，宜保持铲臂下铰点离地面 0.5m，并保持平稳行驶。

14. 铲装或挖掘应避免铲斗偏载。铲斗装满后，应举臂到距地面约 0.5m 时，再后退、转向、卸料，不得在收斗或举臂过程中行走。

15. 当铲装阻力较大，出现轮胎打滑时，应立即停止铲装，排除过载后再铲装。

16. 在向自卸汽车装料时，铲斗不得在汽车驾驶室上方越过。当汽车驾驶室顶无防护板，装料时，驾驶室内不得有人。

17. 在向自卸汽车装料时，宜降低铲斗，减小卸落高度，不得偏载、超载和砸坏车厢。

18. 在边坡、壕沟、凹坑卸料时，轮胎离边缘距离应大于 1.5m，铲斗不宜过于伸出。在大于 3°的坡面上，不得前倾卸料。

19. 作业时，内燃机水温不得超过 90℃，变矩器油温不得超过 110℃，当超过上述规定时，应停机降温。

20. 作业后，装载机应停放在安全场地，铲斗平放在地面上，操纵杆置于中位，并制动锁定。

21. 装载机转向架未锁闭时，严禁站在前后车架之间进行检修保养。

22. 装载机铲臂升起后，在进行润滑或调整等作业之前，应装好安全销，或采取其他措施支住铲臂。

23. 停车时，应使内燃机转速逐步降低，不得突然熄火；应防止液压油因惯性冲击而溢出油箱。

（八）蛙式夯实机

1. 蛙式夯实机应适用于夯实灰土和素土的地基、地坪及场地平整，不得夯实坚硬或软硬不一的地面、冻土及混有砖石碎块的杂土。

2. 作业前重点检查项目应符合下列要求：

（1）漏电保护器灵敏有效，接零或接地及电缆线接头绝缘良好。

（2）传动皮带松紧合适，皮带轮与偏心块安装牢固。

（3）转动部分有防护装置，并进行试运转，确认正常后，方可作业。

（4）负荷线应采用耐气候型的四芯橡皮护套软电缆。电缆线长应不大于50m。

3. 作业时夯实机扶手上的按钮开关和电动机的接线均应绝缘良好。当发现有漏电现象时，应立即切断电源，进行检修。

4. 夯实机作业时，应一人扶夯，一人传递电缆线，且必须戴绝缘手套和穿绝缘鞋。递线人员应跟随夯机后或在两侧调顺电缆线，电缆线不得扭结或缠绕，且不得张拉过紧，应保持有3~4m的余量。

5. 作业时，应防止夯击到电缆线。移动时，应将电缆线移至夯机后方，不得隔着夯实机扔电缆线，当转向倒线困难时，应停机调整。这样可以防止夯击电缆线至破损，发生触电事故。

6. 作业时，手握扶手应保持机身平衡，不得用力向后压，并应随时调整行进方向。转弯时不得用力过猛，不得急转弯。

7. 夯实填高土方时，应在边缘以内100~150mm夯实2~3遍后，再夯实边缘。松土打夯时不得强行牵拉。

8. 不得在斜坡上夯行，以防夯头后折。

9. 夯实房心土时，夯板应避开钢筋混凝土基础及地下管道等地下构筑物。

10. 在建筑物内部作业时，夯板或偏心块不得打在墙壁上。

11. 多机作业时，其平行间距不得小于5m，前后间距不得小于10m。

12. 夯机前进方向和夯机四周1m范围内，不得站立非操作人员。

13. 夯机连续作业时间不应过长，当电动机超过额定温升时，应停机降温。

14. 夯机发生故障时，应先切断电源，然后排除故障。

15. 作业后，应切断电源，卷好电缆线，清除夯机上的泥土，并妥善保管。

（九）振动冲击夯

1. 振动冲击夯应适用于黏性土、砂及砾石等散状物料的压实，不得在水泥路面和其他坚硬地面作业。

2. 业前重点检查项目应符合下列要求：

（1）各部件连接良好，无松动；

（2）内燃冲击夯有足够的润滑油，油门控制器转动灵活；

（3）电动冲击夯有可靠的接零或接地，电缆线表面绝缘完好。

3. 内燃冲击夯启动后，内燃机应急速运转3~5min，然后逐渐加大油门，待夯机跳动稳定后，方可作业。

4. 电动冲击夯在接通电源启动后，应检查电动机旋转方间，有错误时应倒换相线。

5. 作业时应正确掌握夯机，不得倾斜，手把不宜握得过紧，能控制夯机前进速度即可。

6. 正常作业时，不得使劲往下压手把，影响夯机跳起高度。在较松的填料上作业或上坡时，可将手把稍向下压，并应能增加夯机前进速度。

7. 在需要增加密实度的地方，可通过手把控制夯机在原地反复夯实。

8. 根据作业要求，内燃冲击夯应通过调整油门的大小，在一定范围内改变夯机振动频率。

9. 内燃冲击夯不宜在高速下连续作业。在内燃机高速运转时不得突然停车。

10. 电动冲击夯应装有漏电保护装置，操作人员必须戴绝缘手套，穿绝缘鞋。作业时，电缆线不应拉得过紧，应经常检查线头安装，不得松动及引起漏电。严禁冒雨作业。

11. 作业中，当发现冲击夯有异常的响声时，应立即停机检查。

12. 短距离转移时，应先将冲击夯手把稍向上抬起，将运转轮装入冲击夯的挂钩内，再压下手把，便重心后倾，方可推动手把转移冲击夯。

13. 作业后，应清除夯板上的泥沙和附着物，保持夯机清洁，并妥善保管。

三、运输机械

运输机械具有特定的技术操作要求，司机、指挥、司索等作业人员属特种作业人员，必须经过培训考核取得《特种作业操作证》才能上岗，其他人员不得随便操作。

（一）基本安全要求

1. 各类运输机械应有完整的机械产品合格证以及相关的技术资料。

2. 各类运输机械应外观整洁，牌号必须清晰完整。

3. 启动前应重点检查以下项目，并应符合下列要求：

（1）车辆的各总成、零件、附件应按规定装配齐全，不得有脱焊、裂缝等缺陷。螺栓、铆钉连接紧固不得松动、缺损；

（2）各润滑装置齐全，过滤清洁有效；

（3）离合器结合平稳、工作可靠、操作灵活，踏板行程符合有关规定；

（4）制动系统各部件连接可靠，管路畅通；

（5）灯光、喇叭、指示仪表等应齐全完整；

（6）轮胎气压应符合要求；

（7）燃油、润滑油、冷却水等应添加充足；

（8）燃油箱应加锁；

（9）无漏水、漏油、漏气、漏电现象。

4. 运输机械启动后，应观察各仪表指示值、检查内燃机运转情况、测试转向机构及制动器等性能，确认正常并待水温达到 40℃以上、制动气压达到安全压力以上时，方可低挡起步。起步前，车旁及车下应无障碍物及人员。

5. 装载物品应与车厢捆绑稳固牢靠，并注意控制整车重心高度，轮式机具和圆形物件装运应采取防止滚动的措施。

6. 严禁车厢载人。

7. 运输超限物件时，应事先勘察路线，了解空中、地上、地下障碍，以及道路、桥梁等通过能力，制定运输方案，并必须向交通管理部门办理通行手续。在规定时间内按规定路线行驶。超限部分白天应插警示旗，夜间应挂警示灯。行进时应配备开道车（或护卫车）装卸人员及电工携带工具随行，保证运行安全。

8. 水温未达到70℃时，不得高速行驶。行驶中，变速时应逐级增减挡位，正确使用离合器，不得强推硬拉，使齿轮撞击发响。前进和后退交替时，应待车停稳后，方可换挡。

9. 车辆在行驶中，应随时观察仪表的指示情况，当发现机油压力低于规定值，水温过高或有异响、异味等异常情况时，应立即停车检查，排除故障后，方可继续运行。

10. 严禁超速行驶。应根据车速与前车保持适当的安全距离，进入施工现场应沿规定的路线，选择较好路面行进，并应避让石块、铁钉或其他尖锐铁器。遇有凹坑、明沟或穿越铁路时，应提前减速，缓慢通过。

11. 上、下坡应提前换入低速挡，不得中途换挡。下坡时，应以内燃机阻力控制车速，必要时，可间歇轻踏制动器。严禁空挡滑行。

12. 在泥泞、冰雪道路上行驶时，应降低车速，宜沿前车辙迹前进，并采取防滑措施，必要时应加装防滑链。

13. 车辆涉水过河时，应先探明水深、流速和水底情况，水深不得超过排水管或曲轴皮带盘，并应低速直线行驶，不得在中途停车或换挡。涉水后，应缓行一段路程，轻踏制动器使浸水的制动蹄片上水分蒸发掉。

14. 通过危险地区或狭窄便桥时，应先停车检查，确认可以通过后，应由有经验人员指挥前进。

15. 车辆停放时，应将内燃机熄火，拉紧手制动器，关锁车门。驾驶员在离开前应熄火并锁住车门。

16. 在坡道上停放时，下坡停放应挂上倒挡，上坡停放应挂上一挡，并应使用三角木楔等塞紧轮胎。

17. 平头型驾驶室需前倾时，应清除驾驶室内物件，关紧车门，方可前倾并锁定。复位后，应确认驾驶室已锁定，方可启动。

18. 在车底下进行保养、检修时，应将内燃机熄火、拉紧手制动器并将车轮搂牢。

19. 车辆经修理后需要试车时，应由人员驾驶，当需在道路上试车时，必须事先报经公安、公路有关部门的批准。

20. 气温在0℃以下时，如过夜停放，应将水箱内的水放尽。

（二）载重汽车安全防护要求

1. 运载易燃、有毒、强腐蚀等危险品时，应由相应的专用车辆按各自的安全规定运输。在由普通载重车运输时，其包装、容器、装载、遮盖必须符合有关的安全规定，并应备有性能良好、有效期内的消防器材。途中停放应避开火源、火种、人口稠密区、建筑群等，炎热季节应选择阴凉处停放。除具有专业知识的随车人员外，不得搭乘其他人员。严禁混装备用燃油。

2. 爆破器材的运输，应遵守《中华人民共和国民用爆炸物品管理条例》，并应符合《爆破安全规程》（GB 6722—2003）关于爆破器材装卸运输的要求。起爆器材与炸药，以及不同炸药，严禁同车运输。车箱底部应铺软垫层。有专业押运人员，按指定路线行驶。不准在人口稠密处、交叉路口和桥上（下）停留。并用帆布覆盖和设明显标志。

3. 装运氧气瓶时，车厢板的油污应清除干净，严禁混装油料、盛油容器或乙炔气瓶。氧气瓶上防震胶圈必须齐全，并采取措施防止滚动及相互撞击。

4. 拖挂车时，应检查与挂车相连的制动气管、电气线路、牵引装置、灯光信号等，挂车的车轮制动器和制动灯、转向灯应配备齐全，并应与牵引车的制动器和灯光信号同时起作用。确认后方可运行。起步应缓慢并减速行驶，宜避免紧急制动。

（三）自卸汽车

1. 自卸汽车应保持顶升液压系统完好，工作平稳，操纵灵活，不得有卡阻现象。各节液压缸表面应保持清洁。

2. 非顶升作业时，应将顶升操纵杆放在空挡位置。顶升前，应拔出车厢固定销。作业后，应插入车厢固定销。固定锁应无裂纹，且插入或拔出灵活、可靠。在行驶过程中车厢挡板不得自行打开。

3. 配合挖装机械装料时，自卸汽车就位后拉紧手制动器，在铲斗需越过驾驶室时，驾驶室内严禁有人。

4. 卸料前，应听从现场专业人员指挥。在确认车厢上方无电线或障碍物，四周无人员来往后将车停稳，举升车厢时，应控制内燃机中速运转，当车厢升到顶点时，应降低内燃机转速，减少车厢振动。不得边卸边行驶。

5. 向坑洼地区卸料时，应和坑边保持安全距离，防止塌方翻车。严禁在斜坡侧向倾卸。

6. 卸完料并及时使车厢复位后，方可起步。不得在车厢倾斜的举升状态下行驶。

7. 自卸汽车严禁装运爆破器材。

8. 车厢举升后需进行检修、润滑等作业时，应将车厢支撑牢靠后，方可进入车厢下面工作。

9. 装运混凝土或黏性物料后，应将车厢内外清洗干净，防止凝结在车厢上。

10. 自卸汽车装运散料时，应有防止散落的措施。

（四）机动翻斗车

1. 机动翻斗车驾驶员应经考试合格，持有机动翻斗车专用驾驶证方可驾驶。

2. 机动翻斗车行驶前，应检查锁紧装置，并将料斗锁牢，不得在行驶时掉斗。

3. 行驶时应从一挡起步，待车跑稳后再换二挡、三挡。不得用离合器处于半结合状态来控制车速。

4. 机动翻斗车在路面情况不良时行驶，应低速缓行，应避免换挡、制动、急剧加速，且不得靠近路边或沟旁行驶，并应防侧滑。

5. 在坑沟边缘卸料时，应设置安全挡块。车辆接近坑边时，应减速行驶，不得冲撞挡块。

6. 上坡时，应提前换入低挡行驶；下坡时严禁空挡滑行；转弯时应先减速，急转弯时应先换入低挡。避免紧急刹车，防止向前倾覆。

7. 严禁料斗内载人。料斗不得在卸料工况下行驶或进行平地作业。

8. 内燃机运转或料斗内有载荷时，严禁在车底下进行作业。

9. 多台翻斗车排成纵队行驶时，前后车之间应保持适当的安全距离，在下雨或冰雪的路面上，应加大间距。

10. 翻斗车行驶中，应注意观察仪表，指示器是否正常，注意内燃机各部件工作情况和声响，不得有漏油、漏水、漏气的现象。若发现不正常，应立即停车检查排除。

11. 操作人员离机时，应将内燃机熄火，并挂挡，拉紧手制动器。

12. 作业后，应对车辆进行清洗，清除在料斗和车架上的砂土及混凝土等的粘结物料。

四、混凝土机械

（一）基本安全要求

1. 混凝土机械的内燃机、电动机、空气压缩机等以及行驶应符合《建筑机械使用安全技术规程》（JGJ 33—2012）的规定。

2. 液压系统的溢流阀、安全阀齐全有效，调定压力应符合说明书要求。系统无泄漏，工作平稳无异响。

3. 机械设备的工作机构、制动及离合装置，各种仪表及安全装置齐全完好。

4. 电气设备作业应符合《施工现场临时用电安全技术规范》（JGJ 46—2005）的有关规定。插入式、平板式振捣器的漏电保护器应采用防溅型产品，其额定漏电动作电流不应大于 15mA；额定漏电动作时间不应大于 0.1s。

5. 冬季施工，机械设备的管道、水泵及水冷却装置应采取防冻保温措施。

6. 混凝土泵在开始或停止泵送混凝土前，作业人员应与出料软管保持安全距离。严禁作业人员在出料口下方停留。严禁出料软管埋在混凝土中。

7. 泵送混凝土的排量、浇筑顺序应符合混凝土浇筑专项方案要求。集中荷载量最大值应在允许范围内。

8. 混凝土泵工作时，料斗中混凝土应保持在搅拌轴线以上，不应吸空或无料泵送。

9. 混凝土泵工作时严禁进行维修作业。

10. 混凝土泵作业中，应对泵送设备和管路进行观察，发现隐患应及时处理。对磨损超过规定的管子、卡箍、密封圈等应及时更换。

11. 混凝土泵作业后应将料斗和管道内的混凝土全部排出，并对泵、料斗、管道进行清洗。清洗作业应按说明书要求进行。不宜采用压缩空气进行清洗。

（二）混凝土搅拌机安全防护要求

1. 搅拌机安装应平稳牢固，并应搭设定型化、装配式操作棚，且具有防风、防雨功能。操作棚应有足够的操作空间，顶部在任一 0.1m×0.1m 区域内应能承受 1.5kN 的力而无永久变形。

2. 作业区应设置排水沟渠、沉淀池及除尘设施。

3. 搅拌机操作台处应视线良好，操作人员应能观察到各部工作情况。操作台应铺垫橡胶绝缘垫。

4. 作业前应重点检查以下项目，并符合下列规定：

（1）料斗上、下限位装置灵敏有效，保险销、保险链齐全完好。钢丝绳断丝、断股、磨损未超标准。

（2）制动器、离合器灵敏可靠。

（3）各传动机构、工作装置无异常。开式齿轮、皮带轮等传动装置的安全防护罩齐全可靠。齿轮箱、液压油箱内的油质和油量符合要求。

（4）搅拌筒与托轮接触良好，不窜动、不跑偏。

（5）搅拌筒内叶片紧固不松动，与衬板间隙应符合说明书规定。

5. 作业前应先进行空载运转，确认搅拌筒或叶片运转方向正确。反转出料的搅拌机应进行正、反转运转。空载运转无冲击和异常噪声。

6. 供水系统的仪表计量准确，水泵、管道等部件连接无误，正常供水无泄漏。

7. 搅拌机应达到正常转速后进行上料，不应带负荷启动。上料量及上料程序应符合说明书要求。

8. 料斗提升时，严禁作业人员在料斗下停留或通过；当需要在料斗下方进行清理或检修时，应将料斗提升至上止点并用保险销锁牢。

9. 搅拌机运转时，严禁进行维修、清理工作。当作业人员需进入搅拌筒内作业时，必须先切断电源，锁好开关箱，悬挂"禁止合闸"的警示牌，并派专人监护。

10. 作业完毕，应将料斗降到最低位置，并切断电源。冬季应将冷却水放净。

11. 搅拌机在场内移动或远距离运输时，应将料斗提升至上止点，并用保险销锁牢。

（三）混凝土搅拌运输车安全防护要求

1. 混凝土搅拌运输车的内燃机和行驶部分应符合《建筑机械使用安全技术规程》（JGJ 33—2012）的规定。

2. 液压系统、气动装置的安全阀、溢流阀的调整压力必须符合说明书要求。卸料槽锁扣及搅拌筒的安全锁定装置应齐全完好。

3. 燃油、润滑油、液压油、制动液及冷却液应添加充足，无渗漏，质量应符合要求。

4. 搅拌筒及机架缓冲件无裂纹或损伤，筒体与托轮接触良好。搅拌叶片、进料斗、主辅卸料槽应无严重磨损和变形。

5. 装料前应先启动内燃机空载运转，各仪表指示正常、制动气压达到规定值。并应低速旋转搅拌筒3～5min，确认无误方可装料。装载量不得超过规定值。

6. 行驶前，应确认操作手柄处于"搅动"位置并锁定，卸料槽锁扣应扣牢。搅拌行驶时最高速度不得大于50km/h。

7. 出料作业应将搅拌运输车停靠在地势平坦处，应与基坑及输电线路保持安全距离。并将制动系统锁定。

8. 进入搅拌筒进行维修、铲除清理混凝土作业前，必须将发动机熄火，操作杆置于空挡。并将发动机钥匙取出并设专人监护，悬挂安全警示牌。

（四）混凝土输送泵安全防护要求

1. 混凝土泵应安放在平整、坚实的地面上，周围不得有障碍物，在放下支腿并调整后应使机身保持水平和稳定，轮胎应揳紧。

2. 混凝土输送管道的敷设应符合下列规定：

（1）管道敷设前检查管壁的磨损减薄量应在说明书允许范围内，并不得有裂纹、砂眼等缺陷。新管或磨损量较小的管应敷设在泵出口附近。

（2）管道应使用支架与建筑结构固定牢固。底部弯管应依据泵送高度、混凝土排量等设置独立的基础，并能承受最大荷载。

（3）敷设垂直向上的管道时，垂直管不得直接与泵的输出口连接，应在泵与垂直管之间敷设长度不小于 15m 的水平管，并加装逆止阀。

（4）敷设向下倾斜的管道时，应在泵与斜管之间敷设长度不小于 5 倍落差的水平管。当倾斜度大于 7°时应加装排气阀。

3. 作业前应检查确认管道各连接处管卡扣牢不泄漏。防护装置齐全可靠，各部位操纵开关、手柄等位置正确，搅拌斗防护网完好牢固。

4. 砂石粒径、水泥强度等级及配合比应按出厂规定，满足泵机可泵性的要求。

5. 启动后，应空载运转，观察各仪表的指示值，检查泵和搅拌装置的运转情况，确认一切正常后，方可作业。泵送前应向料斗加入 10L 清水和 0.3m³ 的水泥砂浆润滑泵及管道。

6. 应配备清洗管、清洗用品、接球器及有关装置。开泵前，无关人员应离开管道周围。

7. 泵送作业中，料斗中的混凝土平面应保持在搅拌轴轴线以上。料斗格网上不得堆满混凝土，应控制供料流量，及时清除超粒径的骨料及异物，不得随意移动格网。

8. 当进入料斗的混凝土有离析现象时应停泵，待搅拌均匀后再泵送。当骨料分离严重，料斗内灰浆明显不足时，应剔除部分骨料，另加砂浆重新搅拌。

9. 泵送混凝土应连续作业。当因供料中断被迫暂停时，停机时间不得超过 30min。暂停时间内应每隔 5~10min（冬季 3~5min）作 2~3 个冲程反泵—正泵运动，再次投料泵送前应先将料搅拌。当停泵时间超限时，应排空管道。

10. 垂直向上泵送中断后再次泵送时，应先进行反向推送，使分配阀内混凝土吸回料斗，经搅拌后再正向泵送。

11. 泵机运转时，严禁将手或铁锹伸入料斗或用手抓握分配阀。当需在料斗或分配阀上工作时，应先关闭电动机和消除蓄能器压力。

12. 不能随意调整液压系统压力。当油温超过 70°时，应停止泵送，但仍应使搅拌叶片和风机运转，待降温后再继续运行。

13. 水箱内应贮满清水，当水质混浊并有较多砂粒时，应及时检查处理。

14. 泵送时，不得开启任何输送管道和液压管道，不得调整、修理正在运转的部件。

15. 作业中，应对泵送设备和管路进行观察，发现隐患应及时处理。对磨损超过规定的管子、卡箍、密封圈等应及时更换。

16. 应防止管道堵塞。泵送混凝土应搅拌均匀，控制好坍落度，在泵送过程中，不得中途停泵。

17. 当出现输送管堵塞时，应进行反泵运转，使混凝土返回料斗，当反泵几次仍不能消除堵塞时，应在泵机卸载情况下，拆管排除堵塞。

18. 作业后，应将料斗内和管道内的混凝土全部输出，然后对泵机、料斗、管道等进行冲洗。当用压缩空气冲洗管道时，进气阀不应立即开大，只有当混凝土顺利排出时，方可将进气阀开至最大。在管道出口端前方 10m 内严禁站人，并应用金属网篮等收集冲出的清洗球和砂石粒。对凝固的混凝土，应采用刮刀清除。

19. 作业后，应将两侧活塞转到清洗室位置，并涂上润滑油。各部位操纵开关、调整手柄、手轮、控制杆、旋塞等均应复位。液压系统应卸载。

（五）混凝土泵车安全防护要求

1. 混凝土泵车应停放在平整坚实的地方，与沟槽和基坑的安全距离应符合说明书的要求。臂架回转范围内不得有障碍物，与输电线路的安全距离应符合《施工现场临时用电安全技术规范》（JGJ 46—2005）的有关规定。

2. 混凝土泵车作业前，应将支腿打开，用垫木垫平，车身的倾斜度不应大于3°。

3. 作业前应重点检查以下项目，并符合下列规定：

（1）安全装置齐全有效，仪表指示正常。

（2）液压系统、工作机构运转正常。

（3）料斗网格完好牢固。

（4）软管安全链与臂架连接牢固。

4. 伸展布料杆应按出厂说明书的顺序进行。布料杆升离支架后方可回转。严禁用布料杆起吊或拖拉物件。

5. 当布料杆处于全伸状态时，不得移动车身。作业中需要移动车身时，应将上段布料杆折叠固定，移动速度不得超过10km/h。

6. 严禁延长布料配管和布料软管。

7. 布料杆所用配管和软管应按出厂说明书的规定选用，不得使用超过规定直径的配管，装接的软管应拴上防脱安全带。

8. 不得在地面上拖拉布料杆前端软管；严禁延长布料配管和布料杆。当风力在六级及以上时，不得使用布料杆输送混凝土。

9. 泵送管道敷设同混凝土泵。

10. 泵送前，当液压油温度低于15℃时，应采用延长空运转时间的方法提高油温。

11. 泵送时应检查泵和搅拌装置的运转情况，监视各仪表和指示灯，发现异常，应及时停机处理。

12. 料斗中混凝土面应保持在搅拌轴中心线以上。

13. 泵送混凝土应连续作业。当因供料中断被迫暂停时，应按混凝土泵第10条的要求执行。

14. 作业中，不得取下料斗上的格网，并应及时清除不合格骨料或杂物。

15. 泵送中当发现压力表上升到最高值，运转声音发生变化时，应立即停止泵送，并应采用反向运转方法排除管道堵塞；无效时，应拆管清洗。

16. 作业后，应将管道和料斗内的混凝土全部输出，然后对料斗、管道等进行冲洗。当采用压缩空气冲洗管道时，管道出口端前方10m内严禁站人。

17. 作业后，不得用压缩空气冲洗布料杆配管，布料杆的折叠收缩应按规定顺序进行。

18. 作业后，各部位操纵开关、调整手柄、手轮、控制杆、旋塞等均应复位，液压系统应卸荷，并应收回支腿，将车停放在安全地带，关闭门窗。冬季应放净存水。

（六）插入式振动器安全防护要求

1. 作业前应检查电动机、软管、电缆线、控制开关等完好无破损。电缆线连接正确。

2. 操作人员作业时必须穿戴符合要求的绝缘鞋和绝缘手套。

3. 电缆线应采用耐气候型橡皮护套铜芯软电缆，并不得有接头。

4. 电缆线长度不应大于30m。不得缠绕、扭结和挤压，并不得承受任何外力。

5. 振捣器软管的弯曲半径不得小于500mm，操作时应将振动器垂直插入混凝土，深度不宜超过振动器长度的3/4，应避免触及钢筋及预埋件。

6. 振动器不得在初凝的混凝土、脚手板和干硬的地面上进行试振。在检修或作业间断时应切断电源。

7. 作业完毕，应切断电源并将电动机、软管及振动棒清理干净，并应按规定要求进行保养作业。振动器存放时，不得堆压软管，应平直放好，并应对电动机采取防潮措施。

（七）附着式、平板式振动器安全防护要求

1. 作业前应检查电动机、电源线、控制开关等完好无破损，附着式振捣器的安装位置正确，连接牢固并应安装减振装置。

2. 平板式振捣器操作人员必须穿戴符合要求的绝缘胶鞋和绝缘手套。

3. 平板式振捣器应采用耐气候型橡皮护套铜芯软电缆，并不得有接头和承受任何外力，其长度不应超过30m。

4. 附着式、平板式振捣器的轴承不应承受轴向力，使用时应保持电动机轴线在水平状态。

5. 振捣器不得在初凝的混凝土和干硬的地面上进行试振。在检修或作业间断时应切断电源。

6. 平板式振捣器作业时应使用牵引绳控制移动速度，不得牵拉电缆。

7. 在同一个混凝土模板或料仓上同时使用多台附着式振捣器时，各振动器的振频应一致，安装位置宜交错设置。

8. 安装在混凝土模板上的附着式振捣器，每次振动作业时间应根据方案执行。

9. 作业完毕，应切断电源并将振动器清理干净。

五、钢筋加工机械

（一）基本要求

1. 机械的安装应坚实稳固。固定式机械应有可靠的基础；移动式机械作业时应楔紧行走轮。

2. 室外作业应设置机棚，机旁应有堆放原料、半成品、成品的场地。

3. 加工较长的钢筋时，应有专人帮扶，并听从操作人员指挥，不得任意推拉。

4. 作业后，应堆放好成品，清理场地，切断电源，锁好开关箱，做好润滑工作。

（二）钢筋调直切断机安全防护要求

1. 料架、料槽应安装平直，并应对准导向筒、调直筒和下切刀孔的中心线。

2. 应用手转动飞轮，检查传动机构和工作装置，调整间隙，紧固螺栓，检查电气系统确认正常后，启动空运转，并应检查轴承无异响，齿轮啮合良好，运转正常后，方可作业。

3. 应按调直钢筋的直径，选用适当的调直块，曳引轮槽及传动速度。调直块的孔径应比钢筋直径大2～5mm，曳引轮槽宽，应和所需调直钢筋的直径相符合，传动速度应根据钢筋直径选用，直径大的宜选用慢速，经调试合格，方可送料。

4. 在调直块未固定、防护罩未盖好前不得送料。作业中严禁打开各部防护罩并调整间隙。

5. 送料前，应将不直的钢筋端头切除。导向筒前应安装一根 1m 长的钢管，钢筋应先穿过钢管再送入调直前端的导孔内。

6. 当钢筋送入后，手与曳轮应保持一定的距离，不得接近。

7. 经过调直后的钢筋如仍有慢弯，可逐渐加大调直块的偏移量，直到调直为止。

8. 切断 3～4 根钢筋后，应停机检查其长度，当超过允许偏差时，应调整限位开关或定尺板。

（三）钢筋切断机安全防护要求基本安全要求

1. 接送料的工作台面应和切刀下部保持水平，工作台的长度应根据加工材料长度确定。

2. 启动前，应检查并确认切刀无裂纹，刀架螺栓紧固，防护罩牢靠。然后用手转动皮带轮，检查齿轮啮合间隙，调整切刀间隙。

3. 启动后，应先空运转，检查各传动部分及轴承运转正常后，方可作业。

4. 机械未达到正常转速时，不得切料。切料时，应使用切刀的中、下部位，紧握钢筋对准刀口迅速投入，操作者应站在固定刀片一侧用力压住钢筋，应防止钢筋末端弹出伤人。严禁用两手分在刀片两边握住钢筋俯身送料。

5. 不得剪切直径及强度超过机械铭牌规定的钢筋和烧红的钢筋。一次切断多根钢筋时，其总截面积应在规定范围内。

6. 剪切低合金钢时，应更换高硬度切刀，剪切直径应符合机械铭牌规定。

7. 切断短料时，手和切刀之间的距离应保持在 150mm 以上，如手握端小于 400mm 时，应采用套管或夹具将钢筋短头压住或夹牢。

8. 运转中，严禁用手直接清除切刀附近的断头和杂物。钢筋摆动周围和切刀周围，不得停留非操作人员。

9. 当发现机械运转不正常、有异常响声或切刀歪斜时，应立即停机检修。

10. 作业后，应切断电源，用钢刷清除切刀间的杂物，进行整机清洁润滑。

11. 液压传动式切断机作业前，应检查并确认液压油位及电动机旋转方向符合要求。启动后，应空载运转，松开放油阀，排净液压缸体内的空气，方可进行切筋。

12. 手动液压式切断机使用前，应将放油阀按顺时针方向旋紧，切割完毕后，应立即按逆时针方向旋松。作业中，手应持稳切断机，并戴好绝缘手套。

（四）钢筋弯曲机基本安全要求

1. 工作台和弯曲机台面应保持水平，作业前应准备好各种芯轴及工具。

2. 应按加工钢筋的直径和弯曲半径的要求，装好相应规格的芯轴和成型轴、挡铁轴。芯轴直径应为钢筋直径的 2.5 倍。挡铁轴应有轴套。

3. 挡铁轴的直径和强度不得小于被弯钢筋的直径和强度。不直的钢筋，不得在弯曲机上弯曲。

4. 应检查并确认芯轴、挡铁轴、转盘等无裂纹和损伤，防护罩坚固可靠，空载运转正常后，方可作业。

5. 作业时，应将钢筋需弯一端插入在转盘固定销的间隙内，另一端紧靠机身固定销，并用手压紧；应检查机身固定销并确认安放在挡住钢筋的一侧，方可开动。

6. 作业中，严禁更换轴芯、销子和变换角度以及调速，不得进行清扫和加油。

7. 对超过机械铭牌规定直径的钢筋严禁进行弯曲。在弯曲未经冷拉或带有锈皮的钢筋时，应戴防护镜。

8. 弯曲高强度或低合金钢筋时，应按机械铭牌规定换算最大允许直径并应调换相应的芯轴。

9. 在弯曲钢筋的作业半径内和机身不设固定销的一侧严禁站人。弯曲好的半成品，应堆放整齐，弯钩不得朝上。

10. 转盘换向时，应待停稳后进行。

11. 作业后，应及时清除转盘及孔内的铁锈、杂物等。

（五）钢筋冷挤压连接机基本安全要求

1. 有下列情况之一时，应对挤压机的挤压力进行标定：

（1）新挤压设备使用前；

（2）旧挤压设备大修后；

（3）油压表受损或强烈振动后；

（4）套筒压痕异常且查不出其他原因时；

（5）挤压设备使用超过一年；

（6）挤压的接头数超过 5000 个。

2. 设备使用前后的拆装过程中，超高压油管两端的接头及压接钳、换向阀的进出油接头，应保持清洁，并应及时用专用防尘帽封好。超高压油管的弯曲半径不得小于 250mm，扣压接头处不得扭转，且不得有死弯。

3. 挤压机液压系统的使用，应符合本规程附录 C 的有关规定；高压胶管不得荷重拖拉、弯折和受到尖利物体刻划。

4. 压模、套筒与钢筋应相互配套使用，压模上应有相对应的连接钢筋规格标记。

5. 挤压前的准备工作应符合下列要求：

（1）钢筋端头的锈、泥沙、油污等杂物应清理干净；

（2）钢筋与套筒应先进行试套，当钢筋有马蹄、弯折或纵肋尺寸过大时，应预先进行矫正或用砂轮打磨；不同直径钢筋的套筒不得串用；

（3）钢筋端部应划出定位标记与检查标记，定位标记与钢筋端头的距离应为套筒长度的一半，检查标记与定位标记的距离宜为 20mm；

（4）检查挤压设备情况，应进行试压，符合要求后方可作业。

6. 挤压操作应符合下列要求：

（1）钢筋挤压连接宜先在地面上挤压一端套筒，在施工作业区插入待接钢筋后再挤压另一端套筒；

（2）压接钳就位时，应对准套筒压痕位置的标记，并应与钢筋轴线保持垂直；

（3）挤压顺序宜从套筒中部开始，并逐渐向端部挤压；

（4）挤压作业人员不得随意改变挤压力、压接道数或挤压顺序。

7. 作业后，应收拾好成品、套筒和压模，清理场地，切断电源，锁好开关箱，最后将挤压机和挤压钳放到指定地点。

（六）钢筋螺纹成型机基本安全要求

1. 使用机械前，应检查刀具安装正确，连接牢固，各运转部位润滑情况良好，有无漏电现象，空车试运转确认无误后，方可作业。

2. 钢筋应先调直再下料。切口端面应与钢筋轴线垂直，不得有马蹄形或挠曲，不得用气割下料。

3. 加工钢筋锥螺纹时，应采用水溶性切削润滑液；当气温低于0℃时，应掺入15%～20%亚硝酸钠。不得用机油作润滑液或不加润滑液套丝。

4. 加工时必须确保钢筋夹持牢固。

5. 机械在运转过程中，严禁清扫刀片上面的积屑杂污，发现工况不良应立即停机检查、修理。

6. 对超过机械铭牌规定直径的钢筋严禁进行加工。

7. 作业后，应切断电源，用钢刷清除切刀间的杂物，进行整机清洁润滑。

（七）钢筋冷镦机基本安全要求

1. 应根据钢筋直径，配换相应夹具。

2. 应检查并确认模具、中心冲头无裂纹，并应校正上下模具与中心冲头的同心度，紧固各部螺栓，做好安全防护。

3. 启动后应先空运转，调整上下模具紧度，对准冲头模进行镦头校对，确认正常后，方可作业。

4. 机械未达到正常转速时，不得镦头。当镦出的头大小不匀时，应及时调整冲头与夹具的间隙。冲头导向块应保持有足够的润滑。

（八）钢筋冷拉机基本安全要求

1. 应根据冷拉钢筋的直径，合理选用卷扬机。卷扬钢丝绳应经封闭式导向滑轮，并和被拉钢筋成直角。卷扬机的位置应使操作人员能见到全部冷拉场地，卷扬机与冷拉中线距离不得小于5m。

2. 冷拉场地应在两端地锚外侧设置警戒区，并应安装防护栏及警告标志。无关人员不得在此停留。操作人员在作业时必须离开钢筋2m以外。

3. 用配重控制的设备应与滑轮匹配，并应有指示起落的记号，没有指示记号时应有专人指挥。配重框提起时高度应限制在离地面300mm以内，配重架四周应有栏杆及警告标志。

4. 作业前，应检查冷拉夹具，夹齿应完好，滑轮、拖拉小车应润滑灵活，拉钩、地锚及防护装置均应齐全牢固。确认良好后，方可作业。

5. 卷扬机操作人员必须看到指挥人员发出信号，并待所有人员离开危险区后方可作业。冷拉应缓慢、均匀。当有停车信号或见到有人进入危险区时，应立即停拉，并稍稍放松卷扬钢丝绳。

6. 用延伸率控制的装置，应装设明显的限位标志，并应有专人负责指挥。

7. 夜间作业的照明设施，应装设在张拉危险区外。当需要装设在场地上空时，其高度应超过5m。灯泡应加防护罩。导线严禁采用裸线。

8. 作业后，应放松卷扬钢丝绳，落下配重，切断电源，锁好开关箱。

（九）钢筋冷拔机基本安全要求

1. 应检查并确认机械各连接件牢固，模具无裂纹，轧头和模具的规格配套，然后启动主机空运转，确认正常后，方可作业。

2. 在冷拔钢筋时，每道工序的冷拔直径应按机械出厂说明书规定进行，不得超量缩减模具孔径，无资料时，可按每次缩减孔径 0.5~1.0mm。

3. 轧头时，应先使钢筋的一端穿过模具长度达 100~150mm，再用夹具夹牢。

4. 作业时，操作人员的手和轧辊应保持 300~500mm 的距离。不得用手直接接触钢筋和滚筒。

5. 冷拔模架中应随时加足润滑剂，润滑剂应采用石灰和肥皂水调和晒干后的粉末。钢筋通过冷拔模架前，应抹少量润滑脂。

6. 当钢筋的末端通过冷拔模后，应立即脱开离合器，同时用手闸挡住钢筋末端。

7. 拔丝过程中，当出现断丝或钢筋打结乱盘时，应立即停机；在处理完毕后，方可开机。

（十）钢筋除锈机基本安全要求

1. 作业前应检查钢丝刷的固定螺栓有无松动，传动部分润滑和封闭式防护罩及排尘设备等完好情况。

2. 操作人员必须束紧袖口，戴防尘口罩、手套和防护眼镜。

3. 严禁将弯钩成型的钢筋上机除锈。弯度过大的钢筋宜在基本调直后除锈。

4. 操作时应将钢筋放平，手握紧，侧身送料，严禁在除锈机正面站人。整根长钢筋除锈应由两人配合操作，互相呼应。

六、焊接机械

（一）基本安全要求

1. 焊接前必须先进行动火审查，配备灭火器材和监护人员，后开动火证。

2. 焊接设备应有完整的防护外壳，一、二次接线柱处应有保护罩。

3. 焊接操作及配合人员必须按规定穿戴劳动防护用品，并必须采取防止触电、高空坠落、瓦斯中毒和火灾等事故的安全措施。

4. 现场使用的电焊机，应设有防雨、防潮、防晒、防砸的机棚，并应装设相应的消防器材。

5. 焊割现场 10m 范围内及高空作业下方，不得堆放油类、木材、氧气瓶、乙炔发生器等易燃、易爆物品。

6. 电焊机绝缘电阻不得小于 0.5MΩ，电焊机导线绝缘电阻不得小于 1MΩ，电焊机接地电阻不得大于 4Ω。

7. 电焊机导线和接地线不得搭在易燃、易爆及带有热源的和有油的物品上；不得利用建筑物的金属结构、管道、轨道或其他金属物体搭接起来形成焊接回路，并不得将电焊机和工件双重接地；严禁使用氧气、天然气等易燃易爆气体管道作为接地装置。

8. 电焊机械的二次线应采用防水橡皮护套铜芯软电缆，电缆长度不应大于 30m，二次线接头不得超过 3 个，二次线应双线到位，不得采用金属构件或结构钢筋代替二次线的地线。当需要加长导线时，应相应增加导线的截面。当导线通过道路时，必须架高或穿入防护管内埋设在地下；当通过轨道时，必须从轨道下面通过。当导线绝缘受损或断股时，应立即更换。

9. 电焊钳应有良好的绝缘和隔热能力。电焊钳握柄必须绝缘良好，握柄与导线连接应牢靠，接触良好，连接处应采用绝缘布包好并不得外露。操作人员不得用胳膊夹持电焊钳，也不得在水中冷却电焊钳。

10. 对压力容器和装有剧毒、易燃、易爆物品的容器及带电结构严禁进行焊接和切割。

11. 当需施焊受压容器、密封容器、油桶、管道、沾有可燃气体和溶液的工件时，应先清除容器及管道内压力，消除可燃气体和溶液，然后冲洗有毒、有害、易燃物质；对存有残余油脂的容器，应先用蒸汽、碱水冲洗，并打开盖口，确认容器清洗干净后，再灌满清水方可进行焊接。在容器内焊接应采取防止触电、中毒和窒息的措施。焊、割密封容器应留出气孔，必要时在进、出气口处装设通风设备；容器内照明电压不得超过12V，焊工与焊件间应绝缘；容器外应设专人监护。严禁在已喷涂过油漆和塑料的容器内焊接。

12. 焊接铜、铝、锌、锡等有色金属时，应通风良好，焊接人员应戴防毒面罩、呼吸滤清器或采取其他防毒措施。

13. 当焊接预热焊件温度达150℃～700℃时，应设挡板隔离焊件发出的辐射热，焊接人员应穿戴隔热的石棉服装和鞋、帽等。

14. 高空焊接或切割时，必须系好安全带，焊接周围和下方应采取防火措施，并应有专人监护。

15. 雨天不得在露天电焊。在潮湿地带作业时，操作人员应站在铺有绝缘物品的地方，并应穿绝缘鞋。

16. 应按电焊机额定焊接电流和暂载率操作，严禁过载。在运行中，应经常检查电焊机的温升，当喷漆电焊机金属外壳温升超过35℃时，必须停止运转并采取降温措施。

17. 当清除焊缝焊渣时，应戴防护眼镜，头部应避开敲击焊渣飞溅方向。

(二) 埋弧焊机安全防护要求

1. 作业前，应检查并确认各部分导线连接良好，控制箱的外壳和接线板上的罩壳盖好。

2. 应检查并确认送丝滚轮的沟槽及齿纹完好，滚轮、导电嘴（块）磨损或接触不良时应更换。

3. 作业前，应检查减速箱油槽中的润滑油，不足时应添加。

4. 软管式送丝机构的软管槽孔应保持清洁，并定期吹洗。

5. 作业时，应及时排走焊接中产生的有害气体，在通风不良的舱室或容器内作业时，应安装通风设备。

(三) 竖向钢筋电渣压力焊机安全防护要求

1. 应根据施焊钢筋直径选择具有足够输出电流的电焊机。电源电缆和控制电缆连接应正确、牢固。控制箱的外壳应牢靠接地。

2. 施焊前，应检查供电电压并确认正常，当一次电压降大于8%时，不宜焊接。焊接导线长度不得大于30m，截面面积不得小于50mm²。

3. 施焊前应检查并确认电源及控制电路正常，定时准确，误差不大于5%，机具的传动系统、夹装系统及焊钳的转动部分灵活自如，焊剂已干燥，所需附件齐全。

4. 施焊前，应按所焊钢筋的直径，根据参数表，标定好所需的电源和时间。一般情况下，时间（s）可为钢筋的直径数（mm），电流（A）可为钢筋直径的20倍数（mm）。

5. 起弧前，上、下钢筋应对齐，钢筋端头应接触良好。对锈蚀粘有水泥的钢筋，要用钢丝刷清除，并保证导电良好。

6. 施焊过程中，应随时检查焊接质量。当发现倾斜、偏心、未熔合、有气孔等现象时，应重新施焊。

7. 每个接头焊完后，应停留 5～6min 保温；寒冷季节应适当延长。当拆下机具时，应扶住钢筋，过热的接头不得过于受力。焊渣应待完全冷却后清除。

（四）对焊机

1. 对焊机应安置在室内，并应有可靠的接地或接零。当多台对焊机并列安装时，相互间距不得小于 3m，应分别接在不同相位的电网上，并应分别有各自的刀型开关。导线的截面不应小于表 8-5 的规定。

导 线 截 面 表 8-5

对焊机的额定功率 （kVA）	25	50	75	100	150	200	500
一次电压为 220V 时 导线截面（mm²）	10	25	35	45	—	—	—
一次电压为 380V 时 导线截面（mm²）	6	16	25	35	50	70	150

2. 焊接前，应检查并确认对焊机的压力机构灵活，夹具牢固，气压、液压系统无泄漏，一切正常后，方可施焊。

3. 焊接前，应根据所焊接钢筋截面，调整二次电压，不得焊接超过对焊机规定直径的钢筋。

4. 断路器的接触点、电极应定期光磨，二次电路全部连接螺栓应定期紧固。冷却水温度不得超过 40℃；排水量应根据温度调节。

5. 焊接较长钢筋时，应设置托架，配合搬运钢筋的操作人员，在焊接时应防止火花烫伤。

6. 闪光区应设挡板，与焊接无关的人员不得入内。

7. 冬季施焊时，室内温度不应低于 8℃。作业后，应放尽机内冷却水。

（五）点焊机

1. 作业前，应清除上、下两电极的油污。

2. 启动前，应先接通控制线路的转向开关和焊接电流的小开关，调整好极数，再接通水源、气源，最后接通电源。

3. 焊机通电后，应检查电气设备、操作机构、冷却系统、气路系统及机体外壳有无漏电现象。电极触头应保持光洁。

4. 作业时，气路、水冷系统应畅通。气体应保持干燥。排水温度不得超过 40℃，排水量可根据气温调节。

5. 严禁在引燃电路中加大熔断器。当负载过小使引燃管内电弧不能发生时，不得闭合控制箱的引燃电路。

6. 当控制箱长期停用时，每月应通电加热 30min。更换闸流管时应预热 30min。正常工作的控制箱的预热时间不得小于 5min。

（六）气焊（割）设备

1. 气瓶每三年必须检验一次，使用期不超过 20 年。

2. 与乙炔相接触的部件铜或银含量不得超过 70%。

3. 严禁用明火检验是否漏气。

4. 乙炔钢瓶使用时必须设有防止回火的安全装置；同时使用两种气体作业时，不同气瓶都应安装单向阀，防止气体相互倒灌。

5. 乙炔瓶与氧气瓶距离不得少于 5m，气瓶与动火距离不得少于 10m。

6. 乙炔软管、氧气软管不得错装。乙炔气胶管、防止回火装置及气瓶冻结时，应用 40℃ 以下热水或明年加热解冻，严禁用火烤。

7. 现场使用的不同气瓶应装有不同的减压器，严禁使用未安装减压器的氧气瓶。

8. 安装减压器时，应先检查氧气瓶阀门接头，不得有油脂，并略开氧气瓶阀门吹除污垢，然后安装减压器，操作者不得正对氧气瓶阀门出气口，关闭氧气瓶阀门时，应先松开减压器的活门螺丝。

9. 氧气瓶、氧气表及焊割工具上严禁沾染油脂。开启氧气瓶阀门时，应采用专用工具，动作应缓慢，不得面对减压器，压力表指针应灵敏正常。氧气瓶中的氧气不得全部用尽，应留 49kPa 以上的剩余压力。

10. 点火时，焊枪口严禁对人，正在燃烧的焊枪不得放在工件或地面上，焊枪带有乙炔和氧气时，严禁放在金属容器内，以防气体逸出，发生爆燃事故。

11. 点燃焊（割）炬时，应先开乙炔阀点火，再开氧气阀调整火。关闭时，应先关闭乙炔阀，再关闭氧气阀。

氢氧并用时，应先开乙炔气，再开氢气，最后开氧气，再点燃。熄灭火时，应先关氧气，再关氢气，最后关乙炔气。

12. 操作时，氢气瓶、乙炔瓶应直立放置且必须安放稳固，防止倾倒，不得卧放使用，气瓶存放点温度不得超过 40℃。

13. 严禁在带压的容器或管道上焊割，带电设备上焊割应先切断电源。在贮存过易燃、易爆及有毒物品的容器或管道上焊割时，应先清除干净，并将所有的孔、口打开。

14. 在作业中，发现氧气瓶阀门失灵或损坏不能关闭时，应让瓶内的氧气自动放尽后，再进行拆卸修理。

15. 使用中，当氧气软管着火时，不得折弯软管断气，应迅速关闭氧气阀门，停止供氧。当乙炔软管着火时，应先关熄炬火，可采用弯折前面一段软管将火熄灭。

16. 工作完毕，应将氧气瓶、乙炔瓶气阀关好，拧上安全罩检查操作场地，确认无着火危险，方准离开。

17. 氧气瓶应与其他易燃气瓶、油脂和其他易燃、易爆物品分别存放，且不得同车运输。氧气瓶应有防振圈和安全帽；不得用行车或吊车散装吊运氧气瓶。

七、桩工机械

（一）基本安全要求

1. 桩工机械类型应根据桩的类型、桩长、桩径、地质条件、施工工艺等综合考虑选择。

2. 桩机上装设的起重机、卷扬机、钢丝绳应执行本规程第4章的规定。打桩机卷扬钢丝绳应经常润滑，不得干摩擦。

3. 施工现场应按桩机使用说明书的要求进行整平压实，地基承载力应满足桩机的使用要求。在基坑和围堰内打桩，应配置足够的排水设备。

4. 桩机作业区内应无妨碍作业的高压线路、地下管道和埋设电缆。作业区应有明显标志或围栏，非工作人员不得进入。

5. 电力驱动的桩机，作业场地至电源变压器或供电主干线的距离应在200m以内，工作电源电压的允许偏差为其公称值的±5%。电源容量与导线截面应符合设备使用说明书的规定。

6. 桩机的安装、试机、拆除应由专业人员严格按设备使用说明书的要求进行。安装桩锤时，应将桩锤运到立柱正前方2m以内，并不得斜吊。

7. 打桩作业前，应由施工技术人员向机组人员作详细的安全技术交底。

8. 水上打桩时，应选择排水量比桩机重量大四倍以上的作业船或牢固排架，打桩机与船体或排架应可靠固定，并采取有效的锚固措施。当打桩船或排架的偏斜度超过3°时，应停止作业。

9. 作业前，应检查并确认桩机各部件连接牢靠，各传动机构、齿轮箱、防护罩、吊具、钢丝绳、制动器等良好，起重机起升、变幅机构正常，电缆表面无损伤，有接零和漏电保护措施，电源频率一致、电压正常，旋转方向正确，润滑油、液压油的油位符合规定，液压系统无泄漏，液压缸动作灵敏，作业范围内无人或障碍物。

10. 桩机吊桩、吊锤、回转或行走等动作不应同时进行。桩机在吊桩后不应全程回转或行走。吊桩时，应在桩上拴好拉绳，避免桩与桩锤或机架碰撞。桩机在吊有桩和锤的情况下，操作人员不得离开岗位。

11. 桩锤在施打过程中，操作人员应在距离桩锤中心5m以外监视。

12. 插桩后，应及时校正桩的垂直度。桩入土3m以上时，不应用桩机行走或回转动作来纠正桩的倾斜度。

13. 拔送桩时，不得超过桩机起重能力；起拔载荷应符合以下规定：

(1) 打桩机为电动卷扬机时，起拔载荷不得超过电动机满载电流；

(2) 打桩机卷扬机以内燃机为动力，拔桩时发现内燃机明显降速，应立即停止起拔；

(3) 每米送桩深度的起拔载荷可按40kN计算。

14. 作业过程中，应经常检查设备的运转情况，当发生异响、吊索具破损、紧固螺栓松动、漏气、漏油、停电以及其他不正常情况时，应立即停机检查，排除故障后，方可重新开机。

15. 桩孔应及时浇注，暂不浇注的要及时封闭。

16. 在有坡度的场地上及软硬边际作业时，应沿纵坡方向作业和行走。

17. 遇风速10.8m/s级及以上大风和雷雨、大雾、大雪等恶劣气候时，应停止一切作业。当风力超过七级或有风暴警报时，应将桩机顺风向停置，并应增加缆风绳，必要时应将桩架放倒。桩机应有防雷措施，遇雷电时人员应远离桩机。冬季应清除机上积雪，工作平台应有防滑措施。

18. 作业中，当停机时间较长时，应将桩锤落下垫好。检修时不得悬吊桩锤。

19. 桩机运转时，不应进行润滑和保养工作。设备检修时，应停机并切断电源。

20. 桩机安装、转移和拆运过程中，不得强行弯曲液压管路，以防液压油泄漏。

21. 作业后，应将桩机停放在坚实平整的地面上，将桩锤落下垫实，并切断动力电源。冬季应放尽各种可能冻结的液体。

（二）打桩作业安全防护要求

1. 打桩机类型应根据桩的类型、桩长、桩径、地质条件、施工工艺等综合考虑选择。打桩作业前，应由施工技术人员向机组人员进行安全技术交底。

2. 施工现场应按地基承载力不小于 83kPa 的要求进行整平压实。在基坑和围堰内打桩，应配置足够的排水设备。

3. 打桩机作业区内应无高压线路。作业区应有明显标志或围栏，非工作人员不得进入。桩锤在施打过程中，操作人员必须在距离桩锤中心 5m 以外监视。

4. 机组人员作登高检查或维修时，必须系安全带；工具和其他物件应放在工具包内，高空人员不得向下随意抛物。

5. 水上打桩时，应选择排水量比桩机重量大四倍以上的作业船或牢固排架，打桩机与船体或排架应可靠固定，并采取有效的锚固措施。当打桩船或排架的偏斜度超过 3°时，应停止作业。

6. 安装时，应将桩锤运到立柱正前方 2m 以内，并不得斜吊。吊桩时，应在桩上拴好拉绳，不得与桩锤或机架碰撞。

7. 严禁吊桩、吊锤、回转或行走等动作同时进行。打桩机在吊有桩和锤的情况下，操作人员不得离开岗位。

8. 插桩后，应及时校正桩的垂直度。桩入土 3m 以上时，严禁用打桩机行走或回转动作来纠正桩的倾斜度。

9. 拔送桩时，不得超过桩机起重能力；起拔载荷应符合以下规定：

（1）打桩机为电动卷扬机时，起拔载荷不得超过电动机满载电流；

（2）打桩机卷扬机以内燃机为动力，拔桩时发现内燃机明显降速，应立即停止起拔；

（3）每米送桩深度的起拔载荷可按 40kN 计算。

10. 卷扬钢丝绳应经常润滑，不得干摩擦。钢丝绳的使用及报废标准应执行规定。

11. 作业中，当停机时间较长时，应将桩锤落下垫好。检修时不得悬吊桩锤。

12. 遇有雷雨、大雾和六级及以上大风等恶劣气候时，应停止一切作业。当风力超过七级或有风暴警报时，应将打桩机顺风向停置，并应增加缆风绳，或将桩立柱放倒地面上。立柱长度在 27m 及以上时，应提前放倒。

13. 作业后，应将打桩机停放在坚实平整的地面上，将桩锤落下垫实，并切断动力电源。

（三）静力压桩作业安全防护要求

1. 压桩机安装地点应按施工要求进行先期处理，应平整场地，地面应达到 35kPa 的平均地基承载力。

2. 电源在导通时，应检查电源电压并使其保持在额定电压范围内。

3. 安装配重前，应对各紧固件进行检查，在紧固件未拧紧前不得进行配重安装。

4. 安装完毕后，应对整机进行试运转，对吊桩用的起重机，应进行满载试吊。

5. 冬季应清除机上积雪，工作平台应有防滑措施。

6. 压桩作业时，应有统一指挥，压桩人员和吊桩人员应密切联系，相互配合。

7. 当压桩机的电动机尚未正常运行前，不得进行压桩。

8. 压桩时，应按桩机技术性能表作业，不得超载运行。操作时动作不应过猛，避免冲击。

9. 压桩时，非工作人员应离机 10m 以外。起重机的起重臂下，严禁站人。

10. 压桩过程中，应保持桩的垂直度，如遇地下障碍物使桩产生倾斜时，不得采用压桩机行走的方法强行纠正，应先将桩拔起，待地下障碍物清除后，重新插桩。

11. 当压桩引起周围土体隆起，影响桩机行走时，应将桩机前进方向隆起的土铲平，不得强行通过。

12. 压桩机在顶升过程中，船形轨道不应压在已入土的单一桩顶上。

13. 作业完毕，应将短船运行至中间位置，停放在平整地面上，其余液压缸应全部回程缩进，起重机吊钩应升至最上部，并应使各部制动生效，最后应将外露活塞杆擦干净。

14. 作业后，应将控制器放在"零位"，并依次切断各部电源，锁闭门窗，冬季应放尽各部积水。

15. 转移工地时，应按规定程序拆卸时，用汽车装运。所有油管接头处应加闷头螺栓，不得让尘土进入。液压软管不得强行弯曲。

（四）钻孔作业安全防护要求

1. 安装钻孔机前，应掌握勘探资料，并确认地质条件符合该钻机的要求，地下无埋设物，作业范围内无障碍物，施工现场与架空输电线路的安全距离符合规定。

2. 钻机安装场地应平整、夯实，能承载该机的工作压力；当地基不良时，钻机下应加铺钢板防护。轮胎式钻机的钻架下应铺设枕木，垫起轮胎，钻机垫起后应保持整机处于水平位置。

3. 钻机的安装、钻头的组装和钻机的移位、拆卸应按照说明书规定进行，并在专业技术人员指挥下进行。安装人员必须经过培训，熟悉安全工艺及指挥信号，并有保证安全的技术措施。在转移和拆运过程中，应防止碰撞机架。

4. 作业场地距电源变压器或供电主干线距离应在 200m 以内，启动时电压降不得超过额定电压的 10%。

5. 电动机和控制箱应有良好的接地装置。

6. 钻头和钻杆连接螺纹应良好，滑扣时不得使用。钻头焊接应牢固，不得有裂纹。钻杆连接处应加便于拆卸的厚垫圈。当钻头磨损量达 20mm 时，应予更换。

7. 作业前重点检查项目应符合下列要求：

（1）钻机各部外观良好，各部件安装紧固，转动部位和传动带有防护罩，钢丝绳完好，离合器、制动带功能良好；

（2）燃油、润滑油、液压油、冷却水等符合规定，各管路接头密封良好，无漏电、漏气、漏水现象；

（3）电气设备齐全、电路配置完好；

（4）各部钢丝绳无损坏和锈蚀，连接正确；

（5）各卷扬机的离合器、制动器无异常现象，液压装置工作有效；

（6）钻机作业范围内无障碍物。

8.（套管灌注桩施工时，）套管和浇注管内侧无明显的变形和损伤，未被混凝土粘结。

9. 螺旋钻安装钻杆时，应从动力头开始，逐节往下安装。不得将所需钻杆长度在地面上全部接好后一次起吊安装。

10. 动力头安装前，应先拆下滑轮组，将钢丝绳穿绕好。钢丝绳的选用，应按说明书规定的要求配备。

11. 启动前，应将操纵杆放在空挡位置。启动后，应作空运转试验，检查仪表、温度、音响、制动等各项工作正常，方可作业。

12. 提钻、下钻时，应轻提轻放。钻机下和井孔周围 2m 以内及高压胶管下，不得站人。严禁钻杆在旋转时提升。

13. 钻机运转时，应防止电缆线被缠入钻杆中，必须有专人看护。

14. 在作业过程中，当发现主机在地面及液压支撑处下沉时，应立即停机。在采用 30mm 厚钢板或路基箱扩大托承面、减小接地应力等措施后，方可继续作业。

15. 钻进中，应随时观察钻机的运转情况，当机架出现摇晃、移动、偏斜或钻机发生异响、吊索具破损、漏气、漏渣、钻头内发出有节奏的响声以及其他不正常情况时，应立即停机检查，排除故障后，方可继续开钻。

16. 发生提钻受阻时，应先设法使钻具活动后再慢慢提升，不得强行提升。如钻进受阻时，应采用缓冲击法解除，并查明原因，采取措施后，方可钻进。

17. 钻机发出下钻限位报警信号时，应停钻，并将钻杆稍稍提升，待解除报警信号后，方可继续下钻。钻孔中卡钻时，应立即切断电源，停止下钻。未查明原因前，不得强行启动。

18. 作业中，当需改变钻杆回转方向时，应待钻杆完全停转后再进行。

19. 作业中停电时，应将各控制器放置零位，切断电源，并及时将钻杆全部从孔内拔出，使钻头接触地面。

20. 钻孔时，严禁用手清除螺旋片中的泥土。发现紧固螺栓松动时，应立即停机，在紧固后方可继续作业。

21. 成孔后，应将孔口加盖保护。

22. 作业后，应将钻杆及钻头全部提升到孔外，先清除钻杆和螺旋叶片上的泥土，再将钻头按下接触地面，各部制动住，操纵杆放到空挡位置，切断电源。对钻机进行清洗和润滑。并应将主要部位遮盖妥当。

23. 全套管钻机引入机组的照明电源，应安装低压变压器，电压不应超过 36V。

24. 机组人员应监视各仪表指示数据，倾听运转声响，发现异状或异响，应立即停机处理。

25. 第一节套管入土后，应随时调整套管的垂直度。当套管入土 5m 以下时，不得强行纠偏。

26. 在套管内挖掘土层中，碰到坚硬土岩和风化岩硬层时，不得用锤式抓斗冲击硬层，应采用十字凿锤将硬层有效的破碎后，方可继续挖掘。

27. 套管在对接时，接头螺栓应按出厂说明书规定的扭矩，对称拧紧。接头螺栓拆下时，应立即洗净后浸入油中。

28. 起吊套管时，应使用专用工具吊装，不得用卡环直接吊在螺纹孔内，亦不得使用其他损坏套管螺纹的起吊方法。

29. 作业后，应就地清除机体、锤式抓斗及套管等外表的混凝土和泥砂，将机架放回行走的原位，将机组转移至安全场所。

八、木工机械

（一）基本安全要求

1. 木工机械操作人员应穿紧身衣裤，束紧长发，不得系领带和戴手套。

2. 木工机械设备电源的安装和拆除、机械电气故障的排除，应由专业电工进行，木工机械只准使用单向开关，不准使用倒顺双向开关。

3. 木工机械安全装置必须齐全有效，传动部位必须安装防护罩，各部件连接紧固。

4. 工作场所应备有齐全可靠的消防器材。严禁在工作场所吸烟和有其他明火，并不得存放易燃易爆物品。

5. 工作场所的待加工和已加工木料应堆放整齐，保证道路畅通。

6. 机械应保持清洁，工作台上不得放置杂物。

7. 机械的皮带轮、锯轮、刀轴、锯片、砂轮等高速转动部件应在安装时做平衡试验。

8. 各种刀具破损程度应符合使用说明书的规定。

9. 加工前，应从木料中清除铁钉、铁丝等金属物。

10. 装设有气力除尘装置的木工机械，作业前应先启动排尘风机，保持排尘管道不变形、不漏风。

11. 严禁在机械运行中测量工件尺寸和清理机械上面和底部的木屑、刨花和杂物。

12. 运行中不得跨过机械传动部分传递工件、工具等。排除故障、拆装刀具时必须待机械停稳后，切断电源，方可进行。

13. 根据木材的材质、粗细、湿度等选择合适的切削和进给速度。操作人员与辅助人员应密切配合，以同步匀速接送料。

14. 多功能机械使用时，只允许使用一种功能，应卸掉其他功能装置，避免多动作引起的安全事故。

15. 作业后，应切断电源，锁好闸箱，进行清理、润滑。

16. 噪声排放应不超过 90dB，超过时应采取降噪措施或配戴防护用品。

（二）平刨安全防护要求

木工刨床是用来专门加工木料表面（如表面的整直、修光、刨平等）的机具。木工刨床分平刨床和压刨床二种。其平刨床又分手压平刨床和直角平刨床；压刨床分单面压刨床、双面压刨床和四面刨床三种。

木工手压平刨床使用较广泛，它主要采用手工操作，即利用刀轴的高速旋转，使刀架获得 25m/s 以上的切削速度，此时用手把持木料并推动木料紧贴工作台面进料，使它通过刀轴，而木料就在这复合运动中受到刨削。在平刨上断手指的事故率是很高的，在木工机械事故中占首位，历来被操作人员称为"老虎口"。

安全要求如下：

1. 平刨在进场前，必然经过安全管理部门验收，确认符合要求后方能使用。设备挂上合格牌。

2. 平刨安装要平稳、固定，场地条件满足锯、刨料安全操作要求。

3. 必须使用圆柱形刀轴，绝对禁止使用方轴。吃刀深度一般调为 1～2mm。

4. 刀片和刀片螺丝的厚度、重量必须一致，刀架、夹板必须吻合贴紧，刀片焊缝超出刀头和有裂缝的刀具不准使用。刀片紧固螺钉应嵌入刀片槽内，并离刀背不得小于 10mm。刀片紧固力应符合使用说明书的规定。

5. 刨刀刃口伸出量不能超过外径 1.1mm。刨口开口量不得超过规定值。

6. 每台木工平刨上必须装有安全防护装置（护手安全装置及传动部位防护罩），并配有刨小薄料的压板或压棍。在操作前检查机械各部件及安全防护装置是否灵敏可靠，并检查刨刀锋利程度，经试车 1～3min 后，才能进行正式工作。

护手安全装置应达到作业人员刨料发生意外时，不会造成手部被刨刀伤害的事故。

明露的机械传动部位应有牢固、适用的防护罩，防止物料带入，保障作业人员的安全。

7. 被刨木料的厚度小于 30mm，长度小于 400mm 时，必须用压板或推棍推进。厚度在 15mm，长度在 250mm 以下的木料，不得在平刨上加工。

8. 刨旧料前，必须将料上的钉子、泥砂清除干净。被刨木料如有破裂或硬节等缺陷时，必须处理后再施刨。遇木槎、节疤要缓慢送料。严禁将手按在节疤上强行送料。

9. 开机后切勿立即送料刨削，一定要等到刀轴运转平稳后方可进行刨削。因为刀轴的转速一般都在 5000r/min 以上，从启动电源到刀轴转动平稳需经过一段时间。如果一启动就立即进行刨削，则刨削是在切削速度从低到高的变化过程中进行的，因而容易发生事故。

10. 刨料时，应保持身体平稳，双手操作，左手压住木料，右手均匀推进，不要猛推猛拉，切勿将手指按于木料侧面。刨料时，先刨大面当做标准面，然后再刨小面。刨大面时，手应按在木料上面；刨小料时，手指不得低于料高一半。刨削时必须用推板压紧工件进行刨削，禁止手在料后推料。刨削工件的最短长度不得小于刨口开口量的 4 倍。长度不足 400mm，或薄而窄的小料不得用手压刨。

刨削过程中如感到木料振动太大，送料推力较重时，说明刨刀刃口已经磨损，必须停机更换新磨锋利的刨刀。

两人同时操作时，须待料推过刨刃 150mm 以外，下手方可接拖。

11. 施工用电必须符合规范要求，设备外壳应做保护接零，开关箱内装设漏电保护器（30mA×0.1s），并定期进行检查。

12. 平刨在施工现场应置于木工作业区内，并搭设防护棚；若位于塔吊作业范围内的，应搭设双层防坠棚，且在施工组织设计中予以策划和标识，同时在木工棚内落实消防措施、安全操作规程及其责任人。

13. 机械运转时，不得进行维修，不得将手伸进安全挡板里侧去移动挡板或拆除安全挡板进行刨削。严禁戴手套操作。

14. 当作业人员准备离开机械时，应先拉闸切断电源后再走，避免误碰开关发生事故。

15. 施工现场严禁使用多功能平刨。即平刨、电锯、电钻三种功能合置在一台机械上，开机后同时转动。

16. 木工机械禁止安装倒顺开关。

（三）圆盘锯安全防护要求

圆盘锯又叫圆锯机，是应用很广的木工机械，它是由床身、工作台和锯轴组成。大型圆锯机坐必须安装在结实可靠的基础上，小型的可以直接安放在地面上，工作台的高度约900mn。锯轴装在机座的轴承内，锯轴的转动一般用皮带传动，但新式的机床都用电动机直接带动。有些圆锯机的工作台能够倾斜成45°角，比较新式的圆锯机的工作台，始终保持水平，但是锯片能够自动倾斜，这不仅对工作带来很大方便，而且也比较安全。

1. 圆盘锯在进场前，必然经过安全管理部门验收，确认符合要求后方能使用。设备挂上合格牌。

2. 圆盘锯的安全装置应包括：

（1）锯片上方必须安装安全防护罩，防止锯片发生问题时造成的伤人事故。挡板、松口刀、皮带传动处应有防护罩。

（2）锯盘的前方安装分料器。木料经锯盘锯开后向前继续推进时，由分料器将木料分离一定缝隙，不致造成木料夹锯现象，使锯料顺利进行。

（3）锯盘的后方应设置防止木料倒退装置。当木料中遇有铁钉、硬节等情况时，往往不能继续前进突然倒退打伤作业人员，为防止此类事故发生，应在锯盘和作业人员之间，设置挡网和棘爪等防倒退装置。挡网可以从网眼中看到被锯木料的墨线，不影响作业，又可以将突然倒退的木料挡住；棘爪的作用是在木料突然倒退时，插入木料中止住木料倒退伤人。

（4）明露的机械传动部位应有牢固、适用的防护罩，防止物料带入，保障作业人员的安全。

3. 锯口要适当，锯片必须平整，与主动轴匹配、紧牢，锯齿必须尖锐，不得连续断齿2个，锯片不得有裂纹。

4. 被锯木料厚度，以锯片能露出木料10～20mm为限，长度应不小于500mm。

5. 操作前应检查机械是否完好，电器开关等是否良好，熔丝是否符合规格，并检查锯片是否有断、裂现象，并装好防护罩，运转正常后方能投入使用。

6. 启动后，须等转速正常后，方可进行锯料。送料时，不准将木料左右晃动或高抬，送料不宜用力过猛，遇木节要缓慢进锯，以防木节弹出伤人。接近端头时，应用推棍送料。

7. 操作人员应戴安全防护眼镜，不得站在面对锯片离心力方向操作。一般操作者应站在锯片左面的位置，以防木料弹出伤人。作业时手臂不得跨越锯片。

8. 木料锯到接近端头时，应由下手拉料进锯，上手不得用手直接送料，应用木板推送。

9. 锯短料时，应使用推棍，不准直接用手推，进料速度不得过快，下手接料必须使用刨钩。锯短料时，料长不得小于锯片直径的1.5倍，料高不得大于锯片直径的1/3。截料时，截面高度不准大于锯片直径的1/3。

10. 若锯线走偏，应逐渐纠正，不准猛扳，以免损坏锯片。锯片运转时间过长，温度过高时，应用水冷却，直径 60cm 以上的锯片在操作中，应喷水冷却。

11. 木料若卡住锯片时，应立即停车后处理。

12. 施工用电应符合规范要求，采用三级配电二级保护，三相五线保护接零系统，设置漏电保护器并确保有效。定期进行检查，注意熔丝的选用，严禁采用其他金属丝作为代用品。

13. 操作必须采用单向按钮开关，不准安装倒顺开关，无人操作时断开电源。

（四）磨光机安全防护要求

1. 作业前应先检查：盘式磨光机防护装置齐全有效，砂轮无裂纹破损；带式磨光机应调整砂筒上砂带的张紧程度；并润滑各轴承和紧固连接件，确认正常后，方可启动。

2. 磨削小面积工件时应尽量在台面整个宽度内排满工件，磨削时应渐次连续进给。

3. 用砂带磨光机磨光时，对压垫的压力要均匀，砂带纵向移动时应和工作台横向移动互相配合。

4. 工件应放在向下旋转的半面进行磨光，手不准靠近磨盘。

九、地下施工机械

（一）基本安全要求

1. 地下施工机械选型和功能应满足施工所处的地质条件和环境安全要求。

2. 盾构和顶管及配套设施应在专业厂家制造，其质量必须符合设计要求。整机制造完成后应经总装调试合格方可出厂，并应提供质量保证书。

3. 作业前，应对作业环境进行有害气体测试及通风设备检测，以满足国家工业卫生标准要求。

4. 作业前应充分了解施工作业周边环境，对邻近建（构）筑物、地下管网等进行监测，应制定建筑物、地下管线安全的保护技术措施。

5. 作业中，应随时监视机械各部位的运转及仪表指示值，如发现异常，应立即停机检修。

6. 如需采用气压作业的，应按照相关气压作业的要求进行施工。

7. 选择合理的水平及垂直运输设备，并按相关规范安全使用。

8. 地下施工机械施工时必须确保开挖面土体稳定。

9. 地下施工机械施工过程中应按规定进行保养，维修，更换必要的零件。

10. 地下施工机械施工过程中当停机时间较长时，必须维持开挖面稳定。

11. 掘进遇到施工偏差过大、设备故障、意外的地质变化等情况时，必须暂停施工，经处理后再继续。

12. 地下施工机械吊装时应编写吊装专项方案，并应确保运输起重设备的完好，作业场地地基结实，堆放场地符合设备安放和起重要求。

13. 盾构机、顶管的安装和拆除必须由具有资质的专业队伍负责吊装，并设专人指挥。

（二）盾构机安全防护要求

1. 盾构组装之前应对推进千斤顶、拼装机、调节千斤顶试验验收。将防止盾构后退的推进系统平衡阀、调节拼装机的回转平衡阀的二次溢流压力调到设计压力值。对液压系统各非标制品的阀组按设计要求进行密闭性试验。

2. 盾构组装完成后，必须先对各部件、各系统进行空载、负载调试及验收，最后进行整机空载和负载调试及验收。

3. 盾构始发、接收时必须做好盾构的基座稳定牢固措施。

4. 双圆盾构掘进时，双圆盾构两刀盘必须相向旋转，并保持转速一致，避免接触和碰撞。

5. 实施盾构纠偏不得损坏已安装的管片，并保证新一环管片的顺利拼装。

6. 盾构切口离到达接收井距离小于 10m 时，必须控制盾构推进速度、开挖面压力、排土量，以减小洞口地表变形。

7. 盾构推进到冻结区域停止推进时，应每隔 10min 转动刀盘一次，每次转动时间不少于 5min，防止刀盘被冻住。

8. 当盾构全部进入接收井内基座上后，应及时做好管片与洞圈间的密封。

9. 盾构调头时必须有专人指挥，专人观察设备转向状态，避免方向偏离或设备碰撞。

10. 管片拼装操作应注意下列事项：

（1）管片拼装必须落实专人负责指挥，拼装机操作人员必须按照指挥人员的指令操作，严禁擅自转动拼装机；

（2）举重臂旋转时，必须鸣号警示，严禁施工人员进入举重臂活动半径内，拼装工在全部定位后，方可作业。在施工人员未能撤离施工区域时，严禁启动拼装机；

（3）拼装管片时，拼装工必须站在安全可靠的位置，严禁将手脚放在环缝和千斤顶的顶部，以防受到意外伤害；

（4）举重臂必须在管片固定就位后，方可复位，封顶拼装就位未完毕时，人员严禁进入封顶块的下方；

（5）举重臂拼装头必须拧紧到位，不得松动，发现磨损情况，应及时更换，不得冒险吊运；

（6）管片在旋转上升之前，必须用举重臂小脚将管片固定，以防止管片在旋转过程中晃动；

（7）拼装头与管片预埋孔不能紧固连接时，必须制作专用的拼装架，拼装架设计必须经技术部门认可，经过试验合格后方可使用；

（8）拼装管片必须使用专用的拼装销子，拼装销必须有限位；

（9）装机回转时严禁接近；

（10）管片吊起或升降架旋回到上方时，放置时间不应超过 3min。

11. 盾构进场安装需按规定的吊装步骤进行吊装。

12. 盾构机拆除退场需注意下列事项：

（1）机械结构部分应先按液压、泥水、注浆、电气系统顺序拆卸，最后拆卸机械结构件；

（2）吊装作业时，须仔细检查并确认盾构机各连接部位与盾构机已彻底拆开分离，千斤顶全部缩回到位，所有注浆、泥水系统的手动阀门关闭；

（3）大刀盘按要求位置停放，在井下分解后吊装上地面；

（4）拼装机按要求位置停，举重钳缩到底；提升横梁应烧焊固定马脚，同时在拼装机横梁底部加焊接支撑，防止下坠。

13. 盾构机转场过程中必须按要求做好盾构机各部件的维修与保养、更换与改造。

14. 盾构机转场运输应注意下列事项：

(1) 根据设备的最大尺寸为依据对运输线路进行实地勘察；

(2) 设备应与运输车辆有可靠固定措施；

(3) 设备超宽、超高时应按交通法规办理各类通行证。

十、其他机械中小型机械

（一）基本安全要求

1. 中小型机械应安装稳固，接地或接零及漏电保护器齐全有效。

2. 中小型机械上的传动部分和旋转部分应设有防护罩，作业时，严禁拆卸。室外使用的机械均应搭设机棚或采取防雨措施。

3. 机械启动后应空载度运转，确认正常后方可作业。

4. 作业时，非操作和辅助人员不得在机械四周停留观看。

5. 作业后，应清理现场，切断电源，锁好电闸箱，并做好日常保养工作。

6. 中小型机械不能满足安全使用条件时，应立即停止使用。

（二）喷浆机基本防护要求

1. 泵体内不得无液体干转。在检查电动机旋转方向时，应先打开料桶开关，让石灰浆流入泵体内部后，再开动电动机带泵旋转。

2. 作业后，应往料斗注入清水，开泵清洗直到水清为止，再倒出泵内积水，清洗疏通喷头座及滤网，并将喷枪擦洗干净。

3. 长期存放前，应清除前、后轴承座内的石灰浆积料，堵塞进浆口，从出浆口注入机油约 50mL，再堵塞出浆口，开机运转约 30s，使泵体内润滑防锈。

（三）柱塞式、隔膜式灰浆泵基本防护要求

1. 输送管路的布置宜短直、少弯头；全部输送管道接头应紧密连接，不得渗漏；垂直管道应固定牢固；管道上不得加压或悬挂重物。

2. 作业前应检查并确认球阀完好，泵内无干硬灰浆等物，各连接紧固牢靠，安全阀已调整到预定的安全压力。

3. 泵送前，应先用水进行泵送试验，检查并确认各部位无渗漏。当有渗漏时，应先排除。

4. 被输送的灰浆应搅拌均匀，不得有干砂和硬块；不得混入石子或其他杂物；灰浆稠度应为 80～120mm。

5. 泵送时，应先开机后加料；应先用泵压送适量石灰膏润滑输送管道，然后再加入稀灰浆，最后调整到所需稠度。

6. 泵送过程应随时观察压力表的泵送压力，当泵送压力超过预调的 1.5MPa 时，应反向泵送，使管道内部分灰浆返回料斗，再缓慢泵送；当无效时，应停机卸压检查，不得强行泵送。

7. 泵送过程不宜停机。当短时间内不需泵送时，可打开回浆阀使灰浆在泵体内循环运行。当停泵时间较长时，应每隔 3～5min 泵送一次，泵送时间宜为 0.5min，应防灰浆凝固。

8. 故障停机时，应打开泄浆阀使压力下降，然后排除故障。灰浆泵压力未达到零时，不得拆卸空气室、安全阀和管道。

9. 作业后，应采用石灰膏或浓石灰水把输送管道里的灰浆全部泵出，再用清水将泵和输送管道清洗干净。

（四）挤压式灰浆泵基本防护要求

1. 使用前，应先接好输送管道，往料斗加注清水，启动灰浆泵，当输送胶管出水时，应折起胶管，待升到额定压力时停泵、观察各部位应无渗漏现象。

2. 作业前，应先用水，再用白灰膏润滑输送管道后，方可加入灰浆，开始泵送。

3. 料斗加满灰浆后，应停止振动，待灰浆从料斗泵送完时，再加新灰浆振动筛料。

4. 泵送过程应注意观察压力表。当压力迅速上升，有堵管现象时，应反转泵送 2～3 转，使灰浆返回料斗，经搅拌后再泵送，当多次正反泵仍不能畅通时，应停机检查，排除堵塞。

5. 工作间歇时，应先停止送灰，后停止送气，并应防气嘴被灰堵塞。

6. 作业后，应对泵机和管路系统全部清洗干净。

（五）空气压缩机基本防护要求

1. 空气压缩机的内燃机和电动机的使用应符合本规程内燃机和电动机的规定。

2. 空气压缩机作业区应保持清洁和干燥。贮气罐应放在通风良好处，距贮气罐 15m 以内不得进行焊接或热加工作业。

3. 空气压缩机的进排气管较长时，应加以固定，管路不得有急弯；对较长管路应设伸缩变形装置。

4. 贮气罐和输气管路每三年应作水压试验一次，试验压力应为额定压力的 150%。压力表和安全阀应每年至少校验一次。

5. 空气压缩机作业前应重点检查以下项目，并应符合下列要求：

（1）内燃机燃、润油料均添加充足；电动机电源正常；

（2）各连接部位紧固，各运动机构及各部阀门开闭灵活，管路无漏气现象；

（3）各防护装置齐全良好，贮气罐内无存水；

（4）电动空气压缩机的电动机及启动器外壳接地良好，接地电阻不大于 4Ω。

6. 空气压缩机应在无载状态下启动，启动后低速空运转，检视各仪表指示值符合要求，运转正常后，逐步进入载荷运转。

7. 输气胶管应保持畅通，不得扭曲，开启送气阀前，应将输气管道连接好，并通知现场有关人员后方可送气。在出气口前方，不得有人工作或站立。

8. 作业中贮气罐内压力不得超过铭牌额定压力，安全阀应灵敏有效。进、排气阀、轴承及各部件应无异响或过热现象。

9. 每工作 2h，应将液气分离器、中间冷却器、后冷却器内的油水排放一次。贮气罐内的油水每班应排放 1～2 次。

10. 正常运转后，应经常观察各种仪表读数，并随时按使用说明书予以调整。

11. 发现下列情况之一时应立即停机检查，找出原因并排除故障后，方可继续作业：

（1）漏水、漏气、漏电或冷却水突然中断；

（2）压力表、温度表、电流表、转速表指示值超过规定；

（3）排气压力突然升高，排气阀、安全阀失效；

（4）机械有异响或电动机电刷发生强烈火花；

（5）安全防护、压力控制装置及电气绝缘装置失效。

12. 运转中，在缺水而使气缸过热停机时，应待气缸自然降温至60℃以下时，方可加水。

13. 当电动空气压缩机运转中突然停电时，应立即切断电源，等来电后重新在无载荷状态下启动。

14. 停机时，应先卸去载荷，然后分离主离合器，再停止内燃机或电动机的运转。

15. 停机后，应关闭冷却水阀门，打开放气阀，放出各级冷却器和贮气罐内的油水和存气，方可离岗。

16. 在潮湿地区及隧道中施工时，对空气压缩机外露摩擦面应定期加注润滑油，对电动机和电气设备应做好防潮保护工作。

（六）套丝切管机基本防护要求

1. 应按加工管径选用板牙头和板牙，板牙应按顺序放入，作业时应采用润滑油润滑板牙。

2. 当工件伸出卡盘端面的长度过长时，后部应加装辅助托架，并调整好高度。

3. 切断作业时，不得在旋转手柄上加长力臂；切平管端时，不得进刀过快。

4. 当加工件的管径或椭圆度较大时，应两次进刀。

5. 作业中应采用刷子清除切屑，不得敲打振落。

（七）潜水泵基本防护要求

1. 潜水泵宜先装在坚固的篮筐里再放入水中，亦可在水中将泵的四周设立坚固的防护围网。泵应直立于水中，水深不得小于0.5m，不宜在含大量泥砂的水中使用。

2. 潜水泵放入水中或提出水面时，应先切断电源，严禁拉拽电缆或出水管。

3. 潜水泵应装设保护接零和漏电保护装置，工作时泵周围30m以内水面，不得有人、畜进入。

4. 启动前应检查并确认：

（1）水管绑扎牢固；

（2）放气、放水、注油等螺塞均旋紧；

（3）叶轮和进水节无杂物；

（4）电气绝缘良好。

5. 接通电源后，应先试运转，检查并确认旋转方向正确，无水运转时间不得超过使用说明书规定。

6. 应经常观察水位变化，叶轮中心至水平距离应在0.5～3.0m之间，泵体不得陷入污泥或露出水面。电缆不得与井壁、池壁相擦。

7. 启动电压应符合使用说明书的规定，电流超过铭牌规定的限值时，应停机检查，并不得频繁开关机。

8. 潜水泵不用时，不得长期浸没于水中，应放置在干燥通风室内。

9. 电动机定子绕组的绝缘电阻不得低于0.5 MΩ。

（八）混凝土切割机基本防护要求

1. 使用前，应检查并确认电动机、电缆线均正常，接零或接地良好，防护装置安全有效，锯片选用符合要求，安装正确。

2. 切割机上外露的转动部分应有防护罩，并不得随意拆卸。

3. 长期搁置再用的机械，在使用前必须测量电动机绝缘电阻，合格后方可使用。

4. 启动后，应空载运转，检查并确认锯片运转方向正确，升降机构灵活，运转无异常，一切正常后，方可作业。

5. 切割厚度应按机械出厂铭牌规定进行，不得超厚切割；切割时应匀速切割。

6. 加工件送到锯片相距 300mm 处或切割小块料时，应使用专用工具送料，不得直接用手推料。

7. 操作人员应双手按紧工作，均匀送料，在推进切割机时，不得用力过猛。

8. 作业中，当工件发生冲击、跳动及异常声响时，应立即停机检查，排除故障后，方可继续作业。

9. 锯台上和构件锯缝中的碎屑应采用专用工具及时清除，不得用手清理。

10. 作业后，应清洗机身，擦干锯片，排放水箱余水，收回电缆线，并存放在干燥、通风处。

（九）手持电动工具基本防护要求

1. 一般规定

（1）使用刀具的机具，应保持刀刃锋利，完好无损，安装牢固配套。使用过程中要配戴绝缘手套，施工区域光线充足。

（2）使用砂轮的机具，砂轮与接盘间的软垫应安装稳固，螺帽不得过紧，凡受潮、变形、裂纹、破碎、磕边缺口或接触过油、碱类的砂轮均不得使用，并不得将受潮的砂轮片自行烘干使用。

（3）在一般作业场所应使用 I 类电动工具；在潮湿作业场所或金属构架上等导电性能良好的作业场所应使用 II 类电动工具；在锅炉、金属容器、管道内等作业场所应使用 III 电动工具；II、III 电动工具开关箱、电源转换器必须在作业场所外面；在狭窄作业场所操作时，应有专人监护。

（4）使用 I 类电动工具时，必须安装额定漏电动作电流不大于 15mA 额定漏电动作时间不大于 0.1s 防溅型漏电保护器。

（5）在雨期施工前或电动工具受潮后，必须用 500V 兆欧表检测电动工具绝缘电阻，且每年不少于两次。绝缘电阻应不小于表 7-8 规定的值。

（6）非金属壳体的电动机、电器，在存放和使用时不应受压、受潮，并不得接触汽油等溶剂。

（7）手持电动工具的负荷线应采用耐气候型橡胶护套铜芯软电缆，并不得有接头，长度不大于 5m，其插头插座具备专用的保护触头。

（8）作业前应重点检查以下项目，并符合下列要求：

1）外壳、手柄不出现裂缝、破损；

2）电缆软线及插头等完好无损，保护接零连接正确牢固可靠，开关动作正常；

3）各部防护罩装置齐全牢固。

（9）机具启动后，应空载运转，应检查并确认机具转动灵活无阻。作业时，加力应平稳。

（10）严禁超载使用。作业中应注意声响及温升，发现异常应立即停机检查。在作业时间过长，机具温升超过60℃时，应停机，自然冷却后再行作业。

（11）作业中，不得用手触摸刀具、模具和砂轮，发现其有磨钝、破损情况时，应立即停机修整或更换。

（12）停止作业时，应关闭电动工具，切断电源，并收好工具。

（13）手持电动工具自带的软电缆或软线不允许拆除或接长。不要拉扯负荷线，插头不得任意拆除更换。

（14）不得任意拆除工具中运（转）动的危险零件的防护罩。

2. 电钻、冲击钻或电锤

（1）机具启动后，应空载运转，应检查并确认机具联动灵活无阻。

（2）钻孔时，应先将钻头抵在工作表面，然后开动，用力适度，避免晃动；转速若急剧下降，应减少用力，防止电机过载，严禁用木杠加压。

（3）电钻和冲击钻或电锤为40%断续工作制，不得长时间连续使用。

3. 角向磨光机

（1）砂轮应选用增强纤维树脂型，其安全线速度不得小于80m/s。配用的电缆与插头应具有加强绝缘性能，并不得任意更换；

（2）磨削作业时，应使砂轮与工件面保持15°～30°的倾斜位置；切削作业时，砂轮不得倾斜，并不得横向摆动。

4. 电剪

（1）作业前应先根据钢板厚度调节刀头间隙量，最大剪切厚度不大于铭牌标定值。

（2）作业时不得用力过猛，当遇刀轴往复次数急剧下降时，应立即减少推力。

5. 射钉枪

（1）严禁用手掌推压钉管和将枪口对准人；

（2）击发时，应将射钉枪垂直压紧在工作面上，当两次扣动扳机，子弹均不击发时，应保持原射击位置数秒钟后，再退出射钉弹；

（3）在更换零件或断开射钉枪之前，射枪内均不得装有射钉弹。

6. 拉铆枪

（1）被铆接物体上的铆钉孔应与铆钉相配合，过盈量不得太大；

（2）铆接时，可重复扣动扳机，直到铆钉被拉断为止，不得强行扭断或撬断；

（3）作业中，接铆头子或并帽若有松动，应立即拧紧。

7. 云石机

（1）作业时应防止杂物、泥尘混入电动机内，并应随时观察机壳温度，当机壳温度过高及炭刷产生火花时，应立即停机检查处理；

（2）切割过程中用力应均匀适当，推进刀片时不得用力过猛。当发生刀片卡死时，应立即停机，慢慢退出刀片，应在重新对正后方可再切割。

第三节　机械伤害事故案例

物料提升机（以下简称井架）作为一种垂直运输设备，具有使用方便、造价低廉等特点在建筑施工中得到广泛应用。随着建筑业快速发展，井架的使用量日益增加，井架在安装、使用、拆卸过程中的安全事故也时常发生。本案例分析了杭州某施工项目一起井架坠落的原因，并阐述了一些建议。

（一）事故概况

2010年8月，杭州某小区因外立面改造需安装一台井架。但在安装调试过程中，井架发生了吊笼坠落事故，并造成一人死亡。资料显示，该井架型号为JJS-100，于2004年2月出厂，额定提升重量为1000kg，最大提升高度60m，防坠装置最大制动距离为250～1200mm。

据目击者称，事发时电工（即死者）正在吊笼顶上安装调试。当吊笼提升至3～4层楼高（约12m）时，井架发出异响，而后电工连同吊笼一起从高处坠落。据悉，该安装单位已经具备机电设备安装工程专业承包一级资质，安拆人员也具有相关证书，不存在超资质违规安装情况。

（二）现场查勘

在事故现场发现，井架的吊笼和配重箱均坠落在地（图8-1），而与基础连接的曳引机却悬挂在井架半空中（如图8-2），与曳引机连接的基础如图8-3所示。

（三）技术分析

1. 对井架基础分析

从图8-2可知，事发现场曳引机与基础已发生脱离，并被曳引钢丝绳拉至半空。对井架基础连接作进一步分析可以推测出井架发生事故是由基础与曳引机连接不可靠造成的。根据产品使用说明书中对井架基础的要求再与现场（图8-3）比较，可发现以下问题：

图8-1　坠落的吊笼及配重箱

（1）根据使用说明书要求，曳引机与基础连接应由8根$\phi16$规格的预埋杆按预埋图的尺寸位置准确布置；而在现场，基础与曳引机连接的基础上只有4根预埋杆。

图8-2　被拉起的曳引机

图8-3　用于连接曳引机的基础

（2）按照要求，与曳引机连接的基础其厚度应为 600mm，其他基础厚度为 300mm；从现场情况来看，与曳引机连接的基础厚度严重不符合要求。

（3）产品使用说明书对基础的要求明确指出要有钢筋 $\phi6@200$ 布置；从现场基础断面来看，混凝土浇筑的基础未见钢筋网在其中。

从以上分析可知，井架基础未按照使用说明书中的要求浇注是导致基础破坏、事故发生的直接原因。

2. 对防坠落安全装置分析

JJS-100 型井架具有吊笼防坠落安全装置。根据使用说明书对防坠落装置的要求，最大制动距离应该在 $0.25\sim1.2$m。事发时吊笼已经升至约 12m 高处，当吊笼坠落时该防坠落安全装置未起作用，应对防坠落安全装置进一步分析。如图 8-4 所示，为吊笼顶上安装的一对防坠落安全装置。

在防坠安全装置可靠的情况下，即使曳引机脱离井架基础也不会导致吊笼坠落至地。现场证实，这对防坠安全装置在安装前没有进行保养，也没作防坠落试验。说明书中明确指出：防坠安全装置动作机构应灵敏、可靠，动作机构产生的锈蚀或存在的污物应及时清理或更换。还要对防坠安全装置进行模拟断绳试验，确保其制动距离符合要求。由图 8-4 所示的一对防坠安全装置，明显锈蚀且有污物没有清理，也没能提供防坠落试验记录。吊笼坠落时，防坠落装置不起作用，也是导致事故发生的一个重要原因。

3. 存在其他的安全隐患

对现场井架安装情况勘察，还能发现多处安装不规范地方：

（1）停靠防坠装置无效

正常情况下，在吊笼门打开后停靠防坠装置的搁脚自动弹出搁置井架上，防止吊笼坠落。在事故现场，吊笼门已打开（图 8-5），而此时停靠装置的搁脚确没能搁在井架上。

图 8-4　防坠落安全装置　　　　　　　　　　图 8-5　停靠防坠装置

（2）基础与井架连接不规范

基础连接也没能按使用说明书要求。图 8-6 所示，预埋杆附近基础有损坏、裂纹出现，井架与基础连接也不规范，如采用木块垫平等措施。

（3）曳引钢丝绳数不足

该井架只有 4 根曳引钢丝绳，而实际是要求穿绕五根曳引钢丝绳。在其他条件不变的情况下，曳引钢丝绳数减小会减弱吊笼的提升能力。如图 8-7 所示。

图 8-6　基础连接情况 图 8-7　缺少曳引钢丝绳

（4）防护栏设置不规范

事故井架只是用脚手架钢管简单的包围做防护。配重侧是人行通道，安全防护不到位也存在是一大安全隐患。

（5）未设置严禁载人等警示标志

在吊笼门出入口未设置醒目的"严禁载人！"、"额定载重量1000KG"等警示标志。

（四）事故分析结论

吊笼在上升运行过程中，由于基础浇筑不规范，曳引钢丝绳产生的曳引力把曳引基础破坏，而后出现曳引机与基座基础分离，分离后曳引钢丝绳变松弛使吊笼失去曳引力后出现坠落，此时防坠落安全装置也没能起作用，最终导致事故的发生。事故原因主要是由井架基础没能严格按照厂家使用说明书要求浇筑以及防坠安全装置不可靠造成的。

（五）建议

通过此次事故分析，专家对井架的安装提出以下建议：

1. 井架安装应严格按照要求实行，不允许凭工人经验安装和拆卸，更不允许偷工减料。特别是在旧城改造工程中，由于受施工场地的限制，这种现象经常存在。没法正常安装时，安装单位应邀请相关专家商榷并提出可行性方案。这样可以确保井架在安装、使用、拆卸过程中的安全。

2. 提高工人安全意识，对井架安装过程中存在的安全隐患应逐一排查。从技术分析中可知，事故中井架在安装上本身存在许多安全隐患，安装工人也意识到了，但没能重视，没规范安装。

3. 事故中操作井架师傅并非安装单位人员，也没有相应的操作证。这样在遇到紧急情况时，无法采取正确措施。所以在安装（拆卸）过程中必须有统一指挥，有专人负责。

参　考　文　献

1. 中华人民共和国主席令第 52 号. 中华人民共和国职业病防治法

2. 中华人民共和国国务院令第 493 号. 生产安全事故报告和调查处理条例

3. 中华人民共和国国务院令第 586 号. 工伤保险条例（2010 版）

4. 国家安全生产监督管理总局令第 1 号. 劳动防护用品监督管理规定

5. 中华人民共和国国家标准. 安全帽（GB 2811—2007）. 北京：中国标准出版社

6. 中华人民共和国国家标准. 安全带（GB 6095—2009）. 北京：中国标准出版社

7. 中华人民共和国国家标准. 安全网（GB 5725—2009）. 北京：中国标准出版社

8. 中华人民共和国国家标准. 安全色（GB 2893—2008）. 北京：中国标准出版社

9. 中华人民共和国国家标准. 安全标志及其使用导则（GB 2894—2008）. 北京：中国标准出版社

10. 中华人民共和国国家标准. 高处作业分级（GB 3608—2008）. 北京：中国标准出版社

11. 中华人民共和国国家标准. 企业职工伤亡事故分类（GB 6441—86）. 北京：中国标准出版社

12. 中华人民共和国国家标准. 建筑行业职业病危害预防控制规范（GBZ/T 211—2008）. 北京：人民卫生出版社

13. 中华人民共和国国家标准. 建筑施工场界环境噪声排放标准（GB 12523—2011）. 北京：中国标准出版社

14. 中华人民共和国国家标准. 建设工程施工现场消防安全技术规范（GB 50720—2011）. 北京：中国计划出版社

15. 中华人民共和国国家标准. 施工现场临时建筑物技术规范（JGJ/T 188—2009）. 北京：中国建筑工业出版社

16. 中华人民共和国行业标准. 建筑施工高处作业安全技术规范（JGJ 80—91）. 北京：中国计划出版社

17. 中华人民共和国行业标准. 建筑拆除工程安全技术规范（JGJ 147—2004）. 北京：中国建筑工业出版社

18. 中华人民共和国行业标准. 施工现场临时用电安全技术规范（JGJ 46—2005）. 北京：中国建筑工业出版社

19. 中华人民共和国行业标准. 建筑机械使用安全技术规程（JGJ 33—2012）. 北京：中国建筑工业出版社

20. 中华人民共和国行业标准. 建筑机械使用安全技术规程（JGJ 33—2012）. 北京：中国建筑工业出版社

21. 中华人民共和国行业标准. 建筑施工现场环境与卫生标准（JGJ 146—2004）. 北京：中国建筑工业出版社

22. 中华人民共和国行业标准. 施工企业安全生产评价标准（JGJ/T 77—2010）. 北京：中国建筑工业出版社

23. 中华人民共和国行业标准. 建筑施工安全检查标准（JGJ 59—2011）. 北京：中国建筑工业出版社

24. 中华人民共和国行业标准. 建筑施工扣件式钢管脚手架安全技术规范（JGJ 130—2011）. 北京：中国建筑工业出版社

25. 中华人民共和国行业标准. 建筑施工碗扣式钢管脚手架安全技术规范（JGJ 166—2008）. 北京：中国建筑工业出版社

26. 中华人民共和国行业标准. 建筑施工门式钢管脚手架安全技术规范（JGJ 128—2010）. 北京：中国建筑工业出版社

27. 中华人民共和国行业标准. 建筑施工工具式脚手架安全技术规范（JGJ 202—2010）. 北京：中国建筑工业出版社

28. 毛鹤琴，罗大林. 施工项目质量与安全管理. 北京：中国建筑工业出版社，2002

29. 上海市建筑业联合会，工程建设监督委员会，刘军.《安全员必读》. 北京：中国建筑工业出版社，2001

30. 刘嘉福，姜敏，刘诚. 建筑施工安全生产百问. 北京：中国建筑工业出版社，2004

31. 本书编写组. 建筑施工手册（第四版）. 北京：中国建筑工业出版社，2003

32. 芮静康. 电工技术百问. 北京：中国建筑工业出版社，2000

33. 深圳市施工安全监督站. 建筑工人安全常识读本. 北京：中国建筑工业出版社，2005

34. 姜敏. 电工操作技巧. 北京：中国建筑工业出版社，2004

35. 潘全祥. 怎样当好安全员. 北京：中国建筑工业出版社，2005